NCS 기반 최근 출제기준 완벽 반영

에너지관리기사

Engineer Energy Management

허원회 지음

"이 책을 선택한 당신, 당신은 이미 위너입니다!"

독자 여러분께 알려드립니다

에너지관리기사 [실기]시험을 본 후 그 문제 가운데 10여 문제를 재구성해서 성안당 출판사로 보내주시면, 채택된 문제에 대해서 성안당 기계분야 도서 중 희망하시는 도서를 1부 증정해 드립니다. 독자 여러분이 보내주시는 기출문제는 더 나은 책을 만드는 데 큰 도움이 됩니다. 감사합니다.

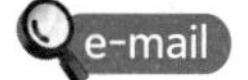

coh@cyber.co.kr (최옥현)

★ 메일을 보내주실 때 성명, 연락처, 주소를 기재해 주시기 바랍니다.
★ 보내주신 기출문제는 집필자가 검토한 후에 도서를 증정해 드립니다.

도서 A/S 안내

성안당에서 발행하는 모든 도서는 저자와 출판사, 그리고 독자가 함께 만들어 나갑니다.

좋은 책을 펴내기 위해 많은 노력을 기울이고 있습니다. 혹시라도 내용상의 오류나 오탈자 등이 발견되면 "좋은 책은 나라의 보배"로서 우리 모두가 함께 만들어 간다는 마음으로 연락주시기 바랍니다. 수정 보완하여 더 나은 책이 되도록 최선을 다하겠습니다.

성안당은 늘 독자 여러분들의 소중한 의견을 기다리고 있습니다. 좋은 의견을 보내주시는 분께는 성안당 쇼핑몰의 포인트(3,000포인트)를 적립해 드립니다.

잘못 만들어진 책이나 부록 등이 파손된 경우에는 교환해 드립니다.

저자 문의 e-mail : drhwh@hanmail.net(허원회)
본서 기획자 e-mail : coh@cyber.co.kr(최옥현)
홈페이지 : http://www.cyber.co.kr 전화 : 031) 950-6300

머리말

우리나라는 1970년대에 에너지 수입의존도가 50% 정도였는데, 지금은 에너지원의 95% 이상을 수입하는 대표적인 에너지 빈국인 동시에 에너지 다소비 국가이다. 인류가 사용하고 있는 석탄, 석유, LNG, 원자력 에너지 등은 부존자원이 점점 줄어들고 있으며 환경오염, 환경파괴(오존층 파괴), CO_2 배출로 인한 지구온난화 등 심각한 사회문제가 야기되고 있다.

이에 향후 경제구조는 친환경적이고 저탄소 녹색성장과 신재생에너지의 기본 틀에서 환경을 생각하고 고효율 에너지를 생산·개발하고 보급함은 물론, 그에 적합한 설비시스템을 구축하고 자동화하여 에너지를 관리하는 기술자들이 많이 필요하게 될 것이다.

이 책은 '에너지관리기사'를 취득하려는 수험생들이 단기간에 합격할 수 있도록 체계적이고 쉽게 구성하였다.

이 책의 특징

1. 수험생의 필독서로 누구나 쉽게 에너지관리기사를 단기간에 합격할 수 있도록 출제경향에 맞게 각 단원별로 핵심 이론과 적중 예상문제를 수록하였다.
2. 과년도 기출문제를 기반으로 상세한 해설을 하였으며, 최근 출제경향에 맞춰 문제를 분석하여 수험생이 시험장에서 당황하지 않고 자신감 있게 기술하여 합격할 수 있도록 하였다.
3. 계산문제는 SI(국제)단위로 간략하게 풀이함으로써 수험생이 쉽게 문제를 풀 수 있도록 하였다.
4. 자주 출제되는 중요한 문제는 별표(★)로 강조하였다.
5. 실전 모의고사를 수록하여 시험 전 마지막으로 테스트함으로써 더욱 더 자신감을 갖고 시험에 응시할 수 있도록 하였다.

끝으로 이 책으로 공부하는 수험생은 누구나 합격할 수 있도록 최신 경향의 문제와 출제 빈도가 높은 문제를 반복 학습하여 자신감을 갖도록 하였다.

내용에 충실하려고 노력하였으나 부족한 부분이 있을 것이다. 지속적으로 수정 보완할 것을 약속드리며, 수험생 여러분의 노력의 결실이 합격으로 이어지기를 진심으로 기원한다. 아울러 이 책이 출판되도록 도와주신 성안당출판사에 감사의 마음을 전한다.

저자 허원회

출제기준

직무분야	환경 · 에너지	중직무분야	에너지 · 기상	자격종목	에너지관리기사	적용기간	2024.1.1.~2027.12.31

○ **직무내용** : 각종 산업, 건물 등에 생산공정이나 냉난방을 위한 열을 공급하기 위하여 보일러 등 열사용기자재의 설계, 제작, 설치, 시공, 감독을 하고 보일러 및 관련 장비를 안전하고 효율적으로 운전할 수 있도록 지도, 점검, 진단, 보수 등의 업무를 수행하는 직무이다.

○ **수행준거**

1. 에너지관리기법을 이용하여 에너지관리 실무에 전문지식을 활용할 수 있다.
2. 에너지사용설비 원리를 이용하여 설비 점검 및 진단과 설계를 할 수 있다.
3. 에너지절약기법을 활용하여 손실요인 개선과 관리를 할 수 있다.

실기검정방법	필답형	시험시간	3시간

실기 과목명	주요 항목	세부항목	세세항목
열관리 실무	1. 에너지설비 설계	(1) 보일러/온수기 설계하기	① 적정 열사용기자재를 선정할 수 있다. ② 열사용기자재의 종류 및 특징을 파악할 수 있다. ③ 열사용기자재 부속장치의 종류 및 특성을 파악할 수 있다. ④ 열교환기의 종류 및 특성을 파악할 수 있다. ⑤ 열사용용량을 산정할 수 있다. ⑥ 보일러 열효율을 산출할 수 있다. ⑦ 관의 설계 및 관련 규정을 이해하고 숙지할 수 있다. ⑧ 열손실량을 산출할 수 있다. ⑨ 사용용도에 적정한 단열자재를 선정할 수 있다.
		(2) 연소설비 설계하기	① 이론 및 실제 공기량을 계산할 수 있다. ② 연소열량을 산출할 수 있다. ③ 연소가스량을 산출할 수 있다. ④ 연소장치 및 제어장치를 설계할 수 있다. ⑤ 적정 통풍력을 계산할 수 있다.
		(3) 요로 설계하기	① 요로의 종류 및 특징을 파악할 수 있다. ② 요로의 설계, 설치, 관리를 할 수 있다.
		(4) 배관/보온/단열 설계하기	① 배관자재 및 용도를 파악할 수 있다. ② 밸브의 종류와 용도를 파악할 수 있다. ③ 배관부속장치 및 패킹의 용도를 파악할 수 있다. ④ 배관 설계할 수 있다. ⑤ 단열 설계할 수 있다. ⑥ 보온 설계할 수 있다.

실기 과목명	주요 항목	세부항목	세세항목
열관리 실무	2. 에너지설비 관리	(1) 보일러/온수기 설치 및 관리하기	① 자재 및 재료를 준비할 수 있다. ② 보일러/온수기 설치위치를 정할 수 있다. ③ 급수관을 시공할 수 있다. ④ 난방공급관(가스관 포함)을 설치(연결)할 수 있다. ⑤ 방열관을 설치할 수 있다. ⑥ 방환수관을 설치할 수 있다. ⑦ 급수/순환펌프를 설치할 수 있다. ⑧ 증기/온수헤더를 설치할 수 있다. ⑨ 팽창밸브를 설치할 수 있다. ⑩ 급탕공급관을 설치할 수 있다. ⑪ 분출(배수)관을 설치할 수 있다. ⑫ 보일러/온수기 사용법을 숙지할 수 있다. ⑬ 보일러/온수기 설치 후 안전검사를 할 수 있다.
		(2) 연료/연소장치의 설치 및 관리하기	① 연료의 종류와 특징 및 시험방법에 대하여 숙지할 수 있다. ② 연소방법과 연소장치의 종류 및 특징에 대하여 숙지할 수 있다. ③ 통풍장치와 대기오염방지장치의 종류 및 특징에 대하여 숙지할 수 있다. ④ 연소 관련 계산과 열정산을 할 수 있다. ⑤ 연료/연소장치를 설치하고 관리할 수 있다.
		(3) 보일러/온수기 부속장치 및 관리하기	① 도면을 숙지할 수 있다. ② 도면을 기준으로 적산을 할 수 있다. ③ 내역서를 작성할 수 있다. ④ 작업공정계획을 세울 수 있다. ⑤ 본체 부속기기를 설치할 수 있다. ⑥ 절단 및 가공을 할 수 있다. ⑦ 수주 설치 및 주위 배관을 할 수 있다. ⑧ 인젝터를 설치할 수 있다. ⑨ 부속기기 설치 후 검사할 수 있다. ⑩ 수압시험을 할 수 있다. ⑪ 최종 운전점검을 하고 관리할 수 있다.
	3. 계측 및 제어	(1) 계측원리 및 이해하기	① 계측기의 구비조건 및 특징을 파악할 수 있다. ② 차원과 단위를 파악할 수 있다. ③ 측정의 종류를 파악할 수 있다. ④ 측정의 방식과 특성을 파악할 수 있다. ⑤ 오차의 종류를 파악할 수 있다. ⑥ 측정값의 의미를 파악할 수 있다. ⑦ 계측기의 보전을 위한 검사와 수리 및 교정을 파악할 수 있다.

실기 과목명	주요 항목	세부항목	세세항목
열관리 실무	3. 계측 및 제어	(2) 계측계 구성/제어하기	① 계측계의 구성에 대하여 파악할 수 있다. ② 계측신호의 특성을 파악할 수 있다. ③ 제어계의 구성에 대하여 파악할 수 있다. ④ 자동제어의 종류에 대하여 파악할 수 있다. ⑤ 제어동작의 특성을 파악할 수 있다. ⑥ 열사용기기에서 사용하고 있는 자동제어를 파악할 수 있다.
		(3) 유체 측정하기	① 유체의 압력, 유량, 액면의 측정원리를 이해하고 숙지할 수 있다. ② 측정방식에 따른 압력계, 유량계, 액면계의 종류를 이해하고 숙지할 수 있다. ③ 계측결과로부터 유량을 산출할 수 있다. ④ 적절한 압력계, 유량계, 액면계를 선정할 수 있다.
		(4) 열 측정하기	① 열측정의 측정원리를 이해하고 숙지할 수 있다. ② 측정방식에 따른 온도계, 열량계, 습도계의 종류를 이해하고 숙지할 수 있다. ③ 계측결과로부터 열량을 산출할 수 있다. ④ 적절한 온도계, 열량계, 습도계를 선정할 수 있다.
	4. 에너지 실무	(1) 에너지 이용/진단하기	① 에너지 설비의 종류 및 특징을 이해하고 숙지할 수 있다. ② 에너지이용 및 회수방법 종류 및 특징을 이해하고 숙지할 수 있다. ③ 이용 및 진단 작업을 할 수 있다. ④ 석유 환산량 및 에너지 원단위에 대하여 이해하고 숙지할 수 있다. ⑤ CO_2 환산량 및 절감량에 대하여 이해하고 숙지할 수 있다. ⑥ 입열량 및 출열량을 산출할 수 있다. ⑦ 열손실량을 산출할 수 있다. ⑧ 열효율을 산출할 수 있다.
		(2) 에너지 관리하기	① 에너지관리기준에 따라 올바른 시공을 할 수 있다. ② 에너지사용의 합리적으로 이용할 수 있도록 시공할 수 있다.

실기 과목명	주요 항목	세부항목	세세항목
열관리 실무	4. 에너지 실무	(3) 에너지 안전관리하기	① 에너지사용시설의 안전을 위해 예방법을 파악할 수 있다. ② 에너지사용설비의 제조, 설치, 시공기준에 대하여 파악할 수 있다. ③ 에너지사용시설의 운전관리, 보수, 보존, 정비를 할 수 있다. ④ 안전장치의 종류 및 특징을 파악할 수 있다.

차 례

■ 핵심 요점노트

제1편 에너지설비 설계

제1장 보일러의 종류 및 특징 / 3

제2장 연료 및 연소장치 / 14

제3장 가마와 노 / 23

제4장 배관공작 및 시공(보온재 및 단열재) / 30

CONTENTS

제2편 에너지설비 관리

제1장 보일러의 부속장치 및 부속품 / 89

제2장 연소장치, 통풍장치, 집진장치 / 122

제3장 연소 계산 및 열정산 / 138

제3편 계측 및 제어

제1장 계측방법 / 209

제2장 압력 계측 / 222

제3장 가스의 분석 및 측정 / 228

제4편 에너지 실무

제1장 에너지 이용 및 진단하기 / 261

부록 Ⅱ 실전 모의고사

Engineer Energy Management

Part 1. 에너지설비 설계
Part 2. 에너지설비 관리
Part 3. 계측 및 제어
Part 4. 에너지 실무

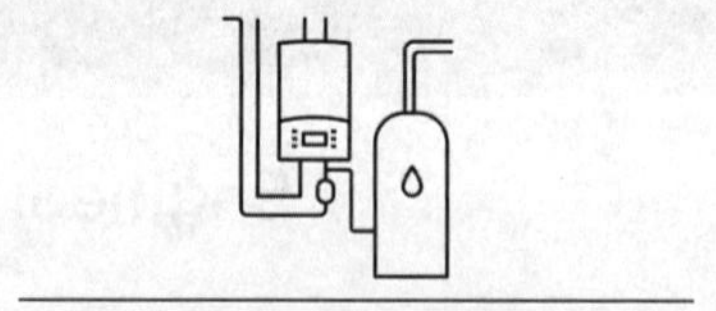
Engineer Energy Management

Part 01 에너지설비 설계

01 CHAPTER 보일러의 종류 및 특징

01 | 보일러의 개요

1) 보일러의 3대 구성요소

① 보일러 본체(boiler proper) : 기관 본체라고도 하며 원통형 보일러에서는 동(shell), 수관식 보일러에서는 드럼(drum)이라고 한다.

② 연소장치(heating equipment)
- ㉠ 연료를 연소시키는 데 필요한 장치로, 화염 및 고온의 연소가스를 발생시킨다.
- ㉡ 연소실, 연도, 연돌(굴뚝), 버너, 화격자 등

③ 부속장치(설비)
- ㉠ 보일러의 효율적인 운전 및 안전운전을 위한 장치이다.
- ㉡ 급수장치, 송기장치, 안전장치, 통풍장치, 폐열회수장치, 제어장치 등

2) 전열면적

전열면적(A)이란 한쪽에는 물이 접촉하고, 다른 쪽에는 연소가스가 접촉하는 면으로 연소가스가 접촉하는 쪽에서 측정한 면적이다.

① 수관식 보일러의 전열면적
- ㉠ 완전나관 보일러(A)$=\pi dLn[\mathrm{m}^2]$
- ㉡ 반나관 보일러(A)$=\dfrac{\pi}{2}dLn[\mathrm{m}^2]$

여기서, d : 수관의 바깥지름(m)
L : 수관의 길이(m)
n : 수관의 개수

② 원통형 보일러의 전열면적
- ㉠ 코르니시 보일러(A)$=\pi dL\,[\mathrm{m}^2]$
- ㉡ 랭커셔 보일러(A)$=4dL\,[\mathrm{m}^2]$
- ㉢ 횡연관 보일러(A)$=\pi L\left(\dfrac{D}{2}+d_o n\right)+D^2[\mathrm{m}^2]$

여기서, L : 동체의 길이(m)
D : 동체의 바깥지름 (=안지름+2×두께)(m)
d_o : 연관의 바깥지름(m)
n : 연관의 개수

4) 보일러의 분류

(1) 외분식 보일러와 내분식 보일러의 비교

① 외분식 보일러
- ㉠ 연소실의 용적이 크다.
- ㉡ 완전 연소가 용이하다.
- ㉢ 연소율이 높아 연소실의 온도가 높다.
- ㉣ 연료의 선택범위가 넓다(저질연료 및 휘발분이 많은 연료의 연소에 적당하다).
- ㉤ 연소실 개조가 용이하다.
- ㉥ 설치장소를 많이 차지한다.
- ㉦ 복사열의 흡수가 작다(노벽을 통한 열손실이 많다).

② 내분식 보일러
- ㉠ 연소실의 용적이 작다(동의 크기에 제한을 받는다).
- ㉡ 완전 연소가 어렵다.
- ㉢ 설치장소를 적게 차지한다.
- ㉣ 역화의 위험이 크다.
- ㉤ 복사(방사)열의 흡수가 많다.

(2) 보일러의 종류

구분			내용
원통형 보일러	입형		• 입형 횡관 • 코크란 • 입형 연관
	횡형	노통	• 코르니시(노통이 1개 설치된 보일러) • 랭커셔(노통이 2개 설치된 보일러)
		연관	• 횡연관(외분식) • 기관차 • 케와니
		노통연관	• 스코치 • 브로든카프스 • 하우덴 존슨(선박용) • 노통 연관 패키지형(육용)

구분		내용
수관식 보일러	자연 순환식	• 바브코크(경사각 15°) • 스네기찌(경사각 30°) • 다쿠마(경사각 45°) • 야로우 • 가르베(경사각 90°) • 방사 4관 • 스터링(곡관형) • 2동 D형, 3동 A형(곡관형)
	강제 순환식	• 라몽트(라몽) • 베록스
	관류식	• 슐처 • 벤슨 • 람진 • 엣모스 • 소형 관류
주철제 보일러		• 주철제 섹션 • 증기 • 온수
특수 보일러	특수 열매체	• 다우섬 • 모발섬 • 수은 • 세큐리티 • 카네크롤
	간접가열	• 슈미트 • 레플러
	폐열	• 하이네 • 리히
	특수 연료	• 바아크(나무껍질) • 바케스(사탕수수찌꺼기) → 산업폐기물을 연료로 사용
기타		• 원자로 • 전기

02 | 원통형(둥근) 보일러

1) 횡형 보일러

① 코르니시 보일러(노통이 1개 설치된 보일러)와 랭커셔 보일러(노통이 2개 설치된 보일러)

㉠ 평형 노통과 파형 노통의 장단점

구분	평형 노통	파형 노통
장점	• 제작이 쉽고 가격이 저렴하다. • 노통 내부의 청소가 용이하다. • 연소가스의 마찰저항이 적다(통풍이 양호하다).	• 외압에 대한 강도가 크다. • 열에 대한 신축성이 좋다. • 전열면적이 크다(평형 노통의 1.4배).
단점	• 열에 의한 신축성이 나쁘다. • 외압에 대한 강도가 작다(고압용으로 부적합하다). • 전열면적이 작다.	• 내부청소가 어렵다. • 제작이 어려워 비싸다. • 연소가스의 마찰저항이 크다(평형 노통에 비해 통풍저항이 크다).

㉡ 코르니시 보일러는 물의 순환을 원활하게 하기 위해서 노통을 한쪽으로 편심시켜 설치한다.

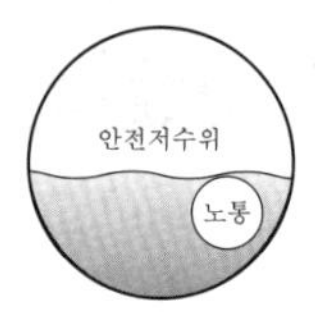

▲ 바른 설치(편심)

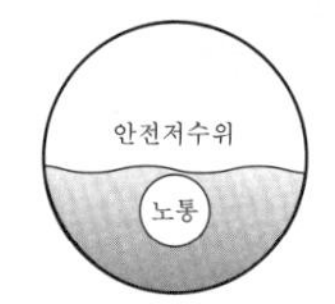

▲ 잘못된 설치(중앙)

② 갤로웨이관(galloway tube)의 설치목적

㉠ 전열면적을 증가시킨다.

㉡ 보일러수의 순환을 촉진시킨다.

㉢ 화실의 벽을 보강시킨다.

> **애덤슨 조인트(adamson joint)**
>
> 평형 노통의 신축작용을 좋게 하기 위하여 노통의 둘레방향으로 약 1m마다 설치하는 이음으로, 노통의 강도 보강 및 리벳을 보호하는 역할도 한다.

③ 브리싱 스페이스(breathing space) : 노통의 상부와 거싯 버팀 사이의 공간으로, 열에 의한 압축응력을 완화시키기 위한 경판의 탄력구역을 말한다. 브리싱 스페이스가 불충분하면 그루빙(grooving)이란 부식이 발생한다.

④ 스테이(stay, 버팀) : 강도가 부족한 부분에 부착하여 강도를 보강하여 변형이나 파손을 방지하는 것을 말한다.

2) 노통 연관 보일러

원통형의 기관 본체 내에 노통과 연관을 조합하여 콤팩트하게 제작한 내분식 보일러로 원통형 중 효율이 가장 좋다. 노통 연관 보일러는 수관 보일러에 비해 설치가 간단하고 제작・취급도 용이하며 가격도 저렴하다. 최고사용압력 2MPa 이하의 산업용 또는 난방용으로 많이 사용된다. 전열면적은 20~400m^2, 최대증발량은 20t/h 정도이다.

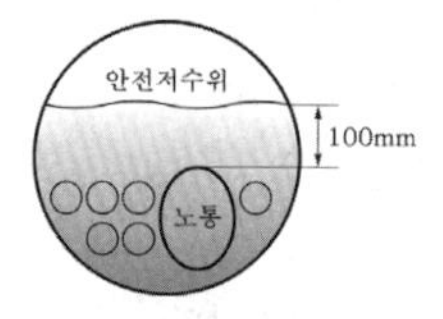

▲ 노통이 연관보다 위에 있는 경우

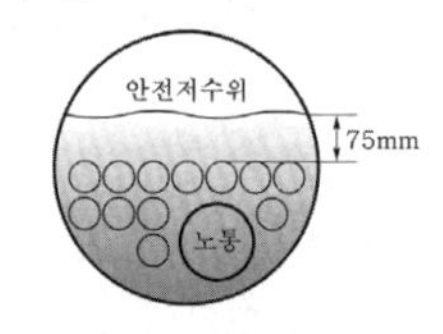

▲ 연관이 노통보다 위에 있는 경우

> **노통 연관 보일러의 안전저수위 설정**
>
> • 노통이 위에 있는 경우 : 노통 최고부 위 100mm
> • 연관이 위에 있는 경우 : 연관 최고부 위 75mm

03 | 특수 열매체 보일러(특수 유체 보일러)

급수내관은 안전수위 50mm 하단에 설치한다.

① 부동팽창 방지

② 열응력 발생 방지

③ 수격작용(워터해머) 방지

02 CHAPTER 연료 및 연소장치

01 | 연료

1) 연료의 3대 가연성분

① 탄소(C) : 연료의 고유성분으로 발열량 증가, 연료의 가치 판정에 영향을 미친다.

② 수소(H) : 고위발열량과 저위발열량의 판정요소, 발열량 증가, 기체연료에 많다.

③ 황(S) : 발열량 증가, 대기오염의 원인, 저온부식 원인, 연료의 질을 저하시키는 성분이다.

2) 액체연료의 종류

(1) 중유의 분류

① 중유는 점도에 따라 A급, B급, C급으로 분류한다.

㉠ A급 중유는 비교적 점도가 낮아 사용할 때 예열이 필요 없고 소형 보일러 등의 연료로 사용되며 비중이 작다.

㉡ B급 및 C급 중유는 점도가 높아 사용 시 반드시 예열이 필요하다.

② 중유 중에 보일러유로 많이 사용되는 것은 C급 중유이다.

③ 중유의 주요 성상 : 인화점, 점도, 비중, 비열

> **C급 중유가 갖추어야 할 성질**
>
> • 발열량이 클 것 • 점도가 낮을 것
> • 유동성이 클 것 • 황성분이 적을 것
> • 저장이 간편하고 연소 후 재처리가 좋을 것

(2) 점도(viscosity)

점성이 있는 정도이다(유체의 흐름을 방해하는 성질로 점성은 유동성과 반대의 의미를 갖는다).

① 점도가 너무 크면

㉠ 송유가 곤란하다.

㉡ 무화가 어렵다.

㉢ 버너 선단에 카본이 부착한다.

㉣ 연소상태가 불량하게 된다.

② 점도가 너무 작으면

㉠ 연료소비가 과다해진다.

㉡ 역화의 원인이 된다.

㉢ 연소상태가 불안정하게 된다.

※ 점도가 작아지면 유동성이 좋아져 분무화(무화)가 용이하다.

(3) 유동점

액체가 흐를 수 있는 최저온도로, 유동점은 응고점보다 2.5℃ 높다.

유동점＝응고점＋2.5℃

(4) 인화점(flash point), 착화점(ignition point), 연소점(fire point)

① 인화점 : 가연물이 불씨 접촉(점화원)에 의해 불이 붙는 최저의 온도로, 화기에 대한 위험도를 표시하는 수치이다(인화점이 낮을수록 점화가 잘 되기 때문에 위험하다).

② 착화점 : 가연물이 불씨 접촉(점화원) 없이 열의 축적에 의해 그 산화열로 스스로 불이 붙는 최저 온도로, 발화점이라고도 한다.

③ 연소점 : 인화한 후 연소를 계속하기에 충분한 양의 증기를 발생시키는 온도로, 점화원의 제거 후에도 지속적으로 연소할 수 있는 최저온도이다. 인화점보다 5~10℃ 정도 높다.

> **착화온도(착화점)가 낮아지는 조건**
>
> • 증기압 및 습도가 낮을수록
> • 압력이 높을수록
> • 분자구조가 복잡할수록
> • 발열량이 높을수록
> • 산소농도가 클수록
> • 온도가 상승할수록

3) 기체연료의 종류

(1) 분류

① 석유계 기체연료 : 천연가스(유전), 액화석유가스(LPG), 오일가스

② 석탄계 기체연료 : 천연가스(탄전), 석탄가스, 수성가스, 발생로가스

③ 혼합계 기체연료 : 증열 수성가스

(2) 액화천연가스(LNG : Liquefied Natural Gas)

① 주성분 : 메탄(CH_4)

② 액화조건 : 천연가스를 상압하에서 −162℃로 냉각시켜 액화시킨다.

③ 공기보다 가볍다(메탄의 비중 0.55).

④ 최근 도시가스로 전망이 가장 유망한 가스이다.

(3) 액화석유가스(LPG : Liquefied Petroleum Gas)

① 액화조건 : 상온에서 약 0.59~0.78MPa 정도로 가압하여 액화시킨다.

② 주성분 : 프로판(C_3H_8)과 부탄(C_4H_{10})이 주성분이고 그 외에 프로필렌(C_3H_6), 부틸렌(C_4H_8), 부타디엔(C_4H_6) 등이 있다.
→ 가장 주된 성분은 프로판(C_3H_8)이다.

③ 특징

㉠ 기화잠열이 크다(378~420kJ/kg).

㉡ 가스의 비중(무게)이 공기보다 무거워 누설 시 바닥에 체류하여 폭발의 위험이 크다(프로판의 비중 1.52, 부탄의 비중 2).

㉢ 연소속도가 완만하여 완전 연소 시 많은 과잉공기가 필요하다(도시가스의 5~6배).

④ 취급상 주의사항

㉠ 용기의 전락 또는 충격을 피한다.

㉡ 직사광선을 피하고 용기의 온도가 40℃ 이상이 되지 않게 한다.

㉢ 찬 곳에 저장하고 공기의 유통을 좋게 한다.

㉣ 주위 2m 이내에는 인화성 및 발화성 물질을 두지 않는다.

02 | 연소

1) 가연물

(1) 가연물이 되기 위한 조건

① 발열량이 클 것

② 산소와의 결합이 쉬울 것

③ 열전도율(W/m·K)이 작을 것

④ 활성화에너지가 작을 것

⑤ 연소율이 클 것

(2) 가연물이 될 수 없는 물질

① 흡열반응물질 : 질소 및 질소산화물, NO_x

② 포화산화물 : 이미 연소가 종료된 물질, CO_2, H_2O, SO_2 등

③ 불활성기체 : 헬륨, 네온, 아르곤, 크립톤, 크세논, 라돈

2) 가연물의 상태에 따른 연소의 종류(형태)

① 고체연료 : 증발연소, 분해연소, 표면연소, 자기연소(내부연소)

② 액체연료 : 증발연소, 분무연소, 액면연소, 등심연소(심화연소)

③ 기체연료 : 확산연소, 예혼합연소, 부분예혼합연소

03 | 고체 및 미분탄 연소방식과 연소장치

고체연료(화격자) 연소		미분탄(버너) 연소
고정화격자 연소	기계화격자(스토커) 연소	
• 화격자 소각로 • 로터리 킬른 소각로 • 유동층 소각로 • 다단식 소각로	• 산포식 스토커 • 체인 스토커 • 하급식 스토커 • 계단식 스토커	• 선회식 버너 • 교차식 버너

03 CHAPTER 가마와 노

01 | 개요

가마(kiln)란 요업분야에서 높은 열을 내게 하는 시설물로, 일반적으로 도자기나 기와를 굽는 시설을 말한다(승염식, 도염식). 노(furnace)는 물체를 가열 용융하며, 연소실(연소로, 소각로)로 부른다.

1) 조업방법에 의한 분류

① 불연속식 가마(요)
 ㉠ 횡염식 요(옆불꽃) : 토관류 제조용
 ㉡ 승염식 요(오름불꽃) : 석회석 제조용
 ㉢ 도염식 요(꺾임불꽃) : 내화벽돌, 도자기 제조용
② 반연속식 가마(요)
 ㉠ 셔틀요 : 도자기 제조용
 ㉡ 등요(오름가마) : 옹기, 석기제품 제조용
③ 연속식 가마(요)
 ㉠ 터널식 요 : 도자기 제조용
 ㉡ 윤요(고리가마) : 시멘트, 벽돌 제조용

2) 제품 종에 의한 분류

① 시멘트 소성용 가마(요) : 회전요, 윤요, 선요
② 도자기 제조용 가마(요) : 터널요, 셔틀요, 머플요, 등요
③ 유리 용융용 가마(요) : 탱크로, 도가니로
④ 석회 소성용 가마(요) : 입식요, 유동요, 평상원형요

02 | 터널요(tunnel kiln)

가늘고 긴 터널형의 가마로 피열물을 실은 레일 위의 대차는 연소가스 진행의 레일 위를 진행하면서 '예열 → 소성 → 냉각'과정을 통하여 제품이 완성된다.

1) 장점

① 소성이 균일하며 제품의 품질이 좋다.
② 소성시간이 짧으며 대량생산이 가능하다.
③ 열효율이 높고 인건비가 절약된다.
④ 자동온도제어가 쉽다.
⑤ 능력에 비하여 설치면적이 적다.
⑥ 배기가스의 현열을 이용하여 제품을 예열시킨다.

2) 단점

① 능력에 비하여 건설비가 비싸다.
② 제품을 연속 처리해야 한다(생산조정이 곤란하다).
③ 제품의 품질, 크기, 형상에 제한을 받는다.
④ 작업자의 기술이 요구된다.

3) 용도

산화염 소성인 위생도기, 건축용 도기 및 벽돌

4) 구성

① 예열대 : 대차 입구부터 소성대 입구까지
② 소성대 : 가마의 중앙부 아궁이
③ 냉각대 : 소성대 출구부터 대차 출구까지
④ 대차 : 운반차(피소성 운반차)
⑤ 푸셔 : 대차를 밀어 넣는 장치

04 CHAPTER 배관공작 및 시공(보온재 및 단열재)

01 | 스케줄번호(schedule No)

스케줄번호(Sch. No)는 관의 두께를 표시하며 5, 10, 20, 40, 80, 120, 160 등이 있다.

$$\text{Sch. No} = \frac{P}{S} \times 1{,}000$$

여기서, P : 최고사용압력(MPa)
S : 허용응력(=인장강도/안전율)(N/mm^2)

사용목적에 따른 분류

- 관의 방향을 바꿀 때 : 엘보, 벤드 등
- 관을 도중에 분기할 때 : 티, 와이 크로스 등
- 동일 지름의 관을 직선연결할 때 : 소켓, 유니언, 플랜지, 니플(부속연결) 등
- 지름이 다른 관을 연결할 때 : 레듀서, 이경엘보, 이경티, 부싱(부속연결) 등
- 관의 끝을 막을 때 : 캡, 막힘(맹)플랜지, 플러그 등
- 관의 분해, 수리, 교체를 하고자 할 때 : 유니언, 플랜지 등

배관길이 계산식

- 파이프의 실제(절단) 길이 산출
  - 부속이 같을 경우 : $l = L - 2(A-a)$
  - 부속이 다를 경우 : $l = L - [(A-a)+(B-b)]$

  여기서, L : 파이프의 전체 길이
  l : 파이프의 실제 길이
  A : 부속의 중심길이
  a : 나사 삽입길이
- 45° 파이프의 길이 산출
  - 파이프의 실제(절단) 길이(45° 파이프 전체 길이)
    $L' = \sqrt{2}\,L = 1.414L$
  - 파이프 실제 길이(부속이 같을 경우)
    $l = L' - 2(A-a)$
  - 파이프 실제 길이(부속이 다를 경우)
    $l = L - [(A-a)+(B-b)]$

02 | 신축이음(expansion joint)

철의 선팽창계수(α)는 1.2×10^{-5}m/m・℃로 강관의 경우 온도차가 1℃일 때 1m당 0.012mm만큼 신축이 발생하므로 직선거리가 긴 배관의 경우 관 접합부나 기기의 접속부가 파손될 우려가 있어 이를 미연에 방지하기 위하여 배관의 도중에 신축이음을 설치한다. 일반적으로 신축이음은 강관의 경우 직선길이 30m마다, 동관은 20m마다 1개 정도 설치한다.

늘음량(λ) = $L\alpha\Delta t$

여기서, α : 선팽창계수(1/℃), L : 관의 길이(m)
Δt : 온도차(℃)

1) 루프형(loop, 만곡관) 신축이음

신축곡관이라고도 하며 강관 또는 동관 등을 루프모양으로 구부려서 그 휨에 의하여 신축을 흡수하는 것이다.

① 고온 고압의 옥외배관에 설치한다.
② 설치장소를 많이 차지한다.
③ 신축에 따른 자체 응력이 발생한다.
④ 곡률반경은 관지름의 6배 이상으로 한다.

2) 미끄럼형(sleeve type) 신축이음

본체와 슬리브파이프로 되어 있다. 관의 신축은 본체 속의 미끄럼하는 슬리브관에 의해 흡수되며 슬리브와 본체 사이에 패킹을 넣어 누설을 방지한다. 단식과 복식의 두 가지 형태가 있다.

3) 벨로즈형(주름통형, 파상형, bellows type) 신축이음

일반적으로 급수, 냉난방배관에서 많이 사용되는 신축이음으로 일명 팩리스(packless) 신축이음이라고도 한다. 인청동제 또는 스테인리스제의 벨로즈를 주름잡아 신축을 흡수하는 형태의 신축이음이다.

① 설치공간을 많이 차지하지 않는다.
② 고압배관에는 부적당하다.
③ 신축에 따른 자체 응력 및 누설이 없다.
④ 주름의 하부에 이물질이 쌓이면 부식의 우려가 있다.

4) 스위블형(swivel type) 신축이음

회전이음, 지블이음, 지웰이음 등이라 하며 2개 이상의 나사엘보를 사용하여 이음부 나사의 회전을 이용하여 배관의 신축을 흡수하는 것으로, 주로 온수 또는 저압의 증기난방 등의 방열기 주위 배관용으로 사용된다.

※ 신축허용길이가 큰 순서 : 루프형 > 슬리브형 > 벨로즈형 > 스위블형

5) 볼조인트형(ball joint type) 신축이음

볼조인트는 평면상의 변위뿐만 아니라 입체적인 변위까지 흡수하므로 어떠한 신축에도 배관이 안전하며 설치공간이 적다.

03 | 배관 부속장치

1) 체크밸브(check valve, 역지밸브)

유체를 흐름방향을 한쪽으로만 흐르게 하여 역류를 방지하는 역류 방지밸브로서 밸브의 구조에 따라 다음과 같이 구분할 수 있다.

① **스윙형**(swing type) : 수직, 수평배관에 사용한다.
② **리프트형**(lift type) : 수평배관에만 사용한다.
③ **풋형**(foot type) : 펌프 흡입관 선단의 여과기(strainer)와 역지밸브(check valve)를 조합한 기능을 한다.

2) 여과기(strainer)

배관에 설치하는 자동조절밸브, 증기트랩, 펌프 등의 앞에 설치하여 유체 속에 섞여 있는 이물질을 제거하여 밸브 및 기기의 파손을 방지하는 기구로서 모양

에 따라 Y형, U형, V형 등이 있다. 몸통의 내부에는 금속제 여과망(mesh)이 내장되어 있어 주기적으로 청소를 해주어야 한다.

3) 바이패스장치

바이패스장치는 배관계통 중에서 증기트랩, 전동밸브, 온도조절밸브, 감압밸브, 유량계, 인젝터 등과 같이 비교적 정밀한 기계들의 고장이나 일시적인 응급사항에 대비하여 비상용 배관을 구성하는 것을 말한다.

04 | 단열재(보온재)

단열(adiabatic)이란 벽을 통한 외부와의 열의 출입을 차단(보온효과)시키는 것으로 기기, 관, 덕트 등에 있어서 고온의 유체에서 저온의 유체로 열이 이동되는 것을 차단하여 열손실을 줄이는 것을 말한다. 안전사용온도에 따라 보냉재(100℃ 이하), 보온재(100~800℃), 단열재(800~1,200℃), 내화단열재(1,300℃ 이상), 내화재(1,580℃ 이상) 등의 재료가 있다.

1) 구비조건

① 열전도율이 적을 것(불량할 것)
② 안전사용온도범위 내에 있을 것
③ 비중이 작을 것
④ 불연성이고 흡습성 및 흡수성이 없을 것
⑤ 다공질이며 기공이 균일할 것
⑥ 기계적 강도가 크고 시공이 용이할 것
⑦ 구입이 쉽고 장시간 사용해도 변질이 없을 것

2) 분류

(1) 유기질 보온재

① 보온능력이 우수하고 일반적으로 가격이 저렴하다.
② 펠트, 코르크, 텍스류, 기포성 수지

(2) 무기질 보온재

① 내열성이 크고 불연성이며 기계적 강도가 크다.
② 석면, 암면, 규조토, 탄산마그네슘($MgCO_3$), 규산칼슘($CaSiO_3$), 유리섬유, 폼글라스, 펄라이트, 실리카파이버, 세라믹파이버

(3) 금속질 보온재

금속 특유의 열 반사특성을 이용한 것으로, 대표적으로 알루미늄박이 사용된다(안전사용온도 500℃).

05 | 배관지지

1) 행거(hanger)

천장 배관 등의 하중을 위에서 걸어당겨(위에서 달아매는 것) 받히는 지지구이다.

① **리지드행거**(rigid hanger) : I빔에 턴버클을 이용하여 지지한 것으로 상하방향에 변위가 없는 곳에 사용한다.
② **스프링행거**(spring hanger) : 턴버클 대신 스프링을 사용한 것이다.
③ **콘스탄트행거**(constant hanger) : 배관의 상하이동에 관계없이 관의 지지력이 일정한 것으로 중추식과 스프링식이 있다.

2) 서포트(support)

바닥배관 등의 하중을 밑에서 위로 떠받쳐 주는 지지구이다.

① **파이프슈**(pipe shoe) : 관에 직접 접속하는 지지구로 수평배관과 수직배관의 연결부에 사용된다.
② **리지드서포트**(rigid support) : H빔이나 I빔으로 받침을 만들어 지지한다.
③ **스프링서포트**(spring support) : 스프링의 탄성에 의해 상하이동을 허용한 것이다.
④ **롤러서포트**(roller support) : 관의 축방향의 이동을 허용한 지지구이다.

3) 리스트레인트(restraint)

열팽창에 의한 배관의 상하좌우이동을 구속 또는 제한하는 것이다.

① **앵커**(anchor) : 리지드서포트의 일종으로 관의 이동 및 회전을 방지하기 위해 지지점에 완전히 고정하는 장치이다.
② **스톱**(stop) : 배관의 일정한 방향과 회전만 구속하고 다른 방향은 자유롭게 이동하게 하는 장치이다.
③ **가이드**(guide) : 배관의 곡관 부분이나 신축이음 부분에 설치하는 것으로 회전을 제한하거나 축방향의 이동을 허용하며 직각방향으로 구속하는 장치이다.

4) 브레이스(brace)

펌프, 압축기 등에서 발생하는 기계의 진동, 서징, 수격작용 등에 의한 진동, 충격 등을 완화하는 완충기이다.

06 | 배관공작

굽힘작업 시 주의사항

- 관의 용접선이 위에 오도록 고정한 후 벤딩한다.
- 냉간벤딩 시 스프링백현상에 유의하여 조금 더 구부린다.

곡관(벤딩)부의 길이(l) 산출

$$l = 2\pi R\frac{\theta}{360} = \pi D\frac{\theta}{360} = R\frac{\theta}{57.3}\ [\text{mm}]$$

여기서, R : 곡률반지름(mm), θ : 벤딩각도(°)
D : 곡률지름(mm)

1) 동관용 공구

① 토치램프 : 납땜, 동관접합, 벤딩 등의 작업을 하기 위한 가열용 공구
② 튜브벤더 : 동관 굽힘용 공구
③ 플레어링 툴 : 20mm 이하의 동관의 끝을 나팔형(접시모양)으로 만들어 압축접합 시 사용하는 공구
④ 사이징 툴 : 동관의 끝을 원형으로 정형하는 공구
⑤ 튜브커터 : 동관 절단용 공구
⑥ 익스팬더(확관기) : 동관 끝의 확관용 공구
⑦ 리머 : 튜브커터로 동관 절단 후 관의 내면에 생긴 거스러미를 제거하는 공구
⑧ 티뽑기 : 동관용 공구 중 직관에서 분기관을 성형 시 사용하는 공구

2) 연관용 공구

① 연관톱 : 연관 절단공구(일반 쇠톱으로도 가능)
② 봄볼 : 주관에 구멍을 뚫을 때 사용(분기관 따내기 작업 시)
③ 드레서 : 연관 표면의 산화피막 제거
④ 벤드벤 : 연관의 굽힘작업에 이용(굽히거나 펼 때 사용)
⑤ 턴핀 : 관 끝을 접합하기 쉽게 관 끝부분에 끼우고 맬릿(mallet)으로 정형(소정의 관경을 넓힘)
⑥ 맬릿(mallet) : 나무해머(망치)로 턴핀을 때려 박든가 접합부 주위를 오므리는 데 사용
⑦ 토치램프 : 가열용 공구

07 | 배관도시법

1) 유체의 종류, 상태 및 목적

인출선을 긋고 그 위에 문자로 표시한다.

① 유체의 종류와 문자기호

종류	공기	가스	유류	수증기	증기	물
문자기호	A	G	O	S	V	W

② 유체의 종류에 따른 배관 도색

종류	도색	종류	도색
공기	백색	물	청색
가스	황색	증기	–
유류	암황적색	전기	미황적색
수증기	암적색	산·알칼리	회자색

2) 관의 이음방법

종류	연결방법	도시기호	예
관이음	나사형		
	용접형		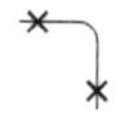
	플랜지형	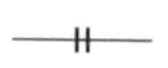	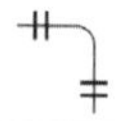
	턱걸이형		
	납땜형	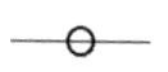	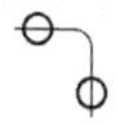

종류	연결방법	도시기호
신축이음	루프형	
	슬리브형	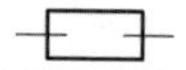
	벨로즈형	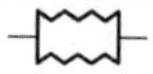
	스위블형	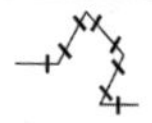

Part 02 에너지설비 관리

01 CHAPTER 보일러의 부속장치 및 부속품

01 | 안전장치

안전장치의 종류

- 안전밸브
- 방출밸브 및 방출관
- 가용전
- 방폭문
- 화염검출기
- 전자밸브
- 수위경보장치
- 증기압력제한장치(증기압력제한기 및 조절기)

1) 분출양정에 따른 안전밸브의 분류

종류	밸브의 양정	분출용량(kg/h)
저양정식	밸브의 양정이 변좌구경의 1/40 이상~1.15 미만	분출용량 $= \frac{(1.03P+1)SC}{22}$
고양정식	밸브의 양정이 변좌구경의 1/15 이상~1.7 미만	분출용량 $= \frac{(1.03P+1)SC}{10}$
전양정식	밸브의 양정이 변좌구경의 1/7 이상	분출용량 $= \frac{(1.03P+1)SC}{5}$
전량식	변좌지름이 목부지름의 1.15배 이상	분출용량 $= \frac{(1.03P+1)AC}{2.5}$

여기서, P : 분출압력(최고사용압력)(MPa)

S : 안전밸브시트 단면적(mm^2)

C : 상수(증기온도 280℃ 이하, 최고사용압력 11.77MPa 이하인 경우는 1로 한다.)

A : 목부 최소증기단면적(mm^2)

※ 분출용량이 큰 순서 : 전량식 > 전양정식 > 고양정식 > 저양정식

2) 화염검출기

연소실 내의 화염상태를 감시하여 실화 및 불착화 시 그 신호를 전자밸브로 보내 연료를 차단하고 연소실 내 연료의 누설을 방지하여 연소가스폭발을 방지하는 안전장치로, 점화 시에는 불꽃 검출 후에 연료밸브를 열도록 되어 있다.

▶ **화염검출기의 종류**

종류	작동원리
플레임 아이	화염의 발광체(방사선, 적외선, 자외선)를 이용하여 검출
플레임 로드	가스의 이온화(전기전도성)를 이용하여 검출
스택스위치	화염의 발열체를 이용하여 검출

3) 전자밸브(solenoid valve, 연료차단밸브)의 고장 원인

① 용수철의 절손이나 장력 저하
② 전자코일의 절연 저하
③ 밸브축의 구부러짐이나 절손
④ 연료나 배관 내의 이물질 퇴적
⑤ 각 접점의 접촉 불량
⑥ 밸브 시트의 변형이나 손상
⑦ 밸브의 작동이 원활히 되지 않는 코일의 소손

02 | 급수장치

급수장치의 급수계통

급수탱크 → 연수기 → 응결수탱크 → 급수관 → 여과기 → 급수펌프 → 수압계 → 급수온도계 → 급수량계 → 인젝터 → 급수체크밸브 → 급수정지밸브 → 급수내관
※ 제올라이트 및 탈기기는 급수처리장치이다.

1) 급수펌프(feed water pump)

(1) 터빈펌프와 벌류트펌프의 비교

① 터빈펌프(turbine pump)

㉠ 안내날개가 있다.
㉡ 고양정(20m 이상) 고압 보일러에 사용된다.
㉢ 단수조정하여 토출압력을 조정할 수 있다.
㉣ 효율이 높고 안정된 성능을 얻을 수 있다.
㉤ 구조가 간단하고 취급이 용이하여 보수관리가 편리하다.
㉥ 토출흐름이 고르고 운전상태가 조용하다.
㉦ 고속회전에 적합하며 소형 경량이다.

② 벌류트펌프(volute pump)

㉠ 안내날개가 없다.
㉡ 저양정(20m 미만) 저압 보일러에 사용된다.

(2) 급수펌프의 소요동력 계산식

$$\text{펌프의 축동력}(L_s)=\frac{9.8QH}{\eta_p(\text{펌프효율})}[\text{kW}]$$

※ 물의 비중량(γ_w)$=9,800\text{N/m}^3=9.8\text{kN/m}^3$

▶ **펌프의 상사법칙**

구분	산식
토출량(양수량)	$Q_2=Q_1\left(\frac{N_2}{N_1}\right)\left(\frac{D_2}{D_1}\right)^3$
축동력(마력)	$P_2=P_1\left(\frac{N_2}{N_1}\right)^3\left(\frac{D_2}{D_1}\right)^5$
양정	$H_2=H_1\left(\frac{N_2}{N_1}\right)^2\left(\frac{D_2}{D_1}\right)^2$
효율	$\eta_1=\eta_2$

(3) 펌프의 운전 중 발생되는 이상현상

① 캐비테이션현상(cavitation, 공동현상)

㉠ 캐비테이션현상의 발생조건
- 펌프와 흡수면의 수직거리가 너무 길 때(흡입양정이 지나치게 길 때)
- 날개차의 원주속도가 클 경우 및 날개차의 모양이 적당하지 않을 경우
- 관로 내에 온도 상승 시(관 속을 유동하고 있는 물속의 어느 부분이 고온일수록)
- 과속으로 유량이 증대될 때(펌프 입구 부분)
- 흡입관 입구 등에서 마찰저항이 증대될 때

㉡ 캐비테이션현상의 방지대책
- 양흡입펌프를 사용한다.
- 펌프를 2대 이상 설치한다.
- 펌프의 회전수를 낮추어 흡입 비교회전도를 적게 한다.
- 펌프의 설치위치를 낮추어 흡입양정을 짧게 한다.
- 관지름을 크게 하고 흡입측의 저항을 최소로 줄인다.
- 수직축펌프를 사용한다.
- 회전차를 수중에 완전히 잠기게 한다(액중펌프를 사용한다).

② 서징현상(surging, 맥동현상) : 펌프를 운전하였을 때 주기적으로 운동, 양정, 토출량이 규칙적으로 변동하는 현상으로 펌프 입구 및 출구에 설치된 진공계(연성계), 압력계의 지침이 흔들림과 동시에 유량이 감소하는 현상이다.

㉠ 펌프의 송출압력과 송출유량 사이에 주기적인 변동이 일어나는 현상이다.
㉡ 압축기와 펌프에서 공통으로 일어날 수 있는 현상이다.
㉢ 서징현상의 발생원인
- 펌프의 양정곡선이 산형이고, 그 사용범위가 우상 특성일 때
- 토출량(수량)조정밸브가 수조(물탱크)나 공기저장기보다 하류에 있을 때
- 토출배관 중에 수조 또는 공기저장기가 있을 때

㉣ 서징현상의 방지대책
- 방출밸브 등을 사용하여 펌프 속의 양수량을 서징할 때의 양수량 이상으로 증가시킨다.
- 임펠러나 가이드베인의 형상과 치수를 바꾸어 그 특성을 변화시킨다.
- 관로에 불필요한 잔류공기를 제거하고 관로의 단면적 및 유속 등을 변화시킨다.

③ 수격작용(water hammering)

㉠ 펌프에서 물을 압송하고 있을 때 정전 등으로 급히 펌프가 멈춘 경우와 수량조절밸브를 급히 개폐한 경우 등 관 내의 유속이 급변하면서 물에 심한 압력변화가 생기는 현상이다.

㉡ 수격작용의 방지법
- 토출구에 완폐 체크밸브를 설치하고 밸브를 적당히 제어한다.
- 관지름을 크게 하고 관 내 유속을 느리게 한다(1m/s 정도).
- 관로 내에 공기실이나 조압수조(surge tank)를 설치한다(압력 상승 시 공기가 완충역할을 하여 고압 발생을 막는다).
- 플라이휠을 설치하여 펌프속도의 급변을 막는다.
- 수주 분리가 발생할 염려가 있는 부분에서는 공기밸브를 설치하여 부압이 되면 자동적으로 공기를 흡입하여 이를 방지시킨다.

2) 인젝터(injector)

증기의 열에너지를 압력에너지로 전환시키고, 다시 운동에너지로 바꾸어 급수하는 비동력용 급수장치이다. 즉 보일러에서 발생하는 증기의 분사력을 이용하여 급수하는 저압 보일러용 급수장치이다.

① 보일러에서 발생된 증기를 이용하여 급수하는 예비급수장치이다.
② 1개월에 1회 시운전을 하고 작동이 양호한지를 확인한다.
③ 즉시 연료(열)의 공급이 차단되지 않아 과열될 염려가 있는 보일러에 설치한다.

▶ **인젝터의 장단점**

장점	• 구조가 간단하고 취급이 용이하다. • 설치장소를 적게 차지한다. • 증기와 물이 혼합되어 급수가 예열되는 효과가 있다. • 가격이 저렴하다.
단점	• 양수효율이 낮다. • 급수량 조절이 어렵다. • 이물질의 영향을 많이 받는다.

3) 급수탱크의 수위조절기

종류	특징
플로트식	• 기계적으로 작동이 확실하다. • 수면의 변화에 좌우된다. • 플로트로의 침수 가능성이 있다.
부력형	• 내식성이 강하다. • 물의 움직임에 영향을 받는다.
수은스위치	• 내식성이 있다. • 수면의 유동에서도 영향을 받는다.
전극형	• on-off의 스팬이 긴 경우는 적합하지 않다. • 스팬의 조절이 곤란하다.

03 | 보일러 계측장치

1) 수면계의 설치기준

① 증기 보일러에는 2개 이상 설치한다.
② 소형 관류 보일러는 1개 이상 설치 가능하다.
③ 단관식 관류 보일러는 설치하지 않아도 된다.
④ 최고사용압력이 1MPa 이하로 동체의 안지름이 750mm 미만인 경우에는 1개는 다른 종류의 수면측정장치로 하여도 무방하다.
⑤ 2개 이상의 원격지시수면계를 설치하는 경우에 한하여 유리수면계를 1개 이상으로 할 수 있다.

2) 수면계의 파손원인

① 유리관의 상하 중심선이 일치하지 않을 경우
② 유리에 갑자기 열을 가했을 때(유리의 열화)
③ 수면계의 조임너트를 너무 조인 경우
④ 내·외부에서 충격을 받았을 때
⑤ 유리관의 상하 중심선이 일치하지 않을 경우

04 | 매연분출장치

보일러 전열면의 외측에 붙어 있는 그을음 및 재를 압축공기나 증기를 분사하여 제거하는 장치로 주로 수관식 보일러에 사용한다. 이것은 증기분사에 의한 것과 압축공기에 의한 것이 널리 사용되고 있는데, 구조상 회전식과 리트랙터블형(retractable type)으로 구분된다. 용도에 따라 디슬래거(deslagger), 건타입(gun type) 수트 블로어, 에어 히터 클리너 등이 있다.

05 | 분출장치

1) 분출의 목적

① 보일러수 중의 불순물의 농도를 한계치 이하로 유지하기 위해
② 슬러지분을 배출하여 스케일 생성 방지

③ 프라이밍 및 포밍 발생 방지
④ 부식 발생 방지
⑤ 보일러수의 pH 조절 및 고수위 방지

2) 분출의 종류

(1) 수면분출(연속분출)

보일러수보다 가벼운 불순물(부유물)을 수면상에서 연속적으로 배출시킨다.

> **열회수방법**
> • 플래시탱크를 이용하는 방법
> • 열교환기를 이용하는 방법

(2) 수저분출(단속분출)

보일러수보다 무거운 불순물(침전물)을 동저부에서 필요시 단속적으로 배출시킨다.

3) 분출시기

① 연속운전 보일러는 부하가 가장 작을 때 실시한다(증기 발생량이 가장 적을 때).
② 보일러수면에 부유물이 많을 때 실시한다.
③ 보일러수저에 슬러지가 퇴적하였을 때 실시한다.
④ 보일러수가 농축되었을 때 실시한다.
⑤ 포밍 및 프라이밍이 발생하는 경우 실시한다.
⑥ 단속운전 보일러는 다음날 보일러 가동하기 전에 실시한다(불순물이 완전히 침전되었을 때).

4) 분출밸브의 크기

① 분출밸브의 크기는 호칭 25mm 이상으로 한다.
② 다만, 전열면적이 $10m^2$ 이하인 경우에는 20mm 이상으로 할 수 있다.

5) 분출량 계산

① 응축수를 회수하지 않는 경우

$$분출량=\frac{xd}{r-d}[L/day]$$

② 응축수를 회수하는 경우

$$분출량=\frac{x(1-R)d}{r-d}[L/day]$$

여기서, x : 1일 급수량(L/day)
r : 관수 중의 고형분(ppm)
d : 급수 중의 고형분(ppm)
R : 응축수 회수율(%)

06 | 폐열회수장치

보일러의 배기가스의 여열을 회수하여 보일러 효율을 향상시키기 위한 장치로 일종의 열교환기이다(배기가스에 의한 열손실 16~20%). 폐열회수장치가 연소가스와 접하는 순서는 '과열기 → 재열기 → 절탄기 → 공기예열기' 순이다.

> **[핵심체크]**
> 증발관(연소실) → 과열기 → 재열기 → 절탄기 → 공기예열기 → 집진기 → 연돌
> • 설치순서는 잘 알고 있어야 한다.
> • 연돌에서 가장 가까이에 설치되는 폐열회수장치는 공기예열기이다.
> • 증발관 다음에 설치되는 폐열회수장치는 과열기이다.

1) 과열기(super heater)

(1) 과열기의 설치목적

보일러 본체에서 발생한 포화증기를 압력은 변화 없이 온도만 상승시켜 과열증기로 만드는 장치이다.

(2) 과열기 설치 시 장점

① 같은 압력의 포화증기보다 보유열량이 많다.
② 증기 중의 수분이 없기 때문에 부식 및 수격작용이 생기지 않는다.
③ 증기의 마찰저항이 감소된다.
④ 열효율이 증가된다.

(3) 과열기 설치 시 단점

① 가열표면의 온도를 일정하게 유지하기 곤란하다.
② 가열장치에 큰 열응력이 발생한다.
③ 직접 가열 시 열손실이 증가한다.
④ 과열기 표면에 고온부식이 발생되기 쉽다.
※ 고온부식을 일으키는 성분 : 바나듐(V)

(4) 과열기의 분류(종류)

① 전열방식(설치위치)에 따라 : 대류식(접촉식), 방사식(복사식), 대류방사식(접촉복사식)
② 연소가스의 흐름에 따라 : 병류형, 향류형, 혼류형
③ 연소방식에 따라 : 직접연소식, 간접연소식

2) 절탄기(economizer, 급수예열기)

(1) 절탄기의 역할

보일러에서 배출되는 배기가스의 여열을 이용하여 급수를 예열하는 장치로 이코노마이저라고도 한다.

(2) 절탄기 설치 시 장점

① 관수와 급수의 온도차가 적어 보일러의 부동팽창(열응력)을 경감시킨다.
② 증기 발생시간이 단축된다.
③ 급수 중의 일부 불순물이 제거된다.
④ 열효율이 향상되고 연료가 절약된다(10℃ 상승 시 1.5% 향상).

(3) 절탄기 설치 시 단점

① 통풍저항이 커진다(통풍력이 감소한다).
② 연소가스의 온도 저하로 저온부식이 발생될 우려가 있다.
※ 저온부식을 일으키는 성분 : 황(S)
③ 연도 내의 청소 및 점검이 어려워진다.
④ 설비비가 비싸고 취급에 기술을 요한다.
⑤ 조작범위가 넓어진다.

3) 공기예열기(air preheater)

(1) 공기예열기의 역할

배기가스의 여열을 이용하여 연소용 공기를 예열 공급하는 폐열회수장치이다.

(2) 공기예열기 설치 시 이점

① 연료와 공기의 혼합이 양호해진다.
② 적은 과잉 공기로 완전 연소가 가능하다(이론공기에 가깝게 연소시킬 수 있다. 2차 공기량을 줄여 완전 연소시킬 수 있다).
③ 연소효율 및 연소실 열부하가 증대되어 노내 온도가 높아진다.
④ 보일러 효율이 향상된다(25℃ 상승 시 1% 향상).

(3) 공기예열기 설치 시 단점

① 통풍저항이 커진다(통풍력이 감소한다).
② 연소가스의 온도 저하로 저온부식이 발생될 우려가 있다.
③ 조작범위가 넓어진다.
④ 설비비가 비싸고 취급에 기술을 요한다.
⑤ 연도 내의 청소 및 점검이 어려워진다.

07 | 송기장치

1) 기수분리기(steam separator)

(1) 설치목적

수관식 보일러의 증기 속에 함유된 수분을 분리하여 증기의 건도를 높이는 장치로, 증기부에 보통 1/150~1/400의 기울기로 설치되어 증기가 흐르는 도중에 생기는 물을 한 곳에 모이게 하는 장치이다.

(2) 기수분리기의 종류

① 사이클론형 : 원심력을 이용한다.
② 배플식 : 방향 전환을 이용한다(관성력).
③ 스크루버형 : 파도형의 다수 강판을 조합한 것이다(장애판, 방해판 이용).
④ 건조스크린형 : 여러 겹의 그물망을 이용한다.

2) 송기 시 발생되는 이상현상

(1) 프라이밍(priming, 비수현상)

① 보일러의 급격한 증발현상 등으로 인해 동수면 위로 물방울이 솟아올라 증기 속에 포함되는 현상이다.
② 프라이밍의 발생원인
㉠ 증기압력을 급격히 강하시킨 경우
㉡ 보일러수위에 심한 약동이 있는 경우
㉢ 주증기밸브를 급개할 때(부하의 급변)
㉣ 증기 발생속도가 빠를 때
㉤ 고수위 운전 시(증기부가 작은 경우 = 수부가 클 경우)
㉥ 보일러의 증발능력에 비하여 보일러수의 표면적이 작을수록
㉦ 증기를 갑자기 발생시킨 경우(급격히 연소량이 증대하는 경우)
㉧ 증기의 소비량(수요량)이 급격히 증가한 경우
㉨ 증기 발생이 과다할 때(증기부하가 과대한 경우)

(2) 포밍(forming, 물거품 솟음현상)

① 관수 중에 유지분 불순물(부유물 용존가스) 등이 수면상으로 떠오르면서 수면이 물거품으로 덮이는 현상이다.
※ 포밍 발생에 가장 큰 영향을 주는 물질 : 유지분

② 포밍의 발생원인
㉠ 보일러수가 농축된 경우
㉡ 청관제 사용이 부적당할 경우
㉢ 보일러수 중에 유지분 부유물 및 가스분 등 불순물이 다량 함유되었을 때
㉣ 증기부하가 과대할 때

(3) 캐리오버(carryover, 기수공발현상)

① 증기 속에 혼입된 물방울 및 불순물 등을 증기배관으로 운반하는 현상(동 밖으로 취출되는 현상)으로 보일러수면이 너무 높을 경우에 발생될 우려가 크다. 액적 또는 거품이 증기에 혼입되는 기계적 캐리오버와 실리카(silica)와 같이 증기 중에 용해된 성분 그대로 운반되어지는 선택적 캐리오버로 분류한다.
※ 기수공발의 발생원인은 프라이밍의 발생원인과 같다.

② 캐리오버로 인하여 나타날 수 있는 현상
㉠ 수격작용 발생원인
㉡ 증기배관 부식원인
㉢ 증기의 열손실로 인한 열효율 저하

3) 신축장치(expansion joints)

증기배관의 신축량(열팽창)을 흡수하여 변형 및 파손 방지를 위해 설치하는 장치로 강관은 30m마다, 동관은 20m마다 설치한다.

4) 감압밸브(reducing valve, 리듀싱밸브)

(1) 감압밸브의 설치목적

① 고압을 저압으로 바꾸어 사용하기 위해
② 고압측의 압력변동에 관계없이 저압측의 압력을 항상 일정하게 유지하기 위해
③ 고・저압을 동시에 사용하기 위해
④ 부하변동에 따른 증기의 소비량을 줄이기 위해

(2) 감압밸브의 종류

① 작동방법에 따라 : 피스톤식, 다이어프램식, 벨로즈식
② 제어방식에 따라
㉠ 자력식 : 파일럿 작동식(널리 사용), 직동식
㉡ 타력식

5) 증기헤더(steam header)

(1) 증기헤더의 역할

보일러에서 발생한 증기를 한 곳에 모아 증기의 공급량(사용량)을 조절하여 불필요한 증기의 열손실을 방지하기 위한 증기분배기로, 보일러 주증기관과 부하측 증기관 사이에 설치한다.

(2) 증기헤더의 설치 시 장점

① 증기 발생과 공급의 균형을 맞춰 보일러와 사용처의 안정을 기한다.
② 종기 및 정지가 편리하다.
③ 불필요한 증기의 열손실을 방지한다.
④ 증기의 과부족을 일부 해소한다.

6) 증기트랩(steam trap)

(1) 증기트랩의 역할

① 증기 사용 설비배관 내의 응축수를 자동적으로 배출하여 수격작용을 방지한다.
② 증기트랩은 단지 밸브의 개폐기능만을 가지고 있으며, 응축수의 배출은 증기트랩 앞의 증기압력과 뒤의 배압과의 차이, 즉 차압에 의해 배출된다. 배압이 과도하게 되면 설비 내에 응축수가 정체될 수 있다.

(2) 증기트랩의 종류

① 열역학적 트랩
㉠ 응축수와 증기의 열역학적 특성차를 이용하여 분리
㉡ 종류 : 오리피스형, 디스크형
② 기계식 트랩
㉠ 응축수와 증기의 비중차를 이용하여 분리
㉡ 종류 : 버킷형(상향, 하향), 플로트형(레버, 프리)
③ 온도조절식 트랩
㉠ 응축수와 증기의 온도차를 이용하여 분리
㉡ 종류 : 바이메탈형, 벨로즈형, 다이어프램형

(3) 증기트랩의 구비조건

① 마찰저항이 적을 것
② 구조가 간단할 것
③ 응축수를 연속적으로 배출할 수 있을 것
④ 정지 후에도 응축수빼기가 가능할 것

⑤ 공기빼기가 가능할 것
⑥ 내식성, 내마모성, 내구성이 클 것
⑦ 유량 및 유압이 소정범위 내에 변하여도 작동이 확실할 것
⑧ 진동 및 워터해머에 강할 것
⑨ 증기 누출 및 공기장애가 없을 것
⑩ 배압허용도가 높을 것

(4) 증기트랩의 고장원인

뜨거워지는 이유	차가워지는 이유
• 배압이 높을 경우 • 밸브에 이물질 혼입 • 용량 부족 • 벨로즈 마모 및 손상	• 배압이 낮을 경우 • 기계식 트랩 중 압력이 높을 경우 • 여과기가 막힌 경우 • 밸브가 막힌 경우

08 | 급수관리

ppb(parts per billion)

10억분율을 말하는 것으로 물 1kg 중에 포함되어 있는 물질의 용질 μg수(μg/kg)를 ppb로 표시하며, ppm보다 용질의 농도가 작을 때 사용한다. 또는 1ton 중에 함유된 물질의 mg수(mg/m^3)로 표시할 수 있다.

1) 부식(corrosion)

① 일반부식 : pH가 낮은 경우, 즉 H^+ 농도가 높은 경우 철의 표면을 덮고 있던 수산화 제1철($Fe(OH)_2$)이 중화되면서 부식이 진행될 뿐만 아니라 용존가스(O_2, CO_2)와 반응하여 물 또는 중탄산철($Fe(HCO_3)_2$)이 되어 부식을 일으킨다.

$$Fe+2H_2CO_3 \rightarrow Fe(HCO_3)_2+H_2$$

② 점식(pitting) : 강표면의 산화철이 파괴되면서 강이 양극, 산화철이 음극이 되면서 전기화학적으로 부식을 일으킨다. 점식을 방지하려면 용존산소 제거, 아연판 매달기, 방청도장, 보호피막, 약한 전류통전을 실시한다.
③ 가성취화 : 수중의 알칼리성용액인 수산화나트륨(NaOH)에 의하여 응력이 큰 금속표면에서 생기는 미세균열을 말한다.

가성취화현상이 집중되는 곳

- 리벳 등의 응력이 집중되어 있는 곳
- 주로 인장응력을 받는 부분
- 겹침이음 부분
- 곡률반경이 작은 노통의 플랜지 부분

02 CHAPTER 연소장치, 통풍장치, 집진장치

01 | 액체연료의 연소방식

① 기화연소방식
② 무화(분무)연소방식
③ 액체연료의 무화방식

무화의 목적

- 연료의 단위질량당 표면적을 크게 한다(연료와 공기의 접촉면적을 많게 한다).
- 공기와의 혼합을 좋게 한다(완전 연소가 가능하다).
- 연소효율 및 연소실 열부하를 높게 한다.

가열온도가 너무 높은 경우 미치는 영향 (점도가 너무 낮다)

- 탄화물의 생성원인이 된다(버너화구에 탄화물이 축적된다).
- 관 내에서 기름이 분해를 일으킨다(연료소비량이 증대, 맥동연소의 원인, 역화의 원인).
- 분무(사)각도가 흐트러진다.
- 분무상태가 불균일해진다.

가열온도가 너무 낮을 경우 미치는 영향 (점도가 너무 높다)

- 화염의 편류현상이 발생한다(불길이 한쪽으로 치우친다).
- 카본 생성원인이 된다.
- 무화가 불량해진다.
- 그을음 및 분진 등이 발생한다.

02 | 보염장치(착화와 화염안전장치)

보염장치의 종류에 버너타일(burner tile), 보염기(스태빌라이저), 윈드박스(wind box, 바람상자), 콤버스터 등이 있다.

03 | 통풍장치

1) 통풍방식의 분류

① 자연통풍방식 : 배기가스와 외기의 온도차(비중차, 비질량차, 밀도차)에 의해 이루어지는 통풍방식으로, 굴뚝의 높이와 연소가스의 온도에 따라 일정한 한도를 갖는다.

② 강제통풍방식

㉠ 압입통풍방식 : 연소실 입구측에 송풍기를 설치하여 연소실 내로 공기를 강제적으로 밀어넣는 방식이다.

㉡ 흡입통풍방식 : 연도 내에 배풍기를 설치하여 연소가스를 송풍기로 흡입하여 빨아내는 방식이다.

㉢ 평형통풍방식 : 압입통풍방식과 흡입통풍방식을 병행하는 통풍방식이다. 즉 연소실 입구에 송풍기, 굴뚝에 배풍기를 각각 설치한 형태이다.

※ 강제통풍방식 중 풍압 및 유속이 큰 순서 : 평형통풍 > 흡입통풍 > 압입통풍

2) 통풍력의 영향

① 통풍력이 너무 크면

㉠ 보일러의 증기 발생이 빨라진다.

㉡ 보일러 열효율이 낮아진다.

㉢ 연소율이 증가한다.

㉣ 연소실 열부하가 커진다.

㉤ 연료소비가 증가한다.

㉥ 배기가스온도가 높아진다.

② 통풍력이 너무 작으면

㉠ 배기가스온도가 낮아져 저온부식의 원인이 된다.

㉡ 보일러 열효율이 낮아진다.

㉢ 통풍이 불량해진다.

㉣ 연소율이 낮아진다.

㉤ 연소실 열부하가 작아진다.

㉥ 역화의 위험이 커진다.

㉦ 완전 연소가 어렵다.

이론통풍력(Z)

$$Z = 273H\left(\frac{r_a}{t_a + 273} - \frac{r_g}{t_g + 273}\right)$$
$$= 355H\left(\frac{1}{T_a} - \frac{1}{T_g}\right) [\text{mmH}_2\text{O}]$$

여기서, H : 연돌의 높이(m)
r_a : 외기의 비중량(N/m^3)
t_a : 외기온도(℃)
r_g : 배기가스의 비중량(N/m^3)
t_g : 배기가스온도(℃)
T_a : 외기의 절대온도(K)
T_g : 배기가스의 절대온도(K)

3) 송풍기의 비례법칙(성능변화, 상사법칙)

① 송풍량 : $Q_2 = Q_1\left(\frac{N_2}{N_1}\right)\left(\frac{D_2}{D_1}\right)^3 [\text{m}^3/\text{min}]$

② 전압 : $P_2 = P_1\left(\frac{N_2}{N_1}\right)^2\left(\frac{D_2}{D_1}\right)^2 [\text{mmH}_2\text{O}]$

③ 축동력 : $L_2 = L_1\left(\frac{N_2}{N_1}\right)^3\left(\frac{D_2}{D_1}\right)^5 [\text{kW}]$

④ 효율 : $\eta_1 = \eta_2 [\%]$

여기서, D : 날개의 지름(mm), N : 회전수(rpm)

04 | 매연농도계의 종류

① 링겔만 농도표 : 매연농도의 규격표(0~5도)와 배기가스를 비교하여 측정하는 방법이다.

② 매연포집질량제 : 연소가스의 일부를 뽑아내어 석면이나 암면의 광물질 섬유 등의 여과지에 포집시켜 여과지의 질량을 전기출력으로 변환하여 측정하는 방법이다.

③ 광전관식 매연농도계 : 연소가스에 복사광선을 통과시켜 광선의 투과율을 산정하여 측정하는 방법이다.

④ 바카라치(Bacharach) 스모그테스터 : 일정 면적의 표준 거름종이에 일정량의 연소가스를 통과시켜서 거름종이 표면에 부착된 부유 탄소입자들의 색농도를 표준번호가 있는 색농도와 육안 비교하여 매연농도 번호(smoke No)로서 표시하는 방법이다.

05 | 폐가스의 오염 방지

대기환경 규제대상물질

유황산화물, 질소산화물, 일산화탄소, 그을음, 분진(검댕, 먼지)

06 | 집진장치

1) 집진장치의 역할

집진장치는 배기가스 중의 분진 및 매연 등의 유해물질을 제거하여 대기오염을 방지하기 위해 연도 등에 설치하는 장치이다.

2) 집진장치의 종류

① **건식 집진장치** : 중력식 집진기, 관성력식 집진기, 원심력식(사이클론식) 집진기, 여과식(백필터) 집진기, 음파 집진장치

② **습식(세정식) 집진장치** : 유수식 집진기, 가압수식 집진기, 회전식 집진기

③ **전기식 집진장치** : 코트렐 집진기(건식, 습식)

03 CHAPTER 연소 계산 및 열정산

01 | 연소 계산

1) 개요

(1) 연소의 3대 조건

① 가연성분 : 탄소(C), 수소(H), 황(S)

② 산소공급원

③ 점화원(불씨)

(2) 연료별 연소반응식

연료	연소반응	고위발열량(H_2) [kJ/Nm³]	산소량(O_o) [Nm³/Nm³]	공기량(A_o) [Nm³/Nm³]
수소(H_2)	$H_2+\frac{1}{2}O_2=H_2O$	12767.3	0.5	2.38
일산화탄소(CO)	$CO+\frac{1}{2}O_2=CO_2$	12704.51	0.5	2.38
메탄(CH_4)	$CH_4+2O_2=CO_2+2H_2O$	39892.58	2	9.52
아세틸렌(C_2H_2)	$C_2H_2+\frac{5}{2}O_2=2CO_2+H_2O$	58938.88	2.5	11.9
에틸렌(C_2H_4)	$C_2H_4+3O_2=2CO_2+2H_2O$	63962.08	3	14.29
에탄(C_2H_6)	$C_2H_6+\frac{7}{2}O_2=2CO_2+3H_2O$	70366.66	3.5	16.67
프로필렌(C_3H_6)	$C_3H_6+\frac{9}{2}O_2=3CO_2+3H_2O$	39682.68	4.5	21.44
프로판(C_3H_8)	$C_3H_8+5O_2=3CO_2+4H_2O$	102012.82	5.0	23.81
부틸렌(C_4H_8)	$C_4H_8+6O_2=4CO_2+4H_2O$	125914.88	6.0	28.57
부탄(C_4H_{10})	$C_4H_{10}+\frac{13}{2}O_2=4CO_2+5H_2O$	133993.86	6.5	30.95
반응식	$C_mH_n+\left(m+\frac{n}{4}\right)O_2=mCO_2+\frac{n}{2}H_2O$	-	$m+\frac{n}{4}$	$O_o\times\frac{1}{0.21}$

2) 산소량 및 공기량 계산식

(1) 이론산소량(O_o)

연료를 산화하기 위한 이론적 최소산소량이다.

① 고체 및 액체연료의 경우

㉠ $O_o = 2.67C + 8\left(H - \frac{O}{8}\right) + S[kg'/kg]$

㉡ $O_o = 1.867C + 5.6\left(H - \frac{O}{8}\right) + 0.7S[Nm^3/kg]$

> $\left(H - \frac{O}{8}\right)$를 유효수소수라 하며 연료 중에 포함된 산소가 연소 전에 수소와 반응하여 실제 연소에 영향을 주는 가연성분인 수소는 감소하게 된다. 따라서 실제 연소 가능한 수소를 유효수소(자유수소)라고 한다.

② 기체연료의 경우

$O_o = 0.5(H_2 + CO) + 2CH_4 + 2.5C_2H_2 + 3C_2H_4 + 3.5C_2H_6 + \cdots - O_2[Nm^3/Nm^3]$

(2) 이론공기량(A_o)

연료(fuel)를 완전 연소시키는 데 이론상으로 필요한 최소의 공기량으로, 공기 중 산소의 질량 조성과 용적 조성으로 구할 수 있다.

① 고체 및 액체연료의 경우

㉠ $A_o = \frac{O_o}{0.232} = \frac{1}{0.232}\left\{2.67C + 8\left(H - \frac{O}{8}\right) + S\right\} = 11.49C + 34.49\left(H - \frac{O}{8}\right) + 4.31S$ [kg'/kg]

㉡ $A_o = \frac{O_o}{0.21} = \frac{1}{0.21}\left\{1.867C + 5.6\left(H - \frac{O}{8}\right) + 0.7S\right\} = 8.89C + 26.7\left(H - \frac{O}{8}\right) + 3.33S$ $[Nm^3/kg]$

② 기체연료의 경우

$A_o = \{0.5(H_2 + CO) + 2CH_4 + 2.5C_2H_2 + 3C_2H_4 + 3.5C_2H_6 + \cdots - O_2\} \times \frac{1}{0.21}[Nm^3/Nm^3]$

(3) 실제 공기량(A_a)

이론산소량에 의해 산출된 이론공기량을 연료와 혼합하여 실제 연소할 경우의 이론공기량으로, 완전 연소가 불가능하기 때문에 실제 이론공기량 이상의 공기를 공급하게 된다.

실제 공기량(A_a)
= 이론공기량(A_o) + 과잉공기량(A_s)
= $m\,A_o$(= 공기비 × 이론공기량)

(4) 공기비(과잉공기계수, m)

이론공기량에 대한 실제 공기량의 비로 공기비에 따라 연소에 미치는 영향이 다르다.

$$m = \frac{\text{실제 공기량}(A_a)}{\text{이론공기량}(A_o)} = \frac{A_o + (A_a - A_o)}{A_o} = 1 + \frac{A_a - A_o}{A_o}$$

여기서 $A_a - A_o$을 과잉공기량이라 하며 완전 연소 과정에서 공기비(m)는 항상 1보다 크다.

① 과잉공기량($A_a - A_o$) $= (m-1)A_o[Nm^3/kg,\ Nm^3/Nm^3]$

② 과잉공기율 $= (m-1) \times 100\%$

3) 배기가스와 공기비(m) 계산식

(1) 배기가스 분석성분에 따른 공기비 계산식

① 완전 연소 시(H_2, CO성분이 없거나 아주 적은 경우) 공기비

$$m = \frac{N_2}{N_2 - 3.76O_2}$$

② 불완전 연소 시(배기가스 중에 CO성분 포함) 공기비

$$m = \frac{N_2}{N_2 - 3.76(O_2 - 0.5CO)}$$

③ 탄산가스 최대치(CO_{2max})에 의한 공기비

$$m = \frac{CO_{2max}}{CO_2}$$

(2) 공기비가 클 때(과잉공기량 증가) 나타나는 현상

① 연소실 내 연소온도가 감소
② 배기가스에 의한 열손실 증대
③ SO_3(무수황산)량의 증가로 저온부식원인
④ 고온에서 NO_2 발생이 심하여 대기오염 유발

(3) 공기비가 작을 때 나타나는 현상

① 미연소연료에 의한 열손실 증가
② 불완전 연소에 의한 매연 발생 증가
③ 연소효율 감소
④ 미연가스에 의한 폭발사고의 위험성 증가

4) 최대탄산가스율(CO_{2max})

① 완전 연소 시 $CO_{2max} = \dfrac{21CO_2[\%]}{21 - O_2[\%]}$

② 불완전 연소 시

$$CO_{2max} = \frac{21(CO_2[\%] + CO[\%])}{21 - O_2[\%] + 0.395CO[\%]}$$

5) 연소가스량

① 이론 습연소가스량(G_{ow})
=이론 건연소가스량(G_{od})+연소 생성 수증기량
㉠ G_{ow}=이론 건연소가스량(G_{od})+(9H+W)
$=(1-0.232)A_o+3.67C+2S+N+(9H+W)[kg/kg]$
㉡ G_{ow}
=이론 건연소가스량(G_{od})+1.244(9H+W)
$=(1-0.21)A_o+1.867C+0.7S+0.8N+1.244(9H+W)[Nm^3/kg]$

② 이론 건연소가스량(G_{od})
=이론 습연소가스량(G_{ow})−연소 생성 수증기량
㉠ $G_{od}=(1-0.232)A_o+3.67C+2S+N[kg/kg]$
㉡ $G_{od}=(1-0.21)A_o+1.867C+0.7S+0.8N[Nm^3/kg]$

③ 실제 습연소가스량(G_w)=이론 습연소가스량(G_{ow})+과잉공기량[$(m-1)A_o$]
㉠ $G_w=(m-0.232)A_o+3.67C+2S+N+(9H+W)[kg/kg]$
㉡ $G_w=(m-0.21)A_o+1.867C+0.7S+0.8N+1.244(9H+W)[Nm^3/kg]$

④ 실제 건연소가스량(G_d)=이론 건연소가스량(G_{od})+과잉공기량[$(m-1)A_o$]
㉠ $G_d=(m-0.232)A_o+3.67C+2S+N[kg/kg]$
㉡ $G_d=(m-0.21)A_o+1.867C+0.7S+0.8N[Nm^3/kg]$

6) 발열량

① 고위발열량(H_h) : 수증기의 증발잠열을 포함한 연소열량(총발열량)
고위발열량(kJ/kg)
$$=33906.6C+142,324\left(H-\frac{O}{8}\right)+10,465S$$

② 저위발열량(H_L) : 수증기의 증발잠열을 제외한 연소열량(진발열량)
㉠ 고체 및 액체연료의 저위발열량(kJ/kg)=고위발열량(H_h)−2,512(9H+W)
㉡ 기체연료의 저위발열량(kJ/Nm^3)=고위발열량(H_h)−2009.28(H_2O몰수)

7) 연돌(굴뚝)

① 연돌의 높이가 높을수록 자연통풍력이 증가한다.
② 연돌의 상부 단면적이 클수록 통풍력이 증가한다.
③ 매연 등을 멀리 확산시켜 대기오염을 줄인다.
④ 연돌을 보온 처리하면 배기가스와 외기의 온도차가 커져 통풍력이 증가한다.

연돌의 상부 단면적 계산식

$$A = \frac{G(1+0.0037t_g)\dfrac{P_g}{760}}{3,600V}[m^2]$$

여기서, G : 연소가스량(=연료 1kg당 실제 연소가스량(Nm^3/kg)×시간당 연료사용량(kg/h))(Nm^3/h)
t_g : 배기가스온도(℃)
P_g : 배기가스압력(mmHg)
V : 배기가스유속(m/s)

02 | 열정산

열정산(heat balance)이란 연소장치에 의하여 공급되는 입열과 축열과의 관계를 파악하는 것으로 열감정 또는 열수지라고도 한다.

열정산의 목적

- 장치 내의 열의 행방 파악
- 조업(작업)방법 개선
- 열설비의 신축 및 개축 시 기초자료 활용
- 열설비성능 파악

1) 열정산의 결과 표시

(1) 입열항목(피열물이 가지고 들어오는 열량)

① 연료의 저위발열량(연료의 연소열)

② 연료의 현열

③ 공기의 현열

④ 노 내 분입증기 보유열

※ 입열항목 중 가장 큰 항목은 연료의 저위발열량이다.

(2) 출열항목

① 미연소분에 의한 열손실

② 불완전 연소에 의한 열손실

③ 노벽 방사전도손실

④ 배기가스손실(열손실항목 중 배기에 의한 손실이 가장 크다)

⑤ 과잉공기에 의한 열손실

(3) 순환열

설비 내에서 순환하는 열로서 공기예열기의 흡수열량, 축압기의 흡수열량, 과열기의 흡수열량 등이 있다.

2) 습포화증기(습증기)의 비엔탈피

$$h_x = h' + x(h'' - h') = h' + x\gamma \text{[kJ/kg]}$$

여기서, x : 건조도

γ : 물의 증발열(=2,256kJ/kg)

h' : 포화수의 비엔탈피(kJ/kg)

h'' : 건포화증기의 비엔탈피(kJ/kg)

3) 상당증발량

$$m_e = \frac{m_a(h_2 - h_1)}{2{,}256} \text{[kg/h]}$$

여기서, m_a : 실제 증발량(kg/h)

h_2 : 발생증기의 비엔탈피(kJ/kg)

h_1 : 급수의 비엔탈피(kJ/kg)

4) 보일러 마력과 효율

① 보일러 마력

$$BPS = \frac{m_e}{15.65} = \frac{m_a(h_2 - h_1)}{35306.4} \text{[BPS]}$$

② 보일러 효율 : $\eta_B = \frac{m_a(h_2 - h_1)}{H_L \times m_f} \times 100\%$

$$= \frac{2{,}256 m_e}{H_L \times m_f} \times 100\%$$

5) 연소효율과 전열효율

① 연소효율(η_c)=$\frac{\text{실제 연소열량}}{\text{연료의 발열량}} \times 100\%$

② 전열효율(η_r)=$\frac{\text{유효열량}(Q_A)}{\text{실제 연소열량}} \times 100\%$

③ 열효율(η)=$\frac{\text{유효열량}}{\text{공급열}} \times 100\%$

6) 증발계수

$$\text{증발계수} = \frac{m_e}{m_a} = \frac{h_2 - h_1}{2{,}256}$$

7) 증발배수

① 실제 증발배수=$\frac{\text{실제 증기 발생량}(m_a)}{\text{연료소비량}(m_f)}$

② 환산(상당)증발배수=$\frac{\text{상당증발량}(m_e)}{\text{연료소비량}(m_f)}$

8) 전열면 증발률

$$\text{전열면 증발률} = \frac{\text{시간당 증기 발생량}(m)}{\text{전열면적}(A)} \text{[kg/m}^2 \cdot \text{h]}$$

9) 보일러 부하율

$$\text{보일러 부하율} = \frac{\text{시간당 증기 발생량}(m)}{\text{시간당 최대증발량}(m_e)} \times 100\%$$

Part 03 계측 및 제어

01 CHAPTER 계측방법

01 | 계측기

1) 계측기의 구비조건

① 구조가 간단하고 취급이 용이할 것
② 견고하고 신뢰성이 있을 것
③ 보수가 용이할 것
④ 구입이 용이하고 값이 쌀 것(경제적일 것)
⑤ 원격제어(remote control)가 가능하고 연속측정이 가능할 것

2) 측정의 종류

① 직접측정 ② 간접측정
③ 비교측정 ④ 절대측정

> [핵심 POINT]
> • 절대오차=측정값 − 참
> • 오차율 $= \dfrac{\text{측정값} - \text{참값}}{\text{참값}} \times 100\%$
> • 교정=참값 − 측정값
> • 교정률 $= \dfrac{\text{참값} - \text{측정값}}{\text{측정값}} \times 100\%$

3) 정확도와 정밀도

① **정확도** : 오차가 작은 정도, 즉 참값에 대한 한쪽으로 치우침이 작은 정도
② **정밀도** : 측정값의 흩어짐의 정도로, 여러 번 반복하여 처음과 비슷한 값이 어느 정도 나오는가 하는 것

02 | 저항온도계와 열전대온도계의 비교

구분	저항온도계	열전대온도계
원리	온도에 따른 금속저항변화량	두 접점의 온도차에 의해 열기전력(제벡효과)
측정재료	백금, 니켈, 동, 서미스터	백금, 크로멜, 알루멜, 콘스탄탄, 철, 구리 등
표시계기	휘트스톤브리지	전위차계
장점	상온의 평균온도계	좁은 장소의 온도 계측
단점	전원장치 필요	기준 접점장치 필요

03 | 유체 계측(측정)

1) 점성계수(viscosity coefficient) 계측

점성계수를 측정하는 점도계로는 스토크스법칙을 기초로 한 '낙구식 점도계', 하겐−포아젤의 법칙을 기초로 한 'Ostwald 점도계'와 'Saybolt 점도계', 뉴턴의 점성법칙을 기초로 한 'MacMichael 점도계'와 'Stomer 점도계' 등이 있다.

2) 유속 측정

① **피토관(pitot in tube)** : 피토관은 직각으로 굽은 관으로 선단에 있는 구멍을 이용하여 유속을 측정한다.

$$V_0 = \sqrt{2g\Delta h}\ [\text{m/s}]$$

② **시차액주계** : $V_1 = \sqrt{2gR'\left(\dfrac{S_0}{S} - 1\right)}\ [\text{m/s}]$

③ **피토−정압관(pitot−static tube)**

$$V_1 = C\sqrt{2gR'\left(\frac{S_0}{S} - 1\right)}\ [\text{m/s}]$$

④ **열선속도계(hot−wire anemometer)** : 두 개의 작은 지지대 사이에 연결된 가는 선(지름 0.1mm 이하, 길이 1mm 정도)을 유동장에 넣고 전기적으로 가열하여 난류유동과 같은 매우 빠르게 변하는 유체의 속도를 측정할 수 있다.

3) 유량 측정

유량을 측정하는 장치로는 벤투리미터, 노즐, 오리피스, 로터미터, 위어 등이 있다.

① 벤투리미터

$$Q = \frac{C_v A_2}{\sqrt{1-\left(\frac{A_2}{A_1}\right)^2}}\sqrt{\frac{2g}{\gamma}(p_1 - p_2)}$$

$$= \frac{C_v A_2}{\sqrt{1-\left(\frac{d_2}{d_1}\right)^4}}\sqrt{2gR'\left(\frac{S_0}{S}-1\right)}[\mathrm{m^3/s}]$$

② 유동노즐(flow nozzle)

$$Q = CA_2\sqrt{\frac{2g}{\gamma}(p_1 - p_2)}\,[\mathrm{m^3/s}]$$

③ 오리피스(orifice)

$$Q = CA_0\sqrt{\frac{2g}{\gamma}(p_1 - p_2)}$$

$$= CA_0\sqrt{2gR'\left(\frac{S_0}{S}-1\right)}\,[\mathrm{m^3/s}]$$

④ 위어(weir) : 개수로의 유량을 측정하기 위하여 수로에 설치한 장애물로서, 위어 상단에서 수면까지의 높이(H)를 측정하여 유량을 구한다.

㉠ 전폭위어 : 대유량 측정에 사용

$$Q = \frac{2}{3}CB\sqrt{2g}\,H^{\frac{3}{2}}[\mathrm{m^3/min}]$$

㉡ 사각위어

$$Q = KbH^{\frac{3}{2}}[\mathrm{m^3/min}]$$

㉢ 삼각위어 : 소유량 측정에 사용

$$Q = KH^{\frac{5}{2}}[\mathrm{m^3/min}]$$

$$Q_a = \frac{8}{15}C\tan\frac{\theta}{2}\sqrt{2g}\,H^{\frac{5}{2}}[\mathrm{m^3/min}]$$

04 | 송풍기 및 펌프의 성능 특성

1) 송풍기

(1) 소요동력(축동력)

$$L_s = \frac{P_t Q}{\eta_f}[\mathrm{kW}] = \frac{P_s Q}{\eta_s}[\mathrm{kW}]$$

여기서, P_t : 송풍기 전압(kPa)
P_s : 송풍기 정압(kPa)
Q : 송풍량($\mathrm{m^3/s}$)
η_f : 전압효율
η_s : 정압효율

(2) 상사법칙

① 송풍량 : $Q_2 = Q_1\left(\frac{N_2}{N_1}\right) = Q_1\left(\frac{D_2}{D_1}\right)^3$

② 전압 : $P_2 = P_1\left(\frac{N_2}{N_1}\right)^2 = P_1\left(\frac{D_2}{D_1}\right)^2$

③ 축동력 : $L_2 = L_1\left(\frac{N_2}{N_1}\right)^3 = L_1\left(\frac{D_2}{D_1}\right)^5$

여기서, N : 회전수(rpm), D : 임펠러 직경(mm)

(3) 비속도

$$n_s = \frac{N\sqrt{Q}}{P^{\frac{3}{4}}}$$

여기서, N : 회전수(rpm), Q : 송풍량($\mathrm{m^3/min}$)
P : 풍압(mmAq)

(4) 용량제어

① 토출댐퍼에 의한 제어
② 흡입댐퍼에 의한 제어
③ 흡입베인에 의한 제어
④ 회전수에 의한 제어
⑤ 가변피치제어

2) 펌프

(1) 소요동력(축동력)

$$L_s = \frac{9.8QH}{\eta_\rho}[\mathrm{kW}]$$

여기서, γ : 물의 비중량(=9,800N/$\mathrm{m^3}$ =9.8kN/$\mathrm{m^3}$)
H : 전수두(전양정)(m)
Q : 유량($\mathrm{m^3/s}$), η_p : 펌프효율

(2) 상사법칙

① 유량 : $Q_2 = Q_1\left(\frac{N_2}{N_1}\right) = Q_1\left(\frac{D_2}{D_1}\right)^3$

② 전양정 : $H_2 = H_1\left(\frac{N_2}{N_1}\right)^2 = H_1\left(\frac{D_2}{D_1}\right)^2$

③ 축동력 : $L_2 = L_1\left(\frac{N_2}{N_1}\right)^3 = L_1\left(\frac{D_2}{D_1}\right)^5$

여기서, N : 회전수(rpm), D : 임펠러 직경(mm)

(3) 비속도

$$n_s = \frac{N\sqrt{Q}}{H^{\frac{3}{4}}}$$

여기서, N : 회전수(rpm), Q : 토출량(m^3/min)
H : 전양정(m)

(4) 용량제어

① 정속 – 정풍량제어
② 가변속 – 가변유량제어

05 | 유량계 측정방법 및 원리

측정방법	측정원리	종류
속도수두	전압과 정압의 차에 의한 유속 측정	피토관(pitot tube)
유속식	프로펠러나 터빈의 회전수 측정	바람개비형, 터빈형
차압식	교축기구 전후의 차압 측정	오리피스, 벤투리관, 플로-노즐
용적식	일정한 용기에 유체를 도입시켜 측정	오벌식, 가스미터, 루츠, 로터리팬, 로터리피스톤
면적식	오리피스판을 설치하여 테이퍼 플로트(float)의 전·후 차압으로 유량을 측정	플로트형(로터미터), 게이트형, 피스톤형
와류식	와류의 생성속도 검출	카르먼식, 델타, 스와르미터
전자식	도전성 유체에 자장을 형성시켜 기전력 측정	전자유량계
열선식	유체에 의한 가열선의 흡수열량 측정	미풍계, 서멀(thermal) 유량계, 토마스미터
초음파식	도플러효과 이용	초음파유량계

06 | 측정의 제어회로 및 장치

1) 논리적회로(AND gate, 직렬회로)

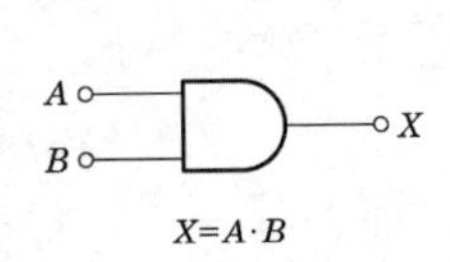

A	B	X
0	0	0
0	1	0
1	0	0
1	1	1

2) 논리합회로(OR gate, 병렬회로)

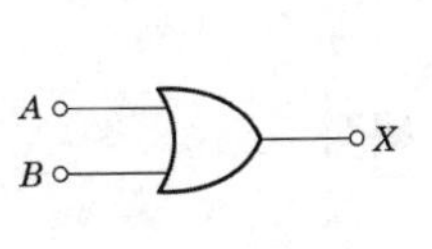

A	B	X
0	0	0
0	1	1
1	0	1
1	1	1

3) 논리부정회로(NOT gate)

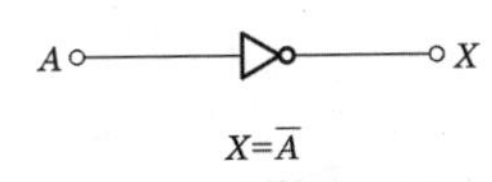

A	X
0	1
1	0

4) NAND회로(NAND gate)

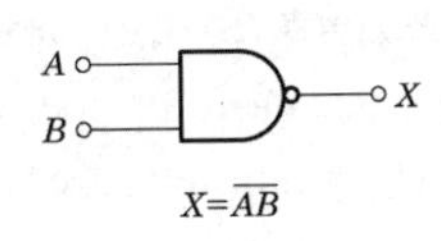

A	B	X
0	0	1
0	1	1
1	0	1
1	1	0

5) NOR회로(NOR gate)

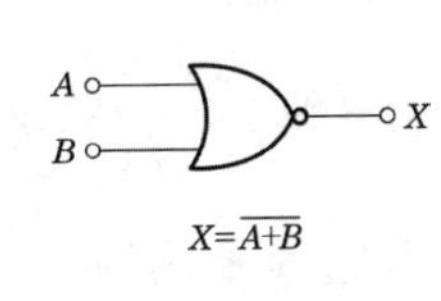

A	B	X
0	0	1
0	1	0
1	0	0
1	1	0

6) 배타적 논리합회로(Exclusive OR gate)

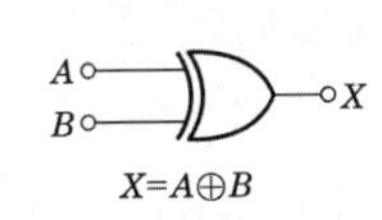

A	B	X
0	0	0
0	1	1
1	0	1
1	1	0

02 CHAPTER 가스의 분석 및 측정

01 | 연소가스 분석의 목적

① 연료의 연소상태 파악
② 연소가스의 조성 파악
③ 공기비 파악 및 열손실 방지
④ 열정산 시 참고자료

02 | 가스분석계의 종류 및 특징

1) 오르자트(Orsat)식 연소가스분석계

시료가스를 흡수제에 흡수시켜 흡수 전후의 체적변화를 측정하여 조성을 정량하는 방법이며, 100cc 체적의 뷰렛과 수준병, 고무관, 흡수병, 연결관으로 구성되어 있다.

(1) 분석순서 및 흡수제의 종류

① 분석순서 : $CO_2 \rightarrow O_2 \rightarrow CO$
② 흡수제의 종류
㉠ CO_2 : KOH 30% 수용액(순수한 물 70cc + KOH 30g 용해)
㉡ O_2 : 알칼리성 피로갈롤(용액 200cc + 15~20g의 피로갈롤 용해)
㉢ CO : 암모니아성 염화 제1구리용액(암모니아 100cc 중 + 7g의 염화 제1구리 용해)
㉣ $N_2 = 100 - (CO_2 + O_2 + CO)$

(2) 특징

① 구조가 간단하며 취급이 용이하다.
② 숙련되면 고정도를 얻는다.
③ 수분은 분석할 수 없다.
④ 분석순서를 달리하면 오차가 발생한다.

2) 가스 크로마토그래피(gas chromatograph)법

흡착제를 충전한 통 한쪽에 시료를 이동시킬 때 친화력이 각 가스마다 다르기 때문에 이동속도의 차이로 분리되어 측정실 내로 들어오면서 측정하는 것으로 O_2와 NO_2를 제외한 다른 성분가스를 모두 분석할 수 있다. 분석 시에는 고체 충전제를 넣어 놓고 캐리어 가스인 H_2, N_2, He 등의 혼합된 시료가스를 칼럼 속에 통하게 하여 측정한다.
① 여러 종류의 가스 분석이 가능하다.
② 선택성이 좋고 고감도 측정이 가능하다.
③ 시료가스의 경우 수 cc로 충분하다.
④ 캐리어가스가 필요하다.
⑤ 동일 가스의 연속 측정이 불가능하다.
⑥ 적외선 가스분석계에 비하여 응답속도가 느리다.
⑦ SO_2 및 NO_2가스는 분석이 불가능하다.

03 | 습도(humidity) 측정

① 절대습도(specific humidity, x) : 건조공기 1kg에 대한 수증기 질량

$$x = 0.622\frac{P_w}{P-P_w} = 0.622\frac{\phi P_s}{P-\phi P_s}\,[\text{kg}'/\text{kg}]$$

② 상대습도(relative humidity) : 습공기 수증기분압(P_w)과 동일 온도의 포화습공기 수증기분압(P_s)과의 비

$$\phi = \frac{P_w}{P_s} \times 100\%$$

③ 포화도(비교습도) : 습공기(불포화공기) 절대습도(x_w)와 포화습공기 절대습도(x_s)와의 비

$$\psi = \frac{x_w}{x_s} \times 100\%$$

여기서, $x_w = 0.622\dfrac{\phi P_s}{P-\phi P_s}\,[\text{kg}'/\text{kg}]$

$x_s = 0.622\dfrac{P_s}{P-P_s}\,[\text{kg}'/\text{kg}]$

Part 04 에너지 실무

01 CHAPTER 에너지 관리 및 사용기준(열효율, 열손실열량)

01 | 보일러 용량 및 성능

1) 실제 증발량(m_a)

압력과 온도에 관계없이 급수량에 정비례한 증발량이다. 즉, 실제 시간당 발생한 증기 발생량(kg/h)이다.

2) 상당증발량(환산증발량, m_e)

실제 증발량을 기준증발량으로 환산하였을 때의 증발량이다.

$$m_e = \frac{m_a(h_2 - h_1)}{2,256}\,[\text{kg/h}]$$

여기서, h_1 : 급수의 비엔탈피(kJ/kg)
h_2 : 습포화증기의 비엔탈피(kJ/kg)

※ 물의 증발(잠)열(γ)=539kcal/kg
=2,256kJ/kg

3) 보일러 마력

1보일러 마력이란 1시간에 15.65kg의 상당증발량을 갖는 보일러의 마력으로, 100℃ 물 15.65kg을 1시간에 같은 온도의 증기로 변화시킬 수 있으며 8,435kcal/h(≒9.81kW=35306.4kJ/h)의 열을 흡수하여 증기를 발생할 수 있는 능력이다.

$$\text{보일러 마력} = \frac{m_e}{15.65} = \frac{m_a(h_2 - h_1)}{35306.4}$$

4) 전열면 증발률

① **전열면 증발률** : 1시간 동안 보일러 전열면적 1m^{2}에 대한 실제 발생한 증기량과의 비

$$\text{전열면 증발률} = \frac{m_a}{A}\,[\text{kg/m}^2 \cdot \text{h}]$$

② **전열면 환산증발률** : 1시간 동안 보일러 전열면적 1m^{2}에 대한 상당증기량과의 비

$$R_e = \frac{m_e}{A} = \frac{m_a(h_2 - h_1)}{2,256A}\,[\text{kg/m}^2 \cdot \text{h}]$$

③ **전열면 열부하** : 1시간 동안 보일러 전열면적 1m^{2}에 대한 증기 발생에 소요된 열량과의 비

$$H_b = \frac{m_a(h_2 - h_1)}{A}\,[\text{kg/m}^2 \cdot \text{h}]$$

④ **매시 연료소비량** : 시간당 연료소비량

$$m_f = \frac{\text{전체 연료소비량}}{\text{시간}}\,[\text{kg/h}]$$

⑤ **증발계수** : 상당증발량과 실제 증발량의 비

$$\text{증발계수} = \frac{m_e}{m_a} = \frac{h_2 - h_1}{2,256}$$

⑥ **증발배수**

㉠ 실제 증발배수 : 1시간 동안 실제 증발량(m_a)과 연료소비량(m_f)의 비

$$\text{실제 증발배수} = \frac{m_a}{m_f}$$

㉡ 환산증발배수 : 1시간 동안 환산증발량(상당증발량, m_e)과 연료소비량(m_f)의 비

$$\text{환산(상당)증발배수} = \frac{m_e}{m_f}$$

⑦ **보일러 부하율** : 1시간 동안 연료의 연소에 의해서 실제로 발생되는 증발량과 최대 연속증발량과의 비

$$\text{보일러 부하율} = \frac{\text{실제 증발량}(m_a)}{\text{최대연속증발량}} \times 100\%$$

⑧ **연소실 열부하(열 발생률)** : 1시간 동안 발생되는 열량과 연소실 체적(V_c)의 비

$$\text{연소실 열부하} = \frac{m_f(H_L + Q_1 + Q_2)}{V_c}\,[\text{kJ/m}^3 \cdot \text{h}]$$

여기서, m_e : 상당증발량(kg/h)
m_a : 실제 증발량(kg/h)
A : 전열면적(m^2)
h_1 : 급수의 비엔탈피(kJ/kg)

h_2 : 습포화증기의 비엔탈피(kJ/kg)
m_f : 시간당 연료소비량(kg/h)
H_L : 연료의 저위발열량(kJ/kg)
Q_1 : 연료의 현열(kJ/kg)
Q_2 : 공기의 현열(kJ/kg)

02 | 보일러 효율

1) 보일러 종류별 효율

(1) 증기 보일러의 효율

$$\eta = \frac{m_a(h_2 - h_1)}{H_L \times m_f} \times 100\% = \frac{2{,}256 m_e}{H_L \times m_f} \times 100\%$$

$= 전효율 \times 연소효율 \times 100\%$

(2) 온수 보일러의 효율

$$\eta = \frac{Q}{H_L \times m_f} = \frac{mC\Delta t}{H_L \times m_f} \times 100\%$$

여기서, m_e : 상당증발량(kg/h)
m_a : 실제 증발량(kg/h)
m_f : 시간당 연료소비량(kg/h)
m : 시간당 온수공급량(kg/h)
H_L : 연료의 저위발열량(kJ/kg)
h_1 : 급수의 비엔탈피(=급수온도×급수비열=급수온도×4.186)(kJ/kg)
h_2 : 포화증기의 비엔탈피(kJ/kg)

2) 효율의 종류

① **연소효율(η_c)** : 연료 1kg에 대하여 완전 연소를 기준으로 한 이론상의 발열량과 실제 연소했을 때의 발열량과의 비율

$$\eta_c = \frac{Q_a}{H_L} \times 100\% = \frac{H_L - (L_e + L_i)}{H_L} \times 100\%$$

② **전열효율(η_f)** : 실제 연소된 연료의 연소열이 전열면을 통하여 유효하게 이용된 열과 연소열과의 비율

$$\eta_f = \frac{Q_e}{Q_a} \times 100\%$$

$$= \frac{H_L - (L_e + L_i + L_1 + L_5)}{H_L - (L_e + L_i)} \times 100\%$$

③ **열효율(η)** : 장치 및 기기에 투입된 총열량에 대한 실제로 장치 및 기기에 사용된 열량의 비

$$\eta = \frac{Q_e}{H_L} \times 100\%$$

$$= \frac{H_L - (L_e + L_i + L_1 + L_5)}{H_L} \times 100\%$$

$$= \eta_c \eta_f$$

여기서, H_L : 연료의 저위발열량(kJ/kg)
Q_a : 실제 발생열량(kJ/kg)
L_e : 미연탄소에 의한 손실열량(kJ/kg)
L_i : 불완전 연소에 의한 손실열량(kJ/kg)
Q_e : 유효열량(kJ/kg)
L_1 : 배기가스에 의한 열손실(kJ/kg)
L_5 : 방산열에 의한 열손실(kJ/kg)

④ **열효율 향상대책**
㉠ 손실열을 최대한 줄인다.
㉡ 장치에 맞는 설계조건과 운전조건을 선택한다.
㉢ 전열량을 증가시킨다.
㉣ 단속조업에 따른 열손실을 방지하기 위하여 연속조업을 실시한다.
㉤ 장치에 적당한 연료와 작동법을 채택한다.

신 · 재생에너지

01 | 개요

1) 신에너지

기존의 화석연료를 변환시켜 이용하거나 수소 · 산소 등의 화학반응을 통하여 전기 또는 열을 이용하는 에너지로서 다음의 어느 하나에 해당하는 것을 말한다.

① 수소에너지
② 연료전지
③ 석탄을 액화 · 가스화한 에너지 및 중질잔사유를 가스화한 에너지로서 대통령령으로 정하는 기준 및 범위에 해당하는 에너지

④ 그 밖에 석유·석탄·원자력 또는 천연가스가 아닌 에너지로서 대통령령으로 정하는 에너지

2) 재생에너지

햇빛·물·지열·강수·생물유기체 등을 포함하는 재생 가능한 에너지를 변환시켜 이용하는 에너지로서 다음의 어느 하나에 해당하는 것을 말한다.

① 태양에너지
② 풍력
③ 수력
④ 해양에너지
⑤ 지열에너지
⑥ 생물자원을 변환시켜 이용하는 바이오에너지로서 대통령령으로 정하는 기준 및 범위에 해당하는 에너지
⑦ 폐기물에너지(비재생폐기물로부터 생산된 것은 제외)로서 대통령령으로 정하는 기준 및 범위에 해당하는 에너지
⑧ 그 밖에 석유·석탄·원자력 또는 천연가스가 아닌 에너지로서 대통령령으로 정하는 에너지

02 | 태양광발전

1) 태양광발전시스템

태양광발전시스템은 태양전지를 이용하여 전력을 생산, 이용, 계측, 감시, 보호, 유지관리 등을 수행하기 위해 구성된 시스템이라고 한다.

① 태양전지 어레이(PV array) : 입사된 태양 빛을 직접 전기에너지로 변환하는 부분인 태양전지나 배선, 그리고 이것들을 지지하는 구조물을 총칭하여 태양전지 어레이라 한다.
② 축전지(battery storage) : 발전한 전기를 저장하는 전력 저장, 축전기능을 갖고 있다.
③ 인버터(inverter) : 발전한 직류를 교류로 변환하는 기능을 한다.
④ 제어장치

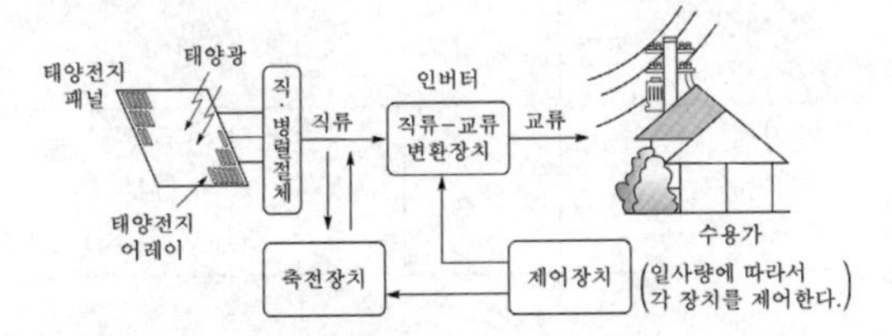

2) 태양광발전의 특징

(1) 태양에너지의 장점

① 태양에너지의 양은 무한하다. 부존자원과는 달리 계속 사용하더라도 고갈되지 않는 영구적인 에너지이다.
② 태양에너지는 무공해자원이다. 태양에너지는 청결하며 안전하다.
③ 지역적인 편재성이 없다. 다소 차이는 있으나 어떠한 지역에서도 이용 가능한 에너지이다.
④ 유지 보수가 용이하며 무인화가 가능하다.
⑤ 수명이 길다(약 20년 이상).

(2) 태양에너지의 단점

① 에너지의 밀도가 낮다. 태양에너지는 지구 전체에 넓고 얇게 퍼져 있어 한 장소에 비춰주는 에너지의 양이 매우 작다.
② 태양에너지는 간헐적이다. 야간이나 흐린 날에는 이용할 수 없으며 경제적이고 신뢰성이 높은 저장 시스템을 개발해야 한다.
③ 전력생산량이 지역별 일사량에 의존한다.
④ 설치장소가 한정적이고 시스템비용이 고가이다.

03 | 태양열시스템

태양에너지는 에너지밀도가 낮고 계절별, 시간별 변화가 심한 에너지이므로 집열과 축열기술이 가장 기본이 되는 기술이다.

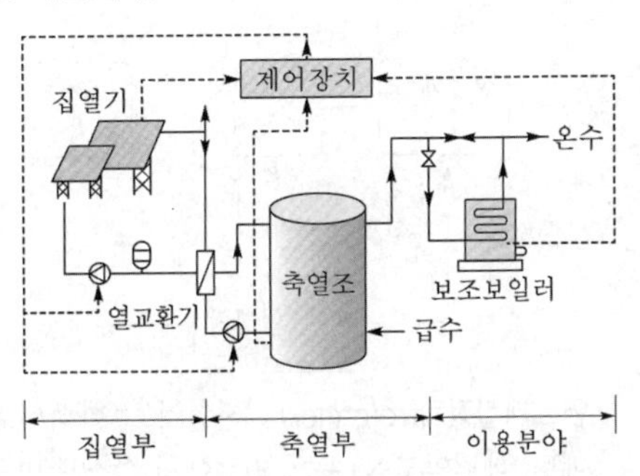

구분		활용온도	집열부	축열부	이용분야
자연형	저온용	60℃	자연형 시스템 공기식 집열기	Trombe Wall(자갈, 현열)	건물공간 난방
설비형	중온용	100℃ 이하	평판형 집열기	저온축열 (현열, 잠열)	냉난방, 급탕, 농수산(건조, 난방)
	고온용	300℃ 이하	PTC형 집열기, CPC형 집열기, 진공관형 집열기	중온축열 (잠열, 화학)	건물 및 농수산분야 냉난방, 담수화, 산업공정열, 열발전
		300℃ 이상	Dish형 집열기, Power Tower	고온축열 (화학)	산업공정열, 열발전, 우주용, 광촉매폐수 처리

※ PTC : Parabolic Through Solar Collector

※ CPC : Compound Parabolic Collector

※ 이용분야를 중심으로 분류하면 태양열온수급탕시스템, 태양열냉난방시스템, 태양열산업공정열시스템, 태양열발전시스템 등이 있다.

04 | 연료전지시스템(fuel-cell system)

1) 연료전지 발전의 구성

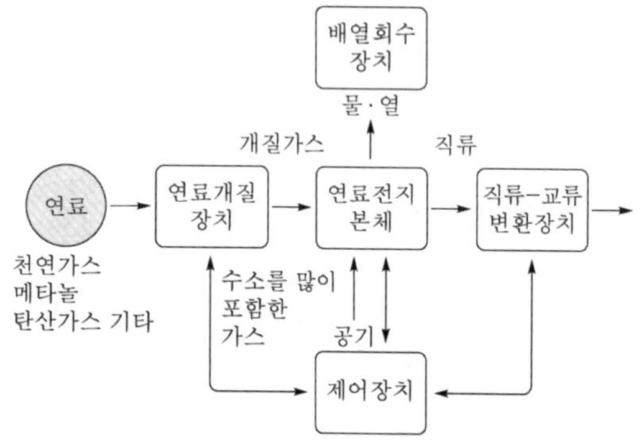

① 연료개질장치(reformer) : 천연가스(화석연료 : 메탄, 메틸알코올) 등의 연료에서 수소를 만들어 내는 장치

② 연료전지 본체(stack) : 수소와 공기 중의 산소를 투입 또는 반응시켜 직접 직류전력을 생산

③ 인버터(inverter) : 생산된 직류전력을 교류전력으로 변환시키는 부분

④ 제어장치 : 연료전지 발전소 전체를 자동제어하는 장치부

2) 연료전지 발전의 특징

(1) 장점

① 에너지변환효율이 높다.

② 부하 추종성이 양호하다.

③ 모듈형태의 구성이므로 Plant 구성 및 고장 시 수리가 용이하다.

④ CO_2, NO_x 등 유해가스 배출량이 적고 소음이 작다.

⑤ 배열의 이용이 가능하여 연료전지 복합 발전을 구성할 수 있다(종합효율은 80%에 달한다).

⑥ 연료로는 천연가스, 메탄올부터 석탄가스까지 사용가능하므로 석유 대체효과가 기대된다.

(2) 단점

① 반응가스 중에 포함된 불순물에 민감하여 불순물을 완전히 제거해야 한다.

② 가격이 높고 내구성이 충분하지 않다.

(3) 신 · 재생에너지 인증대상 품목(연료전지 1종)

고분자 연료전지시스템(5kW 이하 : 계통연계형, 독립형)

3) 연료전지의 종류

구분	전해질	동작온도 (℃)	효율 (%)	효율 (%)
알칼리 (AFC)	알칼리	100 이하	85	우주발사체
인산형 (PAFC)	인산염	220 이하	70	중형 건물 (200kW)
용융 탄산염 (MCFC)	탄산염	650 이하	80	중 · 대형 발전시스템 (100kW)
고체 산화물 (SOFC)	세라믹	1,000 이하	85	소 · 중 · 대용량 발전시스템 (1kW~1MW)
고분자 전해질 (PEMFC)	이온 교환막	100 이하	75	가정용, 자동차 (1~10kW)
직접 메탄올 (DMFC)	이온 교환막	90 이하	40	소형 이동 핸드폰, 노트북 (1kW 이하)

05 | 지열시스템

1) 지열 히트펌프 냉방사이클

압축기 → 응축기(열교환기) → 팽창밸브 → 증발기

2) 지열시스템 평가 시 주요 확인사항

① 지열시스템의 종류
② 냉난방 COP
③ 순환펌프 동력합계
④ 지열 천공수, 깊이
⑤ 열교환기 파이프지름
⑥ 히트펌프 설계유량 및 용량

06 | 풍력발전시스템

1) 구조상 분류(회전축방향)

① 수평축 풍력시스템(HAWT) : 프로펠러형 등
② 수직축 풍력시스템(VAWT) : 다리우스형, 사보니우스형 등

2) 운전방식

① 정속운전(fixed roter speed type) : 통상 geared형
② 가변속운전(variable roter speed type) : 통상 gearless형

3) 출력제어방식

① pitch(날개각) control
② stall(실속) control

4) 전력사용방식

① 계통연계(유도발전기, 동기발전기)
② 독립전원(동기발전기, 직류발전기)

03 CHAPTER 보일러 자동운전제어

01 | 보일러 자동운전제어

1) 목적

① 작업에 따른 위험부담이 감소한다.
② 보일러의 운전을 안전하게 할 수 있다.
③ 효율적인 운전으로 연료비를 절감시킨다.
④ 인원 절감의 효과와 인건비가 절약이 된다.
⑤ 경제적인 열매체를 얻을 수 있다(일정 기준의 증기공급이 가능하다).
⑥ 사람이 할 수 없는 힘든 조작도 할 수가 있다.

2) 자동제어계의 동작순서

검출 → 비교 → 판단 → 조작

3) 자동제어계의 기본 4대 제어장치

비교부 → 조절부 → 조작부 → 검출부

02 | 제어방법에 의한 분류

1) 시퀀스제어(sequence control)

미리 정해진 순서에 따라 제어의 각 단계가 순차적으로 진행되는 제어방식이다. → 보일러에서는 자동점화 및 소화에 사용된다.

2) 피드백제어(feed back control)

결과를 입력측으로 되돌려 비교부에서 목표값과 비교하여 계속 수정·보완하여 일정한 값을 얻도록 하는 제어로 폐회로로 구성된 제어방식이다.

① 보일러에서는 일반적으로 피드백제어를 많이 사용하며 증기압, 노 내압, 연료량, 공기량, 급수량 등의 제어에 이용된다.
② 결과(출력)를 원인(입력)쪽으로 순환시켜 항상 입력과 출력과의 편차를 수정시키는 동작이다.
③ 자동제어계통의 요소나 그 요소집단의 출력신호를 입력신호로 계속해서 되돌아오게 하는 폐회로 제어이다.

03 | 제어동작에 의한 분류

1) 연속동작

① 비례동작(P동작)
② 적분동작(I동작)
③ 미분동작(D동작)
④ 비례적분동작(PI동작)
⑤ 비례미분동작(PD동작)
⑥ 비례적분미분동작(PID동작)

2) 불연속동작

① 2위치 동작(ON-OFF동작) : 절환동작
② 다위치 동작
③ 불연속 속도동작(부동제어) : 정작동, 역작동

04 | 신호전송방식(조절계, 조절기)과 제어기기

신호(signal)란 자동제어계의 회로에 있어서 일정한 방향으로 연속적으로 전달되는 각종의 변화량을 말하며, 그 방식에는 공기압식, 유압식, 전기식 등이 있다.

1) 공기압식

① 전송거리 : 100~150m 정도
② 작동압력 : 공기압 0.02~0.1MPa 정도
③ 장점
㉠ 배관이 용이하다.
㉡ 위험성이 없다.
㉢ 공기압이 통일되어 있어 취급이 편리하다.
㉣ 동작부의 동특성이 좋다.
④ 단점
㉠ 신호전달에 시간지연이 있다.
㉡ 전송거리가 짧다.
㉢ 희망특성을 살리기가 어렵다.
㉣ 제진, 제습공기를 사용하여야 한다.

2) 유압식

① 전송거리 : 300m 이내
② 작동압력 : 유압 0.02~0.1MPa 정도
③ 장점
㉠ 조작력 및 조작속도가 크다.
㉡ 희망특성의 것을 만들기 쉽다.
㉢ 전송이 지연이 적고 응답이 빠르다.
㉣ 부식의 염려가 없다.
㉤ 조작부의 동특성이 좋다.
④ 단점
㉠ 기름의 누설로 더러워지거나 인화의 위험성이 있다.
㉡ 수기압 정도의 유압원이 필요하다.
㉢ 주위 온도변화에 따른 기름의 유동저항을 고려해야 한다.
㉣ 주위 온도의 영향을 받는다.
㉤ 배관이 까다롭다.

3) 전기식

① 전송거리 : 300~수km까지 가능
② 작동압력 : 4~20mA 또는 10~50mA, DC의 전류
③ 장점
㉠ 배선이 용이하고 복잡한 신호에 적합하다.
㉡ 신호전달에 시간지연이 없다.
㉢ 전송거리가 길고 조작힘이 강하다.
㉣ 컴퓨터와 조합이 용이하고 대규모 설비에 적합하다.
④ 단점
㉠ 보수 및 취급에 기술을 요한다.
㉡ 조작속도가 빠른 비례조작부를 만들기가 곤란하다.
㉢ 방폭이 요구되는 지점은 방폭시설이 요구된다.
㉣ 고온 및 다습한 곳은 곤란하다.
㉤ 조정밸브 모터의 동작에 관성이 크다.

05 | 인터록(interlock)장치

1) 정의

자동제어 시 어느 조건이 구비되지 않으면 그 다음 동작을 정지시키는 장치이다.

2) 종류

① 프리퍼지 인터록 : 점화 전 송풍기가 작동되지 않으면 전자밸브를 열지 않아 점화가 되지 않게 하는 장치
② 저연소 인터록 : 유량조절밸브가 저연소상태가 되지 않으면 전자밸브를 열지 않아 점화를 저지하는 장치
③ 저수위 인터록 : 보일러 수위가 안전저수위가 될 경우 전자밸브를 닫아 소화시키는 장치
④ 압력초과 인터록 : 증기압력이 소정압력을 초과할 경우 전자밸브를 닫아서 연소를 저지하는 장치
⑤ 불착화 인터록 : 버너에서 연료를 분사시킨 후 소정시간 내에 착화되지 않거나 실화 시 전자밸브를 닫아 소화시키는 장치

06 | 보일러 자동제어(ABC)

1) 보일러 자동제어의 종류 및 약호

① 증기온도제어 : STC(steam temperature control)
② 급수제어 : FWC(feed water control)
③ 연소제어 : ACC(automatic combustion control)

2) 보일러 자동제어의 각 제어량과 조작량

종류	제어량	조작량
증기온도제어 (STC)	증기온도	전열량
급수제어 (FWC)	수위	급수량
연소제어 (ACC)	증기압력 (증기 보일러)	연료량 (연료공급량제어)
	온수온도 (온수 보일러)	공기량 (공기공급량제어)
	노 내압력	연소가스량 (연소가스량 배출제어)

3) 수위제어방식

종류	검출요소	적용
1요소식	수위만을 검출	중형 및 소형
2요소식	수위와 증기유량을 동시 검출	보일러의 용량이 크고 수위변동이 심한 보일러
3요소식	수위, 증기유량, 급수유량을 동시 검출	증기부하변동이 심한 대형 수관식 보일러

07 | 증기압력조절기

자동급수조절장치는 보일러의 급수량이 적고 부하변동이 심한 곳에 설치한다.

종류	원리
플로트식 (맥도널식)	플로트의 상하동작의 변위량에 따라서 수은스위치의 접점개폐에 의해 수위를 조절하는 방식
전극식	보일러수가 전기의 양도체인 것을 이용하는 것으로 수중에 전극봉을 넣고 전극봉에 흐르는 전류의 유무에 의해 수위를 조절하는 방식
차압식	수위의 고저를 증기실과 수실의 콘덴서에서 응축된 응축수와의 수두압차에 의해 검출하고 차압발신기에서 조작부로 보내어 급수를 조절하는 방식(중용량 이상에 사용)
코프식 (열팽창식)	기울어지게 부착된 금속제 팽창관의 팽창수축에 의하여 급수를 조절하는 방식. 다시 말해 금속관의 열팽창을 이용하는 방식(액체의 열팽창을 이용하는 것은 베일리식이라 함)

04 CHAPTER 전열(열전달)

1) 전도(conduction)

■ 푸리에의 열전도법칙(Fourier's law of conduction)

$$Q = -KA\frac{dT}{dx}\,[\mathrm{W}]$$

여기서, Q : 전도열량(W)
K : 열전도계수(W/m · K)
A : 전열면적(m^2)
dx : 두께(m)
$\frac{dT}{dx}$: 온도구배

다층벽을 통한 열전도계수

$$\frac{1}{K} = \frac{x_1}{K_1} + \frac{x_2}{K_2} + \frac{x_3}{K_3} = \sum_{i=1}^{n}\frac{x_i}{K_i}$$

원통에서의 열전도(반경방향)

$$Q = \frac{2\pi LK}{\ln\left(\frac{r_2}{r_1}\right)}(t_1 - t_2) = \frac{2\pi L}{\frac{1}{K}\ln\left(\frac{r_2}{r_1}\right)}(t_1 - t_2)\,[\mathrm{W}]$$

2) 대류(convection)

보일러나 열교환기 등과 같이 고체 표면과 이에 접한 유체(liquid or gas) 사이의 열의 흐름을 말한다.

■ 뉴턴의 냉각법칙(Newton's law of cooling)

$$Q = \alpha A(t_w - t_\infty)\,[\mathrm{W}]$$

여기서, α : 대류열전달계수($W/m^2 \cdot K$)
A : 대류전열면적(m^2)
t_w : 벽면온도(℃)
t_∞ : 유체온도(℃)

3) 열관류(고온유체 → 금속벽 내부 → 저온유체측의 열전달)

$Q = KA(t_1 - t_2) = KA(LMTD)$ [kJ/h]

여기서, K : 열관류(통과)율(W/m^2 · K)
t_1 : 고온유체온도(℃)
t_2 : 저온유체온도(℃)
$LMTD$: 대수평균온도차

열관류율(통과율)

$$K = \frac{1}{R} = \frac{1}{\frac{1}{\alpha_1} + \sum \frac{l}{\lambda} + \frac{1}{\alpha_2}} \text{[W/m}^2 \cdot \text{K]}$$

대수평균온도차($LMTD$)

- 대향류(향류형)

$\Delta t_1 = t_1 - t_{w2}$, $\Delta t_2 = t_2 - t_{w1}$

$$\therefore LMTD = \frac{\Delta t_1 - \Delta t_2}{\ln \frac{\Delta t_1}{\Delta t_2}} = \frac{\Delta t_1 - \Delta t_2}{2.303 \log \frac{\Delta t_1}{\Delta t_2}} [℃]$$

- 평행류(병류형)

$\Delta t_1 = t_1 - t_{w1}$, $\Delta t_2 = t_2 - t_{w2}$

$$\therefore LMTD = \frac{\Delta t_1 - \Delta t_2}{\ln \frac{\Delta t_1}{\Delta t_2}} = \frac{\Delta t_1 - \Delta t_2}{2.303 \log \frac{\Delta t_1}{\Delta t_2}} [℃]$$

4) 복사(radiation)

■ 스테판-볼츠만의 법칙(Stefan-Boltzmann's law)

$Q = \varepsilon \sigma A T^4$ [W]

여기서, ε : 복사율($0 < \varepsilon < 1$)
σ : 스테판-볼츠만상수
($= 5.67 \times 10^{-8}$W/m^2 · K^4)
A : 전열면적(m^2), T : 물체표면온도(K)

5) 열전달 시 중요시되는 무차원수

① 레이놀즈수$(Re) = \dfrac{\rho V d}{\mu}$

② 누셀수$(Nu) = \dfrac{hL}{k}$

③ 프란틀수$(Pr) = \dfrac{\nu}{\alpha} = \dfrac{\mu C_p}{k}$

④ 스탠톤수$(St) = \dfrac{Nu}{Re \cdot Pr}$

⑤ 그라쇼프수$(Gr) = \dfrac{g\beta(T_s - T_\infty)L^3}{\nu^2}$

⑥ 스트라홀수$= \dfrac{\text{진동}}{\text{평균속도}} = \dfrac{fd}{V}$

열유속(heat flux)

단위시간, 단위면적당 전달되는 열에너지(W/m^2, J/m^2 · s)를 의미한다.

열확산계수

$$\alpha = \frac{k}{\rho C_p} \text{[m}^2\text{/s]}$$

여기서, k : 열전도계수(W/m · K)
ρ : 밀도(kg/m^3=Ns^2/m^4)
C_p : 정압비열(kJ/kg · K)
d : 관경(mm)
f : 주파수(진동수)

제1편

에너지설비 설계

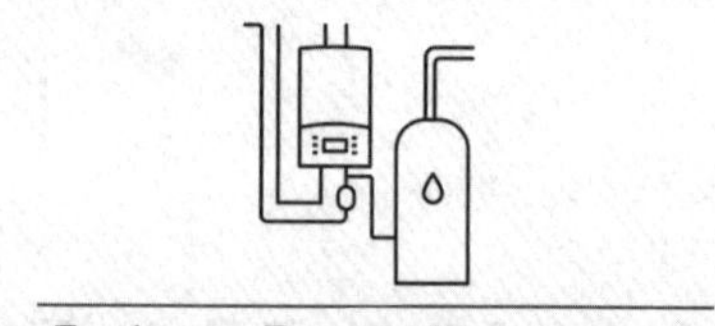
Engineer Energy Management

보일러의 종류 및 특징

1.1 보일러의 개요

보일러(boiler)란 밀폐된 용기 내에 물 또는 열매체를 넣고 대기압보다 높은 증기나 온수를 발생시켜 열 사용처에 공급하는 장치이다.

1) 보일러의 3대 구성요소 중요

(1) 보일러 본체(boiler proper)

기관 본체라고도 하며 원통형 보일러에서는 동(shell), 수관식 보일러에서는 드럼(drum)이라고 한다.

(2) 연소장치(heating equipment)

연료를 연소시키는 데 필요한 장치로, 화염 및 고온의 연소가스를 발생시킨다(연소실, 연도, 연돌(굴뚝), 버너, 화격자 등).

(3) 부속장치(설비)

보일러의 효율적인 운전 및 안전운전을 위한 장치이다(급수장치, 송기장치, 안전장치, 통풍장치, 폐열회수장치, 제어장치 등).

2) 보일러 본체(기관 본체)

보일러를 형성하는 몸체로서 동판과 경판으로 구성되며 원통형(둥글게)으로 제작한다. 단, 주철제 보일러는 상자모양의 섹션으로 구성된 조립식으로 되어 있으며, 관류 보일러는 드럼이 없이 수관만으로 구성되어 있다. 내부에는 물을 담고, 외부의 연소열을 이용하여 증기나 온수를 만드는 용기이다.

(1) 보일러 본체의 수부가 클 경우(넓게 할 경우) 미치는 영향 중요

① 증기 발생시간이 길어지므로 연료소비량이 많아진다.

② 습증기 발생 우려가 크다(프라이밍, 기수공발(캐리오버), 수격작용(워터해머)이 발생될 수 있다).
③ 파열 시 피해가 크므로 고압 및 대용량으로 제작하기 곤란하다.
④ 열효율이 낮아진다.
⑤ 부하변동에 대한 압력변화가 적다(부하변동에 대응하기 쉽다).
⑥ 보일러의 질량이 커진다(무거워진다).

▶ **수관식 보일러와 원통형 보일러의 비교**

구분	수관식 보일러	원통형 보일러
보유수량	적다	많다
파열 시 피해	작다	크다
용도	고압, 대용량	저압, 소용량
압력변화	크다	작다
부하변동에 대한 대응	어렵다	쉽다
급수처리	복잡하다	간단하다
급수조절	어렵다	쉽다
전열면적	크다	작다
증기 발생시간	짧다	길다
효율	높다	낮다
구조	복잡하다	간단하다
제작(가격)	어렵다(고가)	용이하다(저렴)
취급	어렵다(기술 요함)	쉽다

(2) 전열면적

전열면적(A)이란 한쪽에는 물이 접촉하고, 다른 쪽에는 연소가스가 접촉하는 면으로 연소가스가 접촉하는 쪽에서 측정한 면적이다.

① 수관식 보일러의 전열면적
㉠ 완전나관 보일러(A)$=\pi dLn[\mathrm{m}^2]$
㉡ 반나관 보일러(A)$=\dfrac{\pi}{2}dLn[\mathrm{m}^2]$
여기서, d : 수관의 바깥지름(m), L : 수관의 길이(m), n : 수관의 개수

② 원통형 보일러의 전열면적 중요
㉠ 코르니시 보일러(A)$=\pi dL[\mathrm{m}^2]$
㉡ 랭커셔 보일러(A)$=4dL[\mathrm{m}^2]$
㉢ 횡연관 보일러(A)$=\pi L\left(\dfrac{D}{2}+d_o n\right)+D^2[\mathrm{m}^2]$
여기서, D : 동체의 바깥지름(=안지름 + 2×두께)(m), L : 동체의 길이(m)

d_o : 연관의 바깥지름(m), n : 연관의 개수

3) 보일러 수위

(1) 안전저수위 중요

보일러 운전 중 안전상(보안상) 유지해야 할 최저수위를 말한다.

① 보일러 운전 중 수위가 안전저수위 이하로 내려가면 저수위에 의한 과열사고의 원인이 되므로 어떤 경우라도 안전저수위 이상이 되도록 유지해야 한다.

② 보일러 운전 중 수위가 안전저수위 이하로 내려가면 가장 먼저 연료를 차단하여 보일러를 정지시켜야 한다.

③ 수면계 설치 시 수면계의 유리 하단부는 안전저수위와 일치하도록 설치한다.

(2) 상용수위 중요

보일러 운전 중 유지해야 할 적정 수위를 말한다.

① 보일러 운전 중 수위는 항상 일정하게 유지해야 하는데, 바로 이 수위를 상용수위라 한다.

② 보일러의 상용수위는 수면계의 중심(1/2), 동의 2/3~4/5 정도로 한다.

③ 발생증기량은 원칙적으로 급수량에서 산정할 수 있다.

4) 보일러의 분류

구분	종류	구분	종류
연소실의 위치	내분식, 외분식	사용형식	원통형, 수관식
동의 설치방향	입형, 횡형	물의 순환방식	자연순환식, 강제순환식
본체의 구조	노통, 연관, 수관	가열형식	직접식, 간접식

(1) 외분식 보일러와 내분식 보일러의 비교 중요

외분식 보일러	내분식 보일러
• 연소실의 용적이 크다. • 완전 연소가 용이하다. • 연소율이 높아 연소실의 온도가 높다. • 연료의 선택범위가 넓다(저질연료 및 휘발분이 많은 연료의 연소에 적당하다). • 연소실 개조가 용이하다. • 설치장소를 많이 차지한다. • 복사열의 흡수가 작다(노벽을 통한 열손실이 많다).	• 연소실의 용적이 작다(동의 크기에 제한을 받는다). • 완전 연소가 어렵다. • 설치장소를 적게 차지한다. • 역화의 위험이 크다. • 복사(방사)열의 흡수가 많다.

(2) 보일러 설치규격에 따른 분류

구분		내용
재질별		강철제 보일러, 주철제 보일러
형식별	원통 보일러	직립(입형) 보일러, 연관 보일러, 노통 보일러
	수관 보일러	자연순환 보일러, 강제순환 보일러, 관류 보일러
	기타 보일러	섹션 보일러, 특수 보일러
매체별		증기 보일러, 온수 보일러, 열매체 보일러
사용연료별		유류 보일러, 가스 보일러, 석탄 보일러, 목재 보일러, 폐열 보일러, 특수 연료 보일러

(3) 보일러의 종류 중요

구분			내용
원통형 보일러	입형		• 입형 횡관 보일러 • 코크란 보일러 • 입형 연관 보일러
	횡형	노통	• 코르니시 보일러(노통이 1개 설치된 보일러) • 랭커셔 보일러(노통이 2개 설치된 보일러)
		연관	• 횡연관 보일러(외분식) • 기관차 보일러 • 케와니 보일러
		노통 연관	• 스코치 보일러 • 브로든카프스 • 하우덴 존슨 보일러(선박용) • 노통 연관 패키지형 보일러(육용)
수관식 보일러	자연순환식		• 바브코크(경사각 15°) • 스네기찌(경사각 30°) • 다쿠마(경사각 45°) • 야로우 • 가르베(경사각 90°) • 방사 4관 • 스터링(곡관형) • 2동 D형, 3동 A형(곡관형)
	강제순환식		• 라몽트(라몽) • 베록스
	관류식		• 슐처 • 벤슨 • 람진 • 엣모스 • 소형 관류
주철제 보일러			• 주철제 섹션 • 증기 • 온수
특수 보일러	특수 열매체		• 다우섬 • 모발섬 • 수은 • 세큐리티 • 카네크롤
	간접가열		• 슈미트 • 레플러
	폐열		• 하이네 • 리히
	특수 연료		• 바아크(나무껍질) • 바케스 보일러(사탕수수찌꺼기) → 산업폐기물을 연료로 사용
기타			• 원자로 • 전기 보일러

> **보일러 효율 크기**
>
> 관류식 > 수관식 > 노통 연관 > 연관 > 입형(vertical)

1.2 원통형(둥근) 보일러

기관 본체를 둥글게 제작하여 입형이나 횡형으로 설치하는 보일러로, 그 내부에 노통, 연소실, 연관 등이 설치되어 있다. 구조상 고압용으로 하는 것은 곤란하며 동체의 크기에 따라 전열면적이 제한을 받기 때문에 용량이 큰 것은 적당하지 않다. 또한 구조가 간단하고 최고사용압력은 1MPa 이하로 증발량 10ton/h 미만의 보일러가 많이 사용된다. 원통형 보일러의 장단점은 다음과 같다.

장점	단점
• 구조가 간단하고 취급이 용이하다(가격이 저렴하다). • 보유수량이 많아(수부가 커서) 부하변동에 대응하기 쉽다. • 내부 청소, 수리 보수가 쉽다. • 증발속도가 느려 스케일에 대한 영향이 적고 급수처리가 쉽다. • 전열면의 대부분이 수부 중에 설치되어 있어 물의 대류가 쉽다.	• 보일러 효율이 낮다(수관식 보일러에 비하여). • 보일러 가동 후 증기 발생 소요시간이 길다. • 파열 시 피해가 크므로 구조상 고압 대용량에 부적합하다. • 내분식 보일러로 동의 크기에 연소실의 크기가 제한을 받으므로 전열면적이 작다. • 보유수량이 많아 파열 시 피해가 크다.

1) 입형(vertical, 수직) 보일러

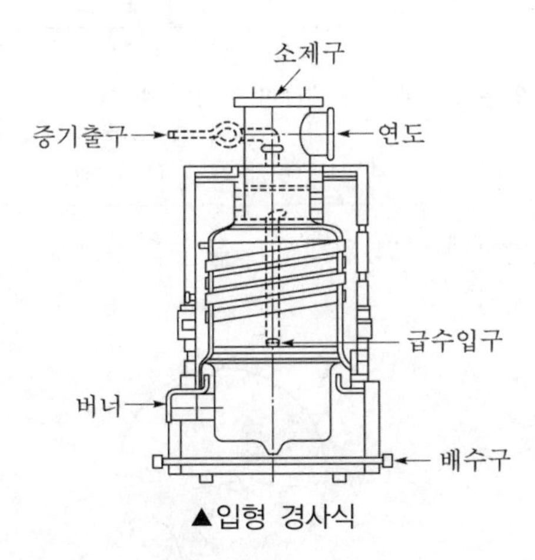

▲입형 경사식

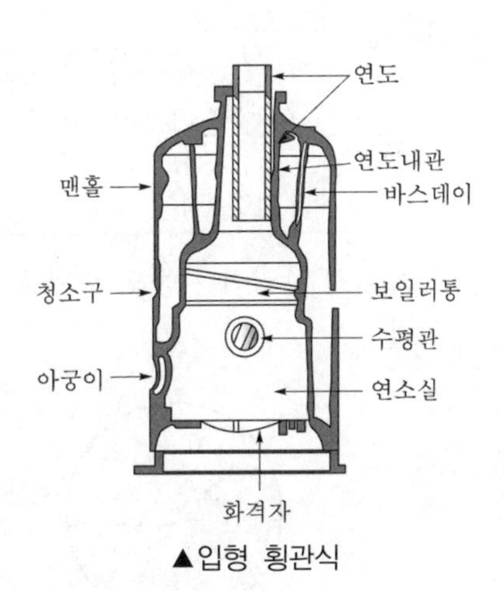

▲입형 횡관식

① 전열면적이 증가한다.
② 보일러수의 순환을 좋게 한다.
③ 화실벽을 보강시킨다.

※ 횡관이란 연소실을 가로지르는 물이 흐르는 관으로, 2~3개 정도 설치되어 있다.

2) 횡형 보일러

(1) 노통(flue tube) 보일러

동 내에 노통을 1~2개 설치한 보일러이다.

① 특징

㉠ 부하변동에 비하여 압력변화가 적다.
㉡ 구조가 간단하고 취급이 쉽다(제작 용이).
㉢ 급수처리가 간단하고 내부청소가 쉬우며 고장이 적어 수명이 길다.
㉣ 보유수량이 많아 파열 시 피해가 크다.
㉤ 구조상 고압 대용량에 부적합하다.
㉥ 내분식 보일러이다(연소실 크기가 제한을 받는다).
㉦ 전열면적이 적어 증발량이 적다(효율이 낮다).
㉧ 연소시작 때 많은 연료가 소모된다(증기 발생시간이 길다).
㉨ 노통(연소실)은 금속으로 되어 있다.

② 코르니시 보일러(노통이 1개 설치된 보일러)와 랭커셔 보일러(노통이 2개 설치된 보일러)

㉠ 평형 노통과 파형 노통의 장단점 중요

구분	평형 노통	파형 노통
장점	• 제작이 쉽고 가격이 저렴하다. • 노통 내부의 청소가 용이하다. • 연소가스의 마찰저항이 적다(통풍이 양호하다).	• 외압에 대한 강도가 크다. • 열에 대한 신축성이 좋다. • 전열면적이 크다(평형 노통의 1.4배).
단점	• 열에 의한 신축성이 나쁘다. • 외압에 대한 강도가 작다(고압용으로 부적합하다). • 전열면적이 작다.	• 내부청소가 어렵다. • 제작이 어려워 비싸다. • 연소가스의 마찰저항이 크다(평형 노통에 비해 통풍저항이 크다).

㉡ 코르니시 보일러는 물의 순환을 원활하게 하기 위해서 노통을 한쪽으로 편심시켜 설치한다.

▲ 바른 설치(편심)

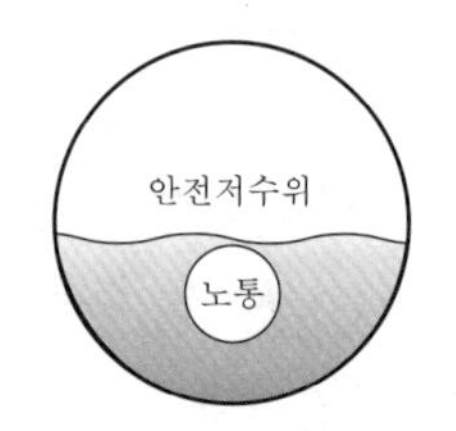

▲ 잘못된 설치(중앙)

③ 갤로웨이관(galloway tube)의 설치목적 중요

㉠ 전열면적을 증가시킨다.

㉡ 보일러수의 순환을 촉진시킨다.

㉢ 화실의 벽을 보강시킨다.

애덤슨 조인트(adamson joint)

평형 노통의 신축작용을 좋게 하기 위하여 노통의 둘레방향으로 약 1m마다 설치하는 이음으로, 노통의 강도 보강 및 리벳을 보호하는 역할도 한다.

④ 브리싱 스페이스(breathing space) : 노통의 상부와 거싯 버팀 사이의 공간으로, 열에 의한 압축응력을 완화시키기 위한 경판의 탄력구역을 말한다. 브리싱 스페이스가 불충분하면 그루빙(grooving)이란 부식이 발생한다.

⑤ 스테이(stay, 버팀) : 강도가 부족한 부분에 부착하여 강도를 보강하여 변형이나 파손을 방지하는 것을 말한다.

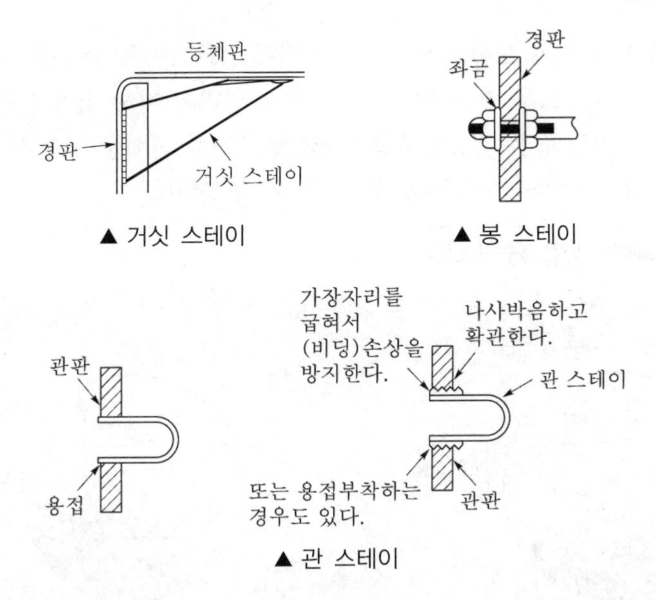

▲ 거싯 스테이

▲ 봉 스테이

▲ 관 스테이

㉠ 거싯 스테이(평경판의 보강재) : 거싯 스테이는 삼각모양의 평판을 사용하여 전후 경판과 동판을 연결한 것이다.

㉡ 봉 스테이(bar stay) : 봉 스테이는 평판부 등을 연강봉으로 보강한 것으로, 사용위치나 방법에 따라 길이방향 스테이, 경사 스테이, 수평 스테이, 행거 스테이 등으로 분류된다(경판의 보강재).

㉢ 관 스테이(tube stay) : 연관 보일러에 있어서 연관군 속에 배치되어 전후의 평관판을 연결 보강하는 관으로 된 스테이를 말한다. 연관의 역할도 겸하고 있으며 소요압력에 따라 적당한 간격으로 배치한다.

㉣ 도그 스테이 : 맨홀 뚜껑의 보강재이다.

ⓜ 볼트 스테이(bolt stay) : 나사 스테이라고도 하며 좁은 간격으로 평행을 이루는 평판끼리, 그렇지 않으면 만곡판끼리 연결하여 보강하는 봉 스테이와 같은 짧은 것을 말한다.

(2) 연관 보일러

횡형으로 설치한 기관 본체 내에 연관을 다수 설치한 보일러로 전열면이 주로 연관으로 구성된 보일러이다. 연관 부분에는 연소실을 배치할 수 없는 구조로 최근에는 거의 사용하지 않고 있으며, 폐열 보일러로 많이 제작되고 있다.

① 증기 발생시간이 빠르다.

② 전열면이 크고, 효율은 보통 보일러보다 좋다.

③ 연료의 선택 범위가 넓다.

④ 연료의 연소상태가 양호하다.

(3) 노통 연관 보일러

원통형의 기관 본체 내에 노통과 연관을 조합하여 콤팩트하게 제작한 내분식 보일러로 원통형 중 효율이 가장 좋다. 노통 연관 보일러는 수관 보일러에 비해 설치가 간단하고 제작·취급도 용이하며 가격도 저렴하다. 최고사용압력 2MPa 이하의 산업용 또는 난방용으로 많이 사용된다. 전열면적은 20~400m^2, 최대증발량은 20t/h 정도이다.

노통 연관 보일러의 안전저수위 설정

- 노통이 위에 있는 경우 : 노통 최고부 위 100mm
- 연관이 위에 있는 경우 : 연관 최고부 위 75mm

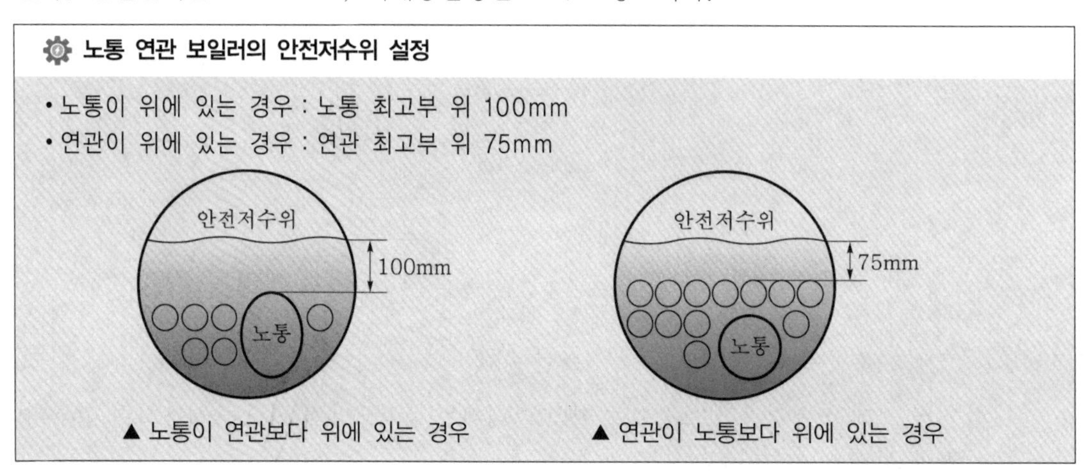

▲ 노통이 연관보다 위에 있는 경우　　▲ 연관이 노통보다 위에 있는 경우

1.3 수관식 보일러

1) 개요

수관식 보일러(water tube boiler)는 지름이 작은 상부의 기수드럼과 하부의 물드럼 사이에 다수의 수관을 연결시켜 만든 외분식 보일러로, 보일러수의 유동방식에 따라 자연순환식, 강제순환식, 관류식 등으로 분류할 수 있다. 수관식 보일러의 드럼수는 그 형식에 따라 1~4개가 있다. 수관식 보일러의 장단점은 다음과 같다.

장점	단점
• 외분식 보일러로 연소실의 형상이 다양하며 연소상태도 양호하다. • 전열면적이 원통형에 비해 크고 효율이 높다. • 보유수량이 적어 파열 시 피해가 적다. • 구조상 고압 대용량에 적합하다. • 설치면적이 작고 발생열량이 크다. • 용량에 비해 경량이며 효율이 좋고 운반, 설치가 용이하다. • 과열기 및 공기예열기 등의 설치가 용이하다.	• 비수현상(프라이밍)이 발생되기 쉽다. • 부하변동에 따른 압력변화 및 수위변동이 크다(부하변동에 대응하기 어렵다). • 증발속도가 빨라 스케일(관석)이 부착되기 쉽다. • 구조가 복잡하여 제작 및 청소, 검사, 수리가 어렵다(가격도 비싸다). • 급수조절이 어렵다(연속적인 급수를 요한다). • 취급에 기술을 요한다. • 급수를 철저히 처리하여 사용해야 한다.

2) 관류 보일러

(1) 개요

드럼이 없이 긴 수관의 한 끝에서 급수펌프로 압송된 급수가 긴 관을 지나면서 예열부(가열), 증발부, 과열부를 순차적으로 관류되어 다른 끝으로 과열증기가 나가는 강제순환식 수관 보일러로 단관식과 다관식이 있다. 관류 보일러는 급수처리법이나 자동제어장치가 발달함에 따라 고압 대용량 및 콤팩트한 소형용으로도 널리 사용되고 있다. 또한 압력이 물의 임계압력을 넘는 초임계압력의 보일러에는 모두가 관류식이 채용된다. 관류 보일러의 장단점은 다음과 같다.

장점	단점
• 관을 자유로이 배치할 수 있어 콤팩트한 구조로 할 수 있다. • 순환비가 1이므로 증기의 드럼이 필요 없다. • 연소실의 구조를 임의대로 할 수 있어 보일러 연소효율을 높일 수 있다. • 초고압 보일러에 이상적이다. • 보일러 효율이 매우 높다. • 증발속도가 매우 빠르다(3~5분). • 증기의 가동시간이 매우 짧다.	• 온도 및 연소제어장치가 필요하다. • 지름이 작은 튜브가 사용되므로 질량이 가볍고 내압강도가 크나 압력손실이 증대되어 급수펌프의 동력손실이 많다. • 부하변동에 따라 압력이 크게 변하므로 급수량 및 연료량의 자동제어장치를 필요로 한다. • 철저한 급수처리를 하지 않으면 스케일의 생성에 의한 영향이 크다.

(2) 순환비(circulation ratio) 중요

보일러 내를 순환하는 기수혼합체 포화수와 포화증기의 혼합체에 대한 그 속의 발생증기의 질량비를 말한다.

$$순환비 = \frac{순환수량}{발생증기량} = \frac{급수량}{증발량}$$

1.4 주철제 보일러(section boiler) 중요

1) 개요 중요

주철제의 여러 개의 섹션을 전·후에 나란히 놓아 조립한 것으로 하부는 연소실, 상부의 창은 연도로 되어 있고, 각 섹션은 상부에 증기부 연결구, 하부 좌우는 수부 연결구가 각각 비치되어 있으며 그 구멍 부분에 구배가 달린 니플을 끼워서 결합시키고 외부의 볼트로 조여서 조립된다. 주철로 만든 상자모양의 섹션(section)으로 구성된 조립식 보일러로, 섹션의 수는 약 20개 정도이고 전열면적은 $50m^2$ 정도까지가 보통이다. 주철제 보일러의 장단점은 다음과 같다.

장점	단점
• 분해, 조립, 운반이 편리하여 지하실과 같은 좁은 장소에 반입이 용이하다. • 주조이므로 복잡한 구조로 제작이 가능하다. • 저압이므로 파열 시 피해가 적다. • 강철제에 비해 내식성이 크다. • 섹션의 증감으로 용량조절이 가능하다.	• 열에 의한 부동팽창으로 균열이 발생하기 쉽다. • 구조상 고압 대용량에 부적합하다. • 구조가 복잡하여 내부청소 및 검사가 어렵다.

※ 주철제 보일러에서 보일러 표면온도는 보일러 주위온도와의 차가 30℃ 이하이어야 한다.
※ 주철제 보일러는 주로 난방용의 저압증기 발생용 또는 온수 보일러로 사용되고 있다(소형 난방용에 주로 사용).

2) 주철제 보일러의 최고사용압력

① 주철제 증기 보일러 : 최고사용압력 0.1MPa 이하
② 주철제 온수 보일러 : 수두압으로 50m 이하, 온수온도 393K(120℃) 이하(이 기준 이상이 되는 경우에는 주철제 대신 강철제 보일러를 사용해야 한다.)

1.5 특수 열매체 보일러(특수 유체 보일러)

1) 개요

물 대신 특수 유체를 사용하여 낮은 압력에서 고온의 증기 및 고온의 액체를 공급하기 위해 사용하는 보일러이다.

① 급수처리장치 및 청관제주입장치가 필요 없다(부식이 잘 되지 않으므로 내용연수가 길다).
② 겨울철에도 동결의 우려가 없다.
③ 안전밸브는 밀폐식 구조로 해야 한다(열매체들은 대부분 석유정제과정에서 얻어지는 것으로 인화성 및 인체에 해를 주기 때문이다).
④ 낮은 압력(0.2MPa)에서 고온의 증기(250~300℃)를 얻을 수 있다.
※ 물로 300℃의 증기를 얻으려면 8MPa 정도의 압력이 필요하다.

2) 급수내관의 목적 중요

급수내관은 안전수위 50mm 하단에 설치한다.

① 부동팽창 방지
② 열응력 발생 방지
③ 수격작용(워터해머) 방지

연료 및 연소장치

2.1 연료

1) 연료(fuel)의 구비조건 중요

① 연소 시 회분(ash, 재) 등이 적을 것
② 구입이 용이하고(양이 풍부하고), 가격이 저렴할 것
③ 운반 및 저장, 취급이 용이할 것
④ 단위질량당 발열량이 클 것
⑤ 공기 중에서 쉽게 연소할 수 있을 것
⑥ 사용상 위험성이 적을 것
⑦ 인체에 유해하지 않을 것(공해요인이 적을 것)

2) 연료의 성분에 따른 영향

① 휘발분이 많은 연료는 긴 화염을 내며 검은 연기 및 그을음이 나오기 쉽다.
② 고정탄소가 많은 연료는 휘발분이 적어 화염이 짧다.
③ 수분이 많은 연료는 기화열을 소비하고 열손실을 가져오며 착화성이 나빠진다.
④ 회분이 많은 연료는 연소효과를 나쁘게 하고 발열량이 낮아진다.

3) 연료의 3대 가연성분 중요

① 탄소(C) : 연료의 고유성분으로 발열량 증가, 연료의 가치 판정에 영향을 미친다.
② 수소(H) : 고위발열량과 저위발열량의 판정요소, 발열량 증가, 기체연료에 많다.
③ 황(S) : 발열량 증가, 대기오염의 원인, 저온부식원인, 연료의 질을 저하시키는 성분이다.

4) 연료의 특징

(1) 고체연료의 특징 중요

장점	단점
• 연소장치가 간단하고 가격이 저렴하다. • 노천 야적이 가능하다. • 인화 폭발의 위험성이 적다.	• 연소효율이 낮고 연소 시 과잉공기가 많이 필요하다. • 완전 연소가 어렵다. • 착화 및 소화가 어렵다. • 연소조절이 어렵다. • 운반 및 취급이 어렵다. • 연소 시 매연 발생이 많고 회분이 많다.

(2) 미분탄 연료의 특징(고체연료와 비교)

미분탄이란 무연탄이나 갈탄을 괴탄(지름 50mm 이상), 소괴탄(20~50mm), 분탄(20mm 이하), 미분탄(3mm 이하) 상태에서 파쇄기로 파쇄한 후 자기분리기로 철분을 제거한 다음 건조기에서 120℃ 정도에서 건조시키고 나서 분탄화된 것을 미분기에서 미분(150mesh)한 것으로, 버너에 유입 연소시키거나 중유와 혼합하여 연소시키는 방법이 있다.

장점	단점
• 연료의 선택범위가 넓다(저질탄도 연소가 용이하다). • 대규모 보일러에 적합하다. • 적은 과잉공기(20~40%)로 완전 연소 가능하다. • 연소조절이 용이하다. • 기체연료, 액체연료와의 혼합연소가 쉽다. • 자동제어기술을 유효하게 이용할 수 있다.	• 연소실이 고온이므로 노재가 상하기 쉽다. • 소규모 보일러에는 부적합하다. • 연소실 용적이 커야 한다. • 재, 회분 등의 비산(fly ash)이 심하여 반드시 집진기가 필요하다. • 취급 부주의로 역화의 위험성이 크다. • 설비비 및 유지비가 비싸다.

(3) 액체연료의 특징(고체연료와 비교) 중요

장점	단점
• 완전 연소가 잘 되어 그을음이 적다. • 재의 처리가 필요 없고 연소의 조작에 필요한 인력을 줄일 수 있다. • 품질이 일정하며 단위질량당 발열량이 높다. • 점화와 소화 및 연소조절이 용이하다. • 계량이나 기록이 용이하다. • 수송과 저장 및 취급이 용이하며 변질이 적다. • 적은 공기로 완전 연소가 용이하다.	• 취급에 인화 및 역화의 위험성이 크다. • 가격이 비싸다.

(4) 기체연료의 특징(고체연료와 비교) 중요

장점	단점
• 연소의 자동제어에 적합하다. • 연소실 용적이 작아도 된다. • 매연 발생이 적고(회분의 생성이 없고) 대기오염이 적다. • 저부하 및 고부하 연소가 가능하다. • 연료 중 가장 적은 과잉공기(10~30%)로 완전 연소할 수 있다. 즉 가장 이론공기에 가깝게 연소시킬 수 있다. • 연소조절 및 점화, 소화가 용이하다.	• 수송이나 저장이 불편하다(연료의 저장, 수송에 큰 시설을 요한다). • 설비비 및 가격이 비싸다. • 누출되기 쉽고 폭발의 위험이 크므로 취급에 위험성이 크다.

5) 액체연료의 종류

(1) 석유계 액체연료

① 정제과정 중에 분리되는 순서 : 가솔린 → 등유 → 경유 → 중유

② 인화점이 낮은 순서 : 가솔린(−20℃) > 등유(30~60℃) > 경유(50~70℃) > 중유(60~150℃)

(2) 중유의 분류 중요

① 중유는 점도에 따라 A급, B급, C급으로 분류한다.

㉠ A급 중유는 비교적 점도가 낮아 사용할 때 예열이 필요 없고 소형 보일러 등의 연료로 사용되며 비중이 작다.

㉡ B급 및 C급 중유는 점도가 높아 사용 시 반드시 예열이 필요하다.

② 중유 중에 보일러유로 많이 사용되는 것은 C급 중유이다.

③ 중유의 주요 성상 : 인화점, 점도, 비중, 비열

C급 중유가 갖추어야 할 성질 중요

• 발열량이 클 것
• 유동성이 클 것
• 저장이 간편하고 연소 후 재처리가 좋을 것
• 점도가 낮을 것
• 황성분이 적을 것

(3) 석유제품의 비중

비중이 크면 나타나는 현상은 다음과 같다.

① 발열량이 감소한다.

② 인화 및 착화온도가 높아진다.

③ 탄화수소비(C/H)가 커진다.

④ 화염의 방사율이 커진다.

⑤ 화염의 휘도가 커진다.
⑥ 점도가 증가한다(무화가 곤란해진다).

(4) 탄화수소비(C/H)가 큰 순서

① 고체연료 > 액체연료 > 기체연료
→ 질이 나쁜 연료일수록 C/H비가 크다.
② 중유 > 경유 > 등유 > 가솔린
→ 탄화수소비가 낮을수록(탄소가 적을수록) 연소가 잘 된다.

(5) 비중 표시법

① API(American Petroleum Institute, 미국석유협회(미국 표시))

$$\mathrm{API} = \frac{141.5}{\text{비중}} - 131.5$$

② 보메도(유럽 표시)

$$\text{보메도} = \frac{140}{\text{비중}} - 130$$

③ 온도변화에 때한 중유비중(S_t)

$$S_t = S_{15} + 0.00065(t-15)$$

(6) 점도(viscosity) 중요

점성이 있는 정도이다(유체의 흐름을 방해하는 성질로, 점성은 유동성과 반대의 의미를 갖는다).

① 점도가 너무 크면
㉠ 송유가 곤란하다.
㉡ 무화가 어렵다.
㉢ 버너 선단에 카본이 부착한다.
㉣ 연소상태가 불량하게 된다.
② 점도가 너무 작으면
㉠ 연료소비가 과다해진다.
㉡ 역화의 원인이 된다.
㉢ 연소상태가 불안정하게 된다.
※ 점도가 작아지면 유동성이 좋아져 분무화(무화)가 용이하다.

(7) 유동점 중요

액체가 흐를 수 있는 최저온도로, 유동점은 응고점보다 2.5℃ 높다.

유동점 = 응고점 + 2.5℃

(8) 인화점(flash point), 착화점(ignition point), 연소점(fire point) 중요

① **인화점** : 가연물이 불씨 접촉(점화원)에 의해 불이 붙는 최저온도로, 화기에 대한 위험도를 표시하는 수치이다(인화점이 낮을수록 점화가 잘 되기 때문에 위험하다).

② **착화점** : 가연물이 불씨 접촉(점화원) 없이 열의 축적에 의해 그 산화열로 스스로 불이 붙는 최저온도로, 발화점이라고도 한다.

③ **연소점** : 인화한 후 연소를 계속하기에 충분한 양의 증기를 발생시키는 온도로, 점화원의 제거 후에도 지속적으로 연소할 수 있는 최저온도이다. 인화점보다 5~10℃ 정도 높다.

착화온도(착화점)가 낮아지는 조건

- 증기압 및 습도가 낮을수록
- 분자구조가 복잡할수록
- 산소농도가 클수록
- 압력이 높을수록
- 발열량이 높을수록
- 온도가 상승할수록

(9) 세탄가

액체연료에서 착화성의 양부를 수치로 나타낸 것이다.

6) 기체연료의 종류 중요

석유계 기체연료	석탄계 기체연료	혼합계 기체연료
• 천연가스(유전) • 액화석유가스(LPG) • 오일가스	• 천연가스(탄전) • 석탄가스 • 수성가스 • 발생로가스	• 증열 수성가스

(1) 액화천연가스(LNG : Liquefied Natural Gas) 중요

① **주성분** : 메탄(CH_4)

② **액화조건** : 천연가스를 상압하에서 −162℃로 냉각시켜 액화시킨다.

③ 공기보다 가볍다(메탄의 비중 0.55).

④ 최근 도시가스로 가장 유망한 가스이다.

(2) 액화석유가스(LPG : Liquefied Petroleum Gas) 중요

① **액화조건** : 상온에서 약 0.59~0.78MPa 정도로 가압하여 액화시킨다.

② **주성분** : 프로판(C_3H_8)과 부탄(C_4H_{10})이 주성분이고 그 외에 프로필렌(C_3H_6), 부틸렌(C_4H_8), 부타디엔(C_4H_6) 등이 있다.
→ 가장 주된 성분은 프로판(C_3H_8)이다.

③ 특징

㉠ 기화잠열이 크다(378~420kJ/kg).

㉡ 가스의 비중(무게)이 공기보다 무거워 누설 시 바닥에 체류하여 폭발의 위험이 크다 (프로판의 비중 1.52, 부탄의 비중 2).

㉢ 연소속도가 완만하여 완전 연소 시 많은 과잉공기가 필요하다(도시가스의 5~6배).

④ 취급상 주의사항

㉠ 용기의 전락 또는 충격을 피한다.

㉡ 직사광선을 피하고 용기의 온도가 40℃ 이상이 되지 않게 한다.

㉢ 찬 곳에 저장하고 공기의 유통을 좋게 한다.

㉣ 주위 2m 이내에는 인화성 및 발화성 물질을 두지 않는다.

(3) 발생로가스

코크스, 석탄 등을 적열상태로 가열하여 공기 또는 산소를 보내 불완전 연소시켜 얻은 기체연료이다.

① 주성분 : 일산화탄소(CO)

② 기타 사항 : 연료가 불완전 연소 또는 완전 연소가 되는지는 연소 후 배기가스 중에 일산화탄소 성분에 의해 알 수 있는데, 일산화탄소 성분이 많으면 불완전 연소가 심하다는 증거이다. 일산화탄소(CO)는 다시 산소와 반응하여 탄산가스를 만드는 가연성분이다.

(4) 도시가스

인구가 밀집된 도시에서 사용하기 위해 배관을 통해 집단으로 공급하는 가스를 말한다.

2.2 연소

연소(combustion)란 가연물이 공기 중의 산소와 급격한 산화반응을 일으켜 빛과 열을 수반하는 발열반응현상이다.

※ 연소의 3대 구비조건 : 가연물, 산소공급원, 점화원

1) 가연물

(1) 가연물이 되기 위한 조건 중요

① 발열량이 클 것

② 산소와의 결합이 쉬울 것

③ 열전도율(W/m・K)이 작을 것

④ 활성화에너지가 작을 것

⑤ 연소율이 클 것

(2) 가연물이 될 수 없는 물질 중요

① **흡열반응물질** : 질소 및 질소산화물, NO_x
② **포화산화물** : 이미 연소가 종료된 물질, CO_2, H_2O, SO_2 등
③ **불활성기체** : 헬륨, 네온, 아르곤, 크립톤, 크세논, 라돈

2) 연소속도

산화(반응)속도라고도 한다. → 화염의 화학적 성상
① **산화염** : 연료의 연소 시 공기비가 너무 클 경우 화염 중에 과잉산소를 함유하는 화염이다.
② **환원염** : 연료의 연소 시 산소가 부족하여 화염 중 일산화탄소(CO) 등의 미연분을 함유하는 화염이다.

3) 완전 연소의 구비조건

① 연소에 필요한 충분한 공기를 공급하고 연료와 잘 혼합시킨다.
② 연소실 내의 온도를 되도록 높게 유지한다.
③ 연소실의 용적은 연료가 완전 연소하는 데 필요한 충분한 용적 이상이어야 한다.
④ 연료와 공기를 예열 공급한다(연료는 인화점 가까이 예열하여 공급한다).
⑤ 연료가 연소하는 데 충분한 시간을 주어야 한다.

4) 연소의 종류(형태) 중요

▶ **가연물의 상태에 따른 분류**

고체연료	액체연료	기체연료
• 증발연소 • 분해연소 • 표면연소 • 자기연소(내부연소)	• 증발연소 • 분무연소 • 액면연소 • 등심연소(심화연소)	• 확산연소 • 예혼합연소 • 부분예혼합연소

(1) 표면연소

① 연료의 표면에서 새파란 단염을 내면서 연소하는 형태로, 휘발분이 없는 연료가 주로 표면연소를 한다.
② **표면연소를 하는 물질** : 코크스(cokes), 목탄(숯)

(2) 분해연소

① 연료의 연소 시 긴 화염을 발생하면서 연소하는 현상으로, 휘발분이 많은 고체연료 및 액체연료에는 중질유(중유)연료가 연소하는 형태이다.
② 분해연소를 하는 물질 : 목재, 석탄, 중유

(3) 증발연소

① 액체연료의 표면에서 발생된 가연성 증기와 공기가 혼합기체가 되어 연소하는 형태이다.
② 증발연소를 하는 물질 : 액체연료의 가솔린, 등유, 경유와 고체연료의 파라핀(양초)

5) 연소공기의 공급방식

(1) 1차 공기

① 연료의 무화 및 산화에 필요한 공기이다.
② 무화란 연료의 입자를 마치 안개와 같이 분무시키는 것을 말한다.
③ 액체연료는 버너로 직접 공급되는 공기이다.

(2) 2차 공기

① 연료를 완전 연소시키기 위해 필요한 공기이다.
② 통풍장치(송풍기)에 의해 공급되는 공기이다.

2.3 고체 및 미분탄 연소방식과 연소장치 중요

고체연료(화격자) 연소		미분탄(버너) 연소
고정화격자 연소	기계화격자(스토커) 연소	
• 화격자 소각로 • 로터리 킬른 소각로 • 유동층 소각로 • 다단식 소각로	• 산포식 스토커 • 체인 스토커 • 하급식 스토커 • 계단식 스토커	• 선회식 버너 • 교차식 버너

1) 고체연료의 연소방법

화격자 연소와 미분탄 연소가 있으며, 연료의 공급방식에 따라 수분식과 기계분식으로 나누기도 한다.

2) 미분탄 연소장치의 구조

① **수송장치** : 미분탄을 분쇄기에서 버너 또는 저장실로 운반하는 장치로, 공기수송과 컨베이어방식 등이 있다.

② **건조기** : 분쇄성을 좋게 하기 위해서 젖은 석탄을 미리 건조시키는 장치이다.

③ **자기분리기** : 석탄 내의 금속분이나 딱딱한 물체가 있으면 분쇄기가 마모되므로 이를 분리하는 장치이다.

④ **분쇄기** : 입자가 큰 석탄을 미립자로 만드는 장치이다. 중력을 이용하는 것과 원심력을 이용하는 것이 있다.

CHAPTER 03

가마와 노

3.1 개요

가마(kiln)란 요업분야에서 높은 열을 내게 하는 시설물로, 일반적으로 도자기나 기와를 굽는 시설을 말한다(승염식, 도염식). 노(furnace)는 물체를 가열 용융하며 연소실(연소로, 소각로)로 부른다.

(1) 조업방법에 의한 분류 중요

① 불연속식 가마(요)
- ㉠ 횡염식 요(옆불꽃) : 토관류 제조용
- ㉡ 승염식 요(오름불꽃) : 석회석 제조용
- ㉢ 도염식 요(꺾임불꽃) : 내화벽돌, 도자기 제조용

② 반연속식 가마(요)
- ㉠ 셔틀요 : 도자기 제조용
- ㉡ 등요(오름가마) : 옹기, 석기제품 제조용

③ 연속식 가마(요)
- ㉠ 터널식 요 : 도자기 제조용
- ㉡ 윤요(고리가마) : 시멘트, 벽돌 제조용

(2) 제품 종에 의한 분류 중요

① 시멘트 소성용 가마(요) : 회전요, 윤요, 선요

② 도자기 제조용 가마(요) : 터널요, 셔틀요, 머플요, 등요

③ 유리 용융용 가마(요) : 탱크로, 도가니로

④ 석회 소성용 가마(요) : 입식요, 유동요, 평상원형요

3.2 가마(kiln)의 구조 및 특징

1) 불연속식 요(가마) 중요

가마내기를 하기 위해서는 불을 끄고 가마를 냉각한 후 작업한다(단속적).

(1) 횡염식 요(horizontal draft kiln, 옆불꽃가마)

아궁이에서 발생한 불꽃이 소성실 내에 들어가 수평방향으로 진행하면서 피가열체를 가열하는 방식으로 중국의 경덕전가마, 뉴캐슬가마, 자주가마 등이 있다.

① 가마 내 온도분포가 고르지 못하다.
② 가마 내 입출구온도차가 크다.
③ 소성온도에 적당한 피소성품을 배열한다.
④ 토관류 및 도자기 제조에 적합하다.

(2) 승염식 요(up draft kiln, 오름불꽃가마)

아궁이에서 발생한 불꽃이 소성실 내를 상승하면서 피가열체를 가열하는 방식이다.

① 구조가 간단하나 설비비 및 보수비가 비싸다.
② 가마 내 온도가 불균일하다.
③ 고온소성에 부적합하다.
④ 1층 가마, 2층 가마가 있고, 용도는 도자기 제조이다.

(3) 도염식 요(down draft kiln, 꺾임불꽃가마)

연소불꽃이 천장에 부딪친 다음 바닥의 흡입구멍을 통하여 배출되는 구조로 원료와 각요가 있다.

① 가마 내 온도분포가 균일하다.
② 연료소비가 적다.
③ 흡입공기구멍 화교(fire bridge) 등이 있다.
④ 가마내기 재임이 편리하다.
⑤ 도자기, 내화벽돌 등의 연삭지석, 소성에 적합하다.

2) 반연속식 요(가마) 중요

요업제품을 넣어 소성실에서 한정된 구간까지는 연속적인 소성작업이 가능하지만 이후 소성작업이 끝나면 불을 끄고 냉각한 후에 가마내기, 재임을 하는 가마이다.

(1) 등요(오름가마)

언덕의 경사도가 3/10~5/10 정도인 소성실을 4~5개 인접시켜 설치된 구조로 앞의 소성실의 폐가스와 냉각공기가 보유한 열을 뒤 소성실에서 이용하도록 한 가마이다. 반연속요의 대표인 가마이다.

① 가마의 경사도에 따라 통풍력의 영향을 받는다.
② 내화점토로만 축요한다.
③ 벽 두께가 얇다.
④ 소성실 내 온도분포가 균일하다.
⑤ 토기, 옹기 소성용이다.

(2) 셔틀요(shuttle kiln)

단가마의 단점을 줄이기 위하여 대차식으로 된 셔틀요를 사용하는 형식으로 1개의 가마에 2개의 대차를 사용한다.

① 작업이 간편하고 조업주기가 단축된다.
② 요체의 보유열을 이용할 수 있어 경제적이다.
③ 일종의 불연속식 요이다.

3) 연속식 요(가마) 중요

소성작업이 연속적으로 이루어지는 가마로서 여러 개의 단가마를 연도로 연결한 형태의 가마이고 3~4개의 소성실을 거쳐서 폐가스가 배출된다.

- 대량제품생산이 가능하다.
- 작업능률이 향상된다.
- 열효율이 높고 연료비가 절약된다.

(1) 윤요(ring kiln, 고리가마)

피열물을 정지시켜 놓고 소성대의 위치를 점차 바꿔가면서 주로 벽돌, 기와, 타일 등의 건축재료를 소성하는 가마로서 소성실, 주연도 및 연돌로 구성되어 있으며 호프만(Hoffman)식이 대표적이다.

① 종류 : 해리슨형, 호프만형, 복스형, 지그재그형
② 특징
　㉠ 소성실모양은 원형과 타원형 구조로 두 가지가 있다.
　㉡ 배기가스의 현열을 이용하여 제품을 예열시킨다.
　㉢ 가마의 길이는 보통 80m 정도이다.
　㉣ 벽돌, 기와, 타일 등 건축자재의 소성가마로 이용한다.
　㉤ 제품의 현열을 이용하여 연소성 2차 공기를 예열시킨다.

(2) 연속실 가마

윤요의 개량형으로 여러 개의 도염식 가마를 설치한다.

① 각 소성실이 벽으로 칸막이 되어 있다.
② 윤요보다 고온 소성이 가능하다.
③ 소성실마다 온도조절이 가능하다.
④ 꺾임불꽃 소성이다.
⑤ 내화벽돌 소성용 가마이다.

(3) 터널요(tunnel kiln) 중요

가늘고 긴 터널형의 가마로 피열물을 실은 레일 위의 대차는 연소가스 진행의 레일 위를 진행하면서 '예열 → 소성 → 냉각'과정을 통해 제품이 완성된다.

① 특징
㉠ 장점
- 소성이 균일하며 제품의 품질이 좋다.
- 소성시간이 짧으며 대량생산이 가능하다.
- 열효율이 높고 인건비가 절약된다.
- 자동온도제어가 쉽다.
- 능력에 비하여 설치면적이 적다.
- 배기가스의 현열을 이용하여 제품을 예열시킨다.

㉡ 단점
- 능력에 비하여 건설비가 비싸다.
- 제품을 연속 처리해야 한다(생산조정이 곤란하다).
- 제품의 품질, 크기, 형상에 제한을 받는다.
- 작업자의 기술이 요구된다.

② 용도 : 산화염 소성인 위생도기, 건축용 도기 및 벽돌
③ 구성
㉠ 예열대 : 대차 입구부터 소성대 입구까지
㉡ 소성대 : 가마의 중앙부 아궁이
㉢ 냉각대 : 소성대 출구부터 대차 출구까지
㉣ 대차 : 운반차(피소성 운반차)
㉤ 푸셔 : 대차를 밀어 넣는 장치

(4) 반터널요

터널을 3~5개 방으로 구분하여 각 소성실의 온도범위를 정하고 대차를 단속적으로 이동하여 제품을 소성한다. 대표적으로 도자기, 건축용 도기 소성, 건축용 벽돌 소성의 용도로 사용한다.

4) 시멘트 제조용 요(가마)

시멘트 제조용 가마는 회전요와 선요가 있고, 회전요는 선요보다 노내 온도의 분포가 균일하다.

(1) 회전요(rotary kiln)

회전요는 건조, 가소, 소성, 용융작업 등을 연속적으로 할 수 있어 시멘트 클링커의 소성은 물론 석회 소성 및 화학공업까지 광범위하게 사용된다.

① 건식법, 습식법, 반건식법이 있다.
② 열효율이 비교적 불량하다.
③ 기계적 고장을 일으킬 수 있다.
④ 기계적 응력에 저항성이 있어야 한다.
⑤ 원료와 연소가스의 방향이 반대이다.
⑥ 경사도가 5% 정도이다.
⑦ 외부는 20mm 정도의 강판으로, 내부는 내화재로 구성된다.

(2) 선요(shaft kiln)

선요는 회전요에 비해 설비비, 유지비가 적게 들고 소성용량이 적으며 균일한 클링커를 소성해내기 어렵고 클링커 냉각이 불충분해서 시멘트품질이 다소 떨어진다(선요는 석회석 소성용에 사용하는 것이 더 좋다).

5) 도자기 제조용 요(가마)

머플요(muffle kiln)는 단가마의 일종이며 직화식이 아닌 간접가열식 가마이다. 주로 꺾임불꽃가마로 금속의 가열이나 박판 등의 열처리에 사용한다.

3.3 노(furnace)의 구조 및 특징

1) 철강용해로

① 배소로
② 괴상화용로(소결로)
③ 용광로(고로)
  ㉠ 용광로 : 철피식, 철대식, 절충식
  ㉡ 열풍로 : 환열식, 마클아식, 축열식, 카우버식
④ 혼선로

PART 1

축열실

- 배기가스의 현열을 흡수하여 공기의 연료 예열에 이용할 수 있도록 한 장치로 연소온도를 높이고 연료소비량을 줄일 수 있다.
- 수직식과 수평식이 있으며 축열식 벽돌은 샤모트 벽돌, 고알루미나질 벽돌이 사용된다.

2) 제강로

① 평로
② 전로 : 베세머 전로, 토마스 전로, LD 전로, 칼도 전로
③ 전기로 : 전기로, 아크로, 유도로

3) 주물용해로

(1) 큐폴라(용선로)

주물용해로이며 노내에 코크스를 넣고 그 위에 지금(소재금속), 코크스, 석회석, 선철을 넣은 후 송풍하여 연소시켜 주철을 용해한다. 이 용선로는 대량의 쇳물을 얻을 수 있고 다른 용해로보다 효율이 좋으며 용해시간이 빠르다. 용량 표시는 1시간당 용해량을 톤으로 표시한다.

(2) 반사로

낮은 천장을 가열하여 천장 복사열에 의해 구리, 납, 알루미늄, 은 등을 제련한다.

(3) 도가니로

① 동합금, 경합금 등의 비철금속 용해로로 사용하며 흑연 도가니와 주철제 도가니가 있다.
② 용량 : 1회 용해할 수 있는 구리의 질량(kg)으로 표시한다.

4) 금속가열 및 열처리로

① 균열로
② 연속가열로
③ 단조용 가열로
④ 열처리로 : 풀림로, 불림로, 담금질로, 뜨임로, 침탄로, 질화로
⑤ 연소식 열처리로

3.4 축요(가마)

1) 지반의 선택 및 설계순서

(1) 지반의 선택

① 지반이 튼튼한 곳
② 지하수가 생기지 않는 곳
③ 배수 및 하수처리가 잘 되는 곳
④ 가마의 제조 및 조립이 편리한 곳
- 지반의 적부시험, 지하탐사, 토질시험, 지내력시험

(2) 가마의 설계순서

① 피열물의 성질을 결정한다.
② 피열물의 양을 결정한다.
③ 이론적으로 소요될 열량을 결정한다.
④ 사용연료량을 결정한다.
⑤ 경제적 인자를 결정한다.
⑥ 부속설비를 설계한다.

2) 축요(가마)

(1) 기초공사

가마의 하중에 견딜 수 있는 충분한 두께의 석재지반 및 콘크리트지반을 시공한다.

(2) 벽돌쌓기

길이쌓기, 넓이쌓기, 영국식, 네덜란드식, 프랑스식 등이 있으며 측벽의 경우 강도를 고려하여 붉은 벽돌이나 철강재로 보강한다(한 장 쌓기, 한 장 반 쌓기, 두 장 쌓기로 벽돌을 쌓는다).

(3) 천장

노의 천장은 편평형과 아치형이 있으나 아치형이 강도상 유리하다.

(4) 가마의 보강

강철재료를 이용하여 가마조임을 한다.

(5) 굴뚝 시공

자연통풍 시에는 굴뚝의 높이를 중요시하며 강제통풍 시는 적당히 한다.

CHAPTER 04
배관공작 및 시공 (보온재 및 단열재)

4.1 배관의 구비조건 중요

① 관 내 흐르는 유체의 화학적 성질
② 관 내 유체의 사용압력에 따른 허용압력한계
③ 관의 외압에 따른 영향 및 외부환경조건
④ 유체의 온도에 따른 열영향
⑤ 유체의 부식성에 따른 내식성
⑥ 열팽창에 따른 신축흡수
⑦ 관의 질량과 수송조건 등

4.2 배관의 재질에 따른 분류 중요

① 철금속관 : 강관, 주철관, 스테인리스강관
② 비철금속관 : 동관, 연(납)관, 알루미늄관
③ 비금속관 : PVC관, PB관, PE관, PPC관, 원심력 철근콘크리트관(흄관), 석면시멘트관(애터닛관), 도관 등

4.3 배관의 종류

1) 강관(steel pipe)

강관은 일반적으로 건축물, 공장, 선박 등의 급수, 급탕, 냉난방, 증기, 가스배관 외에 산업설비에서의 압축공기관, 유압배관 등 각종 수송관 또는 일반 배관용으로 광범위하게 사용된다.

(1) 분류

① 제조방법에 의한 분류 : 이음매 없는 강관(seamless pipe), 단접관, 전기저항용접관, 아크용접관

② 재질상 분류 : 탄소강강관, 합금강강관, 스테인리스강관

(2) 특징

① 연관, 주철관에 비해 가볍고 인장강도가 크다.
② 관의 접합방법이 용이하다.
③ 내충격성 및 굴요성이 크다.
④ 주철관에 비해 내압성이 양호하다.

(3) 종류별 사용용도 중요

종류	KS명칭	KS규격	사용온도	사용압력	용도 및 기타 사항
배관용	일반배관용 탄소강관	SPP	350℃ 이하	1MPa 이하	• 사용압력이 낮은 증기, 물, 기름, 가스 및 공기 등의 배관용으로 일명 가스관이라 함 • 아연(Zn)도금 여부에 따라 흑강관과 백강관으로 구분 • 2.5MPa의 수압시험에 결함이 없어야 하고, 인장강도는 3MPa 이상이어야 함 • 1본의 길이는 6m이며 호칭지름 6~600A
	압력배관용 탄소강관	SPPS	350℃ 이하	1~10MPa 이하	• 증기관, 유압관, 수압관 등의 압력배관에 사용 • 호칭은 관두께(스케줄번호)에 의하며 호칭지름 6~500A(25종)
	고압배관용 탄소강관	SPPH	350℃ 이하	10MPa 이상	• 화학공업 등의 고압배관용으로 사용 • 호칭은 관두께(스케줄번호)에 의하며 호칭지름 6~500A(25종)
	고온배관용 탄소강관	SPHT	350℃ 이상	–	• 과열증기를 사용하는 고온배관용으로 사용 • 호칭은 호칭지름과 관두께(스케줄번호)에 의함
	저온배관용 탄소강관	SPLT	0℃ 이하	–	• 물의 빙점 이하의 석유화학공업 및 LPG, LNG 저장탱크배관 등 저온배관용으로 사용 • 두께는 스케줄번호에 의함
	배관용 아크용접 탄소강관	SPW	350℃ 이하	1MPa 이하	• SPP와 같이 사용압력이 비교적 낮은 증기, 물, 기름, 가스 및 공기 등의 대구경 배관용으로 사용 • 호칭지름 350~2,400A(22종), 외경×두께

종류	KS명칭	KS규격	사용온도	사용압력	용도 및 기타 사항
배관용	배관용 스테인리스강관	STS	−350~350℃	–	• 내식성, 내열성 및 고온배관용, 저온 배관용에 사용 • 두께는 스케줄번호에 의하며 호칭지름 6~300A
	배관용 합금강관	SPA	350℃ 이상	–	• 주로 고온배관용으로 사용 • 두께는 스케줄번호에 의하며 호칭지름 6~500A
수도용	수도용 아연도금강관	SPPW	–	정수두 100m 이하	• SPP에 아연도금을 한 것으로 급수용으로 사용하나 음용수배관에는 부적당 • 호칭지름 6~500A
	수도용 도복장강관	STPW	–	정수두 100m 이하	• SPP 또는 아크용접 탄소강관에 아스팔트나 콜타르, 에나멜을 피복한 것으로 수동용으로 사용 • 호칭지름 80~1,500A(20종)
열 전달용	보일러 열교환기용 탄소강관	STH	–	–	• 관의 내외에서 열교환을 목적으로 보일러의 수관, 연관, 과열관, 공기예열관, 화학공업이나 석유공업의 열교환기, 콘덴서관, 촉매관, 가열로관 등에 사용 • 두께 1.2~12.5mm, 관지름 15.9~139.8mm
	보일러 열교환기용 합금강강관	STHB(A)	–	–	
	보일러 열교환기용 스테인리스강관	STS×TB	–	–	
	저온 열교환기용 강관	STS×TB	−350~0℃	15.9~139.8mm	• 빙점 이하의 특히 낮은 온도에 있어서 관의 내외에서 열교환을 목적으로 열교환기관, 콘덴서관에 사용
구조용	일반구조용 탄소강관	SPS	–	21.7~1,016mm	• 토목, 건축, 철탑, 발판, 지주, 비계, 말뚝, 기타의 구조물에 사용 • 관두께 1.9~16.0mm
	기계구조용 탄소강관	SM	–	–	• 기계, 항공기, 자동차, 자전거 등의 기계부품에 사용
	구조용 합금강강관	STA	–	–	• 자동차, 항공기, 기타의 구조물에 사용

(4) 스케줄번호(schedule No) 중요

스케줄번호(Sch. No)는 관의 두께를 표시하며 5, 10, 20, 40, 80, 120, 160 등이 있다.

$$\text{Sch. No} = \frac{P}{S} \times 1{,}000$$

여기서, P : 최고사용압력(MPa), S : 허용응력(=인장강도/안전율)(N/mm^2)

2) 주철관(cast iron pipe) 중요

주철관은 순철에 탄소가 일부 함유되어 있는 것으로 내압성, 내마모성이 우수하고, 특히 강관에 비하여 내식성, 내구성이 뛰어나므로 수도용 급수관(수도 본관), 가스공급관, 광산용 양수관, 화학공업용 배관, 통신용 지하매설관, 건축설비 오배수배관 등 광범위하게 사용한다.

① 내구력이 크다.
② 내식성이 커 지하매설배관에 적합하다.
③ 다른 배관에 비해 압축강도가 크나 인장에 약하다(취성이 크다).
④ 충격에 약해 크랙(crack)의 우려가 있다.
⑤ 압력이 낮은 저압(0.7~1MPa)에 사용한다.

3) 스테인리스강관(stainless steel pipe) 중요

상수도의 오염으로 배관의 수명이 짧아지고 부식의 우려가 있어 스테인리스강관의 이용도가 증대하고 있다.

(1) 종류

① 배관용 스테인리스강관
② 보일러 열교환기용 스테인리스강관
③ 위생용 스테인리스강관
④ 배관용 아크용접 대구경 스테인리스강관
⑤ 일반 배관용 스테인리스강관
⑥ 구조 장식용 스테인리스강관

(2) 특징

① 내식성이 우수하고 위생적이다.
② 강관에 비해 기계적 성질이 우수하다.
③ 두께가 얇고 가벼워서 운반 및 시공이 용이하다.
④ 저온에 대한 충격성이 크고 한랭지 배관이 가능하다.
⑤ 나사식, 용접식, 몰코식, 플랜지이음 등 시공이 용이하다.

4) 동관(copper pipe) 중요

동은 전기 및 열전도율이 좋고 내식성이 뛰어나며 전연성이 풍부하고 가공도 용이하여 판, 봉, 관 등으로 제조되어 전기재료, 열교환기, 급수관, 급탕관, 냉매관, 연료관 등에 널리 사용되고 있다.

(1) 분류

구분	종류	비고
사용된 소재에 따른 분류	인탈산 동관	일반 배관재료 사용
	터프피치 동관	순도 99.9% 이상으로 전기기기재료
	무산소 동관	순도 99.96% 이상
	동합금관	용도 다양
질별 분류	연질(O)	가장 연하다
	반연질(OL)	연질에 약간의 경도강도 부여
	반경질(1/2H)	경질에 약간의 연성 부여
	경질(H)	가장 강하다
두께별 분류 중요	K-type	가장 두껍다
	L-type	두껍다
	M-type	보통
	N-type	얇은 두께(KS 규격은 없음)
용도별 분류	워터 튜브(순동제품)	일반적인 배관용(물에 사용)
	ACR 튜브(순동제품)	열교환용 코일(에어컨, 냉동기)
	콘덴서 튜브(동합금제품)	열교환기류의 열교환용 코일
형태별 분류	직관(15~150A : 6m, 200A 이상 : 3m)	일반배관용
	코일(L/W : 300m, B/C : 50,70,100m, P/C : 15,30m)	상수도, 가스 등 장거리 배관
	PMC-808	온돌난방 전용

(2) 특징 중요

① 전기 및 열전도율이 좋아 열교환용으로 우수하다.
② 전・연성이 풍부하여 가공이 용이하고 동파의 우려가 적다.
③ 내식성 및 알칼리에 강하고 산성에는 약하다.
④ 무게가 가볍고 마찰저항이 적다.
⑤ 외부충격에 약하고 가격이 비싸다.
⑥ 아세톤, 에테르, 프레온가스, 휘발유 등 유기약품에 강하다.

5) 연관(lead pipe)

일명 납(Pb)관이라 하며, 연관은 용도에 따라 1종(화학공업용), 2종(일반용), 3종(가스용)으로 나눈다.

6) 합성수지관(plastic pipe)

석유, 석탄, 천연가스 등으로부터 얻어지는 에틸렌, 프로필렌, 아세틸렌, 벤젠 등을 원료로 만들어진 관이다.

(1) 경질염화비닐관(PVC관 : polyvinyl chloride pipe)

염화비닐을 주원료로 압축가공하여 제조한 관이다.

① 장점

㉠ 내식성이 크고 산·알칼리, 해수(염류) 등의 부식에도 강하다.

㉡ 가볍고 운반 및 취급이 용이하며 기계적 강도가 높다.

㉢ 전기절연성이 크고 마찰저항이 적다.

㉣ 가격이 싸고 가공 및 시공이 용이하다.

② 단점

㉠ 열가소성수지이므로 열에 약하고 180℃ 정도에서 연화된다.

㉡ 저온에서 특히 약하다(저온취성이 크다).

㉢ 용제 및 아세톤 등에 약하다.

㉣ 충격강도가 크고 열팽창치가 커 신축에 유의한다.

(2) 폴리에틸렌관(PE관 : polyethylene pipe)

에틸렌에 중합체, 안전체를 첨가하여 압출 성형한 관으로, 화학적·전기적 절연성질이 염화비닐관보다 우수하고 내충격성이 크며 내한성이 좋아 -60℃에서도 취성이 나타나지 않아 한랭지 배관으로 적합하나 인장강도가 작다.

(3) 폴리부틸렌관(PB관 : polybuthylene pipe)

폴리부틸렌관은 강하고 가벼우며 내구성 및 자외선에 대한 저항성, 화학작용에 대한 저항 등이 우수하여 온수·온돌의 난방배관, 음용수 및 온수배관, 농업 및 원예용 배관, 화학배관 등에 사용되며 나사 및 용접배관을 하지 않고 관을 연결구에 삽입하여 그래프링(grap ring)과 O링에 의해 쉽게 접할 수 있다.

(4) 가교화 폴리에틸렌관(XL관 : cross-linked polyethylene pipe)

폴리에틸렌중합체를 주체로 하여 적당히 가열한 압출성형기에 의하여 제조되며 일명 엑셀 파이프라고도 한다. 온수·온돌 난방코일용으로 가장 많이 사용된다.

① 동파, 녹 발생 및 부식이 없고 스케일이 발생하지 않는다.

② 기계적 성질 및 내열성, 내한성 및 내화학성이 우수하다.

③ 가볍고 신축성이 좋으며 배관 시공이 용이하다.

④ 관이 롤(roll)로 생산되고 가격이 싸며 운반에 용이하다.

4.4 배관이음

1) 철금속관이음

(1) 강관이음 중요

강관의 이음방법에는 나사에 의한 방법, 용접에 의한 방법, 플랜지에 의한 방법 등이 있다.

① **나사이음** : 배관에 수나사를 내어 부속 등과 같은 암나사와 결합하는 것으로, 이때 테이퍼 나사는 1/16의 테이퍼(나사산의 각도는 55°)를 가진 원뿔나사로 누수를 방지하고 기밀을 유지한다.

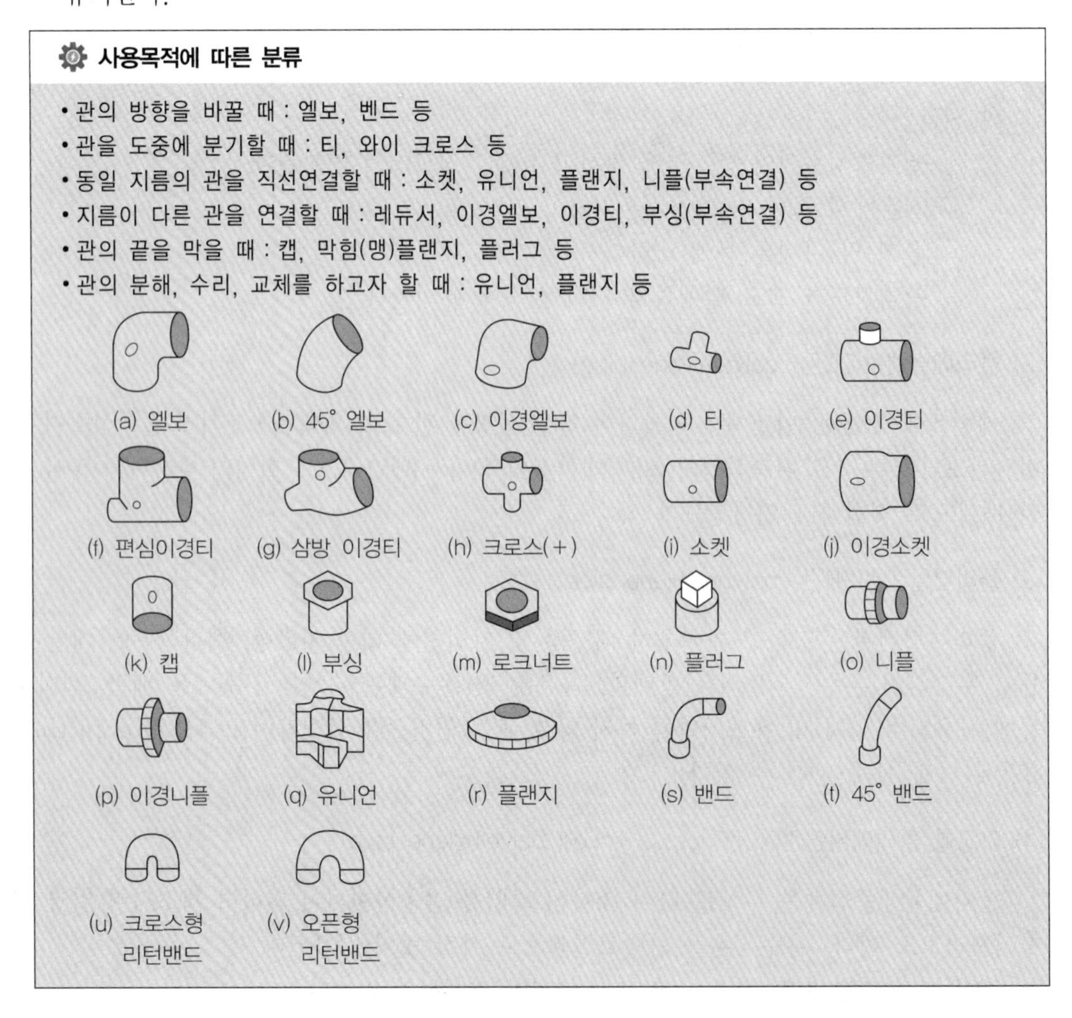

사용목적에 따른 분류

- 관의 방향을 바꿀 때 : 엘보, 벤드 등
- 관을 도중에 분기할 때 : 티, 와이 크로스 등
- 동일 지름의 관을 직선연결할 때 : 소켓, 유니언, 플랜지, 니플(부속연결) 등
- 지름이 다른 관을 연결할 때 : 레듀서, 이경엘보, 이경티, 부싱(부속연결) 등
- 관의 끝을 막을 때 : 캡, 막힘(맹)플랜지, 플러그 등
- 관의 분해, 수리, 교체를 하고자 할 때 : 유니언, 플랜지 등

이음쇠의 크기 표시

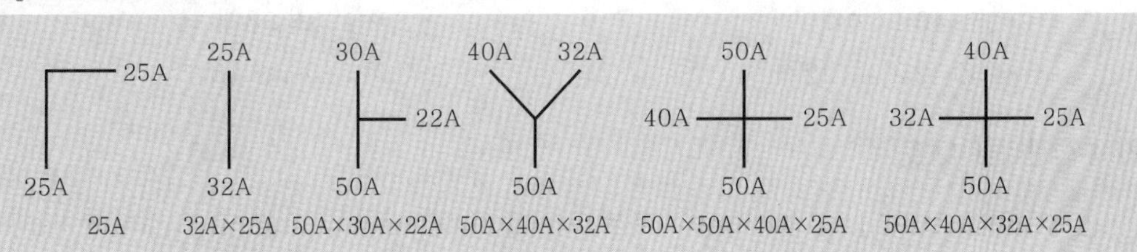

배관길이 계산식 중요

- 직선배관길이 산출 : 배관도면에서의 치수는 관의 중심에서 중심까지를 mm로 나타내는 것을 원칙으로 하며, 특히 부속의 중심에서 단면까지의 중심길이와 파이프의 유효나사길이 또는 삽입길이를 정확히 알고 있어야 정확한 치수를 구할 수 있다.
- 파이프의 실제(절단) 길이 산출

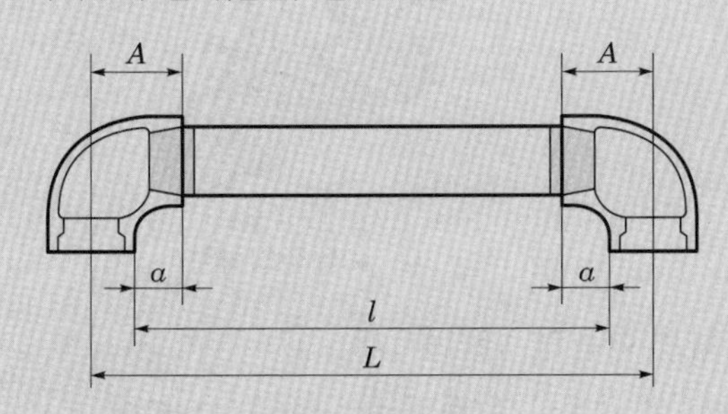

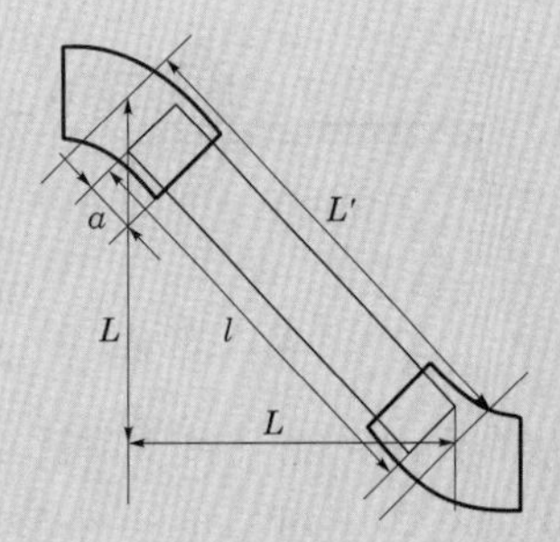

- 부속이 같을 경우 : $l=L-2(A-a)$
- 부속이 다를 경우 : $l=L-[(A-a)+(B-b)]$

여기서, L : 파이프의 전체 길이, l : 파이프의 실제 길이, A : 부속의 중심길이, a : 나사 삽입길이

- 45° 파이프의 실제(절단) 길이 산출
  - 45° 파이프 전체 길이 : $L'=\sqrt{2}\,L=1.414L$
  - 부속이 같을 경우 : $l=L'-2(A-a)$
  - 부속이 다를 경우 : $l=L-[(A-a)+(B-b)]$

② 용접이음

㉠ 나사이음보다 이음부의 강도가 크고 누수의 우려가 적다.

㉡ 두께의 불균일한 부분이 없어 유체의 압력손실이 적다.

㉢ 부속 사용으로 인한 돌기부가 없어 피복(보온)공사가 용이하다.

㉣ 질량이 감소되고 재료비 및 유지비, 보수비가 절약된다.

㉤ 작업공정수가 감소하고 배관상의 공간효율이 좋다.

③ 플랜지이음

㉠ 관의 보수, 점검을 위하여 관의 해체 및 교환을 필요로 하는 곳에 사용한다.

㉡ 관 끝에 용접이음 또는 나사이음을 하고, 양 플랜지 사이에 패킹(packing)을 넣어 볼트로 결합한다.

㉢ 플랜지를 결합할 때에는 볼트를 대칭으로 균일하게 조인다.

㉣ 배관의 중간이나 밸브, 펌프, 열교환기 등의 각종 기기의 접속을 위해 많이 사용한다.

ⓜ 플랜지에 따른 소요볼트수
- 15~40A : 4개
- 50~125A : 8개
- 150~250A : 12개
- 300~400A : 16개

(2) 주철관이음 중요

① 소켓이음(socket joint, hub type) : 연납(lead joint)이라고도 하며 주로 건축물의 배수배관의 지름이 작은 관에 많이 사용된다. 주철관의 소켓(hub) 쪽에 삽입구(spigot)를 넣어 맞춘 다음 마(yarn)를 단단히 꼬아감고 정으로 다져 넣은 후 충분히 가열되어 표면의 산화물이 완전히 제거된 용용된 납(연)을 한 번에 충분히 부어 넣은 후 정을 이용하여 충분히 틈새를 코킹한다.

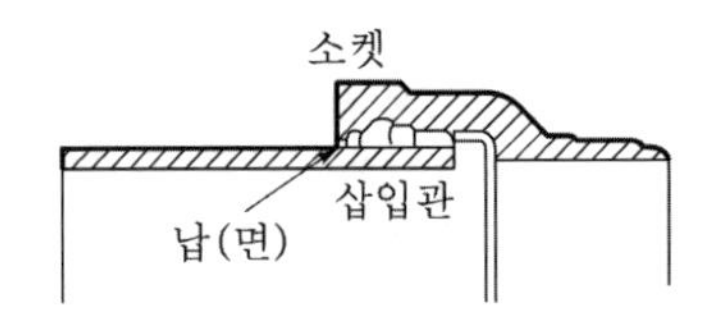

▲ 소켓이음

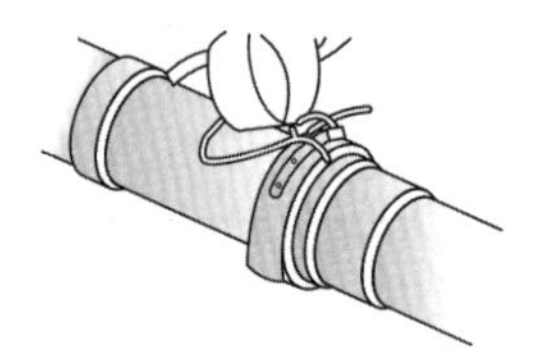
▲ 납주입작업

② 노허브이음(no-hub joint) : 최근 소켓(허브)이음의 단점을 개량한 것으로 스테인리스 커플링과 고무링만으로 쉽게 이음할 수 있는 방법이다. 시공이 간편하고 경제성이 커 현재 오배수관에 많이 사용되고 있다.

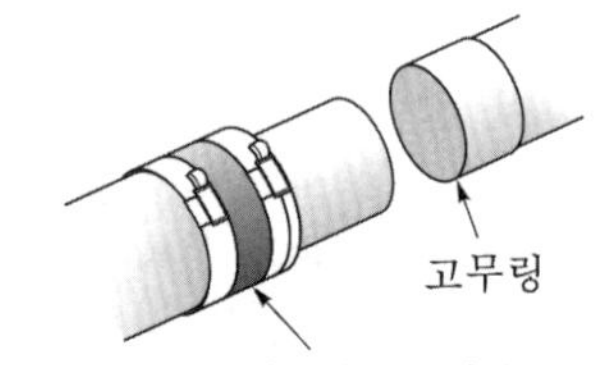

▲ 노허브이음

③ 플랜지이음(flange joint) : 플랜지가 달린 주철관을 플랜지끼리 맞대고 그 사이에 패킹을 넣어 볼트와 너트로 연결한다.

④ 기계식 이음(mechanical joint) : 고무링을 압륜으로 죄어 볼트로 체결한 것으로 소켓이음과 플랜지이음의 특징을 채택한 것이다.

㉠ 수중작업이 가능하다.
㉡ 고압에 잘 견디고 기밀성이 좋다.
㉢ 간단한 공구로 신속하게 이음이 되며 숙련공을 요하지 않는다.
㉣ 지진 기타 외압에 대하여 굽힘성이 풍부하므로 누수되지 않는다.

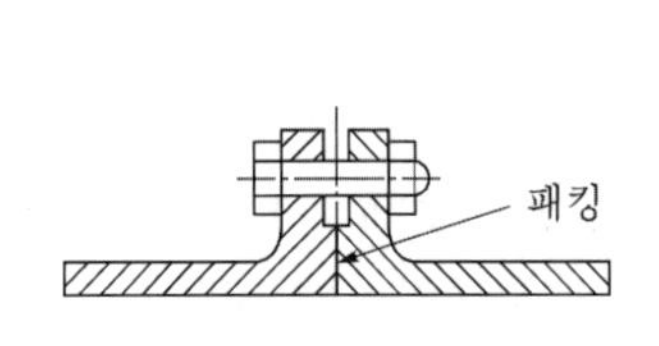

▲ 플랜지이음

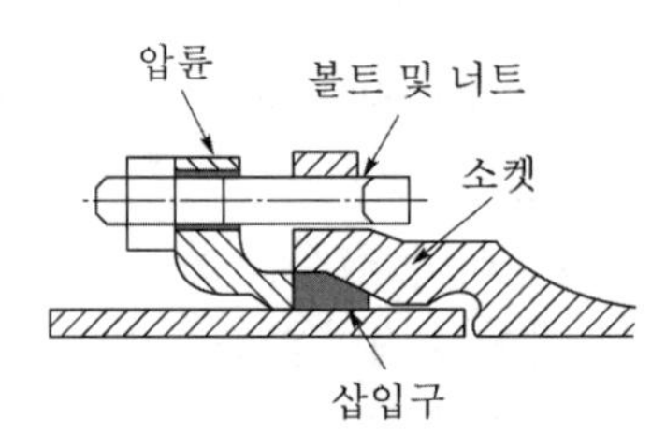

▲ 기계식 이음

⑤ 타이톤이음(tyton joint) : 고무링 하나만으로 이음이 된다. 소켓 내부의 홈은 고무링을 고정시키고 돌기부는 고무링이 있는 홈 속에 들어맞게 되어 있으며, 삽입구 끝은 테이퍼로 되어 있다.

⑥ 빅토릭이음(victoric joint) : 특수 모양으로 된 주철관의 끝에 고무링과 가단 주철제의 칼라(collar)를 죄어 이음하는 방법으로 배관 내의 압력이 높아지면 더욱 밀착되어 누설을 방지한다.

2) 비철금속관이음

(1) 동관이음 중요

① 납땜이음(soldering joint) : 확장된 관이나 부속 또는 스웨이징작업을 한 동관을 끼워 모세관 현상에 의해 흡인되어 틈새 깊숙이 빨려드는 일종의 겹침이음이다.

② 플레어이음(flare joint, 압축이음) : 동관 끝부분을 플레어공구(flaring tool)에 의해 나팔모양으로 넓히고 압축이음쇠를 사용하여 체결하는 이음방법으로, 지름 20mm 이하의 동관을 이음할 때나 기계의 점검 및 보수 등을 위해 분해가 필요한 장소나 기기를 연결하고자 할 때 이용된다.

③ 플랜지이음(flange joint) : 관 끝이 미리 꺾어진 동관을 용접하여 끼우고 플랜지를 양쪽을 맞대어 패킹을 삽입 후 볼트로 체결하는 방법이다. 재질이 다른 관을 연결할 때에는 동절연플랜지를 사용하여 이음을 하는데, 이는 이종금속 간의 부식을 방지하기 위하여 사용된다.

(2) 연관(lead pipe)이음

연관의 이음방법으로는 플라스턴이음, 살올림 납땜이음, 용접이음 등이 있다.

(3) 스테인리스강관이음 중요

① 나사이음 : 일반적으로 강관의 나사이음과 동일하다.

② 용접이음 : 용접방법에는 전기용접과 불활성가스 아크(TIG)용접법이 있다.

③ 플랜지이음 : 배관의 끝에 플랜지를 맞대어 볼트와 너트로 조립한다.

④ 몰코이음(molco joint) : 스테인리스강관 13SU에서 60SU를 이음쇠에 삽입하고 전용 압착공구를 사용하여 접합하는 이음방법이다. 급수, 급탕, 냉난방 등의 분야에서 나사이음, 용접이음 대신 단시간에 배관할 수 있는 배관이음이다.

⑤ MR 조인트 이음쇠 : 관을 나사가공이나 압착(프레스)가공, 용접가공을 하지 않고 청동주물제 이음쇠 본체에 관을 삽입하고 동합금제 링(ring)을 캡너트(cap nut)로 죄어 고정시켜 접속하는 방법이다.

⑥ 기타 이음 : 원조인트 등

3) 비금속관이음

(1) 경질염화비닐관(PVC관)이음

① 냉간이음 : 관 또는 이음관의 어느 부분도 가열하지 않고 접착제를 발라 관 및 이음관의 표면을 녹여 붙여 이음하는 방법으로, TS식 조인트(taper sized fitting)를 이용하며 가열이 필요 없고 시공작업이 간단하여 시간이 절약된다. 또한 특별한 숙련이 필요 없고 경제적인 이음방법으로 좁은 장소 또는 화기를 사용할 수 없는 장소에서 작업할 수 있다.
② 열간이음 : 열간접합을 할 때 열가소성, 복원성 및 융착성을 이용해서 접합하는 방법이다.
③ 용접이음 : 염화비닐관을 용접으로 연결할 때에는 열풍용접기(hot jet gun)를 사용하며 주로 대구경 관의 분기접합, T접합 등에 사용한다.

(2) 폴리에틸렌관(PE관)이음

테이퍼조인트이음, 인서트이음, 플랜지이음, 테이퍼코어플랜지이음, 융착슬리브이음, 나사이음 등이 있다.

4) 신축이음(expansion joint) 중요

철의 선팽창계수(α)는 1.2×10^{-5}m/m · ℃로 강관의 경우 온도차가 1℃일 때 1m당 0.012mm만큼 신축이 발생하므로 직선거리가 긴 배관의 경우 관 접합부나 기기의 접속부가 파손될 우려가 있어 이를 미연에 방지하기 위하여 배관의 도중에 신축이음을 설치한다. 일반적으로 신축이음은 강관의 경우 직선길이 30m마다, 동관은 20m마다 1개 정도 설치한다.

$$늘음량(\lambda) = L\alpha\Delta t$$

여기서, α : 선팽창계수(1/℃), L : 관의 길이(m), Δt : 온도차(℃)

(1) 루프형(loop, 만곡관) 신축이음

신축곡관이라고도 하며 강관 또는 동관 등을 루프모양으로 구부려서 그 휨에 의하여 신축을 흡수하는 것이다.

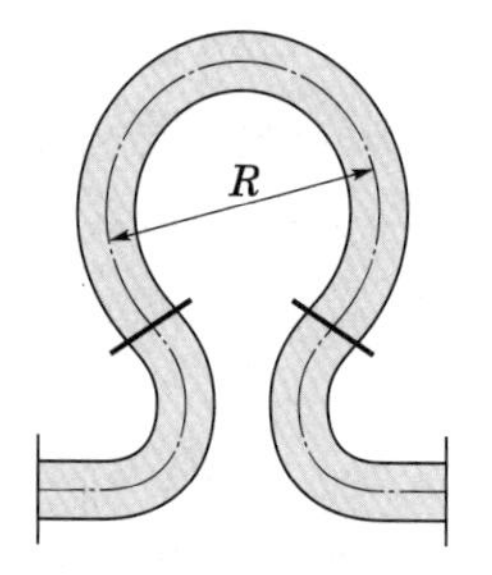

① 고온 고압의 옥외배관에 설치한다.
② 설치장소를 많이 차지한다.
③ 신축에 따른 자체 응력이 발생한다.
④ 곡률반경은 관지름의 6배 이상으로 한다.

(2) 미끄럼형(sleeve type) 신축이음

본체와 슬리브파이프로 되어 있다. 관의 신축은 본체 속의 미끄럼하는 슬리브관에 의해 흡수되며 슬리브와 본체 사이에 패킹을 넣어 누설을 방지한다. 단식과 복식의 두 가지 형태가 있다.

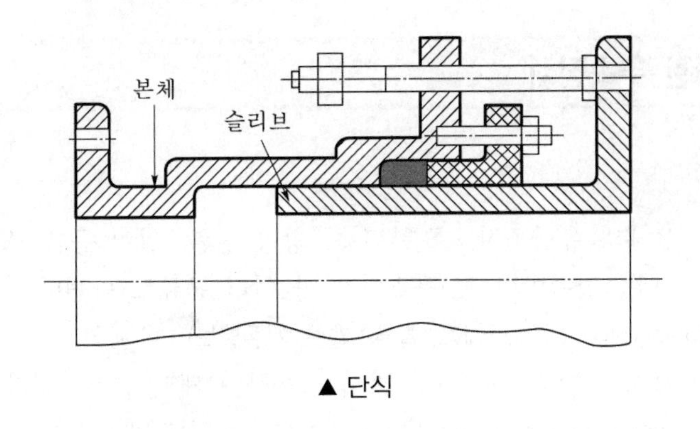

▲ 단식

(3) 벨로즈형(주름통형, 파상형, bellows type) 신축이음

일반적으로 급수, 냉난방배관에서 많이 사용되는 신축이음으로 일명 팩리스(packless) 신축이음이라고도 한다. 인청동제 또는 스테인리스제의 벨로즈를 주름잡아 신축을 흡수하는 형태의 신축이음이다.

① 설치공간을 많이 차지하지 않는다.
② 고압배관에는 부적당하다.
③ 신축에 따른 자체 응력 및 누설이 없다.
④ 주름의 하부에 이물질이 쌓이면 부식의 우려가 있다.

(4) 스위블형(swivel type) 신축이음 중요

회전이음, 지블이음, 지웰이음 등이라 하며 2개 이상의 나사엘보를 사용하여 이음부 나사의 회전을 이용하여 배관의 신축을 흡수하는 것으로, 주로 온수 또는 저압의 증기난방 등의 방열기 주위 배관용으로 사용된다.

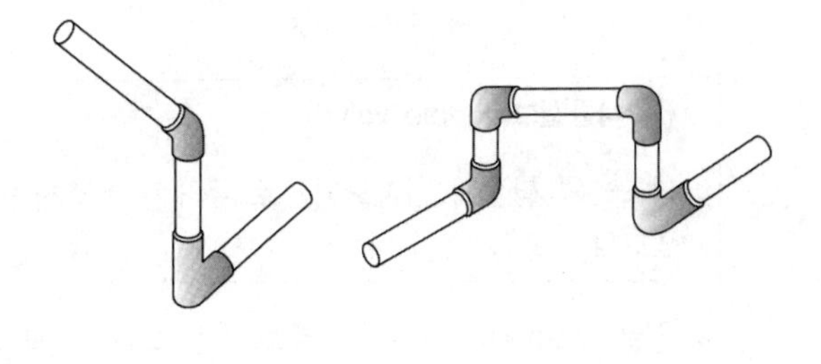

※ 신축허용길이가 큰 순서 : 루프형 > 슬리브형 > 벨로즈형 > 스위블형

(5) 볼조인트형(ball joint type) 신축이음

볼조인트는 평면상의 변위뿐만 아니라 입체적인 변위까지 흡수하므로 어떠한 신축에도 배관이 안전하며 설치공간이 적다.

5) 플렉시블이음(flexible joint)

굴곡이 많은 곳이나 기기의 진동이 배관에 전달되지 않도록 하여 배관이나 기기의 파손을 방지하는 목적으로 사용된다.

4.5 배관 부속장치

1) 밸브

밸브(valve)는 유체의 유량조절, 흐름 단속, 방향 전환, 압력 등을 조절하는 데 사용하는 것으로 재료, 압력범위, 접속방법 및 구조에 따라 여러 종류로 나뉜다.

① **게이트밸브(gate valve, sluice valve, 슬루스밸브, 사절밸브)** : 유체의 흐름을 차단(개폐)하는 대표적인 밸브로서 일반적으로 가장 많이 사용하며 개폐시간이 길다.

② **글로브밸브(glove valve, stop valve, 옥형밸브)** : 디스크의 모양이 구형이고 유체가 밸브 시트 아래에서 위로 평행하게 흐르므로 유체의 흐름방향이 바뀌게 되어 유체의 마찰저항이 크게 되며 유량조절이 용이하고 마찰저항이 크다.

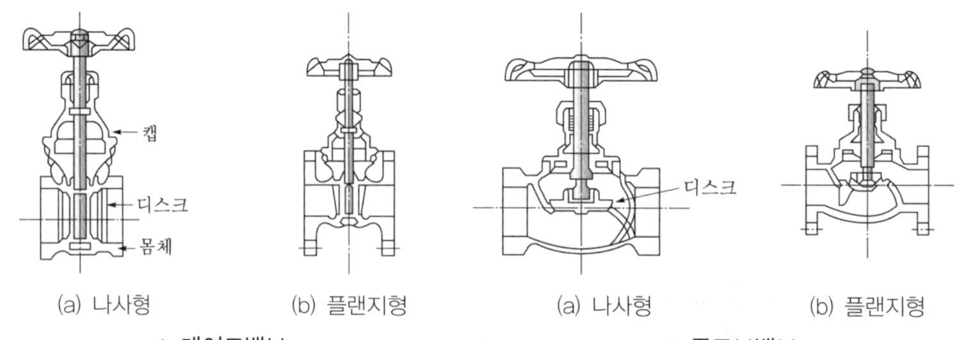

(a) 나사형 (b) 플랜지형 (a) 나사형 (b) 플랜지형

▲ 게이트밸브 ▲ 글로브밸브

> **니들밸브(neddle valve)**
>
> 디스크의 형상이 원뿔모양으로 유체가 통과하는 단면적이 극히 작아 고압 소유량의 조절에 적합하다.

③ **앵글밸브(angle valve)** : 글로브밸브의 일종으로 유체의 입구와 출구의 각이 90°로 되어 있는 것으로 유량의 조절 및 방향을 전환시켜 주며 주로 방열기의 입구 연결밸브나 보일러 주증기밸브로 사용한다.

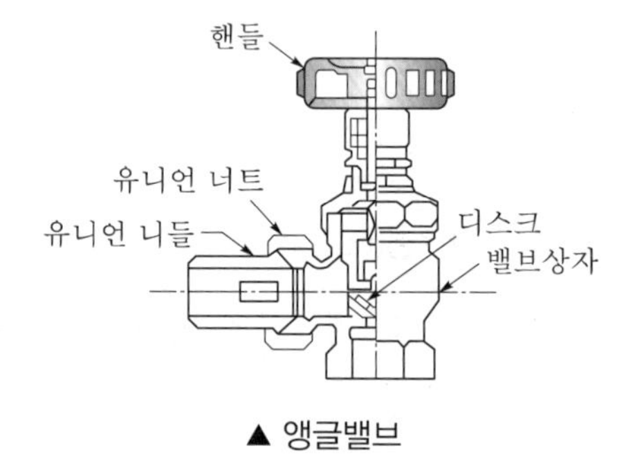

▲ 앵글밸브

④ **체크밸브(check valve, 역지밸브)** 중요 : 유체를 한쪽 방향으로만 흐르게 하여 역류를 방지하는 역류 방지밸브로서 밸브의 구조에 따라 다음과 같이 구분할 수 있다.

㉠ 스윙형(swing type) : 수직, 수평배관에 사용한다.

㉡ 리프트형(lift type) : 수평배관에만 사용한다.

㉢ 풋형(foot type) : 펌프 흡입관 선단의 여과기(strainer)와 역지밸브(check valve)를 조합한 기능을 한다.

⑤ 볼밸브(ball valve) : 구의 형상을 가진 볼에 구멍이 뚫려 있어 구멍의 방향에 따라 개폐 조작이 되는 밸브이며 90° 회전으로 개폐 및 조작도 용이하여 게이트밸브(슬루스밸브) 대신 많이 사용된다.

⑥ 버터플라이밸브(butterfly valve) : 일명 나비밸브라 하며 원통형의 몸체 속에 밸브봉을 축으로 하여 원형 평판이 회전함으로써 밸브가 개폐된다. 밸브의 개도를 알 수 있고 조작이 간편하며 경량이고 설치공간을 작게 차지하므로 설치가 용이하다. 작동방법에 따라 레버식, 기어식 등이 있다.

⑦ 콕(cock) : 로터리(rotary)밸브의 일종으로 원통 또는 원뿔에 구멍을 뚫고 축을 회전하여 개폐하는 것으로 플러그밸브라고도 하며 90° 회전으로 급속한 개폐가 가능하나 기밀성이 좋지 않아 고압 대유량에는 적당하지 않다.

2) 여과기(strainer) 중요

배관에 설치하는 자동조절밸브, 증기트랩, 펌프 등의 앞에 설치하여 유체 속에 섞여 있는 이물질을 제거하여 밸브 및 기기의 파손을 방지하는 기구로서 모양에 따라 Y형, U형, V형 등이 있다. 몸통의 내부에는 금속제 여과망(mesh)이 내장되어 있어 주기적으로 청소를 해주어야 한다.

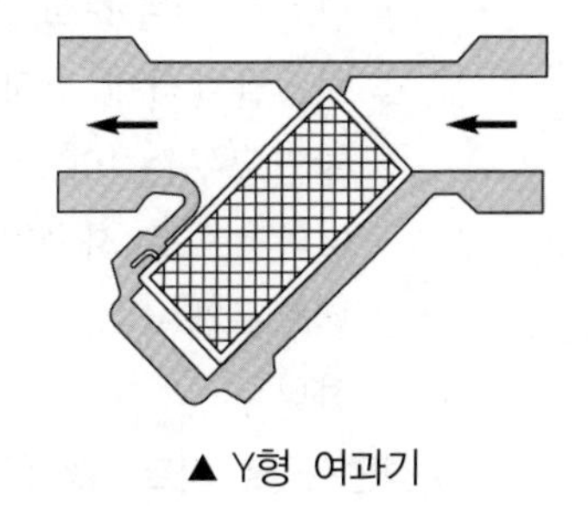

▲ Y형 여과기

3) 바이패스장치 중요

바이패스장치는 배관계통 중에서 증기트랩, 전동밸브, 온도조절밸브, 감압밸브, 유량계, 인젝터 등과 같이 비교적 정밀한 기계들의 고장이나 일시적인 응급사항에 대비하여 비상용 배관을 구성하는 것을 말한다.

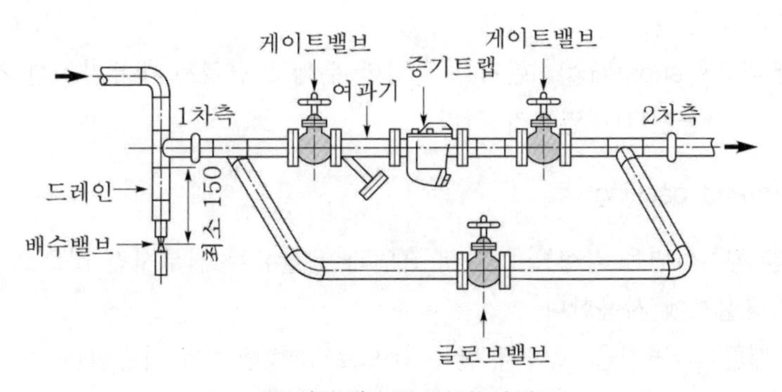

▲ 증기(관말)트랩 설치 상세도

4.6 패킹 및 단열재(보온재)와 도료

1) 패킹(packing)

패킹은 접합부(운동 부분)의 누설을 방지하기 위한 것으로 탄성체로 되어 있으며 나사용 패킹과 플랜지패킹 등이 있다.

(1) 나사용 패킹

① 페인트(paint)
② 일산화연
③ 액상합성수지

(2) 플랜지패킹(flange packing)

① 고무패킹
㉠ 탄성이 우수하고 흡수성이 없다.
㉡ 산, 알칼리에 강하나 열과 기름에 약하다.
㉢ 천연고무는 100℃ 이상의 고온배관에는 사용할 수 없고 주로 급수, 배수, 공기 등의 밀폐용으로 사용할 수 있다.
㉣ 네오프렌(neoprene)은 내열범위가 -46~121℃인 합성고무이다(기계적 성질이 우수하다).
② 석면조인트 시트 : 광물질의 미세한 섬유로 450℃까지의 고온배관에도 사용된다.
③ 합성수지 패킹 : 테프론은 가장 우수한 패킹재료로서 약품이나 기름에도 침식되지 않는다. 내열범위는 -260~260℃이지만 탄성이 부족하여 석면, 고무, 금속관 등으로 표면처리하여 사용된다.
④ 금속패킹 : 납, 구리, 연강, 스테인리스강 등이 있으며 관성이 적어 수축, 진동 등으로 누설의 우려가 있다.
⑤ 오일실패킹(oil seal packing) : 한지를 일정한 두께로 겹쳐서 내유가공한 것으로 펌프, 기어박스 등에 사용된다(내열도가 작다).

(3) 그랜드패킹(grand packing)

① 석면각형패킹 : 석면을 각형으로 짜서 흑연과 윤활유를 침투시킨 것으로 내열성, 내산성이 좋아 대형밸브에 사용한다.
② 석면야안패킹 : 석면실을 꼬아서 만든 것으로 소형밸브에 사용한다.
③ 아마존패킹 : 면포와 내열고무 콤파운드를 가공하여 성형한 것으로 압축기에 사용한다.
④ 몰드패킹 : 석면, 흑연, 수지 등을 배합 성형하여 만든 것으로 밸브, 펌프 등에 사용한다.
⑤ 플라스틱패킹 : 내수성, 내약품성이 좋으며 테프론, 폴리에틸렌, 페놀수지 등이 있다.

2) 단열재(보온재) 중요

단열(adiabatic)이란 벽을 통한 외부와의 열의 출입을 차단(보온효과)시키는 것으로 기기, 관, 덕트 등에 있어서 고온의 유체에서 저온의 유체로 열이 이동되는 것을 차단하여 열손실을 줄이는 것을 말한다. 안전사용온도에 따라 보냉재(100℃ 이하), 보온재(100~800℃), 단열재(800~1,200℃), 내화단열재(1,300℃ 이상), 내화재(1,580℃ 이상) 등의 재료가 있다.

(1) 구비조건 중요

① 열전도율이 적을 것(불량할 것)
② 안전사용온도범위 내에 있을 것
③ 비중이 작을 것
④ 불연성이고 흡습성 및 흡수성이 없을 것
⑤ 다공질이며 기공이 균일할 것
⑥ 기계적 강도가 크고 시공이 용이할 것
⑦ 구입이 쉽고 장시간 사용해도 변질이 없을 것

(2) 분류

① 유기질 보온재 중요 : 보온능력이 우수하고 일반적으로 가격이 저렴하다.
㉠ 펠트(felt) : 양모펠트와 우모펠트가 있다. 아스팔트로 방습한 것은 -60℃ 정도까지 유지할 수 있어 보냉용에 사용하며 곡면 부분의 시공이 가능하다.
㉡ 코르크(cork) : 액체, 기체의 침투를 방지하는 작용이 있어 보냉, 보온효과가 좋다. 냉수, 냉매배관, 냉각기, 펌프 등의 보냉용에 사용된다.
㉢ 텍스류 : 톱밥, 목재, 펄프를 원료로 해서 압축판모양으로 제작한 것으로 실내 벽, 천장 등의 보온 및 방음용으로 사용한다.
㉣ 기포성 수지(plastic foam) : 합성수지 또는 고무질재료를 사용하여 다공질 제품으로 만든 것으로, 열전도율이 극히 낮고 가벼우며 흡수성은 좋지 않으나 굽힘성은 풍부하다. 불에 잘 타지 않으며 보온성, 보냉성이 좋다.

② 무기질 보온재 중요 : 내열성이 크고 불연성이며 기계적 강도가 크다.
㉠ 석면 : 아스베스토스(asbestos) 섬유로 되어 있으며 450℃ 이하의 파이프, 탱크, 노벽 등의 보온재로 적합하다. 400℃ 이상에는 탈수 분해하고, 800℃에서는 강도와 보온성을 잃게 된다. 석면은 사용 중 잘 갈라지지 않으므로 곡관부나 플랜지 등의 진동을 발생하는 장치의 보온재로 많이 사용된다.
㉡ 암면(rock wool) : 안산암, 현무암에 석회석을 섞어 용융하여 섬유모양으로 만든 것으로, 비교적 값이 싸지만 섬유가 거칠고 꺾어지기 쉬우며 보냉용으로 사용할 때는 방습을 위해 아스팔트가공을 한다(400℃ 이하의 파이프, 덕트, 탱크 등의 보온재로 사용한다).

㉢ 규조토 : 광물질의 잔해 퇴적물로서 좋은 것은 순백색이고 부드러우나, 실제 사용되는 것은 불순물이 함유되어 있어 황색이나 회녹색을 띠고 있다. 물반죽하여 시공하며 다른 보온재에 비해 단열효과가 낮으므로 다소 두껍게 시공한다(안전사용온도 500℃).

㉣ 탄산마그네슘($MgCO_3$) : 염기성 탄산마그네슘 85%와 석면 15%를 배합하여 물에 개어서 사용할 수 있고, 250℃ 이하의 파이프, 탱크의 보냉용으로 사용된다(열전도율 0.058~0.08W/m·K).

㉤ 규산칼슘($CaSiO_3$) : 규조토와 석회석을 주원료로 한 것으로, 열전도율은 0.0465W/m·K로서 보온재 중 가장 낮은 것 중의 하나이며, 사용온도범위는 600℃까지이다.

㉥ 유리섬유(glass wool) : 용융상태인 유리에 압축공기 또는 증기를 분사시켜 짧은 섬유모양으로 만든 것으로, 흡수성이 높아 습기에 주의하여야 하며 단열, 내열, 내구성이 좋고 가격도 저렴하여 많이 사용한다. 최고사용온도는 250~350℃이다(사용방법은 암면과 거의 같다).

㉦ 폼글라스(발포초자) : 유리분말에 발포제를 가하여 가열 용융한 뒤 발포와 동시에 경화시켜 만든 것으로, 기계적 강도와 흡수성이 크며 판이나 통으로 사용하고 사용온도는 300℃ 정도이다.

㉧ 펄라이트(pearlite) : 진주암, 흑요석(화산암의 일종) 등을 고온가열(1,000℃)하여 팽창시킨 것으로, 가볍고 흡수성이 적으며 내화도가 높고 열전도율은 작다. 안전사용온도는 650℃이다.

㉨ 실리카파이버 : SiO_2를 주성분으로 압축성형한 것으로, 안전사용온도는 1,100℃로 고온용이다.

㉩ 세라믹파이버(ceramic fiber) : ZrO_2를 주성분으로 압축성형한 것으로, 안전사용온도는 1,300℃로 고온용이다. 융점이 높고 내약품성이 우수하다.

③ **금속질 보온재** : 금속 특유의 열 반사특성을 이용한 것으로, 대표적으로 알루미늄박이 사용된다(안전사용온도 500℃).

▶ **배관 내 유체의 용도에 따른 보온재의 표면색**

종류	식별색	종류	식별색
급수관	청색	증기관	백색(적색)
급탕, 환탕관	황색	소화관	적색
온수난방관	연적색	–	–

3) 도료(paint, 페인트) 중요

① **광명단 도료** : 연단에 아마인유를 혼합한 것으로 밀착력 및 풍화에 강해 녹을 방지하기 위하여 많이 사용하며 페인트 밑칠 및 다른 착색 도료의 초벽으로 사용한다.

② 산화철 도료
③ 알루미늄 도료(은분)
④ 콜타르 및 아스팔트 도료
⑤ 합성수지 도료

4.7 배관지지

1) 행거(hanger) 중요

천장 배관 등의 하중을 위에서 걸어당겨(위에서 달아매는 것) 받치는 지지구이다.

① 리지드행거(rigid hanger) : I빔에 턴버클을 이용하여 지지한 것으로 상하방향에 변위가 없는 곳에 사용한다.
② 스프링행거(spring hanger) : 턴버클 대신 스프링을 사용한 것이다.
③ 콘스탄트행거(constant hanger) : 배관의 상하이동에 관계없이 관의 지지력이 일정한 것으로 중추식과 스프링식이 있다.

2) 서포트(support) 중요

바닥배관 등의 하중을 밑에서 위로 떠받쳐 주는 지지구이다.

① 파이프슈(pipe shoe) : 관에 직접 접속하는 지지구로 수평배관과 수직배관의 연결부에 사용된다.
② 리지드서포트(rigid support) : H빔이나 I빔으로 받침을 만들어 지지한다.
③ 스프링서포트(spring support) : 스프링의 탄성에 의해 상하이동을 허용한 것이다.
④ 롤러서포트(roller support) : 관의 축방향의 이동을 허용한 지지구이다.

3) 리스트레인트(restraint) 중요

열팽창에 의한 배관의 상하좌우이동을 구속 또는 제한하는 것이다.

① 앵커(anchor) : 리지드서포트의 일종으로 관의 이동 및 회전을 방지하기 위해 지지점에 완전히 고정하는 장치이다.
② 스톱(stop) : 배관의 일정한 방향과 회전만 구속하고 다른 방향은 자유롭게 이동하게 하는 장치이다.
③ 가이드(guide) : 배관의 곡관 부분이나 신축이음 부분에 설치하는 것으로 회전을 제한하거나 축방향의 이동을 허용하며 직각방향으로 구속하는 장치이다.

4) 브레이스(brace) 중요

펌프, 압축기 등에서 발생하는 기계의 진동, 서징, 수격작용 등에 의한 진동, 충격 등을 완화하는 완충기이다.

4.8 배관공작

1) 배관용 공구

(1) 파이프 바이스(pipe vise)

관의 절단, 나사작업 시 관이 움직이지 않게 고정하는 것으로, 크기는 고정 가능한 파이프 지름으로 나타낸다.

(2) 수평(탁상) 바이스

관의 조립 및 열간벤딩 시 관이 움직이지 않도록 고정하는 것으로, 크기는 조(jaw)의 폭으로 나타낸다.

(3) 파이프 커터(pipe cutter)

강관의 절단용 공구로 1개의 날과, 2개의 롤러의 것과 3개의 날로 된 두 종류가 있으며 날의 전진과 커터의 회전에 의해 절단되므로 거스러미(burr)가 생기는 결점이 있다.

(4) 파이프 렌치(pipe wrench) : 보통형, 강력형, 체인형

관의 결합 및 해체 시 사용하는 공구로, 200mm 이상의 강관은 체인파이프 렌치(chain pipe wrench)를 사용한다. 크기는 입을 최대한 벌린 전장으로 나타낸다.

(5) 파이프 리머(pipe reamer)

수동 파이프 커터, 동력용 나사절삭기의 커터로 관을 절단하게 되면 내부에 거스러미(burr)가 생기게 된다. 이러한 거스러미는 관 내부의 마찰저항을 증가시키므로 제거해야 하는데 절단 후 거스러미를 제거하는 공구가 파이프 리머이다.

(6) 수동식 나사절삭기(pipe threader)

관 끝의 나사를 절삭하는 공구로 오스터형, 리드형의 두 종류가 있다.

① **오스터형(oster type)** : 4개의 체이서(다이스)가 한 조로 되어 있으며 8~100A까지 나사절삭이 가능하다(3개의 조).

② **리드형(reed type)** : 2개의 체이서(다이스)에 4개의 조(가이드)로 되어 있으며 8~50A까지 나사절삭이 가능하다. 가장 일반적으로 사용하는 수공구이다.

(7) 동력용 나사절삭기 중요

동력을 이용하는 나사절삭기는 작업능률이 좋아 최근에 많이 사용된다.

① **다이헤드식 나사절삭기** : 다이헤드에 의해 나사가 절삭되는 것으로 관의 절삭, 절단, 거스러미(burr) 제거 등을 연속적으로 처리할 수 있어 가장 많이 사용된다.

② **오스터식 나사절삭기** : 수동식의 오스터형 또는 리드형을 이용한 동력용 나사절삭기로, 주로 소형의 50A 이하의 관에 사용된다.

③ **호브식 나사절삭기** : 나사절삭 전용기계로서 호브(hob)를 저속으로 회전시켜 나사를 절삭하는 것으로 50A 이하, 65~150A, 80~200A의 3종류가 있다.

2) 관 절단용 공구

(1) 쇠톱(hack saw)

관 및 공작물의 절단용 공구로서 200, 250, 300mm의 3종류가 있다. 크기는 피팅홀(fitting hole)의 간격으로 나타낸다.

▶ 재질별 톱날의 산수

톱날의 산수 (inch당)	재질	톱날의 산수 (inch당)	재질
14	탄소강(연강)동합금, 주철, 경합금	24	강관, 합금강, 형강
18	탄소강(경강), 고속도강, 동(구리)	32	박판, 구조용 강관, 소결합금강

(2) 기계톱(hack sawing machine)

활모양의 프레임에 톱날을 끼워서 크랭크작용에 의한 왕복 절삭운동과 이송운동으로 재료를 절단한다.

(3) 고속 숫돌절단기(abrasive cut off machine)

두께가 0.5~3mm 정도의 얇은 연삭원판을 고속으로 회전시켜 재료를 절단하는 기계로, 숫돌 그라인더, 연삭절단기, 커터 그라인더라고도 한다. 강관용과 스테인리스용으로 구분하며 파이프 절단공구로 가장 많이 사용한다.

(4) 띠톱기계(band sawing machine)

모터에 장치된 원동폴리를 종동폴리와의 둘레에 띠톱날을 회전시켜 재료를 절단한다.

(5) 가스절단기

강관의 가스절단은 산소절단이라고 하며 산소와 철과의 화학반응을 이용하는 절단방법이다. 즉 산소-아세틸렌 또는 산소-프로판가스의 불꽃을 이용하여 절단토치로 절단부를 800~900℃로 미리 예열한 다음 팁의 중심에서 고압의 산소를 불어내어 절단한다.

(6) 강관절단기

강관의 절단만을 하는 전문 절단기계이다. 선반과 같이 강관을 회전시켜 바이트로 절단하는 것이다.

3) 관 벤딩용 기계(bending machine)

수동벤딩과 기계벤딩으로 분류하며, 수동벤딩에는 수동롤러나 수동벤더에 의한 상온벤딩인 냉간벤딩과, 800~900℃로 가열하여 관 내부에 마른 모래를 채운 후 벤딩하는 열간벤딩이 있다.

열간벤딩 시 가열온도 중요

- 강관벤딩 시 : 800~900℃
- 동관벤딩 시 : 600~700℃ 정도

굽힘작업 시 주의사항

- 관의 용접선이 위에 오도록 고정한 후 벤딩한다.
- 냉간벤딩 시 스프링백현상에 유의하여 조금 더 구부린다.

곡관(벤딩)부의 길이(l) 산출 중요

$$l = 2\pi r \frac{\theta}{360°} = \pi D \frac{\theta}{360°} \text{[mm]}$$

여기서, r : 곡률반지름(mm), θ : 벤딩각도(°), D : 곡률지름(mm)

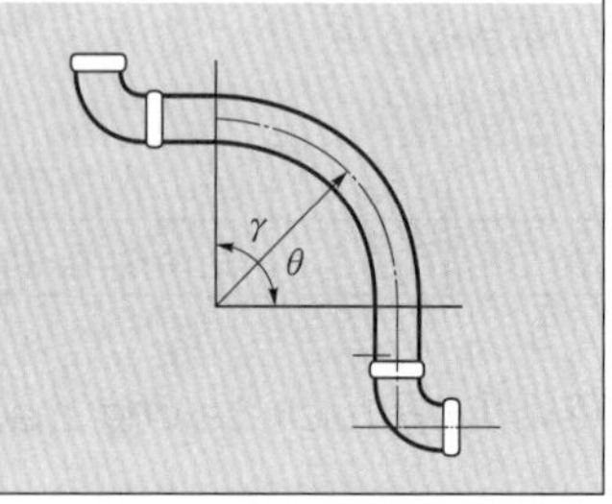

참고

스프링백(spring back)

재료를 구부렸다가 힘을 제거하면 탄성이 작용하여 다시 펴지는 현상을 말한다.

4) 기타 공구

(1) 동관용 공구 중요

① 토치램프 : 납땜, 동관접합, 벤딩 등의 작업을 하기 위한 가열용 공구
② 튜브벤더 : 동관 굽힘용 공구
③ 플레어링 툴 : 20mm 이하의 동관의 끝을 나팔형(접시모양)으로 만들어 압축접합 시 사용하는 공구
④ 사이징 툴 : 동관의 끝을 원형으로 정형하는 공구

⑤ 튜브커터 : 동관 절단용 공구
⑥ 익스팬더(확관기) : 동관 끝의 확관용 공구
⑦ 리머 : 튜브커터로 동관 절단 후 관의 내면에 생긴 거스러미를 제거하는 공구
⑧ 티뽑기 : 동관용 공구 중 직관에서 분기관을 성형 시 사용하는 공구

(2) 주철관용 공구

① 납 용해용 공구세트 : 냄비, 파이어포트(fire pot), 납물용 국자, 산화납 제거기 등
② 클립(clip) : 소켓접합 시 용해된 납의 주입 시 납물의 비산 방지
③ 코킹 정 : 소켓접합 시 얀(yarn)을 박아 넣거나 납을 다져 코킹하는 정
④ 링크형 파이프 커터 : 주철관 전용 절단공구

(3) 연관용 공구 중요

① 연관톱 : 연관 절단공구(일반 쇠톱으로도 가능)
② 봄볼 : 주관에 구멍을 뚫을 때 사용(분기관 따내기 작업 시)
③ 드레서 : 연관 표면의 산화피막 제거
④ 벤드벤 : 연관의 굽힘작업에 이용(굽히거나 펼 때 사용)
⑤ 턴핀 : 관 끝을 접합하기 쉽게 관 끝부분에 끼우고 맬릿(mallet)으로 정형(소정의 관경을 넓힘)
⑥ 맬릿(mallet) : 나무해머(망치)로 턴핀을 때려 박든가 접합부 주위를 오므리는 데 사용
⑦ 토치램프 : 가열용 공구

4.9 배관도시법

1) 배관제도(도면)의 종류

(1) 평면배관도(plane drawing)

배관장치를 위에서 아래로 내려다보고 그린 그림이다.

(2) 입면배관도(side view drawing)

배관장치를 측면에서 보고 그린 그림이다(3각법에 의함).

(3) 입체배관도(isometric piping drawing)

입체공간을 X축, Y축, Z축으로 나누어 입체적인 형상을 평면에 나타낸 그림이다. 일반적으로 Y축에는 수직배관을 수직선으로 그리고 수평면에 존재하는 X축과 Z축을 120°로 만나게 선을 그어 그린 그림이다.

(4) 부분조립도(Isometric each drawing)

입체(조립)도에서 발췌하여 상세히 그린 그림이다. 각부의 치수와 높이를 기입하며 플랜트 접속의 기계 및 배관부품과 플랜지면 사이의 치수도 기입하는 것으로 스풀 드로잉(spool drawing)이라고도 한다.

공업배관제도

- 계통도(flow diagram) : 기기장치모양의 배관기호로 도시하고 주요 밸브, 온도, 유량, 압력 등을 기입한 대표적인 도면이다.
- PID(piping and instrument diagram) : 가격 산출, 관장치의 설계, 제작, 시공, 운전, 조작, 공정수정 등에 큰 도움을 주기 위해서 모든 주계통의 라인, 계기, 제어기 및 장치기기 등에서 필요한 모든 자료를 도시한 도면이다.
- 관장치도(배관도) : 실제 공장에서 제작, 설치, 시공할 수 있도록 PID를 기본도면으로 하여 그린 도면이다.
- 배치도(plot plan) : 건물의 대지 및 도로와의 관계, 건물의 위치나 크기, 방위, 옥외 급배수관계통 및 장치들의 위치 등을 나타낸다.

2) 치수기입법

(1) 치수 표시

치수는 mm를 단위로 하되, 치수선에는 숫자만 기입한다.

▶ **강관의 호칭지름** 중요

호칭지름		호칭지름		호칭지름	
A(mm)	B(inch)	A(mm)	B(inch)	A(mm)	B(inch)
6A	1/8″	32A	1 1/4″	125A	5″
8A	1/4″	40A	1 1/2″	150A	6″
10A	3/8″	50A	2″	200A	8″
15A	1/2″	65A	2 1/2″	250A	10″
20A	3/4″	80A	3″	300A	12″
25A	1″	100A	4″	350A	14″

(2) 높이 표시 중요

① GL(ground level) : 지면의 높이를 기준으로 하여 높이를 표시한 것
② FL(floor level) : 층의 바닥면을 기준으로 하여 높이를 표시한 것
③ EL(elevation line) : 관의 중심을 기준으로 높이를 표시한 것
④ TOP(top of pipe) : 관의 윗면까지의 높이를 표시한 것
⑤ BOP(bottom of pipe) : 관의 아랫면까지의 높이를 표시한 것

3) 배관도면의 표시법

(1) 배관의 도시법

관은 하나의 실선으로 표시하며 동일 도면에서 다른 관을 표시할 때도 같은 굵기로 선을 표시함을 원칙으로 한다.

(2) 유체의 종류, 상태 및 목적 중요

다음과 같이 인출선을 긋고 그 위에 문자로 표시한다.

① 유체의 종류와 문자기호

종류	공기	가스	유류	수증기	증기	물
문자기호	A	G	O	S	V	W

② 유체의 종류에 따른 배관 도색

종류	도색	종류	도색
공기	백색	물	청색
가스	황색	증기	–
유류	암황적색	전기	미황적색
수증기	암적색	산·알칼리	회자색

(3) 관의 굵기와 재질

관의 굵기를 표시한 다음, 그 뒤에 종류와 재질을 문자기호로 표시한다.

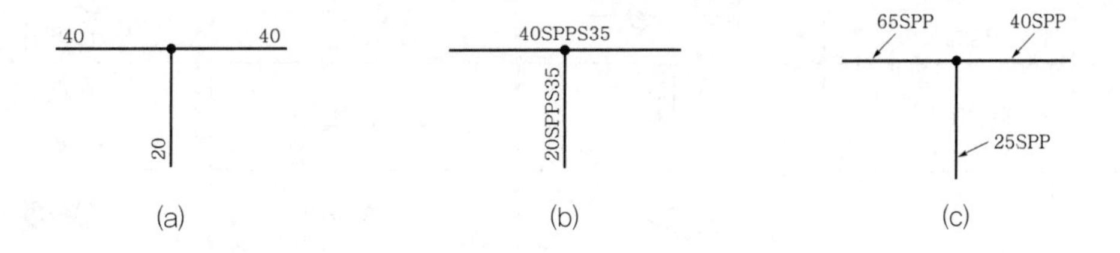

(a) (b) (c)

(4) 관의 접속 및 입체적 상태

접속상태	실제 모양	도시기호	굽은 상태	실제 모양	도시기호
접속하지 않을 때	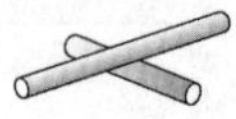	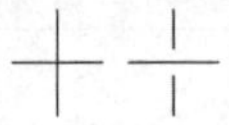	파이프 A가 앞쪽 수직으로 구부러질 때(오는 엘보)	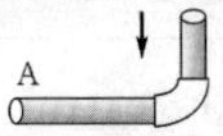	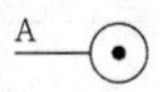
접속하고 있을 때	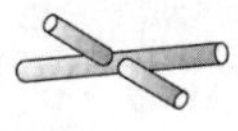	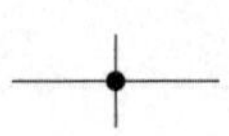	파이프 B가 뒤쪽 수직으로 구부러질 때(가는 엘보)	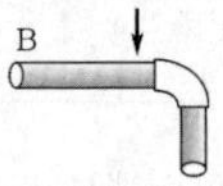	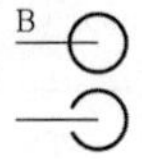
분기하고 있을 때	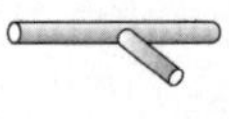		파이프 C가 뒤쪽으로 구부러져서 D에 접속될 때	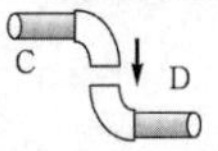	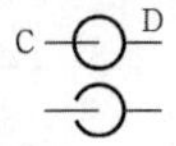

(5) 관의 이음방법 중요

종류	연결방법	도시기호	예	종류	연결방법	도시기호
관이음	나사형			신축이음	루프형	
	용접형		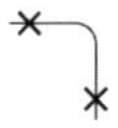		슬리브형	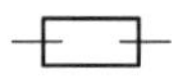
	플랜지형	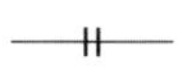	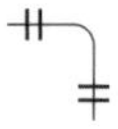		벨로즈형	
	턱걸이형	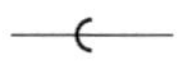			스위블형	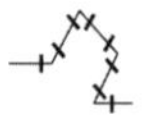
	납땜형	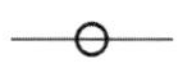	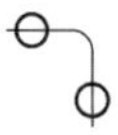			

(6) 밸브 및 계기

종류	기호	종류	기호
글로브(옥형)밸브		일반조작밸브	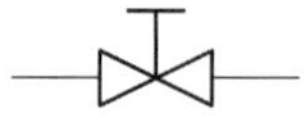
게이트(슬루스)밸브	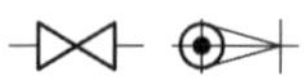	전자밸브	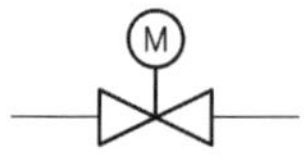
체크(역지)밸브	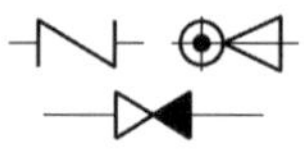	전동밸브	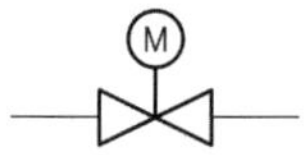
Y-여과기 (Y-스트레이너)	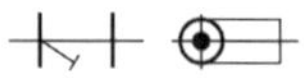	도축밸브	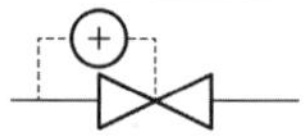
앵글밸브	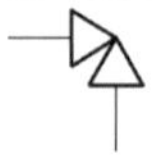	공기빼기밸브	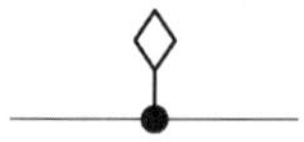
안전밸브 스프링식		닫혀 있는 일반밸브	
안전밸브 추식		닫혀 있는 일반콕	
일반콕 (볼밸브)	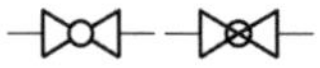	온도계·압력계	
버터플라이밸브 (나비밸브)	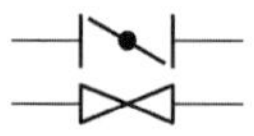	감압밸브	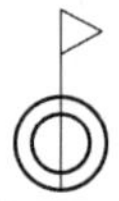
다이어프램밸브	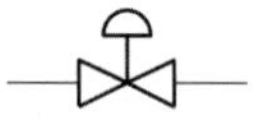	봉함밸브	

(7) 배관의 끝모양 중요

종류	기호	종류	기호
막힘(맹)플랜지		나사캡	
용접캡		플러그	

(8) 관지지기호 등

명칭		기호	관지지기호		
			관지지	설치예	기호
자동공기빼기밸브		A.A.V	앵커		
신축이음	벨로즈형 단식		가이드		G
	벨로즈형 복식		슈		
플렉시블조인트			행거		H
맞대기용접			스프링행거		SH
소켓용접 (턱걸이)			바닥지지		S
플랜지			스프링지지		SS
나사식					

PART 1

(9) 도면 표시법

① 복선 표시법

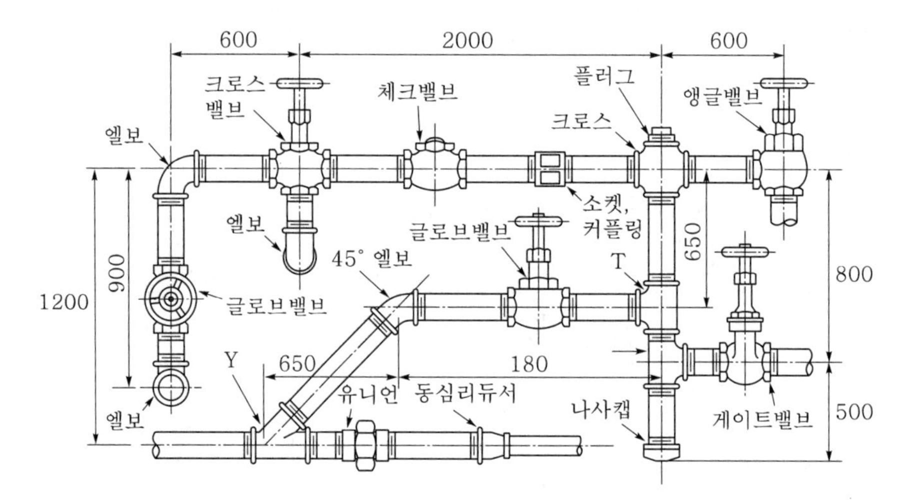

② 단선 표시법

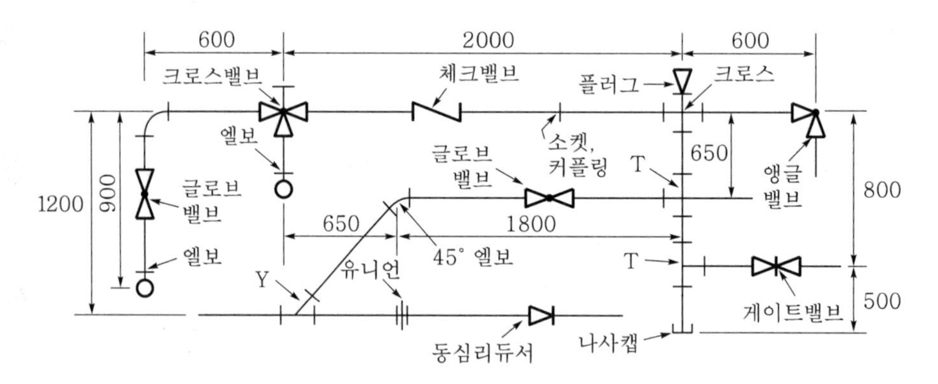

PART 1

PART 01 적중 예상문제

★
01 관류 보일러의 특징을 3가지 쓰시오.

해답 ① 보유수량이 적으므로 증기 발생시간이 짧다.
② 드럼이 없으므로 고압에 적당하다.
③ 연소효율이 높고 관의 구조가 자유롭다.

02 수관식 보일러의 수냉 노벽구조의 종류를 3가지 쓰시오.

해답 ① 스페이스 튜브 ② 스킨 케이싱 ③ 탄젤샬 튜브

★
03 노통 보일러에서 노통을 동의 좌, 우 편심에 설치하는 경우가 있다. 그 이유를 간단히 설명하시오.

해답 물의 순환(circulation)을 촉진시키기 위함이다.

★
04 수관 보일러에서 수냉 노벽의 설치목적을 4가지 쓰시오.

해답 ① 노(furnace) 내의 기밀 유지
② 노내의 지주 역할
③ 전열효율 증가
④ 증발이 빠르고 증발량 증대

05 주철제 보일러는 주로 난방용으로 많이 사용된다. 증기 보일러인 경우 사용압력의 상한은 몇 MPa인가?

해답 난방용 주철제 증기 보일러의 사용압력의 상한은 0.1MPa이다.

★
06 다음은 보일러의 형식에 따른 안전저수위의 표시이다. (   ) 안에 적당한 낱말을 기입하시오.

보일러의 형식	안전저수위 표시
입형 보일러	(②)
(①)	화실 천장관 최고부 연관길이 1/3 상방
연관 보일러	(③)
노통 보일러	(④)

해답 ① 입형 연관 보일러
② 화실 천장판 최상부 75mm 상방
③ 연관 최상부 75mm 상방
④ 노통 최고부위 100mm 상방

07 보일러 동체 안지름이 1,300mm, 동판의 두께가 12mm, 길이가 4,200mm인 코르니시 보일러의 전열면적(m^2)을 구하시오.

해답 $A = \pi D_o L = \pi(D_i + 2t)L = \pi \times (1.3 + 2 \times 0.012) \times 4.2 = 17.46\text{m}^2$

★
08 열매체 보일러에 사용되는 열매체의 종류를 2가지 쓰시오.

해답 ① 수은 ② 다우섬 ③ 모빌섬 ④ 카네크롤액

09 취사에 5kg/h, 건조용에 10kg/h, 난방용에 25kg/h의 증기를 소모하는 보일러의 전열면 증발률이 20kg/m^2・h일 때 이 보일러의 전열면적은 얼마인가?

해답 $A = \dfrac{\text{시간당 증기소비량}(m_s)}{\text{전열면 증발률}} = \dfrac{5+10+25}{20} = 2\text{m}^2$

★
10 포화증기 발생용 관류 보일러의 장점 및 단점을 각각 4가지 쓰시오.

해답 1) **장점**
① 드럼이 없으므로 고압에 적당하다.
② 증기 발생시간이 짧다.
③ 관의 구조가 자유롭고 연소효율이 높다.
④ 열효율이 높다.

2) 단점

① 부하변동에 민감하다.
② 자동화가 필요하다.
③ 스케일 부착이 쉽고 청소가 곤란하다.
④ 정밀한 급수처리가 필요하다.

11 보일러에 대한 내용의 ( ) 안에 알맞은 말을 쓰시오.

보일러는 보일러 본체, 과열기, 절탄기, 공기예열기, 부속장치, 부품 등으로 이루어져 있다. 본체는 동(drum) 또는 다수의 (①)으로 구성되어 있고, 연소 시 발생하는 열을 물에 전달하는 전열면은 열전달방식에 따라 (②)와 (③)전열면이 있으며, 노는 연료의 연소열을 발생하는 부분으로 연소장치 및 (④)로 이루어져 있다.

해답 ① 관 ② 복사 ③ 접촉 ④ 연소실

★
12 보일러의 종류에 대한 내용의 ( ) 안에 알맞은 말을 〈보기〉에서 고르시오.

노통 보일러는 (①) 보일러이며, 강제순환식 보일러는 (②) 보일러이며, 연관식 보일러는 (③) 보일러이며, 노통 보일러에서 노통이 1개뿐인 보일러는 (④) 보일러이며, 벤슨 보일러는 (⑤) 보일러이다.

〈보기〉

코르니시	랭커셔	라몽트	케와니	관류
폐열	타쿠마	단동	코크란	대형 방사

해답 ① 단동 ② 라몽트 ③ 케와니 ④ 코르니시 ⑤ 관류

13 관류 보일러의 장점에 대한 내용의 ( ) 안에 알맞은 말을 쓰시오.

관류 보일러의 장점은 보유수량이 적으므로 (①) 발생시간이 매우 빠르고, 관계(管系)만으로 구성되어 있어 압력은 (②)용으로 알맞으며, 관의 배치가 자유로워 전체를 간편한 구조로 할 수 있다.

해답 ① 증기 ② 고압

PART 1

★
14 원통형 보일러와 비교한 수관 보일러의 단점을 5가지 쓰시오.

해답 ① 구조가 복잡하다.
② 청소, 검사, 제작 및 취급이 어렵다.
③ 증발이 빨라 비수현상이 발생한다.
④ 보유수량이 적어 부하변동에 따른 압력변화가 크다.
⑤ 양질의 급수를 요한다.

15 연소실에 이웃한 제1연도에 설치하여 복사와 접촉으로 가열되는 과열기는 무엇인가?

해답 복사대류과열기

16 공기예열기는 전열과정에 따라 관류식(전열식)과 재생식이 있다. 관류식과 재생식의 공기예열기를 하나씩 쓰시오.

해답 ① 관류식 : 판형의 공기예열기, 관형의 공기예열기
② 재생식 : 융그스트룸

★
17 방열기의 종류를 5가지만 쓰시오.

해답 ① 주형 방열기 ② 벽걸이 방열기 ③ 길드 방열기
④ 대류 방열기 ⑤ 관 방열기

18 복사난방의 패널 종류를 3가지만 쓰시오.

해답 ① 바닥 패널 ② 벽 패널 ③ 천장 패널

19 원통 보일러를 형식에 따라 4가지로 구분하시오.

해답 ① 입형 보일러 ② 노통 보일러 ③ 연관 보일러 ④ 노통 연관 보일러

★
20 수관식 보일러를 형식에 따라 3가지로 분류하시오.

해답 ① 자연순환식 ② 강제순환식 ③ 관류

★
21 안전밸브는 주로 스프링식이 많이 사용된다. 스프링식 안전밸브의 종류를 4가지 쓰시오.

해답 ① 저양정식 ② 고양정식 ③ 전양정식 ④ 전양식

★
22 보일러 운전 시 캐리오버(carry over)현상을 방지하는 방법을 3가지 쓰시오.

해답 ① 주증기밸브를 서서히 연다. ② 관수의 농축을 방지한다.
③ 증기관을 보온한다. ④ 과부하를 피한다.

23 정격용량이 1,000kg/h이며 최고사용압력이 1MPa인 보일러에 설치된 안전밸브 1개의 밸브 시트면적 (mm^2)을 구하시오. (단, 안전밸브는 저양정식이며, 보일러에는 2개의 안전밸브가 설치되어 있다.)

해답 저양정식 분출용량 $= \dfrac{(1.03 \times \text{증기압력} + 1) \times \text{밸브 시트면적}(A) \times \text{계수}}{22}$ [kg/h]

$$\therefore \text{ 밸브 시트면적}(A) = \frac{1{,}000 \times 22}{(1.03 \times 10 + 1) \times 2} = 973.45\text{mm}^2$$

★
24 직립 수관 보일러에서 곡관식과 직관식을 구별하여 대표적인 보일러의 명칭을 쓰시오.

해답 1) **곡관식 수관 보일러** : 2동 D형 보일러
2) **직관식 수관 보일러**
① 횡수관식 : 밸브 콕 보일러(15°), 조합 보일러
② 경사 수관식 : 스네기찌 보일러(30°), 다쿠마 보일러(45°), 야로우 보일러(15°)
※ 급경사 수관식 : 스털링 가르베 보일러(90°)
③ 입식 수관식 : 소형 저압 보일러

25 수관의 경사도 45° 정도의 경사 수관 보일러의 종류 중 대표적인 보일러를 하나만 쓰시오.

해답 다쿠마 보일러(45°), 스네기찌 보일러(30°), 야로우 보일러(15°)

★
26 다음은 보일러 관리상 주의해야 할 철의 부식에 대하여 기술한 것이다. (　　)에 적당한 용어를 〈보기〉에서 골라 써 넣으시오.

〈보기〉

12	중성	작아진다	알칼리성
철이온	4	수소이온	산성
수산화 제1철	수산화 제2철	커진다	

1. 철은 물과 접촉하면 (①)이 용출한다.
2. 철과 물이 반응하면 (②)과 수소가 생긴다.
3. 수산화 제1철은 (③)의 물에 용해가 쉽게 된다.
4. 수산화 제1철이 가장 용해하기 어려운 때는 pH가 약 (④)일 때이다.
5. 수산화 제1철은 물 중의 산소와 반응하여 (⑤)이 된다.
6. 탄산가스가 물에 용해되어 있으면 pH값이 수치상으로 (⑥).

해답 ① 철이온　② 수산화 제1철　③ 산성
④ 12　⑤ 수산화 제2철　⑥ 작아진다

27 원통 보일러의 증기취출부에는 비수방지관(anti-priming pipe)을 설치하는데, 비수방지관에 뚫는 구멍들의 전체 면적은 주증기관 단면적의 몇 배 이상이 되게 해야 하는가?

해답 1.5배

★
28 강제순환식 보일러의 종류를 2가지만 쓰시오.

해답 ① 라몽트 보일러　② 베록스 보일러

29 간접가열 보일러의 종류를 2가지만 쓰시오.

해답 ① 레플러 보일러　② 슈미트하트만 보일러

30 원자로의 종류를 5가지만 쓰시오.

해답 ① 흑연경수로　② 가스냉각로　③ 가압경수로
④ 비등경수로　⑤ 가압중수로

31 증기과열기에서 전열방식에 따른 종류를 3가지 쓰시오.

해답 ① 복사과열기(radiant super heater)
② 대류과열기(convection super heater)
③ 복사 – 대류과열기

32 제1연도에서 제2연도로 옮겨지는 위치에 설치하는 과열기는 어떤 과열기인가?

해답 대류과열기(convection super heater)

33 과열관이 보통 수냉관과 노벽 사이에 설치되는 과열기는 어떤 과열기인가?

해답 복사과열기(radiant super heater)

★
34 보일러 급수 중 pH 조정제로 쓰이는 물질을 3가지만 쓰시오.

해답 ① 수산화나트륨(NaOH, 가성소다)
② 탄산나트륨(Na_2CO_3, 탄산소다)
③ 인산나트륨($Na_3(PO_4)_2$, 인산소다)

★
35 신축이음의 종류를 4가지만 쓰시오.

해답 ① 루프형(만곡형) ② 벨로즈(주름통)형 ③ 슬리브(미끄럼)형 ④ 스위블형

36 신설 보일러 내면에 부식과 과열의 원인이 되는 유지류나 페인트류 또는 녹이 있을 경우 이를 제거하기 위한 조치(알칼리 세관)에 대하여 간단히 설명하시오.

해답 소다 보링작업을 실시한다. 즉 가성소다 또는 탄산소다를 0.1% 정도 용해시켜 증기압 30~50kPa 정도로 2~3일간 끓인다.

37 워싱턴펌프의 물실린더 단면적은 25cm²이고 증기실린더의 단면적은 50cm²이다. 증기압력이 460kPa일 때 토출압력을 구하시오.

해답 $\text{워싱턴펌프의 토출압력} = \text{증기압력} \times \dfrac{\text{증기실린더의 단면적}}{\text{물실린더의 단면적}} = 460 \times \dfrac{50}{25} = 920\text{kPa}$

38 보일러에서 발생한 증기를 폐지하고 있는 주증기밸브를 열어 처음으로 송기하고자 한다. 밸브조작방법을 4단계로 나누어 차례대로 쓰시오. (단, 응축수가 증기관 등에 있다.)

해답 ① 드레인밸브를 만개하여 응축수를 제거한다.
② 주증기관 내 소량의 증기를 통하여 관을 따뜻하게 한다.
③ 주증기관의 밸브를 서서히 만개시킨다(3분 이상).
④ 주증기밸브가 만개상태로 되면 반드시 조금 되돌려 놓는다.

★
39 과열기의 종류를 증기와 연소가스의 흐름방향에 따라 3가지로 분류하시오.

해답 ① 병류형(평행형) ② 향류형 ③ 혼류형

40 보일러에는 수관식과 연관식이 있다. 비교하여 간단히 쓰시오.

해답 ① 수관식 보일러 : 관 속에 물이 흐른다.
② 연관식 보일러 : 관 속에 연소가스가 흐른다.

★
41 다음 ( ) 안에 알맞은 내용을 쓰시오.

15℃ kcal란 표준 대기압에서 (①)℃의 물 1kg을 (②)℃로 온도 1℃ 높이는 데 소요되는 열량으로 (③)Joule에 해당된다.

해답 ① 14.5 ② 15.5 ③ 4,186

★
42 다음 ( ) 안에 들어갈 적당한 용어를 〈보기〉에서 고르시오.

노통 보일러 중에서 (①) 보일러는 노통이 (②)개이므로 교대로 운전이 가능하며 노통이 (③)개인 (④) 보일러보다 전열면적이 크다.

〈보기〉

코르니시	1	2	3
4	5	랭커셔	타쿠마

해답 ① 랭커셔 ② 2 ③ 1 ④ 코르니시

★
43 어떤 수관 보일러의 전열면적을 구하려고 하는데 다음과 같은 결과를 얻었다. 이때 전열면적을 구하시오. (단, 소수점 이하 반올림할 것)

수관의 외경은 50mm, 길이는 7m, 나관(bare pipe)이며 총 150개이다.

해답 $A = \pi D_o L n = \pi \times 0.05 \times 7 \times 150 = 165\text{m}^2$

44 입형 보일러의 대표적인 종류 3가지를 열효율이 큰 순서로 나열하시오.

해답 코크란 보일러 > 입형 연관 보일러 > 입형 횡관 보일러

45 드럼(drum)의 두께가 9mm이고 내경이 4,000mm, 길이가 5,500mm인 랭커셔 보일러의 전열면적(m^2)은 얼마인가? (단, 소수점 첫째 자리에서 반올림할 것)

해답 $A = 4D_o L = 4(D_i + 2t)L = 4 \times (4 + 2 \times 0.009) \times 5.5 = 88\text{m}^2$

★
46 초임계압력하에서 증기를 얻을 수 있고 드럼이 없는 관류 보일러의 종류를 3가지 쓰시오.

해답 ① 벤슨 보일러 ② 슐처 보일러 ③ 엣모스 보일러

47 보일러의 급수내관은 안전저수면의 어느 곳에 설치하는가?

해답 급수내관은 안전저수면보다 50mm 낮은 곳에 설치한다.

★
48 다음 ( ) 안에 들어갈 적당한 용어 또는 수치를 기입하시오.

1 증기 보일러에서는 (①)개 이상의 안전밸브를 설치하여야 하며, 전열면적이 (②)m^2 이하일 때는 안전밸브를 (③)개 이상으로 하여도 된다.
2 형식승인기준에 의한 주철제 보일러의 증기건도는 ( )% 이상이다.
3 (①)의 방출관은 전열면적에 따라 크기가 결정된다. 전열면적이 20m^2 이상일 때 방출관의 안지름은 (②)mm 이상이어야 한다.

해답 1 ① 2 ② 50 ③ 1
2 97
3 ① 온수 보일러 ② 50

49 열관리의 한 방법으로 사이클의 이론적 열효율을 증대하기 위해, 또는 포화증기를 건포화증기로 변화시켜 증기소비량을 감소시키기 위해 설치하는 부속설비의 명칭을 쓰시오.

해답 과열기(super heater)

50 석탄 보일러의 운전 정지 중 '매화(banked fire)'를 간단히 설명하시오.

해답 작업이 끝난 후에 로스트 위에 불을 붙인 채로 보일러를 쉬게 하는 것

★
51 유류 연소용 보일러의 점화 시 역화(back fire)가 발생하는 원인을 5가지 쓰시오.

해답 ① 점화 시 착화가 지연될 경우
② 점화 시 버너유량이 급격히 증가하는 경우
③ 공기보다 연료를 먼저 투입하는 경우
④ 노내 미연소 가스가 남아있는 경우
⑤ 통풍력이 너무 강하거나 댐퍼를 닫아서 점화가 늦게 이루어지는 경우

참고 역화(back fire)란 보일러 점화 시 노(furnace) 안에 남아있는 미연소 가스나 노 바닥에 고여 있는 연료가 갑자기 착화하여 불꽃이 노 밖으로 나오는 현상을 말한다.

★
52 보일러수의 불순물에 대한 내용의 ( ) 안에 알맞은 말을 쓰시오.

> 보일러수에 포함되어 있는 불순물의 종류는 염류, (①), (②), 가스분, 산분 등이며, 이들은 전열면 내측에 (③)을 일으키거나 석출, 퇴적하여 슬러지 또는 (④)이 되어 열의 전도를 방해하고 과열의 원인이 된다.

해답 ① 유지류　② 부유물　③ 부식　④ 스케일

53 수평 연관 보일러의 연관의 바깥지름은 75mm, 살의 두께는 4mm, 길이 5m인 관을 50개 설치한 경우에 연관부의 전열면적은?

해답 $A=\pi D_i Ln=\pi\times(0.075-0.008)\times 5\times 50=52.62\text{m}^2$

참고 연관의 전열면적은 내경(D_i)이 기준이고, 수관의 전열면적은 외경(D_o)이 기준이다.

★
54 강제순환 보일러에서 순환비를 간단히 설명하시오.

해답 강제순환 보일러에서 순환비란 순환수의 질량을 발생증기의 질량으로 나눈 값을 말한다.

55 섬유공업 혹은 화학공업에 주로 이용되며 200~400℃의 비교적 고온으로 특수한 건조작업을 하기 위하여 사용되는 보일러는?

해답 열매유 보일러

참고 열매유 보일러는 고온에서 압력이 비교적 낮은 다우섬 A, E 등의 열매섬유를 사용하여 200~400℃의 비교적 고온으로 특수한 조작을 하는 섬유공업이나 화학공업에 주로 이용되고 있다. 특수 유체 보일러에는 수은을 사용하는 2유체사이클의 수은 보일러와 열매유 보일러가 있다. 즉 낮은 저압에서 높은 고온의 증기가 발생된다.

56 증발기의 형식을 6가지로 구분하시오.

해답 ① 직접접촉식 ② 간접가열식
③ 수증기에 의한 방식 ④ 진공증발식
⑤ 다중효용 증발식 ⑥ 자기증발압축식

★
57 최고사용압력 15kgf/cm^2(=1.5MPa), 정수 C=1,100으로 할 때 노통의 평균지름이 1,100mm인 파형 노통의 최소두께는?

해답 $t=\frac{PD}{C}=\frac{15\times1,100}{1,100}=15\text{mm}$

참고 파형 노통으로써 그 끝의 평행부 길이 230mm 미만인 것의 파형 노통의 최소두께(t)=10×최고사용압력×노통 파형부에서 최대내경과 최소내경의 평균치/노통 상수값(C)

58 스타트의 온 둘레가 연소가스에 접촉되어 있는 주철 보일러에서 전열면적을 구하시오. (단, 스타트가 없는 경우의 전열면적은 5m^{2}이고, 스타트 측면의 면적의 합은 2m^{2}이다.)

해답 전열면적=스타트가 없는 경우의 전열면적+0.15×스타트 측면의 면적의 합
=5+0.15×2=5.3m^2

★
59 원통형 보일러의 종류를 5가지 쓰시오.

해답 ① 노통 보일러 ② 연관식 보일러
③ 직립 연관식 보일러 ④ 코크란 보일러
⑤ 직립 횡관식 보일러

60 증류방식을 5가지 쓰시오.

해답 ① 플래시(flash)증류 ② 단(simple)증류 ③ 진공증류
④ 추출증류 ⑤ 수증기증류

61 정류장치의 구성을 3가지만 쓰시오.

해답 ① 정류탑(rectifier) ② 가열장치 ③ 응축기(condenser)
참고 증류 중에서 더욱 높은 순도를 얻기 위해 정류된 일부분을 환류시키는 조작을 정류라고 하고, 이 탑을 정류탑이라고 한다.

62 건조장치를 4가지만 쓰시오.

해답 ① 회전건조장치 ② 분무건조장치 ③ 유동건조장치 ④ 기류건조장치

★
63 점식(pitting)방지법을 3가지 쓰시오.

해답 ① 보일러 내부에 아연판을 매단다. ② 급수처리를 하여 용존산소를 제거시킨다.
③ 보일러의 염류를 제거시킨다.

★
64 다음은 수질에 대한 단위의 설명이다. 각 설명에 해당하는 단위를 쓰시오.

1 용액 1ton 중의 불순물질(용질) 1mg, 즉 질량 10억분율
2 용액 1kg 중의 불순물질(용질) 1mg, 즉 질량 백만분율
3 용액 1kg 중의 용질 1mg당량, 즉 백만단위 질량 속 물질의 당량수

해답 1 ppb 2 ppm 3 epm

★
65 건조방법을 4가지만 쓰시오.

해답 ① 직접가열방식 ② 진공건조방식 ③ 간접가열방식 ④ 습식건조방식

66 보일러의 증발량이 1일 50m³, 급수 중의 전고형물농도를 150ppm, 보일러수의 허용농도를 2,000ppm 이라 하면 하루 분출량은 몇 m³인가? (단, 응축수 회수는 없다.)

해답 $\text{하루 분출량} = \frac{\text{보일러수의 1일 증발량} \times \text{급수 중의 전고형물농도}}{\text{보일러수의 허용농도} - \text{급수 중의 전고형물농도}} = \frac{50 \times 150}{2{,}000 - 150} = 4.05\text{m}^3/\text{day}$

★
67 다음 ( ) 안에 알맞은 말을 써 넣으시오.

노통(연관) 보일러에서 경판과 동판을 지지하는 데 사용하는 삼각모양의 평판을 (①)라고 하며, 이 스테이(stay)는 그루빙(grooving)현상을 일으키지 않도록 (②) 스페이스(space)를 충분히 취하여야 한다.

해답 ① 거싯 스테이(거싯버팀) ② 브리징

68 수분율(습윤기준) 23%인 물질의 함수율은 약 몇 %인가?

해답 $\text{함수율}(W) = \frac{1}{1 - \text{수분율}} = \frac{1}{1 - 0.23} = 0.30 = 30\%$

★
69 다음 그림에 표시된 3층으로 되어 있는 평면벽의 열통과율(K)을 구하시오. (단, δ_1 =20cm, δ_2 =30cm, δ_3 =40cm, λ_1 =0.93W/m · K, λ_2 =1.45W/m · K, λ_3 =1.15W/m · K)

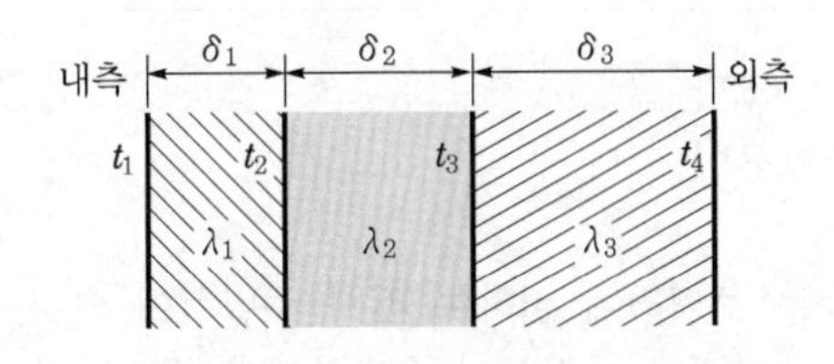

해답 $K = \frac{1}{R} = \frac{1}{\frac{\delta_1}{\lambda_1} + \frac{\delta_2}{\lambda_2} + \frac{\delta_3}{\lambda_3}} = \frac{1}{\frac{0.2}{0.93} + \frac{0.3}{1.45} + \frac{0.4}{1.15}} \fallingdotseq 1.3\text{W/m}^2 \cdot \text{K}$

70 파형 노통에서 골의 길이가 200mm 이하이고 골의 깊이가 38mm 이상인 노통의 이름을 무엇이라 하는가?

해답 모리슨형 노통

참고 모리슨형 노통은 대표적인 파형 노통의 일종이다.

★
71 증기 보일러에서 감압밸브(reducing valve)가 사용되는 목적을 3가지 쓰시오.

해답 ① 고압의 증기를 저압으로 유지할 경우
② 증기압력을 일정하게 유지할 경우
③ 고압과 저압의 증기를 동시에 사용할 경우

72 감압밸브의 종류를 3가지 쓰시오.

해답 ① 스프링식 ② 추식 ③ 다이어프램식

73 보일러의 부속장치를 6가지 계통으로 구분하고, 그 계통에 속하는 부속장치를 2가지씩 쓰시오.

해답 ① 안전장치 : 안전밸브, 고저수위경보기
② 급유장치 : 기어펌프, 여과기
③ 송기장치 : 주증기밸브, 주비수방지관
④ 급수장치 : 급수펌프, 급수내관
⑤ 여열장치 : 과열기, 절탄기
⑥ 통풍장치 : 송풍기, 댐퍼

74 가압연소를 하는 보일러의 장점을 5가지 쓰시오.

해답 ① 연소실 열발생률이 크다.
② 전열효율 및 연소효율이 크다.
③ 증발시간이 짧다.
④ 동일한 크기를 갖는 보일러에 비하여 매시 증발량이 크다.
⑤ 노내가 고온으로 유지되며 연소실의 온도분포가 균일하다.

★
75 외분식 보일러의 장점을 4가지 쓰시오.

해답 ① 연료를 완전 연소시킬 수 있다.
② 저질의 연료도 사용할 수 있다.
③ 연소실의 구조를 마음대로 할 수 있다.
④ 매연 발생률이 적다.

★
76 파형 노통의 장단점을 각각 3가지씩 쓰시오.

해답 1) **장점**
① 고열에 의한 신축과 팽창이 용이하다.
② 전열면적이 증가된다.
③ 외압으로부터 강도가 증가된다.

2) **단점**
① 내부청소가 곤란하다.
② 통풍저항을 일으킨다.
③ 제작하는 데 값이 비싸다.

★
77 노통 보일러에 갤러웨이관(galloway tube)을 설치하는 목적을 3가지 쓰시오.

해답 ① 전열면적을 증가시키기 위해서
② 물의 순환을 좋게 하기 위해서
③ 노통을 보강하기 위해서

78 수관 보일러에서 전열면적의 얼마가 보일러 1마력에 해당하는가?

해답 $0.93m^2$($\fallingdotseq 10ft^2$)
참고 노통 보일러에서는 전열면적 $0.465m^2$($\fallingdotseq 5ft^2$)가 보일러 1마력에 해당된다.

79 파형 노통의 종류를 6가지 쓰시오.

해답 ① 모리슨형 ② 브라운형 ③ 파브스형
④ 데이톤형 ⑤ 폭스형 ⑥ 리즈포지형

★
80 수냉로관의 종류를 4가지 쓰시오.

해답 ① 스킨 케이싱 ② 휜 패널식 ③ 탄젤샬 튜브 ④ 스페이스 튜브

81 동의 외경이 3,000mm, 두께가 10mm, 길이가 4,200mm인 코르니시 보일러의 전열면적은 얼마인가? (단, π=3.14이며 소수점 둘째 자리까지 구할 것)

해답 $A = \pi DL = 3.14 \times 3 \times 4.2 = 39.56\text{m}^2$

★
82 보일러 경판의 종류를 4가지 쓰시오.

해답 ① 반구형 경판 ② 반타원형 경판 ③ 접시형 경판 ④ 평경판

83 입형 횡관 보일러에서 횡관을 설치하는 목적을 3가지 쓰시오.

해답 ① 화실 보강 ② 보일러수의 순환 촉진 ③ 전열면적 증가

★
84 지름 15cm관 속으로 3m/s의 평균속도로 급수가 흐르고 있다. 관의 길이가 100m이고 관마찰계수가 0.038일 때 이 경우의 마찰손실수두는?

해답 $h_L = f\dfrac{L}{d}\dfrac{V^2}{2g} = 0.038 \times \dfrac{100}{0.15} \times \dfrac{3^2}{2 \times 9.8} = 11.63\text{mH}_2\text{O}(=\text{mAq})$

★
85 개략적인 그림으로 주어진 다음 보일러를 보고 각 물음에 답하시오.

1 이 보일러의 명칭은 무엇인가?
2 주요 부분인 ①, ②, ③, ④의 명칭은 무엇인가?

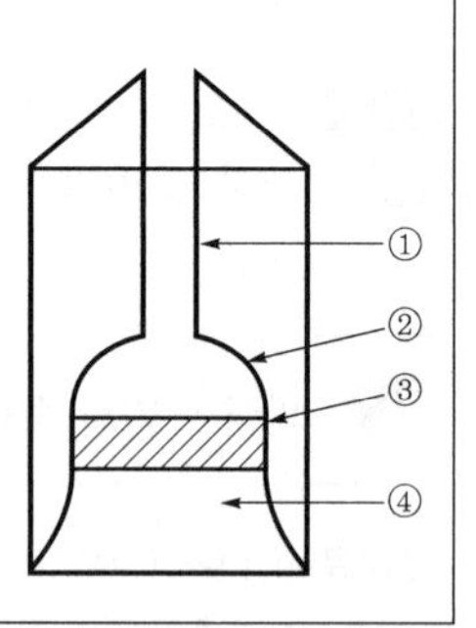

해답 **1** 입형 횡관식 보일러
2 ① 연돌관 ② 화실 천장관 ③ 횡관 ④ 연소실

86 벤졸의 혼합액을 증류하여 1,500kg의 순 벤졸을 시간당 얻는 정류탑이 있다. 그 환류비는 2.5이다. 이 정류탑의 환류비가 1.8로 되었다면 절약되는 열량은 몇 kJ/h인가? (단, 벤졸의 증발열은 420kJ/kg이다.)

해답 $Q_1 = m\gamma_o(1+2.5) = 1{,}500 \times 420 \times (1+2.5) = 2{,}205{,}000\text{kJ/h}$

$Q_2 = m\gamma_o(1+1.8) = 1{,}500 \times 420 \times (1+1.8) = 1{,}764{,}000\text{kJ/h}$

$\therefore\ Q = Q_1 - Q_2 = 2{,}205{,}000 - 1{,}764{,}000 = 441{,}000\text{kJ/h}$

87 수냉벽을 설치함으로써 얻는 이점을 3가지만 쓰시오.

해답 ① 내화물의 과열을 방지하고 수명을 길게 한다.
② 노벽이 얇아지므로 무게를 경감시킨다.
③ 노벽의 지주 역할을 한다.
④ 급수를 예열하므로 효율을 상승한다.
⑤ 연소실을 기밀하게 하므로 가압연소가 가능하다.

★
88 다음은 보일러에서 나타나는 현상들이다. 각 용어를 간단히 설명하시오.

1 프라이밍　　2 포밍　　3 캐리오버
4 라미네이션　　5 블리스터

해답 1 프라이밍(priming) : 보일러수가 격렬하게 비등하여 수면에서 끊임없이 물방울이 비산하고 기실에 충만하여 수위가 불안정하게 되는 현상
2 포밍(foaming) : 보일러수에 불순물이 많이 함유될 경우 보일러수의 비등과 같이 수면 부근에 거품층을 형성하여 수위가 불안정하게 되는 현상
3 캐리오버(carry over, 기수공발) : 증기에 물방울이 다량 함유되어 나가는 현상
4 라미네이션(lamination) : 보일러 강판이나 관에서 2장의 층을 이루는 현상
5 블리스터(blister) : 라미네이션에 의해 불꽃에 닿는 쪽이 소손해서 부풀어 오르거나 표면이 부풀어 오르는 현상

89 물 10L 속에 $CaCO_3$ 20mg, $MgCO_3$ 50mg이 함유되어 있는 물의 경도를 구하시오.

해답 물의 경도$=\dfrac{20+50\times1.4}{10}=9$도

별해 $CaCO_3$의 경도$=\dfrac{20}{10}=2$도, $MgCO_3$의 경도$=\dfrac{50\times1.4}{10}=7$도

$\therefore$ 물의 경도$=2+7=9$도

참고 물의 경도란 물속에 함유된 탄산칼슘과 탄산마그네슘의 양을 나타내는 것으로서 ppm(=mg/L)으로 표시한다.

★

90 이상 저수위가 일어나는 원인을 5가지만 쓰시오.

해답 ① 수위의 감시 불량 ② 증기의 소비 과대
③ 수면계 기능 불량 ④ 급수 불능(급수내관이 막혔을 때)
⑤ 보일러수의 누설

91 수면계의 시험시기(5가지)와 점검순서를 쓰시오.

해답 1) **시험시기**
① 보일러 가동 직전 ② 가동 후 압력이 오르기 시작할 때
③ 2조의 수면계 수위가 차이가 있을 때 ④ 포밍, 프라이밍이 유발될 때
⑤ 수면계 교체 또는 보수 후 ⑥ 수위의 요동이 이상할 때
⑦ 담당자가 교체되었을 때

2) **점검순서**
① 물, 콕, 증기를 닫고 드레인콕을 연다.
② 물콕을 열어 통수관을 확인한다.
③ 물콕을 닫고 증기콕을 열어 통기관을 확인한다.
④ 드레인콕을 닫고 물콕을 연다.

92 보일러 노벽에 사용되는 노벽을 3가지로 분류하시오.

해답 ① 벽돌벽 ② 공랭 노벽 ③ 수냉 노벽

93 수냉 노벽의 설치 시 장점을 3가지만 쓰시오.

해답 ① 노벽을 보호할 수 있다.
② 노내의 기밀을 유지할 수 있다.
③ 전열효율을 증가시킬 수 있다.

★

94 보일러수(관수)를 강제순환시키는 이유를 3가지만 쓰시오.

해답 ① 보일러 압력이 높아짐에 따라 밀도(비질량)의 차에 의한 자연순환이 곤란하기 때문
② 관수의 순환속도를 증가함으로써 전열효과를 높일 수 있으므로
③ 보일러의 증발량을 증가시키기 위하여

95 인장시험에서 시험 전 표점거리 50mm의 시험편을 시험 후 절단된 표점거리를 측정하였더니 60mm였다. 이 시험편의 연신율은?

해답 $\phi = \frac{L' - L}{L} \times 100\% = \frac{60-50}{50} \times 100\% = 20\%$

★
96 내경 5m의 원통 압력용기에 최고압력 120N/mm²의 가스를 저장하려고 한다. 리벳이음효율(η)은 85%, 강판의 인장강도(σ_u)는 400MPa, 안전율(S)은 5, 부식상수(C)는 2mm라 할 때 강판의 두께는 몇 mm인가?

해답 $\sigma_a = \frac{\sigma_u}{S} = \frac{400}{5} = 80\text{MPa}$

$\therefore t = \frac{PD_i}{200\sigma_a \eta} + C = \frac{120 \times 5{,}000}{200 \times 80 \times 0.85} + 2 ≒ 46.12\text{mm}$

참고 $\text{안전율}(S) = \frac{\text{인장강도}}{\text{허용응력}} = \frac{\text{극한강도}}{\text{허용응력}} = \frac{\sigma_u}{\sigma_a}$

97 보일러의 전열면적을 2가지만 쓰시오.

해답 ① 복사전열면적 ② 접촉전열면적

★
98 수관 보일러에서 물의 순환이나 유동방식에 따라 3가지로 분류하시오.

해답 ① 자연순환식 보일러 ② 강제순환식 보일러 ③ 관류순환식 보일러

99 보일러의 가열방식에 따라 2가지로 분류하시오.

해답 ① 직접가열방식 ② 간접가열방식

100 수관식 보일러에서 수관의 경사별로 3가지로 분류하시오.

해답 ① 횡수관 보일러 ② 직립수관 보일러 ③ 경사수관 보일러

★
101 혼식 보일러의 종류를 3가지만 쓰시오.

해답 ① 케와니 보일러 ② 기관차 보일러 ③ 선박용 보일러

102 경사도 15° 정도인 횡수관 보일러의 대표적인 보일러 명칭을 쓰시오.

해답 밸브 콕 보일러(섹셔널 보일러)

★
103 강제순환식 보일러의 장점에 대한 내용의 ( ) 안에 알맞은 용어를 쓰시오.

> 강제순환식 보일러의 장점으로서 (①)의 직경이 작아도 되고 두께가 얇은 관을 사용할 수 있어 (②)에 좋으며, 보일러수의 (③)이 양호하여 증기 발생의 (④)이 짧고, (⑤)의 배치가 자유롭고 (⑥)가 용이하다.

해답 ① 수관 ② 전열 ③ 순환 ④ 시간 ⑤ 수관 ⑥ 설치

★
104 고체연료의 발열량 측정방법을 3가지 쓰시오.

해답 ① 열량계에 의한 방법 ② 원소분석에 의한 방법 ③ 공업분석에 의한 방법

★
105 연료의 분석비에는 공업분석과 원소분석이 있다. 이 중 원소분석의 6성분을 쓰시오.

해답 탄소(C), 수소(H), 산소(O), 유황(S), 질소(N), 인(P)

106 수관식 보일러에서 화염 진행방향의 조절을 위하여 설치되는 배플(화염방해판)인 배플링의 설치 시 이점을 3가지 쓰시오.

해답 ① 노내의 어느 한 부분이 국부적으로 과열되는 것을 방지한다.
② 노내 연소가스의 체류시간을 연장할 수 있어 전열효율을 높을 수 있다.
③ 화염의 방향을 원하는 곳으로 보낼 수 있다.

★
107 기체연료, 고체연료, 액체연료의 연소방식을 2가지씩 쓰시오.

해답 ① 기체연료 : 확산 연소방식, 예혼합 연소방식
② 고체연료 : 화격자 연소방식, 미분탄 연소방식, 유동층 연소방식
③ 액체연료 : 기화 연소방식, 무화 연소방식

108 액체연료의 연소형태를 2가지만 쓰시오.

해답 ① 증발연소 ② 분해연소

★
109 고체연료의 입도에 따른 연소방식을 3가지만 쓰시오.

해답 ① 화격자 연소방식 ② 미분탄 연소방식 ③ 세분탄 연소방식

110 미분탄 연소에서 화로 구조 및 화염의 형상에 따른 연소방식을 4가지만 쓰시오.

해답 ① U자형 연소방식 ② L자형 연소방식
③ 우각 연소방식(모퉁이 연소방식) ④ 사이클론 연소방식(슬래그 탭 연소방식)

★
111 액체연료의 연소 시 증발식 버너를 3가지만 쓰시오.

해답 ① 포트형 버너 ② 심지형 버너 ③ 월 플레임형 버너

112 내화물, 단열재, 보온재, 보냉재를 구분할 때 무엇으로 구분되는가?

해답 안전사용온도

113 단열재의 안전사용온도범위는 얼마인가?

해답 800~1,200℃

114 터널요의 구조는 어떻게 이루어져 있는가?

해답 ① 예열대　② 소성대　③ 냉각대

★
115 터널요의 구성 3요소의 부대장치를 쓰시오.

해답 ① 대차　② 푸셔　③ 샌드실

★
116 배관길이가 100m, 1m당 표면적이 0.2m^2, 보온효율이 80%일 때 손실열량이 5,578W이며 배관 내의 온도가 80℃, 외기온도가 20℃이다. 이때 열관류율은 몇 W/m^2·K인가?

해답 $Q_L = (1-\eta)LAK(t_i - t_o)$[W]

$$\therefore K = \frac{Q_L}{(1-\eta)LA(t_i - t_o)} = \frac{5{,}578}{(1-0.8)\times 100 \times 0.2 \times (80-20)} = 23.24\mathrm{W/m^2 \cdot K}$$

★
117 보온재는 무기질, 금속질, 유기질 3가지가 있는데, 그 중 유기질 보온재의 종류를 3가지 쓰고 사용온도범위를 쓰시오.

해답 ① 종류 : 기포성 수지, 탄화코르크, 우모펠트, 텍스류
② 사용온도범위 : 130℃ 이하

118 내화물의 손상 중 버스팅(bursting)에 대하여 간단히 기술하시오.

해답 버스팅이란 염기성 벽돌인 크롬-마그네시아 또는 마그네시아-크롬벽돌이 약 1,600℃ 이상의 고온에서 산화철을 흡수하여 벽돌의 표면이 부풀어 오르는 현상을 말한다.

★
119 내화물의 손상 중 슬래킹(slaking, 소화성)에 대해서 간단히 기술하시오.

해답 슬래킹이란 마그네시아, 돌로마이트질의 내화물의 원료인 CaO, MgO 등이 수증기와 작용하여 수산화마그네슘($Mg(OH)_2$), 수산화칼슘($Ca(OH)_2$)을 생성하고, 이때 비중변화에 의해 체적팽창을 일으켜 균열이 발생하거나 붕괴되는 현상을 말한다.

120 보온재는 안전사용온도에 따라 저온용, 일반용, 고온용으로 구분할 수 있는데, 안전사용온도가 300~600℃ 정도인 일반용 보온재의 종류를 3가지 쓰시오.

해답 유리솜, 규조토, 석면

121 관의 안지름이 60mm인 길이 100m의 온수배관을 규조토로써 두께 25mm로 보온 피복하였다. 관 내 온수의 평균온도가 80℃, 보온재의 외부온도가 18℃일 때 손실열량을 구하시오. (단, 보온재의 열전도율은 0.243W/m·K이다.)

해답 $$Q_L = \frac{2\pi Lk(t_m - t_s)}{\ln\left(\frac{r_o}{r_i}\right)} = \frac{2\pi \times 100 \times 0.243 \times (80-18)}{\ln\left(\frac{55}{30}\right)} ≒ 15{,}617.37\ \text{W}$$

★
122 보온재와 열전도율과의 관계에 대하여 다음의 ( )에 알맞은 내용을 쓰시오.

1. 각종 재료의 열전도율은 밀도가 크면 ( )한다.
2. 각종 재료의 열전도율은 습도가 낮아지면 ( )한다.
3. 각종 재료의 열전도율은 온도가 상승하면 ( )한다.

해답 1 증가 2 감소 3 증가

★
123 다음은 내화벽돌의 종류를 열거한 것이다. 각 물음에 해당하는 것을 2가지만 고르시오.

규석질, 탄소질, 마그네시아질, 고알루미나질, 돌로마이트질, 납석질, 샤모트질, 크롬질, 퍼스테라이트질

1. 산성질 내화벽돌
2. 중성질 내화벽돌
3. 염기성질 내화벽돌

해답
1. 산성질 내화벽돌 : 규석질, 납석질, 샤모트질
2. 중성질 내화벽돌 : 탄소질, 고알루미나질, 크롬질
3. 염기성질 내화벽돌 : 마그네시아질, 돌로마이트질, 퍼스테라이트질

124 슬래킹현상이나 버스팅현상을 잘 일으키는 내화물은 화학조성 중 어떤 내화물인가?

해답 염기성 내화물

★
125 무기질 보온재의 특징을 5가지 쓰시오.

해답 ① 기계적 강도가 크다.
② 내구성이 있으며 유기질 보온재보다 변질이 적다.
③ 불연성이며 내열성이 크다.
④ 내식성이 좋다.
⑤ 온도변화에 대한 균열 및 팽창, 수축이 적다.

126 전로의 종류를 4가지 쓰시오.

해답 ① 베세머전로 ② 토마스전로 ③ LD전로 ④ 칼드전로

★
127 전기로의 종류를 3가지 쓰시오.

해답 ① 저항로 ② 아크로 ③ 유도로

★
128 내화물에서 시료의 건조질량을 m_1, 함수시료의 수중질량을 m_2, 함수시료의 공기 중 질량을 m_3으로 표시할 때 다음 물음에 답하시오.

1 겉보기 비중
2 부피 비중
3 겉보기 기공률(%)
4 흡수율(%)

해답 1 겉보기 비중$=\dfrac{m_1}{m_1-m_2}$

2 부피 비중$=\dfrac{m_1}{m_3-m_2}$

3 겉보기 기공률$=\dfrac{m_3-m_1}{m_3-m_2}\times 100\%$

4 흡수율$=\dfrac{m_3-m_1}{m_1}\times 100\%$

★
129 보온재에서 보온이 안 된 상태의 방산열량을 Q_o, 보온이 시공된 상태에서 방산열량을 Q라 할 때 보온효율을 구하시오.

해답 $\eta=\dfrac{Q_o-Q}{Q_o}\times 100\%=\left(1-\dfrac{Q}{Q_o}\right)\times 100\%$

★
130 바깥지름 30mm의 철관에 15mm의 보온재를 감은 증기관이 있다. 관 벽의 표면온도가 30℃, 내면온도가 100℃일 때 관길이 5m의 관 표면에서 일어나는 열손실은 얼마인가? (단, 보온재의 열전도율(k)= 0.035W/m・K)

해답 $Q_L = \dfrac{2\pi L k(t_1 - t_2)}{\ln\left(\dfrac{r_2}{r_1}\right)} = \dfrac{2\pi \times 5 \times 0.035 \times (100-30)}{\ln\left(\dfrac{30}{15}\right)} \fallingdotseq 110.99\text{W}$

★
131 단열재 및 보온재의 구비조건을 4가지만 쓰시오.

해답 ① 내식성 및 내열성이 있을 것
② 기계적 강도 및 시공성이 좋을 것
③ 온도변화에 따른 균열 및 팽창, 수축이 적을 것
④ 사용온도에 있어서 내구성이 있어야 하며 변질되지 않을 것
⑤ 열전도율이 적을 것
⑥ 부피가 작을 것
⑦ 독립 기포로 된 다공질 구조로 되어 있을 것
⑧ 섬유일 경우 미세도가 크며 균일해야 할 것
⑨ 흡수성 및 흡습성이 없을 것

132 단열재의 사용 시 단열효과를 5가지만 쓰시오.

해답 ① 노체의 축열용량이 적어져 방산열로 인한 열손실이 적어진다.
② 노체의 질량을 감소시킬 수 있다.
③ 내화벽돌 내외면의 온도구배가 적어져 스폴링의 발생률이 적어진다.
④ 노내면의 복사열에 의하여 고온의 노내 온도를 얻을 수 있다.
⑤ 노내의 온도가 상승되는 시간이 단축된다.
⑥ 노내의 균일한 온도에 의하여 양호한 연소를 이룰 수 있다.

133 보온재의 사용 시 보온효과를 5가지만 쓰시오.

해답 ① 관 내를 흐르는 유체의 마찰저항이 감소된다.
② 통풍력이 양호해진다.
③ 드레인에 의한 터빈 및 부속장치의 장해를 감소시킨다.
④ 각종 배관의 동파를 방지할 수 있다.
⑤ 열 발생처로부터 사용처까지의 열공급시간이 단축된다.

★
134 유기질 보온재의 특성을 4가지만 쓰시오.

해답 ① 보온능력이 우수하다.
② 부피가 작으며 내흡수성 및 내흡습성이 크다.
③ 열전도율이 작다.
④ 가격이 저렴하다.

135 보온재라 하면 열전도율이 상온 몇 ℃에서 얼마 이하인 것을 말하는가?

해답 보온재는 상온 20℃에서 0.1162W/m·K 이하인 것

136 총길이가 200m, 1m당 10.7W 손실이 발생하는 나관에 보온재 사용 후 보온효율이 85%이면 손실열량은 몇 W인가?

해답 $Q_L = (1-\eta)Q'L = (1-0.85) \times 10.7 \times 200 = 321\text{W}$

137 배관 전 연장길이에서 손실열량이 0.43kJ/s이다. 글라스울 보온재의 사용 후 그 손실열량이 0.0872kJ/s이면 시공된 보온재의 효율은 몇 %인가?

해답 $\eta = \dfrac{Q_0 - Q_1}{Q_0} \times 100\% = \dfrac{0.43 - 0.0872}{0.43} \times 100\% = 79.72\%$

★
138 노벽이 내화재로서 구비해야 할 성질을 5가지만 쓰시오.

해답 ① 높은 온도에서 연화 변형되지 말 것
② 팽창 또는 수축이 적을 것
③ 화학적 침식에 잘 견딜 것
④ 사용온도에 압축강도가 클 것
⑤ 사용목적에 따라 마멸에 잘 견딜 것

★
139 다음 ( ) 안에 알맞은 말을 쓰시오.

> 요로에 있어 환열기의 전열량을 증가시키는 방안을 고찰하면 유체흐름을 (①)로 하고 평균 (②)를 크게 하며, 유체와 전열면 사이의 (③)를 크게 하고 전열면의 (④)을 크게 한 후, 전열면의 두께를 감소시킴으로써 전열(⑤)을 작게 해야 한다.

해답 ① 향류 ② 속도 ③ 온도차 ④ 접촉면 ⑤ 저항

140 가마 바닥에 여러 개의 흡입공이 마련되어 있는 가마는 무슨 가마인가?

해답 도염식 가마

참고 도염식 요(가마)는 불꽃 및 연소가스가 소성실 위로부터 아래로 진행하여 요의 바닥 흡입공을 통하여 배출된다. 도염식 가마의 종류에는 둥근 가마와 각가마가 있으며, 횡염식 요와 승염식 요의 결점인 온도분포나 열효율이 나쁜 점을 개선시킨 불연속 요이다.

141 시멘트 소성용 회전가마의 소성대 안벽에 적합한 내화물은 어느 것인가?

해답 고알루미나질

참고 고알루미나질 내화물

- 내식성, 내화도가 점토질보다 큰 것이 요구될 때 사용되는데, 시멘트 소성용의 소성대 안벽에 적합하다.
- 중성 내화물이며 $Al_2O_3-SiO_2$계 벽돌로서, 내화도가 SK35~38 정도이다.

★ **142** 마그네시아 및 돌로마이트 노재의 성분인 MgO, CaO는 대기 중의 수분 등과 결합하여 변태 시 열팽창의 차이로 가루모양이 되는 현상을 나타내는데, 이를 무엇이라고 하는가?

해답 슬래킹(slacking)현상

143 화학공업에서 액체의 가열(열분해반응 포함)에 가장 널리 사용되는 것은 어떤 가열로인가?

해답 관식 가열로

★ **144** 성형물을 1,300℃ 정도의 고온으로 소성하고자 할 때 일반적으로 가장 열효율이 좋을 것으로 인정되는 가마는 어떤 가마인가?

해답 터널가마

참고 터널가마

- 열효율이 좋고 열손실이 적다.
- 예열대, 소성대, 냉각대로 나눈다.

145 크롬이나 크롬마그네시아벽돌이 고온에서 산화철을 흡수하여 표면이 부풀어 오르고 떨어져 나가는 현상을 무엇이라 하는가?

해답 버스팅(bursting)

참고 크롬이나 크롬마그네시아벽돌은 염기성 슬래그에 대한 저항성이 크지만, 1,600℃ 이상에서는 산화철을 흡수하여 표면이 부풀어 오르고 떨어져 나가는 버스팅현상이 생긴다.

146 혼선로의 용선이 접촉되는 부분에 사용될 내화물은 어떤 내화물인가?

해답 마그네시아질

참고 마그네시아질 내화물

- 염기성 슬래그나 용융금속에 대한 내침식성이 크기 때문에 제강용 노재로서 혼선로의 내장이나 염기성 제강로의 노상, 노벽 등에 사용된다.
- 염기성 내화물이다.

147 산소를 취입하여 고급 강철을 제조하는 데 사용되는 노는 어떤 노인가?

해답 전로

참고 전로는 제강로로서 노의 하부, 측면, 상부 등에서 산소를 흡입시켜 선철 중의 C, Si, Mn, P 등의 불순물을 산화시켜 불순물의 산화에 의한 발열로 노내의 온도를 유지시켜 용강을 얻는 방법이다.

★
148 내화골재에 주로 알루미나 시멘트를 섞어 만든 부정형 내화물은 어느 것인가?

해답 캐스터블 내화물

참고
- 골재에 알루미나 시멘트를 강화제로 배합하여 만든 것이 캐스터블 내화물이다.
- 부정형 내화물 : 캐스터블 내화물, 플라스틱 내화물, 내화 모르타르

149 노의 용도에 따른 종류를 3가지 쓰시오.

해답 ① 용광로 ② 전로 ③ 평로 ④ 가열로

★
150 다음은 요의 조업방식에 따라 분류한 것이다. 각각에 해당하는 것을 2가지 쓰시오.

1 연속식 요 **2** 불연속식 요

해답 **1** 연속식 요 : 윤요(고리가마), 터널요(터널가마)
2 불연속식 요 : 횡염식 요(옆불꽃식 가마), 승염식 요(오름불꽃식 가마), 도염식 요(꺾임불꽃식 가마)

151 노의 사용목적에 따른 종류를 5가지 쓰시오.

해답 ① 가열로 ② 용융로 ③ 소결로 ④ 서냉로
⑤ 분해로 ⑥ 용광로 ⑦ 균열로 ⑧ 가스발생로

152 하중 연화점에 대하여 간단히 설명하시오.

해답 일정한 하중하에서 내화벽돌을 가열할 때 연화현상이 평소보다 빨리 일어나며, 연화현상을 나타내기 시작할 때의 온도를 하중 연화점이라 한다.

★
153 요(가마)의 분류 중 조업방식(작업방식)에 따라 분류하면?

해답 ① 연속식 요 ② 반연속식 요 ③ 불연속식 요

154 요(가마)를 전열방식(가열방법)에 따라 구분하면?

해답 ① 직접 가열식 ② 간접 가열식 ③ 반간접 가열식

★
155 요(가마)를 화염의 진행방법에 따라 구분하면?

해답 ① 횡염식(옆불꽃식) ② 승염식(오름불꽃식) ③ 도염식(꺾임불꽃식)

156 회전로(rotary kiln)의 특징을 5가지만 쓰시오.

해답 ① 원료는 요의 우측 끝에서 장입되고, 연소가스는 반대방향으로 흐르게 한 구조로 되어 있다.
② 시멘트 소성 시 실내온도는 1,400℃ 이상 유지되어야 한다.
③ 원통형으로 제작되어 있다.
④ 가마의 경사도는 5/100 정도이다.
⑤ 노의 길이는 110~160m 정도이다.

★
157 내화물(노재)의 구비조건을 5가지만 쓰시오.

해답 ① 사용온도에서 연화 또는 변형되지 않을 것 ② 사용온도에서 압축강도가 클 것
③ 열에 의한 팽창, 수축이 적을 것 ④ 화학적으로 침식되지 않을 것
⑤ 내마모성이 클 것 ⑥ 사용목적에 따라 적당한 열전도율을 가질 것
⑦ 수축·팽창이 적을 것

158 내화물이 일어나는 여러 가지 손상 중 스폴링(spalling)에 대하여 간단히 설명하시오.

해답 온도의 급격한 변화나 불균일한 가열, 냉각 때문에 생기는 벽돌의 안과 밖의 열팽창에 의해 생기는 박락되는 손상

159 스폴링(spalling)의 종류를 3가지 쓰시오.

해답 ① 열적 스폴링 ② 기계적 스폴링 ③ 화학적 스폴링(염기성 슬래그에 의한 스폴링)

★
160 부정형 내화물의 종류를 3가지 쓰시오.

해답 ① 플라스틱 내화물 ② 캐스터블 내화물 ③ 내화 모르타르

161 플라스틱 내화물의 특징을 3가지만 쓰시오.

해답 ① 소결성이 좋고 내식성, 내마모성이 좋다.
② 내화도(SK35~37) 및 하중 연화점이 높고 열전도성이 우수하다.
③ 캐스터블 내화물보다 고온에 적합하다.

★
162 보온재의 구비조건을 5가지 쓰시오.

해답 ① 보온능력이 커야 한다(열전도율이 적어야 한다).
② 불연성의 것으로서 내구성이 있어야 하며 변질되지 않아야 한다.
③ 부피가 작아야 한다.
④ 시공이 용이해야 한다.
⑤ 흡수성이나 흡습성이 없어야 한다.

제2편

에너지설비 관리

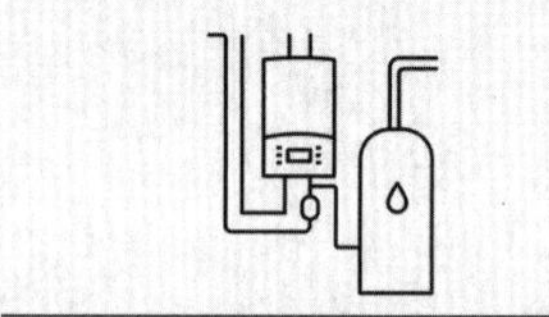

Engineer Energy Management

보일러의 부속장치 및 부속품

1.1 안전장치

안전장치는 보일러 사용 중 이상사태 발생 시 이를 조치 및 제어하여 사고를 미연에 방지하는 장치이다.

안전장치의 종류 중요

• 안전밸브	• 방출밸브 및 방출관	• 가용전
• 방폭문	• 화염검출기	• 전자밸브
• 수위경보장치	• 증기압력제한장치(증기압력제한기 및 조절기)	

1) 안전밸브의 설치목적

증기 보일러에서 동(shell) 내의 증기압력이 제한압력 이상으로 상승할 때 자동적으로 밸브가 열려 증기를 분출시켜 압력 초과로 인한 파열사고를 미연에 방지하는 장치이다.

(1) 안전밸브의 설치개수 중요

① 보일러 본체(증기 보일러) : 2개 이상 설치해야 한다.

㉠ 단, 전열면적이 $50m^2$ 이하의 증기 보일러에는 1개 이상 설치할 수 있다.

㉡ 관류 보일러에서 보일러와 압력릴리프(압력방출)장치와의 사이에 스톱밸브를 설치할 경우 압력방출장치는 2개 이상이어야 한다(과열기 설치 시는 그 출구측에 1개 이상의 안전밸브를 설치하여야 한다).

② 독립된 과열기 또는 재열기에는 입구 및 출구에 각각 1개 이상의 안전밸브를 설치하여야 한다.

(2) 안전밸브 부착방법 중요

① 보일러 본체의 검사가 용이한 곳에 부착한다.

② 증기부에 부착한다.

③ 밸브의 축에 수직으로 부착한다.

(3) 안전밸브의 종류 중요

① **중추식** : 추의 중력을 이용하여 분출압력을 조정하는 형식이다.
② **지렛대식** : 지렛대와 추를 이용하여 추의 위치를 좌우로 이동시켜 추의 중력으로 분출압력을 조정하는 형식이다.
③ **스프링식** : 스프링의 탄성을 이용하여 분출압력을 조정하는 형식이다.

▶ 분출양정에 따른 분류 중요

종류	밸브의 양정	분출용량
저양정식	밸브의 양정이 변좌구경의 1/40 이상~1.15 미만	분출용량= $\frac{(1.03P+1)SC}{22}$[kg/h]
고양정식	밸브의 양정이 변좌구경의 1/15 이상~1.7 미만	분출용량= $\frac{(1.03P+1)SC}{10}$[kg/h]
전양정식	밸브의 양정이 변좌구경의 1/7 이상	분출용량= $\frac{(1.03P+1)SC}{5}$[kg/h]
전량식	변좌지름이 목부지름의 1.15배 이상	분출용량= $\frac{(1.03P+1)AC}{2.5}$[kg/h]

여기서, P : 분출압력(최고사용압력)(MPa), S : 안전밸브 시트 단면적(mm^2)
C : 상수(증기온도 280℃ 이하, 최고사용압력 11.77MPa 이하인 경우는 1로 한다.)
A : 목부 최소증기 단면적(mm^2)
※ 분출용량이 큰 순서 : 전량식 > 전양정식 > 고양정식 > 저양정식

(4) 안전밸브의 작동 불능원인 중요

① 스프링의 탄력이 강하거나 또는 하중이 과대할 경우(스프링의 지나친 조임이나 하중이 과대한 경우)
② 밸브 시트의 구경, 밸브 각의 사이 틈이 적고 열팽창 등에 의해 밸브 각이 밀착한 경우(밸브 시트의 구경과 밸브 로드와의 사이 간격이 좁아 열팽창 등에 의하여 밸브 로드가 밀착한 경우)
③ 밸브 시트의 구경, 밸브 각의 사이 틈이 많고 밸브 각이 뒤틀리고 고착된 경우(밸브 시트의 구경과 밸브 로드와의 사이 간격이 커서 밸브 로드가 풀어져 고착된 경우)

2) 방출관

(1) 개요

개방형 온수 보일러에 사용되는 안전장치로 보일러에서 팽창탱크까지 연결된 관을 말한다. 방출관은 가열된 팽창수를 흡수하여 안전사고를 방지하는데, 이때 방출관에는 어떠한 경우든 차단장치(정지밸브, 체크밸브)를 부착하여서는 안 된다.

(2) 방출관의 크기

전열면적	크기	전열면적	크기
$10m^2$ 미만	25mm 이상	$15m^2$ 이상~$20m^2$ 미만	40mm 이상
$10m^2$ 이상~$15m^2$ 미만	30mm 이상	$20m^2$ 이상	50mm 이상

(3) 방출관 취급상 주의사항

① 온수 보일러용 방출관은 동결되지 않도록 보온재의 피복상태를 수시로 점검한다.
② 보일러의 운전 중에는 방출관에서 오버플로를 감시한다.
③ 방출관은 내면에 녹이나 수중의 이물질에 의해 막힐 수 있으므로 기능에 주의할 필요가 있다. 정기적으로 청소를 하거나 물 넘침의 원인이 오버플로가 확실한지 조사하여 경우에 따라 교체하는 것을 검토한다.

3) 화염검출기 중요

연소실 내의 화염상태를 감시하여 실화 및 불착화 시 그 신호를 전자밸브로 보내 연료를 차단하고 연소실 내 연료의 누설을 방지하여 연소가스폭발을 방지하는 안전장치로, 점화 시에는 불꽃 검출 후에 연료밸브를 열도록 되어 있다.

▶ 화염검출기의 종류 중요

종류	작동원리
플레임 아이	화염의 발광체(방사선, 적외선, 자외선)를 이용하여 검출
플레임 로드	가스의 이온화(전기전도성)를 이용하여 검출
스택스위치	화염의 발열체를 이용하여 검출

(1) 플레임 아이(flame eye, 광학적 화염검출기)

화염에서 발생하는 빛을 검출하는 방법으로 적외선, 가시광선 및 자외선이 영역별로 다르게 검출되는 특성을 이용한다. 종류에는 황화카드뮴 광전셀(CdS셀), 황화납 광전셀(PbS셀), 자외선 광전관, 정류식 광전관 등이 있다.

① 플레임 아이는 광전관으로 화염을 검출하며 검출속도가 빨라 기름, 가스 등에 가장 많이 사용된다.
② 플레임 아이는 불꽃의 중심을 향하도록 설치한다.
③ 가시광선에서 파장이 긴 쪽은 붉은색이며 짧을수록 보라색에 가깝다. 적외선을 방출하므로 화염의 오검출하는 것을 방지하도록 플레임 아이의 설치위치를 직시하지 않아야 한다.
④ 광전관은 고온이 되면 기능이 파괴되므로 주위 온도는 50℃ 이상이 되지 않게 한다.
⑤ 광전관식은 유리나 렌즈를 매주 1회 이상 청소하고 감도 유지에 유의해야 한다.

(2) 플레임 로드(flame rod, 전기전도 화염검출기)

화염이 가지는 전기전도성을 이용하며, 단순하게 화염이 가지는 도전성을 이용하는 도전식과, 검출기와 화염에 접하는 면적의 차이에 의한 정류효과를 이용하는 정류식이 있다.

① 화염의 전기전도성을 검출하며 주로 가스점화버너에 사용된다.
② 플레임 로드는 화염검출기 중 가장 높은 온도에서 사용할 수 있다.
③ 플레임 로드는 검출부가 불꽃에 직접 접하므로 소손에 유의하고 자주 청소해줘야 한다.

(3) 스택스위치(stack switch, 열적 화염검출기)

열을 이용하여 특수 합금판의 서모스타트가 화염을 감지하여 작동하는 것으로, 주로 가정용 소형 보일러에만 이용되고 있다.

① 바이메탈의 신축작용으로 화염 유무를 검출하며, 검출속도가 느리고 응답이 느려 주로 소용량 보일러, 온수 보일러에 사용된다(연료소비량 10L/h 이하).
② 구조가 간단하고 가격이 싸다.
③ 버너의 용량이 큰 곳에 부적합하다.
④ 안전사용온도 : 300℃ 이하

4) 수위제한기(저수위차단장치) 중요

(1) 수위제한기의 설치목적

보일러 내의 수위가 규정수위 이상 또는 이하가 될 경우에 자동적으로 경보를 발하며, 그 신호를 전자밸브에 보내 연료를 차단하여 과열사고 등을 방지하는 안전장치이다. 운전 중 급수가 저수위에 도달하면 버너의 연소회로는 자동적으로 차단된다. 처음 운전 시 수위가 고수위 위치까지 도달하지 않으면 송풍기가 작동되지 않아 버너는 착화되지 않는다.

(2) 수위제한기의 설치규정

최고사용압력이 0.1MPa을 초과하는 증기 보일러에는 안전저수위 이하로 내려가기 직전에 경보가 울리고, 안전수위 이하로 내려가는 즉시 연료를 자동적으로 차단하는 저수위안전장치를 설치해야 한다. 즉 연료 차단 전에 경보(50~100초)가 울리는 안전장치를 설치해야 한다. 경보음은 70dB 이상이어야 한다.

(3) 수위제한기의 종류 중요

① 플로트식(float, 부자식)
　㉠ 물과 증기의 비중차를 이용한다.
　㉡ 종류 : 맥도널식, 맘포드식, 자석식
② 전극식 : 관수의 전기전도성을 이용한다.
③ 차압식 : 관수의 수두압차를 이용한다.

④ 코프식 : 금속관의 열팽창을 이용한다(물과 증기의 온도변화).

5) 전자밸브(solenoid valve, 연료차단밸브)

(1) 전자밸브의 설치목적 중요

보일러 운전 중 이상감수 및 압력 초과나 불착화 및 실화 시 연료의 공급을 차단하여 보일러를 안전하게 하는 안전장치이다.

(2) 전자밸브의 작동원리

2위치 동작으로 전기가 투입되면 코일에 자장이 흘러 밸브가 열리고, 전기가 끊어지면 밸브가 닫힌다(전자기적인 작용에 의해 작동한다).

(3) 전자밸브의 설치위치

연료배관에서 버너 전에 설치되어 있다.

(4) 전자밸브의 종류

① 직동식 : 소용량에 사용
② 파일럿식 : 대용량에 사용

(5) 전자밸브 설치 시 유의사항

① 입구측에는 가능한 한 여과기를 설치하여야 한다.
② 용량에 맞추어 사용하고 사용전압에 유의하여야 한다.
③ 코일 부분이 상부에 위치하도록 수직으로 설치하여야 한다.
④ 출입구를 확인하여 유체의 흐름방향(화살표방향)과 일치시켜야 한다.

(6) 전자밸브와 연결된 장치

① 화염검출기
② 수위제한기
③ 압력차단스위치
④ 송풍기

(7) 전자밸브의 고장원인 중요

① 용수철의 절손이나 장력 저하
② 전자코일의 절연 저하
③ 밸브축의 구부러짐이나 절손
④ 연료나 배관 내의 이물질 퇴적
⑤ 각 접점의 접촉 불량

⑥ 밸브 시트의 변형이나 손상
⑦ 밸브의 작동이 원활히 되지 않는 코일의 소손

1.2 급수장치

보일러의 동 내부로 급수를 공급시키기 위한 일련의 장치이다.

급수장치의 급수계통

급수탱크 → 연수기 → 응결수탱크 → 급수관 → 여과기 → 급수펌프 → 수압계 → 급수온도계 → 급수량계 → 인젝터 → 급수체크밸브 → 급수정지밸브 → 급수내관
※ 제올라이트 및 탈기기는 급수처리장치이다.

1) 급수펌프(feed water pump)

(1) 원심펌프(centrifugal pump) 중요

① 터빈펌프(turbine pump)는 안내날개(guide vane)가 있으며 고양정(20m 이상) 저유량에서 사용한다.
② 벌류트펌프(volute pump)는 안내날개가 없으며 저양정(20m 미만) 대유량에서 사용된다.
③ 용량에 비해 설치면적이 작고 소형이다.
④ 펌프에 충분히 액을 채워야 한다.

플라이밍

원심펌프 가동 전 외부에서 펌프에 물을 채워주는 작업

(2) 터빈펌프와 벌류트펌프의 비교 중요

터빈펌프(turbine pump)	벌류트펌프(volute pump)
• 안내날개가 있다. • 고양정(20m 이상) 고압 보일러에 사용된다. • 단수를 조정하여 토출압력을 조정할 수 있다. • 효율이 높고 안정된 성능을 얻을 수 있다. • 구조가 간단하고 취급이 용이하여 보수관리가 편리하다. • 토출흐름이 고르고 운전상태가 조용하다. • 고속회전에 적합하며 소형 경량이다.	• 안내날개가 없다. • 저양정(20m 미만) 저압 보일러에 사용된다.

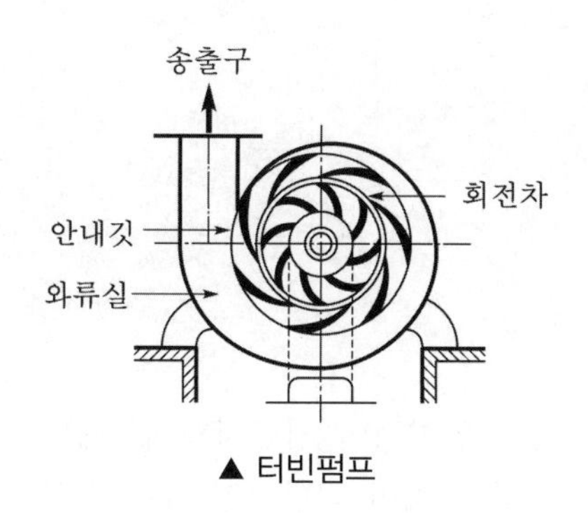

▲ 터빈펌프

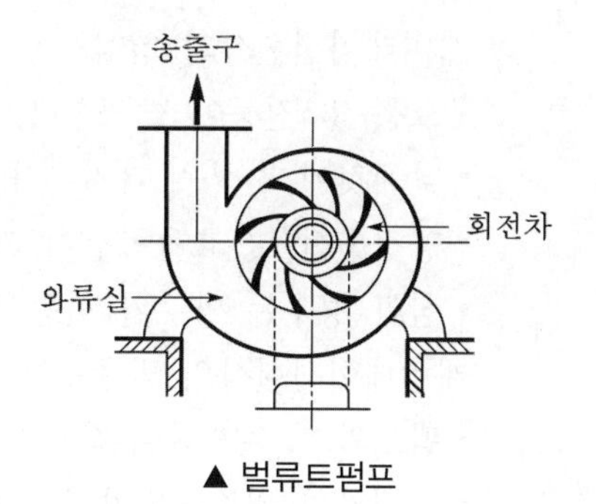

▲ 벌류트펌프

(3) 급수펌프의 구비조건

① 부하변동에 대응할 수 있을 것
② 저부하에서도 효율이 좋을 것
③ 고온 및 고압에 충분히 견딜 것
④ 회전식은 고속회전에 안전할 것
⑤ 작동이 확실하고 조작과 보수가 용이할 것
⑥ 병렬운전에 지장이 없을 것

(4) 급수펌프의 소요동력 계산식 중요

$$\text{펌프의 축동력}(L_s) = \frac{9.8QH}{\eta_p(\text{펌프효율})}[\text{kW}]$$

※ 물의 비중량(γ_w)=9,800N/m³=9.8kN/m³

▶ **펌프의 상사법칙** 중요

구분	산식	구분	산식
토출량(양수량)	$Q_2 = Q_1\left(\frac{N_2}{N_1}\right)\left(\frac{D_2}{D_1}\right)^3$	양정	$H_2 = H_1\left(\frac{N_2}{N_1}\right)^2\left(\frac{D_2}{D_1}\right)^2$
축동력(마력)	$P_2 = P_1\left(\frac{N_2}{N_1}\right)^3\left(\frac{D_2}{D_1}\right)^5$	효율	$\eta_1 = \eta_2$

(5) 펌프의 운전 중 발생되는 이상현상 중요

① 캐비테이션현상(cavitation, 공동현상)

㉠ 유수 중에 어느 부분의 정압이 그때 물의 온도에 해당하는 증기압 이하로 되어 물이 증발을 일으키고 수중에 용입되어 있던 공기가 낮은 압력으로 인하여 기포가 발생되는 현상이다.

㉡ 펌프의 흡입압력이 부족하면 관 중의 물이 역류하면서 수중에 기포가 분리되어 소음 및 진동이 발생되는 현상이다.

㉢ 캐비테이션현상의 영향
- 소음 및 진동이 발생한다.
- 날개깃에 침식을 가져온다.
- 양정곡선 및 효율곡선이 저하된다.
- 심할 경우는 양수가 불능이다.

㉣ 캐비테이션현상의 발생조건
- 펌프와 흡수면의 수직거리가 너무 길 때(흡입양정이 지나치게 길 때)
- 날개차의 원주속도가 클 경우 및 날개차의 모양이 적당하지 않을 경우
- 관로 내에 온도 상승 시(관 속을 유동하고 있는 물속의 어느 부분이 고온일수록)
- 과속으로 유량이 증대될 때(펌프 입구 부분)
- 흡입관 입구 등에서 마찰저항이 증대될 때

㉤ 캐비테이션현상의 방지대책
- 양흡입펌프를 사용한다.
- 펌프를 2대 이상 설치한다.
- 펌프의 회전수를 낮추어 흡입비교회전도를 적게 한다.
- 펌프의 설치위치를 낮추어 흡입양정을 짧게 한다.
- 관지름을 크게 하고 흡입측의 저항을 최소로 줄인다.
- 수직축펌프를 사용한다.
- 회전차를 수중에 완전히 잠기게 한다(액중펌프를 사용한다).

② 서징현상(surging, 맥동현상) 중요 : 펌프를 운전하였을 때 주기적으로 운동, 양정, 토출량이 규칙적으로 변동하는 현상으로 펌프 입구 및 출구에 설치된 진공계(연성계), 압력계의 지침이 흔들림과 동시에 유량이 감소하는 현상이다.

㉠ 펌프의 송출압력과 송출유량 사이에 주기적인 변동이 일어나는 현상이다.

㉡ 압축기와 펌프에서 공통으로 일어날 수 있는 현상이다.

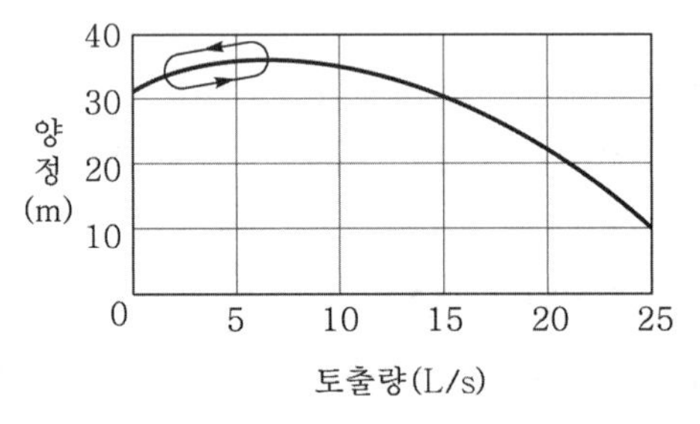

▲ 서징현상의 주기

㉢ 서징현상의 발생원인
- 펌프의 양정곡선이 산형이고, 그 사용범위가 우상 특성일 때
- 토출량(수량)조정밸브가 수조(물탱크)나 공기저장기보다 하류에 있을 때
- 토출배관 중에 수조 또는 공기저장기가 있을 때

㉣ 서징현상의 방지대책

- 방출밸브 등을 사용하여 펌프 속의 양수량을 서징할 때의 양수량 이상으로 증가시킨다.
- 임펠러나 가이드베인의 형상과 치수를 바꾸어 그 특성을 변화시킨다.
- 관로에 불필요한 잔류공기를 제거하고 관로의 단면적 및 유속 등을 변화시킨다.

③ 수격작용(water hammering) 중요 : 펌프에서 물을 압송하고 있을 때 정전 등으로 급히 펌프가 멈춘 경우와 수량조절밸브를 급히 개폐한 경우 등 관 내의 유속이 급변하면서 물에 심한 압력변화가 생기는 현상이다.

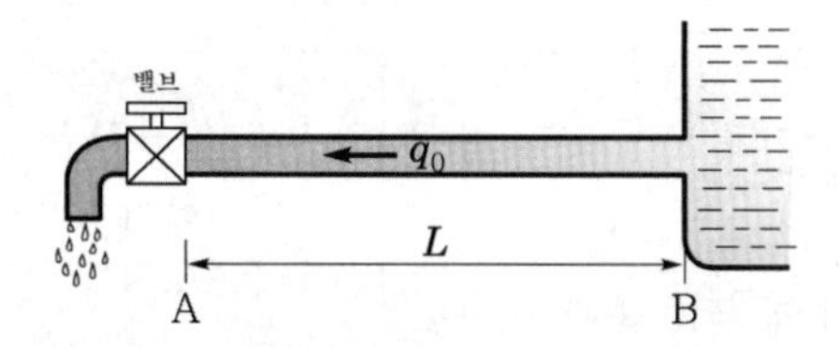

㉠ 수격작용의 방지법

- 토출구에 완폐 체크밸브를 설치하고 밸브를 적당히 제어한다.
- 관지름을 크게 하고 관 내 유속을 느리게 한다(1m/s 정도).
- 관로 내에 공기실이나 조압수조(surge tank)를 설치한다(압력 상승 시 공기가 완충 역할을 하여 고압 발생을 막는다).
- 플라이휠을 설치하여 펌프속도의 급변을 막는다.
- 수주 분리가 발생할 염려가 있는 부분에서는 공기밸브를 설치하여 부압이 되면 자동적으로 공기를 흡입하여 이를 방지시킨다.

㉡ 수주 분리 : 유속이 급격히 저하되었을 때 입상관의 상부일수록 압력강하가 심해져 그곳에서의 부압이 그 액의 증기압 이하가 되어 액이 분리하는 현상으로, 수주 분리가 일어난 경우 다음 순간에는 분리된 액이 다시 결합하므로 순간적으로 큰 압력이 생겨 파이프를 파괴시킬 수도 있다.

(6) 펌프에서 물이 올라오지 않는 원인 중요

① 흡입관에 공기 누입 시(흡입관에 누설개소 있을 때)

② 흡수면 이하로 물이 있을 때(탱크 내 물이 내려갔을 때)

③ 흡입관이 막혀 있을 때(여과기의 막힘, 흡입밸브가 완전히 열리지 않음, 배관 구경이 작을 때)

(7) 펌프배관에서 펌프의 양정이 불량한 이유 중요

① 회전방향이 역회전방향인 경우

② 펌프 내에 공기가 차 있는 경우

③ 흡입관의 이음쇠 등에서 공기가 새는 경우

2) 인젝터(injector) 중요

증기의 열에너지를 압력에너지로 전환시키고, 다시 운동에너지로 바꾸어 급수하는 비동력용 급수장치이다. 즉 보일러에서 발생하는 증기의 분사력을 이용하여 급수하는 저압 보일러용 급수장치이다.

- 보일러에서 발생된 증기를 이용하여 급수하는 예비급수장치이다.
- 1개월에 1회 시운전을 하고 작동이 양호한지를 확인한다.
- 즉시 연료(열)의 공급이 차단되지 않아 과열될 염려가 있는 보일러에 설치한다.

▶ 인젝터의 장단점

장점	단점
• 구조가 간단하고 취급이 용이하다. • 설치장소를 적게 차지한다. • 증기와 물이 혼합되어 급수가 예열되는 효과가 있다. • 가격이 저렴하다.	• 양수효율이 낮다. • 급수량조절이 어렵다. • 이물질의 영향을 많이 받는다.

(1) 인젝터의 급수원리(증기의 분사력 이용)

보일러에서 발생된 증기의 열에너지가 운동에너지, 압력에너지로 변화되면서 급수가 되는 원리를 이용한다.

(2) 인젝터의 구성

① 노즐 : 증기노즐, 혼합노즐, 토출(방출)노즐
② 밸브 : 흡수밸브, 증기밸브, 일수밸브, 급수(토출)밸브

(3) 인젝터의 작동 불능원인 중요

① 내부 노즐에 이물질이 부착되어 있는 경우
② 체크밸브가 고장 난 경우 및 부품이 마모되어 있는 경우
③ 급수의 온도가 너무 높을 때(328K(55℃) 이상)
④ 증기압력이 너무 높거나(1MPa 이상), 너무 낮을 때(0.2MPa 이하)
⑤ 흡입관로 및 밸브로부터 공기가 유입되었을 때
⑥ 인젝터 자체가 과열되었을 때
⑦ 노즐이 막히거나 확대되었을 때
⑧ 증기 속에 수분이 다량 혼입되었을 때

3) 급수밸브(급수정지밸브)와 급수체크밸브(feed check valve)

(1) 급수밸브 및 급수체크밸브의 설치방법

① 급수관에는 보일러에 인접하여 급수밸브와 체크밸브를 설치하여야 한다.

② 이 경우 급수밸브가 밸브 디스크를 밀어 올리도록 급수밸브를 부착하여야 하며 1조의 밸브 디스크와 밸브 시트가 급수밸브와 체크밸브의 기능을 겸하고 있어도 별도의 체크밸브를 설치하여야 한다.

(2) 급수밸브 및 급수체크밸브의 크기 중요

① 전열면적 10m^2 이하 : 15mm 이상

② 전열면적 10m^2 초과 : 20mm 이상

(3) 급수체크밸브의 기능과 종류 중요

① 구조 : 유체의 흐름이 한 방향으로만 흐르도록 되어 있다.

② 기능 : 보일러수의 역류를 방지한다.

③ 종류

㉠ 스윙식 : 수평 및 수직배관에 사용

㉡ 리프트식 : 수평배관에만 사용

PART 2

4) 급수내관

(1) 급수내관의 설치목적 중요

① 급수를 동 내 전체에 고르게 분포시켜 동의 부동팽창을 방지한다(집중급수 방지).

② 내관을 통과하면서 급수가 예열되는 효과가 있다.

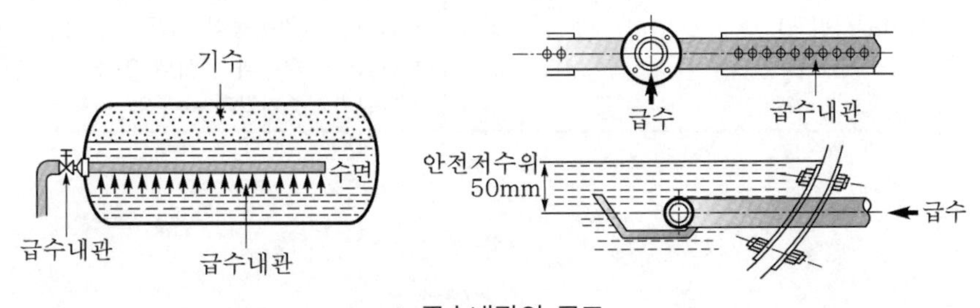

▲ 급수내관의 구조

(2) 급수내관의 설치위치 중요

① 안전저수면보다 약간 아래(약 50mm)에 설치한다.

② 설치위치에 따른 장해

㉠ 높을 경우

- 급수내관이 증기부에 노출될 경우 과열의 원인이 된다.
- 증기부에 수분이 혼입되어 습증기가 발생된다.

㉡ 낮을 경우

- 보일러의 동 저부를 과냉각시킨다.
- 보일러 정지 시 침전물에 의해 급수내관이 막힌다.
- 급수밸브 고장 시 역류위험이 크다.

5) 급수탱크의 수위조절기

종류	특징
플로트식	• 기계적으로 작동이 확실하다. • 수면의 변화에 좌우된다. • 플로트로의 침수 가능성이 있다.
부력형	• 내식성이 강하다. • 물의 움직임에 영향을 받는다.
수은스위치	• 내식성이 있다. • 수면의 유동에서도 영향을 받는다.
전극형	• on-off의 스팬이 긴 경우는 적합하지 않다. • 스팬의 조절이 곤란하다.

6) 동력용(전력) 급수장치와 비동력용 급수장치의 구분

동력용(전력) 급수장치	비동력용 급수장치
• 터빈펌프(원심펌프) • 벌류트펌프(원심펌프)	• 워싱턴펌프(왕복동식 펌프) : 증기압 이용 • 웨어펌프(왕복동식 펌프) : 증기압 이용 • 인젝터 : 증기의 분사력 이용 • 환원기 : 증기압과 수두압 이용

1.3 보일러 계측장치

1) 수면계

(1) 수면계의 설치목적 중요

증기 보일러에서 동 내부의 수면위치를 지시하는 장치이다(온수 보일러에는 수위계(수고계)를 설치한다).

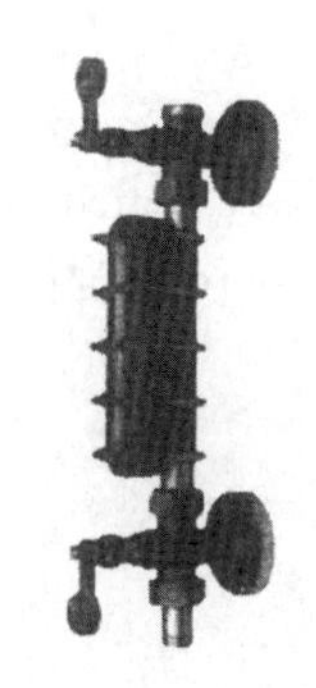

▲ 수면계의 장착도

(2) 수면계의 설치기준 중요

① 증기 보일러에는 2개 이상 설치한다.
② 소형 관류 보일러는 1개 이상 설치 가능하다.
③ 단관식 관류 보일러는 설치하지 않아도 된다.
④ 최고사용압력이 1MPa 이하로 동체의 안지름이 750mm 미만인 경우에는 1개는 다른 종류의 수면측정장치로 하여도 무방하다.
⑤ 2개 이상의 원격지시수면계를 설치하는 경우에 한하여 유리수면계를 1개 이상으로 할 수 있다.

(3) 수면계 부착위치 중요

보일러의 종류	부착위치
직립 보일러	연소실 천장판 최고부(플랜지부 제외) 위 75mm
직립 연관 보일러	연소실 천장판 최고부 위 연관길이의 1/3
수평 연관 보일러	연관의 최고부 위 75mm
노통 연관 보일러	연관의 최고부 위 75mm(다만, 연관 최고부 위보다 노통 윗면이 높은 것은 노통 최고부(플랜지부를 제외) 위 100mm)
노통 보일러	노통 최고부(플랜지부 제외) 위 100mm

(4) 수면계의 파손원인 중요

① 유리관의 상하 중심선이 일치하지 않을 경우
② 유리에 갑자기 열을 가했을 때(유리의 열화)
③ 수면계의 조임너트를 너무 조인 경우
④ 내·외부에서 충격을 받았을 때

2) 압력계

(1) 사이펀관(siphon pipe) 부착 중요

① 사이펀관을 부착하는 압력계 : 부르동관(Bourdon)식
② 부착이유 : 고온의 증기 침입을 막아 압력계의 보호 및 오차 방지
③ 크기 : 6.5mm 이상
④ 사이펀관 속에 들어 있는 유체 : 물

(2) 압력계와 연결된 증기관의 크기 중요

① 강관 : 12.7mm 이상
② 동관 및 황동관 : 6.5mm 이상
③ 동관 및 황동관을 사용할 수 없는 경우 : 증기의 온도가 483K(210℃) 넘을 때는 사용금지

(3) 압력계의 눈금범위 중요

최고사용압력의 1.5배 이상, 3배 이하

(4) 압력계의 시험방법 및 시기 중요

압력계 시험은 압력계 시험기로 하는 방법과 시험기에 의해 합격된 시험 전용 압력계를 이용하여 비교시험을 하는 방법이 있다.

(5) 압력계의 시험시기 중요

① 계속 사용검사 시
② 장기간 휴지 후 사용하고자 할 때
③ 안전밸브의 실제 분출압력과 설정압력이 맞지 않을 때
④ 압력계 지침의 움직임이 나쁘고 기능에 의심이 가는 경우
⑤ 프라이밍, 포밍 등으로 압력계에 영향이 미쳤다고 생각되는 경우

1.4 열교환기 중요

열교환기(heat exchanger)는 서로 온도가 다르고 고체벽으로 분리된 두 유체 사이에 열교환을 수행하는 장치로서 난방, 공기조화, 동력 발생, 폐열 회수 등에 널리 이용된다.

1) 원통 다관식(shell & tube) 열교환기

가장 널리 사용되고 있는 열교환기로 폭넓은 범위의 열전달량을 얻을 수 있으므로 적용범위가 매우 넓고 신뢰성과 효율이 좋다.

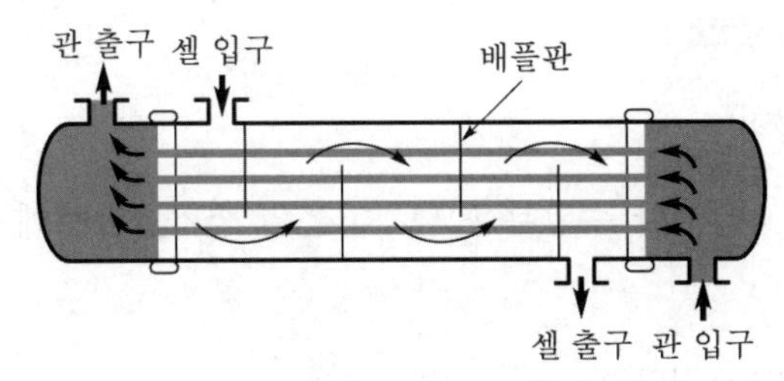

▲ 원통 다관식 열교환기

2) 이중관식(double pipe type) 열교환기

외관 속에 전열관을 동심원상태로 삽입하여 전열관 내 외관 동체의 환상부에 각각 유체를 흘려서 열교환시키는 구조이다. 구조는 비교적 간단하며 가격도 싸고 전열면적을 증가시키기 위해 직렬 또는 병렬로 같은 치수의 것을 쉽게 연결시킬 수 있다. 그러나 전열면적이 증대됨에 따라 다관식에 비해 전열면적당의 소요용적이 커지며 가격도 비싸게 되므로 전열면적이 20m^2 이하의 것에 많이 사용된다.

3) 평판형(plate type) 열교환기

유로 및 강도를 고려하여 요철(오목, 볼록)형으로 프레스 성형된 전열판을 포개서 교대로 각기 유체가 흐르게 한 구조의 열교환기이다. 전열판은 분해할 수 없으므로 청소가 완전히 되고 보존 점검이 쉬울 뿐 아니라 전열판매수를 가감함으로써 용량을 조절할 수 있다. 전열면을 개방할 수 있는 형식의 고무나 합성수지 개스킷을 사용하고 있으므로 고온 또는 고압용으로서는 적당하지 않다.

4) 코일식(coil type) 열교환기

탱크나 기타 용기 내의 유체를 가열하기 위하여 용기 내에 전기코일이나 스팀라인을 넣어 감아둔 방식이다. 이 교환기를 사용하면 열전달계수가 더욱 커지므로 큰 효과를 볼 수 있다.

1.5 매연분출장치(수트 블로어)

1) 수트 블로어(soot blower)의 역할 중요

보일러 전열면의 외측에 붙어 있는 그을음 및 재를 압축공기나 증기를 분사하여 제거하는 장치로 주로 수관식 보일러에 사용한다. 이것은 증기분사에 의한 것과 압축공기에 의한 것이 널리 사용되고 있는데, 구조상 회전식과 리트랙터블형(retractable type)으로 구분된다. 용도에 따라 디슬래거(deslagger), 건타입(gun type) 수트 블로어, 에어 히터 클리너 등이 있다.

2) 수트 블로어의 종류 중요

(1) 장발형(롱 리트랙터블형)

보일러의 고온부인 과열기나 수관부용으로 고온의 열가스통로에 사용할 때만 사용되는 매연분출장치이다.

(2) 단발형(숏 리트랙터블형=건타입)

보일러의 연소실 벽 등에 부착하고 남은 찌꺼기를 제거하는 데 적합하며, 특히 미분탄 연소 보일러 및 폐열 보일러 같은 타고 남은 연재가 많이 부착하는 보일러에 적합하다.

① 분사관이 짧으며 1개의 노즐을 설치하여 연소 노벽에 부착되어 있는 이물질을 제거하는 매연분출장치이다.

② 분사관이 전·후진하고 회전하지 않는 것을 건타입이라고 한다. 전열면에 부착하는 재나 수트 불기용으로 사용한다.

(3) 정치회전형

보일러 전열면 및 급수예열기(절탄기) 등에 사용되며 자동식과 수동식이 있다.

① 분사관은 다수의 작은 구멍이 뚫려 있고 이곳에서 분사되는 증기로 매연을 제거하는 것으로서, 구조상 고온가스의 접촉을 고려해야 한다.

② 분사관은 정위치에 고정되어 있으며 전·후진은 불가하다. 다수의 노즐이 배치된 관을 회전시키는 기어장치 및 밸브로 구성되어 있다.

3) 수트 블로어의 사용시기 중요

① 동일 조건에서 보일러 능력이 오르지 않을 경우

② 배기가스의 온도가 너무 높아지는 경우

③ 동일 부하에서 연료사용량이 많아지는 경우

④ 보일러 성능검사를 받기 전에

⑤ 통풍력이 작아지는 경우

1.6 분출장치

1) 분출(blow down)

보일러수의 농축을 방지하고 신진대사를 꾀하기 위해 보일러 내의 불순물을 배출하여 불순물의 농도를 한계치 이하로 하는 작업이다. 분출장치는 스케일 및 슬러지 등으로 인해 막히는 일이 있으므로 1일 1회는 필히 분출하고 그 기능을 유지하여야 한다.

2) 분출의 목적 중요

① 보일러수 중의 불순물의 농도를 한계치 이하로 유지하기 위해
② 슬러지분을 배출하여 스케일 생성 방지
③ 프라이밍 및 포밍 발생 방지
④ 부식 발생 방지
⑤ 보일러수의 pH조절 및 고수위 방지

3) 분출의 종류 중요

(1) 수면분출(연속분출)

보일러수보다 가벼운 불순물(부유물)을 수면상에서 연속적으로 배출시킨다.

열회수방법

- 플래시탱크를 이용하는 방법
- 열교환기를 이용하는 방법

(2) 수저분출(단속분출) 중요

보일러수보다 무거운 불순물(침전물)을 동저부에서 필요시 단속적으로 배출시킨다.

4) 분출 시 주의사항

① 코크와 밸브가 다 같이 설치되어 있을 때는 열 때는 코크부터 열고, 닫을 때는 밸브 먼저 닫는다.
② 2인이 1조가 되어 실시한다.
③ 2대 이상 동시분출을 금지한다.
④ 개폐는 신속하게 한다.
⑤ 분출량 조절은 분출밸브로 한다(분출콕이 아님).
⑥ 안전저수위 이하가 되지 않도록 한다(분출작업 중 가장 주의할 사항).

5) 분출시기 중요

① 연속운전 보일러는 부하가 가장 작을 때 실시한다(증기 발생량이 가장 적을 때).
② 보일러수면에 부유물이 많을 때 실시한다.
③ 보일러수조에 슬러지가 퇴적하였을 때 실시한다.
④ 보일러수가 농축되었을 때 실시한다.
⑤ 포밍 및 프라이밍이 발생하는 경우 실시한다.
⑥ 단속운전 보일러는 다음날 보일러 가동하기 전에 실시한다(불순물이 완전히 침전되었을 때).

6) 분출밸브의 크기 중요

① 분출밸브의 크기는 호칭 25mm 이상으로 한다.
② 다만, 전열면적이 $10m^2$ 이하인 경우에는 20mm 이상으로 할 수 있다.

7) 분출량 계산 중요

응축수를 회수하지 않는 경우	응축수를 회수하는 경우
분출량= $\frac{xd}{r-d}$ [L/day]	분출량= $\frac{x(1-R)d}{r-d}$ [L/day]

여기서, x : 1일 급수량(L/day), r : 관수 중의 고형분(ppm), d : 급수 중의 고형분(ppm)
R : 응축수 회수율(%)

1.7 폐열회수장치 중요

보일러 배기가스의 여열을 회수하여 보일러 효율을 향상시키기 위한 장치로 일종의 열교환기이다(배기가스에 의한 열손실 : 16~20%). 폐열회수장치가 연소가스와 접하는 순서는 '과열기 → 재열기 → 절탄기 → 공기예열기' 순이다.

핵심체크

증발관(연소실) → 과열기 → 재열기 → 절탄기 → 공기예열기 → 집진기 → 연돌
- 설치순서는 잘 알고 있어야 한다.
- 연돌에서 가장 가까이에 설치되는 폐열회수장치는 공기예열기이다.
- 증발관 다음에 설치되는 폐열회수장치는 과열기이다.

1) 과열기(super heater)

(1) 과열기의 설치목적 중요

보일러 본체에서 발생한 포화증기를 압력변화 없이 온도만 상승시켜 과열증기로 만드는 장치이다.

(2) 과열기 설치 시 장점

① 같은 압력의 포화증기보다 보유열량이 많다.
② 증기 중의 수분이 없기 때문에 부식 및 수격작용이 생기지 않는다.
③ 증기의 마찰저항이 감소된다.
④ 열효율이 증가된다.

(3) 과열기 설치 시 단점

① 가열 표면의 온도를 일정하게 유지하기 곤란하다.
② 가열장치에 큰 열응력이 발생한다.
③ 직접 가열 시 열손실이 증가한다.
④ 과열기 표면에 고온부식이 발생되기 쉽다.
※ 고온부식을 일으키는 성분 : 바나듐(V)

(4) 과열기의 분류(종류) 중요

구분	전열방식(설치위치)에 따라	연소가스의 흐름에 따라	연소방식에 따라
종류	• 대류식(접촉식) • 방사식(복사식) • 대류방사식(접촉복사식)	• 병류형 • 향류형 • 혼류형	• 직접연소식 • 간접연소식

① 전열방식에 따른 분류(열가스의 접촉에 따라)
㉠ 대류식(접촉식) : 연도에 설치하여 대류열을 이용하는 과열기
㉡ 방사식(복사식) : 연소실 후부측에 설치하여 방사열을 이용하는 과열기
㉢ 대류방사식(접촉복사식) : 대류형과 방사형이 혼합된 과열기

② 연소가스의 흐름에 따른 분류
㉠ 병류형
• 연소가스와 과열기 내 증기의 흐름방향이 같다.
• 가스에 의한 소손(부식)은 적으나, 열의 이용도(효율)가 가장 낮은 방식이다.
㉡ 향류형(대향류)
• 연소가스와 과열기 내 증기의 흐름방향이 반대이다.
• 가스에 의한 소손(부식)은 크나, 열의 이용도(효율)가 가장 높은 방식이다.

㉢ 혼류형
- 병류형과 향류형이 혼합된 방식이다.
- 부식 및 효율 측면에서 가장 유리한 방식이다.

③ 연소방식에 따른 분류

㉠ 직접연소식 : 독립된 연소장치를 구비한 것이며 특수한 경우에 사용된다.

㉡ 간접연소식 : 보일러 부속장치로서 연소가스통로 중에 설치되는 형식으로 일반적으로 널리 사용된다.

2) 재열기(reheater) 중요

증기터빈 속에서 일정한 팽창을 하여 포화온도에 접근한 증기를 뽑아내서 다시 가열시켜 과열도를 높인 다음 다시 터빈에 투입시켜 팽창을 지속시키는 장치로, 배기가스재열기와 증기재열기가 있다.

3) 절탄기(economizer, 급수예열기) 중요

(1) 절탄기의 역할

보일러에서 배출되는 배기가스의 여열을 이용하여 급수를 예열하는 장치로 이코노마이저라고도 한다.

(2) 절탄기 설치 시 장점

① 관수와 급수의 온도차가 적어 보일러의 부동팽창(열응력)을 경감시킨다.

② 증기 발생시간이 단축된다.

③ 급수 중의 일부 불순물이 제거된다.

④ 열효율이 향상되고 연료가 절약된다(10℃ 상승 시 1.5% 향상).

(3) 절탄기 설치 시 단점

① 통풍저항이 커진다(통풍력이 감소한다).

② 연소가스의 온도 저하로 저온부식이 발생될 우려가 있다.

※ 저온부식을 일으키는 성분 : 황(S)

③ 연도 내의 청소 및 점검이 어려워진다.

④ 설비비가 비싸고 취급에 기술을 요한다.

⑤ 조작범위가 넓어진다.

(4) 절탄기의 분류

① 재질에 따라 : 강철제, 주철제

② 설치방식에 따라 : 집중식, 부속식

㉠ 부속식 : 각 보일러에 부속되어 그 연도 중에 설치하는 형식
㉡ 집중식 : 여러 보일러에 공통인 급수예열기를 설치하여 배기가스를 집중 가열하게 하는 형식

③ 급수의 가열도에 따라 : 비증발식(많이 사용), 증발식
※ 급수예열기 출구의 급수온도는 그 급수의 포화온도 이하인 적당한 온도로 설계한다.

4) 공기예열기(air preheater) 중요

(1) 공기예열기의 역할

배기가스의 여열을 이용하여 연소용 공기를 예열 공급하는 폐열회수장치이다.

(2) 공기예열기 설치 시 이점

① 연료와 공기의 혼합이 양호해진다.
② 적은 과잉공기로 완전 연소가 가능하다(이론공기에 가깝게 연소시킬 수 있다. 2차 공기량을 줄여 완전 연소시킬 수 있다).
③ 연소효율 및 연소실 열부하가 증대되어 노내 온도가 높아진다.
④ 보일러 효율이 향상된다(25℃ 상승 시 1% 향상).

PART 2

(3) 공기예열기 설치 시 단점

① 통풍저항이 커진다(통풍력이 감소한다).
② 연소가스의 온도 저하로 저온부식이 발생될 우려가 있다.
③ 조작범위가 넓어진다.
④ 설비비가 비싸고 취급에 기술을 요한다.
⑤ 연도 내의 청소 및 점검이 어려워진다.

(4) 공기예열기의 종류

① 열원에 따라
㉠ 연소가스식 : 배기가스의 열을 이용한다.
㉡ 증기식 : 독립식과 부속식이 있다.

② 전열방법에 따라
㉠ 전열식(전도식) : 관형, 판형
㉡ 재생식(융그스트롬식 = 축열식) : 고정식, 회전식, 이동식
㉢ 히트파이프식

1.8 송기장치

보일러에서 발생한 증기를 증기 사용처에 공급하는 장치이다.

1) 비수방지관(antipriming pipe) 중요

원통형 보일러의 동 내에 설치하여 증기 속에 혼합된 수분을 분리하여 증기의 건도를 높이는 장치이다.

2) 기수분리기(steam separator) 중요

(1) 설치목적

수관식 보일러의 증기 속에 함유된 수분을 분리하여 증기의 건도를 높이는 장치로, 증기부에 보통 1/150~1/400의 기울기로 설치되어 증기가 흐르는 도중에 생기는 물을 한 곳에 모이게 하는 장치이다.

(2) 기수분리기의 종류 중요

① 사이클론형 : 원심력을 이용한다.
② 배플식 : 방향 전환을 이용한다(관성력).
③ 스크루버형 : 파도형의 다수 강판을 조합한 것이다(장애판, 방해판 이용).
④ 건조스크린형 : 여러 겹의 그물망을 이용한다.

(3) 기수분리기 설치 시 이점

① 배관의 부식 및 수격작용을 방지한다(증기 속에 수분이 혼합되는 것을 방지하므로).
② 열효율을 향상시킨다(증기의 열손실을 방지하므로).

3) 송기 시 발생되는 이상현상

발생순서

프라이밍 및 포밍 → 캐리오버 → 워터해머

(1) 프라이밍(priming, 비수현상) 중요

① 보일러의 급격한 증발현상 등으로 인해 동수면 위로 물방울이 솟아올라 증기 속에 포함되는 현상이다.
② 프라이밍의 발생원인
㉠ 증기압력을 급격히 강하시킨 경우

㉡ 보일러수위에 심한 약동이 있는 경우
㉢ 주증기밸브를 급개할 때(부하의 급변)
㉣ 증기 발생속도가 빠를 때
㉤ 고수위 운전 시(증기부가 작은 경우 = 수부가 클 경우)
㉥ 보일러의 증발능력에 비하여 보일러수의 표면적이 작을수록
㉦ 증기를 갑자기 발생시킨 경우(급격히 연소량이 증대하는 경우)
㉧ 증기의 소비량(수요량)이 급격히 증가한 경우
㉨ 증기 발생이 과다할 때(증기부하가 과대한 경우)

(2) 포밍(forming, 물거품 솟음현상) 중요

① 관수 중에 유지분 불순물(부유물 용존가스) 등이 수면상으로 떠오르면서 수면이 물거품으로 덮이는 현상이다.
※ 포밍 발생에 가장 큰 영향을 주는 물질 : 유지분

② 포밍의 발생원인
㉠ 보일러수가 농축된 경우
㉡ 청관제 사용이 부적당할 경우
㉢ 보일러수 중에 유지분 부유물 및 가스분 등 불순물이 다량 함유되었을 때
㉣ 증기부하가 과대할 때

(3) 프라이밍 및 포밍 발생 시 장해

① 수위판단 곤란
② 계기류의 연락관 막힘
③ 송기되는 증기 불순
④ 증기의 열량 감소(연료비 낭비)
⑤ 증기배관 내 수격작용 발생원인
⑥ 배관 및 장치의 부식원인

(4) 캐리오버(carryover, 기수공발현상) 중요

① 증기 속에 혼입된 물방울 및 불순물 등을 증기배관으로 운반하는 현상(동 밖으로 취출되는 현상)으로 보일러수면이 너무 높을 경우에 발생될 우려가 크다. 액적 또는 거품이 증기에 혼입되는 기계적 캐리오버와 실리카(silica)와 같이 증기 중에 용해된 성분 그대로 운반되어지는 선택적 캐리오버로 분류한다.
※ 기수공발의 발생원인 : 기수공발의 발생원인은 프라이밍의 발생원인과 같다.

② 캐리오버로 인하여 나타날 수 있는 현상
㉠ 수격작용 발생원인
㉡ 증기배관 부식원인

㉢ 증기의 열손실로 인한 열효율 저하

(5) 워터해머링(water hammering, 수격작용) 중요

① 증기관 내에 체류된 응축수가 송기 시에 밀려 배관 내부를 심하게 타격하여 소음 및 진동이 발생되는 현상이다.

② 수격작용의 발생원인

㉠ 주증기밸브를 급개할 경우

㉡ 증기관을 보온하지 않았을 경우

㉢ 증기관의 구배 선정이 잘못된 경우

㉣ 증기트랩 고장 시

㉤ 증기관 내 응축수 체류 시 송기하는 경우 : 증기관 내의 오목부 및 낮은 부분이나 밸브류의 오목부에 응축수(드레인)가 고여 있을 때 증기를 보내는 경우

㉥ 프라이밍 및 캐리오버 발생 시

㉦ 관지름이 작을수록

㉧ 증기관이 냉각되어 있는 경우 송기 시 : 증기관 내에 드레인이 전혀 없더라도 증기관이 냉각되어 있는 경우 송기하면 그 증기가 차가운 관 때문에 냉각되어 급속히 응축하여 드레인화되어서 진공을 만드는 작용과 드레인화의 작용이 얽혀 드레인이 충돌한다.

③ 수격작용의 방지법 중요

㉠ 송기 시에는 응축수 배출 후 배관을 예열한 다음 주증기밸브를 서서히 전개한다.

㉡ 배관을 보온하여 증기 열손실로 인한 응축수의 생성을 방지한다.

㉢ 증기배관의 구배 선정을 잘해 응축수가 고이지 않도록 한다. 또한 증기관은 증기가 흐르는 방향으로 경사가 지도록 한다(증기관 속에 드레인이 고이게 되는 배관방법은 피한다).

㉣ 응축수가 고이기 쉬운 곳에 증기트랩을 설치한다.

㉤ 증기관 말단에 관말트랩을 설치한다.

㉥ 비수방지관, 기수분리기를 설치한다.

㉦ 배관의 관지름을 크게 하고 굴곡부를 작게 한다.

㉧ 증기관의 중간을 낮게 하는 배관방법은 드레인이 고이기 쉬우므로 피한다.

㉨ 대형밸브나 증기헤더에도 충분한 드레인배출장치를 설치한다.

핵심체크

보일러 발생증기의 송기 시 워터해머 발생 방지를 위한 조치

- 증기를 보내기 전에 증기관이나 증기헤더, 과열기 등의 밑에 설치된 드레인(drain)관을 열어 응축수를 완전히 배출시킨다.
- 주증기관 내에 소량의 증기를 보내어 관을 따뜻하게 한다(바이패스밸브가 설치되어 있는 경우에는 먼저 바이패스밸브를 열어 주증기관을 예열한다).
- 관이 따뜻해지면 주증기밸브를 단계적으로 천천히 열어간다. 주증기밸브는 특별한 경우를 제외하고는 완전히 열었다가 다시 조금 되돌려 놓는다.

▶ 요약하면 응축수 배출(드레인) → 예열(난관) → 주증기밸브 천천히 열기 순으로 송기한다.

4) 신축장치(expansion joints) 중요

증기배관의 신축량(열팽창)을 흡수하여 변형 및 파손 방지를 위해 설치하는 장치로 강관은 30m마다, 동관은 20m마다 설치한다.

신축량 계산식

$$\lambda = L\alpha\Delta t[\text{mm}]$$

여기서, λ : 신축량(mm), α : 선팽창계수$\left(\frac{1}{℃}\right)$, L : 관의 길이(mm), Δt : 온도차(℃)

신축장치의 종류

루프형, 슬리브형, 벨로즈형, 스위블형, 볼 조인트

(1) 루프형(loop type, 신축곡관형, 만곡관형, 비형관형)

관을 루프모양으로 구부려 그 구부림을 이용하거나 관 자체의 가요성을 이용하여 배관의 신축을 흡수하는 형식이다.

① 신축허용길이가 가장 길다(가장 많은 신축량을 흡수할 수 있다).
② 가장 고온 및 고압이며 대용량에 적합하다.
③ 곡률반지름은 관지름의 6배 이상으로 한다.
④ 설치장소를 많이 차지하여 옥외배관에 많이 쓰이며 응력 발생의 우려가 있다.
⑤ 내구성이 가장 좋은 신축이음쇠이다.

(2) 슬리브형(sleeve type, 미끄럼형)

슬리브파이프를 이음쇠 본체측과 슬라이드시킴으로써 신축을 흡수하는 형식으로, 배관에 설치되어 관의 온도변화에 따른 축방향 신축을 흡수한다. 형식으로는 단식과 복식이 있으며, 유체의 누설을 글랜드패킹으로 방지하므로 정기적으로 패킹을 교환해야 하는 문제점이 있다.

① 신축흡수율이 크고 신축으로 인한 응력 발생이 적다.
② 배관에 곡선 부분이 있으면 신축이음에 비틀림이 생겨 파손의 원인이 된다.

③ 장기간 사용 시에는 패킹의 마모로 인한 누설이 우려된다.

(3) 벨로즈형(bellows type, 주름통형, 팩리스형, 파형관형)

온도변화에 따른 벨로즈의 변형에 의해 신축을 흡수하는 형식이다.

① 설치장소를 적게 차지하며 자체 응력 발생 및 누설의 우려가 적다.
② 저압 및 저온의 온수난방에서 사용된다(고압배관에 부적합하다).
③ 벨로즈의 주름이 있는 곳에 응축수가 고이면 부식되기 쉽다.

(4) 스위블형(swivel type)

두 개 이상의 엘보의 나사회전을 이용하여 관의 신축량을 조절하는 형식으로 스윙식 또는 지웰식이라고도 한다.

① 증기주관 내 상층부에서 분기할 경우 열팽창에 의한 관의 신축을 흡수하기 위하여 증기주관과 입상분지관에 설치하는 신축이음이다.
② 배관의 신축이음 중 고압에서 누설의 우려가 가장 크다(나사부가 헐거워지므로).
③ 굴곡부에서 압력강하를 가져온다.
④ 신축의 크기는 회전길이에 따라서 정해지며 지관의 길이 30m에 대하여 1.5m 정도로 조립하면 좋다.

(5) 볼 조인트(ball joint)

① 평면상의 변위뿐만 아니라 입체적인 변위까지도 안전하게 흡수하므로 어떠한 형상에 의한 신축에도 배관이 안전하다. 앵커, 가이드, 스톱에도 기존의 다른 신축이음에 비하여 간단히 설치할 수 있으며 면적도 적게 소요된다.
② 볼 조인트를 2개 이상 사용하면 회전과 기울임이 동시에 가능하다. 이 방식은 배관계의 축방향 힘과 굽힘 부분에 작용하는 회전력을 동시에 처리할 수 있으므로 고온수배관 등에 많이 사용된다.

5) 감압밸브(reducing valve, 리듀싱밸브) 중요

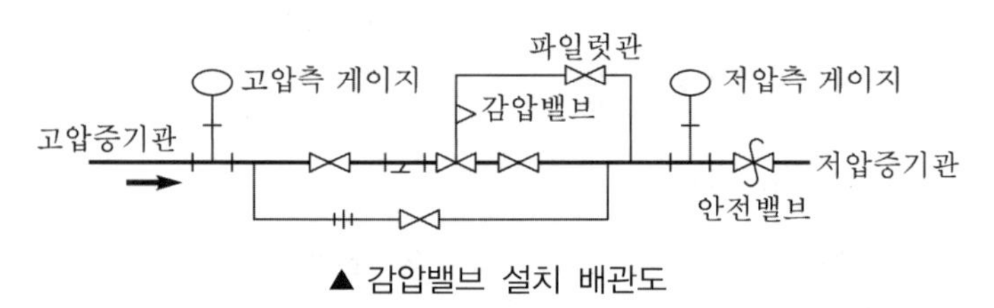

▲ 감압밸브 설치 배관도

(1) 감압밸브의 설치목적

① 고압을 저압으로 바꿔 사용하기 위해
② 고압측의 압력변동에 관계없이 저압측의 압력을 항상 일정하게 유지하기 위해

③ 고·저압을 동시에 사용하기 위해
④ 부하변동에 따른 증기의 소비량을 줄이기 위해

(2) 감압밸브의 종류

① 작동방법에 따라 : 피스톤식, 다이어프램식, 벨로즈식
② 제어방식에 따라
㉠ 자력식 : 파일럿 작동식(널리 사용), 직동식
㉡ 타력식

(3) 감압밸브의 설치방법

① 감압밸브는 가능하면 사용처에 가깝게 설치한다.
② 감압밸브의 전방에는 감압 전의 1차 압력을, 감압밸브의 후방에는 감압 후의 2차 압력을 나타내는 압력계를 설치하고, 운전 개시 시 또는 운전 중의 압력을 조정할 수 있도록 한다.

6) 증기헤더(steam header) 중요

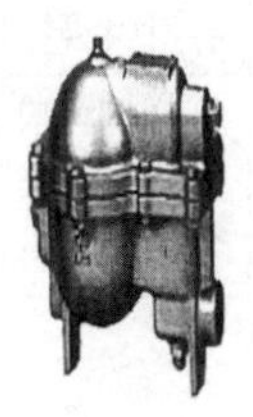

▲ 증기헤더의 종류

(1) 증기헤더의 역할

보일러에서 발생한 증기를 한 곳에 모아 증기의 공급량(사용량)을 조절하여 불필요한 증기의 열손실을 방지하기 위한 증기분배기로, 보일러 주증기관과 부하측 증기관 사이에 설치한다.

(2) 증기헤더의 설치 시 장점

① 증기 발생과 공급의 균형을 맞춰 보일러와 사용처의 안정을 기한다.
② 종기 및 정지가 편리하다.
③ 불필요한 증기의 열손실을 방지한다.
④ 증기의 과부족을 일부 해소한다.

(3) 증기헤더의 크기

헤더가 부착된 최대증기관지름의 2배 이상으로 해야 한다.

7) 증기트랩(steam trap) 중요

(1) 증기트랩의 역할

① 증기사용설비배관 내의 응축수를 자동적으로 배출하여 수격작용을 방지한다.

② 증기트랩은 단지 밸브의 개폐기능만을 가지고 있으며, 응축수의 배출은 증기트랩 앞의 증기압력과 뒤의 배압과의 차이, 즉 차압에 의해 배출된다. 배압이 과도하게 되면 설비 내에 응축수가 정체될 수 있다.

배압허용도

$$\text{배압허용도} = \frac{\text{최대허용배압}}{\text{입구압력}} \times 100\%$$

※ 배압 : 트랩 후단의 배관에 작용하는 압력(작을수록 좋음)

(2) 증기트랩의 종류 중요

구분	열역학적 트랩	기계식 트랩	온도조절식 트랩
내용	응축수와 증기의 열역학적 특성차를 이용하여 분리	응축수와 증기의 비중차를 이용하여 분리	응축수와 증기의 온도차를 이용하여 분리
종류	• 오리피스형 • 디스크형	• 버킷형(상향, 하향) • 플로트형(레버, 프리)	• 바이메탈형 • 벨로즈형 • 다이어프램형

핵심체크

- 열동식 트랩 : 방열기 출구에 설치하는 트랩
- 디스크트랩
  - 과열증기에 사용할 수 있고 수격현상에 강하며 배관이 용이하나 소음 발생, 공기장애, 증기 누설 등의 단점이 있는 트랩
  - 높은 온도의 응축수가 압력이 낮아지면 재증발하여 부피가 증가하는 원리를 이용하여 밸브를 개폐하는 충격식 트랩
- 플로트식 증기트랩 : 일명 다량트랩이라고도 하며 부력을 이용한 트랩
- 버킷트랩 : 증기트랩 중에서 관말트랩으로 적합한 것

(3) 증기트랩의 구비조건 중요

① 마찰저항이 적을 것

② 구조가 간단할 것

③ 응축수를 연속적으로 배출할 수 있을 것

④ 정지 후에도 응축수빼기가 가능할 것

⑤ 공기빼기가 가능할 것

⑥ 내식성, 내마모성, 내구성이 클 것
⑦ 유량 및 유압이 소정범위 내에 변하여도 작동이 확실할 것
⑧ 진동 및 워터해머에 강할 것
⑨ 증기 누출 및 공기장애가 없을 것
⑩ 배압허용도가 높을 것

(4) 증기트랩 설치 시 얻는 이점 중요

① 관 내 유체의 흐름에 대한 마찰저항이 감소된다.
② 응축수로 인한 열설비의 효율이 저하되는 것이 방지된다.
③ 응축수로 인한 관 내 부식이 방지된다.
④ 수격작용이 방지된다.

(5) 증기트랩 설치상의 주의사항 중요

① 트랩 출구관을 길게 할 때는 트랩 구경보다 큰 지름의 배관을 사용한다.
② 트랩 입구의 배관은 보온하지 않는다.
③ 트랩 입구에의 배관을 입상관으로 하지 않는다.
④ 증기트랩의 설치는 증기사용설비마다 각각 1개씩 설치해야 한다.
⑤ 트랩에서의 배출관은 응축수회수주관의 상부에 연결하는 것이 좋다.
⑥ 트랩의 입구관을 끝내림으로 한다.
⑦ 드레인 배출구에서 트랩의 출구관은 굵고 짧게 하여 배압을 적게 한다.
⑧ 트랩 출구관이 입상이 되는 경우 출구관 직후에 체크밸브를 부착한다.
⑨ 트랩 주위에는 고장 수리 및 교환 등을 대비하여 바이패스라인을 설치한다.
⑩ 트랩과 설비의 거리는 짧게 한다.

(6) 드레인 포켓 및 냉각레그 설치 중요

증기주관에서 응축수를 건식환수관에 배출하려면 주관과 동경으로 100mm 이상 내리고 하부로 150mm 이상 연장하여 드레인 포켓을 만들고, 트랩 앞에서 1.5m 이상 떨어진 곳까지는 냉각레그로 배관한다.

① **드레인 포켓** : 사토, 쇠부스러기, 찌꺼기 등이 증기트랩에 유입되는 것을 방지하기 위해 설치한다.
② **냉각레그** : 완전한 응축수를 증기트랩에 보내기 위해 보온을 하지 않는 관이다.

(7) 트랩에서 공기장애(에어 바인딩)를 방지하는 방법

① 트랩 입구의 배관을 가능한 한 짧고 굵게 설치한다.
② 공기가 차 있으면 트랩이 작동하지 않는다.

(8) 증기트랩의 고장원인 중요

뜨거워지는 이유	차가워지는 이유
• 배압이 높을 경우 • 밸브에 이물질 혼입 • 용량 부족 • 벨로즈 마모 및 손상	• 배압이 낮을 경우 • 기계식 트랩 중 압력이 높을 경우 • 여과기가 막힌 경우 • 밸브가 막힌 경우

8) 증기축압기(steam accumulator) 중요

(1) 증기축압기의 역할

보일러 저부하 시 잉여의 증기를 일시 저장하였다가 과부하 또는 응급 시 증기를 방출하는 장치이다.

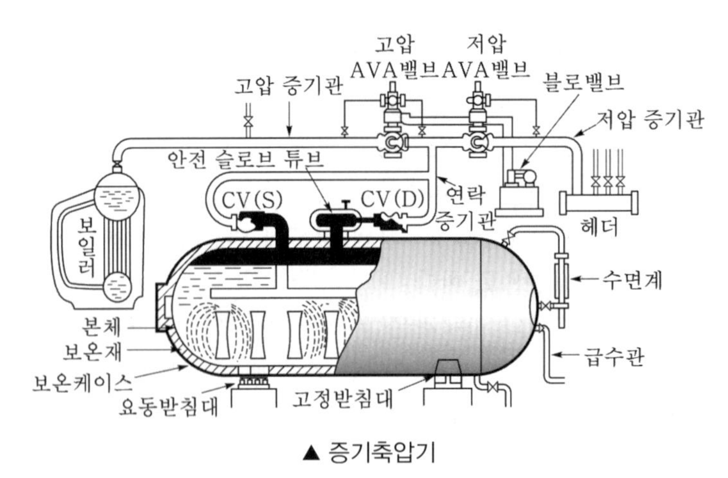

▲ 증기축압기

(2) 증기축압기의 종류

① **정압식** : 급수계통에 연결(보일러 입구 급수측에 설치)

② **변압식** : 송기계통에 연결(보일러 출구 증기측에 설치)

※ 매체 : 변압식, 정압식 모두 물을 이용한다.

(3) 증기축압기의 설치 시 장점

① 부하변동에 따른 압력변화가 적다.

② 연료소비량이 감소한다.

③ 보일러 용량이 부족해도 된다.

1.9 급수관리

1) 수질의 판정기준(측정단위) 중요

(1) ppm(parts per million)

미량의 함유물질의 농도를 표시할 때 사용하는데 1g의 시료 중에 100만분의 1g, 즉 물 1ton 중에 1g, 공기 $1m^3$ 중에 1cc가 1ppm이다(즉 100만분의 1만큼의 오염물질이 포함된 것을 말한다). ppm 단위를 사용하는 예로, 물의 세기를 나타낼 때 미국식으로는 1L 속에 포함되어 있는 칼슘이온과 마그네슘이온의 양을 ppm으로 나타낸다.

참고

ppb(parts per billion)

10억분율을 말하는 것으로 물 1kg 중에 포함되어 있는 물질의 용질 μg수(μg/kg)를 ppb로 표시하며, ppm보다 용질의 농도가 작을 때 사용한다. 또는 1ton 중에 함유된 물질의 mg수(mg/m^3)로 표시할 수 있다.

PART 2

(2) 불순물 제거방법

① 부유물질과 클로라이드입자 제거
② 용해성 물질 제거
③ 세균 제거
④ 생물 제거

(3) 탁도(turbidity, 물의 흐린 정도(혼탁도)) 중요

증류수 1L 중에 카올린($Al_2O_3+2SiO_3+2H_2O$) 1mg이 함유되었을 때를 탁도 1도라 한다. 즉 증류수 1L 가운데 백토 1mg이 섞여 있을 때를 1도라고 한다.

2) 경도 중요

수중에 녹아 있는 칼슘과 마그네슘의 비율을 표시한 것이다.

(1) 칼슘경도(calcium hardness) 중요

① CaO경도(독일경도 : dH) : 물 100cc 중에 산화칼슘(CaO) 혹은 $Ca(OH)_2$의 함유량(mg)으로 나타낸다. 1mg 함유 시 1°dH로 표시한다.
② $CaCO_3$경도(ppm) : 물 1L 중에 탄산칼슘($CaCO_3$)의 함유량(mg)으로 나타낸다. 즉 수중의 칼슘이온과 마그네슘이온의 농도를 $CaCO_3$ 농도로 환산하여 ppm 단위로 표시한다.

(2) 마그네슘경도 중요

① MgO경도(dH) : 물 100cc 중에 산화마그네슘(MgO)의 함유량(mg)으로 나타낸다.
② $MgCO_3$경도(ppm) : 물 1L 중에 탄산마그네슘($MgCO_3$)의 함유량(mg)으로 나타낸다.

(3) MgO과 CaO의 환산관계 중요

MgO 1mg = CaO 1.4mg
※ 분자량 : MgO 40.31, CaO 56.08

(4) 경수와 연수 중요

① 경수(hard water) : 경도성분이 많고(경도 10 초과) 영구경수(황산염으로 존재하는 것은 끓여도 연화하기 어려움)와 일시경수(중탄산염경수로서 가열하면 연수 가능)가 있다.
② 연수(soft water) : 경도성분이 적고(경도 10 이하) 비누가 잘 풀리는 물이다.

(5) pH(수소이온농도) 중요

pH란 산성, 중성, 알칼리성을 판별하는 척도로서 수소이온(H^+)과 수산화이온(OH^-)의 농도에 따라 결정된다.

구분	H^+와 OH^-의 크기	pH
산성	$H^+ > OH^-$	7 이하
중성	$H^+ = OH^-$	7
알칼리성	$H^+ < OH^-$	7 이상

① 상온 25℃에서 물의 이온적(k) $= H^+ \times OH^- = 10^{-14}$
② 중성의 물은 H^+와 OH^-의 값이 같으므로 $H^+ = OH^- = 10^{-7}$
③ $pH = \log\frac{1}{H^+} = -\log H^+ = -\log 10^{-7} = 7$

보일러 급수 및 보일러수의 적정 pH(수소이온농도)

- 보일러 급수 : pH8~9
- 보일러수(동 또는 관수 내) : pH10.5~12 이하

(6) 알칼리도(산의 소비량)

물에 알칼리성 물질이 어느 정도 용해되어 있는지를 알기 위한 것으로 특정 pH에 도달하기까지 필요한 산의 양을 알칼리도라 한다(수중의 수산화물탄산염, 중탄산염 등의 알칼리분을 표시하는 방법으로 산의 소비량을 epm 또는 $CaCO_3$ppm으로 표시한다).

3) 불순물의 장해

(1) 스케일(scale)

① 급수 중의 염류 등이 동 저면이나 수관 내면에 슬러지형태로 침전되어 있거나 고착된 물질이며, 주로 경도성분인 칼슘, 마그네슘, 황산염, 규산염이다. 탄산염은 연질 스케일이나 황산염 및 규산염은 경질 스케일이다. 또한 슬리지성분은 탄산마그네슘, 수산화마그네슘, 인산칼슘이 주축을 이룬다.

② 스케일의 장해

㉠ 전열효율 저하로 보일러 효율 저하

㉡ 연료소비량 증가 및 증기 발생소요시간 증가

㉢ 전열면 부식 및 순환불량

㉣ 배기가스온도 상승 및 전열면의 과열로 보일러 파열사고 발생

(2) 부식(corrosion) 중요

① **일반부식** : pH가 낮은 경우, 즉 H^+ 농도가 높은 경우 철의 표면을 덮고 있던 수산화 제1철($Fe(OH)_2$)이 중화되면서 부식이 진행될 뿐만 아니라 용존가스(O_2, CO_2)와 반응하여 물 또는 중탄산철($Fe(HCO_3)_2$)이 되어 부식을 일으킨다.

$$Fe + 2H_2CO_3 \rightarrow Fe(HCO_3)_2 + H_2$$

② **점식(pitting)** : 강 표면의 산화철이 파괴되면서 강이 양극, 산화철이 음극이 되면서 전기화학적으로 부식을 일으킨다. 점식을 방지하려면 용존산소 제거, 아연판 매달기, 방청도장, 보호피막, 약한 전류통전을 실시한다.

③ **가성취화** : 수중의 알칼리성용액인 수산화나트륨(NaOH)에 의하여 응력이 큰 금속 표면에서 생기는 미세균열을 말한다.

가성취화현상이 집중되는 곳

- 리벳 등의 응력이 집중되어 있는 곳
- 겹침이음 부분
- 주로 인장응력을 받는 부분
- 곡률반경이 작은 노통의 플랜지 부분

CHAPTER 02 연소장치, 통풍장치, 집진장치

2.1 액체연료의 연소방식과 연소장치

1) 액체연료의 연소방식 중요

① 기화연소방식
② 무화(분무)연소방식
③ 액체연료의 무화방식

무화의 목적

- 연료의 단위질량당 표면적을 크게 한다(연료와 공기의 접촉면적을 많게 한다).
- 공기와의 혼합을 좋게 한다(완전 연소가 가능하다).
- 연소효율 및 연소실 열부하를 높게 한다.

2) 액체연료의 연소장치

보일러의 버너용량

$$Q = \frac{2{,}256D}{H_L S\eta}\text{[L/h]}$$

여기서, D : 보일러의 상당증발량(kg/h), H_L : 연료의 저위발열량(kJ/kg), S : 연료의 비중(kg/L)
η : 보일러 효율

유량조절범위가 큰 순서

고압기류식 > 저압기류식 > 회전분무식 > 압력분무식

분무각도가 큰 순서

압력분무식 > 회전분무식 > 저압기류식 > 고압기류식

- 버너의 구조가 간단하고 자동화에 적용이 용이한 버너는 회전분무식 버너이다.
- 유압이 가장 작은 버너는 회전분무식 버너이다.

(1) 서비스탱크(service tank)

중유저장탱크 이상 시 원활한 운전을 하기 위해 중유탱크에서 보일러에 필요한 기름을 받아 저장하는 탱크로 보조탱크에 해당된다.

① 서비스탱크의 가열온도

㉠ 40~60℃ 정도로 예열한다(이유 : 기름의 이송을 좋게 하기 위해).

㉡ 가열온도가 너무 높으면 에너지 낭비가 크고, 국부과열이 일어나 슬러지를 발생하기도 하며, 기름 속의 수분이 증발하여 연료펌프의 흡입작용을 저해하는 경우가 있다.

② 서비스탱크의 설치위치 : 자연낙차를 최대한 이용하기 위해서 버너 하단부에서 1.5m 이상 높이로 설치하며, 화기에 대한 위험을 방지하기 위하여 보일러에서 2m 이상 떨어진 거리에 설치한다.

③ 플로트스위치(자동유면조절장치)의 역할 : 서비스탱크 내 기름의 양을 일정하게 유지하여 이상감유 및 넘침 등을 방지하기 위해 설치하는 장치이다. 오버플로관(overflow tube)은 송유관 단면적의 2배 이상으로 한다.

(2) 오일여과기(oil strainer)

연료 중에 포함된 불순물 및 이물질을 분리하여 기름을 양호하게 하기 위해서 사용된다. 중유에 사용되는 망의 눈금크기는 버너의 종류에 따라 다소 차이가 있으나 일반적으로 다음의 것이 채용되고 있다.

▶ **연료펌프 여과망의 눈금크기**

구분	흡입측	토출측
중유용	20~60mesh	60~120mesh
경유 및 등유용	80~120mesh	100~250mesh

※ 토출 쪽의 여과망이 흡입 쪽보다 촘촘한 것이 사용된다.

(3) 오일프리히터(oil pre heater, 기름예열기) 중요

■ 오일프리히터의 용량

$$Q = \frac{m_f C \Delta t}{3,600\eta} \text{[kg/h]}$$

여기서, m_f : 연료사용량(=체적유량(L/h)×비중(kg/L))(kg/h), C : 연료의 비열(kJ/kg·K)

Δt : 히터의 입출구온도차(℃), η : 히터의 효율(%)

가열온도가 너무 높은 경우 미치는 영향(점도가 너무 낮다)

- 탄화물의 생성원인이 된다(버너화구에 탄화물이 축적된다).
- 관 내에서 기름이 분해를 일으킨다(연료소비량이 증대, 맥동연소의 원인, 역화의 원인).
- 분무(분사)각도가 흐트러진다.
- 분무상태가 불균일해진다.

가열온도가 너무 낮을 경우 미치는 영향(점도가 너무 높다)

- 화염의 편류현상이 발생한다(불길이 한쪽으로 치우친다).
- 카본 생성원인이 된다.
- 무화가 불량해진다.
- 그을음 및 분진 등이 발생한다.

2.2 기체연료의 연소방식과 연소장치

(1) 운전방식별 가스버너의 분류

자동 및 반자동버너

(2) 연소용 공기의 공급 및 혼합방식에 따른 가스버너의 분류 중요

① 유도혼합식 : 적화식, 분젠식(세미분젠식, 분젠식, 전1차 공기식)
② 강제혼합식 : 내부혼합식, 외부혼합식, 부분혼합식

버너형식			1차 공기량(%)	버너종류
유도혼합식	적화식		0	파이프(pipe)버너, 어미식 버너, 충염버너
	분젠식	세미분젠식	40	분젠식과 적화식의 중간
		분젠식	50~60	링(ring)버너, 슬리트(slit)버너
		전1차 공기식	100	적외선버너, 중압분젠버너
강제혼합식	내부혼합식		90~120	고압버너, 표면연소버너, 리본(ribbon)버너
	외부혼합식		0	고속버너, 라디언트 튜브(radiant tube)버너, 액중 연소버너, 휘염버너, 혼소버너, 산업용 보일러 버너
	부분혼합식		–	내·외부혼합식 혼용

2.3 보염장치(착화와 화염안전장치)

1) 정의

① 연료와 공기의 혼합을 좋게 하고 연소를 촉진시키기 위해 사용되는 장치이다.

② 설치목적

㉠ 연소용 공기의 흐름을 조절하여 준다.

㉡ 확실한 착화가 되도록 한다.

㉢ 화염의 안정을 도모한다.

㉣ 화염의 형상을 조정한다.

㉤ 연료의 공기의 혼합을 좋게 한다.

㉥ 국부과열을 방지하고 화염의 편류현상을 막아준다.

2) 보염장치의 종류 중요

버너타일(burner tile), 보염기(스태빌라이저), 윈드박스(wind box, 바람상자), 콤버스터

2.4 통풍장치

1) 정의

① **통풍** : 연소에 필요한 공기 및 연소가스가 연속적으로 흐르는 흐름을 말한다.

② **통풍력** : 연소에 필요한 공기 및 연소가스가 연속적으로 흐르는 흐름의 세기를 말한다.

▶ **통풍방식의 분류** 중요

분류		내용
자연통풍방식		배기가스와 외기의 온도차(비중차, 비질량차(밀도차))에 의해 이루어지는 통풍방식으로, 굴뚝의 높이와 연소가스의 온도에 따라 일정한 한도를 갖는다.
강제통풍방식 중요	압입통풍방식	연소실 입구측에 송풍기를 설치하여 연소실 내로 공기를 강제적으로 밀어 넣는 방식이다.
	흡입통풍방식	연도 내에 배풍기를 설치하여 연소가스를 송풍기로 흡입하여 빨아내는 방식이다.
	평형통풍방식	압입통풍방식과 흡입통풍방식을 병행하는 통풍방식이다. 즉 연소실 입구에 송풍기를, 굴뚝에 배풍기를 각각 설치한 형태이다.

※ 강제통풍방식 중 풍압 및 유속이 큰 순서 : 평형통풍 > 흡입통풍 > 압입통풍

2) 자연통풍방식 중요

① 배기가스와 외기의 온도차(비중차, 밀도차)에 의해 이루어지는 통풍방식이다.
② 연돌(굴뚝)에 의해 이루어지는 통풍방식이다.
③ 가스의 유속은 3~5m/s 정도이다.
④ 통풍저항이 작은 소규모 보일러에 사용된다.
⑤ 시설비가 적고 동력소비가 없다.
⑥ 노내압이 부압(-)이 되어 외기 침입의 우려가 있다.
⑦ 외기의 온도 및 습도 등의 영향을 많이 받는다.
⑧ 강한 통풍력을 얻기 힘들고 통풍력 조절이 어렵다.

3) 강제통풍방식(송풍기를 이용한 통풍방식) 중요

(1) 압입통풍방식(흡입통풍방식과 비교)

① 송풍기의 고장이 적고 점검 및 보수가 용이하다.
② 가스의 유속은 8m/s 정도까지 취할 수 있다.
③ 연소실 내 압력이 정압(+)이 되어 완전 연소가 용이하다.
④ 송풍기의 동력소비가 적다(흡입에 비해).
⑤ 연소용 공기를 예열하여 사용이 가능하다.

(2) 흡입통풍방식

① 송풍기가 고온의 연소가스와 직접 접촉하므로 마모의 우려가 있다.
② 가스의 유속은 10m/s 정도까지 취할 수 있다.
③ 노내압이 부압(-)이 되어 냉기의 침입 우려가 있어 연소상태가 나빠진다.
④ 예열공기 사용이 불가능하다.

(3) 평형통풍방식

① 동력소비 및 설비비가 많이 든다.
② 가스의 유속은 10m/s 이상이다.
③ 강한 통풍력을 얻을 수 있으며 노내압 및 통풍력 조절이 가능하다(통풍저항이 큰 대형 보일러나 고성능 보일러에 널리 사용되고 있다).
→ 노내압을 정·부압으로 조절이 가능하다.

▶ **통풍력의 영향** 중요

통풍력이 너무 크면	통풍력이 너무 작으면
• 보일러의 증기 발생이 빨라진다. • 보일러 열효율이 낮아진다. • 연소율이 증가한다. • 연소실 열부하가 커진다. • 연료소비가 증가한다. • 배기가스온도가 높아진다.	• 배기가스온도가 낮아져 저온부식의 원인이 된다. • 보일러 열효율이 낮아진다. • 통풍이 불량해진다. • 연소율이 낮아진다. • 연소실 열부하가 작아진다. • 역화의 위험이 커진다. • 완전 연소가 어렵다.

이론통풍력(Z) 중요

$$Z = 273H\left(\frac{\gamma_a}{t_a+273} - \frac{\gamma_g}{t_g+273}\right) = 355H\left(\frac{1}{T_a} - \frac{1}{T_g}\right)\ [\mathrm{mmH_2O}]$$

여기서, H : 연돌의 높이(m), γ_a : 외기의 비중량(N/m^3), t_a : 외기온도(℃)
γ_g : 배기가스의 비중량(N/m^3), t_g : 배기가스온도(℃), T_a : 외기의 절대온도(K)
T_g : 배기가스의 절대온도(K)

4) 송풍기의 소요동력(kW) 계산식 중요

$$소요동력(kW) = \frac{P_t Q}{\eta_t}$$

$$\therefore\ 송풍량(Q) = \frac{kW \cdot \eta_t}{P_t}\ [\mathrm{m^3/s}]$$

여기서, P_t : 전압력(kPa), Q : 송풍량(m^3/s), η_t : 전압효율
※ 1kW=1.36PS≒1.34HP

5) 송풍기의 비례법칙(성능변화, 상사법칙) 중요

① 송풍량 : $Q_2 = Q_1\left(\frac{N_2}{N_1}\right)\left(\frac{D_2}{D_1}\right)^3\ [\mathrm{m^3/min}]$

② 전압 : $P_2 = P_1\left(\frac{N_2}{N_1}\right)^2\left(\frac{D_2}{D_1}\right)^2\ [\mathrm{mmH_2O}]$

③ 축동력 : $L_2 = L_1\left(\frac{N_2}{N_1}\right)^3\left(\frac{D_2}{D_1}\right)^5\ [\mathrm{kW}]$

④ 효율 : $\eta_1 = \eta_2\ [\%]$

여기서, D : 날개의 지름(mm), N : 회전수(rpm)

2.5 댐퍼(damper)

1) 공기댐퍼(회전식 댐퍼) 중요

① 1차 공기댐퍼 : 연료의 무화에 필요한 공기를 조절하는 댐퍼이다(버너 입구에 설치).
② 2차 공기댐퍼 : 연료의 완전 연소에 필요한 공기를 조절하는 댐퍼이다(송풍기 덕트에 설치).

2) 연도댐퍼(연도 내에 설치)

(1) 작동방법에 의한 분류

① 승강식 : 중・대형 보일러에 사용한다.
② 회전식 : 소형 보일러에 사용한다.

(2) 형상에 의한 분류 중요

① 스플릿(split) : 분기 시에 사용한다.
② 다익형 : 대형 덕트에 사용한다.
③ 버터플라이 : 소형 덕트에 사용한다.

2.6 매연

1) 정의

연료가 연소 이후 발생되는 유해성분으로는 유황산화물, 질소산화물, 일산화탄소, 그을음 및 분진(검댕 및 먼지) 등이 있다.

2) 매연농도계의 종류 중요

① 링겔만 농도표 : 매연농도의 규격표(0~5도)와 배기가스를 비교하여 측정하는 방법이다.
② 매연포집질량제 : 연소가스의 일부를 뽑아내어 석면이나 암면의 광물질 섬유 등의 여과지에 포집시켜 여과지의 질량을 전기출력으로 변환하여 측정하는 방법이다.
③ 광전관식 매연농도계 : 연소가스에 복사광선을 통과시켜 광선의 투과율을 산정하여 측정하는 방법이다.
④ 바카라치(Bacharach) 스모그테스터 : 일정 면적의 표준 거름종이에 일정량의 연소가스를 통과시켜서 거름종이 표면에 부착된 부유 탄소입자들의 색농도를 표준번호가 있는 색농도와 육안 비교하여 매연농도번호(smoke No)로서 표시하는 방법이다.

3) 링겔만 농도표

(1) 매연농도의 규격표

가로, 세로 10cm의 격자모양의 흑선으로 0도에서 5도까지 6종이 있다. 1도 증가에 따라 매연농도는 20% 증가하며, 번호가 클수록 농도표는 검은 부분이 많이 차지하게 되어 매연이 많이 발생됨을 의미한다.

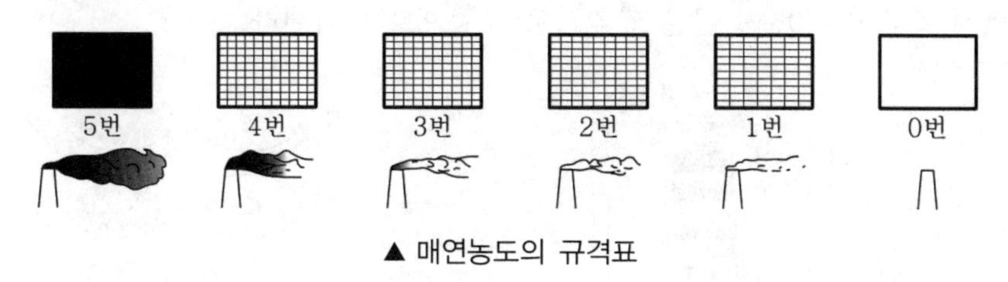

▲ 매연농도의 규격표

(2) 측정방법 중요

① 연기의 농도 측정거리 : 연돌 상부에서 30~45cm
② 관측자와 링겔만 농도표와의 거리 : 16m
③ 관측자와 연돌과의 거리 : 30~39m 떨어진 거리

(3) 측정방법(관측요령)

① 개인차가 있으므로 여러 사람이 여러 번 측정한다.
② 주위 배경은 밝은 위치에서 관측한다.
③ 매연농도 측정 시 태양을 정면으로 받지 않는다.

(4) 보일러 운전 중 연기색

① 흑색 또는 암흑색
㉠ 공기의 공급이 부족한 상태이다.
㉡ 화염의 색은 암적색, 온도는 600~700℃ 정도이다.
② 백색 또는 무색
㉠ 공기가 과잉공급된 상태이다.
㉡ 화염의 색은 회백색, 온도는 1,500℃ 정도이다.
③ 엷은 회색
㉠ 공기의 공급량이 알맞다.
㉡ 화염의 색은 오렌지색, 온도는 1,000℃ 정도이다.

(5) 보일러 운전 중의 매연농도 한계치 중요

링겔만 농도표는 보일러 운전 중 매연농도가 2도 이하(매연농도 40%)로 유지되게 해야 한다.

4) 바카라치(Bacharach) 매연농도 측정

(1) 측정기구

수동식은 채집관, 거름종이 삽입부, 거름종이 고정부, 펌프, 핸들 등으로 구성되어 있다.

(2) 표준 매연 스케일

백색에서 흑색까지(0~9) 같은 간격으로 10종으로 나타낸다.

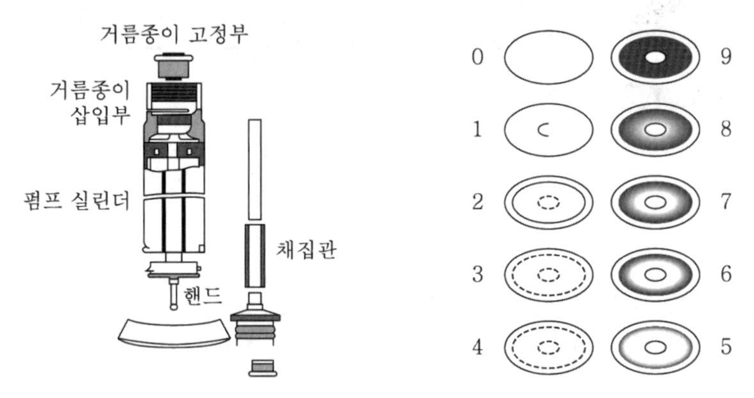

▲ 매연농도 채집기구와 표준 매연 스케일

(3) 측정방법

거름종이 등에서 결로를 방지하기 위해 채집기구를 실온 이상으로 따뜻하게 한 후 거름종이를 끼우고 거름종이 고정나사를 조인 후 다음의 순서로 측정한다.

① 채집관의 앞 끝을 시험로 출구로부터 300mm 미만의 연도로 삽입한다.
② 가스흐름방향에 대해서 직각으로 하여 되도록 연도의 중심에 넣는다.
③ 채집기구가 수동식일 때는 펌프의 조작을 10회로 2~3초 간격으로 시행한다.
④ 채집 후 거름종이를 주의해서 뽑아내어 백지 위에 놓고 채집된 부착물의 색농도를 각 표준 스케일과 지름 6mm의 구멍을 통해 육안이나 광도계를 사용하여 비교하여 가장 가까운 매연농도번호를 기록한다. 단, 2개의 번호 사이로 판명이 될 때는 2.5, 4.5 등으로 0.5단위로 기입한다. 그러나 9번 이상으로 색이 짙을 경우는 No.9 이상으로 기록한다.

5) 매연 발생의 원인 중요

① 보일러의 구조나 연소장치에 맞지 않는 연료를 사용하는 경우
② 연료와 공기의 혼합이 잘 되지 않는 경우
㉠ 중유의 분무구와 공기분출구와의 위치관계 불량
㉡ 버너의 중유분사각도나 공기분사각도의 편심
㉢ 공급공기압력의 저하나 공기공급량의 부족

③ 연소용 공기가 부족한 경우(실제 공기량이 이론공기량보다 적은 경우)
   ㉠ 공기공급용 통풍덕트나 댐퍼의 변형 및 고장
   ㉡ 보일러 연도의 결함이나 파손으로 인한 공기의 누출
   ㉢ 공기공급량의 조절 불량
   ㉣ 통풍기의 성능 저하
④ 연소장치가 불안전하거나 고장인 경우
⑤ 취급자의 지식과 기술이 미숙한 경우
⑥ 연소실의 용적이 작을 경우
⑦ 무화 불량(분무입자가 큼)
⑧ 통풍력의 부족 및 과다
⑨ 연소실 온도가 낮을 때(연소실이 과냉각된 경우)
⑩ 연료의 질이 좋지 않을 때(수분에 함유된 유류가 유입되는 경우)

2.7 폐가스의 오염 방지

대기환경 규제대상물질

유황산화물, 질소산화물, 일산화탄소, 그을음, 분진(검댕, 먼지)

1) 질소산화물(NO_x) 중요

일산화질소(NO), 이산화질소(NO_2) 등이 있다.

(1) 발생원인

연소 시 공기 중의 질소와 산소가 반응하여 생성되는데 연소온도가 높고 과잉공기량이 많으면 발생량이 증가한다.

(2) 유해점

자극성 취기가 있고 호흡기, 뇌, 심장기능장애를 일으키며 광학적 스모그(smog)를 발생시킨다.

(3) 방지대책(질소산화물(NO_x)의 함량을 줄이는 방법)

① 연소가스 중의 질소산화물을 제거한다(습식법, 건식법).
② 연소온도를 낮게 한다(혼합기 연소형태로 해서 단시간 내 연소시키고 신속히 연소가스 온도를 저하시킨다).

③ 질소함량이 적은 연료를 사용한다.
④ 연소가스가 고온으로 유지되는 시간을 짧게 한다(약간의 과잉공기와 연료를 급속히 혼합하여 연소시킨다).
⑤ 연소가스 중의 산소농도를 낮게 한다.
㉠ 배기순환연소 : 연소용 공기에 배기가스 혼합
㉡ 2단 연소 : 약간 공기 부족상태로 연소시키고 공기를 가하여 2차 연소
㉢ 될수록 적은 과잉공기로 연소

2) 황산화물(SO_x) 중요

아황산가스(SO_2), 무수황산(SO_3)을 총괄하여 일컫는 말이다.

(1) 발생원인과 유해점

연료 중의 황분이 산화하여 생성되며, 보일러 등을 부식시키는 것 외에도 대기오염이 발생되고, 인체에 유해하다.

(2) 방지대책

① 연소가스 중의 아황산가스를 제거한다(습식법, 건식법).
② 굴뚝을 높게 하여 대기 중으로 확산이 용이하게 한다.
③ 황분이 적은 연료를 사용한다(액체연료는 정유과정에서 접촉수소화 탈황법(직접탈황법, 간접탈황법, 중간탈황법)으로 탈황한다).

3) 일산화탄소(CO) 중요

(1) 발생원인과 유해점

탄소의 불완전 연소에 의하여 생성되며, 인체에 흡입되면 혈액 속의 헤모글로빈과 결합하여 산소의 운반을 방해하여 산소결핍을 초래한다.

(2) 방지대책

① 연소실의 용적을 크게 하여 반응에 충분한 체류시간을 주어 완전 연소시킨다.
② 연소가스 중의 일산화탄소를 제거한다(연소법, 세정법).
③ 충분한 양의 공기를 공급하여 완전 연소시킨다.
④ 연소실의 온도를 적당히 높여 완전 연소시킨다.

4) 매진(그을음 = 검댕) 중요

(1) 발생원인과 유해점

매진은 배기가스 중에 함유된 분진으로, 그 주성분은 비산회와 그을음이다. 비산회는 연료

중의 회분이 미분되어 배기가스 중에 함유되고, 그을음은 불완전 연소결과 생성되는 미연소 탄소(유리탄소)의 덩어리이다.

(2) 방지대책

① 완전 연소시켜 그을음 발생을 억제시킨다.
② 회분이 적은 연료를 사용한다.
③ 연소가스 중의 매진(분진)을 제거한다(건식 집진장치, 습식 집진장치, 전기식 집진장치).

2.8 집진장치

1) 집진장치의 역할

배기가스 중의 분진 및 매연 등의 유해물질을 제거하여 대기오염을 방지하기 위해 연도 등에 설치하는 장치이다.

▶ 집진장치의 종류 중요

건식 집진장치	습식(세정식) 집진장치	전기식 집진장치
• 중력식 집진기 • 관성력식 집진기 • 원심력식(사이클론식) 집진기 • 여과식(백필터) 집진기 • 음파 집진장치	• 유수식 집진기 • 가압수식 집진기 • 회전식 집진기	• 코트렐 집진기(건식, 습식)

2) 각 집진기의 집진원리 및 특성

(1) 여과식 집진기

함진가스를 목면, 양모, 유리섬유, 테프론, 비닐, 나일론 등의 여과재(filter)에 통과시켜 분진입자를 분리·포착시키는 집진장치로서, 내면여과방식과 표면여과방식으로 구분한다.

① 100℃ 이상의 고온가스, 습가스, 부착성 가스에는 백(bag)의 마모가 쉬워 부적합하다.
② 집진효율은 좋으나 보수유지비용이 많이 든다.
③ 압력손실은 100~200mmAq로 비교적 크기 때문에 운전비가 많이 든다.
④ 외형상의 여과속도가 느릴수록 미세한 입자를 포집할 수 있다.

여과속도(V)

$$V = \frac{Q}{A} [\text{m/s}]$$

여기서, Q : 처리가스량(m^3/s), A : 유효여과재의 총면적(m^2)

(2) 세정식 집진기

함진가스를 세정액 또는 액막 등에 충돌시키거나 충분히 접촉시켜 액에 의해 포집하는 습식 집진장치이다.

세정장치의 입자포집원리

- 분진입자를 핵으로 한 증기의 응결에 따라 응집성을 촉진시킨다.
- 액막, 기포에 입자가 접촉하여 부착된다.
- 액방울, 액막 등에 입자가 충돌하여 부착된다.
- 분진의 미립자(dust)가 확산하여 입자가 서로 응집된다.
- 배기가스의 습도 증가로 입자의 응집성이 증대되고, 그 응집성의 증대로 분진입자가 부착된다.

※ 세정집진장치는 충돌 → 확산 → 증습 → 응집 → 누설 등의 순서로 작동된다.

2.9 연소배기가스의 분석목적

연소가스는 이산화탄소, 질소, 산소, 수증기 등이 주성분이고, 이외에 일산화탄소, 질소, 산화물, 이산화유황, 미연소 탄화수소 등이 있다. 연소배기가스의 분석은 주로 공기비의 추정에서 연소가스량의 파악, 열계정에 있어서의 배출가스손실의 산정과 유관한 목적으로 행해지며, 화학적 분석과 물리적 분석으로 대별할 수가 있다.

연소배기가스를 분석하는 직접적인 목적은 공기비를 계산하여 최적의 연소효율을 도모하기 위함이다.

연소배기가스의 분석목적

- 연소가스의 조정 파악
- 공기비 파악
- 연소상태 파악

가스분석계의 종류

- 화학적 가스분석계
  - 용액흡수제를 이용하는 것
  - 고체흡수제를 이용하는 것
- 물리적 가스분석계
  - 가스의 반응성을 이용하는 것
  - 가스의 열전도율을 이용하는 것
  - 빛(광)의 간섭을 이용하는 것
  - 가스의 자기적 성질을 이용하는 것
  - 적외선의 흡수를 이용하는 것
  - 가스의 밀도 및 점도를 이용하는 것
  - 흡수용액의 전기전도도를 이용하는 것

1) 화학적 가스분석계(장치) 중요

물리적 분석법에 비해 신뢰성, 신속성이 뒤진다.

(1) 햄펠식 가스분석장치

각 시료가스를 규정의 흡수액에 차례로 흡수, 분리시켜 흡수 전후의 체적변화(감소)량으로 각 성분의 조성을 구하는 방식이다.

(2) 오르자트 가스분석장치

원리는 햄펠식과 같으며, 시료가스는 피펫 내의 흡수제에 흡수시켜 흡수 전후의 체적변화를 이용한다. 연소가스의 주성분인 이산화탄소, 산소, 일산화탄소의 분석에 사용된다.

(3) 자동화학식 CO_2계

CO_2를 흡수액에 흡수시켜 이에 따른 시료가스의 체적 감소를 측정하여 CO_2의 농도를 측정한다. 오르자트와 측정원리가 같고 자동화되어 있으며 선택성이 좋다.

(4) 연소식 O_2계

일정량의 시료가스에 H_2 등의 가연성 가스를 혼합하여 촉매를 넣고 연소시키면 반응열에 의해 온도 상승이 생기는데, 이 반응열이 측정가스의 O_2 농도에 비례한다는 것을 이용한다.

(5) 미연소 가스계(H_2+CO계)

시료 중 미연소 가스에 O_2를 공급하고 백금(Pt)을 촉매로 연소시켜서 온도 상승에 의한 휘트스톤브리지(Wheatstone bridge) 회로의 측정 셀(cell) 저항선의 저항변화로부터 H_2와 CO를 측정한다. 산소를 별도로 준비하여야 하며, 측정실과 비교실의 온도는 동일하게 유지한다.

화학적 가스분석계의 측정방법에 따른 분류

- 체적변화(감소량)에 의해 측정 : 햄펠식, 오르자트식, 자동화학식 CO_2계
- 연소열법에 의해 측정 : 연소식 O_2계, 미연소 가스계(H_2+CO계)

2) 물리적 가스분석계(장치) 중요

가스상태로 그대로 분석하는 방법은 열전도율, 자성, 연소열, 점성, 적외선 또는 자외선의 흡수, 화학발광량, 이온전류 등의 물리적 성질을 계측하여 측정대상 가스성분의 물리적 성질이 변화하는 것을 이용하고 있다.

(1) 열전도율형 CO_2계(열전도율을 이용한 방법)

탄산가스의 열전도율(0.349)이 공기(0.556)보다 매우 적다는 것을 이용한다.

① 열전도율이 큰 수소(3.965)가 혼입되면 측정오차의 영향이 크다.

② 수소의 영향을 가장 많이 받는 가스분석계이다.

(2) 밀도식 CO_2계(가스의 밀도(비중)차를 이용하는 방법)

CO_2의 밀도(1.977)가 공기의 밀도(1.293)보다 크다는 것을 이용한다.

※ 측정가스와 공기의 온도와 압력이 같으면 오차가 생기지 않는다.

(3) 자기식 O_2계(가스의 자성을 이용하는 방법)

산소가 다른 가스에 비하여 강한 상자성체에 있어서 자장에 대해 흡입되는 성질을 이용한 것과 흡입력을 자기풍이나 계면압력을 이용한 것이 있다.

※ 산소의 자화율은 절대온도에 반비례하고, 자기풍의 속도는 측정가스 중의 O_2 농도에 비례한다.

(4) 적외선 가스분석계

① 단원자나 2원자 분자를 제외한 대부분의 가스가 적외선에 대하여 각각 고유한 스펙트럼을 가지는데, 이와 같이 고유한 파장의 흡수에너지만큼 측정장치의 실내에 차이가 생겨 압력차로부터 금속박판의 변위, 전기용량의 변화로 가스의 농도를 지시한다.

② 특징

㉠ 측정가스의 더스트(dust)나 습기의 방지에 주의가 필요하다.

㉡ 선택성이 뛰어나다.

㉢ 대상범위가 넓고 저농도의 분석에 적합하다.

③ 적외선 가스분석계에서 분석할 수 없는 가스

㉠ 단원자 분자(불활성기체) : He, Ne, Ar, Xe, Kr, Rn

㉡ 2원자 분자 : O_2, H_2, N_2, Cl_2

(5) 세라믹 O_2계(고체의 전해질의 전지반응을 이용하는 방법)

지르코니아(ZrO_2)를 주원료로 한 세라믹은 온도를 높여주면 산소이온만 통과시키는 성질이 있다. 이를 이용하여 세라믹파이프 내외에 산소농담전지를 형성함으로써 기전력을 측정하여 O_2 농도를 측정한다.

① 측정가스 유량, 설치장소 주위의 온도변화의 영향이 적다.

② 측정부의 온도 유지를 위해 온도조절용 전기로가 필요하다.

③ 응답이 신속하다(5~30초).

④ 연속측정이 가능하며 측정범위가 넓다(수ppm~수%).

⑤ 측정가스 중에 가연성 가스가 있으면 사용할 수 없다.

(6) 가스 크로마토그래피법 중요

흡착제(활성탄, 실리카겔, 활성알루미나 등)를 충전관(칼럼)에 시료를 보내면 흡착제에 각 성분은 일정한 속도로 이동하면서 분리되어 다른 한 끝의 관으로 나오는 시료를 열전도율을 이용하여 측정하는 분석계이다.

(7) 도전율식 가스분석계(흡수제의 도전율의 차를 이용하는 방법)

분석하고자 하는 가스를 흡수용액에 흡수시켜 전극으로 그 용액에서의 도전율의 변화를 측정하여 SO_2, CO_2, NH_3 등의 가스농도를 측정한다.

① 대기오염관리에 사용된다.
② 연속측정 시 가스와 용액의 유량 및 측정부의 온도유지가 필요하다.
③ 저농도의 가스분석에 적합하다.

(8) 갈바니전지식 O_2계(액체의 전해질의 전지반응을 이용하는 방법)

두 종류의 금속봉 전극을 꽂은 수산화칼륨(KOH) 용액의 전지에 시료가스를 통과시켜 주면 전해용액에 산소의 일부가 용해되어 전극 사이에 화학반응을 일으켜 흐르는 현상을 이용한다.

2.10 보일러 연료로 인해 발생한 연소실 부착물 중요

① 클링커(klinker) : 재가 용융되어 덩어리로 된 것
② 버드 네스트(bird nest) : 스토커 연소나 미분탄 연소에 있어서 석탄재의 용융이 낮은 경우 또는 화로 출구의 연소가스 온도가 높은 경우에는 재가 용융상태 그대로 과열기나 재열기 등의 전열면에 부착, 성장하여 흡사 새의 둥지처럼 된 것
③ 신더(cinder) : 석탄 등이 타고 남은 재
※ 스케일(scale)은 보일러 연료로 인해 발생한 연소실 부착물이 아님을 주의한다.

연소 계산 및 열정산

3.1 연소 계산

1) 개요

(1) 연소의 3대 조건

① 가연성분 : 탄소(C), 수소(H), 황(S)
② 산소공급원
③ 점화원(불씨)

(2) 공기의 조성

구분	산소(O_2)	질소(N_2)
질량비(1kg 기준)	23.2%	76.8%
체적비(1Nm^3 기준)	21%	79%

2) 고체 및 액체연료의 연소반응식

(1) 탄소(C)의 완전 연소반응식

	C	+	O_2	=	CO_2	+ 406879.2kJ/kmol
① 분자량	12		32		44	
② 몰수	1		1		1	
③ Nm^3	22.4		22.4		22.4	
④ 탄소 1kg당 발열량	1		2.67		3.67	33906.6kJ/kg

(2) 수소(H_2)의 완전 연소반응식

	H_2	+	$\frac{1}{2}O_2$	=	H_2O(물)	+	286322.4kJ/kmol
① 분자량	2		16		18		
② 몰수	1		0.5		1		
③ Nm^3	22.4		11.2		22.4		
④ 수소 1kg당 발열량	1		8		9		143161.2kJ/kg

(3) 황(S)의 완전 연소반응식

	S	+	O_2	=	SO_2	+	334,880kJ/kmol
① 분자량	32		32		64		
② 몰수	1		1		1		
③ Nm^3	22.4		22.4		22.4		
④ 황 1kg당 발열량	1		1		2		10,465kJ/kg

3) 기체연료의 연소반응식

기체연료의 경우 고체 및 액체연료와는 달리 분자량에 대한 체적에 대하여 계산한다.

(1) 수소(H_2)의 연소

	H_2	+	$\frac{1}{2}O_2$	=	H_2O(수증기)	+	241113.6kJ/kmol
① kmol	1		0.5		1		
② Nm^3	22.4		11.2		22.4		
③ 수소 1kg당 발열량	1		8		9		120556.8kJ/kg

(2) 일산화탄소(CO)의 연소

	CO	+	$\frac{1}{2}O_2$	=	CO_2	+	284,648kJ/kmol
① kmol	1		0.5		1		
② Nm^3	22.4		11.2		22.4		
③ 일산화탄소 $1Nm^3$당 발열량	1		0.5		1		$10,166kJ/Nm^3$

▶ **연료별 연소반응식**

연료	연소반응	고위발열량(H_2) [kJ/Nm³]	산소량(O_o) [Nm³/Nm³]	공기량(A_o) [Nm³/Nm³]
수소(H_2)	$H_2+\frac{1}{2}O_2=H_2O$	12767.3	0.5	2.38
일산화탄소(CO)	$CO+\frac{1}{2}O_2=CO_2$	12704.51	0.5	2.38
메탄(CH_4)	$CH_4+2O_2=CO_2+2H_2O$	39892.58	2	9.52
아세틸렌(C_2H_2)	$C_2H_2+\frac{5}{2}O_2=2CO_2+H_2O$	58938.88	2.5	11.9
에틸렌(C_2H_4)	$C_2H_4+3O_2=2CO_2+2H_2O$	63962.08	3	14.29
에탄(C_2H_6)	$C_2H_6+\frac{7}{2}O_2=2CO_2+3H_2O$	70366.66	3.5	16.67
프로필렌(C_3H_6)	$C_3H_6+\frac{9}{2}O_2=3CO_2+3H_2O$	39682.68	4.5	21.44
프로판(C_3H_8)	$C_3H_8+5O_2=3CO_2+4H_2O$	102012.82	5.0	23.81
부틸렌(C_4H_8)	$C_4H_8+6O_2=4CO_2+4H_2O$	125914.88	6.0	28.57
부탄(C_4H_{10})	$C_4H_{10}+\frac{13}{2}O_2=4CO_2+5H_2O$	133993.86	6.5	30.95
반응식	$C_mH_n+\left(m+\frac{n}{4}\right)O_2=mCO_2+\frac{n}{2}H_2O$	−	$m+\frac{n}{4}$	$O_o\times\frac{1}{0.21}$

참고

열량의 단위환산

1kcal＝4.2kJ＝3.968Btu＝2.25Chu, 1kWh＝860kcal＝3,600kJ

4) 산소량 및 공기량 계산식

가연성분에 공기를 충분히 공급하고 연소하면 완전 연소가 되지만, 소요공기 부족 시에는 불완전 연소로 인한 매연 발생 및 연료손실이 증가한다.

(1) 이론산소량(O_o)

연료를 산화하기 위한 이론적 최소산소량이다.

① 고체 및 액체연료의 경우

㉠ $O_o=2.67C+8\left(H-\frac{O}{8}\right)+S[kg'/kg]$

㉡ $O_o = 1.867C + 5.6\left(H - \frac{O}{8}\right) + 0.7S$[Nm^3/kg]

> $\left(H - \frac{O}{8}\right)$를 유효수소수라 하며 연료 중에 포함된 산소가 연소 전에 수소와 반응하여 실제 연소에 영향을 주는 가연성분인 수소는 감소하게 된다. 따라서 실제 연소 가능한 수소를 유효수소(자유수소)라고 한다.

② 기체연료의 경우 : $O_o = 0.5(H_2 + CO) + 2CH_4 + 2.5C_2H_2 + 3C_2H_4 + 3.5C_2H_6 + \cdots - O_2$[Nm^3/Nm^3]

(2) 이론공기량(A_o) 중요

연료(fuel)를 완전 연소시키는 데 이론상으로 필요한 최소의 공기량으로, 공기 중 산소의 질량 조성과 용적 조성으로 구할 수 있다.

① 고체 및 액체연료의 경우

㉠ $$A_o = \frac{O_o}{0.232} = \frac{1}{0.232}\left\{2.67C + 8\left(H - \frac{O}{8}\right) + S\right\}$$
$$= 11.49C + 34.49\left(H - \frac{O}{8}\right) + 4.31S\,[\text{kg}'/\text{kg}]$$

㉡ $$A_o = \frac{O_o}{0.21} = \frac{1}{0.21}\left\{1.867C + 5.6\left(H - \frac{O}{8}\right) + 0.7S\right\}$$
$$= 8.89C + 26.7\left(H - \frac{O}{8}\right) + 3.33S\,[\text{Nm}^3/\text{kg}]$$

② 기체연료의 경우 : $A_o = \{0.5(H_2 + CO) + 2CH_4 + 2.5C_2H_2 + 3C_2H_4 + 3.5C_2H_6 + \cdots - O_2\} \times \frac{1}{0.21}$[Nm^3/Nm^3]

(3) 실제 공기량(A_a)

이론산소량에 의해 산출된 이론공기량을 연료와 혼합하여 실제 연소할 경우의 이론공기량으로, 완전 연소가 불가능하기 때문에 실제 이론공기량 이상의 공기를 공급하게 된다.

$$\text{실제 공기량}(A_a) = \text{이론공기량}(A_o) + \text{과잉공기량}(A_s) = m\,A_o\,(=\text{공기비} \times \text{이론공기량})$$

(4) 공기비(과잉공기계수, m) 중요

이론공기량에 대한 실제 공기량의 비로 공기비에 따라 연소에 미치는 영향이 다르다.

$$m = \frac{\text{실제 공기량}(A_a)}{\text{이론공기량}(A_o)} = \frac{A_o + (A_a - A_o)}{A_o} = 1 + \frac{A_a - A_o}{A_o}$$

여기서, $A_a - A_o$을 과잉공기량이라 하며 완전 연소과정에서 공기비(m)는 항상 1보다 크다.

① 과잉공기량$=A_a-A_o=(m-1)A_o$[Nm^3/kg, Nm^3/Nm^3]

② 과잉공기율$=(m-1)\times100\%$

5) 배기가스와 공기비(m) 계산식 중요

(1) 배기가스 분석성분에 따른 공기비 계산식

① 완전 연소 시(H_2, CO성분이 없거나 아주 적은 경우) 공기비

$$m=\frac{21}{21-O_2}=\frac{\frac{N_2}{0.79}}{\frac{N_2}{0.79}-\frac{3.76O_2}{0.79}}=\frac{N_2}{N_2-3.76O_2}$$

② 불완전 연소 시(배기가스 중에 CO성분 포함) 공기비

$$m=\frac{N_2}{N_2-3.76(O_2-0.5CO)}$$

③ 탄산가스 최대치(CO_{2max})에 의한 공기비

$$m=\frac{CO_{2max}}{CO_2}$$

(2) 공기비가 클 때(과잉공기량 증가) 나타나는 현상

① 연소실 내 연소온도가 감소

② 배기가스에 의한 열손실 증대

③ SO_3(무수황산)량의 증가로 저온부식원인

④ 고온에서 NO_2 발생이 심하여 대기오염 유발

(3) 공기비가 작을 때 나타나는 현상

① 미연소 연료에 의한 열손실 증가

② 불완전 연소에 의한 매연 발생 증가

③ 연소효율 감소

④ 미연소 가스에 의한 폭발사고의 위험성 증가

6) 최대탄산가스율(CO_{2max}) 중요

① 완전 연소 시 $CO_{2max}=\dfrac{21CO_2[\%]}{21-O_2[\%]}$

② 불완전 연소 시 $CO_{2max}=\dfrac{21(CO_2[\%]+CO[\%])}{21-O_2[\%]+0.395CO[\%]}$

7) 연소가스량

① 이론 습연소가스량(G_{ow})=이론 건연소가스량(G_{od})+연소 생성 수증기량

㉠ G_{ow} =이론 건연소가스량(G_{od})+(9H+W)

$=(1-0.232)A_o+3.67C+2S+N+(9H+W)$[kg/kg]

㉡ G_{ow} =이론 건연소가스량(G_{od})+1.244(9H+W)

$=(1-0.21)A_o+1.867C+0.7S+0.8N+1.244(9H+W)$[Nm^3/kg]

② 이론 건연소가스량(G_{od})=이론 습연소가스량(G_{ow})−연소 생성 수증기량

㉠ $G_{od}=(1-0.232)A_o+3.67C+2S+N$[kg/kg]

㉡ $G_{od}=(1-0.21)A_o+1.867C+0.7S+0.8N$[Nm^3/kg]

③ 실제 습연소가스량(G_w)=이론 습연소가스량(G_{ow})+과잉공기량[$(m-1)A_o$]

㉠ $G_w=(m-0.232)A_o+3.67C+2S+N+(9H+W)$[kg/kg]

㉡ $G_w=(m-0.21)A_o+1.867C+0.7S+0.8N+1.244(9H+W)$[Nm^3/kg]

④ 실제 건연소가스량(G_d)=이론 건연소가스량(G_{od})+과잉공기량[$(m-1)A_o$]

㉠ $G_d=(m-0.232)A_o+3.67C+2S+N$[kg/kg]

㉡ $G_d=(m-0.21)A_o+1.867C+0.7S+0.8N$[Nm^3/kg]

PART 2

8) 발열량

(1) 발열량의 정의

연료의 단위질량(1kg) 또는 단위체적(1Nm^3)의 연료가 완전 연소 시 발생하는 전열량(kJ)이다.

(2) 발열량의 단위

① 고체 및 기체연료 : kJ/kg

② 기체연료 : kJ/Nm^3

(3) 발열량의 종류

① 고위발열량(H_h) : 수증기의 증발잠열을 포함한 연소열량(총발열량)

$$\text{고위발열량(kJ/kg)} = 33906.6C + 142{,}324\left(H - \frac{O}{8}\right) + 10{,}465S$$

② 저위발열량(H_L) : 수증기의 증발잠열을 제외한 연소열량(진발열량)

㉠ 고체 및 액체연료의 저위발열량(kJ/kg)=고위발열량(H_h)−2,512(9H+W)

㉡ 기체연료의 저위발열량(kJ/Nm^3)=고위발열량(H_h)−2009.28(H_2O몰수)

▶ 완전 연소반응식

구분	완전 연소반응식
탄소(C)	$C+O_2 \rightarrow CO_2+406879.2$kJ/kmol 12kg → 406879.2kJ/kmol 1kg → 33906.6kJ/kg(탄소 1kg당 발열량)
수소(H_2)	$H_2+\frac{1}{2}O_2 \rightarrow H_2O$(물)+267,904kJ/kmol 2kg → 267,904kJ/kmol 1kg → 133,952kJ/kg(수소 1kg당 발열량)
황(S)	$S+O_2 \rightarrow SO_2+334,880$kJ/kmol 32kg → 334,880kJ/kmol 1kg → 10,465kJ/kg(유황 1kg당 발열량)

기체연료의 발열량(kJ/Nm^3) 비교

연료	액화석유가스(LPG)	천연가스(LNG)	오일가스	증열수성가스
발열량	93347.8	43,9583~46,046	12,558~41,860	21348.6
연료	석탄가스	발생로가스	수성가스	고로가스
발열량	20,930	4604.6	11720.8	3767.4

9) 연돌(굴뚝) 중요

① 연돌의 높이가 높을수록 자연통풍력이 증가한다.
② 연돌의 상부 단면적이 클수록 통풍력이 증가한다.
③ 매연 등을 멀리 확산시켜 대기오염을 줄인다.
④ 연돌을 보온 처리하면 배기가스와 외기의 온도차가 커져 통풍력이 증가한다.

연돌의 상부 단면적 계산식

$$연돌의\ 상부\ 단면적(A)=\frac{G(1+0.0037t_g)\frac{P_g}{760}}{3,600V}[m^2]$$

여기서, G : 연소가스량(=연료 1kg당 실제 연소가스량(Nm^3/kg)×시간당 연료사용량(kg/h))(Nm^3/h)
t_g : 배기가스온도(℃), P_g : 배기가스압력(mmHg), V: 배기가스유속(m/s)

10) 연소온도

(1) 이론 연소온도(t_o)

$$t_o = \frac{H_L}{m_c C_p} + t[℃]$$

(2) 실제 연소온도(t_τ)

$$t_\tau = \frac{H_L + Q_a + Q_f}{m_c C_p} + t[℃]$$

여기서, H_L : 저위발열량(kJ/kg), m_c : 연소가스량(Nm^3/kg), C_p : 연소가스의 정압비열(kJ/Nm^3 · ℃)
Q_a : 공기의 현열(kJ/kg), Q_f : 연료의 현열(kJ/kg), t : 기준온도(℃)

연소온도에 미치는 인자 중요

- 연료의 단위질량당 발열량
- 연소용 공기 중 산소의 농도
- 공급공기의 온도
- 공기비(과잉공기계수) : 공기비가 클수록 과잉된 질소(흡열반응)에 의한 연소가스량이 많아지므로 연소온도는 낮아진다(가장 큰 영향을 주는 요인).
- 연소 시 반응물질 주위의 온도

연소온도를 높이려면 중요

- 발열량이 높은 연료 사용
- 과잉공기를 적게 공급(이론공기량에 가깝게 공급)
- 완전 연소
- 연료와 공기를 예열하여 공급
- 방사 열손실을 방지

3.2 열정산

열정산(heat balance)이란 연소장치에 의하여 공급되는 입열과 축열과의 관계를 파악하는 것으로 열감정 또는 열수지라고도 한다.

열정산의 목적 중요

- 장치 내의 열의 행방 파악
- 열설비의 신축 및 개축 시 기초자료 활용
- 조업(작업)방법 개선
- 열설비성능 파악

1) 열정산의 결과 표시(입열, 출열, 순환열) 중요

(1) 입열(피열물이 가지고 들어오는 열량) 중요

① 연료의 저위발열량(연료의 연소열)
② 연료의 현열
③ 공기의 현열
④ 노내 분입증기 보유열
※ 입열항목 중 가장 큰 항목은 연료의 저위발열량이다.

(2) 출열 중요

① 미연소분에 의한 열손실
② 불완전 연소에 의한 열손실
③ 노벽 방사전도손실
④ 배기가스손실(열손실항목 중 배기에 의한 손실이 가장 크다)
⑤ 과잉공기에 의한 열손실

(3) 순환열 중요

설비 내에서 순환하는 열로서 공기예열기의 흡수열량, 축압기의 흡수열량, 과열기의 흡수열량 등이 있다.

2) 습포화증기(습증기)의 비엔탈피 중요

$$h_x = h' + x(h'' - h') = h' + x\gamma\,[\text{kJ/kg}]$$

여기서, x : 건조도, γ : 물의 증발열(=2,256kJ/kg)
h' : 포화수의 비엔탈피(kJ/kg), h'' : 건포화증기의 비엔탈피(kJ/kg)

3) 상당증발량

$$m_e = \frac{m_a(h_2 - h_1)}{2{,}256}\,[\text{kg/h}]$$

여기서, m_a : 실제 증발량(kg/h), h_2 : 발생증기의 비엔탈피(kJ/kg), h_1 : 급수의 비엔탈피(kJ/kg)

4) 보일러 마력 중요

(1) 보일러 마력의 정의

표준대기압(760mmHg) 상태하에서 포화수(100℃ 물) 15.65kg을 1시간 동안에 100℃의 건포화증기로 만드는(증발시킬 수 있는) 능력이다.

(2) 보일러 마력

$$BPS = \frac{m_e}{15.65} = \frac{m_a(h_2 - h_1)}{2,256 \times 15.65} = \frac{m_a(h_2 - h_1)}{35306.4} \text{[BPS]}$$

(3) 보일러 효율

$$\eta_B = \frac{m_a(h_2 - h_1)}{H_L \times m_f} \times 100\% = \frac{2,256 m_e}{H_L \times m_f} \times 100\%$$

(4) 온수보일러 효율

$$\eta = \frac{WC(t_2 - t_1)}{H_L \times m_f} \times 100\%$$

여기서, W : 시간당 온수 발생량(kg/h), C : 온수의 비열(kJ/kg・K)
t_2 : 출탕온도(℃), t_1 : 급수온도(℃)

5) 연소효율과 전열효율 중요

① 연소효율(η_c) $= \frac{\text{실제 연소열량}}{\text{연료의 발열량}} \times 100\%$

② 전열효율(η_r) $= \frac{\text{유효열량}(Q_A)}{\text{실제 연소열량}} \times 100\%$

③ 열효율(η) $= \frac{\text{유효열량}}{\text{공급열량}} \times 100\%$

6) 증발계수 중요

$$\text{증발계수} = \frac{m_e}{m_a} = \frac{h_2 - h_1}{2,256}$$

7) 증발배수 중요

① 실제 증발배수 $= \frac{\text{실제 증기 발생량}(m_a)}{\text{연료소비량}(m_f)}$

② 환산(상당)증발배수 $= \frac{\text{상당증발량}(m_e)}{\text{연료소비량}(m_f)}$

8) 전열면 증발률 중요

$$전열면\ 증발률 = \frac{시간당\ 증기\ 발생량(m)}{전열면적(A)}[\mathrm{kg/m^2 \cdot h}]$$

9) 보일러 부하율 중요

$$보일러\ 부하율 = \frac{시간당\ 증기\ 발생량(m)}{시간당\ 최대증발량(m_e)} \times 100\%$$

PART

02 적중 예상문제

★

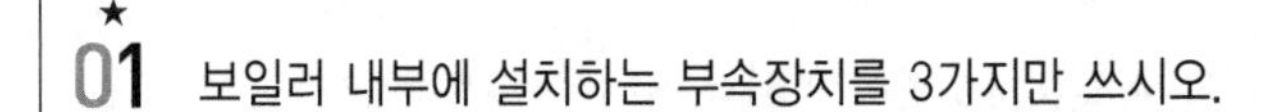

01 보일러 내부에 설치하는 부속장치를 3가지만 쓰시오.

해답 ① 급수내관 ② 기수분리기 ③ 비수방지관

02 증기트랩은 배관 내에 고인 응결수를 제거하여 수격작용을 방지하는 것이 목적이다. 그 종류를 4가지만 쓰시오.

해답 ① 하향 버킷트랩 ② 상향 버킷트랩 ③ 벨로즈트랩 ④ 바이메탈트랩

03 기계식 증기트랩의 종류를 4가지 쓰시오.

해답 ① 하향 버킷트랩 ② 상향 버킷트랩 ③ 레버(lever)플로트트랩 ④ 프리(free)플로트트랩

★

04 어떤 목재회사에서 파목이 매시간 335kg 나온다. 이것을 전부 연료로 사용할 경우 보일러 용량(kg/h)은 얼마로 할 수 있는가? (단, 파목의 저위발열량은 18,000kJ/kg, 보일러 효율은 75%이다.)

해답 보일러 용량 $= \dfrac{H_L m_f \eta_B}{2,256} = \dfrac{18,000 \times 335 \times 0.75}{2,256} \fallingdotseq 2004.65\text{kg/h}$

★

05 보일러 마력에 대한 내용의 ( ) 안에 알맞은 용어를 쓰시오.

보일러 마력이란 (①)atm에서 (②)℃의 포화수 (③)kg을 (④)시간에 (⑤)℃의 건포화증기로 바꿀 수 있는 보일러 능력을 말한다.

해답 ① 1 ② 100 ③ 15.65 ④ 1 ⑤ 100

참고 1보일러 마력 = 15.65 × 539 = 8,435kcal/h(공학단위)
= 15.65 × 2,256 = 35306.4kJ/h = 9.81kW(SI단위)

PART 2

★
06 증발계수에 대한 계산식의 ( ) 안에 알맞은 내용을 쓰시오.

$$\text{증발계수} = \frac{(\ ①\ ) - (\ ②\ )}{2,256}$$

해답 ① 발생증기의 비엔탈피(h_2[kJ/kg])

② 급수의 비엔탈피(h_1[kJ/kg])

참고 급수의 비엔탈피(h_1)=급수온도×급수의 비열(4.186)[kJ/kg]

07 정격용량 3,000kg/h인 보일러의 열출열(MJ/h)을 구하시오. (단, 물의 증발잠열은 2,256kJ/kg이다.)

해답 보일러의 열출열=정격용량×물의 증발잠열=3,000×2,256=6,768,000kJ/h=6,768MJ/h

★
08 전열면적 481m^{2}의 수관 보일러에서 발열량 25283.44kJ/kg의 석탄을 매시 15,850kg 연소하여 압력 2.3MPa, 온도 339℃의 과열증기를 매시 112,000kg 증발시킨다. 급수온도가 23℃일 때 다음을 구하시오. (단, 압력 2.3MPa, 온도 339℃의 과열증기의 비엔탈피는 3106.43kJ/kg이고, 100℃ 물의 증발열은 2,256kJ/kg이다.)

1 기준증발량(환산증발량)(kg/h)

2 보일러 효율(%)

해답 1 $m_e = \dfrac{m_a(h_2 - h_1)}{2,256} = \dfrac{112,000 \times (3106.43 - 96.28)}{2,256} = 149440.07\text{kg/h}$

※ 급수의 비엔탈피(h_1)=물의 비열×급수온도=$4.186 \times 23 \fallingdotseq 96.28$

2 $\eta_B = \dfrac{m_a(h_2 - h_1)}{H_L \times m_f} \times 100\% = \dfrac{2,256 m_e}{H_L \times m_f} \times 100\% = \dfrac{2,256 \times 149440.07}{25283.44 \times 15,850} \times 100\% \fallingdotseq 84.13\%$

참고 환산(상당)증발량(m_e)=$\dfrac{\text{시간당 증기 발생량} \times (\text{발생증기의 비엔탈피} - \text{급수의 비엔탈피})}{2,256}$[kg/h]

09 다음에서 설명하고 있는 보일러는 무엇인가?

상부에 증기드럼을 두고 드럼 양단에는 파형 관모음을 하부에 설치하고 그 사이에 수관을 물드럼 대신에 비스듬히 경사지게 배열한 보일러로서, 수관군의 경사도가 수평에서 15° 정도이고 증기드럼의 밑부분에서 170mm의 높이를 안전저수위로 하고 CTM형 및 WIF형으로 이루어진 보일러

해답 밸브 콕 보일러

10 두 개 이상의 보일러에 보내는 급수를 1개의 절탄기로 예열하는 절탄기는 무엇인가?

해답 집중식 절탄기

11 보일러마다 각각 부설되는 절탄기는 무엇인가?

해답 부속식 절탄기

12 증기압이 2MPa 이하인 경우에 주철관 절탄기가 많이 사용된다. 대표적인 것은 무엇인가?

해답 그리인 절탄기

★
13 분출장치의 설치목적을 4가지만 기술하시오.

해답 ① 보일러수의 농축을 방지한다.
② 포밍이나 프라이밍현상을 방지한다.
③ 스케일(scale) 및 슬러지(sludge) 고착을 방지한다.
④ 보일러수의 pH를 조절하기 위하여 행한다.

14 급수장치의 급수관에는 보일러에 인접하여 급수밸브와 이에 가까이 체크밸브를 설치하여야 한다. 체크밸브를 생략할 수 있는 경우는 최고사용압력이 얼마인 보일러인가?

해답 0.1MPa(=1kgf/cm^2) 미만인 보일러

★
15 보일러에서 고온부식의 발생이 심하게 일어날 수 있는 폐열회수장치의 명칭은 무엇인가?

해답 과열기(super heater)

16 보일러의 분출밸브는 몇 MPa 이상의 압력을 견뎌야 하며, 분출밸브가 주철제일 경우 최고압력(MPa)은 얼마인가?

해답 보일러의 분출밸브는 0.7MPa 이상의 압력을 견뎌야 하며, 분출밸브가 주철제인 경우 최고압력은 1.3MPa이다.

17 보일러에서 수면계가 고장 났다면 커다란 위험을 초래하게 되는데, 이 수면계의 중요성을 감안하여 수시로 검사해야 한다. 그 검사시기를 3가지만 쓰시오.

해답 ① 두 조의 수면계 수위가 서로 다를 때　② 가동 중 수면이 움직이지 않을 경우
③ 포밍, 프라이밍현상이 발생했을 때　④ 수면계의 보수 또는 교체 시
⑤ 수위의 움직임이 의심스러울 때　⑥ 가동하기 직전

★
18 다음의 각 설명에 해당하는 용어의 명칭을 쓰시오.

1. 압연강판이나 관의 두께가 내부에 가스가 존재한 상태로 압연하여 핀이나 관이 2장으로 분리되는 현상
2. 관이나 핀 내부에 가스가 존재한 상태에서 고온의 열가스의 접촉에 의해 팽출되는 현상

해답 1 라미네이션　2 블리스터

★
19 보일러 급수에 대한 내용의 (　) 안에 알맞은 말을 쓰시오.

> 보일러에 급수를 함에 있어 급수를 보일러수 전체로 분포시키기 위하여 (①)을 설치하며, 이것은 통상 보일러의 (②)보다 (③)cm 낮게 설치한다.

해답 ① 급수내관　② 안전저수위　③ 5

20 보일러에 부착한 부착물(스케일)을 공구를 사용하여 기계적으로 제거하는 방법을 3가지만 쓰시오.

해답 ① 와이어브러시(철솔)　② 스케일해머　③ 스크러버

21 보일러수에 불순물로서 용존산소가 존재할 때 보일러에 미치는 1차적 장해의 명칭을 쓰시오.

해답 피팅(pitting, 점식)

★
22 보일러 급수 처리 중 청관제를 이용한 보일러 내부 처리의 종류와 청관제의 사용목적에 따라 5가지를 쓰시오.

해답 ① pH 조정제 : 수산화나트륨, 암모니아 등
② 연화제 : 탄산나트륨, 인산나트륨 등
③ 탈산소제 : 히드라진, 아황산나트륨 등
④ 슬러지 조정제 : 전분, 탄닌, 리그린 등
⑤ 기포 방지제 : 알코올, 폴리아민 등
⑥ 가성취하 방지제 : 인산나트륨, 중합 인산나트륨

★
23 보일러의 내면에 발생하는 부식을 방지하는 방법을 3가지 쓰시오.

해답 ① 용존가스체(O_2, CO_2)를 제거한다.
② 수소이온농도(pH)를 조절한다.
③ 아연판을 매단다.
④ 도료를 칠한다.

24 6개월 이상 장기 보존 시 실리카겔, 활성 알루미나를 투입하여 보일러를 보관하는 방법은?

해답 장기 보관법(장기 보존법)

★
25 보일러 내부 또는 외부에서 부식을 유발하는 물질을 쓰고 각각 어떤 부식을 유발하는지 쓰시오.

해답 1) **외부부식**
① 바나듐(V) → 고온부식
② 황(S) → 저온부식
2) **내부부식**
① O_2, CO_2 → 점식(pitting)
② 염화마그네슘($MgCl_2$) → 전면부식

★
26 보일러 증기라인에 증기트랩을 설치함으로써 얻을 수 있는 장점을 3가지만 쓰시오.

해답 ① 수격작용(water hammer) 방지
② 증기 열손실 방지
③ 배관 내 부식 방지

★
27 청관제로 사용할 수 있는 약품을 4가지 쓰시오.

해답 ① 수산화나트륨(NaOH, 가성소다)
② 탄산나트륨(Na_2CO_3)
③ 인산나트륨($Na_3(PO_4)_2$)
④ 암모니아(NH_3)

28 칼슘염 스케일의 종류를 3가지 쓰시오.

해답 ① 탄산칼슘($CaCO_3$: 석회석) ② 황산칼슘($CaSO_4$) ③ 규산칼슘(SiO_4)

29 중유를 사용하는 보일러에서 전열면 저온부식의 방지책을 3가지 쓰시오.

해답 ① 저온부식원인인 유황(S) 성분 제거
② 저온부식에 의한 내식재료 사용
③ 배기가스온도 170℃ 이상 유지

★
30 보일러수가 격렬하게 비등했을 때 일어나는 다음 현상들에 대해 설명하시오.

1 프라이밍(priming)
2 포밍(foaming)
3 캐리오버(carry over)

해답 1 프라이밍(priming) : 포밍이 심한 경우 기포가 수열면에서 파괴하고 수면을 교란함으로써 물방울이 증기와 혼합하는 현상
2 포밍(foaming) : 보일러의 부하가 크거나 불순물이 다량으로 포함되었을 때 수열면에서 발생한 기포가 파괴되지 않고 수면에 누적하여 증기와 혼합하는 현상
3 캐리오버(carry over) : 프라이밍, 포밍의 원인에 의하여 증기가 약간의 물방울과 같이 증기배관으로 흘러가는 현상(기수공발)

★
31 다음 (   ) 안에 들어갈 적당한 용어를 기입하시오.

1 중유의 연소에 있어서 고온부식이란 중유 중에 포함되어 있는 (①)이 연소에 의하여 (②)하고 (③)으로 되어 (④)에 융착하고 그 부분을 부식시키는 것을 말한다.
2 저온부식은 연료 중의 (⑤)이 연소해서 (⑥)로 되고, 그 일부는 다시 산화해서 (⑦)으로 된다. 이것이 가스 중의 (⑧)와 작용하여 (⑨)이 되고, 보일러의 저온 전열면, 연도, 굴뚝 등에 접촉하면 응축해서 부식을 일으키는 현상을 말한다.

해답 1 ① 바나듐(V) ② 산화 ③ 오산화바나듐(V_2O_5) ④ 고온의 전열면
2 ⑤ 유황(S) ⑥ 아황산가스(SO_2) ⑦ 무수황산(SO_3) ⑧ 수증기(H_2O) ⑨ 황산(H_2SO_4)

32 중유연소에 있어서 저온부식의 방지방법을 5가지 기술하시오.

해답 ① 저온 전열면에서 내식재료를 사용한다.
② 첨가제를 사용하여 황산가스의 노점을 강하한다.
③ 중유를 전처리하여 황분을 제거한다.
④ 전열면의 표면에 보호피막을 사용한다.
⑤ 과잉공기를 적게 하여 아황산가스의 산화를 방지한다.

★
33 증기트랩(steam trap)을 간단히 설명하고 그 종류를 3가지만 쓰시오.

해답 ① 증기트랩 : 증기배관에 증기를 열원으로 하는 열교환기 등 증기사용기기로부터 배관 내에 고인 응축수를 제거하여 수격작용 및 관 내 부식을 방지하는 장치이다.
② 증기트랩의 종류
- 기계식(비중차) : 버킷트랩, 플로트트랩
- 온도조절식(온도차) : 바이메탈식, 벨로즈식
- 열역학적 특성 : 오리피스식, 디스크식, 액체팽창식(유속차)

★
34 어느 수관 보일러의 급수량이 70ton/day이고 급수 중의 염화물의 농도는 15ppm, 보일러수의 허용농도는 400ppm일 때 분출량(ton/day)과 분출률(%)은 얼마인가?

해답 ① $\text{분출량} = \dfrac{\text{1일 급수사용량}(=1-\text{응축수회수율})\times\text{급수 중의 불순물의 허용농도}}{\text{관수 중의 불순물의 허용농도}-\text{급수 중의 불순물의 허용농도}}$

$= \dfrac{70\times 15}{400-15} = 2.73\text{ton/day}$

② $\text{분출률} = \dfrac{\text{1일 분출량}}{\text{1일 급수사용량}}\times 100\%$

$= \dfrac{\text{급수 중의 불순물의 허용농도}}{\text{관수 중의 불순물의 허용농도}-\text{급수 중의 불순물의 허용농도}}\times 100\%$

$= \dfrac{15}{400-15}\times 100\% = 3.9\%$

35 증기트랩의 구비조건이 될 수 있는 보편적인 조건을 5가지만 쓰시오.

해답 ① 소정 내에서 유량 및 유압변화가 있어도 작동이 확실할 것
② 마찰저항이 적을 것
③ 정지 후에도 응결수 배출이 가능할 것
④ 공기빼기가 양호할 것
⑤ 봉수가 확실할 것

★
36 다음 〈보기〉에서 각 장치들에 해당하는 부속장치들을 3가지씩 선택하시오.

〈보기〉

① 서비스탱크	② 신축관	③ 과열기
④ 여과기(스트레이너)	⑤ 재열기	⑥ 가용마개
⑦ 분연펌프(메타링펌프)	⑧ 화염검출기	⑨ 증기트랩
⑩ 절탄기	⑪ 헤더	⑫ 수면계

1 폐열회수장치
2 급유계통장치
3 송기계통장치
4 안전계통장치

해답 1 폐열회수장치 : ③, ⑤, ⑩
2 급유계통장치 : ①, ④, ⑦
3 송기계통장치 : ②, ⑨, ⑪
4 안전계통장치 : ⑥, ⑧, ⑫

37 중유 중에 함유된 성분 중 고온부식의 발생원인이 되는 성분의 명칭을 쓰시오.

해답 바나듐(V)

★
38 급수량 50,000kg/h의 물을 절탄기를 통해 30℃에서 90℃까지 높였다고 한다. 절탄기 입구의 가스온도가 340℃이면 출구의 가스온도는 몇 ℃인가? (단, 배기가스량은 75,000kg/h, 배기가스비열은 1.05kJ/kg·K, 절탄기 효율은 80%이다.)

해답 $Q_1 = \eta Q_2$

$$m_1 C_1 (t_2 - t_1) = \eta\, m_g C_g (t_{g2} - t_{g1})$$

$$\therefore\ t_{g1} = t_{g2} - \frac{m_1 C_1 (t_2 - t_1)}{\eta m_g C_g} = 340 - \frac{50{,}000 \times 4.186 \times (90 - 30)}{0.8 \times 75{,}000 \times 1.05} = 140.67℃$$

★
39 보일러에 급수할 때 반드시 급수 처리를 해야 하는 목적을 3가지만 쓰시오.

해답 ① 관수의 농축 방지 ② 스케일 생성 방지 ③ 가성취하(부식) 방지

40 급수펌프의 이상현상으로 관 내에서 발생된 기포가 유체에 충격을 가하여 진동을 일으키는 현상을 쓰시오.

해답 서징(surging)현상

★
41 보일러의 안전장치를 5가지 쓰시오.

해답 ① 안전밸브 ② 화염검출기 ③ 방출밸브 ④ 고저수위경보기 ⑤ 가용마개

42 절탄기와 공기예열기를 설치하였을 때 발생되는 문제점을 2가지 쓰시오.

해답 ① 통풍저항의 발생 ② 저온부식의 발생

★
43 다음 각 원리에 해당되는 스팀트랩(steam trap)의 종류를 각각 2가지씩 쓰시오.

1. 증기와 드레인의 비중차 이용
2. 증기와 드레인의 온도차 이용
3. 증기와 드레인의 열역학적 특성 이용

해답
1. 비중차 이용 : 버킷(bucket)트랩, 플로트(float)트랩
2. 온도차 이용 : 벨로즈(bellows)트랩, 바이메탈트랩
3. 열역학적 특성 이용 : 오리피스(orifice)트랩, 디스크(disc)트랩

44 보일러 화학세정 시 염산이 주로 사용되고 있는 이유를 3가지 쓰시오.

해답 ① 스케일(scale) 제거 용이 ② 취급 용이 ③ 가격 저렴

★
45 보일러 급수의 외처리 중 다음과 같은 물질이 급수 중에 있는 경우 처리 또는 제거방법을 1가지씩 쓰시오.

1. 현탁질고형물
2. 용존고형물
3. 용존가스

해답
1. 현탁질고형물 : 침전법, 응집법, 여과법
2. 용존고형물 : 약품첨가법, 이온교환법, 증류법
3. 용존가스 : 탈기법, 기폭법

참고 용존고형물(dissolved solids)이란 폐수 따위의 불순물을 걸러내기 위한 여과지를 통과한 후에도 여전히 액체 속에 녹아 있는 무기물 또는 유기이온물질을 말한다.

46 대단히 좋은 질의 급수를 얻을 수 있으나, 반면에 비용이 많이 들어 보급수의 양이 적은 보일러에만 사용하는 급수 처리방법은?

해답 증류법

참고 증류법

- 불휘발성 용해 광물질 등을 증화기를 사용하여 처리하는 조작으로, 대단히 양질의 급수를 얻을 수 있으나 비용이 많이 들기 때문에 보급수가 적은(급수의 2~5% 정도) 보일러 또는 선박 보일러에서 해수로부터 청수를 얻고자 할 때 사용된다.
- 증류방식으로는 단증류, 진공증류, 수증기의 증류, 플래시증류, 공비혼합물의 증류가 있다.

★

47 저압 및 중압 보일러수 처리의 주요 약제이며 pH를 조절하여 스케일을 방지할 수 있는 pH조절제 약품명을 쓰시오.

해답 인산소다(인산나트륨)

참고 인산소다(인산나트륨)나 중합 인산소다는 저압, 중압 보일러수 처리의 주요 약제이며 pH를 제어하여 스케일을 방지할 수 있다(pH 조정제). 탄산소다(탄산나트륨)는 저압 보일러의 급수 처리의 주요 약제이지만 스케일을 완전히 방지할 수는 없다. 또한 가성소다(수산화나트륨), 중합 인산소다, 제1 및 제3 인산소다, 암모니아, 하이드라진 등은 pH 제어에 사용되는 약제들이다(단, pH 조정제는 pH를 높이는 약제와 억제하는 황산, 인산, 인산소다가 있다).

48 어느 보일러의 증발률이 $20\text{kg/m}^2 \cdot \text{h}$일 때 접촉전열면적은 얼마인가? (단, 복사전열면적은 15m^2, 실제 증발량은 500kg/h이다.)

해답 $$증발률(E) = \frac{실제\ 증발량(m_a)}{복사전열면적(A_r) + 접촉전열면적(A_e)}$$

$$\therefore\ A_e = \frac{m_a}{E} - A_r = \frac{500}{20} - 15 = 10\text{m}^2$$

★

49 방열유체의 유량, 비열, 온도차는 각각 6,000kg/h, 2.25kJ/kg·K, 100℃이고 저온유체와의 사이의 전열에 있어서 열관류율 및 보정대수평균온도차는 각각 $232\text{W/m}^2 \cdot \text{K}$, 30.4℃이었다. 전열면적은 얼마인가? (단, 전열에 있어서 손실은 없는 것으로 생각한다.)

해답 $q_c = KA(LMTD) = mC\Delta t[\text{kW}]$

$$\therefore\ A = \frac{mC\Delta t}{K(LMTD)} = \frac{\frac{6,000}{3,600} \times 2.25 \times 100}{0.232 \times 30.4} = 53.17\text{m}^2$$

★
50 수열유체기준 전열유닛수(NTU_c)는 0.35이고, 대수평균온도차가 25℃인 열교환기에서 수열유체의 온도 상승은 얼마인가? (단, 전열손실은 없는 것으로 한다.)

해답 $NTU_c = \dfrac{KA}{mC}$

$Q = KA(LMTD) = mC\Delta t[\text{kW}]$

$\therefore\ \Delta t = \dfrac{KA}{mC}(LMTD) = NTU_c(LMTD) = 0.35 \times 25 = 8.75℃$

참고 온도 상승 = 전열유닛수 × 대수평균온도차

51 방열기에 500kPa의 증기를 사용했을 때 1m²당 방열량을 다음 표를 참고하여 구하시오. (단, 실온은 18.5℃, 500kPa 증기의 포화온도는 80.8℃이다.)

▶ **주철제 방열기의 표준 방열량**

열유체	표준 방열량 (kW/m²)	표준 상태에서 있어서의 온도(℃)	
		열유체의 온도	방 안 공기온도
증기	0.756	102	18.5
온수	0.523	77	18.5

해답 보정계수$(C_s) = \left(\dfrac{102-18.5}{80.8-18.5}\right)^{1.3} = 1.46$

$\therefore\ q = \dfrac{q_o}{C_s} = \dfrac{0.756}{1.46} \fallingdotseq 0.52\text{kW/m}^2$

52 회분식 건조장치 중 약품 등과 같이 열에 대하여 불안정할 경우에 적합한 건조장치는 어느 것인가?

해답 동결식 건조장치

53 인젝터의 정지순서를 4단계로 쓰시오.

해답 핸들 → 증기밸브 → 흡수밸브 → 정지밸브 순으로 닫음

참고 시동순서 : 정지밸브(인젝터 출구용) → 흡수밸브 → 증기밸브 → 핸들 순으로 조작

PART 2

★
54 지름이 2,000mm, 사용압력 120N/mm^{2}인 원통 보일러의 강판의 두께는 몇 mm인가? (단, 강판의 인장강도는 400MPa, 안전율은 5, 이음효율(η)은 80%, 부식여유는 2mm이다.)

해답 $\sigma_a = \dfrac{\sigma_u}{S} = \dfrac{400}{5} = 80\text{MPa}$

$\therefore\ t = \dfrac{PD}{200\sigma_a\eta} + C = \dfrac{120 \times 2{,}000}{200 \times 80 \times 0.8} + 2 = 20.75\text{mm}$

55 용기 내부에 증기사용처의 증기압력 또는 열수온도보다 높은 압력과 온도의 포화수를 저장하여 증기부하를 조절하는 장치는 무엇인가?

해답 스팀 어큐뮬레이터(steam accumulator)
참고 스팀 어큐뮬레이터(증기축압기)는 송기장치로서 용기 내부에 증기사용처의 증기압력 또는 열수온도보다 높은 압력과 온도의 포화수를 저장하여 증기부하를 조절하는 장치이다.

★
56 판두께가 12mm, 용접길이가 30cm인 판을 맞대기용접했을 때 5,000N인 인장하중이 작용한다면 인장응력은 몇 MPa인가?

해답 $\sigma = \dfrac{W}{A} = \dfrac{W}{tL} = \dfrac{5{,}000}{12 \times 300} = 1.39\text{MPa}$

★
57 두께가 15cm, 면적이 10m^{2}인 벽의 내면온도가 200℃, 외면온도가 20℃일 때 벽을 통한 열손실량(W)을 구하시오. (단, 벽재료의 열전도도=0.045W/m・K)

해답 $Q = \lambda A\left(\dfrac{t_1 - t_2}{L}\right) = 0.045 \times 10 \times \dfrac{200 - 20}{0.15} = 540\text{W}$

58 정류탑(rectifier)의 효율을 높이는 방법을 3가지만 쓰시오.

해답 ① 폐열을 열교환기로 회수하여 이용한다.
② 보온면에서의 방사열을 적게 한다.
③ 탑의 단수 및 단면적을 적당히 한다.
④ 보온을 철저히 한다.
⑤ 액과 증기의 접촉이 잘되게 한다.
⑥ 원료를 과열시키지 않는다.

★
59 증발과정에서 비등하고 있는 액면의 압력이 어떠한 조건에서 갑자기 저하할 때 액 전체가 급격한 증발을 일으켜 부풀어 오르는 현상을 무엇이라 하는가?

해답 돌비현상(bumping)

참고 돌비현상이란 과열현상의 일종으로 액체가 끓는점 이상에서 핵 생성작용(이물질 등의 유입 등에 의해)이 생기는 경우 갑자기 끓어올라 용기 외부로 액체를 내뿜는 현상을 말한다.

60 다중효용 증발장치 조작에서 급액방법을 4가지만 쓰시오.

해답 ① 순류식 급액 ② 역류식 급액 ③ 혼합식 급액 ④ 평행식 급액

★
61 건조속도에 미치는 요소를 4가지만 쓰시오.

해답 ① 공기 및 속도 ② 온도 및 습도 ③ 입경 및 두께 ④ 형상

62 다음 그림에서 인젝터에 의한 급수를 중단하려고 한다. Ⓐ, Ⓑ, Ⓓ, Ⓔ를 어떤 순서로 조작하는지 쓰시오. (단, Ⓒ는 닫힌 상태이다.)

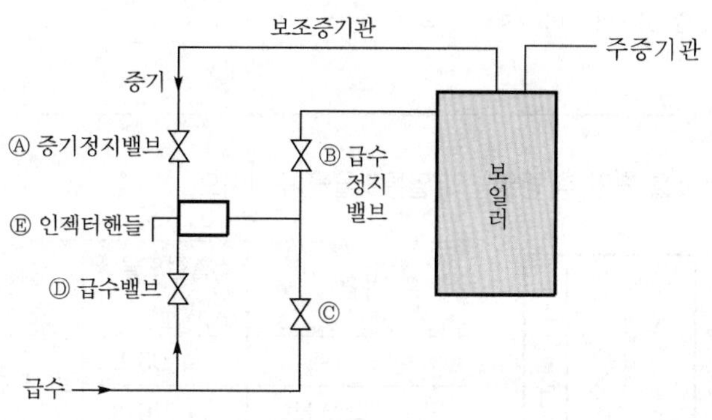

해답 Ⓔ → Ⓐ → Ⓓ → Ⓑ

참고
- 급수 정지(중단)순서 : 핸들 개방(Ⓔ) → 증기밸브 개방(Ⓐ) → 급수밸브 개방(Ⓓ) → 출구측 정지밸브 개방(Ⓑ)
- 급수 개시(작동)순서(급수 정지순서의 역순으로 작동) : 출구측 정지밸브 개방(Ⓑ) → 급수밸브 개방(Ⓓ) → 증기밸브 개방(Ⓐ) → 핸들 개방(Ⓔ)

★
63

어느 향류 열교환기에서 고온유체가 70℃로 들어가 30℃로 나오고, 수열유체가 20℃로 들어가 30℃로 나온다. 이 열교환기에서 대수평균온도차($LMTD$)는 몇 ℃인가? (단, $\ln 4 = 1.38$)

고온유체	고, 저	저온유체	온도차(Δt)
$t_{a1} = 70$℃	고온	$t_{b2} = 30$℃	$\Delta t_1 = 40$℃
$t_{a2} = 30$℃	저온	$t_{b1} = 20$℃	$\Delta t_2 = 10$℃

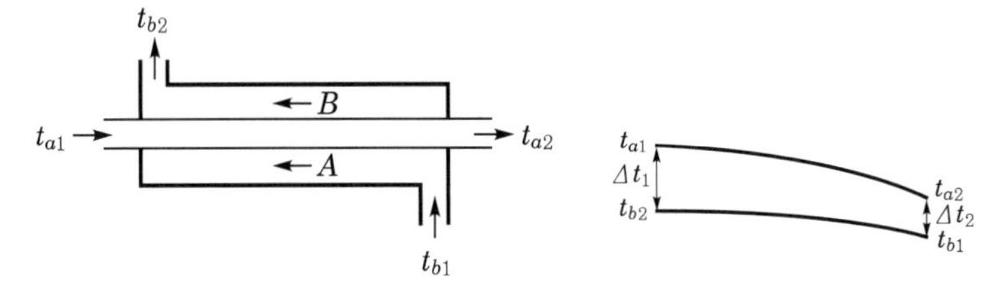

해답 대수평균온도차($LMTD$) $= \dfrac{\Delta t_1 - \Delta t_2}{\ln\left(\dfrac{\Delta t_1}{\Delta t_2}\right)} = \dfrac{40-10}{\ln\left(\dfrac{40}{10}\right)} = 21.74$℃

64

어느 대향류 열교환기에서 입구와 출구의 대수평균온도차가 25℃이고, 열교환율(열관류율)이 $17.45\text{W/m}^2 \cdot \text{K}$이다. 열교환면적이 8m^2일 때 시간당 열교환열량은 몇 kW인가?

해답 $Q = KA(LMTD) = 17.45 \times 8 \times 25 = 3{,}490\text{W} ≒ 3.49\text{kW}$

★
65

다음 그림과 표를 확인 후 방열벽의 열통과율을 구하시오.

콘크리트 | 방수 모르타르 | 코르크판 | 라스 모르타르
180 | 20 | 200 | 20
(단위 : mm)

재료	열전도율 λ[W/m · K]	벽면	열전달률 α[W/m² · K]
콘크리트	1.05	외면 열전달률	24
방수 모르타르	0.46		
코르크판	0.045	내면 열전달률	6
라스 모르타르	0.58		

해답 열통과율(K) $= \dfrac{1}{R} = \dfrac{1}{\dfrac{1}{\alpha_i} + \sum_{i=1}^{n} \dfrac{l_i}{\lambda_i} + \dfrac{1}{\alpha_o}} = \dfrac{1}{\dfrac{1}{6} + \dfrac{0.18}{1.05} + \dfrac{0.02}{0.46} + \dfrac{0.2}{0.045} + \dfrac{0.02}{0.58} + \dfrac{1}{24}} = 0.2\text{W/m}^2 \cdot \text{K}$

★
66 다음은 스팀트랩에 관한 것이다. 빈칸을 채우시오.

분류	원리	종류(2가지씩)
기계적 트랩		
온도조절식 트랩		
열역학적 트랩		

해답

분류	원리	종류(2가지씩)
기계적 트랩	증기와 응축수와의 비중차	상향 버킷형, 하향 버킷형
온도조절식 트랩	증기와 응축수와의 온도차	벨로즈형, 바이메탈형
열역학적 트랩	증기와 응축수와의 열역학적 특성차	오리피스형, 디스크형

PART 2

67 온도조절트랩의 원리 및 그 종류 2가지를 쓰시오.

해답 ① 원리 : 응축수와 증기와의 온도차를 이용한 것
② 종류 : 벨로즈트랩, 바이메탈트랩

68 구조상 견고하고 응축수의 배출온도를 넓게 변화시키며 고압에 적합한 트랩은 무엇인가??

해답 바이메탈트랩

69 바이메탈트랩의 장단점을 각각 3가지씩 쓰시오.

해답 1) **장점**
① 동결의 우려가 없다.
② 밸브 폐색의 우려가 없다.
③ 배기능력이 탁월하다.

2) **단점**
① 과열증기에 사용할 수 없다.
② 개폐온도의 차가 크다.
③ 사용기간 동안에 바이메탈의 특성이 변화한다.

★
70 열교환기의 종류를 4가지 쓰시오.

해답 ① 소용돌이(vortex) ② 2중관식 ③ 플레이트(plate) ④ 다관식 원통형

★
71 인젝터의 장단점을 각각 4가지 쓰시오.

해답 1) **장점**
① 구조가 간단하며 소형이다.
② 별도의 소요동력이 필요 없다.
③ 취급이 간단하고 가격이 싸다.
④ 설치장소에 크게 구애받지 않는다.
⑤ 급수를 예열하므로 열효율이 좋다.
2) **단점**
① 급수율이 낮다(40~50%).
② 급수온도, 증기압력이 낮으면 급수가 곤란하다.
③ 인젝터가 과열하면 급수가 곤란하다.
④ 급수 중 불순물이 많으면 고장 나기 쉽다.

72 매연의 발생원인을 8가지 쓰시오.

해답 ① 통풍이 부족하거나 또는 과다할 경우
② 무리하게 연소시킬 경우
③ 연료와 공기가 잘 혼합되지 않을 경우
④ 보일러의 구조나 연소장치에 맞지 않는 연료를 사용할 경우
⑤ 연소장치가 불안정하거나 고장일 경우
⑥ 유압과 유온이 적당하지 않을 경우
⑦ 취급자의 지식과 기술이 미숙할 경우
⑧ 연소실의 용적이 작을 경우

73 보일러수 2,000kg 중에 불순물이 20g 검출되었다면 몇 ppm인가?

해답 1ppm이란 수용액 1L 중에 포함된 불순물의 양을 mg으로 나타낸 것이다.
물 1kg=1L이므로 2,000g=2,000L
2,000L : 20g=1L : x
$\therefore x = 0.01\text{g} = 10\text{mg} = 10\text{ppm}$

★

74 내면에 압력을 받는 동체판의 최소두께 산출식은? (단, P : 최고사용압력(N/cm^2), C : 부식여유두께(mm), D : 동체의 안지름(mm), σ_a : 재료의 허용인장응력(N/mm^2), x : 안전율, η : 길이의 이음효율, k : 크리프계수)

해답 $t=\dfrac{PD}{200\sigma x\eta-2P(1-k)}+C[\mathrm{mm}]$

★

75 강판의 두께가 1.5cm이고 리벳의 직경이 2.5cm이며 피치 5cm의 한 줄 겹치기 리벳이음에서 한 피치마다 하중이 15,000N이라 할 때 강판에 생기는 인장응력은 몇 MPa인가?

해답 $\sigma_t=\dfrac{W}{A}=\dfrac{W}{(p-d)t}=\dfrac{15{,}000}{(50-25)\times 15}=40\mathrm{MPa}$

76 열교환기의 능률을 향상시키기 위한 방법을 4가지 쓰시오.

해답 ① 유체의 유속을 적절하게 한다.
② 유체의 흐르는 방향을 향류로 한다.
③ 열교환기의 입출구온도차를 크게 한다.
④ 열전도율이 높은 재료를 사용한다.

★

77 어느 병류 열교환기에서 가열유체가 80℃로 들어가 50℃로 나오고, 가스가 10℃로부터 40℃로 가열된다. 열관류율이 30W/m^2·K이고 시간당 열교환량이 30,240kJ일 때 다음 물음에 답하시오.

1 대수평균온도차 (단, 정수로 구할 것) (℃)
2 열교환기의 면적 (단, 소수점 둘째 자리까지) (m^2)

해답 **1** $\Delta t_1=80-10=70℃$, $\Delta t_2=50-40=10℃$

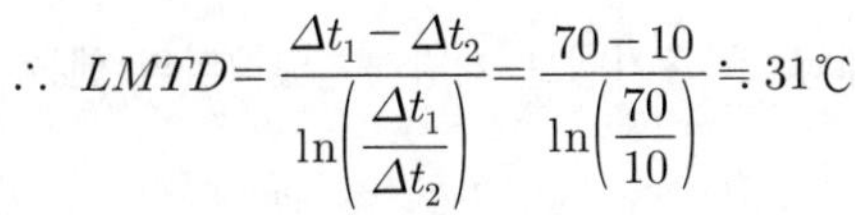

$\therefore\ LMTD=\dfrac{\Delta t_1-\Delta t_2}{\ln\left(\dfrac{\Delta t_1}{\Delta t_2}\right)}=\dfrac{70-10}{\ln\left(\dfrac{70}{10}\right)}\fallingdotseq 31℃$

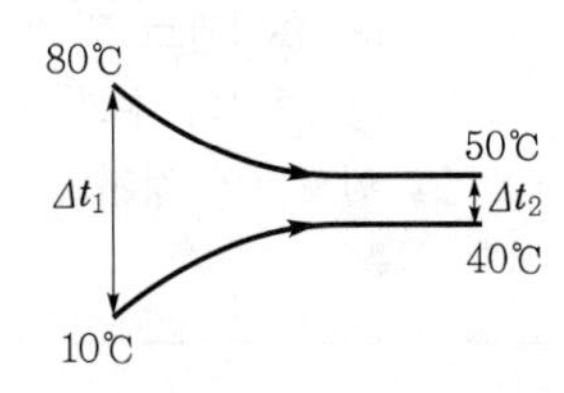

2 $Q=KA(LMTD)[\mathrm{W}]$

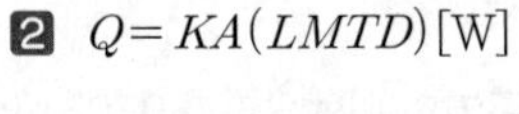

$\therefore\ A=\dfrac{Q}{K(LMTD)}=\dfrac{\dfrac{30{,}240\times 10^3}{3{,}600}}{30\times 31}=9.03\mathrm{m}^2$

★
78 어느 대향류 열교환기에서 고온의 유체가 80℃로 들어가 30℃로 나오고, 수열유체가 20℃로 들어가 60℃로 나온다. 이 열교환기에서 대수평균온도차는 몇 ℃인가?

해답 $\Delta t_1 = 80 - 60 = 20℃$, $\Delta t_2 = 30 - 20 = 10℃$

$$\therefore \ LMTD = \frac{\Delta t_1 - \Delta t_2}{\ln\left(\frac{\Delta t_1}{\Delta t_2}\right)} = \frac{20 - 10}{\ln\left(\frac{20}{10}\right)} = 14.43℃$$

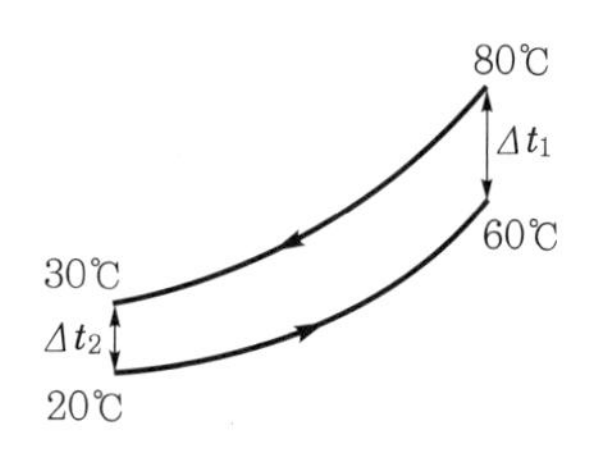

★
79 다음 그림을 보고 각 물음에 답하시오.

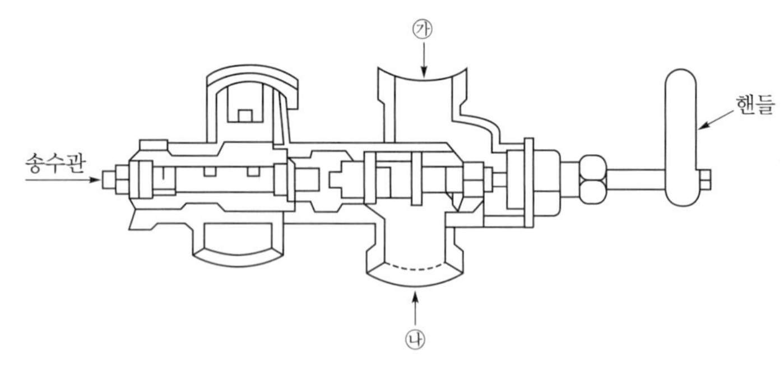

▲ 인젝터의 단면도

1 ㉮, ㉯는 무슨 관인지 쓰시오.
2 인젝터의 작동 불능원인을 3가지만 쓰시오.
3 인젝터의 작동순서를 쓰시오.

해답 **1** ㉮ 증기관　　　　㉯ 급수관
2 ① 인젝터의 과열(55℃ 이상)
② 증기의 압력 과소(200kPa 이하)
③ 흡입관로 및 밸브로부터의 공기 누입 시
④ 증기의 수분 과대
3 인젝터의 정지밸브 개방 → 급수밸브 개방 → 증기밸브 개방 → 인젝터의 핸들 개방

★
80 압력 15MPa, 온도 200℃에서 포화수의 비엔탈피가 125kJ/kg, 포화증기의 비엔탈피가 950kJ/kg이다. 같은 온도에서 건도가 0.9인 습증기의 비엔탈피는?

해답 $h_x = h' + x(h'' - h') = 125 + 0.9 \times (950 - 125) = 867.5\text{kJ/kg}$

81 증발률이 54kg/m^2·h이고 실제 증발량이 15t/h인 보일러에서 복사전열면적이 150m^{2}라 할 때 접촉전열면적은 몇 m^{2}인가?

해답 $A = \frac{m_a}{g_s} = \frac{15 \times 10^3}{54} = 277.78\text{m}^2$

$\therefore\ A_c = A - A_r = 277.78 - 150 = 127.78\text{m}^2$

★
82 비엔탈피가 950kJ/kg인 과열증기가 노즐에 저속으로 들어가 출구에서 350kJ/kg으로 나갈 때 출구에서의 수증기속도는?

해답 $V_2 = 44.72\sqrt{h_1 - h_2} = 44.72\sqrt{950 - 350} \fallingdotseq 1095.41\text{m/s}$

83 최고사용압력 P=200N/cm^2, 안지름 D=1,200mm 구형 용기의 최소두께는 몇 mm인가? (단, 용접이음효율 η=1, 재료의 허용인장응력 σ_a =80MPa, 부식여유 C=2.5mm)

해답 $t = \frac{PD}{200\sigma_a\eta} + C = \frac{200 \times 1{,}200}{200 \times 80 \times 1} + 2.5 \fallingdotseq 17.5\text{mm}$

★
84 압력 300kPa의 포화증기를 압력 50kPa까지 팽창시키는 터빈이 있다. 이때의 증기유량은 15T/H, 터빈 출구의 증기건도는 93%라 하면 터빈에서 얻어지는 출력은 몇 kW인가? (단, 각 압력에서의 비엔탈피는 표를 참조하시오.)

압력(kPa)	비엔탈피(kJ/kg)	
	포화수	포화증기
300	–	2,724
50	294	2,645

해답 $h_2 = h' + x(h'' - h') = 294 + 0.93 \times (2{,}645 - 294) = 2480.43\text{kJ/kg}$

$\therefore$ 출력$= \frac{m(h - h_2)}{3{,}600} = \frac{15{,}000 \times (2{,}724 - 2480.43)}{3{,}600} \fallingdotseq 1014.88\text{kW}$

★
85 강판의 두께 12mm, 리벳의 직경 22mm, 피치 48mm의 1줄 겹치기 리벳이음이 있다. 1피치마다의 인장하중을 12,000N이라 할 때 이 리벳이음의 효율(%)은 얼마인가?

해답 $\tau = \frac{W}{A} = \frac{4W}{\pi d^2} = \frac{4 \times 12{,}000}{\pi \times 22^2} = 31.57\text{MPa}$

$\sigma_t = \frac{W}{A} = \frac{W}{(p-d)t} = \frac{12{,}000}{(48-22) \times 12} = 38.46\text{MPa}$

$\therefore \eta = \frac{\tau \pi d^2}{4pt\sigma_t} \times 100\% = \frac{31.57 \times \pi \times 22^2}{4 \times 48 \times 12 \times 38.46} \times 100\% = 54.17\%$

★
86 판두께 10mm, 리벳의 지름 22mm, 피치 54mm의 1열 겹치기 리벳이음이 있다. 1피치당의 하중을 13,500N으로 할 경우 판에 생기는 인장응력(MPa)은 얼마인가?

해답 $\sigma_t = \frac{W}{A} = \frac{W}{(p-d)t} = \frac{13{,}500}{(54-22) \times 10} \fallingdotseq 42.19\text{MPa}$

87 과열기에서 과열도의 조절방법을 4가지 쓰시오.

해답 ① 과열기를 가열하는 연소가스온도의 변화
② 접촉 과열기와 복사 과열기의 조합
③ 과열 저감기 사용
④ 과열기를 가열하는 연소가스량 조절

★
88 보일러 산 세정에 사용하는 부식 억제제의 구비조건을 5가지만 쓰시오.

해답 ① 부식 억제능력이 클 것
② 점식이 발생되지 않을 것
③ 물에 대한 용해도가 클 것
④ 시간적으로 안정할 것
⑤ 세관액의 온도와 농도에 대한 영향이 적을 것

89 보일러에 절탄기가 부착되었을 때 절탄기의 취급순서를 3가지로 구분하시오.

해답 ① 보일러에 급수하여 절탄기의 물을 유동시킨다.
② 절탄기의 주연도 출구댐퍼를 열고 그 다음에 입구댐퍼를 연다.
③ 바이패스연도의 입구댐퍼를 닫고 그 다음에 출구댐퍼를 닫는다.

90 트랩 설치 시 주의할 점을 4가지만 쓰시오.

해답 ① 드레인 배출구에서 트랩 입구에의 배관은 되도록 굵고 짧게 한다.
② 트랩 입구의 배관은 트랩 입구를 향해 내림구배로 한다.
③ 트랩 입구의 배관은 입상관으로 하지 않는다.
④ 트랩 입구의 배관은 보온하지 않는다.

★
91 두께 25mm인 철판의 넓이 $1m^2$마다의 전열량이 매시간 4,186kJ이 되려면 양면의 온도차(℃)는? (단, 철판의 열전도율은 58W/m・K이다.)

해답 $q_c = \lambda A \dfrac{\Delta t}{L}$ [W]

$$\therefore \ \Delta t = \frac{q_c L}{\lambda A} = \frac{\dfrac{4,186 \times 10^3}{3,600} \times 0.025}{58 \times 1} = 0.5℃$$

★
92 최고사용압력 $85N/cm^2$, 동의 내경 1,500mm, 길이 2,000mm인 노통 보일러 동판의 최소두께는? (단, 용접이음이며 [표 1] 및 [표 2]를 참조한다. 또한 부식여유두께(α)는 1mm, 이음효율(η)은 91%, 재료의 인장강도(σ_u)는 390MPa, 안전율(S)은 4, 크리프계수(k)는 0.4이다.)

▶ **[표 1] k의 값**

구분	480℃ 이하	510℃	535℃	565℃	590℃	620℃ 이상
프라이트강	0.4	0.5	0.7	0.7	0.7	0.7
오스테나이트강	0.4	0.4	0.4	0.4	0.5	0.7

▶ **[표 2] 동판의 외경 및 최고사용압력에 따른 α의 값**

동의 외경(mm)	최고사용압력(MPa)	α[mm]
600 이하	–	1.65
600 초과	280 이하	1
	280 초과	2.5

해답 $\sigma_a = \dfrac{\sigma_u}{S} = \dfrac{390}{4} = 90\text{MPa}$

$$\therefore \ t = \frac{PD_i}{200\sigma_a \eta - 2P(1-k)} + \alpha = \frac{85 \times 1,500}{200 \times 90 \times 0.91 - 2 \times 85 \times (1-0.4)} + 1 = 8.83\text{mm}$$

★
93 배기가스온도가 열교환기에서 800℃로 들어가 500℃로 나오며, 차가운 공기가 20℃로 들어가서 300℃가 되어 나온다. 이때 향류로 할 때와 병류로 할 때의 각 대수평균온도차는 몇 ℃인가?

1 향류로 할 때
2 병류로 할 때

해답 1 $\Delta t_1 = 800-300=500$℃, $\Delta t_2 = 500-20=480$℃

$$\therefore\ LMTD = \frac{\Delta t_1 - \Delta t_2}{\ln\left(\frac{\Delta t_1}{\Delta t_2}\right)} = \frac{500-480}{\ln\left(\frac{500}{480}\right)} \fallingdotseq 490℃$$

2 $\Delta t_1 = 800-20=780$℃, $\Delta t_2 = 500-300=200$℃

$$\therefore\ LMTD = \frac{\Delta t_1 - \Delta t_2}{\ln\left(\frac{\Delta t_1}{\Delta t_2}\right)} = \frac{780-200}{\ln\left(\frac{780}{200}\right)} = 426.16℃$$

참고 향류(대향류)가 병류(평행류)보다 전열효과가 더 크다.

★
94 다음 ( ) 안에 적당한 용어 또는 수치을 쓰시오.

보일러 마력은 1시간당 (①)kg의 (②)을 갖는 능력을 말한다.

해답 ① 15.65 ② 상당증발량

95 수분용 화격자의 종류를 4가지 쓰시오.

해답 ① 고정 수평 화격자 ② 중공 화격자
③ 가동(요동) 화격자 ④ 계단식 화격자

96 석탄을 분류할 때의 항목을 4가지 쓰시오.

해답 ① 발열량 ② 입도 ③ 점결성 ④ 연료비

97 연료로써 중유를 사용할 때 여러 목적 때문에 각종 첨가제를 가하는 경우가 있다. 주된 첨가제와 그 사용목적을 다음의 빈칸에 적으시오.

첨가제	사용목적
연소 촉진제	분무를 양호하게 한다.
슬러지 안정제	
탈수제	
회분 개질제	

해답

첨가제	사용목적
연소 촉진제	분무를 양호하게 한다.
슬러지 안정제	슬러지의 생성을 방지한다.
탈수제	수분을 분리한다.
회분 개질제	회분 중 융점을 높여 고온부식을 방지한다.

PART 2

★
98 다음 ( ) 안에 적당한 용어 혹은 수치를 쓰시오.

1 공기분무식 버너로 중유를 분무시키는 데는 (①)kPa의 고압증기를 사용하는 것과 (②)kPa의 저압공기를 사용하는 것이 있으며, 공기와 중유의 혼합방식도 (③)과 (④)이 있다. 고압식에서는 일반적으로 이론상 필요한 공기량의 (⑤)%, 저압식에서는 (⑥)% 정도의 공기가 쓰인다.

2 연소가스분석에서 가스 1차 필터, (①) 2차 필터를 통과하여 분석기에 들어가도록 채취한다. 1차 필터는 제진성이 좋은 (②) 소결금속 등의 내열성 필터를 사용하고, 2차 필터는 솜, (③) 등이 사용된다.

해답 1 ① 200~700 ② 5~20 ③ 외부혼합식
④ 내부혼합식 ⑤ 7~12 ⑥ 30~50

2 ① 가스냉각기 ② 카보런덤 및 알런덤 ③ 유리솜, 석면

★
99 고압 기류식 버너에 대한 다음 물음에 답하시오.

1 분무각도는 약 ( ) 정도이다.
2 무화압력은 ( )kPa 정도로 충분하다.
3 조절비는 ( ) 정도이다.
4 ( )이 외부혼합식에 비하여 양호하다.
5 연소 시 ( )이 많은 결점이 있다.

해답 1 30°
2 200~700
3 1 : 10
4 내부혼합식
5 소음

100 석탄에 대한 내용의 (   ) 안에 알맞은 용어를 쓰시오.

> 석탄 저장 시 석탄을 두텁게 쌓으면 풍화되어 천천히 타는데, 이 현상을 (①)라 하며, 석탄이 풍화작용을 하면 (②)과 (③)이 감소하고 (④)이 저하된다.

해답 ① 자연발화　② 점결성　③ 휘발분　④ 발열량

★
101 보일러 보염장치로서 다음 설명에 해당하는 명칭을 쓰시오.

1. 버너 슬로트를 구성하는 내화재로서, 그 형태에 따라 분무각도도 변화하고 노내에 분사되는 연료와 공기의 분포속도 및 흐름의 방향을 최종적으로 조정하는 것
2. 노내에 분사된 연료에 연소용 공기를 유효하게 공급하여 연소를 도우며 화염의 안정을 도모하기 위하여 공기류를 적당히 조정하는 장치

해답 1 버너타일　2 스태빌라이저

102 회전식 버너의 특징을 3가지만 쓰시오.

해답 ① 기름은 보통 29.42kPa 정도로 가압하여 공급하여야 한다.
② 유량조절범위가 넓다.
③ 기름의 점도가 커지면 충분한 무화가 곤란해진다.
④ 분무각도는 공기분사구의 유속 또는 안내깃을 바꾸어 40~80° 범위로 변화할 수 있어 넓은 각으로 된다.

103 미분탄 연소장치 중 사이클론 연소실의 연소범위는 얼마인가?

해답 1,600~1,750℃

104 슬래그 탭 연소 시의 장점을 3가지 쓰시오.

해답 ① 적은 공기비로 연소시킬 수 있다.
② 고온의 연소가스를 얻을 수 있다.
③ 배기가스에 의한 열손실이 적다.

★
105 연료의 연소과정에서 일산화탄소, 수트(soot), 분진 등의 발생원인을 5가지만 간략하게 쓰시오.

해답 ① 공기량 부족일 때
② 무리하게 연소할 때
③ 연료 속에 회분이 과다할 때
④ 연소실 용적이 작을 경우
⑤ 연료의 예열온도가 너무 낮을 경우

106 산포식 스토커의 연료투탄방법을 3가지 쓰시오.

해답 ① 회전셔블식 ② 압축공기식 ③ 증기분사식

107 석탄은 점결성에 의하여 3가지로 구분할 수 있다. 그 분류를 3가지 쓰고, 각 분류에 속하는 석탄의 명칭을 1가지씩 쓰시오.

해답 ① 강점결성 : 고도 역청탄
② 약점결성 : 저도 역청탄, 반역청탄
③ 비점결성 : 무연탄, 갈탄, 반무연탄

★
108 연소기구 중에서 보염기(에어 레지스터)의 종류를 3가지만 쓰시오.

해답 ① 윈드박스 ② 버너타일 ③ 콤버스터
참고 콤버스터(combustor)는 노내에서 불꽃이 꺼지는 것을 막아주며 급속연소를 촉진시켜주는 역할을 한다.

★
109 미분탄의 최대입도는 몇 mesh 정도인가?

해답 200mesh 정도
참고 입도의 단위인 메시(mesh)는 1inch(25.4mm)당 체눈금의 수를 의미한다.

110 연소상태를 판정하는 데 사용되는 계측기를 3가지 쓰시오.

해답 ① 온도계 ② 통풍계 ③ 가스분석계

111 석탄이 풍화작용을 받았을 때 어떻게 변질되는지 그 현상을 3가지 쓰시오.

해답 ① 석탄 고유의 광택이 없어진다. ② 표면적이 적색으로 된다.
③ 분탄으로 된다. ④ 발열량이 감소한다.

★
112 액체연료의 연소장치에서 다음 설명에 해당하는 중유버너의 명칭을 쓰시오.

1 고압의 증기 및 공기 또는 저압의 공기를 이용하여 무화시키는 버너
2 연료유를 가압하여 노즐을 이용하여 분출·무화시키는 버너
3 분무컵을 고속회전시켜 무화시키는 버너

해답 1 기류분무식 버너 2 유압식 버너 3 회전식 버너

113 연료의 연소 시 연소온도를 높게 하기 위한 조건을 4가지 쓰시오.

해답 ① 완전 연소를 시킨다. ② 발열량이 높은 연료를 사용한다.
③ 공기를 예열시킨다. ④ 공기비를 낮춘다.

114 중유 연소 시 버너팁이나 노벽 등에 탄화물이 생성될 경우가 있다. 그 원인을 3가지 쓰시오.

해답 ① 분무 불균일 ② 공기량 부족 ③ 기름에 카본양 과다 ④ 예열온도가 높음

★
115 다음 ( ) 안에 알맞은 용어를 쓰시오.

고체연료의 연소방식에는 크게 (①) 연소방식, (②) 연소방식, (③) 연소방식이 있다.

해답 ① 화격자 ② 미분탄 ③ 유동층

★
116 고체연료를 연소시킬 때 입도에 따른 연소방식을 3가지 쓰시오.

해답 ① 화격자 연소 ② 미분탄 연소 ③ 세분탄 연소

★
117 다음 설명에 해당되는 연소의 종류(형태)를 쓰시오.

1 목탄이나 코크스 등 휘발분이 없는 고체연료의 연소
2 석탄이나 장작, 중유 등과 같이 연소 초기에 화염을 발생하는 연소
3 휘발도가 높거나 비점이 낮아져 연료의 표면으로부터 증기가 발생하여 발열하는 연소

해답 1 표면연소 2 분해연소 3 증발연소

118 기체연료의 대표적인 단점을 3가지 쓰시오.

해답 ① 취급에 위험이 많다.
② 가격이 비싸다.
③ 설비비가 많이 든다.
④ 수송 및 저장이 곤란하다.

119 석탄을 건류하면 코크스가 생성되는데 그 굳기를 나타내는 성질을 점결성 또는 무엇이라고 하는가?

해답 코크스화성

★
120 액체연료의 무화방식을 4가지 이상 쓰시오.

해답 ① 유압 무화식
② 이류체 무화식
③ 회전이류체 무화식
④ 충돌 무화식
⑤ 진동 무화식
⑥ 정전기 무화식

121 연료의 무화에 필요한 조건을 5가지 쓰시오.

해답 ① 연료의 점도
② 연료의 분무압
③ 연료의 온도
④ 연료의 표면장력
⑤ 노즐의 구경

122 층 내에서 불의 이동과 공기의 흐름이 반대이며 착화가 어려운 석탄에 적합하지 않은 기계적인 스토커는?

해답 하입식 스토커

123 산포식 스토커의 산포방법을 3가지 쓰시오.

해답 ① 공기분무식 ② 증기분무식 ③ 회전셔블식

★
124 다음의 ( ) 안에 알맞은 내용을 쓰시오.

1 석탄의 수분 정량법은 시료 (①)g을 건조기에서 (②)℃까지 (③)분간 가열하여 건조시켰을 때의 감량을 시료에 대한 백분율로 표시한다.

2 석탄의 휘발분 정량법은 시료 (④)g을 노내에 넣고 (⑤)℃로 (⑥)분간 가열한다.

해답 1 ① 1 ② 107±2 ③ 60
2 ④ 1 ⑤ 925±20 ⑥ 7

★
125 어느 공장의 보일러실 연돌에서는 시간당 7,000Nm³의 실제 배기가스가 배출된다. 배기가스온도는 285℃이고 연돌 상부 단면적은 0.52m²이다. 이때 배기가스의 유속(m/s)은 얼마인가? (단, 소수점 이하 둘째 자리까지 구한다.)

해답 $A=\frac{m(1+0.0037t)}{3,600V}$

$$\therefore \ V=\frac{m(1+0.0037t)}{3,600A}=\frac{7,000\times(1+0.0037\times285)}{3,600\times0.52}=3.94\text{m/s}$$

★
126 세정집진장치 중에서 가압수식의 종류를 3가지 쓰시오.

해답 ① 벤투리 스크러버 ② 사이클론 스크러버 ③ 제트 스크러버

★
127 다음 4가지 집진장치를 압력손실이 작은 것부터 큰 순서로 쓰시오.

① 중력 집진장치 ② 사이클론 집진장치
③ 벤투리 스크러버 ④ 코트렐 집진장치

해답 ④ → ① → ② → ③

128 중유가 40℃일 때 체적이 100L였다. 15℃일 때 체적은 몇 L인가? (단, 체적팽창계수는 0.0007이다.)

해답 $v_{15} = \dfrac{100}{1+0.0007\times(40-15)} = 98.28\text{L}$

129 유황이 2% 함유된 중유를 연소하는 열설비에서 배출되는 SO_2 가스의 농도는 몇 ppm인가? (단, 연소가스량은 12.5Nm³/kg의 중유이다.)

해답 $S+O_2=SO_2$

SO_2가스농도 $=0.02\times\dfrac{22.4}{32}=0.014\text{Nm}^3/\text{kg}=\dfrac{0.014}{12.5}\times10^6=1{,}120\text{ppm}$

★
130 어떤 집진장치에서 입출구의 함진가스농도를 측정하니 각각 45g/m³, 1.35g/m³이다. 이때 집진율은 몇 %인가?

해답 집진율 $=\left(1-\dfrac{\text{출구농도}}{\text{입구농도}}\right)\times100\%=\left(1-\dfrac{1.35}{45}\right)\times100\%=97\%$

★
131 집진장치의 선정 시 고려하여야 할 사항을 6가지 쓰시오.

해답 ① 입자의 비중
② 입자의 크기 및 성분조성
③ 사용연료의 종류 및 연소방법
④ 배출가스량과 습도와 그 온도
⑤ SO_2가스농도
⑥ 입자의 전기저항 및 친수성과 흡습성

132 배기가스량 13.6Nm³/kg, 배기가스비열 1.38kJ/Nm³·K, 배기가스온도 290℃일 때 배기가스온도를 150℃로 저하시킬 경우 이득되는 열량은?

해답 $Q=m_gC_g(t_g-t_e)=13.6\times1.38\times(290-150)=2627.52\text{kJ/kg}$

133 벙커C유의 온도가 75℃일 때 부피가 20,000L였다. 이 중유의 온도가 15℃로 되면 부피는 몇 L인가? (단, 벙커C유의 온도가 15℃일 때 비중(d_{15})은 0.96이고, t[℃]일 때의 비중(d_t)은 $d_{15}-0.00066(t-15)$이다.)

해답 부피 $=\dfrac{75℃\text{의 기름부피}\times75℃\text{의 비중}}{15℃\text{의 비중}}=\dfrac{20{,}000\times[0.96-0.00066\times(75-15)]}{0.96}=19.175\text{L}$

134 건식 집진장치 중에서 매연이나 분진이 들어있는 가스를 여포에 통과시켜서 매연을 걸러내는 방법으로 분리 포집할 수 있는 입자의 크기는 0.1~40μ이고, 가스속도는 5cm/s 이상이며, 압력손실이 30~500mmH_2O인 집진장치의 명칭은 무엇인가?

해답 백 필터(여과식) 집진장치

★
135 연돌의 통풍력을 측정한 결과 2mmH_2O, 연소가스의 평균온도는 100℃, 외기온도는 15℃일 때 실제 통풍력의 높이(H)는 얼마인가? (단, 소수점 첫째 자리까지 구하고, 공기의 비중량은 1.295N/m^3, 배기가스의 비중량은 1.423N/m^3, 실제 통풍력은 이론통풍력의 80%이다.)

해답 $Z = 273H\left(\frac{\gamma_a}{t_a + 273} - \frac{\gamma_g}{t_g + 273}\right) \times 0.8$

$\therefore\ H = \frac{Z}{273\left(\frac{\gamma_a}{t_a + 273} - \frac{\gamma_g}{t_g + 273}\right) \times 0.8} = \frac{2}{273 \times \left(\frac{1.295}{15 + 273} - \frac{1.423}{100 + 273}\right) \times 0.8} = 13.4\text{m}$

참고 실제 굴뚝높이 $= \frac{\text{실제 통풍력}}{273 \times \left(\frac{\text{공기의 비중량}}{\text{외기온도} + 273} - \frac{\text{연소가스의 비중량}}{\text{연소가스온도} + 273}\right) \times 0.8}$ [m]

136 보일러에서 연소 시 수트 블로(soot blow)를 실시한 후 그 효과를 알아보는 방법 중 가장 중요한 사항에 대하여 1가지만 간략하게 쓰시오.

해답 배기가스온도 측정

137 매연농도를 측정할 때 측정기의 링겔만 농도표와의 거리는 몇 m인가?

해답 16m

★
138 다음 ( ) 안에 알맞은 용어를 쓰시오.

> 액체 또는 고체연료가 공기 중에 가열되었을 때 주위로부터 불씨 접촉 없이 스스로 불이 붙는 최저의 온도를 (①)이라 하며, 그 온도는 발열량이 (②), 분자구조가 (③), 산소농도가 (④), 압력이 (⑤) 높아진다.

해답 ① 발화점 ② 낮을수록 ③ 간단할수록 ④ 옅을수록 ⑤ 낮을수록

139 석탄의 연소특성 중 점결성에 대해서 간단히 설명하시오.

해답 점결성이란 석탄이 350℃ 부근에서 연화 용융되었다가 450℃ 부근에서 다시 굳어지는 성질을 말한다(특히 역청탄).

140 서비스탱크에 설치되는 부속장치를 5가지만 쓰시오.

해답 ① 온도계 ② 액면계(유면계) ③ 통기관(배기관)
④ 가열관 ⑤ 기름분출관(배유관) ⑥ 오버플로관
⑦ 플로트스위치 ⑧ 송유관 ⑨ 드레인배기밸브

141 유류용 보일러의 연료계통에서 여과기를 설치해야 하는 곳을 3개 쓰시오.

해답 ① 급유배관의 유량계 입구 ② 기름펌프의 입구 ③ 오일프리히터 입구

★
142 다음 그림은 석탄의 화격자 연소 시 화층을 나타낸 것이다. ①, ②, ③, ④층의 명칭을 쓰시오.

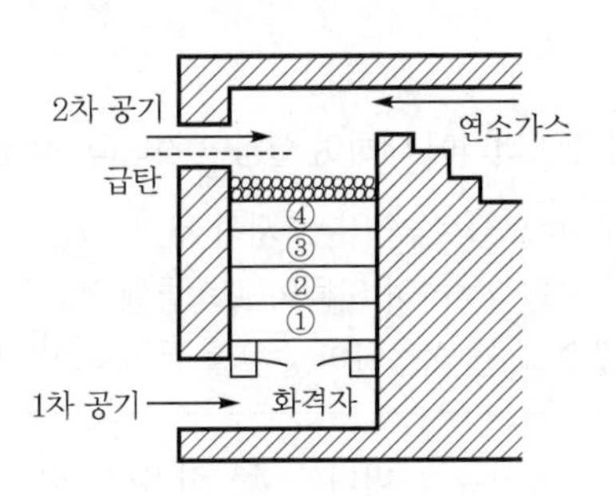

해답 ① 회층 ② 산화층 ③ 환원층 ④ 건류층

★
143 다음 ( ) 안에 알맞은 용어를 쓰시오.

> 연료 중 (①)성분이 연소되면 이산화탄소가 발생하며 유입공기가 (②)를 넘으면 연소배출가스에 공기가 들어가기 때문에 CO_2%는 감소한다. 또한 연료에 도입되는 공기량의 (③), (④), (⑤)에 따라서 CO_2%를 도시하면 상승, 최대, 하강과 같은 산형 (⑥)이 나타난다.

해답 ① 탄소 ② 이론공기 ③ 부족 ④ 최적량 ⑤ 과잉 ⑥ 곡선

144 기체연료를 저장하는 가스홀더(gas holder)의 종류를 3가지 쓰시오.

해답 ① 유수식 홀더 ② 무수식 홀더 ③ 고압홀더

145 보일러에 사용하는 중유는 예열하여 사용한다. 이때 예열온도가 너무 높으면 어떤 문제점이 있는지 3가지만 쓰시오.

해답 ① 기름의 분해가 발생한다.
② 탄화물이 생성된다.
③ 분무상태가 불량해진다.
④ 연료소비가 증가한다.

★
146 연료에 관한 다음 설명에 해당되는 용어를 쓰시오.

1 공기의 존재하에 가열된 연료 자체가 외부의 점화원 없이 불꽃을 일으키는 온도
2 외부에서 불꽃을 가했을 때 불이 붙는 최저온도
3 가연성 물질이 공기 중의 산소와 혼합하여 연소할 경우에 필요한 혼합가스의 농도범위

해답 1 착화점 2 인화점 3 폭발범위

★
147 다음은 액체연료 연소장치인 버너에 대하여 설명한 것이다. 각 설명에 해당되는 버너의 명칭을 쓰시오.

1 연료유 자체를 가압하여 노즐로부터 분출시켜 무화시키는 버너
2 고압의 공기 또는 증기를 사용하여 이들의 고속류에 의하여 중유를 무화시키는 버너
3 고속으로 회전하는 컵(cup)을 이용하여 중유를 무화시키는 버너

해답 1 유압식 버너 2 고압기류식 버너 3 회전식 버너

★
148 연소반응에 있어서 탄소(C)의 불완전 연소식을 쓰고, 탄소 1kg을 불완전 연소시켜서 CO로 되었을 경우의 발열량을 계산하시오.

해답 $C+\frac{1}{2}O_2=CO+123{,}068\text{kJ/kmol}$

탄소(C)가 12kg이므로

∴ 발열량 $=12\times 123{,}068=1{,}476{,}816\text{kJ/kg}$

★
149 어느 공장의 연소가스를 분석결과 CO_2함량이 10.2%였다. CO는 발생하지 않는다고 가정하고 CO_{2max}가 15.416%라면 O_2는 몇 %이겠는가? (단, 계산과정을 표시하여 소수점 이하 둘째 짜리까지 구하시오.)

해답 완전 연소 시 $CO_{2max} = \dfrac{21CO_2}{21 - O_2}$

$$\therefore\ O_2 = 21 - \frac{21CO_2}{CO_{2max}} = 21 - \frac{21 \times 10.2}{15.416} = 7.11\%$$

150 정격용량이 2.5t/h인 보일러에서 벙커C유를 연료로 사용하여 저위발열량 39,516kJ/kg을 얻었다. 벙커C유의 비중량을 1kg/L로 하고 연소용 버너의 용량(L/h)을 구하시오.

해답 $$\text{버너용량} = \frac{\text{정격용량} \times 2,256}{\text{연료의 저위발열량}(H_L) \times \text{비중량}} = \frac{2,500 \times 2,256}{39,516 \times 1} = 142.73\text{L/h}$$

151 기체연료의 연소장치에서 예혼합(예열혼합)방식 3가지를 버너종류에 따라 구분하여 쓰시오.

해답 ① 저압버너 ② 고압버너 ③ 송풍버너

★
152 어떤 수관식 보일러(연소실 용적 $30m^3$)에서 25,116kJ/kg의 석탄을 시간당 1,500kg 연소시켰다. 이때의 연소실 열부하는 얼마인가?

해답 $$\text{연소실 열부하} = \frac{\text{시간당 연료소비량} \times (\text{연료의 저위발열량} + \text{공기의 현열} + \text{연료의 현열})}{\text{연소실 용적}}$$

$$= \frac{25,116 \times 1,500}{30} = 755,800\text{kJ/m}^3 \cdot \text{h}$$

★
153 다음 ( ) 안에 적당한 말을 넣으시오.

> (①)에 의한 자연통풍에는 한도가 있으므로 큰 보일러에서는 (②)통풍으로 한다. 이것에는 (③)통풍, (④)통풍, (⑤)통풍의 3가지 방법이 있다.

해답 ① 연돌(굴뚝) ② 강제(인공) ③ 압입 ④ 흡입(=유인) ⑤ 평형

★
154 연돌의 출구가스유속을 50m/s, 출구가스온도를 210℃, 연돌의 상부 단면적을 30m^{2}라 할 때 연소가스량 (G[Nm^3/h])을 구하시오.

해답 $A=\dfrac{G(1+0.0037t)}{3,600V}$

$\therefore\ G=\dfrac{3,600VA}{1+0.0037t}=\dfrac{3,600\times50\times30}{1+0.0037\times210}=3,038,829.49\text{Nm}^3/\text{h}$

★
155 연소실에 설치하는 송풍기의 종류를 4가지 쓰시오.

해답 ① 터보형(원심식) 송풍기 ② 다익형(시로코형) 송풍기
③ 플레이트형 송풍기 ④ 축류형 송풍기

★
156 연돌의 높이가 50m, 연소가스의 평균온도가 200℃, 외기온도가 25℃, 공기의 비중량이 12.7N/m^3, 배기가스의 비중량이 13.9N/m^{3}일 때 이론통풍력은 얼마인가?

해답 $Z=273H\left(\dfrac{\gamma_a}{t_a+273}-\dfrac{\gamma_g}{t_g+273}\right)=273\times50\times\left(\dfrac{12.7}{25+273}-\dfrac{13.9}{200+273}\right)\fallingdotseq180.6\text{mmAq}$

★
157 액체연료 연소장치인 고압 기류식 분무버너에 대한 물음에 답하시오.

1 고압 기류매체 2가지
2 유량조절범위(좁다, 넓다, 중간)
3 유체와 연료와의 혼합장소에 따른 분류 2가지

해답 1 공기, 증기 2 넓다 3 내부혼합식, 외부혼합식

158 배기가스에 의한 열손실을 판단하는 방법을 3가지 쓰시오.

해답 ① 배기가스성분으로 판단
② 노내 온도로 판단
③ 배기가스온도를 측정하여 판단

★
159 자연통풍방식에서 통풍력을 증가시키려면 어떻게 해야 하는지 4가지를 쓰시오.

해답 ① 연돌의 단면적을 크게 한다. ② 연도를 짧게 한다.
③ 연돌을 높게 설치한다. ④ 배기가스온도를 높게 한다.

160 매연의 발생원인을 5가지만 쓰시오.

해답 ① 통풍력이 부족할 경우 ② 연소실 용적이 적을 경우
③ 연소실의 온도가 낮을 경우 ④ 공급된 연료와 공기가 혼합이 잘 안 될 경우
⑤ 연료와 연소장치의 균형이 맞지 않을 경우

★
161 굴뚝의 출구가스온도가 140℃, 출구가스속도가 7.8m/s이고 연소가스량이 11,400Nm^3/h일 때 굴뚝의 최소 상부 단면적을 구하시오.

해답 배기가스온도만 주어진 경우

$$A=\frac{\text{시간당 배기가스량}\times(1+0.0037\times\text{배기가스온도})}{3{,}600\times\text{배기가스속도}}=\frac{11{,}400\times(1+0.0037\times140)}{3{,}600\times7.8}=0.62\text{m}^2$$

162 매연농도 측정기구를 3가지 쓰시오.

해답 ① 링겔만 매연농도표 ② 광전관식 매연농도계
③ 매연포집질량계 ④ 바카라치 스모크테스터

★
163 다음의 값을 이용하여 굴뚝에 소요되는 단면적을 구하시오.

- 굴뚝 내의 가스속도 : V=1.2m/s
- 굴뚝 내의 가스압력 : P_g=1,550mmHg
- 굴뚝 내 가스의 절대온도 : T_g=348K(=75℃)
- 연료소비량 : G=200kg/h
- 연료 1kg으로부터 나오는 연소가스량 : Q_g=2,500Nm^3

해답 $$A=\frac{\frac{760}{1{,}550}GQ_g(1+0.0037t)}{3{,}600V}=\frac{\frac{760}{1{,}550}\times200\times2{,}500\times(1+0.0037\times75)}{3{,}600\times1.2}=72.498\text{m}^2$$

PART 2

★
164 다음 (   ) 안에 알맞은 용어를 쓰시오.

댐퍼(damper)의 주된 설치목적은 (①)의 열배기가스량을 (②)하여 일정한 (③)을 유지하기 위함이다.

해답 ① 연도 ② 조절 ③ 통풍력

★
165 연소가스의 연돌 입구온도가 750℃이고, 출구온도가 280℃라면 연돌 내의 평균가스온도는 몇 ℃인가?

해답 $$\text{평균가스온도} = \frac{\text{연돌 입구온도}(t_i) - \text{연돌 출구온도}(t_o)}{\ln\left(\frac{t_i}{t_o}\right)} = \frac{750-280}{\ln\left(\frac{750}{280}\right)} = 477.02℃$$

166 연돌에 설치하는 댐퍼의 역할을 2가지만 쓰시오.

해답 ① 가스흐름 차단
② 주연도와 부연도가 있을 때 가스흐름 교체

167 원심력 집진장치의 종류를 2가지 쓰시오.

해답 ① 사이클론 ② 멀티클론

★
168 중유의 연소 시 건배기가스 중 SO_2 농도가 400ppm일 경우 습배기가스 중 SO_2 농도는 몇 ppm인가? (단, 중유의 수소(H_2)가 8%, 건배기가스량은 13.5Nm^3/kg의 연료이다.)

해답 $H_2(2\text{kg}) + O_2 = H_2O(22.4\text{Nm}^3)$

$$\text{수증기량} = \frac{22.4}{2} \times 0.08 = 0.9\text{Nm}^3/\text{kg}$$

$$\text{습배기가스량}(G_w) = \text{건배기가스량}(G_d) + \text{수증기량}(H_2O)$$
$$= 13.5 + 0.9 = 14.4\text{Nm}^3/\text{kg}$$

$$\therefore \text{습배기가스 중 } SO_2 \text{ 농도} = \text{건배기가스 중 } SO_2 \text{ 농도} \times \frac{\text{건배기가스량}(G_d)}{\text{습배기가스량}(G_w)}$$
$$= 400 \times \frac{13.5}{14.4} = 375\text{ppm}$$

★
169 보일러의 연소용 공기량의 과부족현상을 판단하는 방법을 3가지 쓰시오.

해답 ① 화염의 색으로 판단 ② 배기가스성분으로 판단
③ 노내 온도로 판단 ④ 배기가스온도를 측정하여 판단

170 무연탄의 미분탄 연소장치에 회분 45%의 저질탄을 연소시킬 때 연소배기가스 $2Nm^3$에 함유되어 있는 먼지의 양은 얼마인가? (단, 이론공기량(A_o)=$5.4Nm^3/kg$, 이론배기가스량(G_o)=$6.4Nm^3/kg$, 공기비(m)=1.2, 화재의 비산율=0.8)

해답 고체나 중유 연소의 경우 이론공기량은 이론배기가스량과 같으므로
실제 연소가스량$(G) = G_o + A_o(m-1) = 6.4 + 5.4 \times (1.2-1) = 7.48Nm^3/kg$
45%=0.45kg이므로 연소가스 $2Nm^3$의 먼지는

$$x = \frac{0.45}{7.48} \times 2 = 0.1203208kg$$

$$\therefore\ 0.1203208 \times 0.8 = 0.0962566kg = 96.26g$$

171 단열식 열량계로서 석탄의 발열량을 측정한 결과 다음과 같은 결과를 얻었다. 이 결과로써 무수기준 고위발열량(H_h[kJ/kg])을 구하는 계산식을 표시하고 정수값으로 구하라. (단, 발열보정은 하지 않는 것으로 한다.)

- 시료량 : W_s =1.0g
- 상승온도 : Δt =2.2℃
- 수분 : W_m =4.5%
- 내통수량 : W_w =2,000g
- 수당량 : W_e =410g

해답

$$H_h = \frac{\text{상승온도} \times (\text{내통수량} + \text{수당량}) - \text{발열보정}}{\text{시료}} \times \frac{100}{100 - \text{수분}}$$

$$= \frac{2.2 \times (2{,}000 + 410) - 0}{1.0} \times \frac{100}{100 - 4.5} = 5581.05kcal/kg \fallingdotseq 23362.28kJ/kg$$

참고 1kcal=4.186kJ

★
172 $4.72 \times 10^6 cm^3/s$의 배기가스를 여과속도 4cm/s로 처리할 때 필요한 여과면적은 얼마인가?

해답 $A_c = \frac{Q}{V} = \frac{4.72 \times 10^6}{4} = 1.18 \times 10^6 cm^2 = 118m^2$

★
173 석탄의 분석결과가 다음과 같다면 고정탄소분은 약 몇 %인가?

- 수분을 측정하였을 때의 시료의 양은 2.0030g이고, 감량은 0.0432g
- 회분을 측정하였을 때의 시료의 양은 2.0070g이고, 감량은 0.8872g
- 휘발분을 측정하였을 때의 시료의 양은 1.9998g이고, 감량은 0.5432g

해답 수분율 $= \frac{0.0432}{2.0030} \times 100\% = 2.157\%$

$$\therefore \text{ 고정탄소} = 100 - \left(\frac{0.0432}{2.0030} \times 100 + \frac{2.0070 - 0.8872}{2.0070} \times 100 + \frac{0.5432}{1.9998} \times 100 - 2.157 \right) = 17.04\%$$

참고 고정탄소 = 100 − (수분 + 회분 + 휘발분)[%]

174 집진기 입출구의 데이터가 다음과 같을 때 이 집진기의 통과율은 얼마인가?

측정항목 \ 측정장소	입구 Duct	출구 Duct
유량(m^3/h)	10,000	15,000
분진농도(g/m^3)	12	1

해답 $\eta = \left(1 - \frac{C_o Q_o}{C_i Q_i}\right) \times 100\% = \left(1 - \frac{15,000 \times 1}{10,000 \times 12}\right) \times 100\% = 87.5\%$

참고 $\eta + P = 1$이므로 $P = 1 - \eta = 1 - 0.875 = 0.125 = 12.5\%$

★
175 어떤 집진장치의 입구 또는 출구에서 가스함진농도를 측정한 결과 각각 14.6g/m^3, 0.073g/m^3였다. 이때의 집진율은 몇 %인가?

해답 집진율 $= \left(1 - \frac{\text{출구농도}}{\text{입구농도}}\right) \times 100\% = \left(1 - \frac{0.073}{14.6}\right) \times 100\% = 99.5\%$

176 어떤 집진기의 입구농도 C_i =3g/m^3, 입구유입가스량 Q_i =20m^3이며, 출구농도 C_o =0.5g/m^3, 출구가스량 Q_o =20m^3일 때 이 집진기의 효율은 얼마인가?

해답 $\eta = \left(1 - \frac{C_o Q_o}{C_i Q_i}\right) \times 100\% = \left(1 - \frac{0.5 \times 20}{3 \times 20}\right) \times 100\% = 83.4\%$

177 먼지농도가 10g/Sm^{3}인 매연을 집진율 80%인 집진장치로 1차 처리하고, 다시 2차 집진장치로 처리한 결과 배출가스 중의 분진농도가 0.2g/Sm^{3}가 되었다. 이때 2차 집진장치의 집진율은?

해답 1차 집진장치의 처리 가스농도$=10\times(1-0.8)=2.0$g/Sm^3

$\therefore$ 2차 집진효율$=\dfrac{2.0-0.2}{2.0}\times 100\%=90\%$

★
178 석탄을 분석한 결과 다음과 같은 값을 얻었다. 이 값을 이용하여 다음 물음에 답하시오.

- 수분 : 2.14
- 회분 : 22.5
- 휘발분 : 35.27
- 전체 황 : 0.26
- 불연성 황 : 0.17
- 탄소 : 61.14
- 수소 : 3.92
- 질소 : 1.08

1 고정탄소(%)
2 연료비
3 연소성 황(%)
4 산소(%)
5 가스성분(%)

해답 1 고정탄소$=100-(2.14+22.5+35.27)=40.09\%$

2 연료비$=\dfrac{\text{고정탄소}}{\text{휘발분}}=\dfrac{40.09}{35.27}\fallingdotseq 1.14$

3 연소성 황$=$전체 황$\times\dfrac{100}{100-\text{수분}}-$불연성 황

$=0.26\times\dfrac{100}{100-2.14}-0.17\fallingdotseq 0.10\%$

4 산소$=100-\left(C+H+\text{연소성 황}+N+\text{회분}\times\dfrac{100}{100-\text{수분}}\right)$

$=100-\left(61.14+3.92+0.10+1.08+22.5\times\dfrac{100}{100-2.14}\right)=10.77\%$

5 가스성분$=$탄소$+$유효수소$+$연소성 황$=61.14+\left(3.92-\dfrac{10.77}{8}\right)+0.1=63.81\%$

★
179 다음 ( ) 안에 알맞은 답을 쓰시오.

통풍은 크게 대별하면 (①)과 (②)으로 나뉘며, 다시 (②)은 (③), (④), (⑤)으로 나뉜다. 이 중에서 연소실 앞에서 공급하는 방식을 (③)이라 하며, 그때 유속은 (⑥)m/s 정도이고, 연도에 배풍기를 설치한 통풍방식을 (④)이라 하며, 그때 유속은 (⑦)m/s이다. 그리고 압입과 흡인을 동시에 사용하는 통풍형식을 (⑤)이라 한다.

해답 ① 자연통풍　② 강제통풍(인공통풍)　③ 압입통풍　④ 흡인통풍
⑤ 평형통풍　⑥ 6~8　⑦ 8~10

★
180 전수분을 측정할 때 석탄의 경우 몇 도 정도 가열 건조시키는가?

해답 107±2℃

참고 코크스는 150±5℃로 가열 건조한다.

181 상온 상압의 함진공기 100m³/min을 지름 26cm, 유효길이 3m 되는 원통형 bag filter로 처리하려면 가스처리속도를 1.5m/min으로 할 때 소요되는 bag의 수는 얼마인가?

해답 필터 1개의 표면적$(A)=\pi DL=\pi\times 0.26\times 3=2.45\text{m}^2$

필터 통과유량$(Q)=AV=2.45\times 1.5=3.675\text{m}^3/\text{min}$

$\therefore$ 소요개수$=\dfrac{100}{3.675}=27.21$개

182 수분 10%인 석탄 2g을 단열식 열량계로 측정한 결과 봄(bomb)의 상승온도가 5℃였다. 내통수량이 2,000g, 수당량이 500g이었다면 이 연료의 발열량은 얼마인가? (단, 발열보정은 없는 것으로 한다.)

해답 $$\text{발열량}=\frac{\text{내통수의 비열}\times\text{상승온도}\times(\text{내통수량}+\text{수당량})-\text{발열보정}}{\text{시료}}\times\frac{100}{100-\text{수분}}$$

$$=\frac{1\times 5\times(2{,}000+500)-0}{2}\times\frac{100}{100-10}=6{,}944\text{cal/g}$$

★
183 연돌에서 배출되는 매연을 측정한 결과가 다음과 같다. 이때 농도값은?

- 1회 5분간 : No.2
- 2회 10분간 : No.1
- 3회 20분간 : No.0
- 4회 2분간 : No.3
- 5회 3분간 : No.4

해답 $$\text{농도값}=\frac{5\times 2+10\times 1+20\times 0+2\times 3+3\times 4}{40}\times 20=19\%$$

184 집진장치의 선정 시 고려해야 할 사항을 4가지만 쓰시오.

해답 ① 입자의 크기 및 성분조성
② 사용연료의 종류 및 연소방법
③ 입자의 전기저항 및 친수성과 흡수성
④ 입자의 진비중 및 겉보기 비중
⑤ 배출가스량과 그 온도 및 습도
⑥ 가스 중의 SO_3농도

★
185 다음은 연료의 연소에 관한 내용이다. ( ) 안에 알맞은 말을 쓰시오.

1 연료의 (①)에 필요한 최소한의 공기량을 (②)이라 하고 A_o로 표시한다. 연료를 연소장치에서 연소시킬 때 (③)만을 공급하여 (④)시키기는 불가능하기 때문에 실제적으로는 (⑤)보다 더 많은 공기를 공급하여 완전 연소가 되도록 한다.

2 실제적으로 공급하는 공기량을 A라 하면 $A = mA_o$, $m > 1.0$으로 표시된다. 이때 m을 (①) 또는 (②)라 하며 $(m-1) \times 100\%$를 (③)이라 한다.

3 일반적으로 고체연료의 연소는 표면연소, 기체연료의 연소는 (①), 중유의 연소는 (②)가 많다.

해답 1 ① 완전 연소 ② 이론공기량 ③ 이론공기량 ④ 완전 연소 ⑤ 이론공기량
2 ① 공기과잉계수 ② 공기비 ③ 과잉공기율
3 ① 확산연소 ② 분해연소

186 시료 석탄 약 1g을 107±2℃의 항온건조기에 넣고 60분 동안 가열하였을 때의 감량을 시료에 대한 백분율로 나타낸 것은 석탄의 무엇을 가리키는가?

해답 수분(%)

★
187 효율이 63%인 보일러를 90%인 보일러로 교체하였을 때 연간 절약연료량(L/년) 및 연간 절감금액(원/년)을 각각 구하시오. (단, 사용연료량은 연간 124,900L/년, 연료단가는 170원/L이다.)

해답 ① 연간 절약연료량 $= \dfrac{90-63}{90} \times 124{,}900 = 37{,}470$L/년
② 연간 절감금액 $= 37{,}470 \times 170 = 6{,}369{,}900$원/년

★
188 보일러 성능시험 시 열정산기준이다. ( ) 안에 알맞은 내용을 써 넣으시오.

1 측정시간은 ( )시간 이상 실시해야 한다.

2 입열 또는 출열 계산 시 고체연료 및 액체연료는 1(①)당, 기체연료는 1(②)당으로 한다.

3 연료의 발열량은 ( )발열량으로 한다.

4 시험부하는 ( )부하로 하고 필요에 따라 3/4, 1/2, 1/4로 한다.

5 열정산의 기준온도는 시험 시의 ( )온도로 한다.

해답 1 1 2 ① kg, ② Nm^3 3 저위 4 정격 5 외기

189 어떤 중유 보일러에서 버너에 공급되는 중유를 연료예열기로 92℃로 가열하여 공급하는 경우 연료의 현열은 몇 kJ/kg인가? (단, 중유의 비열은 1.89kJ/kg·K, 외기온도는 10℃이다.)

해답 $q_s\left(=\frac{Q_s}{m}\right)=C\,(t_2-t_1)=1.89\times(92-10)\fallingdotseq 155\text{kJ/kg}$

190 다음은 보일러 열정산기준에 대한 설명이다. (   ) 안에 알맞은 것을 쓰시오.

> 보일러 열정산은 정상 조업상태에 있어 (①)시간 이상의 운전결과에 따르며, 시험부하는 (②)부하로 하고, 고체 및 액체연료인 경우 사용연료 (③)kg당으로 계산한다. 또한 연료의 발열량은 원칙적으로 (④)발열량을 기준으로 한다.

해답 ① 1 ② 정격 ③ 1 ④ 저위

★
191 보일러 열정산 시 출열 중 열손실에 해당하는 것을 3가지 쓰시오.

해답 ① 배기가스의 열손실 ② 방사 열손실 ③ 불완전 열손실

192 보일러의 열정산에서 발생된 증기량을 알려면 발생증기량을 직접 측정하지 않고 증기량 대신에 무엇을 측정하는가?

해답 급수사용량

★
193 열정산 시 출열에 해당하는 사항을 6가지 쓰시오.

해답 ① 연소에 의해서 생기는 배기가스 손실열
② 발생증기의 흡수열
③ 노내 분입증기에 의한 열
④ 불완전 연소가스에 의한 열손실
⑤ 연소 잔재물 중의 미연소분에 의한 열손실
⑥ 방산열에 대한 열손실

194 공기가 어느 열교환기를 통해서 정상적으로 흐르고 있을 때 그 유량은 5kg/s, 온도 및 압력은 입구에서 각 127℃, 0.2MPa, 출구에서 각 27℃, 0.14MPa이다. 또 입구 및 출구에 있어서의 유로의 단면적을 $0.02m^2$, 공기의 가스정수(R)를 0.287kJ/kg·K, 공기의 정적비열(C_v)을 0.72kJ/kg·K이라고 하면 이 열교환기로 매시 교환되는 열량은 얼마인가? (단, 열손실은 없는 것으로 한다.)

해답 $C_p = C_v + R = 0.72 + 0.287 = 1.007\text{kJ/kg}\cdot\text{K}$

$\therefore\ Q = mC_p(t_2 - t_1) = 5 \times 1.007 \times (127 - 27) = 503.5\text{kg/s} = 1{,}812{,}600\text{kg/h}$

★

195 현재 배기가스가 300℃로 배출되는 것을 공기예열기를 설치하여 200℃로 줄인다면 다음의 물음에 답하시오. (단, 공기비는 1.5이고, 외기온도는 20℃, 연료의 저위발열량(H_L)은 40,184kJ/kg, 배기가스량은 $11.443Nm^3/kg$, 이론공기량은 $10.709Nm^3/kg$, 배기가스의 비열은 $1.38kJ/Nm^3 \cdot K$이다.)

1. 공기예열기 설치 전 손실량
2. 공기예열기 설치 후 손실량
3. 공기예열기 설치 후 이득 본 열량
4. 연료절감효과(%)

해답 1. $Q_b = [A_e + (m-1)A_o]\, C(t_g - t_o)$

$= [11.443 + (1.5-1) \times 10.709] \times 1.38 \times (300 - 20) = 6490.55\text{kJ/kg}$

2. $Q_p = [A_e + (m-1)A_o]\, C(t_p - t_o)$

$= [11.443 + (1.5-1) \times 10.709] \times 1.38 \times (200 - 20) \fallingdotseq 4172.5\text{kJ/kg}$

3. $Q_b - Q_p = 6490.55 - 4172.5 = 2318.05\text{kJ/kg}$

4. 연료절감효과$= \dfrac{Q_b - Q_p}{H_L} \times 100\% = \dfrac{2318.05}{40{,}184} \times 100\% = 5.77\%$

196 어느 공장에서 시간당 연료소비량(중유)이 200kg이고 공기비가 1.2이며 배기가스의 온도가 310℃인 것을 공기예열기를 설치하여 배기가스온도를 150℃로 줄였다. 이 경우 연료의 절감은 몇 L/h인가? (단, 중유 1kg의 저위발열량(H_L)은 40,184kJ/kg, 연료의 비중은 0.95kg/L, 배기가스량은 $11.443Nm^3/kg$, 이론공기량은 $10.709Nm^3/kg$, 배기가스의 비열은 $1.38kJ/Nm^3 \cdot K$이다.)

해답 절감량$= \dfrac{200 \times [11.443 + (1.2-1) \times 10.709] \times 1.38 \times (310 - 150)}{40{,}184 \times 0.95} = 15.71\text{L/h}$

참고 실제 배기가스량 = 이론배기가스량 + (공기비 − 1) × 이론공기량$[Nm^3/kg(Nm^3)]$

★

197 공업용 노(furnace)에 있어서 폐열회수장치로서 가장 적합한 것은?

해답 절탄기(economizer)

198 어느 공장의 기관실에서 중유 연소를 하였다. 배기가스 배출 시 온도가 300℃이고 외기온도가 20℃일 때 배기가스성분 중 CO_2가 10.5%이다. 공기비를 적절히 조절하여 CO_2를 14%까지 올리면 연료절감률은 얼마인가? (단, 중유의 CO_{2max}는 15.7%, 이론공기량은 10.709Nm³/kg, 배기가스의 비열은 1.38kJ/Nm³ · K이다.)

해답 CO_2가 10.5%일 때 $m_1 = \frac{CO_{2max}}{CO_2} = \frac{15.7}{10.5} = 1.5$

CO_2가 14%로 증가 시 $m_2 = \frac{CO_{2max}}{CO_2} = \frac{15.7}{14} = 1.12$

$Q = (m_1 - m_2)A_o C(t_g - t_o) = (1.5 - 1.12) \times 10.709 \times 1.38 \times (300 - 20) = 1572.42\text{kJ/kg}$

중유 1kg의 발열량은 약 40,184kJ/kg이므로

$\therefore$ 연료절감률 $= \frac{Q}{H_L} \times 100\% = \frac{1572.42}{40{,}184} \times 100\% = 3.91\%$

참고 $m = \frac{CO_{2max}}{CO_2}$

★
199 재생식 공기예열기로 일반 대형 보일러에 사용되는 것은?

해답 융스트룸 공기예열기

참고
- 재생식 공기예열기는 다수의 금속판을 조합한 전열요소에 가스와 공기를 서로 교대로 접촉시켜 전열하는 방식으로 축열식이라고 하는데, 여기에는 일반 대형 보일러에 널리 사용되는 융스트룸 공기예열기가 있다. 이것은 단위면적당 전열량이 전열식에 비해 2~4배 정도 크고 소형이며 회가 적은 중유의 연소에 적합한 공기예열기이다.
- 재생식 공기예열기에는 회전식(융스트룸식), 고정식, 이동식이 있고, 판형과 관형은 전열식 공기예열기이다.

★
200 보일러에서 공기예열기를 설치할 때의 이점이다. 다음 (   ) 안에 알맞은 용어를 쓰시오.

1. 보일러의 (①)이 향상된다.
2. (②)상태가 양호해진다.
3. 노내 온도가 높아져 노내 (③)가 좋아진다.
4. 수분이 많은 저질탄의 (④)에 유효하게 이용한다.

해답 ① 효율 ② 연소 ③ 분위기 ④ 연소

201 관형 공기예열기의 판두께는 보통 2~4mm이다. 판과 판 사이의 간격은 몇 mm로 하면 좋은가?

해답 15~40mm

참고 관형 공기예열기는 관의 재료로 연강을 사용하며, 판두께는 2~4mm, 길이는 3~10mm이고, 판과 판 사이의 간격은 15~40mm이다.

202 절탄기를 사용함으로써 얻어지는 이점을 3가지만 쓰시오.

해답 ① 급수 중의 일부 불순물을 제거한다.
② 열효율이 향상되어 연료가 절약된다.
③ 열응력으로 인한 부동팽창을 방지할 수 있다.

★
203 보일러 부대장치인 공기예열기의 대표적인 특징을 4가지만 쓰시오.

해답 ① 과잉공기를 적게 할 수 있다.
② 연소효율이 좋아 열효율이 상승한다.
③ 노내 온도가 고온으로 유지되어 완전 연소가 가능하다.
④ 저온부식 발생을 억제한다.

★
204 다음은 폐열회수장치의 종류이다. 보일러에 설치할 경우 보일러로부터 가장 먼저 설치해야 하는 순서로 나열하시오.

절탄기　과열기　공기예열기　재열기

해답 과열기(super heater) → 재열기(reheater) → 절탄기(economizer) → 공기예열기(air preheater)

★
205 보일러에서 절탄기를 설치하였을 때의 단점을 4가지 쓰시오.

해답 ① 통풍저항을 유발한다.
② 부식이 발생한다.
③ 청소가 어렵다.
④ 설비비가 비싸다.

206 통계적으로 보일러 급수온도가 6℃ 상승함에 따라 약 1%의 연료가 절감된다. 응축수를 회수하여 보일러 급수를 재사용할 경우의 이점을 3가지 쓰시오.

해답 ① 급수를 처리할 필요가 없다. ② 증발이 빠르다.
③ 열효율이 향상된다.

★
207 공기예열기 설치 시 얻는 이점을 5가지 쓰시오.

해답 ① 적은 공기로 완전 연소시킬 수 있다.
② 저질의 연료도 완전 연소가 가능하다.
③ 노내의 온도를 고온으로 유지한다.
④ 전열효율 및 연소효율이 상승한다.
⑤ 연소용 공기예열로 착화열이 감소된다.

참고 단점
① 통풍저항을 증가시킨다.
② 저온부식을 발생시킨다.

★
208 다음 ( ) 안에 알맞은 말을 쓰시오.

> 공기예열기를 전열과정에 따라 구분하면 (①)과 (②)이 있으며, 전열식에는 (③)과 (④)이 있고, (⑤)에는 (⑥), (⑦), (⑧)이 있다.

해답 ① 전열식 ② 재생식 ③ 관형 ④ 판형
⑤ 재생식 ⑥ 회전식 ⑦ 고정식 ⑧ 이동식

209 에너지의 효율적인 이용을 위하여 회수열원으로 사용되는 열원의 종류를 9가지만 쓰시오.

해답 ① 전개 ② 오니 ③ 플루이드 코크스 ④ 펄프 폐액
⑤ 타르 ⑥ 배기가스 ⑦ 암모니아가스 ⑧ 일산화탄소
⑨ 천연가스

210 에너지의 효율적인 이용방법을 위한 열회수방법을 5가지만 쓰시오.

해답 ① 보일러설비에 의한 증기 및 전력으로서의 회수
② 미분연소에 의하여 증기전력으로서의 회수
③ 보일러에 의한 증기로서 회수
④ 특수 연소방식으로서 증기, 전력 및 약품의 회수
⑤ 증기 발생공기의 가열에 의한 회수
⑥ 공기가열에 의한 회수
⑦ 공기의 예열에 의한 회수
⑧ 보일러에 의한 증기전력으로 회수

211 예열기 입구의 배기가스량은 4,000Nm^3/h이고 입출구 배기가스온도가 각각 300℃, 230℃인 배기가스를 사용하여 25℃의 공기를 200℃로 가열하는 판형 공기예열기가 있다. 예열기 출구의 공기량은 2,030Nm^3/h이고 공기 및 배기가스의 평균비열을 각각 1.298kJ/Nm^3·K, 1.967kJ/Nm^3·K라 할 때 이 공기예열기의 효율은?

해답 $\eta_p = \dfrac{m_a C_{pa}(t_{a2} - t_{a1})}{m_g C_{pg}(t_{g1} - t_{g2})} \times 100\% = \dfrac{2{,}030 \times 1.298 \times (200-25)}{4{,}000 \times 1.967 \times (300-230)} \times 100\% ≒ 83.72\%$

★ 212 실온이 0℃이며 과잉공기를 포함한 습연소가스의 비열은 1.38kJ/Nm^3·deg일 때 반응식은 다음과 같다. 이때 다음과 같은 조성을 가진 연료가스의 저위발열량(H_L)은 몇 kJ/Nm^{3}인가?

▶ 1Nm^{3}당 반응식 발열량

$CO + \frac{1}{2}O_2 = CO_2 + 12{,}705\text{kJ}$

$H_2 + \frac{1}{2}O_2 = H_2O(\text{수증기}) + 11{,}512\text{kJ}$

$CH_4 + 2O_2 = CO_2 + 2H_2O(\text{수증기}) + 36{,}628\text{kJ}$

가스의 성분	CO_2	CO	H_2	CH_4	N_2
연소가스의 조성(%)	5	40	50	1	4

해답 $CO = 12{,}705 \times 0.4 = 5{,}082\text{kJ/Nm}^3$
$H_2 = 11{,}512 \times 0.5 = 5{,}756\text{kJ/Nm}^3$
$CH_4 = 36{,}628 \times 0.01 = 366.28\text{kJ/Nm}^3$
$\therefore H_L = 5{,}082 + 5{,}756 + 366.28 = 11204.28\text{kJ/Nm}^3$

213 수관 보일러의 측정결과가 다음과 같다. 각각 열정산을 하시오.

- 실내온도 : 20℃
- 외기온도 : 15℃
- 배기가스온도 : 300℃
- 급유온도 : 80℃
- 급수온도 : 70℃
- 급수량 : 2,850L/h
- 급유량 : 240L/h
- 증기압력 : 500kPa
- 연료의 저위발열량 : 40813.5kJ/kg
- 연료의 비열 : 1.9kJ/kg·K
- 공기의 비열 : 1.3kJ/Nm^3·℃
- 배기가스의 비열 : 1.38kJ/Nm^3·℃
- 포화수의 비엔탈피 : 666kJ/kg
- 포화증기의 비엔탈피 : 2,708kJ/kg
- 증기의 건도 : 95%
- 과잉공기율 : 25%
- 방사손실 : 입열의 7%
- 단, 연료의 현열 시 실내온도기준

해답 1. **입열항목**

① 연료의 연소열 = 40813.5kJ/kg

② 연료의 현열 = 1.9×(80−15) = 123.5kJ/kg

③ 공기의 현열 = $\left(12.38 \times \dfrac{40813.5-1,100}{10,000}\right) \times 1.25 \times 1.38 \times (20-15) = 424.69\text{kJ/kg}$

④ 총입열 = 40813.5 + 123.5 + 424.69 = 41361.69kJ/kg

2. **출열항목**

1) 발생증기 보유열

① 연료 1kg당 급수량 = $\dfrac{\text{급수사용량}}{\text{연료사용량}} = \dfrac{2,850}{240} = 11.875\text{kg/kg}$

② 발생증기의 비엔탈피 = 666 + (2,708−666)×0.95 = 2605.9kJ/kg

∴ 발생증기 보유열 = 11.875×(2605.9−293.02) = 27465.45kJ/kg

2) 배기가스 보유열

① 이론공기량(A_o) = $12.38 \times \dfrac{40813.5-1,100}{10,000} = 49.17\text{Nm}^3/\text{kg}$

② 이론습배기가스량(G_{ow}) = $15.75 \times \dfrac{40813.5-1,100}{10,000} - 2.18 = 60.37\text{Nm}^3/\text{kg}$

③ 실제 습배기가스량(G_w) = 60.37 + (1.3−1)×49.17 = 890.52Nm^3/kg

∴ 배기가스 보유열 = 890.52×0.33×(250−15) = 69059.826kJ/kg

3) 방사손실열 = 총입열×7% = 41361.69×0.07 = 29895.32kJ/kg

4) 기타 손실열 = 총입열−(발생증기 보유열 + 배기가스 손실열 + 방사손실열)

= 41361.69−(27465.45 + 69059.826 + 29895.32) = −85058.906kJ/kg

5) 총출열 = 발생증기 보유열 + 배기가스 손실열 + 방사손실열 + 기타 손실열

= 27465.45 + 69059.826 + 29895.32−85058.906 = 41361.69kJ/kg

3. 열정산표(15℃ 기준)

항목	입열		출열	
	kJ/kg	%	kJ/kg	%
연료의 연소열	40813.5	98.67		
연료의 현열	123.5	0.30		
공기의 현열	424.69	1.03		
발생증기 보유열			27465.45	66.40
배기가스 손실열			69059.826	166.97
방사손실열			29895.32	72.28
기타 손실열			−85058.906	−205.65
계	41361.69	100	41361.69	100

★

214 용량이 2t/h의 보일러에서 열정산을 하기 위하여 측정한 결과가 다음과 같다. 열정산표를 작성하시오. (단, 자기순환열은 열정산표에 포함시키지 않는다.)

- 실내온도 : 25℃
- 외기온도 : 15℃
- 급수온도 : 25℃
- 급유온도 : 90℃
- 공기예열온도 : 250℃
- 배기가스온도 : 250℃
- 공기의 습도 : 2%
- 증기의 건도 : 97%
- 중유 15℃의 비중 : 0.95
- 급수의 비체적 : 1.03L/kg
- 시간당 중유 사용량 : 1,000L/h
- 급수 사용량 : 12,000L/h
- 급수의 비열 : 5.44kJ/kg · K
- 연료의 비열 : 1.88kJ/kg · K
- 공기의 비열 : 1.38kJ/kg · K
- 배기가스의 비열 : 1.3kJ/Nm^3 · K
- 공기비(m) : 1.35
- 방사손실 : 연소열의 1.5%
- 증기압력 : 500kPa
- 포화수의 비엔탈피 : 754kJ/kg
- 포화증기의 비엔탈피 : 2,826kJ/kg
- 연료 1kg당의 성분 : C 75%, H_2 15%, S 5%, O_2 3%, W 2%

해답 1. 입열항목

① 연료의 연소열(H_L)$=8,100\text{C}+34,000\left(\text{H}-\dfrac{\text{O}}{8}\right)+2,500\text{S}-600\text{W}$

$$=8,100\times0.75+34,000\times\left(0.15-\frac{0.03}{8}\right)+2,500\times0.05-600\times0.02$$

$$=10,948\text{kcal/kg}\fallingdotseq45828.33\text{kJ/kg}$$

② 연료의 현열(q_s)$=C_p(t_2-t_1)=1.88\times(90-15)=141\text{kJ/kg}$

③ 공기의 현열

$$A_o=8.89\text{C}+26.67\left(\text{H}_2-\frac{\text{O}_2}{8}\right)+3.33\text{S}$$

$$=8.89\times0.75+26.67\times\left(0.15-\frac{0.03}{8}\right)+3.33\times0.05=10.7\text{Nm}^3/\text{kg}$$

$A = A_o m + 1.61 z m A_o = 10.7 \times 1.35 + 1.61 \times 0.02 \times 1.35 \times 10.7 = 14.9\text{Nm}^3/\text{kg}$

$\therefore\ q_f = A C_p(t_2 - t_1) = 14.9 \times 1.38 \times (25-15) = 205.62\text{kJ/kg}$

④ 총입열 $= H_L + q_s + q_f = 45823.33 + 141 + 205.62 = 46174.95\text{kJ/kg}$

⑤ 자기순환열 $= A_o m\, C_p(t_2{}' - t_1{}') = 10.7 \times 1.35 \times 1.38 \times (250-25) = 4485.17\text{kJ/kg}$

2. 출열항목

1) 발생증기 보유열

① 시간당 급수량$(m_w) = \dfrac{12{,}000}{1.03} = 11650.485\text{kg/h}$

② 시간당 연료소비량$(m_f) = 1{,}000 \times [0.95 - 0.00065 \times (90-15)] = 901.25\text{kg/h}$

③ 발생증기의 비엔탈피$(h_2) = h_1 + \gamma x = 754 + (2{,}826 - 754) \times 0.97 = 2763.84\text{kJ/kg}$

$\therefore\ q = \dfrac{m_w}{m_f}(h_2 - h_1) = \dfrac{11650.485}{901.25} \times (2763.84 - 25) = 35405.06\text{kJ/kg}$

2) 배기가스 손실열

① $G_w = (m - 0.21)A_o + 1.867\text{C} + 11.2\text{H}_2 + 0.7\text{S} + 0.8\text{N}_2 + 1.244\text{W}$

$= (1.35 - 0.21) \times 10.7 + 1.867 \times 0.75 + 11.2 \times 0.15 + 0.7 \times 0.05 + 1.244 \times 0.02$

$= 15.3\text{Nm}^3/\text{kg}$

② $G_w = G_w + 1.61 z m A_o = 15.3 + 1.61 \times 0.02 \times 1.35 \times 10.7 = 15.8\text{Nm}^3/\text{kg}$

$\therefore\ Q = G C_p(t_2 - t_1) = 15.8 \times 1.3 \times (250-15) = 4826.9\text{kJ/kg}$

3) 방사손실열 = 연소열 × 1.5% = 45823.33 × 0.015 ≒ 687.42kJ/kg

4) 기타 손실열 = 총입열 − (발생증기 보유열 + 배기가스 손실열 + 방사손실열)

= 46174.95 − (35405.06 + 4826.9 + 687.42) = 5255.57kJ/kg

5) 총출열 = 35405.06 + 4826.9 + 687.72 + 5255.57 = 46175.25kJ/kg

3. 열정산표(15℃ 기준)

항목	입열		출열	
	kJ/kg	%	kJ/kg	%
연료의 연소열	45828.33	99.21		
연료의 현열	141	0.32		
공기의 현열	205.62	0.47		
발생증기 보유열			35405.06	80.91
배기가스 손실열			4826.9	11.03
방사손실열			687.42	1.49
기타 손실열			5255.57	6.57
※ 자기순환열	4485.17	8.85		
계	50660.12	100	46174.95	100

※ 자기순환열은 열정산표에 포함하지 않는다.

참고
- z : 공기의 습도
- $\dfrac{\text{공기분자량}}{\text{수증기분자량}} = \dfrac{29}{18} = 1.61$

215 어느 기관실의 보일러를 가동한 결과 다음과 같이 측정하였다. 열정산표를 작성하시오. (단, 자기순환열은 열정산표에 포함시키지 않는다.)

- 실내온도 : 30℃
- 외기온도 : 25℃
- 중유온도 : 85℃
- 절탄기 입구 급수온도 : 30℃
- 공기예열기 출구온도 : 230℃
- 배기가스온도 : 300℃
- 증기의 건도 : 96%
- CO의 함량 : 2%
- 15℃의 유온비중 : 0.95
- 급수의 비중 : 0.85
- 급수 사용량 : 3,600L/h
- 연료 사용량 : 400kg/h
- 공기의 비열 : 1.3kJ/Nm^3·K
- 연료의 비열 : 1.88kJ/Nm^3·K
- 배기가스의 비열 : 1.38kJ/Nm^3·K
- 연료의 연소열 : 40813.5kJ/kg
- 이론공기량 : 12.5Nm^3/kg
- 실제 배기가스량 : 14Nm^3/kg
- 이론건배기가스량 : 11.5Nm^3/kg
- 공기비(m) : 1.25
- 방사손실 : 연소열의 1.5%
- 증기압력 : 0.5MPa
- 포화수의 비엔탈피 : 754kJ/kg
- 습증기의 비엔탈피 : 2,890kJ/kg

해답 1. **입열항목**

① 연료의 연소열(H_L)=40813.5kJ/kg

② 연료의 현열(q_s)$= C_p(t_2-t_1) = 1.88\times(85-25) = 112.8$kJ/kg

③ 공기의 현열(q_a)$= A_o m\, C_p(t_2-t_1) = 12.5\times1.25\times1.3\times(30-25) = 101.56$kJ/kg

④ 총입열(q)$= H_L + q_s + q_a = 40813.5 + 112.8 + 101.56 = 41027.86$kJ/kg

※ 자기순환열$= A_o m\, C_p(t_2{}'-t_1{}') = 12.5\times1.25\times1.3\times(230-30) = 4062.5$kJ/kg

2. **출열항목**

① 발생증기 보유열$= \dfrac{m_a}{m_f}(h_2-h_1) = \dfrac{3{,}600\times0.85}{400}\times(2{,}890-126) = 21144.6$kJ/kg

② 배기가스 손실열$= m_a\, C_p(t_{g2}-t_1) = 14\times1.38\times(300-25) = 5{,}313$kJ/kg

③ 불완전 연소의 손실열$= 12767.3[G_{od}+(m-1)A_0]\,C_o$

$= 12767.3\times[11.5+(1.25-1)\times12.5]\times0.02 = 3734.44$kJ/kg

④ 방사손실열=연소열×1.5%$= 40813.5\times0.015 = 612.2$kJ/kg

⑤ 기타 손실열

=총입열−(발생증기 보유열+배기가스 손실열+방사손실열+불완전 연소의 손실열)

=41027.86−(211,446+5,313+3734.44+612.2)≒10223.62kJ/kg

⑥ 총출열=21144.6+5,313+3734.44+612.2+10223.62=41027.86kJ/kg

3. **열정산표(25℃ 기준)**

항목	입열		출열	
	kJ/kg	%	kJ/kg	%
연료의 연소열	40813.5	99.48		
연료의 현열	112.8	0.27		
공기의 현열	101.56	0.25		
발생증기 보유열			21144.6	51.54
배기가스 손실열			5,313	12.95
방사손실열			612.2	1.49
불완전 연소의 손실열			3734.44	9.10
기타 손실열			10223.62	24.92
※ 자기순환열	4062.5	9.9		
계	41027.86	100	41027.86	100

※ 자기순환열은 열정산표에 포함하지 않는다.

★
216 열정산을 행하는 목적을 3가지 기술하시오.

해답 ① 열의 분포상태를 알 수 있다.
② 효율 증진의 기초자료가 된다.
③ 열설비의 개선자료가 된다.

★
217 열정산의 입열과 출열은 같은가, 다른가?

해답 열정산의 입열과 출열은 같다.

218 열정산을 할 때 연도가스의 분석을 하는 목적은?

해답 공기비를 산출하여 연소상태를 판단하기 위하여

219 어느 공장의 보일러에서 발열량이 25,116kJ/kg인 석탄 1,200kg을 연소시켰다. 이때 발생한 증기량으로부터 보일러에 흡수된 열량을 계산하였더니 24,111,360kJ였다. 이 보일러의 효율은 얼마인가?

해답 $\eta_B = \frac{\text{유효출열}}{\text{총입열}} \times 100\% = \frac{24,111,360}{25,116 \times 1,200} \times 100\% = 80\%$

★
220 열정산 시 운전상태 점검 중에 해서는 안 되는 작업을 4가지만 쓰시오.

해답 ① 분출작업 ② 매연 제거작업
③ 강제통풍작업 ④ 급수 및 발생증기의 시료 채취작업

★
221 열효율을 상승시키기 위한 조건을 4가지 쓰시오.

해답 ① 손실열을 가급적 적게 한다.
② 장치의 설계조건과 운전조건을 일치시키도록 한다.
③ 전열량이 증가하는 방법을 취한다.
④ 될수록 연속 조업을 할 수 있게 한다.

222 열공급량이 315kJ이고 열손실량이 60kJ이면 열효율은 몇 %인가?

해답 $\eta = \left(1 - \dfrac{Q_2}{Q_1}\right) \times 100\% = \left(1 - \dfrac{60}{315}\right) \times 100\% \fallingdotseq 81\%$

★
223 비열이 2.95kJ/kg·K인 물질 10kg을 40℃에서 125℃까지 가열하는데 필요한 열량(kJ)을 구하시오.

해답 $Q = mC(t_2 - t_1) = 10 \times 2.95 \times (125 - 40) = 2507.5\text{kJ}$

224 열진단결과 열설비의 표면적 100m^{2}의 평균온도가 80℃였다. 이 온도를 40℃가 되도록 단열 처리를 하였을 때 다음 물음에 답하시오. (단, 연료발열량은 418,600kJ/L, 연간 가동시간은 8,000시간, 연료단가는 145원/L, 단열재의 열전달률(K)은 11.62W/m^2·K이다.)

1 연간 절약 가능한 기대연료량(L/년)
2 연간 절약 가능한 금액(원/년)

해답 **1** 연간 절약 가능한 기대연료량$= \dfrac{8{,}000 \times 11.62 \times 100 \times (80 - 40)}{418{,}600} = 888\text{L/년}$

2 연간 절약 가능한 금액$= 888 \times 145 = 128{,}760\text{원/년}$

★
225 급수량 50,000kg/h의 물을 절탄기를 통하여 60℃에서 90℃까지 높이려고 한다. 절탄기 입구의 가스온도를 340℃로 할 때 출구가스의 온도(℃)를 구하시오. (단, 연소가스량은 75,000kg/h, 가스의 비열은 1.05kJ/kg・K, 물의 비열은 4.186kJ/kg・K, 절탄기로부터 외부로의 열손실은 없는 것으로 한다.)

해답 $Q_1 = Q_2$

$m_1 C_1 (t_2 - t_1) = m_g C_g (t_{g1} - t_{g2})$

$\therefore \ t_{g2} = t_{g1} - \dfrac{m_1 C_1 (t_2 - t_1)}{m_g C_g} = 340 - \dfrac{50{,}000 \times 4.186 \times (90-60)}{75{,}000 \times 1.05} ≒ 260.27℃$

226 어떤 공장에 설치된 보일러를 열정산한 결과 사용연료(B-C유) 1kg당 배기가스량이 13.6Nm³/kg이고 그때 온도가 298℃였다. 이 보일러에 공기예열기를 설치하여 배기가스온도를 150℃로 낮춘다면 사용연료(B-C유) 1kg당 몇 kJ의 배기가스 열손실을 줄일 수 있겠는가? (단, 배기가스의 비열은 1.39kJ/Nm³・K이다.)

해답 $Q = mC(t_2 - t_1) = 13.6 \times 1.39 \times (298-150) ≒ 2797.8\text{kJ}$

227 육용 보일러의 열정산방식 중 출열(유효출열+열손실)은 전사용연료 몇 kg당으로 계산하는가?

해답 1kg

228 중유를 매시간 350kg, 공기비 1.2로 연소시켰을 때 배기가스의 보유열량(kJ/h)을 구하시오. (단, 배기가스 온도는 250℃, 배기가스의 평균비열은 1.38kJ/Nm³・℃, 외기온도는 20℃, 이론배기가스량은 11.7Nm³/kg, 이론공기량은 10.9Nm³/kg이다.)

해답 배기가스의 보유열량 $= [11.7 + (1.2-1) \times 10.9] \times 1.38 \times (250-20) \times 350 = 1{,}541{,}929.2\text{kJ/h}$

별해 실제 배기가스량(G) = 이론배기가스량 + (공기비−1) × 이론공기량 $= 11.7 + (1.2-1) \times 10.9$

$= 13.88\text{Nm}^3/\text{kg}$

∴ 배기가스의 보유열량 $= 13.88 \times 1.38 \times (250-20) \times 350 = 1{,}541{,}929.2\text{kJ/h}$

★
229 열정산 시 입열항목에 포함되는 열을 4가지 쓰시오.

해답 ① 연료의 연소열
② 연료의 현열
③ 공기의 현열
④ 노내 분입된 증기의 보유열

★
230 어떤 보일러의 배기가스온도가 350℃인 것을 공기예열기를 설치하여 150℃로 낮추었다. 이 경우 공기예열기에 의하여 회수된 열량(kJ/kg)은? (단, 외기온도는 10℃, 배기가스비열은 1.38kJ/Nm^3・℃, 실제 습배기가스량은 13.5Nm^3/kg, 공기예열기의 효율은 85%이다.)

해답 공기예열기 회수열량
=실제 습배기가스량×배기가스비열×(배기가스온도−배기가스 저하온도)×공기예열기의 효율
=13.5×1.38×(350−150)×0.85
=3167.1kJ/kg

231 보일러의 배기가스온도를 보일러 출구에서 측정한 결과 340℃이었다. 이 보일러에 공기예열기를 설치한 결과 배기가스온도가 170℃로 낮아졌다면 공기예열기로 회수된 열량(kJ/h)은 얼마인가? (단, 배기가스량은 4.6Nm^3/min, 배기가스의 평균비열은 1.26kJ/Nm^3・℃, 공기예열기의 효율은 80%이다.)

PART 2

해답 공기예열기 회수열량=4.6×60×1.26×(340−170)×0.8=47295.36kJ/h

★
232 외기온도 20℃에서 보일러 배기가스온도가 280℃이다. 중유버너에서 배기가스성분 중 CO_2 10%에서 공기비를 조절하여 CO_2 13%까지 높이면 절감되는 열량은 연료 1kg당 몇 kJ인가? (단, CO_{2max}는 15.7%, 배기가스의 비열(C_g)은 1.38kJ/Nm^3・℃, 이론배기가스량(A_o)은 10.709Nm^3/kg이다.)

해답 공기비 조절 전의 공기비(m_1)$=\dfrac{CO_{2\max}}{CO_2}=\dfrac{15.7}{10}=1.57$

공기비 조절 후의 공기비(m_2)$=\dfrac{CO_{2\max}}{CO_2{}'}=\dfrac{15.7}{13}\fallingdotseq 1.21$

$\therefore\ Q=A_o(m_1-m_2)C_g(t_2-t_1)=10.709\times(1.57-1.21)\times1.38\times(280-20)\fallingdotseq1383.26\text{kJ/kg}$

233 공기비 1.4로 사용하던 어떤 보일러를 공기비 1.2로 완전 연소되도록 개선하였다면 사용연료 1kg당 절감되는 열량은 몇 kJ인가? (단, 배기가스비열(C_g)은 1.38kJ/Nm^3・℃, 이론공기량(A_o)은 10.8Nm^3/kg, 배기가스온도는 265℃, 외기온도는 15℃이다.)

해답 $Q=A_o(m_1-m_2)C_g(t_2-t_1)=10.8\times(1.4-1.2)\times1.38\times(265-15)=745.2\text{kJ/kg}$

234 배기가스의 폐열 회수를 위하여 공기예열기를 설치하여 배기가스온도를 150℃로 전환했을 때 배기가스의 손실열량은 얼마인가? (단, 연료 1kg당 이론배기가스량은 11.443Nm^3/kg, 공기비는 1.2, 연료 1kg당 이론공기량은 10.709Nm^3/kg, 배기가스의 평균비열은 1.38kJ/Nm^3・℃, 외기온도는 25℃이다.)

해답 $Q=[G_o+(m-1)A_o]C\Delta t=[11.443+(1.2-1)\times 10.709]\times 1.38\times(150-25)=21508.14\text{kJ/kg}$

참고 실제 배기가스량(G)=이론배기가스량+(공기비−1)×이론공기량(Nm^3/kg)

★
235 열정산(열감정)에 의한 증기보일러의 보일러 효율 산정방법을 2가지 쓰시오.

해답 ① 직접 열정산 : $\text{효율}=\dfrac{\text{유효출열}}{\text{입열}}\times 100\%$

② 간접 열정산 : $\text{효율}=\left(1-\dfrac{\text{손실열}}{\text{입열}}\right)\times 100\%$

236 보일러의 압력 700kPa, 건도 0.98인 증기를 발생할 때 절탄기를 설치하여 급수온도를 20℃에서 90℃로 올렸을 때 연료절감률(%)을 구하시오. (단, 절대압력 700kPa에서 포화수의 비엔탈피는 693.2kJ/kg, 포화증기의 비엔탈피는 2760.25kJ/kg, 물의 평균비열은 4.186kJ/kg・K이다.)

해답 습포화증기의 비엔탈피$(h_x)=h'+\gamma x=693.2+(2760.25-693.2)\times 0.98 ≒ 2718.91\text{kJ/kg}$

$\therefore\ \text{연료절감률}=\dfrac{(2718.91-20)-(2718.9-90)}{2718.9-20}\times 100\% ≒ 2.6\%$

참고 습증기의 비엔탈피
- 건도가 주어진 경우 : 습증기의 비엔탈피=포화수의 비엔탈피+건도×증발잠열
- 증발잠열이 주어지지 않는 경우 : 습증기의 비엔탈피=포화증기의 비엔탈피−포화수의 비엔탈피

237 어떤 보일러에 투입된 총열량이 2,093,000kJ/h이고, 이 중에서 배기가스로 인한 열손실이 355,810kJ/h, 방열손실이 41943.72kJ/h, 불완전 및 미연소분에 의한 열손실이 43743.7kJ/h이었다. 투입된 총열량은 연료의 연소열량(kJ/h)과 같고, 기타 입열은 0으로 할 때 다음을 구하시오.

1 보일러의 열효율(%) **2** 보일러의 전열효율(%)

해답 **1** $\text{열효율}=\dfrac{2{,}093{,}000-(355{,}810+41943.72+43743.7)}{2{,}093{,}000}\times 100\%=78.90\%$

2 $\text{전열효율}=\dfrac{2{,}093{,}000-(355{,}810+41943.72+43743.7)}{2{,}093{,}000-43743.7}\times 100\%=80.59\%$

★
238 벙커C유 연소장치의 연소 배기가스온도를 측정한 결과 340℃이었다. 여기에 공기예열기를 설치하여 배기가스온도를 160℃까지 내린다면 연료의 절감률은 몇 %인가? (단, H_L =40813.5kJ/kg, 배기가스량=21Nm³/kg, 배기가스비열(C_p)=1.38kJ/Nm³·℃, 공기예열기의 효율=0.5)

해답 연료절감률$=\dfrac{21\times1.38\times(340-160)\times0.5}{40813.5}\times100\% \fallingdotseq 6.4\%$

별해 배기가스 열손실=배기가스량×배기가스비열×온도변화×공기예열기의 효율

$=21\times1.38\times(340-160)\times0.5$

$=2608.2\text{kJ/kg}$

∴ 연료절감률$=\dfrac{2608.2}{40813.5}\times100\% \fallingdotseq 6.4\%$

239 발열량이 23,023kJ/kg인 석탄을 연소시키는 보일러에서 배기가스온도가 400℃일 때 보일러의 열효율(%)을 구하시오. (단, 연소가스량은 10Nm³/kg, 연소가스의 비열은 1.38kJ/Nm³·℃, 실온과 외기온도는 0℃, 미연소분에 의한 손실과 방사에 의한 열손실은 무시된다.)

해답 보일러의 열효율$=\dfrac{23{,}023-[10\times1.38\times(400-0)]}{23{,}023}\times100\%=76\%$

★
240 보일러에서 연료의 저위발열량을 H_L, 실제 발생열량을 Q_r, 유효열량을 Q_e라 할 때 다음 각 효율을 식으로 표시하시오.

1 연소효율
2 전열효율
3 보일러 효율

해답 1 연소효율$=\dfrac{\text{실제 발생열}}{\text{공급열}}\times100\%=\dfrac{Q_r}{H_L}\times100\%$

2 전열효율$=\dfrac{\text{유효열}}{\text{실제 발생열}}\times100\%=\dfrac{Q_e}{Q_r}\times100\%$

3 보일러 효율=연소효율×전열효율$=\dfrac{\text{유효열}}{\text{공급열}}\times100\%=\dfrac{Q_e}{H_L}\times100\%$

241 어떤 보일러의 배기가스온도가 보일러 출구에서 370℃이었다. 여기에 폐열 회수를 위하여 공기예열기를 설치한 결과 배기가스온도가 170℃로 되었다면 공기예열기가 회수한 열량은 몇 kJ/h인가? (단, 배기가스량은 $46Nm^3$/min, 배기가스의 평균비열은 1.38kJ/Nm^3 · ℃, 공기예열기의 효율은 80%이다.)

해답 회수열량 = (46 × 60) × 1.38 × (370 − 170) × 0.8 = 609,408kJ/h

242 어떤 보일러의 연소효율이 90%, 전열효율이 85%, 배기가스의 열손실이 8.5%, 방산열의 열손실이 15%이다. 이때 열효율을 구하시오.

해답 열효율(η) = 연소효율(η_e) × 전열면의 효율 = 0.9 × 0.85 × 100% = 76.5%

별해 열효율(η) = 100 − (배기가스의 열손실 + 방산열의 열손실) = 100 − (8.5 + 15) = 76.5%

제3편

계측 및 제어

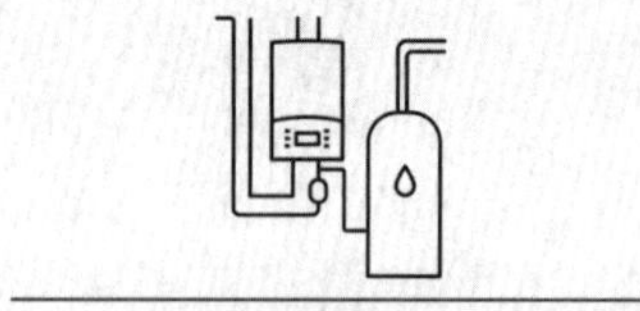

Engineer Energy Management

CHAPTER 01 계측방법

1.1 계측기

계측기의 구비조건 중요

- 구조가 간단하고 취급이 용이할 것
- 견고하고 신뢰성이 있을 것
- 보수가 용이할 것
- 구입이 용이하고 값이 쌀 것(경제적일 것)
- 원격제어(remote control)가 가능하고 연속측정이 가능할 것

1) 계측(측정)의 개요

① 측정 : 기계, 기구, 장치 등을 이용하여 물질의 양 또는 상태를 결정하기 위한 조작
② 측정량 : 측정의 대상이 되는 양
③ 측정치 : 측정에 의해 얻어지는 수치
④ 측정기(계측기) : 측정에 사용되는 기계 또는 기기

계측과 제어의 목적

- 열설비의 고효율화
- 조업조건의 안정화
- 안전위생관리
- 작업인원 절감(자동제어)

2) 측정의 종류 중요

① 직접측정
② 간접측정
③ 비교측정
④ 절대측정

3) 측정의 오차 중요

어떤 양의 측정결과값과 그 참값과의 차를 오차(error)라 하며, 계통오차, 과실오차, 우연오차로 분류할 수 있다.

(1) 계통오차

일정한 원인에 의해 발생하는 오차(측정값에 어떤 영향을 주는 원인에 의해서 생기는 오차)

① 이론오차 : 이론식 또는 관계식 중에 가정을 설정하거나 생략 시 발생할 수 있는 오차

② 측정오차 : 계측기 자신이 가지는 고유 오차

③ 개인오차 : 측정자의 습관에 의한 오차

(2) 과실오차

측정자의 부주의로 인한 오차(지시된 측정치를 잘못 읽거나 기록하는 경우의 오차)

(3) 우연오차

① 예측할 수 없는 원인에 의한 오차(계측상태의 미소변화에 따른 오차)

② 측정자에 의한 오차(측정환경에 의한 오차)

핵심체크

- 절대오차=측정값－참값
- 교정=참값－측정값
- 오차율 $=\frac{\text{측정값}-\text{참값}}{\text{참값}}\times 100\%$
- 교정률 $=\frac{\text{참값}-\text{측정값}}{\text{측정값}}\times 100\%$

4) 정확도와 정밀도 중요

① 정확도 : 오차가 작은 정도, 즉 참값에 대한 한쪽으로 치우침이 작은 정도

② 정밀도 : 측정값의 흩어짐의 정도로, 여러 번 반복하여 처음과 비슷한 값이 어느 정도 나오는가 하는 것

5) 계측단위(국제단위) 중요

기본량	이름	단위	기본량	이름	단위
길이	meter	m	온도	Kelvin	K
질량	kilogram	kg	물질량	mole	mol
시간	second	s	광도	candela	cd
전류	Ampere	A			

1.2 온도계

1) 접촉식 온도계

(1) 개요

온도를 측정하고자 하는 피측정물체에 측온부를 직접 접촉하여 감온부의 물리적 변화량, 즉 전기적인 신호를 측정하여 온도를 감지하는 방식으로 유리제온도계, 압력식 온도계, 열전대온도계, 바이메탈온도계, 저항식 온도계 등이 있다.

① 측정범위가 넓고 정밀 측정이 가능하다(측정오차가 비교적 적다).
② 피측정체의 내부온도만을 측정한다.
③ 이동물체의 온도측정이 곤란하다.
④ 측정시간의 지연이 작다(온도변화에 대한 반응이 늦다).
⑤ 1,000℃ 이하의 저온측정용이다.

(2) 저항온도계와 열전대온도계의 비교 중요

구분	저항온도계	열전대온도계
원리	온도에 따른 금속저항변화량	두 접점의 온도차에 의해 열기전력(제벡효과)
측정재료	백금, 니켈, 동, 서미스터	백금, 크로멜, 알루멜, 콘스탄탄, 철, 구리 등
표시계기	휘트스톤브리지	전위차계
장점	상온의 평균온도계	좁은 장소의 온도 계측
단점	전원장치 필요	기준 접점장치 필요

(3) 열전대온도계의 종류 중요

기호	사용금속		상용온도 (℃)	특징
	(+)	(−)		
B	로듐(30%)백금	로듐(60%)백금	600~1,700	• 상온에서 열전능력이 약함
R	로듐(13%)백금	백금	0~1,600	• 안정성이 양호하여 표준용으로 사용 • 전기저항이 작고 내열성이 좋으며 산화분위기에 강함
S	로듐(10%)백금	백금	0~1,600	
K (CA)	크로멜 (Ni 90%, Cr 10%)	알루멜 (Ni 94%, Mn 2.5%)	−200~1,200	• 안정성이 양호하고 R 다음으로 내열성과 정확도가 높아 공업용에 많이 사용
E (CRC)	크로멜 (Ni 90%, Cr 10%)	콘스탄탄 (Cu 55%, Ni 45%)	−200~800	• 감도가 가장 우수 • 저항이 크고 열전능력이 우수

기호	사용금속		상용온도 (℃)	특징
	(+)	(-)		
J (IC)	순철	콘스탄탄 (Cu 55%, Ni 45%)	0~750	• 기전력, 직선성, 환원성이 양호하여 중간 온도용으로 좋음
T (OC)	순동	콘스탄탄 (Cu 55%, Ni 45%)	-200~350	• 극저온측정이 가능하여 저온용으로 사용 • 열전도오차가 큼

2) 비접촉식 온도계 중요

(1) 개요

고온의 피측정물체로부터 방사하는 방사에너지(빛 또는 열)를 감지하여 감지온도와 방사에너지와의 일정한 관계를 이용하여 온도를 감지하는 측정방식으로 방사온도계, 광고온도계, 광전관온도계, 색(color)온도계 등이 있다.

① 측정량의 변화가 없다.
② 이동물체의 온도측정이 가능하다.
③ 측정시간의 지연이 크다.
④ 고온측정용이다.

(2) 광고온도계(optical pyrometer, 광학온도계)

① 고온물체로부터 방사되는 특정 파장(0.65μ)을 온도계 속으로 통과시켜 온도계 내의 전구 필라멘트의 휘도를 육안(가스광선)으로 직접 비교하여 온도를 측정한다(방사온도계에 비해 방사율에 대한 보정량이 적다).
② 측정 시 주의사항
㉠ 비접촉식 온도계 중 가장 정도가 높다.
㉡ 구조가 간단하고 휴대가 편리하지만 측정인력이 필요하다.
㉢ 온도측정범위는 700~3,000℃이며 900℃ 이하의 경우 오차가 발생한다.
㉣ 측정에 시간지연이 있으며 연속측정이나 자동제어에 응용할 수 없다.
㉤ 광학계의 먼지 흡입 등을 점검한다.
㉥ 개인차가 있으므로 여러 사람이 모여서 측정한다.
㉦ 측정체와의 사이에 먼지, 스모그(연기) 등이 적도록 주의한다.

(3) 방사온도계(radiation pyrometer)

물체로부터 방사되는 모든 파장의 전방사에너지를 측정하여 온도를 계측하는 것으로 이동물체의 온도측정이나 비교적 높은 온도의 측정에 사용된다. 렌즈는 석영 등을 사용하는데 석영은 3μ 정도까지 적외선 방사를 잘 투과시킨다.

① 구조가 간단하고 견고하다.
② 피측정물과 접촉하지 않기 때문에 측정조건이 까다롭지 않다.
③ 방사율에 의한 보정량이 크지만 연속측정이 가능하고 기록이나 제어가 가능하다.
④ 1,000℃ 이상의 고온에 사용하며 이동물체의 온도측정이 가능하다(50~3,000℃ 측정).
⑤ 발신기를 이용하여 기록 및 제어가 가능하다.
⑥ 측온체와의 사이에 수증기나 연기 등의 영향을 받는다.
⑦ 방사발신기 자체에 의한 오차가 발생하기 쉽다.
⑧ 방사에너지(E_R)=스테판-볼츠만상수(σ)×방사율(ε)×흑체 표면온도^4(T^4)[W/m^2]
여기서, $\sigma=5.67\times10^{-8}$W/m^2·K^4

(4) 광전관온도계(photoelectric pyrometer)

광고온도계의 수동측정이라는 결점을 보완한 자동화한 온도계로 2개의 광전관을 배열한 구조이다.

① 응답속도가 빠르고 온도의 연속측정 및 기록이 가능하며 자동제어가 가능하다.
② 이동물체의 온도측정이 가능하다.
③ 개인오차가 없으나 구조가 복잡하다.
④ 온도측정범위는 700~3,000℃이다.
⑤ 700℃ 이하 측정 시에는 오차가 발생한다.
⑥ 정도는 ±10~15deg로서 광고온도계와 같다.

(5) 색(color)온도계

일반적으로 물체는 600℃ 이상 되면 발광하기 시작하므로 고온체를 보면서 필터를 조절하여 고온체의 색을 시야에 있는 다른 기준색과 합치시켜 온도를 측정하는 것이 색온도계이다.

① 방사율의 영향이 적다.
② 광흡수에 영향이 적으며 응답이 빠르다.
③ 구조가 복잡하며 주위로부터 빛 반사의 영향을 받는다.
④ 750℃ 정도부터 측정이 가능하며 기록조절용으로 사용된다.

1.3 유체 계측(측정)

1) 비질량(밀도) 계측

비질량(밀도)은 비중병, 아르키메데스의 원리(부력), 비중계, U자관 등을 이용하여 측정한다.

2) 점성계수(viscosity coefficient) 계측 중요

점성계수를 측정하는 점도계로는 스토크스법칙(Stokes law)을 기초로 한 '낙구식 점도계', 하겐-포아젤의 법칙을 기초로 한 'Ostwald(오스트발트) 점도계'와 'Saybolt(세이볼트) 점도계', 뉴턴의 점성법칙(Newtonian viscosity law)을 기초로 한 'MacMichael(맥미첼) 점도계'와 'Stomer(스토머) 점도계' 등이 있다.

3) 정압(static pressure) 측정

유동하는 유체에서 교란되지 않은 유체의 압력, 즉 정압을 측정하는 계측기기로는 피에조미터, 정압관 등이 있다.

4) 유속 측정 중요

① **피토관(pitot in tube)** : 피토관은 직각으로 굽은 관으로 선단에 있는 구멍을 이용하여 유속을 측정한다.

$$V_0 = \sqrt{2g\Delta h}\ [\mathrm{m/s}]$$

② **시차액주계**

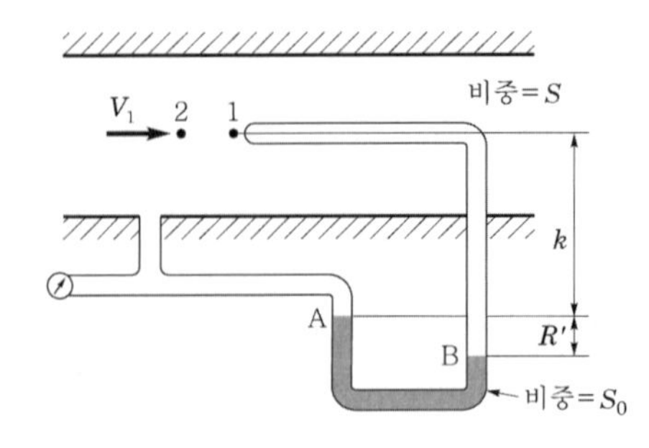

$$V_1 = \sqrt{2gR'\left(\frac{S_0}{S} - 1\right)}\ [\mathrm{m/s}]$$

③ **피토-정압관(pitot-static tube)**

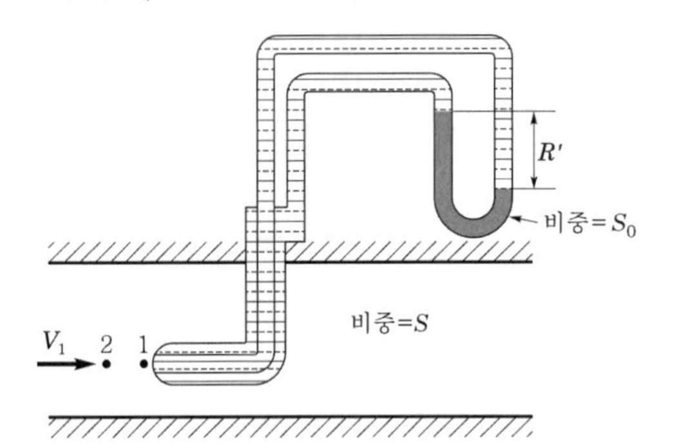

$$V_1 = C\sqrt{2gR'\left(\frac{S_0}{S} - 1\right)}\ [\mathrm{m/s}]$$

④ **열선속도계(hot-wire anemometer)** : 두 개의 작은 지지대 사이에 연결된 가는 선(지름 0.1mm 이하, 길이 1mm 정도)을 유동장에 넣고 전기적으로 가열하여 난류유동과 같은 매우 빠르게 변하는 유체의 속도를 측정할 수 있다.

5) 유량 측정 중요

유량을 측정하는 장치로는 벤투리미터, 노즐, 오리피스, 로터미터, 위어 등이 있다.

① 벤투리미터

$$Q=\frac{C_v A_2}{\sqrt{1-\left(\frac{A_2}{A_1}\right)^2}}\sqrt{\frac{2g}{\gamma}(p_1-p_2)}=\frac{C_v A_2}{\sqrt{1-\left(\frac{d_2}{d_1}\right)^4}}\sqrt{2gR'\left(\frac{S_0}{S}-1\right)}\ [\mathrm{m^3/s}]$$

② 유동노즐(flow nozzle)

$$Q=CA_2\sqrt{\frac{2g}{\gamma}(p_1-p_2)}\ [\mathrm{m^3/s}]$$

③ 오리피스(orifice)

$$Q=CA_0\sqrt{\frac{2g}{\gamma}(p_1-p_2)}=CA_0\sqrt{2gR'\left(\frac{S_0}{S}-1\right)}\ [\mathrm{m^3/s}]$$

④ 위어(weir) : 개수로의 유량을 측정하기 위하여 수로에 설치한 장애물로서, 위어 상단에서 수면까지의 높이(H)를 측정하여 유량을 구한다.

㉠ 전폭위어(suppressed weir) : 대유량 측정에 사용

$$Q=\frac{2}{3}CB\sqrt{2g}\,H^{\frac{3}{2}}\ [\mathrm{m^3/min}]$$

㉡ 사각위어(rectangular weir)

$$Q=KbH^{\frac{3}{2}}\ [\mathrm{m^3/min}]$$

㉢ 삼각위어(triangular weir=notch weir) 중요 : 소유량 측정에 사용

$$Q=KH^{\frac{5}{2}}\ [\mathrm{m^3/min}]$$

$$Q_a=\frac{8}{15}C\tan\frac{\theta}{2}\sqrt{2g}\,H^{\frac{5}{2}}\ [\mathrm{m^3/min}]$$

1.4 송풍기 및 펌프의 성능 특성

구분	송풍기	펌프
소요동력(축동력)	$L_s = \frac{P_t Q}{\eta_f}$[kW]$= \frac{P_s Q}{\eta_s}$[kW] 여기서, P_t : 송풍기 전압(kPa) P_s : 송풍기 정압(kPa) Q : 송풍량(m^3/s), η_f : 전압효율 η_s : 정압효율	$L_s = \frac{9.8QH}{\eta_p}$[kW] 여기서, γ : 물의 비중량(=9,800N/m^3=9.8kN/m^3) H : 전수두(전양정)(m), Q : 유량(m^3/s) η_p : 펌프효율
상사법칙	• 송풍량 : $Q_2 = Q_1\left(\frac{N_2}{N_1}\right) = Q_1\left(\frac{D_2}{D_1}\right)^3$ • 전압 : $P_2 = P_1\left(\frac{N_2}{N_1}\right)^2 = P_1\left(\frac{D_2}{D_1}\right)^2$ • 축동력 : $L_2 = L_1\left(\frac{N_2}{N_1}\right)^3 = L_1\left(\frac{D_2}{D_1}\right)^5$ 여기서, N : 회전수(rpm), D : 임펠러 직경(mm)	• 유량 : $Q_2 = Q_1\left(\frac{N_2}{N_1}\right) = Q_1\left(\frac{D_2}{D_1}\right)^3$ • 전양정 : $H_2 = H_1\left(\frac{N_2}{N_1}\right)^2 = H_1\left(\frac{D_2}{D_1}\right)^2$ • 전동력 : $L_2 = L_1\left(\frac{N_2}{N_1}\right)^3 = L_1\left(\frac{D_2}{D_1}\right)^5$ 여기서, N : 회전수(rpm), D : 임펠러 직경(mm)
비속도	$n_s = \frac{N\sqrt{Q}}{P^{\frac{3}{4}}}$ 여기서, N : 회전수(rpm), Q : 송풍량(m^3/min) P : 풍압(mmAq)	$n_s = \frac{N\sqrt{Q}}{H^{\frac{3}{4}}}$ 여기서, N : 회전수(rpm), Q : 토출량(m^3/min) H : 전양정(m)
용량제어	• 토출댐퍼에 의한 제어 • 흡입댐퍼에 의한 제어 • 흡입베인에 의한 제어 • 회전수에 의한 제어 • 가변피치제어	• 정속 – 정풍량제어 • 가변속 – 가변유량제어

1.5 유량 계측

1) 유량 측정방법

용적(체적)유량 측정, 질량유량 측정, 적산유량 측정, 순간유량 측정

2) 유량계 측정방법 및 원리 중요

측정방법	측정원리	종류
속도수두	전압과 정압의 차에 의한 유속 측정	피토관(pitot tube)
유속식	프로펠러나 터빈의 회전수 측정	바람개비형, 터빈형
차압식	교축기구 전후의 차압 측정	오리피스, 벤투리관(venturi tube), 플로-노즐(flow-nozzle)
용적식	일정한 용기에 유체를 도입시켜 측정	오벌식, 가스미터, 루츠, 로터리팬, 로터리피스톤
면적식	오리피스판을 설치하여 테이퍼 플로트(float)의 전·후 차압으로 유량을 측정	플로트형(로터미터), 게이트형, 피스톤형
와류식	와류의 생성속도 검출	카르먼식, 델타, 스와르미터
전자식	도전성 유체에 자장을 형성시켜 기전력 측정	전자유량계
열선식	유체에 의한 가열선의 흡수열량 측정	미풍계, 서멀(thermal)유량계, 토마스미터
초음파식	도플러효과 이용	초음파유량계

3) 구조에 의한 분류

<table>
<tr><th colspan="3">구조에 의한 분류</th><th>유량계의 종류</th><th>특징</th></tr>
<tr><td rowspan="3">접액형</td><td colspan="2">가동부 있음</td><td>• 용적유량계
• 터빈유량계
• 면적유량계</td><td>• 고정부(turbine, 용적)
• 직관부 불필요(용적, 면적)
• 가격 저렴(면적)
• 측정유체에 제약 없음
• 대유량일 때에는 고가
• 유지 보수에 시간이 걸림
• 압력손실이 있음
• 슬러리액에는 불가</td></tr>
<tr><td rowspan="2">가동부 없음</td><td>장애물 있음</td><td>• 차압유량계(orifice)
• 와류유량계
• 위어유량계</td><td>• 측정대상이 넓음
• 비교적 가격 저렴
• 압력손실이 있음
• 슬러리액에는 불가</td></tr>
<tr><td>장애물 없음</td><td>• 차압유량계(venturi)
• 전자유량계
• 초음파유량계(접액형)</td><td>• 압력손실이 적음
• 슬러리액도 측정 가능
• 비교적 고가</td></tr>
<tr><td colspan="3">비접액형</td><td>• 초음파유량계(clamp-on형)
• 열유량계</td><td>• 압력손실이 없음
• 측정대상이 넓음
• 배관의 영향을 쉽게 받음</td></tr>
</table>

4) 측정량에 의한 분류

측정량	유량계의 종류
유속	열선유속계, 피토관(pitot tube), 전자유량계, 와유량계, 터빈유량계, 초음파유량계
부피유량	차압유량계, 전자유량계, 초음파유량계, parshall flume(용수로에 사용하는) 유량계, 위어유량계, 면적유량계
질량유량	열량질량유량계, coriolis 질량유량계
적산부피유량	거의 모든 유량계

참고

초음파(ultrasonic)유량계 중요

도플러효과(doppler effect)를 이용한 것으로 초음파가 유체 속을 진행할 때 유속의 변화에 따라 주파수변화를 계측하는 음향식 유량계이다.

- 비접촉식이므로 관 외부에서 측정할 수 있고 광범위하게 사용할 수 있다.
- 압력손실이 없다.
- 유체에 따라 선정에 주의한다.
- 직관거리가 많이 필요하다.
- 가격이 고가이다.
- 배관의 종류 및 상황에 따라 측정할 수 없는 것이 있다.
- 검출기 부착에 따른 오차, 배관재질, 두께 등의 영향이 없다.
- 대형 관로(1,000m 이상)에서 주로 사용한다.
- 액체 중 기포가 포함되어 있으면 오차가 발생한다.

1.6 측정의 제어회로 및 장치 중요

1) 논리적회로(AND gate, 직렬회로)

2개의 입력 A와(AND) B가 모두 '1'인 때에만 출력이 '1'이 되는 회로이다. 유접점에서는 다음 그림의 (a)와 같은 직렬회로가 되고, (b)는 다이오드를 사용한 무접점회로이다. AND회로의 논리식은 $X = A \cdot B = A \times B = A \cap B$로 나타내며, (c)가 AND회로의 논리기호를 표시한 것이다. 그리고 논리기호는 여러 가지의 것이 쓰여 통일되어 있지 않으나, 여기서는 MIL규격에 의한 기호법을 사용하였다. 입력 A, B의 조합에 대한 출력 X의 상태를 (d)와 같이 복수개의 입력의 조합에 대하여 그 출력이 어떻게 되는가를 나타내는 표를 진리표(truth table)라 한다.

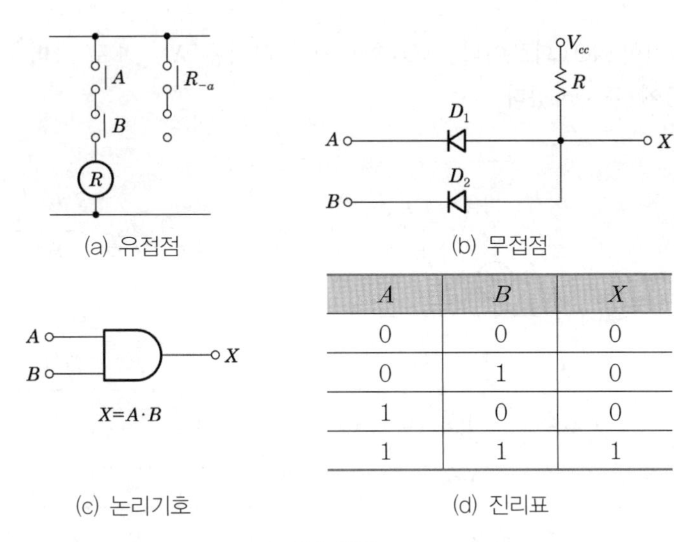

(a) 유접점 (b) 무접점

A	B	X
0	0	0
0	1	0
1	0	0
1	1	1

(c) 논리기호 (d) 진리표

▲ AND회로

2) 논리합회로(OR gate, 병렬회로)

입력 A 또는(OR) B의 어느 한쪽이나 양자가 '1'인 때 출력이 '1'이 되는 회로이다. 유접점에서는 다음 그림의 (a)와 같은 병렬회로가 되고, 무접점에서는 (b)와 같이 다이오드방향은 입력신호에 대해 순방향이다. OR회로의 논리식은 $X=A+B=A\cup B$로 나타내며, OR회로의 기능을 나타내는 논리기호 및 진리표는 (c)와 (d)에 표시하였다.

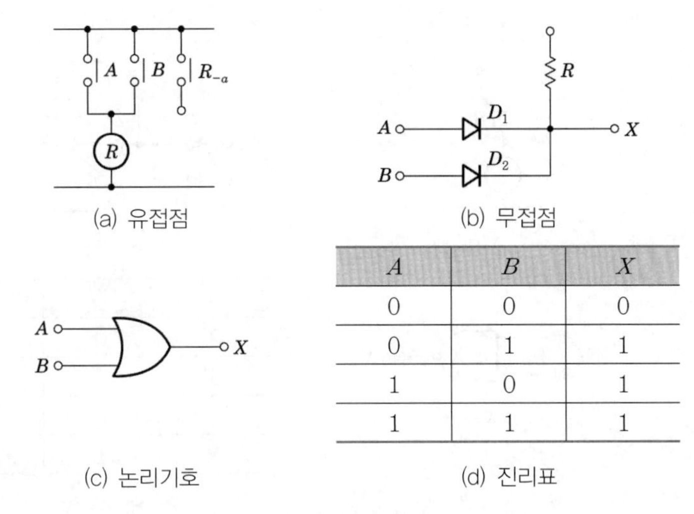

(a) 유접점 (b) 무접점

A	B	X
0	0	0
0	1	1
1	0	1
1	1	1

(c) 논리기호 (d) 진리표

▲ OR회로

3) 논리부정회로(NOT gate)

입력이 '0'일 때 출력은 '1', 입력이 '1'일 때 출력은 '0'이 되는 회로로, 입력신호에 대해서 부정(NOT)의 출력이 나오는 것이다. 다음 그림 (a)는 NOT회로를 나타낸 것이며, 특히 (b)는 트랜지스터에 의한 NOT회로이다. NOT회로의 논리식은 $X=\overline{A}$로 나타내고, 논리기호 및 진리표는 (c)와 (d)에 표시하였다.

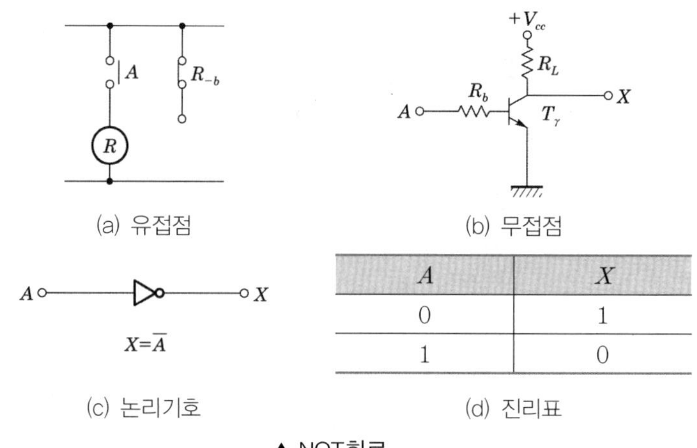

A	X
0	1
1	0

▲ NOT회로

4) NAND회로(NAND gate)

AND회로에 NOT회로를 접속한 AND-NOT회로로서, 논리식은 $X=\overline{AB}$가 된다. 다음 그림의 (a)와 (b)는 NAND회로를 표시한 것이고, (c)와 (d)는 NAND회로의 논리기호와 진리표를 표시한 것이다.

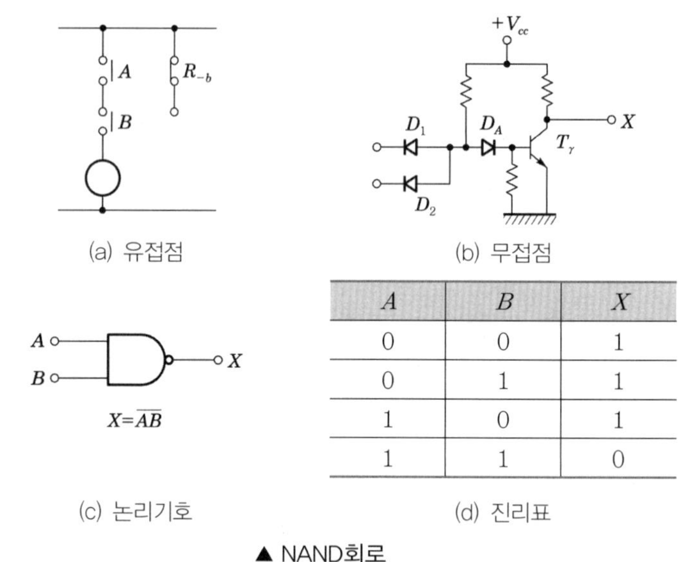

A	B	X
0	0	1
0	1	1
1	0	1
1	1	0

▲ NAND회로

5) NOR회로(NOR gate) 중요

OR회로에 NOT회로를 접속한 OR-NOT회로인데, 논리식은 $X=\overline{A+B}$가 된다. 다음 그림의 (a)와 (b)는 NOR회로를 표시한 것이고, (c)와 (d)는 NOR회로의 논리기호와 진리표를 표시한 것이다. 이와 같은 NAND, NOR회로는 트랜지스터나 IC를 구성하기 쉽다는 이유로 많이 사용되고 있다.

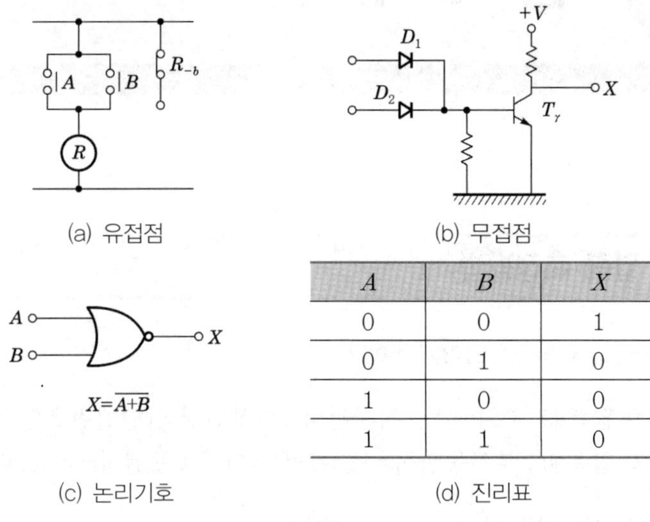

(a) 유접점 (b) 무접점

A	B	X
0	0	1
0	1	0
1	0	0
1	1	0

(c) 논리기호 (d) 진리표

▲ NOR회로

6) 배타적 논리합회로(Exclusive OR gate) 중요

입력 A, B가 서로 같지 않을 때만 출력이 '1'이 되는 회로로, A, B가 모두 '0'이거나 모두 '1'이어서는 안 된다는 의미이다. 다음 그림에 그 일례를 나타내었고, 논리식은 $X=\overline{A}\cdot B+A\cdot\overline{B}=A\oplus B$로 표시된다. 기호 $\oplus$는 Exclusive OR회로를 의미하는 기호이다.

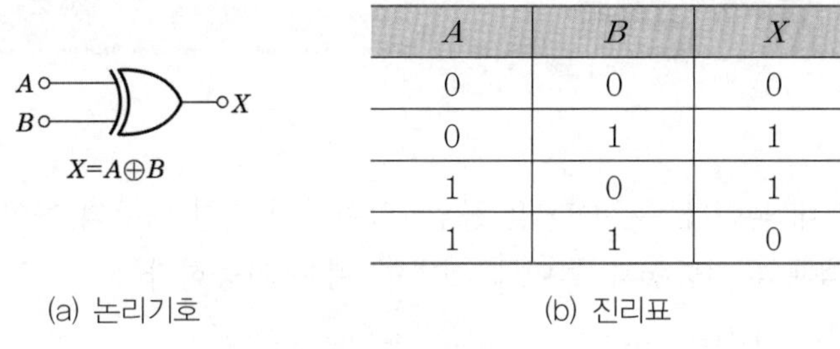

A	B	X
0	0	0
0	1	1
1	0	1
1	1	0

(a) 논리기호 (b) 진리표

▲Exclusive OR회로

CHAPTER 02 압력 계측

2.1 압력 측정방법

(1) 기계식(mechanical type) 압력계 중요

① 액체식(1차 압력계) : U자관식, 경사관식, 환상천평식(링밸런스), 침종식, 피스톤식
② 탄성식(2차 압력계) : 부르동관식, 벨로즈식, 다이어프램식(금속, 비금속)

(2) 전기식 압력계(2차 압력계)

저항선식, 자기스트레인식, 압전식

(3) 압력의 단위

N/m^2(=Pa), mmHg, mmH_2O(=mmAq), kgf/cm^2, bar, psi(=lb/in^2) 등

2.2 액주식 압력계

1) 개요

① 액주관 내 물이나 수은(Hg)을 봉입, 압력차에 의한 액주의 높이로 압력을 측정하는 방식으로 액체의 비중량과 높이에 의하여 계산 가능하다.

$$P=\gamma h\,[\text{Pa}=\text{N/m}^2]$$

여기서, P : 압력(N/m^2), γ : 비중량(N/m^3), h : 높이(m)

② 액주식 압력계 액의 구비조건 중요
㉠ 온도변화에 의한 밀도변화가 작을 것
㉡ 점성이나 팽창계수가 작을 것
㉢ 화학적으로 안정하고 휘발성, 흡수성이 작을 것
㉣ 모세관현상이 작을 것
㉤ 항상 액면은 수평을 만들고 액주의 높이를 정확히 읽을 수 있을 것

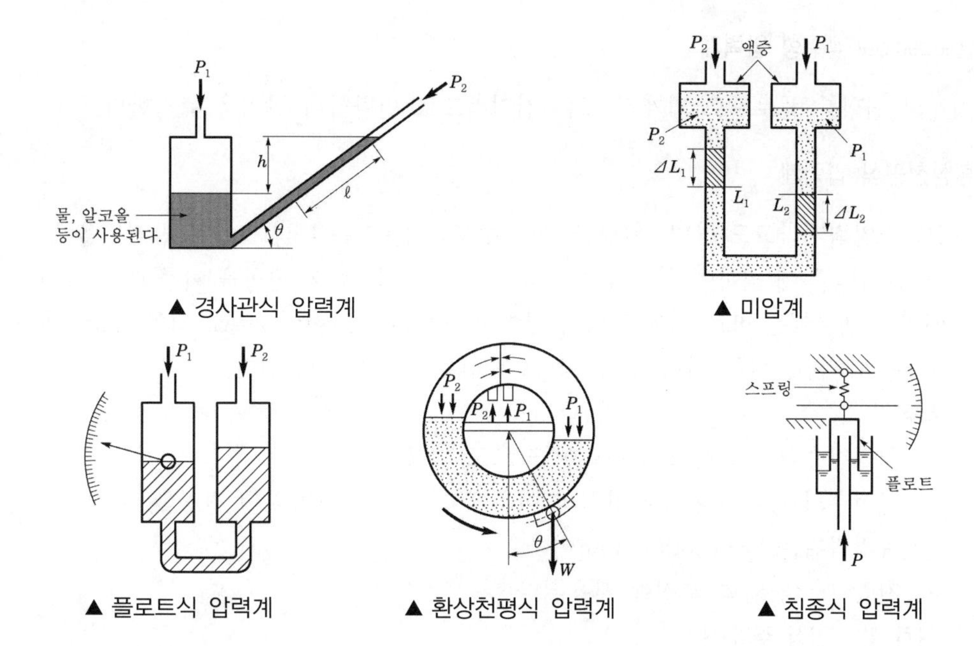

▲ 경사관식 압력계

▲ 미압계

▲ 플로트식 압력계

▲ 환상천평식 압력계

▲ 침종식 압력계

2) 종류

(1) U자관식 압력계

U자형의 유리관에 물, 기름, 수은 등을 넣어 한쪽 관에 측정하고자 하는 대상의 압력을 도입 U자관 양쪽 액체의 높이차에 의해 측정(10~2,000mmAq 사이 압력 측정)한다. U자관의 크기는 특수 용도의 것을 제외하고는 보통 2m 정도이다.

$$P_1 - P_2 = \gamma h = \rho g h \, [\text{Pa} = \text{N/m}^2]$$

여기서, γ : 액체의 비중량(=밀도(ρ)×중력가속도(g))(N/m^3), h : 액체의 높이차(m)

(2) 경사관식 압력계(경사미압계)

U자관을 변형한 것으로서 측정관을 경사시켜 눈금을 확대하므로 미세압 정밀 측정이 가능하다.

$$P_1 - P_2 = \gamma h = \gamma l \sin\theta$$

$$\therefore \; P_1 = P_2 + \gamma h = P_2 + \gamma l \sin\theta$$

여기서, P_1 : 측정하려는 압력, P_2 : 경사관의 압력, γ : 액체의 비중량(N/m^3)
l : 유리관의 길이(m), θ : 유리관의 경사각

(3) 마노미터(manometer)압력계

압력계의 감도를 크게 하고 미소압력을 측정하기 위하여 비중이 다른 두 액체를 사용[물(1)+클로로포름(1.47)]하여 압력을 측정한다.

(4) 플로트(float)액주형 압력계

액체의 변화를 플로트로 기계적 또는 전기적으로 변환하여 압력을 측정한다.

(5) 환상천평식 압력계

링밸런스압력계라고도 하며, 원형관 내에 수은 또는 기름을 넣고 상부에 격벽을 두면 경계로 발생하는 압력차에 의하여 회전하며 추의 복원력과 회전력이 평형을 이룰 때 환상체는 정지한다. 원환의 내부에는 바로 위에 격벽이 있어서 액체와의 사이에 2실로 되어 있고, 개개의 압력이 하나는 대기압, 다른 하나는 측정하고자 하는 압력에 연결된다.

① 특징
- ㉠ 원격전송이 가능하고 회전력이 크므로 기록이 쉽다.
- ㉡ 평형추의 증감이나 취부장치의 이동에 의하여 측정범위를 변경할 수 있다.
- ㉢ 측정범위는 25~3,000mmAq이다.
- ㉣ 저압가스의 압력 측정에 사용된다.

② 설치 및 취급상 주의사항
- ㉠ 진동 및 충격이 없는 장소에 수평 또는 수직으로 설치한다.
- ㉡ 온도변화(0~40℃)가 적은 장소에 설치한다.
- ㉢ 부식성 가스나 습기가 적은 장소에 설치한다.
- ㉣ 압력원과 가까운 장소에 설치한다(도압관은 굵고 짧게 한다).
- ㉤ 보수점검이 원활한 장소에 설치한다.

(6) 침종식 압력계

종 모양의 플로트를 액 중에 담근 것으로, 압력에 의한 플로트의 편위가 그 내부압력에 비례하는 것을 이용한 것이다. 금속제의 침종을 띄워 스프링을 지시하는 단종식과 복종식이 있다.

① 특징
- ㉠ 진동 및 충격의 영향이 적다.
- ㉡ 미소차압의 측정과 저압가스의 유량 측정이 가능하다.
- ㉢ 측정범위 : 단종은 100mmAq 이하, 복종은 5~30mmAq

② 설치 및 취급상 주의사항
- ㉠ 봉입액(수은, 기름, 물)을 청정하게 유지하여야 한다.
- ㉡ 봉입액의 양을 일정하게 한다.
- ㉢ 계기는 수평으로 설치한다.
- ㉣ 과대 압력 또는 큰 차압 측정은 피해야 한다.

2.3 탄성식 압력계 중요

탄성체에 힘을 가할 때 변형량을 계측하는 것으로, 힘은 압력과 면적에 비례하고 힘의 변화는 탄성체의 변위에 비례하는 것을 이용한 계측압력계이다. 이는 훅의 법칙에 의한 원리를 이용한다.

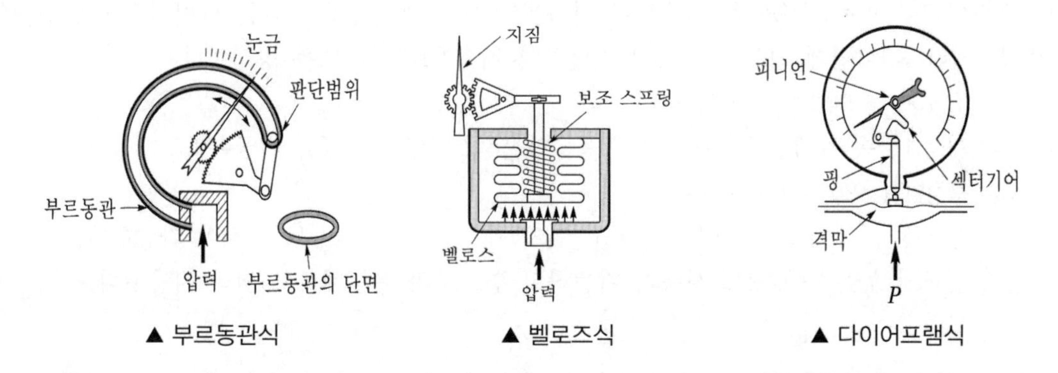

▲ 부르동관식 ▲ 벨로즈식 ▲ 다이어프램식

1) 부르동관식(bourdon type) 압력계

단면이 편평형인 관을 원호상으로 구부린 가장 보편화되어 있는 압력계로, 부르동관 내 압력이 대기압보다 클 경우 곡률반경이 커지면서 지시계 지침을 회전시킨다. 부르동관 형식으로는 C형, 와선형, 나선형이 있다.

(1) 측정범위

① 압력계 : 0~300MPa이며, 보편적으로 0.25~100MPa에 사용
② 진공계 : 0~760mmHg

(2) 재료

① 저압용 : 황동, 인청동, 알루미늄 등
② 고압용 : 스테인리스강, 합금강 등

(3) 취급상 주의사항

① 급격한 온도변화 및 충격을 피한다.
② 동결되지 않도록 한다.
③ 사이펀관 내 물의 온도가 80℃ 이상 되지 않도록 한다.

2) 벨로즈식(bellows type) 압력계(진공압 및 차압 측정용)

주름형상의 원형 금속을 벨로즈라 하며, 벨로즈와 히스테리시스를 방지하기 위하여 스프링

을 조합한 구조로 자동제어장치의 압력 검출용으로 사용된다. 압력에 의한 벨로즈의 변위를 링크기구로 확대 지시하도록 되어 있고, 측정범위는 0.1~100kPa이고, 재질은 인청동, 스테인리스이다.

3) 다이어프램식(diaphragm type) 압력계

얇은 고무 또는 금속막을 이용하여 격실을 만들고 압력변화에 따른 다이어프램의 변위를 링크, 섹터, 피니언에 의하여 지침에 전달하여 지시계로 나타내는 방식이다.

① 감도가 좋으며 정확성이 높다.
② 재료 : 금속막(베릴륨, 구리, 인청동, 양은, 스테인리스 등), 비금속막(고무, 가죽)
③ 측정범위 : 20~5,000mmAq
④ 부식성 액체에도 사용이 가능하고 먼지 등을 함유한 액체도 측정이 가능하다.
⑤ 점도가 높은 액체에도 사용이 가능하고 연소로의 통풍계로도 널리 사용된다.

2.4 전기식 압력계

압력을 직접 측정하지 않고 압력 자체를 전기저항, 전압 등의 전기적 양으로 변환하여 측정하는 계기이다.

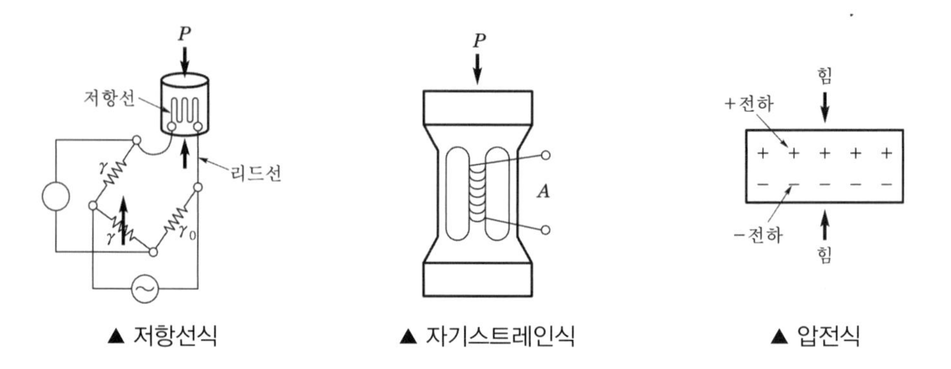

▲ 저항선식 ▲ 자기스트레인식 ▲ 압전식

1) 저항선식 압력계

저항선(구리-니켈)에 압력을 가하면 선의 단면적이 감소하여 저항이 증가하는 현상을 이용한 게이지로, 검출부가 소형이며 응답속도가 빠르고 0.001~9.81MPa의 압력에 사용한다.

2) 자기스트레인식(strain gauge) 압력계

강자성체에 기계적 힘을 가하면 자화상태가 변화하는 자기변형을 이용한 압력계로, 수백기압의 초고압용 압력계로 이용된다.

3) 압전식(piezo) 압력계

수정이나 티탄산바륨 등은 외력을 받을 때 기전력이 발생하는 압전현상을 이용한 것으로 피에조(piezo)식 압력계라 한다.

① 원격 측정이 용이하며 반응속도가 빠르다.
② 지시, 기록, 자동제어와 결속이 용이하다.
③ 정밀도가 높고 측정이 안정적이다.
④ 구조가 간단하며 소형이다.
⑤ 가스폭발 등 급속한 압력변화 측정에 유리하다.
⑥ 응답이 빨라서 백만분의 1초 정도이며 급격한 압력변화를 측정한다.

CHAPTER

03 가스의 분석 및 측정

3.1 가스분석방법

가스분석은 계측이 간접적이며 정성적인 선택성이 나쁜 것이 많다. 가스는 온도나 압력에 의해 영향을 받기 때문에 항상 조건을 일정하게 한 후 검사가 이루어져야 한다.

1) 연소가스 분석의 목적 중요

① 연료의 연소상태 파악
② 연소가스의 조성 파악
③ 공기비 파악 및 열손실 방지
④ 열정산 시 참고자료

2) 연소가스의 조성

CO_2, CO, SO_2, NH_3, H_2O, N_2 등

3) 시료 채취 시 주의사항

① 연소가스 채취 시 흐르는 가스의 중심에서 채취한다.
② 시료 채취 시 공기의 침입이 없어야 한다.
③ 가스성분과 화학적 반응을 일으키는 재료는 사용하지 않는다(600℃ 이상에서는 철판 사용금지).
④ 채취 배관을 짧게 하여 시간지연을 최소로 한다.
⑤ 드레인 배출장치를 설치한다.
⑥ 시료가스 채취는 연도의 중심부에서 실시한다.
⑦ 채취구의 위치는 연소실 출구의 연도에서 하고, 연도 굴곡 부분이나 가스가 교차되는 부분 및 유속변화가 급격한 부분은 피한다.

참고

- 가스 채취관의 재료
  - 고온가스 : 석영관
  - 저온가스 : 철금속관
- 시료가스의 흐름 : 1차 필터(아람담) → 가스냉각기(냉각수) → 2차 필터(석면, 솜)

3.2 가스분석계의 종류 및 특징

1) 화학적 가스분석계(장치) 중요

(1) 오르자트(Orsat)식 연소가스분석계

시료가스를 흡수제에 흡수시켜 흡수 전후의 체적변화를 측정하여 조성을 정량하는 방법이며, 100cc 체적의 뷰렛과 수준병, 고무관, 흡수병, 연결관으로 구성되어 있다.

① 분석순서 및 흡수제의 종류
  ㉠ 분석순서 : CO_2 → O_2 → CO
  ㉡ 흡수제의 종류
  - CO_2 : KOH 30% 수용액(순수한 물 70cc+KOH 30g 용해)
  - O_2 : 알칼리성 피로갈롤(용액 200cc+15~20g의 피로갈롤 용해)
  - CO : 암모니아성 염화 제1구리용액(암모니아 100cc 중+7g의 염화 제1구리 용해)
  - $N_2=100-(CO_2+O_2+CO)$

② 특징
  ㉠ 구조가 간단하며 취급이 용이하다.
  ㉡ 숙련되면 고정도를 얻는다.
  ㉢ 수분은 분석할 수 없다.
  ㉣ 분석순서를 달리하면 오차가 발생한다.

(2) 자동화학식 CO_2계

오르자트 가스분석법과 원리는 같으나 유리실린더를 이용하며 연속적으로 가스를 흡수시켜 가스의 용적변화로 측정한다. KOH 30% 수용액에 CO_2를 흡수시켜 시료가스용적의 감소를 측정하여 CO_2 농도를 측정한다.

① 선택성이 좋다.
② 흡수제 선택으로 O_2와 CO 분석이 가능하다.
③ 측정치를 연속적으로 얻는다.
④ 조성가스가 많아도 높게 측정되며 유리 부분이 많아 파손되기 쉽다.

(3) 연소열식 O_2계(연소식 O_2계)

측정해야 할 가스와 H_2 등의 가연성 가스를 혼합하고 촉매에 의한 연소를 시켜 반응열이 산소농도에 따라 비례하는 것을 이용한다.

① 가연성 H_2가 필요하다.
② 원리가 간단하고 취급이 용이하다.
③ 측정가스의 유량변화는 오차의 원인이다.
④ 선택성이 있다.
⑤ 오리피스나 마노미터 및 열전대가 필요하다.

(4) 미연소 가스계($CO+H_2$가스분석)

시료 중 미연소 가스에 O_2를 공급하고 백금을 촉매로 연소시켜 온도 상승에 의한 휘트스톤 브리지회로의 측정셀저항선의 저항변화로부터 측정한다.

① 측정실과 비교실의 온도를 동일하게 유지한다.
② 산소를 별도로 준비하여야 한다.
③ 휘트스톤브리지회로를 사용한다.

2) 물리적 가스분석계 중요

가스의 비중, 열전도율, 자성 등에 의하여 측정하는 방법

(1) 열전도율형 CO_2계

전기식 CO_2계라 하며 CO_2의 열전도율이 공기보다 매우 적다는 것을 이용한 것으로 CO_2 분석에 많이 사용된다. 측정가스를 도입하는 셀과 공기를 채운 비교셀 속에 백금선을 치고 약 100℃의 정전류를 가열하여 전기저항치를 증가시키므로 CO_2 농도로 지시한다.

① 특징
　㉠ 원리나 장치가 비교적 간단하다.
　㉡ 열전도율이 큰 수소가 혼입되면 측정오차의 영향이 크다.
　㉢ N_2, O_2, CO의 농도가 변해도 CO_2 측정오차는 거의 없다.
② 취급 시 주의사항
　㉠ 1차 여과기 막힘에 주의할 것
　㉡ 계기 내 온도 상승을 방지할 것
　㉢ 가스유속을 일정하게 유지할 것
　㉣ 브리지의 전류 공급을 점검할 것
　㉤ H_2가스의 혼입을 막을 것
　㉥ 가스압력변동은 지시에 영향을 주므로 압력변동이 없어야 할 것

(2) 밀도식 CO_2계

CO_2의 밀도가 공기보다 1.5배 크다는 것을 이용하여 가스의 밀도차에 의해 수동 임펠러의 회전토크가 달라져 레버와 링크에 의해 평형을 이루어 CO_2 농도를 지시하도록 되어 있다.

① 보수와 취급이 용이하고 구조적으로 견고하다.
② 측정가스와 공기의 압력과 온도가 같으면 오차를 일으키지 않는다.
③ CO_2 이외의 가스조성이 달라지면 측정오차에 영향을 준다.

(3) 가스 크로마토그래피(gas chromatograph)법

흡착제를 충전한 통 한쪽에 시료를 이동시킬 때 친화력이 각 가스마다 다르기 때문에 이동속도의 차이로 분리되어 측정실 내로 들어오면서 측정하는 것으로 O_2와 NO_2를 제외한 다른 성분가스를 모두 분석할 수 있다. 분석 시에는 고체 충전제를 넣어 놓고 캐리어가스인 H_2, N_2, He 등의 혼합된 시료가스를 칼럼 속에 통하게 하여 측정한다.

① 여러 종류의 가스분석이 가능하다.
② 선택성이 좋고 고감도 측정이 가능하다.
③ 시료가스의 경우 수cc로 충분하다.
④ 캐리어가스가 필요하다.
⑤ 동일 가스의 연속 측정이 불가능하다.
⑥ 적외선 가스분석계에 비하여 응답속도가 느리다.
⑦ SO_2 및 NO_2가스는 분석이 불가능하다.

(4) 적외선 가스분석계

적외선 스펙트럼의 차이를 이용하여 분석하며 N_2, O_2, H_2 등 이원자 분자가스 및 단원자 분자가스의 경우를 제외한 대부분의 가스를 분석할 수 있다.

① 선택성이 우수하다.
② 측정농도범위가 넓고 저농도 분석에 적합하다.
③ 연속 분석이 가능하다.
④ 측정가스의 먼지나 습기의 방지에 주의가 필요하다.

(5) 자기식 산소(O_2)계(산화농도 측정용)

산소의 경우 강자성체에 속하기 때문에 산소(O_2)가 자장에 대해 흡인되는 성질을 이용한 것이다.

① 가동 부분이 없어 구조가 간단하고 취급이 용이하다.
② 시료가스의 유량, 점성, 압력변화에 대하여 측정오차가 생기지 않는다.
③ 유리로 피복된 열선은 촉매작용을 방지한다.
④ 감도가 크고 정도는 1% 내외이다.

(6) 세라믹식 O_2계

지르코니아(ZrO_2)를 원료로 한 세라믹파이프를 850℃ 이상 유지하면서 가스를 통과시키면 산소이온만 통과하여 산소농담전자가 만들어진다. 이때 농담전기의 기전력을 측정하여 O_2 농도를 분석한다.

① 측정범위가 넓고 응답이 신속하다.
② 지르코니아의 온도를 850℃ 이상 유지한다(전기히터 필요).
③ 시료가스의 유량이나 설치장소, 온도변화에 대한 영향이 없다.
④ 자동제어장치와 결속이 가능하다.
⑤ 가연성 가스 혼입은 오차를 발생시킨다.
⑥ 연속 측정이 가능하다.

(7) 갈바니아 전기식 O_2계

수산화칼륨(KOH)에 이종금속을 설치한 후 시료가스를 통과시키면 시료가스 중 산소가 전해액에 녹아 각각의 전극에서 산화 및 환원반응이 일어나 전류가 흐르는 현상을 이용한 것이다.

① 응답속도가 빠르다.
② 고농도의 산소분석은 곤란하며 저농도의 산소분석에 적합하다.
③ 휴대용으로 적당하다.
④ 자동제어장치와 결합이 쉽다.

3.3 매연농도 측정

링겔만 농도표는 백지에 10mm 간격의 굵은 흑선을 바둑판모양으로 그린 것으로, 농도비율에 따라 0~5번까지 6종으로 구분한다. 관측자는 링겔만 농도표와 연돌 상부 30~45cm 지점의 배기가스와 비교하여 매연농도율을 계산할 수 있다.

농도 1도당 매연농도율은 20%이다.

3.4 온습도 측정

1) 온도

① **건구온도**(dry bulb temperature : DB) : 보통 온도계로 지시하는 온도
② **습구온도**(wet bulb temperature : WB) : 온도계 감온부를 젖은 헝겊으로 감싸고 측정한 온도(증발잠열에 의한 온도)
③ **노점온도**(dewpoint temperature : DT) : 습공기 수증기분압이 일정한 상태에서 수분의 증감 없이 냉각할 때 수증기가 응축하기 시작하여 이슬이 맺히는 온도

2) 습도(humidity) 중요

① 절대습도(specific humidity, x) : 건조공기 1kg에 대한 수증기 질량

$$x = 0.622\frac{P_w}{P-P_w} = 0.622\frac{\phi P_s}{P-\phi P_s}[\text{kg}'/\text{kg}]$$

② 상대습도(relative humidity) : 습공기 수증기분압(P_w)과 동일 온도의 포화습공기 수증기분압(P_s)과의 비

$$\phi = \frac{P_w}{P_s}\times 100\%$$

③ 포화도(비교습도) : 습공기(불포화공기) 절대습도(x_w)와 포화습공기 절대습도(x_s)와의 비

$$\psi = \frac{x_w}{x_s}\times 100\%$$

3) 습도계 및 노점계의 종류 중요

(1) 전기식 건습구습도계

① 습구를 항상 적셔 놓아야 하는 단점이 있다.
② 저온 측정은 곤란하다.
③ 실내온도를 측정하는 데 많이 사용된다.

(2) 전기저항식 습도계

① 기체의 압력, 풍속에 의한 오차가 없다.
② 구조 및 측정회로가 간단하며 저습도 측정에 적합하다.
③ 응답이 빠르고 온도계수가 크다.
④ 경년변화가 있는 결점이 있다.
⑤ 기체의 압력 및 풍속에 의한 오차가 없다.

(3) 듀셀 전기노점계

① 저습도의 측정에 적당하다.
② 구조가 간단하고 고장이 적다.
③ 고압하에서는 사용이 가능하나 응답이 늦은 결점이 있다.

(4) 광전관식 노점습도계

① 경년변화가 적고 기체의 온도에 영향을 받지 않는다.
② 저습도의 측정이 가능하다.

③ 점도가 높다.

(5) 모발습도계

① 습도의 증감에 따라 규칙적으로 신축하는 모발의 성질을 이용한다.
② 안정성이 좋지 않고 응답시간이 길다.
③ 사용이 간편하다.
④ 실내습도 조절용, 제어용으로 많이 사용한다.
⑤ 보통 10~20개 정도의 머리카락을 묶어서 사용하며, 수명은 2년 정도이다.

(6) 건습구습도계

① 건구와 습구온도계로 이루어진다.
② 상대습도표에 의해 구한다.
③ 자연통풍에 의한 간이 건습구습도계와 온도계의 감온부에 풍속 3~5m/s 통풍을 행하는 통풍건습구습도계(assmann형, 기상대형, 저항온도계식)가 있다.

PART **03**

적중 예상문제

★

01

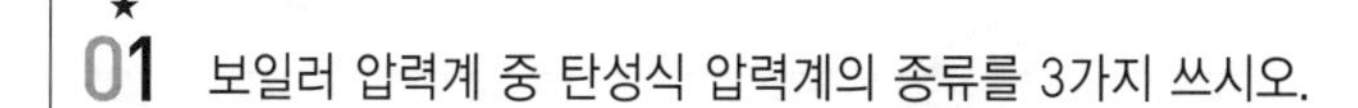

보일러 압력계 중 탄성식 압력계의 종류를 3가지 쓰시오.

해답 ① 벨로즈(bellows)식 ② 다이어프램(diaphragm)식 ③ 부르동관(bourdon)식

참고 압력계는 탄성식 압력계, 전기식 압력계, 액주식 압력계로 나뉜다.

02 계측기기 눈금의 종류를 3가지만 쓰시오.

해답 ① 어미 눈금 ② 중간 눈금 ③ 아들 눈금

★

03 섭씨온도와 화씨온도의 눈금수치가 일치하는 온도는 몇 도인가?

해답 $t_F = \frac{9}{5}t_c + 32[°\mathrm{F}]$

$t_F = t_c = t$ (put)

$t = \frac{9}{5}t + 32$

$-\frac{4}{5}t = 32$

$\therefore\ t = \frac{-5\times 32}{4} = -40℃$

04 계측기기의 눈금 통칙에 관하여 그 내용을 6가지만 쓰시오.

해답 ① 눈금은 원칙적으로는 아들 눈금, 어미 눈금, 중간 눈금의 3종류로 표시된다.

② 작은 눈금의 길이는 눈금의 5배 이하로 한다.

③ 작은 눈금의 굵기는 눈금폭의 1/2~1/15로 한다.

④ 눈금폭은 1.0mm보다 좁게 하여서는 안 된다.

⑤ 눈금량은 1, 2, 5 또는 이 숫자의 10의 정수 몇 배로 한다.

⑥ 눈금수의 최대값은 공업계기의 정밀도에 맞도록 정한다.

★
05 오차의 종류를 3가지 쓰고 간단히 설명하시오.

해답 ① 계통적 오차 : 쏠림(bias)의 원인이 되는 오차로서 측정기의 오차와 개인오차 등이 있다.
② 과오에 의한 오차 : 측정자의 부주의에 의해서 눈금을 잘못 읽는다든지, 기록을 잘못하는 등의 측정과정에서 과실로 일어나는 오차이다.
③ 우연오차 : 흩어짐의 원인이 되는 오차(원인을 알 수 없는 오차)를 말한다.

★

06 원인을 알 수 없는 오차로서 측정 시마다 측정치가 일정하지 않고 분포현상을 일으키는 오차는 어떤 오차인가?

해답 우연오차

07 온도계의 동작지연에 있어서 온도계의 최초 지시값이 T_0[℃], 측정한 온도가 x[℃]일 때 온도계 지시값 T[℃]와 시간 τ와의 관계를 식으로 나타내시오. (단, λ는 시정수이다.)

해답 $x = T_0 + \lambda \dfrac{dT}{d\tau}$

$\therefore \dfrac{dT}{d\tau} = \dfrac{x - T_0}{\lambda}$

08 열전대온도계의 원리를 간단히 쓰시오.

해답 열전대온도계는 제벡(Seebeck)효과, 즉 두 가지의 서로 다른 금속선을 접합시켜 양 접점에서의 온도차에 따른 열기전력을 측정하여 온도를 구하는 것이다.

09 열전대온도계의 구비조건을 3가지만 쓰시오.

해답 ① 열기전력이 크고 온도 증가에 따라서 연속적으로 상승할 것
② 열기전력이 안정되고 장시간 사용에도 견디며 이력현상이 없을 것
③ 전기저항, 저항온도계수 및 열전도율이 작을 것
④ 재생도가 높고 가공성이 좋으며 특성이 일정한 것을 얻기 쉬울 것
⑤ 내열성과 고온에서의 기계적 강도가 유지되어야 하며 고온의 공기나 가스 속에서도 내식성이 있을 것
⑥ 재료를 얻기 쉽고 가격이 저렴할 것

10 열전대온도계의 사용 시 주의사항을 5가지만 쓰시오.

해답 ① 계기에 충격을 피하고 일광, 습기, 먼지 등에 주의할 것
② 도선을 접속하기 전에 지시계(indicator)의 영(0)점을 정확히 조정할 것
③ 표준 계기로 정기적인 교정을 할 것
④ 단자의 ⊕, ⊖를 보상도선의 ⊕, ⊖와 일치하도록 연결할 것
⑤ 온도계의 상승온도범위에 주의하여 열전대를 선정하고 사용할 것
⑥ 열전대의 상용온도에 따른 적절한 보호관의 선택과 관리에 주의할 것
⑦ 눈금을 읽을 때 시차에 주의하여 정면에서 읽을 것
⑧ 열전대를 측정하고자 하는 장소에 정확히 삽입하고, 삽입구멍을 통하여 찬 공기가 들어가지 않도록 할 것

★
11 열전대온도계 중에서 마그네시아(MgO), 알루미나(Al_2O_3)를 넣고 다져서 만든 것으로, 가소성이 있고 진동이 심한 곳에 사용되는 것은 어떤 온도계인가?

해답 시스열전대(sheath couple)온도계
참고 시스열전대(sheath couple)는 열전대가 있는 보호관 중에 마그네시아, 알루미나를 넣고 다진 것으로, 매우 가늘어서 가소성이 있으며 국부적인 측온이나 진동이 심한 곳에 사용되는데 시간지연이 적으며 피측온체의 온도 저하 없이 측온할 수 있다.

PART 3

★
12 니켈(Ni), 망간(Mn), 코발트(Co), 철(Fe) 및 구리(Cu) 등의 금속산화물을 압축 소결시켜서 만든 온도계는 무슨 온도계인가?

해답 서미스터(thermistor)온도계
참고 서미스터온도계는 니켈(Ni), 코발트(Co), 망간(Mn), 철(Fe), 구리(Cu) 등의 금속산화물의 분말을 혼합 소결시켜 만든 반도체로서, 그 전기저항의 온도에 따라 크게 변화하므로 응답이 빠른 감열소자로 이용할 수 있다. 25℃에서 서미스터의 온도계수는 -2~6%/℃로 백금선의 10배 정도의 큰 값을 가지며, 사용온도범위는 -100~300℃ 정도이다.

★
13 열전대온도계의 보상도선에 대하여 간단히 쓰시오.

해답 열전대온도계에 사용되는 보상도선은 단자에서 냉접점에 이르는 도선이 긴 경우에 가격이 비싼 열전대선 대신에 사용되는 금속선으로서, 일반용과 내열용이 있으며 동선, 구리, 니켈합금선이 사용된다.

★
14 서미스터온도계의 특징을 5가지만 쓰시오.

해답 ① 소형이며 저항온도계수가 다른 금속에 비해 크다.
② 저항온도계수는 음(−)의 값을 가지며, 절대온도의 제곱에 반비례한다.
③ 응답이 빠르며 좁은 장소에 설치가 가능하다.
④ 흡습 등으로 열화되기 쉽다.
⑤ 자기 가열에 주의해야 한다.
⑥ 호환성이 작으면 경년변화가 생긴다.
⑦ 금속 특유의 균일성을 얻기 어렵다.

15 고온물체에서 발산한 특정 파장(보통 0.65μ)의 휘도와 비교용 표준 전구의 필라멘트 휘도가 같을 때 필라멘트에 흐르는 전류에서 온도를 구하는 온도계는 어떤 온도계인가?

해답 광고온계(optical pyrometer)

16 일반적으로 물체는 700℃ 이상이 되면 빛을 내기 시작하여 온도가 높아질수록 파장이 큰 적색계통에서 파장이 작은 청색계통의 빛을 발하게 되는데, 색 필터(color filter)를 통하여 고온체를 관측하면서 필터를 조절하여 고온체의 색이 표준색과 같아질 때 필터의 조절위치로부터 온도를 측정하는 온도계는 어떤 온도계인가?

해답 색(color)온도계

17 다음 그림과 같은 경사관식 압력계에서 P_1의 압력을 나타내는 식을 쓰시오. (단, γ : 액체의 비중량)

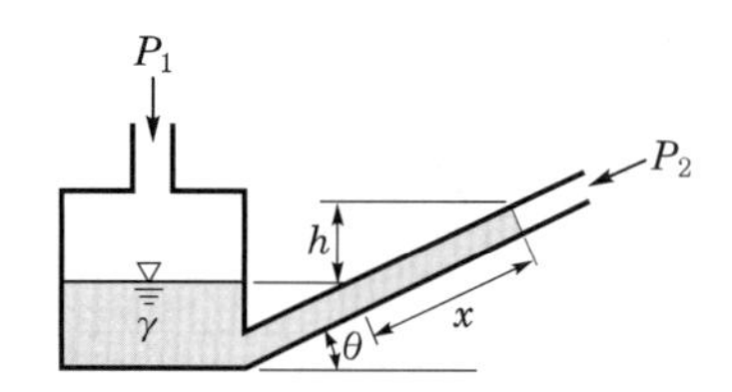

해답 $h = x\sin\theta$

$P_1 - P_2 = \gamma h = \gamma x \sin\theta$

$\therefore\ P_1 = P_2 + \gamma x \sin\theta$[kPa]

★
18 수직관 속에 비중이 0.9인 기름이 흐르고 있다. 여기에 다음 그림과 같이 액주계를 설치하였을 때 압력계의 지시값은 몇 kPa인가? (단, 수은의 비중은 13.55로 한다.)

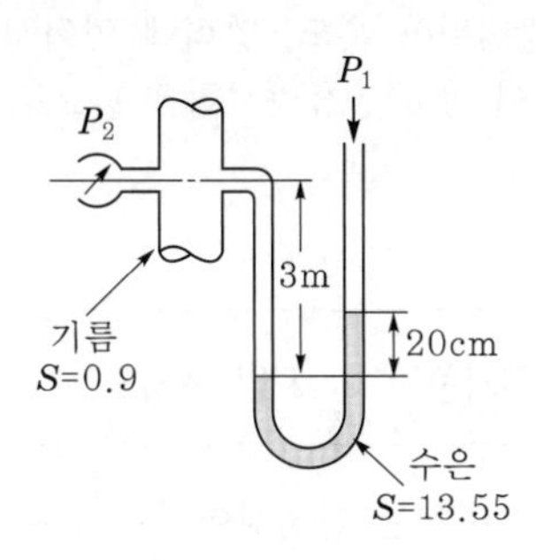

해답 $P_1 = P_0$(대기압)$= 0$

$P_2 + 9.8 \times 0.9 \times 3 = P_1 + 9.8 \times 13.55 \times 0.2$

$\therefore\ P_2 = 9.8 \times 13.55 \times 0.2 - 9.8 \times 0.9 \times 3 = 0.098\text{kPa}$

19 진공계의 측정원리를 4가지로 분류하고, 그것에 해당하는 진공계를 1가지씩만 쓰시오.

해답 ① 수은주를 이용한 것 : 맥라우드 진공계
② 열전도를 이용한 것 : 열전도형 진공계
③ 전기적 현상을 이용한 것 : 전리 진공계
④ 방전을 이용한 것 : 가이슬러관 진공계, 필립스 진공계

★
20 유로의 중심부 속도를 측정하고, 유로 단면에서의 평균속도를 구하려면 관계수(U/U_{max})를 알아야 한다. 이러한 순서를 거쳐야 하는 유량계는?

해답 피토관(Pitot tube)

참고 속도 측정에 의한 유량계의 경우 관 내 유속의 분포가 레이놀즈수(Re)에 관계되는데 관의 중심선에서의 속도를 U_{max}, 평균속도는 U라 하면 U/U_{max}는 레이놀즈수가 증가됨에 따라 어느 한계치까지 커진다. 여기서 속도 측정에 의한 유량계, 즉 유속식 유량계는 피토관뿐이다.

★
21 피토관(Pitot tube)에 의한 유속 측정은 $V = \sqrt{2g\left(\dfrac{P_1 - P_2}{\rho}\right)}$의 공식을 이용한다. 이때 P_1과 P_2의 뜻은?

해답 ① P_1 : 전압(total pressure) ② P_2 : 정압(static pressure)

★
22 차압식 유량계의 원리를 간단히 쓰시오.

해답 차압식 유량계는 비교적 광범위한 온도, 압력에 있어서 액체, 기체 또는 증기의 유량을 측정할 수 있으며 설계가 규격화되어 있고 실유량시험을 필요로 하지 않는다. 유압의 차는 유량의 제곱에 비례한다($\Delta P \propto Q^2$).

23 차압식 유량계의 사용 시 주의사항을 4가지만 쓰시오.

해답 ① 교축장치를 통과할 때의 유체는 단일상이어야 한다.
② 레이놀즈수가 10^5 정도 이하에서는 유량계수가 무너진다.
③ 사용에 있어서 필요한 직관길이를 미리 정해야 한다.
④ 저유량에 있어서 정도가 저하하고 측정범위를 넓게 잡을 수가 없다.
⑤ 맥동유체나 고점도액체의 측정은 오차가 발생한다.

★
24 보일러 송수관의 유속을 측정하기 위하여 다음과 같이 피토관을 설치하였다. 이때의 유속은 어떻게 나타내는가?

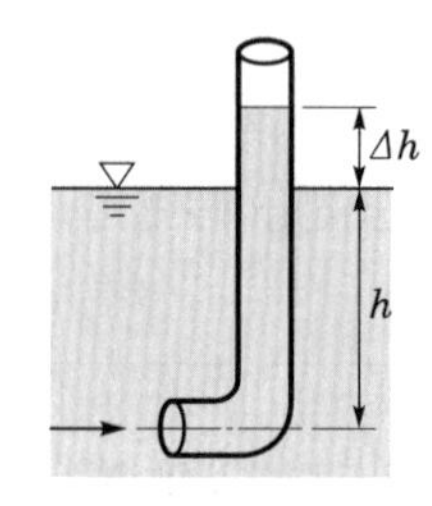

해답 $V = \sqrt{2g\Delta h}$ [m/s]

★
25 패러데이의 법칙과 관계되는 전자식 유량계의 원리를 간단히 쓰시오.

해답 전자식 유량계는 도전성 유체가 파이프에 흐를 때 양측에 자장을 형성시켜 흐름의 방향과 자장의 방향에 대해 직각으로 생기는 기전력을 측정하여 유량을 측정하는데, 이 기전력은 유체의 체적유량에 비례한다.

26 열선식 유량계의 종류를 3가지만 쓰시오.

해답 ① 미풍계 ② 스와르미터 ③ 서멀유량계

27 가스분석계 중 일명 전기식 CO_2계라고도 부르며 연소가스 중의 CO_2 분석에 널리 사용되고 있는 분석계는 무엇인가?

해답 열전도율형 CO_2분석계

참고 전기식 CO_2계는 열전도율식 CO_2계라고도 부르며 CO_2의 열전도율이 공기에 비해서 매우 작다는 것을 이용한 것이다. 측정셀(cell) 안의 CO_2 농도변화에 따라 가스의 열전도율이 달라지므로 셀 안에 설치된 백금선의 온도변화가 생긴 선의 저항치가 달라지는데, 이렇게 하여 생긴 휘트스톤브리지의 불평형 전압을 이용하여 CO_2 농도를 측정한다.

★ **28** 기체 또는 비점 300℃ 이하의 액체를 측정하는 물리적 가스분석계로 선택성이 우수한 가스분석계는 무엇인가?

해답 가스 크로마토그래피법

참고 가스 크로마토그래피법은 기체 및 비점 300℃ 이하의 비점을 가진 액체를 분석하는 가스분석계로서, 분리능력이 우수하고 선택성이 우수하며 1대의 장치로서 여러 가지 성분을 가진 가스를 전부 분석할 수 있다. 이 가스분석계는 활성탄 등의 흡착제들로 되어 있는 칼럼(column) 내를 시료가스가 통과하는 이동속도가 다르다는 것을 이용하여 칼럼의 끝에 열전도율계 등을 설치하여 가스농도를 검출한다.

PART 3

★ **29** 가스분석계에 대한 다음 물음에 답하시오.

1 가스분석계에서 선택성에 대하여 간단히 쓰시오.
2 선택성이 우수한 가스분석계를 3가지만 쓰시오.

해답 1 선택성이란 시료 중에 여러 가지 성분이 함유되어 있을 때 다른 성분의 영향을 받지 않고 측정하려는 성분만을 측정할 수 있는 성질을 말한다.
2 ① 자화율법 ② 가스 크로마토그래피법 ③ 적외선 흡수법

참고 가스분석계의 종류
- 화학적 가스분석계
  - 용액 흡수제를 사용한 것
  - 고체 흡수제를 사용한 것
- 물리적 가스분석계
  - 가스의 밀도 및 점도를 이용한 것
  - 가스의 열전도율을 이용한 것
  - 빛의 간섭을 이용한 것
  - 흡수용액의 전기전도도를 이용한 것
  - 가스의 자기적 성질을 이용한 것
  - 적외선의 흡수를 이용한 것

★
30 매연농도 측정기구를 3가지 나열하시오.

해답 ① 링겔만 매연농도표
② 바카라치 스모그테스터
③ 매연포집질량계
④ 광전관식 매연농도계

★
31 비접촉식 온도계의 특징을 3가지 기술하시오.

해답 ① 표면온도 측정이 가능하다.
② 열적 고장이 없다.
③ 이동물체 측정이 가능하다.
④ 응답속도가 빠르다.
⑤ 방사율 보정이 필요하다.

32 압력계의 비교시험을 행하는 시기를 3가지만 쓰시오.

해답 ① 성능검사 때
② 오랫동안 휴식 후 사용하려고 할 때
③ 안전밸브가 실제로 취출한 압력과 조정한 때의 압력이 다를 때
④ 압력계의 지침이 움직이는 사정 등으로 기능에 의심이 생길 때
⑤ 프라이밍, 포밍 등으로 압력계에 영향이 미쳤다고 생각될 때

33 부르동관과 압력계의 취급상 주의점을 4가지만 쓰시오.

해답 ① 동결하지 않도록 한다.
② 내부온도가 80℃ 이상이 되지 않도록 한다.
③ 외부의 충격을 피해야 한다.
④ 갑작스런 압력작용은 피해야 한다.

★
34 단위의 종류를 4가지만 쓰시오.

해답 ① 기본단위 ② 유도(조립)단위 ③ 보조단위 ④ 특수 단위

★
35 단위계의 종류를 3가지만 쓰시오.

해답 ① 절대(물리)단위계 ② 중력(공학)단위계 ③ 국제(SI)단위계
참고 FPS 단위계(FSS 단위계)

36 다음 오차의 계산식을 한글로 쓰시오.

❶ 오차 ❷ 오차율 ❸ 오차 백분율

해답 ❶ 오차=측정치−참값

❷ $\text{오차율} = \frac{\text{오차}}{\text{참값}}$

❸ $\text{오차 백분율} = \text{오차율} \times 100\% = \frac{\text{오차}}{\text{참값}} \times 100\%$

★
37 다음 설명에 해당되는 용어를 쓰시오.

❶ 측정된 양이 참값에 가까운 정도
❷ 측정을 여러 번 되풀이할 때 측정군의 측정량 또는 측정치 사이의 일치하는 정도
❸ 정밀과 정확을 포함하여 나타내는 것

해답 ❶ 정확도 ❷ 정밀도 ❸ 정도

38 측정의 종류를 3가지만 쓰시오.

해답 ① 직접 측정 ② 간접 측정 ③ 절대 측정

★
39 계측기기의 측정법을 4가지로 분류하시오.

해답 ① 영위법 ② 편위법 ③ 치환법 ④ 보상법

40 계측기기의 오차의 원인을 5가지만 쓰시오.

해답 ① 제조상의 불완전 ② 사용 중의 마찰 및 경년변화
③ 내부의 물리적 영향 ④ 외부의 물리적 영향
⑤ 설치상황에 따른 오차 발생

41 온도 계측상의 오차를 3가지 쓰시오.

해답 ① 온도계의 시간지연오차 ② 열전도오차
③ 발열에 의한 오차

★
42 유리제온도계의 오차원인을 6가지만 쓰시오.

해답 ① 측정자세의 영향
② 노출부의 비율
③ 시간차에 의한 지연
④ 경년변화로 인한 오차
⑤ 관경의 불균일
⑥ 눈금의 부정확

43 유리온도계를 150℃의 눈금선까지 유체 속에 넣고 유체의 온도를 측정하니 400℃가 되었다. 노출 부분의 평균온도가 190℃일 때 이 액체의 진온도는 몇 ℃인가? (단, 감온액의 겉보기 팽창계수는 0.000175이다.)

해답 $t=t_a+n\beta(t_a-t_m)=190+0.000175\times(400-150)=190.04℃$

44 자동제어 설계 또는 조절 시 주의할 점을 3가지만 쓰시오.

해답 ① 제어동작이 불규칙상태가 되지 않을 것
② 신속하게 제어동작을 완료할 것
③ 제어량이나 조작량이 과대하게 도를 넘지 않도록 할 것
④ 잔류편차가 요구되는 정도 사이에서 억제할 것

45 열전대온도계에서 기준점을 0℃로 했을 때 온도 t[℃]의 열기전력 V_e[mV]는 다음 표와 같다. 이 열전대온도계의 기준접점을 20℃로 하여 온도를 측정하였을 때 9.5mV의 열기전력을 얻었다면 보간법에 의하여 이 온도는 몇 ℃가 되겠는가?

▶ 구리-콘스탄탄 기준온도 0℃의 열기전력

t[℃]	0	20	40	60	80	100
V_e[mV]	0.000	0.783	1.600	2.449	3.329	4.239
t[℃]	200	210	220	230	240	250
V_e[mV]	9.178	9.704	10.236	10.773	11.315	11.862

해답 $V_e=9.5+0.783=10.283\text{mV}$
따라서 10.283mV는 220℃와 230℃ 사이가 되므로(보간법 적용)

$$\therefore\ t=220+\left(\frac{10.283-10.236}{10.773-10.236}\right)\times(230-220)=220.88℃$$

★
46 방사온도계로 물체의 온도를 측정하니 900℃가 되었다. 전방사율이 0.60이면 이때 진온도는 몇 ℃인가?

해답 $R = 900 + 273 = 1,173\text{K}$

$$T = \frac{1,173}{\sqrt[4]{0.60}} \fallingdotseq 1332.79\text{K}$$

∴ 진온도 $= 1332.79\text{K} - 273 = 1059.79℃$

47 직경 12cm의 실린더를 가진 자유피스톤식 압력계(기준 분동식)로 부르동관압력계의 눈금 교정을 하였다. 추와 피스톤의 총무게가 1,100N일 때 부르동관압력계가 0.09MPa 게이지압을 나타내었다면 이 부르동관 탄성식 압력계의 오차는 몇 %인가?

해답 참값 압력$(P) = \dfrac{F}{A} = \dfrac{1,100}{\dfrac{\pi \times 120^2}{4}} = 0.0973\text{MPa}$

∴ 오차(error) $= \dfrac{0.0973 - 0.09}{0.0973} \times 100\% = 7.5\%$

★
48 관의 내경이 100mm인 벤투리목의 내경이 50mm인 차압식 유량계의 압력차 읽음이 250mmHg의 수은주 높이에서 물의 유량은 몇 m^3/h인가? (단, 물과 수은의 밀도는 각각 1,000kg/m^3, 13,600kg/m^3, 유량계수는 0.98이다.)

해답 $$Q = CA_2V_2 = CA_2 \frac{1}{\sqrt{1 - \left(\dfrac{d_2}{d_1}\right)^4}} \sqrt{2gh\left(\frac{\rho_{pg}}{\rho_w} - 1\right)}$$

$$= 0.98 \times \frac{\pi}{4} \times 0.05^2 \times \frac{1}{\sqrt{1 - \left(\dfrac{50}{100}\right)^4}} \times \sqrt{2 \times 9.8 \times 0.25 \times \left(\frac{13,600}{1,000} - 1\right)}$$

$$= 0.0156\text{m}^3/\text{s} \fallingdotseq 56.2\text{m}^3/\text{h}$$

49 원기, 즉 표준기의 구비조건을 4가지만 쓰시오.

해답 ① 정도가 높고 단위의 현시가 가능할 것
② 외부의 물리적 조건에 대한 변형이 적을 것
③ 경년변화가 적을 것
④ 안정성이 높을 것

50 원기에 대하여 간단히 설명하시오.

해답 원기란 도량형을 정하는 표준이 되는 기구이다.

★
51 계측기기의 계측목적을 7가지만 쓰시오.

해답 ① 조업조건의 안정화를 이룬다.
② 장치의 안전운전과 고효율화를 이룬다.
③ 작업인원을 절감시킨다.
④ 작업자의 안전위생관리를 한다.
⑤ 원료비, 인건비, 열원비 등의 변동비를 절약한다.
⑥ 내용연수의 연장에 의한 고정비를 감소시킨다.
⑦ 조업도 및 제품의 품질을 향상시켜 생산액을 증가시킨다.

52 계기의 선택에 대하여 4가지만 쓰시오.

해답 ① 측정범위 ② 정도 ③ 측정대상 및 사용조건 ④ 주위의 조건

★
53 차압식 유량계로 유량을 측정하는데 관로 중에 설치한 조리개기구(오리피스) 전후의 차압이 1,936mmH_2O일 때 유량이 22m^3/h이었다. 차압이 1,024mmH_2O일 때의 유량은?

해답 차압식 유량계에서 유량 Q는 차압의 제곱근에 비례하므로($Q \propto \sqrt{h}$)

$$\frac{Q_2}{Q_1} = \sqrt{\frac{h_2}{h_1}}$$

$$\therefore \ Q_2 = Q_1\sqrt{\frac{h_2}{h_1}} = 22\sqrt{\frac{1,024}{1,936}} = 16\text{m}^3/\text{h}$$

★
54 피측정물의 방사 가시광선 중의 파장이 0.65μ인 단색광의 휘도와 표준 운동물체의 휘도를 비교하여 온도를 구하는 온도계는 어느 것인가?

해답 광고온계

참고 광고온계 : 고온의 피측정물에서 나오는 방사 가시광선 중에서 특정 파장(0.65μ)의 단색광의 휘도와 표준 운동물체의 휘도를 비교하여 온도를 측정한다.
- 측정 정도 : ±10~15℃
- 측정범위 : 700~3,000℃

★
55 다음 그림은 열전대의 결선방법과 냉접점을 나타낸 그림이다. 냉접점을 표시하는 기호는 어느 것인가?

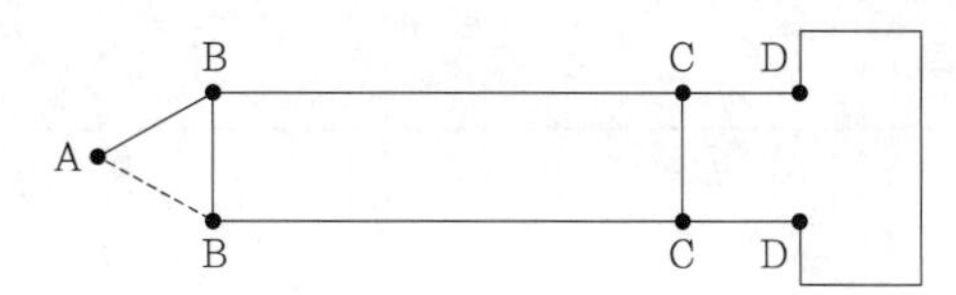

해답 C

참고 AB가 열전대, BC가 보상도선, C점은 기준접점 혹은 냉접점이며, D점은 측정단자이다. 열전온도계의 냉접점은 듀어병에 얼음이나 증류수 등의 혼합물로서 0℃를 유지하는 곳이다.

56 명판에 Ni 500이라고 쓰인 측온저항체의 100℃점에서의 저항값은 몇 Ω인가? (단, Ni의 온도계수는 +0.0067이다.)

해답 $R = R_0(1+\alpha t) = 500 \times (1+0.0067 \times 100) = 835\Omega$

참고 $t = \dfrac{R-R_0}{R_0 \alpha} = \dfrac{835-500}{500 \times 0.0067} = 100℃$

★
57 안지름 400mm, 오리피스지름 1,600mm인 표준 오리피스로 공기의 유량을 측정하여 압력차 240mmH₂O를 얻었다. 온도 25℃, 대기압은 752mmHg 하류의 게이지압은 126mmHg에 있다. 유량은 몇 m^3/h인가? (단, 유량계수(C)=1)

해답 공기밀도(ρ_a)$= \dfrac{P}{RT} = \dfrac{117.06}{0.287 \times (25+273)} = 1.37\text{kg/m}^3$

$$\therefore\ Q = CA_0\sqrt{2gh\left(\frac{\rho_w}{\rho_a}-1\right)} = 1 \times \frac{\pi \times 0.16^2}{4} \times \sqrt{2 \times 9.8 \times 0.24 \times \left(\frac{1,000}{1.37}-1\right)}$$

$$= 1.177\text{m}^3/\text{s} = 4237.2\text{m}^3/\text{h}$$

★
58 중유 연소 보일러의 배기가스를 오르자트 가스분석기의 가스뷰렛에 시료가스량을 50mL 채취하였다. CO_2 흡수피펫을 통과한 후 가스뷰렛에 남은 시료는 44mL이었고, O_2 흡수피펫을 통과한 후에는 41.8mL, CO 흡수피펫에 통과한 후 남은 시료량은 41.4mL이었다. 배기가스 중의 CO_2, O_2, CO는 각각 몇 %인가?

해답 ① $CO_2 = \dfrac{50-44}{50} \times 100\% = 12\%$ ② $O_2 = \dfrac{44-41.8}{50} \times 100\% = 4.4\%$

③ $CO = \dfrac{41.8-41.4}{50} \times 100\% = 0.8\%$

59 온도가 15℃이고 기압이 760mmHg인 대기 속의 풍속을 피토관으로 측정하였더니 전압이 대기압보다 52mmAq 높았다. 이때 풍속은 얼마인가? (단, 피토관의 속도계수(C_v)는 0.97, 공기의 기체상수(R)는 287N · m/kg · K이다.)

해답 ① $Pv = RT$

$$P\frac{1}{\rho} = RT$$

$$\therefore \ \rho = \frac{P}{RT} = \frac{101.325}{0.287 \times (15+273)} \fallingdotseq 1.23\text{kg/m}^3$$

② $V = C_v\sqrt{\dfrac{2\Delta P}{\rho}} = 0.97\sqrt{\dfrac{2\times 0.052}{1.23}} = 0.282\text{m/s}$

60 0℃에서의 저항이 100Ω이고, 저항온도계수가 0.005인 저항온도계를 어떤 노 안에 집어넣었을 때 저항이 200Ω이 되었다면 이 노 안의 온도는 몇 ℃인가?

해답 $R = R_0(1+\alpha t)$

$$\therefore \ t = \frac{R-R_0}{R_0\alpha} = \frac{200-100}{100\times 0.005} = 200℃$$

★
61 배기가스 50mL를 채취하여 오르자트(orsat) 가스분석기로 분석한 결과 CO_2 12.6%, O_2 3.4%, CO 0.2%로 측정되었다. 이때 각 흡수액의 배기가스 흡수체적은 각각 얼마인가?

1 KOH용액
2 피로갈롤용액
3 염화 제1구리용액

해답 1 $\dfrac{\text{KOH 용액}}{50} \times 100\% = 12.6$

$\therefore$ KOH용액 = 6.3mL

2 $\dfrac{\text{피로갈롤용액}}{50} \times 100\% = 3.4$

$\therefore$ 피로갈롤용액 = 1.7mL

3 $\dfrac{\text{염화 제1구리용액}}{50} \times 100\% = 0.2$

$\therefore$ 염화 제1구리용액 = 0.1mL

62 면적식 유량계의 유량 측정원리를 간단히 설명하시오.

해답 관로에 흐르는 전과 후의 유체압력차는 일정하게 하고 플로트(부자)의 변위를 이용한다.

★
63 배기가스 50mL을 채취하여 오르자트 가스분석기를 사용하여 분석한 결과 염화 제1구리용액은 0.3mL, 수산화칼륨용액은 6.5mL, 피로갈롤용액은 1.4mL의 배기가스를 흡수하였다. 배기가스 중의 CO_2, O_2, CO는 각각 몇 %인가?

해답 ① $CO_2 = \frac{6.5}{50} \times 100\% = 13\%$

② $O_2 = \frac{1.4}{50} \times 100\% = 2.8\%$

③ $CO = \frac{0.3}{50} \times 100\% = 0.6\%$

참고
- CO_2의 흡수용액 : 수산화칼륨(KOH)용액
- O_2의 흡수용액 : 피로갈롤용액
- CO의 흡수용액 : 염화 제1구리용액
- $N_2 = 100 - (CO_2 + O_2 + CO)[\%]$

64 온도를 측정하는 원리 4가지와 그 원리에 따른 온도계를 하나씩 쓰시오.

해답 ① 열팽창 이용방법 : 유리제온도계, 바이메탈식 온도계
② 상태변화 이용방법 : 증기압력식 온도계, 제겔콘온도계
③ 전기저항 이용방법 : 저항식 온도계(Pt, Ni, Cu, 서미스터)
④ 열기전력 이용방법 : 열전온도계

★
65 주요 열전대의 종류와 극성의 구성을 다음 표에 기술하시오.

종류	극성의 구성	
	(+)측	(−)측

해답

종류	극성의 구성	
	(+)측	(−)측
P−R	로듐	백금
C−A	크로멜	알루멜
I−C	철	콘스탄탄
C−C	구리	콘스탄탄

★
66 벤투리미터를 사용하여 상온의 물의 유량을 측정하였다. 내경은 벤투리 입구가 3.6cm, 벤투리목은 1.8cm이다. 수은 마노미터의 읽음이 78.7mm일 때 유량(m^3/h)을 소수점 셋째 자리에서 반올림하여 구하시오. (단, 벤투리계수(C_d)=0.98)

해답

$$Q = C_d A_2 \frac{1}{\sqrt{1-\left(\frac{A_2}{A_1}\right)^2}} \sqrt{2gh\left(\frac{S_0}{S}-1\right)} = C_d A_2 \frac{1}{\sqrt{1-\left(\frac{d_2}{d_1}\right)^4}} \sqrt{2gh\left(\frac{\rho_0}{\rho}-1\right)}$$

$$= 0.98 \times \frac{\pi}{4} \times 0.018^2 \times \frac{1}{\sqrt{1-\left(\frac{1.8}{3.6}\right)^4}} \times \sqrt{2 \times 9.8 \times 0.0787 \times \left(\frac{13{,}600}{1{,}000}-1\right)}$$

$$= 0.001134\text{m}^3/\text{s} = 4.082\text{m}^3/\text{h}$$

참고
- 수은의 밀도(ρ_o) : 13,600kg/m^3
- 물의 밀도(ρ) : 1,000kg/m^3

67 차압식 유량계인 오리피스유량계의 장단점을 각각 3가지씩 쓰시오.

해답 1) **장점**

① 제작이 용이하다. ② 장착이 용이하다. ③ 가격이 싸다.

2) **단점**

① 압력손실이 크다. ② 침전물이 부착된다. ③ 마모에 의한 변화가 크다.

★
68 다음의 4가지 열전온도계의 (+)측 금속을 쓰시오.

1 I–C 2 C–A 3 C–C 4 P–R

해답 1 순철 2 크로멜 3 구리(순동) 4 로듐

★
69 온도계에 대하여 다음 물음에 간단히 답하시오.

1 온도계의 구성 부분은 크게 (①)부, (②)부, (③)부로 나눈다.
2 온도 측정법에는 (①)법, (②)법이 있다.

해답 1 ① 감온 ② 지시 ③ 연결
2 ① 접촉 ② 비접촉

★
70 다음 그림은 저항온도계의 구조를 나타낸 것이다. 다음 물음에 답하시오.

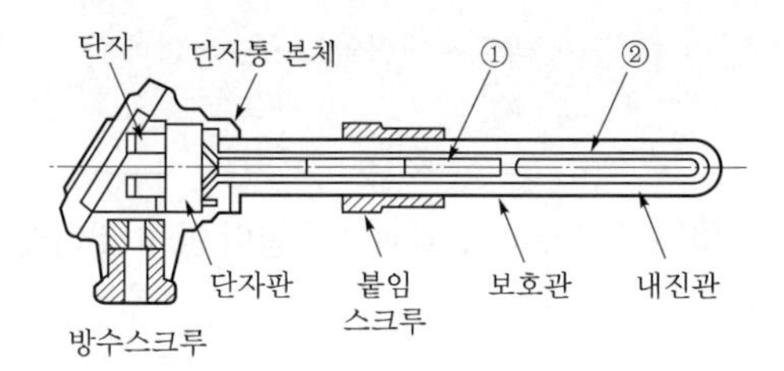

1 이 온도계의 원리를 간단히 설명하시오.
2 ①, ②의 명칭을 각각 쓰시오.
3 저항체의 구비조건을 3가지만 쓰시오.

해답 1 온도가 상승하면 이에 대응하여 전기저항치가 증가하는 원리
2 ① 절연판 ② 저항소자
3 ① 온도저항계수가 클 것
② 화학적, 물리적으로 안정할 것
③ 동일 특성을 얻기 쉬울 것

71 열전대온도계에서 냉접점의 온도는 몇 ℃로 유지하는가?

해답 0℃

72 유리제온도계 중에서 미세한 온도차를 측정할 수 있어 실험시험용으로 주로 사용되는 온도계는 무엇인가?

해답 베크만온도계

★
73 다음 ( ) 안에 알맞은 말을 써 넣으시오.

차압식 유량계에서 유량은 차압의 (①)에 비례하며, 피토관식 유량계는 관로 내를 흐르는 유체의 (②)을 측정하고 그 값에 관로의 (③)을 곱하여 유량을 측정한다.

해답 ① 제곱근 ② 유속 ③ 면적

74 값이 싸고 설치 및 교체가 용이하나 압력손실이 큰 단점이 있는 차압식 유량계의 명칭을 쓰시오.

해답 오리피스(orifice)유량계

75 압력식 온도계에서 증기 팽창식에 사용되는 액체의 종류를 3가지 쓰시오.

해답 프레온, 톨루엔, 아닐린, 에틸에테르, 에틸알코올, 염화메틸

76 차압식 유량계에서 차압이 2,025mmH_2O일 때의 유량이 90m^3/h이었다면 차압이 625mmH_2O일 때의 유량(m^3/h)은 얼마인가?

해답 $\frac{Q_2}{Q_1} = \sqrt{\frac{h_2}{h_1}}$

$\therefore\ Q_2 = Q_1\sqrt{\frac{h_2}{h_1}} = 90\sqrt{\frac{625}{2,025}} = 50\text{m}^3/\text{h}$

참고 차압식 유량계(노즐, 오리피스, 벤투리미터)의 유량(Q)은 차압(h)의 제곱근에 비례한다.
$Q \propto \sqrt{h}$

★
77 피스톤 직경 2cm의 자유피스톤압력계를 사용하여 부르동관압력계의 검사를 하고 있다. 추와 피스톤의 무게합이 100N일 때 부르동관압력계의 눈금지시가 0.3MPa이었다면 부르동관압력계의 보정률은 몇 %인가?

해답 $P = \frac{W}{A} = \frac{100}{\frac{\pi}{4}\times 20^2} = 0.318\text{MPa}$

$\therefore\ \phi = \left(1-\frac{P'}{P}\right)\times 100\% = \left(1-\frac{0.3}{0.318}\right)\times 100\% = 5.66\%$

78 관로에 유체가 흐르는 방향과 직각방향으로 자계를 가하고, 다시 이 양자에 직각방향으로 전극을 붙이면 전극 사이에 기전력 E[V]가 발생하는데 기전력 E를 측정해서 유량을 표시하는 유량계는?

해답 전자유량계

79 연도가스를 분석하기 위한 가스시료채취장치의 1차 필터 및 2차 필터에 사용하는 재료(여과제)를 각각 2가지씩 쓰시오.

해답 ① 1차 필터 : 알런덤, 카보런덤
② 2차 필터 : 솜, 유리솜, 석면사

80 유리제온도계의 봉입액 종류를 4가지 쓰시오.

해답 ① 수은 ② 알코올 ③ 톨루엔 ④ 펜탄

81 다음은 전기저항온도계의 각 종류에 대한 설명이다. 각 설명에 해당되는 저항체의 종류를 쓰시오.

1. 안정성, 재현성이 뛰어나며 측온저항체온도계 중 온도 측정범위가 가장 넓다.
2. 고온에서는 산화하므로 0~120℃ 범위에서 사용하며 가격이 싸고 비례성이 좋다.
3. 금속산화물을 소결시켜 만든 것으로 온도변화에 따른 저항변화가 크고 저항온도계수가 부(負)인 특성을 갖는다.

해답 1 백금저항 2 구리저항온도계 3 서미스터

★
82 다음 유량계의 종류에 해당되는 것을 각각 1가지씩 쓰시오.

1. 차압식 유량계
2. 면적식 유량계
3. 유속 측정에 의한 유량계

해답 1 오리피스(orifice) 2 로터미터(rotameter) 3 피토관(pitot in tube)

83 다음은 열선식 유량계에 대한 설명이다. ( ) 안에 적당한 말을 써 넣으시오.

> 저항선에 (①)를 흐르게 하여 (②)을 발생시키고, 여기에 직각으로 (③)를 흐르게 하여 생기는 온도변화율로부터 유속을 측정하는 방법이 있다.

해답 ① 전류 ② 열 ③ 유체

84 열전온도계 중에서 환원성 분위기에 강한 열전온도계의 명칭을 쓰시오.

해답 IC온도계

★
85 측정범위가 약 600~2,000℃이며 점토 규석질 등 내열성의 금속산화물을 배합하여 만든 삼각추로서 소성온도에서의 연화변형으로 각 단계에서의 온도를 얻을 수 있도록 제작된 온도계는?

해답 제겔콘온도계

★
86 유량을 측정하기 위하여 벤투리미터를 사용하였다. 벤투리미터 입구의 안지름은 90mm, 벤투리목의 안지름은 45mm이고, 수은 마노미터의 읽음은 78.2mm이다. 다음 물음에 답하시오.

1 유량(m^3/h) (단, 벤투리유량의 속도계수 = 0.98)
2 노즐목(throat)에서 평균유속(m/s)

해답 1 $Q = \dfrac{C_v A_2}{\sqrt{1-\left(\dfrac{d_2}{d_1}\right)^4}}\sqrt{2gh\left(\dfrac{S_{Hg}}{S_w}-1\right)} = \dfrac{0.98\times\dfrac{\pi}{4}\times 0.045^2}{\sqrt{1-\left(\dfrac{45}{90}\right)^4}}\times\sqrt{2\times 9.8\times 0.0782\times\left(\dfrac{13.6}{1}-1\right)}$

$= 7.07\times 10^{-3}\mathrm{m^3/s} = 25.452\mathrm{m^3/h}$

2 $Q = AV$

$\therefore\ V_2 = \dfrac{Q}{A_2} = \dfrac{7.07\times 10^{-3}}{\dfrac{\pi}{4}\times 0.045^2} \fallingdotseq 4.45\mathrm{m/s}$

87 유량계 중 압력손실이나 마모에 의한 변화가 가장 크며 협소한 장소에서도 설치가 가능하고 교체가 용이한 것은?

해답 오리피스(orifice)

88 저항온도계의 저항선이 갖추어야 할 조건을 3가지 쓰시오.

해답 ① 온도저항계수가 클 것 ② 화학적, 물리적으로 안정할 것
③ 동일 특성의 것을 얻기 쉬운 금속을 사용할 것

★
89 계측과 제어의 목적을 4가지 쓰시오.

해답 ① 조업조건의 안정화를 기하기 위한 것
② 조업조건의 고효율화를 기하기 위한 것
③ 조업조건의 안전위생관리를 기하기 위한 것
④ 작업인원의 절감을 위한 것

90 계기의 보존을 위하여 필요한 사항을 6가지 쓰시오.

해답 ① 검사 및 수리 ② 정기점검 및 일상점검 ③ 관리자료의 정비
④ 예비부품, 예비계기의 상비 ⑤ 보존관리자의 교육 ⑥ 검수 및 수리 등

91 단위의 필요조건을 3가지만 쓰시오.

해답 ① 정확한 기준이 있을 것
② 사용하기 편리하고 알기 쉬울 것
③ 보편적이고 확고한 기반을 가진 안정된 원기가 있을 것

92 열전대온도계에서는 보호관이 반드시 필요한데, 이 보호관의 구비조건을 5가지 쓰시오.

해답 ① 고온 중에서도 기계적 강도를 지니고 온도의 급변에도 견딜 것
② 내열성이 뛰어나고 가스에 대하여 기밀하며 부식하지 않을 것
③ 내압력이 충분하고 진동이나 충격에도 견딜 것
④ 관 자체로부터 열전대에 유해한 가스를 발생시키지 않을 것
⑤ 외부온도변화를 신속히 열전대에 전달할 것

93 온도계는 접촉식과 비접촉식이 있는데, 그 중 접촉식 온도계의 특징을 3가지 쓰시오.

해답 ① 정확한 온도 측정이 가능하다. ② 내열성관계로 최고온도 측정에 제한을 받는다.
③ 1,000℃ 이하의 측온에 적당하다.

참고 비접촉식 온도계의 특징
- 내열성 문제가 없어 고온 측정 가능
- 이동물체의 온도 측정 가능
- 1,000℃ 이상의 고온 측정에 적당
- 물체의 표면온도만 측정
- 방사율에 의한 보정 필요

★
94 온도계에 대하여 다음 물음에 답하시오.

1 유리제온도계를 제외한 접촉식 온도계의 종류 4가지
2 가장 높은 온도를 측정할 수 있는 접촉식 온도계의 종류

해답 1 저항온도계, 열전대온도계, 바이메탈온도계, 압력식 온도계
2 열전대온도계

95 기전력이 크고 환원분위기에 강하며 값이 싸므로 공장에서 널리 사용하는 열전대온도계를 쓰시오.

해답 IC온도계(철, 콘스탄탄온도계)

참고 콘스탄탄은 구리(Cu) 55%와 니켈(Ni) 45% 합금이다.

★
96 다음은 서미스터온도계에 대한 설명이다. ( ) 안에 알맞은 것을 쓰시오.

> 서미스터의 특징은 (①)이 빠르며, 상온에서 (②)는 금속에 비하여 크고, 측정온도범위는 (③)~300℃이며, 재질은 Ni, Mn, (④), (⑤), Cu 등의 금속산화물을 소결시켜 만든 반도체이다.

해답 ① 응답 ② 온도계수 ③ −100 ④ Fe ⑤ Co

97 계측기기의 구비조건을 6가지 쓰시오.

해답 ① 설치장소 및 주위 조건에 대한 내구성이 있을 것
② 견고하고 신뢰성이 있을 것
③ 정도가 높고 구조가 간단하며 그 취급이 용이할 것
④ 원거리의 지시 및 기록이 가능한 연속적일 것
⑤ 구입비, 설비비 및 유지비가 저렴할 것
⑥ 보수가 용이할 것

98 전기저항체온도계에서 저항체의 구비조건을 3가지 쓰시오.

해답 ① 온도에 의한 전기저항의 변화(온도계수)가 클 것
② 화학적, 물리적으로 안정할 것
③ 동일 특성의 것을 얻기 쉬운 금속을 선택할 것

★
99 비접촉식 온도계에 대한 다음 표를 채우시오.

종류	측정온도범위(℃)	정도(℃)
광고		
방사		
색		

해답

종류	측정온도범위(℃)	정도(℃)
광고	700~3,000	5
방사	50~3,000	10
색	700~3,000	10

100 다음의 ( ) 안에 적당한 용어를 쓰시오.

> 연소가스분석에서 가스의 1차 필터, (①) 2차 필터를 통과하여 분석기에 들어가도록 채취한다. 1차 필터는 제진성이 좋은 (②), 소결금속 등의 내열성 필터를 사용하고, 2차 필터는 솜, (③) 등이 사용된다.

해답 ① 가스냉각기 ② 카보런덤 및 알런덤 ③ 유리솜 및 석면

101 O_2가 다른 가스에 비해서 자장으로 흡인되는 상자성이 매우 강한 것을 이용한 가스분석계의 명칭을 쓰시오.

해답 자기식 O_2계

★
102 다음은 접촉식 온도계 및 비접촉식 온도계의 특징을 나열한 것이다. 각각의 특징을 고르시오.

> ① 이동하는 물체의 온도 측정이 가능하다.
> ② 방사율에 대한 보정이 필요하다.
> ③ 측정시간이 상대적으로 많이 소요된다.
> ④ 고온(1,000℃) 측정에 유리하다.
> ⑤ 측정온도의 오차가 적다.
> ⑥ 온도계와 피측정류의 열적조건을 교란시킬 수 있다.

1 접촉식 온도계
2 비접촉식 온도계

해답 1 접촉식 온도계 : ③, ⑤, ⑥
2 비접촉식 온도계 : ①, ②, ④

★
103 다음은 온도를 측정하는 원리를 설명한 것이다. 각 설명에 해당되는 온도계의 종류를 쓰시오.

1 열팽창계수가 상이한 2개의 금속판을 서로 붙여 온도의 변화에 따른 구부러짐의 곡률변화를 이용한 온도계
2 금속의 전기저항값이 온도에 따라 변화하는 성질을 이용한 온도계
3 열전대를 직렬로 여러 개 접속시킨 열전도를 이용하여 물체로부터 나오는 복사열을 측정, 온도를 계측하는 온도계

해답 1 바이메탈온도계 2 전기저항식 온도계 3 방사온도계

PART 3

★
104 접촉식 온도계의 특징을 비접촉식 온도계와 비교하여 3가지만 쓰시오.

해답 ① 피측정물로부터 열적 교란이 크다. ② 응답성이 느리다.
③ 정도가 높다. ④ 방사율 보정이 필요 없다.
⑤ 저온 측정에 용이하다.

105 물리적 가스분석계에 대한 종류 중 O_2량을 분석 측정하는 가스분석계의 종류를 2가지 쓰시오.

해답 ① 자기식 ② 지르코니아식

★
106 다음 온도계의 원리를 간단히 설명하시오.

1 바이메탈식 온도계
2 전기저항식 온도계(저항온도계)
3 방사온도계

해답 1 바이메탈식 온도계 : 열팽창계수가 상이한 2개의 금속판을 서로 붙여 온도의 변화에 따른 구부러짐의 곡률변화를 이용한 온도계
2 전기저항식 온도계(저항온도계) : 금속의 전기저항값이 온도에 따라 변화하는 성질을 이용한 온도계
3 방사온도계 : 열전대를 여러 개 접촉시킨 열전대를 이용하여 물체로부터 나오는 복사열을 측정, 온도를 계측하는 온도계

107 우연오차의 원인을 3가지만 쓰시오.

해답 ① 측정기의 산포 ② 측정자에 의한 산포 ③ 측정환경에 의한 산포

제4편

에너지 실무

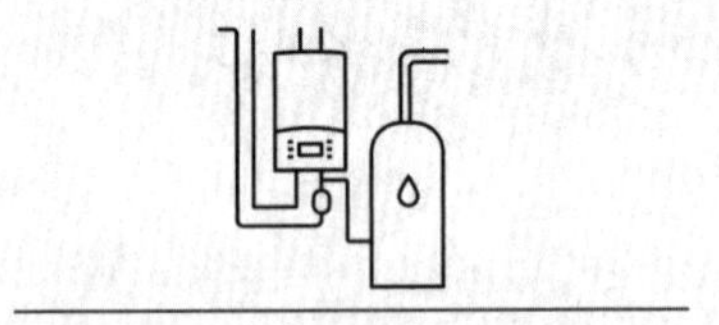
Engineer Energy Management

에너지 이용 및 진단하기

1.1 개요

에너지 진단은 에너지 이용효율 향상과 함께 온실가스 감축을 효과적으로 수행하기 위한 수단으로 건물, 공장, 열병합발전소 등 1차 에너지를 이용하는 모든 산업분야에서 효과적으로 에너지를 활용하고 있는지 점검 및 측정하여 문제점에 대한 새로운 개선책을 제시함으로써 합리적으로 에너지를 이용할 수 있도록 하는 기술컨설팅분야이다.

전문 인력으로 구성된 에너지진단전문기관이 에너지사용시설 전반에 걸쳐 에너지 이용실태를 분석하여 경제적이고 합리적인 에너지 이용방안을 제시하는 기술로 연간 에너지사용량이 2,000TOE 이상인 약 2,500여 개의 에너지 다소비 사업장에 대해 5년마다 에너지 진단을 받도록 2007년부터 시행하고 있다.

1) 열에너지 진단 중요

① 에너지 진단은 건물, 공장, 사무실 등의 열발생・열수송・열사용설비 및 건축물 열에너지 부분에 대한 업종별 전문 인력에 의한 에너지기술 진단을 실시하여 열이용효율 향상과 에너지 절감을 위한 최적의 개선안 도출과 개선효과를 제시한다.

② 에너지 절감에 의한 기업의 경쟁력 향상은 환경 부분에 근원적인 대응방안 마련의 기술적 안내자 역할을 한다.

③ 상태 측정 및 정밀 분석을 위한 기술장비 및 공정시뮬레이션 툴(tool) 등을 활용하여 진단결과의 신뢰성을 지원한다.

2) 전기에너지 진단 중요

① 수배전설비, 전력사용설비 등 전력 사용과 관련된 설비 및 건축물 전기에너지 부분에 대한 전기 이용효율을 제고하여 전기 절약요인 도출과 개선효과를 제시한다.

② 전기에너지 한 단위와 관련된 모든 사항들을 진단 착안범위에 포함시켜 진단을 실시한다.

1.2 열공급시스템의 에너지 진단방법

1) 열에너지 진단방법 중요

(1) 열발생설비

① 보일러 및 각종 요로(가마)의 성능시험
② 연료 및 급수공급계통과 연소관리 문제점 검토
③ 손실요인 분석과 효율 향상방안 강구
④ 개선사항에 대한 시설투자 경제성 검토

(2) 열사용설비

① 건물의 냉난방부하 계산
② 각종 열사용설비의 성능시험
③ 공정 및 작업(조업) 개선방안
④ 폐열회수시스템 검토 및 개선방안
⑤ 에너지절약시설 투자 및 경제성 검토
⑥ 에너지절약 신기술 보급 및 효과 분석

(3) 열수송설비

① 에너지수송계통의 문제점 검토
② 합리적인 에너지수송시스템 검토
③ 폐열 회수 및 보온 강화 시 경제성 검토

(4) 기타

① 중장기 에너지절약대책
② 에너지 부하 및 경향 분석
③ 에너지시스템의 문제점 및 개선대책

2) 보일러의 에너지 진단방법 중요

(1) 운전방법 개선

① 급수 처리 강화
② 프리퍼지(pre-purge) 손실열 방지
③ 탈기기 운전압력 조정
④ 증기압력 하향 조정
⑤ 과도한 블로다운(드레인)작업 감소

⑥ 분출량 최소화
⑦ 운전부하율 개선(대수제어)
⑧ 증기 대신 열매체로 교체
⑨ 적정 용량의 보일러 운전
⑩ 보일러 통합 운전(운전부하율 개선)
⑪ 보일러 튜브 청결 유지(세관 및 청관제)
⑫ 응축수 회수량 증대
⑬ 기타 유지관리방법 개선
⑭ 응축수 회수라인에 탈기기 설치

(2) 연소관리

① 공기비(m) 조정
② 댐퍼(damper) 조정
③ 불완전 연소 방지
④ 턴다운비(TDR) 개선
⑤ 적정 공기비 유지를 위한 배기가스 분석
⑥ 계측설비 보강을 위한 연소제어능력 개선

(3) 폐열 회수

① 블로워 회수
② 응축수의 열 회수
③ 벤트의 증기열 회수
④ 냉각수의 열 회수
⑤ 폐열보일러 설치로 증기 또는 동력 생산
⑥ 공정 폐열로 보일러 보충수 예열
⑦ 응축수의 열을 이용하여 공정용 온수 공급
⑧ 재증발증기로 보일러 급수 예열
⑨ 재증발증기를 활용하여 저압증기 생산

(4) 배기가스 폐열 회수

① 보일러 급수 예열(절탄기)
② 연소공기 예열(공기예열기)
③ 온수 생산
④ 난방열원 공급
⑤ 공정수 예열
⑥ 공조기 공기 예열

⑦ 증기 생산
⑧ 기타 열원 공급

(5) 설비 대체

① 노후설비 교체
② 태양열시스템 도입
③ EHP(electric heat pump : 전기로 압축기를 구동시키는 신개념 전기냉난방기(전기보일러)) 도입
④ 보일러를 히트펌프로 대체
⑤ 노후 버너를 고효율 버너로 교체
⑥ 노후 보일러를 고효율 보일러로 교체
⑦ 적정 용량의 보일러로 교체

(6) 설비 보완

① 트랩(trap) 교체
② 폐열회수기 전열면적 증대
③ 증기배관 누설 방지
④ 관수 자동 배출시스템 적용
⑤ 초음파스케일(scale)제거기 설치
⑥ 과대 용량 적정화
⑦ 급기팬 인버터 적용

(7) 보온 및 단열

① 증기배관 및 밸브의 보온 개선
② 응축수탱크의 보온 개선
③ 증기헤더(steam header)의 보온 개선
④ 보일러 본체의 보온 개선
⑤ 보온재의 불량 개선
⑥ 신소재 보온재 도입

(8) 연료(fuel) 대체

① 심야전기 도입
② 벙커C유를 LNG로 교체
③ 유류연료를 가스연료로 전환
④ 유류연료를 고체연료로 전환
⑤ 보다 저렴한 연료로 대체

⑥ 유류연료를 폐기물 연소로 전환
⑦ 온실가스 발생이 적은 친환경 연료로 전환

3) 전기에너지 진단방법 중요

(1) 수배전설비

① 수배전변압기의 용량 검토
② 전력수급계약의 적정 여부 검토
③ 부하측 전압공급방식 검토

(2) 동력설비

① 동력설비용량 및 운전효율 산정
② 부하율, 역률에 대한 개선안 제시
③ 조업 개선을 통한 절전 가능성 검토

(3) 전열 및 조명설비

① 폐열회수방안 수립
② 적정 용량 및 부하 검토
③ 열원 대체 가능성 검토
④ 적정 조도 유지 및 절전형 광원 검토

(4) 기타

① 각종 절전장치의 적용 가능성 검토
② 전기화학설비의 효율 측정

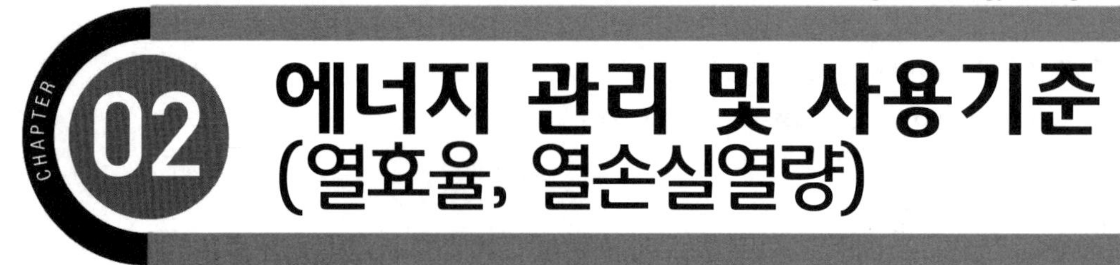

CHAPTER 02 에너지 관리 및 사용기준 (열효율, 열손실열량)

2.1 보일러 용량 및 성능

1) 보일러 용량

① **정격용량** : 보일러 최고사용압력, 과열증기온도, 급수온도, 사용연료성상 등이 소정 조건하에서 양호한 상태로 발생할 수 있는 최대의 연속증발량이다.

② **정제용량** : 보일러가 최대효율에 달하여 있을 때의 증발량으로 정격용량의 80% 정도이다.

2) 보일러 성능

(1) 실제 증발량(m_a)

압력과 온도에 관계없이 급수량에 정비례한 증발량이다. 즉 실제 시간당 발생한 증기 발생량(kg/h)이다.

(2) 상당증발량(환산증발량, m_e) 중요

실제 증발량을 기준증발량으로 환산하였을 때의 증발량이다.

$$m_e = \frac{m_a(h_2 - h_1)}{2,256}\,[\text{kg/h}]$$

여기서, h_1 : 급수의 비엔탈피(kJ/kg), h_2 : 습포화증기의 비엔탈피(kJ/kg)

※ 물의 증발(잠)열(γ)=539kcal/kg=2,256kJ/kg

(3) 보일러 마력 중요

1보일러 마력이란 1시간에 15.65kg의 상당증발량을 갖는 보일러의 마력으로, 100℃ 물 15.65kg을 1시간에 같은 온도의 증기로 변화시킬 수 있으며 35306.4kJ/h(≒9.81kW)의 열을 흡수하여 증기를 발생할 수 있는 능력이다.

$$\text{보일러 마력} = \frac{m_e}{15.65} = \frac{m_a(h_2 - h_1)}{35306.4}$$

(4) 전열면 증발률 중요

① **전열면 증발률** : 1시간 동안 보일러 전열면적 $1m^2$에 대한 실제 발생한 증기량과의 비

$$전열면\ 증발률 = \frac{m_a}{A}[kg/m^2 \cdot h]$$

② **전열면 환산증발률** : 1시간 동안 보일러 전열면적 $1m^2$에 대한 상당증기량과의 비

$$R_e = \frac{m_e}{A} = \frac{m_a(h_2 - h_1)}{2{,}256A}[kg/m^2 \cdot h]$$

③ **전열면 열부하** : 1시간 동안 보일러 전열면적 $1m^2$에 대한 증기 발생에 소요된 열량과의 비

$$H_b = \frac{m_a(h_2 - h_1)}{A}[kg/m^2 \cdot h]$$

④ **매시 연료소비량** : 시간당 연료소비량

$$m_f = \frac{전체\ 연료소비량}{시간}[kg/h]$$

⑤ **증발계수** 중요 : 상당증발량과 실제 증발량의 비

$$증발계수 = \frac{m_e}{m_a} = \frac{h_2 - h_1}{2{,}256}$$

⑥ **증발배수** 중요

㉠ 실제 증발배수 : 1시간 동안 실제 증발량(m_a)과 연료소비량(m_f)의 비

$$실제\ 증발배수 = \frac{m_a}{m_f}$$

㉡ **환산증발배수** : 1시간 동안 환산증발량(상당증발량, m_e)과 연료소비량(m_f)의 비

$$환산(상당)증발배수 = \frac{m_e}{m_f}$$

⑦ **보일러 부하율** 중요 : 1시간 동안 연료의 연소에 의해서 실제로 발생되는 증발량과 최대연속증발량과의 비

$$보일러\ 부하율 = \frac{실제\ 증발량(m_a)}{최대연속증발량} \times 100\%$$

⑧ **연소실 열부하(열 발생률)** : 1시간 동안 발생되는 열량과 연소실 체적(V_c)의 비

$$연소실\ 열부하 = \frac{m_f(H_L + Q_1 + Q_2)}{V_c}[kJ/m^3 \cdot h]$$

여기서, m_e : 상당증발량(kg/h), m_a : 실제 증발량(kg/h), A : 전열면적(m^2)

PART 4

h_1 : 급수의 비엔탈피(kJ/kg), h_2 : 습포화증기의 비엔탈피(kJ/kg)
m_f : 시간당 연료소비량(kg/h), H_L : 연료의 저위발열량(kJ/kg)
Q_1 : 연료의 현열(kJ/kg), Q_2 : 공기의 현열(kJ/kg)

2.2 보일러 효율

1) 열정산에 의한 효율 중요

(1) 입출열법에 의한 방법 중요

① 입열항목
㉠ 연료의 발열량
㉡ 연료의 현열
㉢ 공기의 현열
㉣ 노내 취입 증기 또는 온수에 의한 입열

② 효율$(\eta) = \dfrac{Q_s}{H_L + Q} \times 100\%$

여기서, Q_s : 유효출열(kJ/kg), H_L : 연료의 저위발열량(kJ/kg)
Q : 입열의 합계$(= Q_1 + Q_2 + Q_3)$(kJ/kg)
Q_1 : 연료의 현열(kJ/kg), Q_2 : 공기의 현열(kJ/kg)
Q_3 : 노내 취입 증기 또는 온수에 의한 입열(kJ/kg)

(2) 열손실법에 의한 방법 중요

① 출열항목
㉠ 배기가스의 보유열량
㉡ 증기의 보유열량
㉢ 불완전 연소에 의한 열손실
㉣ 미연재에 의한 열손실
㉤ 노벽의 흡수열량
㉥ 재(ash)의 현열

② 효율$(\eta) = \left(1 - \dfrac{L_i}{H_L + Q}\right) \times 100\%$

여기서, L_i : 열손실합계$(= L_1 + L_2 + L_3 + L_4 + L_5)$(kJ/kg)
L_1 : 배기가스에 의한 열손실(kJ/kg)
L_2 : 노내 취입증기에 의한 배기가스의 열손실(kJ/kg)
L_3 : 불완전 연소에 의한 열손실(kJ/kg)

L_4 : 연소 잔재물 중의 미연소분에 의한 열손실(kJ/kg)
L_5 : 방산열에 의한 열손실(kJ/kg), H_L : 연료의 저위발열량(kJ/kg)
Q : 입열의 합계(kJ/kg)

2) 보일러 종류별 효율 중요

(1) 증기 보일러의 효율

$$\eta = \frac{m_a(h_2 - h_1)}{H_L \times m_f} \times 100\% = \frac{2{,}256 m_e}{H_L \times m_f} \times 100\% = \text{전효율} \times \text{연소효율} \times 100\%$$

(2) 온수 보일러의 효율

$$\eta = \frac{Q}{H_L \times m_f} = \frac{mC\Delta t}{H_L \times m_f} \times 100\%$$

여기서, m_e : 상당증발량(kg/h), m_a : 실제 증발량(kg/h), m_f : 시간당 연료소비량(kg/h)
m : 시간당 온수공급량(kg/h), H_L : 연료의 저위발열량(kJ/kg)
h_1 : 급수의 비엔탈피(=급수온도×급수비열=급수온도×4.186)(kJ/kg)
h_2 : 포화증기의 비엔탈피(kJ/kg)

3) 효율의 종류 중요

① **연소효율(η_c)** : 연료 1kg에 대하여 완전 연소를 기준으로 한 이론상의 발열량과 실제 연소했을 때의 발열량과의 비율

$$\eta_c = \frac{Q_a}{H_L} \times 100\% = \frac{H_L - (L_e + L_i)}{H_L} \times 100\%$$

② **전열효율(η_f)** : 실제 연소된 연료의 연소열이 전열면을 통하여 유효하게 이용된 열과 연소열과의 비율

$$\eta_f = \frac{Q_e}{Q_a} \times 100\% = \frac{H_L - (L_e + L_i + L_1 + L_5)}{H_L - (L_e + L_i)} \times 100\%$$

③ **열효율(η)** : 장치 및 기기에 투입된 총열량에 대한 실제로 장치 및 기기에 사용된 열량의 비

$$\eta = \frac{Q_e}{H_L} \times 100\% = \frac{H_L - (L_e + L_i + L_1 + L_5)}{H_L} \times 100\% = \eta_c \eta_f$$

여기서, H_L : 연료의 저위발열량(kJ/kg), Q_a : 실제 발생열량(kJ/kg)
L_e : 미연탄소에 의한 손실열량(kJ/kg), L_i : 불완전 연소에 의한 손실열량(kJ/kg)
Q_e : 유효열량(kJ/kg), L_1 : 배기가스에 의한 열손실(kJ/kg)
L_5 : 방산열에 의한 열손실(kJ/kg)

④ 열효율 향상대책 중요

㉠ 손실열을 최대한 줄인다.

㉡ 장치에 맞는 설계조건과 운전조건을 선택한다.

㉢ 전열량을 증가시킨다.

㉣ 단속조업에 따른 열손실을 방지하기 위하여 연속조업을 실시한다.

㉤ 장치에 적당한 연료와 작동법을 채택한다.

CHAPTER 03 신 · 재생에너지

3.1 개요

1) 신에너지 중요

기존의 화석연료를 변환시켜 이용하거나 수소 · 산소 등의 화학반응을 통하여 전기 또는 열을 이용하는 에너지로서 다음의 어느 하나에 해당하는 것을 말한다.

① 수소에너지
② 연료전지
③ 석탄을 액화 · 가스화한 에너지 및 중질잔사유를 가스화한 에너지로서 대통령령으로 정하는 기준 및 범위에 해당하는 에너지
④ 그 밖에 석유 · 석탄 · 원자력 또는 천연가스가 아닌 에너지로서 대통령령으로 정하는 에너지

2) 재생에너지 중요

햇빛 · 물 · 지열 · 강수 · 생물유기체 등을 포함하는 재생 가능한 에너지를 변환시켜 이용하는 에너지로서 다음의 어느 하나에 해당하는 것을 말한다.

① 태양에너지
② 풍력
③ 수력
④ 해양에너지
⑤ 지열에너지
⑥ 생물자원을 변환시켜 이용하는 바이오에너지로서 대통령령으로 정하는 기준 및 범위에 해당하는 에너지
⑦ 폐기물에너지(비재생폐기물로부터 생산된 것은 제외)로서 대통령령으로 정하는 기준 및 범위에 해당하는 에너지
⑧ 그 밖에 석유 · 석탄 · 원자력 또는 천연가스가 아닌 에너지로서 대통령령으로 정하는 에너지

참고

- 바이오매스(biomass) : 태양에너지를 화학에너지로 전환하여 저장하고 있는 생물로부터 얻은 유기물질로, 바이오연료의 원료로 사용된다.
- 바이오연료 : 바이오매스를 직접 또는 가공하여 연료로 이용하는 신재생연료이다.

3) 에너지원의 종류별 기준 및 범위

(1) 석탄을 액화·가스화한 에너지

① 기준 : 석탄을 액화 및 가스화하여 얻어지는 에너지로서 다른 화합물과 혼합되지 않은 에너지

② 범위

㉠ 증기 공급용 에너지

㉡ 발전용 에너지

(2) 중질잔사유를 가스화한 에너지

① 기준

㉠ 중질잔사유(원유를 정제하고 남은 최종 잔재물로서 감압증류과정에서 나오는 감압잔사유, 아스팔트와 열분해공정에서 나오는 코크, 타르 및 피치 등)를 가스화한 공정에서 얻어지는 연료

㉡ ㉠의 연료를 연소 또는 변환하여 얻어지는 에너지

② 범위 : 합성가스

(3) 바이오에너지

① 기준

㉠ 생물유기체를 변환시켜 얻어지는 기체, 액체 또는 고체의 연료

㉡ ㉠의 연료를 연소 또는 변환시켜 얻어지는 에너지

※ ㉠ 또는 ㉡의 에너지가 신·재생에너지가 아닌 석유제품 등과 혼합된 경우에는 생물유기체로부터 생산된 부분만을 바이오에너지로 본다.

② 범위

㉠ 생물유기체를 변환시킨 바이오가스, 바이오에탄올, 바이오액화유 및 합성가스

㉡ 쓰레기 매립장의 유기성 폐기물을 변환시킨 매립지가스

㉢ 동·식물의 유지를 변환시킨 바이오디젤 및 바이오중유

㉣ 생물유기체를 변환시킨 땔감, 목재칩, 펠릿 및 숯 등의 고체연료

(4) 폐기물에너지

■ 기준

㉠ 폐기물을 변환시켜 얻어지는 기체, 액체 또는 고체의 연료
㉡ ㉠의 연료를 연소 또는 변환시켜 얻어지는 에너지
㉢ 폐기물의 소각열을 변환시킨 에너지
※ ㉠부터 ㉢까지의 에너지가 신·재생에너지가 아닌 석유제품 등과 혼합되는 경우에는 폐기물로부터 생산된 부분만을 폐기물에너지로 보고, ㉠부터 ㉢까지의 에너지 중 비재생폐기물(석유, 석탄 등 화석연료에 기원한 화학섬유, 인조가죽, 비닐 등으로서 생물기원이 아닌 폐기물)로부터 생산된 것은 제외한다.

(5) 수열에너지

① 기준 : 물의 열을 히트펌프(heat pump)를 사용하여 변환시켜 얻어지는 에너지
② 범위 : 해수의 표층 및 하천수의 열을 변환시켜 얻어지는 에너지

3.2 태양광발전

1) 태양광발전시스템 중요

태양광발전시스템은 태양전지를 이용하여 전력을 생산, 이용, 계측, 감시, 보호, 유지관리 등을 수행하기 위해 구성된 시스템이라고 한다.

① 태양전지 어레이(PV array) : 입사된 태양빛을 직접 전기에너지로 변환하는 부분인 태양전지나 배선, 그리고 이것들을 지지하는 구조물을 총칭하여 태양전지 어레이라 한다.
② 축전지(battery storage) : 발전한 전기를 저장하는 전력 저장, 축전기능을 갖고 있다.
③ 인버터(inverter) : 발전한 직류를 교류로 변환하는 기능을 한다.
④ 제어장치

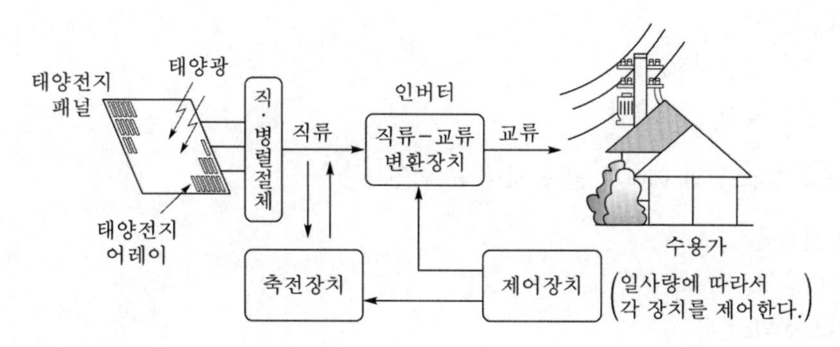

2) 태양광발전의 특징 중요

(1) 태양에너지의 장점

① 태양에너지의 양은 무한하다. 부존자원과는 달리 계속 사용하더라도 고갈되지 않는 영구적인 에너지이다.
② 태양에너지는 무공해자원으로 청결하며 안전하다.
③ 지역적인 편재성이 없다. 다소 차이는 있으나 어떠한 지역에서도 이용 가능한 에너지이다.
④ 유지 보수가 용이하며 무인화가 가능하다.
⑤ 수명이 길다(약 20년 이상).

(2) 태양에너지의 단점

① 에너지의 밀도가 낮다. 태양에너지는 지구 전체에 넓고 얇게 퍼져 있어 한 장소에 비춰주는 에너지의 양이 매우 작다.
② 태양에너지는 간헐적이다. 야간이나 흐린 날에는 이용할 수 없으며 경제적이고 신뢰성이 높은 저장시스템을 개발해야 한다.
③ 전력생산량이 지역별 일사량에 의존한다.
④ 설치장소가 한정적이고 시스템비용이 고가이다.
⑤ 초기투자비와 발전단가가 높다.

(3) 신·재생에너지 인증대상 품목(9종)

① 태양광 발전용 계통연계형 인버터(10kW 이하)
② 태양광 발전용 계통연계형 인버터(10kW 초과 250kW 이하)
③ 태양광 발전용 독립형 인버터(10kW 이하)
④ 태양광 발전용 독립형 인버터(10kW 초과 250kW 이하)
⑤ 결정질 태양전지모듈
⑥ 박막 태양전지모듈
⑦ 태양전지셀
⑧ 태양광 집광채광기
⑨ 태양광 발전용 접속함

(4) 태양광발전시스템의 에너지 평가 시 주요 확인사항

① 발전효율
② 설비용량
③ 시스템의 종류
④ 태양전지 설치면적

(5) 지붕에 태양광발전설비를 설치할 경우 고려해야 할 사항

① 하루 평균전력사용량
② 지붕의 방향(방위각)
③ 지붕의 음영상태
④ 구조하중

(6) 태양광설비 설계순서

① 용도 및 부하의 선정
② 시스템의 형식 선정
③ 설치장소 및 설치방식의 선정
④ 태양전지 어레이 설계
⑤ 주변장치의 선정

핵심체크

태양건축물 적용 태양광(BIPV)발전시스템

건물의 계획 초기단계부터 건물의 일부분으로서 설계되어 건물에 일체화된 태양광시스템을 건물 통합형 태양광발전시스템(BIPV : building integrated photovoltaic)이라 한다. 건물 적용 시의 공통된 장점 이외에 건물의 외장재로서 사용되어 그에 상응하는 비용을 절감할 수 있고, 건물과의 조화가 잘 이루어지므로 건물의 부가적인 가치를 향상시킬 수 있는 장점이 있는 반면, 태양전지의 발열로 인한 효율 저하 등 고려되어야 하는 부분이 있고 신축건물이나 기존 건물을 크게 개보수하는 경우에만 적용 가능한 단점이 있다.

이와 유사한 개념의 건물 부착형인 PVIB(photovoltaic in building)는 기존의 건물 또는 신축건물의 경우에 본래의 건물의 일부분으로 계획되지 않았으나, 건물이 완전히 지어진 후에 건물에 태양전지모듈을 부착 또는 거치시키는 방식이다. 이는 시공이 비교적 용이하고 신축 및 기존 건물 어디에도 적용이 가능하다는 장점이 있으나 가대 등의 별도의 지지물이 필요하고 건물과의 조화가 잘 이루어지지 않을 가능성이 있어 적용성에 대한 고려가 필요하다.

3.3 태양열시스템

태양에너지는 에너지밀도가 낮고 계절별, 시간별 변화가 심한 에너지이므로 집열과 축열기술이 가장 기본이 되는 기술이다.

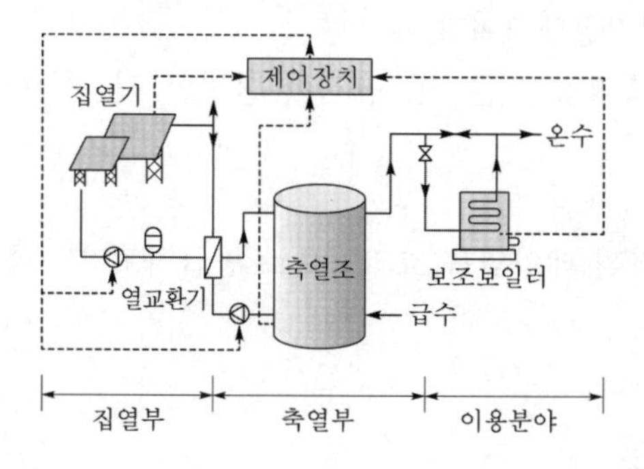

구분	자연형	설비형		
	저온용	중온용	고온용	
활용온도	60℃	100℃ 이하	300℃ 이하	300℃ 이상
집열부	자연형 시스템 공기식 집열기	평판형 집열기	PTC형 집열기, CPC형 집열기, 진공관형 집열기	Dish형 집열기, Power Tower
축열부	Trombe Wall (자갈, 현열)	저온축열 (현열, 잠열)	중온축열 (잠열, 화학)	고온축열 (화학)
이용분야	건물공간난방	냉난방, 급탕, 농수산(건조, 난방)	건물 및 농수산분야 냉난방, 담수화, 산업공정열, 열발전	산업공정열, 열발전, 우주용, 광촉매폐수 처리

※ PTC : Parabolic Through Solar Collector
※ CPC : Compound Parabolic Collector
※ 이용분야를 중심으로 분류하면 태양열온수급탕시스템, 태양열냉난방시스템, 태양열산업공정열시스템, 태양열 발전시스템 등이 있다.

(1) 집열부

태양열의 집열이 이루어지는 부분으로 집열온도는 집열기의 열손실률과 집광장치의 유무에 따라 결정된다.

① 자연순환형
㉠ 동력의 사용 없이 비중차에 의한 자연대류를 이용하여 열매체나 물을 순환
㉡ 저유형, 자연대류형, 상변화형

② 강제순환형(설비형)
㉠ 열매체나 물의 동력을 사용하여 순환
㉡ 밀폐식, 개폐식, 배수식, 공기식

(2) 축열부

① 집열량이 부하량에 항상 일치하는 것이 아니기 때문에 필요한 일종의 버퍼(buffer)역할을 할 수 있는 열저장탱크이다.
② 축열의 구비조건 : 축열량이 클 것, 융점이 불변할 것, 상변화가 쉬울 것

(3) 이용부

태양열 축열조에 저장된 태양열을 효과적으로 공급하고 부족할 경우 보조열원을 이용해 공급한다.

(4) 제어장치

태양열을 효과적으로 집열 및 축열하여 공급한다. 태양열시스템의 성능 및 신뢰성 등에 중요한 역할을 해주는 장치이다.

참고

태양열 이용기술의 핵심

집열기술, 축열기술, 시스템제어기술, 시스템설계기술 등

3.4 연료전지시스템(fuel-cell system) 중요

1) 연료전지 발전의 구성

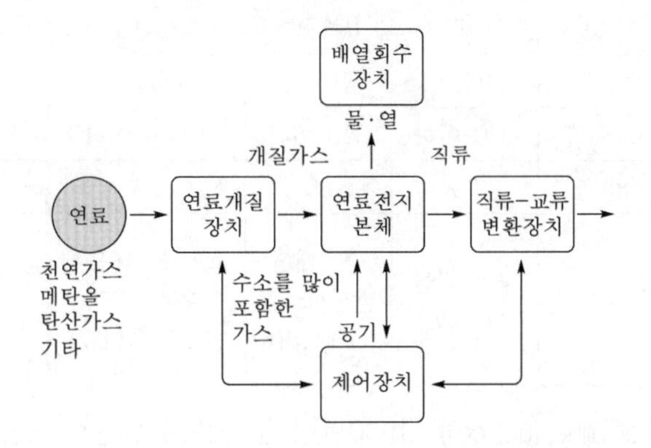

① 연료개질장치(reformer) : 천연가스(화석연료 : 메탄, 메틸알코올) 등의 연료에서 수소를 만들어내는 장치
② 연료전지 본체(stack) : 수소와 공기 중의 산소를 투입 또는 반응시켜 직접 직류전력을 생산
③ 인버터(inverter) : 생산된 직류전력을 교류전력으로 변환시키는 부분
④ 제어장치 : 연료전지발전소 전체를 자동제어하는 장치부

2) 연료전지 발전의 특징 중요

(1) 장점

① 에너지변환효율이 높다.
② 부하 추종성이 양호하다.
③ 모듈형태의 구성이므로 Plant 구성 및 고장 시 수리가 용이하다.
④ CO_2, NO_x 등 유해가스 배출량이 적고 소음이 작다.
⑤ 배열의 이용이 가능하여 연료전지 복합 발전을 구성할 수 있다(종합효율은 80%에 달한다).
⑥ 연료로는 천연가스, 메탄올부터 석탄가스까지 사용 가능하므로 석유 대체효과가 기대된다.

(2) 단점

① 반응가스 중에 포함된 불순물에 민감하여 불순물을 완전히 제거해야 한다.
② 가격이 높고 내구성이 충분하지 않다.

(3) 신・재생에너지 인증대상 품목(연료전지 1종)

고분자 연료전지시스템(5kW 이하 : 계통연계형, 독립형)

3) 연료전지의 종류 중요

구분	알칼리 (AFC)	인산형 (PAFC)	용융탄산염 (MCFC)	고체산화물 (SOFC)	고분자 전해질 (PEMFC)	직접 메탄올 (DMFC)
전해질	알칼리	인산염	탄산염	세라믹	이온교환막	이온교환막
동작온도(℃)	100 이하	220 이하	650 이하	1,000 이하	100 이하	90 이하
효율(%)	85	70	80	85	75	40
용도	우주발사체	중형 건물 (200kW)	중・대형 발전시스템 (100kW)	소・중・대용량 발전시스템 (1kW~1MW)	가정용, 자동차 (1~10kW)	소형 이동 핸드폰, 노트북 (1kW 이하)

① 알칼리형(AFC : alkaline fuel cell) : 1960년대 군사용(우주선 : 아폴로 11호)으로 개발
② 인산형(PAFC : phosphoric acid fuel cell) : 1세대 연료전지로 병원, 호텔, 건물 등 분산형 전원으로 이용
③ 용융탄산염형(MCFC : molten carbonate fuel cell) : 2세대 연료전지로 대형 발전소, 아파트단지, 대형 건물의 분산형 전원으로 이용
④ 고체산화물형(SOFC : solid oxide fuel cell) : 1980년대에 본격적으로 개발된 3세대로서, MCFC보다 효율이 우수한 연료전지로 대형 발전소, 아파트단지 및 대형 건물의 분산형 전원으로 이용
⑤ 고분자 전해질형(PEMFC : polymer electrolyte membrane fuel cell) : 1990년대에 개발된 4세대 연료전지로 가정용, 자동차용, 이동용 전원으로 이용
⑥ 직접 메탄올(DMFC : direct methanol fuel cell) : 1990년대 말부터 개발된 연료전지로 이동용(핸드폰, 노트북 등) 전원으로 이용

3.5 지열시스템

1) 지열시스템의 분류 중요

지열시스템의 종류는 대표적으로 지열을 회수하는 파이프(열교환기)의 회로구성에 따라 폐회로(closed loop)와 개방회로(open loop)로 구분된다. 일반적으로 적용되는 폐회로는 파이프가 밀폐형으로 구성되어 있는데, 파이프 내에는 지열을 회수(열교환)하기 위한 열매가 순환되며, 파이프의 재질은 고밀도 폴리에틸렌이 사용된다.

(1) 폐회로시스템(폐쇄형)

루프의 형태에 따라 수직, 수평 루프시스템으로 구분된다. 수직으로 100~150m, 수평으로는 1.2~1.8m 정도 깊이로 묻히게 되며 상대적으로 냉난방부하가 적은 곳에 쓰인다.

(2) 개방회로시스템

수원지, 호수, 강, 우물 등에서 공급받은 물을 운반하는 파이프가 개방되어 있는 것으로 풍부한 수원지가 있는 곳에서 적용 가능하다.

(3) 비교

폐회로가 파이프 내의 열매(물 또는 부동액)와 지열이 열교환되는 데 반해, 개방회로는 파이프 내에서 직접 지열이 회수되므로 열전달효과가 높고 설치비용이 저렴한 장점이 있으나 폐회로에 비해 운전·유지 보수 시 주의가 필요하다. 지표면하의 온도가 평균 10~20℃ 정도인 지하수를 이용하여 heat pump로 냉난방에 사용할 수 있다.

2) 히트펌프(heat pump)시스템 중요

(1) 개요

냉매의 발열 또는 응축열을 이용해 저온의 열원을 고온으로, 고온의 열원을 저온으로 전달하는 냉난방장치이다.

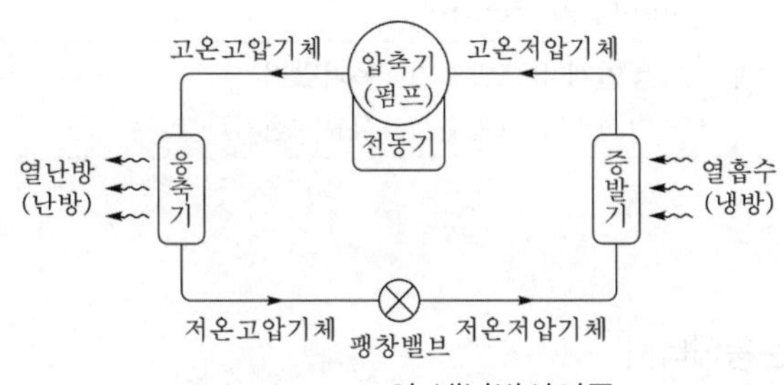

▲ heat pump의 냉난방사이클

(2) 분류 중요

① 구동방식 : 전기식, 엔진식
② 열원 : 공기열원식, 수열원식(폐열원식), 지열원식
③ 열공급방식 : 온풍식, 냉풍식, 온수식, 냉수식
④ 펌프이용범위 : 냉방, 난방, 제습, 냉난방 겸용

(3) 지열 히트펌프 냉방사이클 중요

압축기 → 응축기(열교환기) → 팽창밸브 → 증발기

(4) 지열시스템 평가 시 주요 확인사항 중요

① 지열시스템의 종류
② 냉난방 COP
③ 순환펌프 동력합계
④ 지열 천공수, 깊이
⑤ 열교환기 파이프지름
⑥ 히트펌프 설계유량 및 용량

3.6 풍력발전시스템

1) 종류 중요

구분	종류
구조상 분류 (회전축방향)	• 수평축 풍력시스템(HAWT) : 프로펠러형 등 • 수직축 풍력시스템(VAWT) : 다리우스형, 사보니우스형 등
운전방식	• 정속운전(fixed roter speed type) : 통상 geared형 • 가변속운전(variable roter speed type) : 통상 gearless형
출력제어방식	• pitch(날개각) control • stall(실속) control
전력사용방식	• 계통연계(유도발전기, 동기발전기) • 독립전원(동기발전기, 직류발전기)

2) 출력의 표현

(1) 공기 등의 유체의 운동에너지

$$P=\frac{1}{2}mV^2=\frac{1}{2}(\rho AV)V^2=\frac{1}{2}\rho AV^3[\text{W}]$$

여기서, m : 질량유량(kg/s), A : 로터의 단면적(m^2), V : 평균속도(m/s), ρ : 공기밀도(=1.225kg/m^3)

(2) 출력계수

풍차로 끄집어 낼 수 있는 에너지와 풍력에 대한 비율

$$C_p = \frac{\text{실제의 출력(풍력)}}{\frac{1}{2}\rho A V^3}$$

① C_p의 이론적 최댓값 : 0.593

② 실제 사보니우스형은 $C_p=0.15$, 프로펠러형은 $C_p=0.45$ 정도

(3) 주속비 중요

풍차의 날개 끝부분 속도와 풍속의 비율

① **고속풍차** : 주속비가 3.5 이상

② **중속풍차** : 주속비가 1.5~3.5 사이

③ **저속풍차** : 주속비가 1.5 이하인 경우

PART 4

보일러 자동운전제어

4.1 보일러 자동운전제어

1) 목적 중요

① 작업에 따른 위험부담이 감소한다.
② 보일러의 운전을 안전하게 할 수 있다.
③ 효율적인 운전으로 연료비를 절감시킨다.
④ 인원 절감의 효과와 인건비가 절약된다.
⑤ 경제적인 열매체를 얻을 수 있다(일정 기준의 증기공급이 가능하다).
⑥ 사람이 할 수 없는 힘든 조작도 할 수 있다.

2) 자동제어계의 동작순서 중요

검출 → 비교 → 판단 → 조작

3) 자동제어계의 기본 4대 제어장치 중요

비교부 → 조절부 → 조작부 → 검출부

4) 자동제어계 블록선도와 용어해설

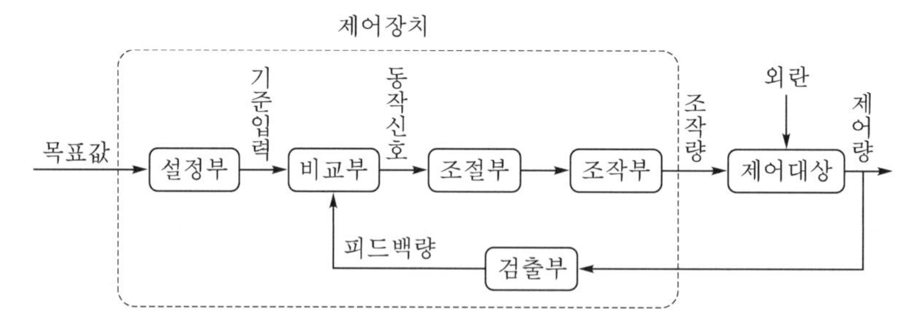

① 블록선도(block diagram) : 제어계 내에서 신호의 흐름을 선과 블록으로 나타낸 그림이다.

② 조절부(controlling means) : 기준입력과 검출부 출력과의 차가 되는 신호(동작신호)를 받아서 제어계가 정해진 동작을 하는데 필요한 신호를 만들어 조작부에 보내는 부분이다.
③ 조작부(final control element) : 조절부로부터 받은 신호를 조작량으로 바꾸어 제어대상에 보내주는 부분이다.
④ 목표값 : 자동제어에서 제어량에 대한 희망값으로 설정값이라고도 한다.
⑤ 비교부(comparison element) : 피드백 자동제어에서 기준입력요소(목표량)와 주피드백량과의 차이를 구하는 부분이다.
⑥ 제어편차(off-set) : 목표값에서 제어량을 뺀 값이다(목표값과 측정점 사이의 편차).
⑦ 검출부(primary means) : 피드백 자동제어회로에서 제어대상에 외란이 발생한 경우 1차적으로 피드백신호를 발생시켜주는 부분이다.
→ 압력, 온도, 유량 등의 제어량을 측정하여 신호로 나타내는 부분이다.
⑧ 외란의 원인 : 가스의 유출량, 탱크 주위의 온도, 가스의 공급압력, 가스의 공급온도, 목표치의 변경
⑨ 조작량(manipulated variable) : 제어량을 지배하기 위해 제어대상에 가하는 양이다.

4.2 제어방법에 의한 분류 중요

1) 시퀀스제어(sequence control)

미리 정해진 순서에 따라 제어의 각 단계가 순차적으로 진행되는 제어방식이다. → 보일러에서는 자동점화 및 소화에 사용된다.

PART 4

2) 피드백제어(feed back control)

결과를 입력측으로 되돌려 비교부에서 목표값과 비교하여 계속 수정·보완하여 일정한 값을 얻도록 하는 제어로 폐회로로 구성된 제어방식이다.

① 보일러에서는 일반적으로 피드백제어를 많이 사용하며 증기압, 노내압, 연료량, 공기량, 급수량 등의 제어에 이용된다.
② 결과(출력)를 원인(입력) 쪽으로 순환시켜 항상 입력과 출력과의 편차를 수정시키는 동작이다.
③ 자동제어계통의 요소나 그 요소집단의 출력신호를 입력신호로 계속해서 되돌아오게 하는 폐회로제어이다.

4.3 제어동작에 의한 분류

연속동작	불연속동작
• 비례동작(P동작) • 적분동작(I동작) • 미분동작(D동작) • 비례적분동작(PI동작) • 비례미분동작(PD동작) • 비례적분미분동작(PID동작)	• 2위치 동작(ON−OFF동작) : 절환동작 • 다위치 동작 • 불연속 속도동작(부동제어) : 정작동, 역작동

1) 2위치 동작(ON−OFF동작, 절환동작)

① 편차의 정(+), 부(-)에 의하여 조작신호가 최대, 최소가 되는 제어동작이다.
② 제어량의 목푯값에서 어떤 양만큼 벗어나면 밸브를 개폐하는 동작이다.
③ 2개의 조작량 중에서 하나가 선택되어 제어대상에 가해지는 형태이다.

2) 다위치 동작

제어장치의 조작위치가 3위치 이상이 있어 제어량 편차의 크기에 따라 그 중 하나의 위치를 택하는 것이다.

3) 불연속 속도동작(부동제어)

제어량 편차의 과소에 의하여 조작단을 일정한 속도로 정작동, 역작동 방향으로 움직이는 동작이다.

① 정작동 : 조절계의 출력과 제어량이 목푯값보다 크게 됨에 따라 증가되는 방향으로 움직이는 작동이다.
② 역작동 : 조절계의 출력과 제어량이 목푯값보다 크게 됨에 따라 감소되는 방향으로 움직이는 작동이다.

4) 비례동작(P동작)

비례동작(P동작)에서 조작량(P)은 제어편차량(e)에 비례한다. 비례동작에서 비례대를 작게 하면 할수록 동작은 강하게 된다. 비례대 %가 0일 때에는 온・오프동작으로 된다.

5) 적분동작(I동작)

① 잔류편차가 남지 않아서 비례동작과 조합하여 쓰이는 동작이다.
② 제어의 안정성이 떨어지고 진동하는 경향이 있는 동작이다.

6) 미분동작(D동작)

① 편차의 변화속도에 비례하는 제어동작이다.
② 제어계를 안정화하고 정리를 빨리하는 목적으로 사용되는 제어동작이다.

7) 중합동작(multiple action)

① 비례적분동작(PI동작)
② 비례미분동작(PD동작)
③ 비례적분미분동작(PID동작)

4.4 신호전송방식(조절계, 조절기)과 제어기기

1) 신호전송방식 중요

신호(signal)란 자동제어계의 회로에 있어서 일정한 방향으로 연속적으로 전달되는 각종의 변화량을 말하며, 그 방식에는 공기압식, 유압식, 전기식 등이 있다.

구분	공기압식	유압식	전기식
전송거리	100~150m 정도	300m 이내	300~수km까지 가능
작동압력	공기압 0.02~0.1MPa 정도	유압 0.02~0.1MPa 정도	4~20mA 또는 10~50mA, DC의 전류
장점	• 배관이 용이하다. • 위험성이 없다. • 공기압이 통일되어 있어 취급이 편리하다. • 동작부의 동특성이 좋다.	• 조작력 및 조작속도가 크다. • 희망특성의 것을 만들기 쉽다. • 전송이 지연이 적고 응답이 빠르다. • 부식의 염려가 없다. • 조작부의 동특성이 좁다.	• 배선이 용이하고 복잡한 신호에 적합하다. • 신호전달에 시간지연이 없다. • 전송거리가 길고 조작힘이 강하다. • 컴퓨터와 조합이 용이하고 대규모 설비에 적합하다.
단점	• 신호전달에 시간지연이 있다. • 전송거리가 짧다. • 희망특성을 살리기가 어렵다. • 제진, 제습공기를 사용하여야 한다.	• 기름의 누설로 더러워지거나 인화의 위험성이 있다. • 수기압 정도의 유압원이 필요하다. • 주위 온도변화에 따른 기름의 유동저항을 고려해야 한다. • 주위 온도의 영향을 받는다. • 배관이 까다롭다.	• 보수 및 취급에 기술을 요한다. • 조작속도가 빠른 비례조작부를 만들기가 곤란하다. • 방폭이 요구되는 지점은 방폭 시설이 요구된다. • 고온 및 다습한 곳은 곤란하다. • 조정밸브 모터의 동작에 관성이 크다.

2) 제어기기의 구성 부분

① 조절계
② 전송기(변환기)
③ 조절기
④ 조작부
※ 자동제어시스템(제어계)에서 꼭 필요하지 않는 부분은 기록부이다.

4.5 인터록(interlock)장치 중요

1) 정의

자동제어 시 어느 조건이 구비되지 않으면 그 다음 동작을 정지시키는 장치이다.

2) 종류

① 프리퍼지 인터록 : 점화 전 송풍기가 작동되지 않으면 전자밸브를 열지 않아 점화가 되지 않게 하는 장치
② 저연소 인터록 : 유량조절밸브가 저연소상태가 되지 않으면 전자밸브를 열지 않아 점화를 저지하는 장치
③ 저수위 인터록 : 보일러 수위가 안전저수위가 될 경우 전자밸브를 닫아 소화시키는 장치
④ 압력초과 인터록 : 증기압력이 소정압력을 초과할 경우 전자밸브를 닫아서 연소를 저지하는 장치
⑤ 불착화 인터록 : 버너에서 연료를 분사시킨 후 소정시간 내에 착화되지 않거나 실화 시 전자밸브를 닫아 소화시키는 장치

4.6 보일러 자동제어(ABC) 중요

1) 보일러 자동제어(ABC : automatic boiler control)의 종류 및 약호

종류	약호
증기온도제어	STC(steam temperature control)
급수제어	FWC(feed water control)
연소제어	ACC(automatic combustion control)

2) 보일러 자동제어의 각 제어량과 조작량 중요

종류	제어량	조작량
증기온도제어(STC)	증기온도	전열량
급수제어(FWC)	수위	급수량
연소제어(ACC)	증기압력(증기 보일러)	연료량(연료공급량제어)
	온수온도(온수 보일러)	공기량(공기공급량제어)
	노내압	연소가스량(연소가스량 배출제어)

3) 수위제어방식 중요

종류	검출요소	적용
1요소식	수위만을 검출	중형 및 소형
2요소식	수위와 증기유량을 동시 검출	보일러의 용량이 크고 수위변동이 심한 보일러
3요소식	수위, 증기유량, 급수유량을 동시 검출	증기부하변동이 심한 대형 수관식 보일러

① 1요소 수위제어 : 급수펌프를 연속적으로 가동시킨 상태에서 수위만을 측정하여 급수밸브를 제어하는 피드백 수위제어방식을 말한다.

수위검출기 → 수위조절기 → 급수밸브

② 2요소 수위제어 : 1요소 피드백제어의 문제점을 보완하기 위해 보일러에서 발생되는 증기유량신호를 추가로 받아 급수량을 제어하는 방식이다.

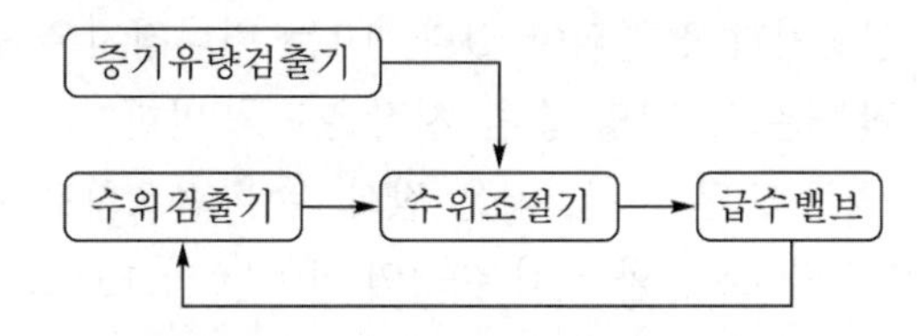

③ 3요소 수위제어 : 2요소 제어기능에 급수유량신호를 추가하여 급수량을 제어하는 방식으로 보일러의 부하변화가 심한 경우에 주로 사용한다.

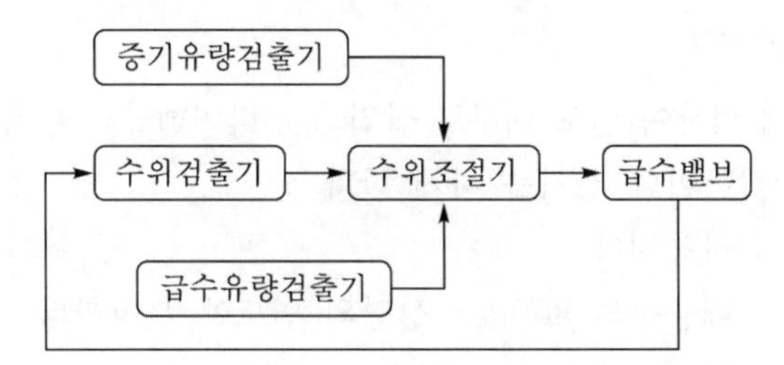

4.7 증기압력조절기 중요

자동급수조절장치는 보일러의 급수량이 적고 부하변동이 심한 곳에 설치한다.

종류	원리
플로트식 (맥도널식)	플로트의 상하동작의 변위량에 따라서 수은스위치의 접점개폐에 의해 수위를 조절하는 방식이다.
전극식	보일러수가 전기의 양도체인 것을 이용하는 것으로 수중에 전극봉을 넣고 전극봉에 흐르는 전류의 유무에 의해 수위를 조절하는 방식이다.
차압식	수위의 고저를 증기실과 수실의 콘덴서에서 응축된 응축수와의 수두압차에 의해 검출하고 차압발신기에서 조작부로 보내어 급수를 조절하는 방식이다(중용량 이상에 사용).
코프식 (열팽창식)	기울어지게 부착된 금속제 팽창관의 팽창수축에 의하여 급수를 조절하는 방식이다. 즉 금속관의 열팽창을 이용하는 방식이다(액체의 열팽창을 이용하는 것은 베일리식이라 한다).

4.8 기름용 온수 보일러의 제어장치 중요

(1) 프로텍터 릴레이(protector relay)

① 버너에 부착하여 사용된다.
② 오일버너의 주안전제어장치로 난방, 급탕 등의 전용 회로에 이용된다.

(2) 콤비네이션 릴레이(combination relay)

① 내부에 Hi, Lo 설정기가 장치되어 있다. Hi는 버너정지온도, 일명 최고온도를 말하고, Lo는 순환펌프 작동온도, 일명 순환 시작온도를 말한다.
② 버너의 주안전장치로 고온 차단, 저온 점화, 순환펌프회로가 한 개로 만들어진 것이다. 내부에 Hi(최고온도)와 Lo(순환 시작온도)의 차이는 약 10℃로 하는 것이 가장 이상적이다.
③ 보일러 본체에 설치하여 사용된다.
④ 프로텍터 릴레이와 아쿠아스탯의 기능을 합한 것이다.

(3) 스택 릴레이(stack relay)

① 연소가스의 열에 의하여 연도 내부로 삽입되는 바이메탈의 수축팽창으로 접점을 연결 차단하여 버너의 작동이나 정지를 하게 한다.
② 연도에 부착하여 사용된다.
③ 보일러 연소가스 배출구의 300mm 상단의 연도에 부착한다.

(4) 아쿠아스탯(aquastat)

① 구조는 감온부, 도압부, 감압부, 마이크로스위치, 온도조절부로 되어 있다.
② 감온부는 보일러 본체에 부착한다.
③ 현장에서는 하이리밋컨트롤이라고 부르며, 자동온도조절기이다.
④ 스택 릴레이나 프로텍터 릴레이와 함께 사용된다.
⑤ 주로 고온 차단용, 저온 차단용, 순환펌프 작동용으로 사용된다.

(5) 인터널 서모스탯

① 재기동 시에는 수동기동버튼인 리셋버튼을 눌러야만 재기동이 된다.
② 버너의 모터 과열로 소손을 방지하기 위하여 모터 내부에 설치한다.
③ 바이메탈식 과열보호장치로 모터의 기동이 불량하거나 펌프의 이상 등으로 코일에 발생되는 열에 의하여 작동된다.

(6) 바이메탈온도식 안전장치

① 작동온도는 95℃ 내외이다.
② 재기동 시에는 수동리셋을 사용한다.
③ 보일러 본체에 부착시켜서 보일러가 과열되는 경우에 전기 전원을 차단시킨다.
④ 사용목적은 보일러의 과열을 방지하기 위함이다.

(7) 저수위차단기

보일러 내부에 수량이 부족하면 과열이 일어나므로 보일러에서 보충수가 공급되지 않으면 보일러 기동을 정지시켜 미급수로 인한 과열을 저지하고 보호한다.

(8) 실내온도조절기(room thermostat)

① 난방온도를 일정하게 유지하기 위하여 사용되는 조절스위치이다.
② 콤비네이션 릴레이, 프로텍터 릴레이에 연결해서 실내의 적정 온도를 자동으로 유지시키는 데 필요한 것이다.
③ 주안전제어기들과 결속되어 버너의 작동 및 정지를 명령하여 실내의 온도가 유지된다.
④ 구조에 따른 분류 : 바이메탈스위치, 바이메탈머큐리스위치, 다이어프램스위치
⑤ 설치 시 주의사항
㉠ 실내온도가 표준이 될 만한 장소에 설치한다.
㉡ 직사광선을 피한다.
㉢ 바닥에서 1.5m 위치에 설치한다.
㉣ 수직으로 설치하여야 한다.
㉤ 방열기 상단이나 현관 등에는 설치하지 않는다.

1) 전도(conduction) 중요

■ 푸리에의 열전도법칙(Fourier's law of conduction)

$$Q = -kA\frac{dT}{dx}[\mathrm{W}]$$

여기서, Q : 전도열량(W), k : 열전도계수(W/m·K), A : 전열면적(m^2), dx : 두께(m), $\frac{dT}{dx}$: 온도구배

다층벽을 통한 열전도계수
$\frac{1}{k} = \frac{x_1}{k_1} + \frac{x_2}{k_2} + \frac{x_3}{k_3} = \sum_{i=1}^{n}\frac{x_i}{k_i}$
원통에서의 열전도(반경방향)
$Q = \frac{2\pi Lk}{\ln\left(\frac{r_2}{r_1}\right)}(t_1 - t_2) = \frac{2\pi L}{\frac{1}{k}\ln\left(\frac{r_2}{r_1}\right)}(t_1 - t_2)[\mathrm{W}]$

2) 대류(convection) 중요

보일러나 열교환기 등과 같이 고체 표면과 이에 접한 유체(liquid or gas) 사이의 열의 흐름을 말한다.

■ 뉴턴의 냉각법칙(Newton's law of cooling)

$$Q = \alpha A(t_w - t_\infty)[\mathrm{W}]$$

여기서, α : 대류열전달계수(W/m^2·K), A : 대류전열면적(m^2), t_w : 벽면온도(℃), t_∞ : 유체온도(℃)

3) 열관류(고온유체 → 금속벽 내부 → 저온유체측의 열전달)

$$Q = KA(t_1 - t_2) = KA(LMTD)[\mathrm{kJ/h}]$$

여기서, K : 열관류(통과)율(W/m^2·K), A : 전열면적(m^2), t_1 : 고온유체온도(℃), t_2 : 저온유체온도(℃)
$LMTD$: 대수평균온도차

열관류율(통과율)

$$K = \frac{1}{R} = \frac{1}{\dfrac{1}{\alpha_1} + \sum \dfrac{l}{\lambda} + \dfrac{1}{\alpha_2}} [\mathrm{W/m^2 \cdot K}]$$

대수평균온도차($LMTD$)

- 대향류(향류형)

$\Delta t_1 = t_1 - t_{w2}$, $\Delta t_2 = t_2 - t_{w1}$

$$\therefore LMTD = \frac{\Delta t_1 - \Delta t_2}{\ln \dfrac{\Delta t_1}{\Delta t_2}} = \frac{\Delta t_1 - \Delta t_2}{2.303 \log \dfrac{\Delta t_1}{\Delta t_2}} [℃]$$

- 평행류(병류형)

$\Delta t_1 = t_1 - t_{w1}$, $\Delta t_2 = t_2 - t_{w2}$

$$\therefore LMTD = \frac{\Delta t_1 - \Delta t_2}{\ln \dfrac{\Delta t_1}{\Delta t_2}} = \frac{\Delta t_1 - \Delta t_2}{2.303 \log \dfrac{\Delta t_1}{\Delta t_2}} [℃]$$

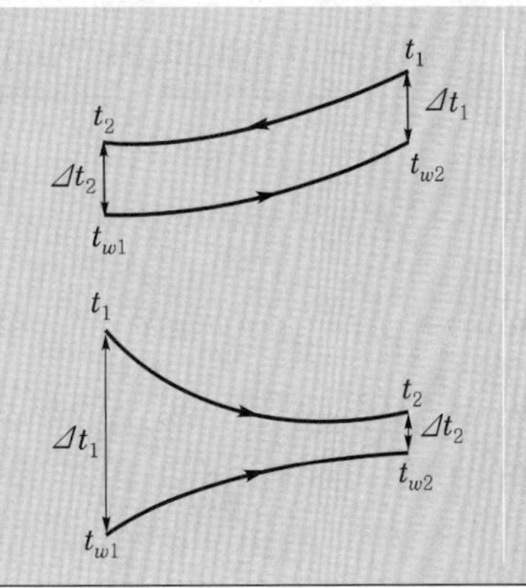

4) 복사(radiation) 중요

- 스테판-볼츠만의 법칙(Stefan-Boltzmann's law)

$$Q = \varepsilon \sigma A T^4 [\mathrm{W}]$$

여기서, ε : 복사율($0 < \varepsilon < 1$), σ : 스테판-볼츠만상수($= 5.67 \times 10^{-8} \mathrm{W/m^2 \cdot K^4}$)
A : 전열면적($\mathrm{m^2}$), T : 물체 표면온도(K)

5) 열전달 시 중요시되는 무차원수

① 레이놀즈수(Re)$= \dfrac{\rho V d}{\mu}$

② 누셀수(Nu)$= \dfrac{hL}{k}$

③ 프란틀수(Pr)$= \dfrac{\nu}{\alpha} = \dfrac{\mu C_p}{k}$

④ 스탠톤수(St)$= \dfrac{Nu}{Re \cdot Pr}$

⑤ 그라쇼프수(Gr)$= \dfrac{g\beta(T_s - T_\infty)L^3}{\nu^2}$

⑥ 스트라홀수$= \dfrac{\text{진동}}{\text{평균속도}} = \dfrac{fd}{V}$

열유속(heat flux)

단위시간, 단위면적당 전달되는 열에너지(W/m^2, J/m^2·s)를 의미한다.

열확산계수

$$\alpha = \frac{k}{\rho C_p}[\text{m}^2/\text{s}]$$

여기서, k : 열전도계수(W/m·K), ρ : 밀도(kg/m^3=Ns^2/m^4), C_p : 정압비열(kJ/kg·K),

PART

04 적중 예상문제

★

01 중유를 연소시키는 노통 연관식 보일러를 실험한 결과 다음과 같은 결과를 얻었다. 보일러의 효율을 구하시오.

- 증기압력 : 0.7MPa
- 증발량 : 2,500kg/h
- 중유사용량 : 250L/h
- 중유의 비중 : 0.95
- 증기의 비엔탈피 : 2,763kJ/kg
- 급수의 비엔탈피 : 117.21kJ/kg
- 중유의 저위발열량 : 37,674kJ/kg

해답 $\eta_B = \dfrac{m(h_2 - h_1)}{H_L \times m_f \times S} \times 100\% = \dfrac{2{,}500 \times (2{,}763 - 117.21)}{37{,}674 \times 250 \times 0.95} \times 100\% \fallingdotseq 73.93\%$

★

02 다음은 열설비의 운전에 있어서 여러 가지 결함이나 고장들에 대한 원인이나 대책 등에 관한 설명이다. 물음에 답하시오.

1 보일러 재료의 결함에 있어서 라미네이션(lamination)이란 무엇인가?

2 보일러 운전 도중 수격(water hammer)현상이 가끔 일어나는데, 이것은 취급자가 어떻게 하면 예방할 수 있는지를 2가지 쓰시오.

3 보일러에 급수를 할 때는 반드시 처리를 해야 하는데, 그 목적이 무엇인지를 2가지만 쓰시오.

4 보일러에서 수면계가 고장 났다면 커다란 위험을 초래하게 되는데, 이 수면계의 중요성을 감안하여 수시로 검사해야 한다. 그 점검시기를 3가지만 쓰시오.

해답 1 보일러의 동판 및 관 내부의 층에서 2장으로 분리되어 있는 것을 말한다.

2 ① 증기관의 응결수를 제거할 것
② 캐리오버현상을 피할 것
③ 주증기밸브를 서서히 개방할 것

3 ① 보일러수의 농축 방지
② 스케일 생성 방지
③ 캐리오버(기수공발) 방지

4 ① 보일러를 운전하기 전
② 두 조의 수면계 수위에 차이를 인정할 때
③ 기수공발(프라이밍, 포밍)을 일으킨 때
④ 유리관의 교체, 기타 보수를 할 때

PART 4

03 보일러 성능진단결과 연료 1kg당 증기 발생량은 13.05kg이고, 사용연료의 발열량은 40813.5kJ/kg이다. 이때 건포화증기의 비엔탈피는 2754.39kJ/kg이고, 증기건도는 90%, 포화수의 비엔탈피는 665.57kJ/kg일 때 이 보일러의 열효율을 구하시오. (단, 급수의 비엔탈피는 188.37kJ/kg이다.)

해답 $\eta_B = \dfrac{13.05 \times [\{665.57 + 0.9 \times (2754.39 - 665.57)\} - 188.37]}{1 \times 40813.5} \times 100\% \fallingdotseq 75.37\%$

참고
- 습포화증기의 비엔탈피(h_x)=포화수의 비엔탈피+증기건도×증발잠열
  $= h' + x\gamma = h' + x(h'' - h') = 665.57 + 0.9 \times (2754.39 - 665.57)$
  $\fallingdotseq 2545.51\text{kJ/kg}$
- 증발잠열=건포화증기의 비엔탈피−포화수의 비엔탈피
  $= h'' - h' = 2754.39 - 665.57 \fallingdotseq 2088.82\text{kJ/kg}$
- 보일러 효율 $= \dfrac{\text{시간당 증기 발생량} \times (\text{발생증기의 비엔탈피} - \text{급수의 비엔탈피})}{\text{시간당 연료소비량} \times \text{연료의 저위발열량}} \times 100\%$

04 보일러 용량을 결정하는 데 필요한 부하를 4가지만 쓰시오.

해답 ① 난방부하 ② 급탕부하 ③ 배관부하 ④ 예열(시동)부하

05 보일러에 스케일이 부착되면 보일러 운전 중 보일러 내면, 특히 전열면에 장해를 주게 된다. 이 대표적인 장해를 2가지 쓰시오.

해답 ① 열전도(heat conduction) 방해 ② 과열

★
06 다음은 보일러 성능시험 시 열정산기준이다. ( ) 안에 알맞은 내용을 써 넣으시오.

1. 측정시간은 ( )시간 이상 실시해야 한다.
2. 입열 또는 출열 계산 시 고체연료 및 액체연료는 1(①)당, 기체연료는 1(②)당으로 한다.
3. 연료의 발열량은 ( )발열량으로 한다.
4. 시험부하는 ( )부하로 하고 필요에 따라 3/4, 1/2, 1/4로 한다.
5. 열정산의 기준온도는 시험 시의 ( )온도로 한다.

해답 **1** 1 **2** ① kg, ② Nm^3 **3** 저위 **4** 정격 **5** 외기

★
07 보일러의 크기(용량)를 나타내는 표시방법을 5가지 쓰시오.

해답 ① 상당방열면적(EDR) ② 정격출력 ③ 전열면적(A) ④ 보일러 마력 ⑤ 정격용량

★
08 보일러 급수펌프(원심)를 설치하고자 한다. 유량(Q)은 0.5m³/min, 전양정(H)은 18m, 펌프효율은 75%일 때 소요동력은 몇 kW인가?

해답 $L_p = \dfrac{\gamma_w QH}{\eta_p} = \dfrac{9.8QH}{\eta_p} = \dfrac{9.8 \times \left(\dfrac{0.5}{60}\right) \times 18}{0.75} = 1.96\text{kW}$

★
09 증기압력은 0.6MPa, 급수량은 1,400kg/h, 급수온도는 30℃, 매시 연료소비량은 1,200kg인 보일러의 증발계수 및 상당증발배수를 구하시오. (단, 증기압력 0.6MPa에서 포화증기의 비엔탈피는 2754.39kJ/kg이며 1기압 100℃에서 물의 증발잠열은 2,256kJ/kg이다.)

해답 ① $\text{증발계수} = \dfrac{\text{포화증기의 비엔탈피}(h_2) - \text{급수의 비엔탈피}(h_1)}{2,256} = \dfrac{2754.39 - 125.58}{2,256} ≒ 1.17$

※ $\text{급수의 비엔탈피}(h_1) = \text{물의 비열} \times \text{급수온도} = 4.186 \times 30 = 125.58$

② $\text{상당증발배수} = \text{증발계수} \times \dfrac{\text{급수량}}{\text{연료소비량}} = 1.17 \times \dfrac{1,400}{1,200} = 1.36\text{kg/kg}$

별해 $\text{상당증발배수} = \dfrac{\text{상당증발량}}{\text{연료소비량}} = \dfrac{1,400 \times (2754.39 - 125.58)}{1,200 \times 2,256} ≒ 1.36\text{kg/kg}$

★
10 열전도율이 0.93W/m·K인 콘크리트벽의 안쪽과 바깥쪽의 온도가 각각 30℃와 20℃이다. 벽의 두께가 5cm일 때 벽 1m²당 매시간 전달되어 나가는 열량은 몇 W인가?

해답 $Q_c = \lambda A\left(\dfrac{t_i - t_o}{L}\right) = 0.93 \times 1 \times \dfrac{30-20}{0.05} = 186\text{W}$

11 노내의 온도가 600℃에 달했을 때 반사로 있는 0.5m×0.5m의 문을 여는 것으로 손실되는 열량은 몇 kW인가? (단, 노재의 방사율은 0.38, 실온은 30℃로 한다.)

해답 $Q_r = \sigma\varepsilon A(T_1^{\ 4} - T_2^{\ 4}) = 5.67 \times 10^{-8} \times 0.38 \times 0.5 \times 0.5 \times (873^4 - 303^4) = 3083.3\text{W} ≒ 3.08\text{kW}$

★
12 노벽에 깊이 10cm의 구멍을 뚫고 온도를 재보니 250℃였다. 바깥 표면의 온도는 200℃이고 노벽재료의 열전도율이 0.85W/m·K일 때 바깥 표면 1m²에서 시간당 손실되는 열량은 몇 W인가?

해답 $Q_c = \lambda A\dfrac{\Delta t}{L} = 0.85 \times 1 \times \dfrac{250-200}{0.1} = 425\text{W}$

13 두께 25mm인 철판이 넓이 $1m^2$마다의 전열량이 매시간 4,200kJ이 되려면 양면의 온도차는 몇 ℃인가? (단, K=58W/m · K)

해답 $Q_c = 4,200\text{kJ/h} \fallingdotseq 1.17\text{kW}$

$$Q_c = KA\left(\frac{t_1 - t_2}{L}\right)[\text{kJ/h}]$$

$$\therefore\ \Delta t = \frac{Q_c L}{KA} = \frac{1.17\times 10^3 \times 0.025}{58\times 1} = 0.5℃$$

★

14 외기온도가 13℃이고 표면온도가 69℃일 때 흑체관의 표면에서 방사에 의한 열전달량은 몇 W/m^2인가? (단, 관의 방사율은 0.85이고 스테판-볼츠만상수(σ)는 $5.67\times 10^{-8}W/m^2 \cdot K^4$이다.)

해답 $Q_r = \sigma\varepsilon(T_1^{\ 4} - T_2^{\ 4}) = 5.67\times 10^{-8}\times 0.85\times(342^4 - 286^4) = 336.88\text{W/m}^2$

★

15 외기온도가 20℃이고 표면온도가 70℃인 흑체관의 표면에서 방사에 의한 열전달률은 대략 얼마인가? (단, 관의 방사율은 0.7로 한다.)

해답 $Q_R = \varepsilon\sigma(T_1^{\ 4} - T_2^{\ 4}) = 0.7\times 5.67\times 10^{-8}\times(303^4 - 293^4) = 42.03\text{W/m}^2$

★

16 태양열 집열기의 구비조건을 3가지만 쓰시오.

해답 ① 집열효율이 높을 것

② 내구성, 내후성이 우수할 것

③ 오래 사용하여도 스케일 등으로 인한 집열효율이 저하되지 말 것

17 태양열 온수급탕시스템에서 다음 물음에 답하시오.

1 자연순환식 온수급탕시스템

2 강제순환식 온수급탕시스템

해답 **1** 일체식, 자연대류식

2 히트펌프식, 구조식

★
18 태양광발전시스템 구성의 특징을 7가지만 쓰시오.

해답 ① 연료비가 들지 않는다.
② 신뢰성이 높고 유지가 간편하다.
③ 반영구적이다.
④ 발전장치의 규모에 제약이 없다.
⑤ 공해가 없다.
⑥ 이용분야가 매우 다양하다.
⑦ 발전시스템의 설치용량 최적화가 용이하다.

19 태양열시스템의 구조를 2가지로 분류하시오.

해답 ① 집열기 ② 축열로

20 태양열 난방급탕시스템의 구조를 4가지로 분류하시오.

해답 ① 집열기 ② 축열로 ③ 배관 및 순환펌프 ④ 방열기

★
21 어느 공장의 보일러에서 진발열량이 41,023kJ/kg인 중유를 1일 8시간에 8,000L를 사용하여 1,000kPa의 증기를 95,000kg 증발시켰다. 이때 급수온도는 20℃이고 중유의 비중은 0.95이다. 보일러의 효율을 소수점 이하 둘째 자리까지 계산하시오. (단, 1,000kPa의 전열량은 2,656kJ/kg이다.)

해답 $\eta_B = \dfrac{m_a(h_2 - h_1)}{H_L \times m_f} \times 100\% = \dfrac{11,875 \times (2,656 - 83.72)}{41,023 \times 1,000 \times 0.95} \times 100\% = 78.38\%$

$m_a = \dfrac{95,000}{8} = 11.875\text{kg/h}$

h_1 =물의 비열×급수온도$= 4.186 \times 20 = 83.72$

참고 보일러 효율$=\dfrac{\text{시간당 증기 발생량}\times(\text{발생증기의 비엔탈피} - \text{급수의 비엔탈피})}{\text{시간당 연료소비량}\times\text{연료의 저위발열량}}\times 100\%$

★
22 어느 보일러의 마력을 구하기 위하여 급수 및 발생증기의 비엔탈피를 측정한 값이 각각 h_1 =420kJ/kg, h_2 =950kJ/kg이었다. 실제 증발량(m_a)이 45,000kg/h일 때 이 보일러의 마력을 구하시오. (단, 소수점 이하 둘째 자리까지 구한다.)

해답 보일러 마력$(BPS) = \dfrac{m_a(h_2 - h_1)}{2,256 \times 15.65} = \dfrac{45,000 \times (950 - 420)}{2,256 \times 15.65} = 675.22\text{HP}$

★
23 실제 증발량이 14,000kg/h인 보일러의 전열면적은 500m²이다. 이 보일러의 증발률을 구하시오.

해답 전열면 증발률 $=\dfrac{\text{실제 증발량}}{\text{전열면적}}=\dfrac{14,000}{500}=28\text{kg/m}^2\cdot\text{h}$

24 보일러의 용량을 표시하는 데는 여러 가지가 있다. 그 중 환산증발배수와 증발계수를 간략하게 식으로 표시하시오.

해답 ① 환산증발배수 $=\dfrac{\text{상당증발량}(m_e)}{\text{매시 연료소비량}(m_f)}=\dfrac{m_a(h_2-h_1)}{2{,}256m_f}$

② 증발계수 $=\dfrac{\text{상당증발량}(m_e)}{\text{실제 증발량}(m_a)}=\dfrac{\text{발생증기의 비엔탈피}-\text{급수의 비엔탈피}}{\text{물의 증발잠열}}=\dfrac{h_2-h_1}{2{,}256}$

★
25 연소의 3요소를 쓰시오.

해답 가연물, 산소공급원, 점화원

26 연소배기가스의 분석결과 CO_2함량이 12.5%이었다. 벙커C유 550L/h 연소에 필요한 공기량은 몇 Nm³/min인가? (단, 벙커C유의 이론공기량은 12.5Nm³/kg이고, 밀도는 0.90kg/L이며, CO_{2max}는 15.5%로 한다.)

해답 실제 공기량 $=\dfrac{\dfrac{15.5}{12.5}\times 12.5\times 550\times 0.9}{60}=127.88\text{Nm}^3/\text{min}$

참고 공기비$(m)=\dfrac{CO_{2max}}{CO_2}$

★
27 중유의 원소조성이 C 78%, H 12%, O 3%, S 2%, 기타 5%일 때 이론산소량(Nm³/kg)을 구하시오.

해답 $O_o=1.867\text{C}+5.6\left(\text{H}-\dfrac{\text{O}}{8}\right)+0.7\text{S}$

$=1.867\times 0.78+5.6\times\left(0.12-\dfrac{0.03}{8}\right)+0.7\times 0.02=2.16\text{Nm}^3/\text{kg}$

28 연소실 열부하가 2,930,200kJ/m^3 · h, 상당증발량이 6t/h, 열효율이 88%인 보일러의 연소실 용적을 구하시오.

해답 $\text{연소실 용적} = \dfrac{\text{정격출력}}{\text{연소실 열부하율} \times \text{열효율}} = \dfrac{2,256 \times 6,000}{2,930,200 \times 0.88} = 5.25\text{m}^3$

★

29 석탄을 분석한 결과 수분 3.8%, 회분 18.4%, 휘발분 31.5%, 전유황 0.26%를 얻었다. 이때 고정탄소(%)와 연료비를 구하시오.

해답 ① 고정탄소 = 100 − (수분 + 회분 + 휘발분) = 100 − (3.8 + 18.4 + 31.5) = 46.3%

② $\text{연료비} = \dfrac{\text{고정탄소}}{\text{휘발분}} = \dfrac{46.3}{31.5} = 1.47$

30 다음 조성의 수성가스 연소 시 필요한 공기량은 몇 Nm^3/Nm^{3}인가?

- 건공기
- 공기비율 : 1.25
- 조성비 : CO_2 4.5%, CO 45%, N_2 11.7%, O_2 0.8%, H_2 38%

해답 $A_o = 2.38(H_2 + CO) - 4.76O_2 + 9.52CH_4 = 2.38 \times (0.38 + 0.45) - 4.76 \times 0.008 = 1.937\text{Nm}^3/\text{Nm}^3$

$\therefore\ A = mA_o = 1.25 \times 1.937 = 2.42\text{Nm}^3/\text{Nm}^3$

★

31 연소배기가스의 분석결과 CO_2함량이 13.4%이었다. 벙커C유 550L/h 연소에 필요한 공기량은 몇 Nm^3/min인가? (단, 벙커C유의 이론공기량은 12.5Nm^3/kg이고, 밀도는 0.93g/cm^{3}이며, CO_{2max}는 15.5%로 한다.)

해답 $\text{공기비}(m) = \dfrac{CO_{2max}}{CO_2} = \dfrac{15.5}{13.4} = 1.16$

$\therefore$ 실제 공기량$(A_a) = 0.93 \times 550 \times 1.16 \times 12.5 = 7,396\text{Nm}^3/\text{h} = 123.3\text{Nm}^3/\text{min}$

참고 $A_a = mA_o = 1.16 \times 12.5 = 14.46\text{Nm}^3/\text{kg}$

★
32 과잉공기를 사용하여 메탄가스를 연소시켰다. 생성된 H_2O는 흡수탑에서 흡수 제거시키고 거기서 나온 가스를 분석하였더니 그 조성(용적)은 다음과 같았다. 사용된 공기의 과잉률은 몇 %인가?

CO_2 9.6%, O_2 3.8%, N_2 86.6%

해답 $m=\dfrac{21N_2}{21N_2-79O_2}=\dfrac{N_2}{N_2-3.76O_2}=\dfrac{86.6}{86.6-3.76\times3.8}=1.2$

$\therefore$ 공기과잉률$=(m-1)\times100\%=(1.2-1)\times100\%=20\%$

33 다음의 질량조성을 가진 중유의 저위발열량을 구하시오.

C 84%, H 13%, O 0.5%, S 2%, N 0.5%

해답 $H_L=8{,}100C+34{,}000\left(H-\dfrac{O}{8}\right)+2{,}500S-600W$

$=8{,}100\times0.84+34{,}000\times\left(0.13-\dfrac{0.005}{8}\right)+2{,}500\times0.02$

$=11252.75\text{kcal/kg}\fallingdotseq47{,}104\text{kJ/kg}$

참고 1kcal=4.186kJ

34 어느 공장의 연료로 사용하는 석탄을 분석하고 발열량을 측정하였더니 다음 결과가 나왔다. 이 결과를 이용하여 다음 물음에 답하시오.

- 원소분석결과 : C 73.8%, H 18.2%, O 0.5%, S 7.5%
- 공업분석결과 : 수분(W) 7.6%, 회분 20.8%
- 함수기준 고위발열량 : 26,163kJ/kg

1 저위발열량(kJ/kg)
2 무수 무회기준의 고위발열량(kJ/kg)

해답 1 $H_L=H_h-2{,}512(9H+W)=26{,}163-2{,}512\times(9\times0.182+0.076)=21857.43\text{kJ/kg}$

2 $H_h=26{,}163\times\dfrac{100}{100-(7.6+20.8)}=36540.5\text{kJ/kg}$

★
35 효율이 75%인 연료예열기에서 70℃의 연료 250kg/h를 90℃로 예열하여 버너에 공급하고자 한다. 연료의 평균비열이 1.88kJ/kg · K인 경우 연료예열기에서 필요로 하는 전력은 몇 kW인가?

해답 전기식 연료예열기의 용량 $= \dfrac{\text{연료사용량} \times \text{비열} \times (\text{기름예열온도} - \text{예열기 입구온도})}{3{,}600 \times \text{효율}}$

$$= \frac{250 \times 1.88 \times (90-70)}{3{,}600 \times 0.75} = 3.48\text{kW}$$

36 에탄 15Nm^{3}를 연소시켰다. 이때 다음 물음에 답하시오.

$$C_2H_6 + 3.5O_2 \rightarrow 2CO_2 + 3H_2O$$

1. 필요한 이론공기량(A_o)
2. 연소공기 중 N_2의 양

해답 1. $A_o = 3.5 \times \dfrac{100}{21} \times 15 = 250\text{Nm}^3$

2. N_2의 양 = 이론공기량 × 0.79 = 250 × 0.79 = 197.5Nm^3

37 보일러 연료로서 부탄을 사용할 경우 부탄 1mol이 완전 연소할 때 발생하는 이론연소가스량(m_1 [Nm^3/kg])을 구하시오. (단, 공기는 21%의 산소와 79%의 질소로 구성되며, C의 원자량은 12이다.)

해답 $C_4H_{10} + 6.5O_2 \rightarrow 4CO_2 + 5H_2O$

$$\therefore\ m_1 = (1-0.21) \times \frac{6.5 \times 22.4}{58 \times 0.21} + \frac{9 \times 22.4}{58} = 12.92\text{Nm}^3/\text{kg}$$

별해 $m_1 = \left[(1-0.21) \times \dfrac{6.5}{0.21} + 4 + 5\right] \times \dfrac{22.4}{58} = 12.92\text{Nm}^3/\text{kg}$

★
38 배기가스분석 측정값이 CO_2 13.2%, O_2 3.2%, CO 0.3%인 보일러 버너의 공기비(m)를 구하시오. (단, 공기는 21%의 O_2와 79%의 N_2로 이루어져 있다.)

해답 $N_2 = 100 - (CO_2 + O_2 + CO) = 100 - (13.2 + 3.2 + 0.3) = 83.3\%$

$$\therefore\ \text{불완전 연소 시 공기비}(m) = \frac{N_2}{N_2 - 3.76(O_2 - 0.5CO)} = \frac{83.3}{83.3 - 3.76 \times (3.2 - 0.5 \times 0.3)} = 1.16$$

PART 4

39 KS규격에 중유의 온도보정계수(K)는 다음 표와 같다. 15℃에서 비중이 0.95인 중유가 70℃일 때 온도보정계수를 구하시오.

중유의 비중(15℃)	온도(℃)	보정계수(K)
1.000~0.966	15~50	1.000−0.00063(t−15)
	50~100	0.9779−0.0006(t−50)
0.965~0.851	15~50	1.000−0.00071(t−15)
	50~100	0.9754−0.00067(t−50)

해답 15℃에서 비중이 0.95이면 예열온도 50~100℃에서

$K = 0.9754 - 0.00067(t-50) = 0.9754 - 0.00067 \times (70-50) = 0.962$

★
40 프로판가스 5Nm³를 완전 연소시키는데 필요한 이론산소량(Nm³/Nm³)과 이론공기량(Nm³/Nm³)은 얼마인가? (단, 프로판가스의 연소반응식은 $C_3H_8 + 5O_2 \rightarrow 3CO_2 + 4H_2O$이다.)

해답 ① 이론산소량(O_o)$= \dfrac{5 \times 5 \times 22.4}{22.4} = 25\text{Nm}^3/\text{Nm}^3$

② 이론공기량(A_o)$= 25 \times \dfrac{1}{0.21} = 119.05\text{Nm}^3/\text{Nm}^3$

참고 • C_3H_8의 이론산소량(O_o)$= 5\text{Nm}^3/\text{Nm}^3$

• C_3H_8의 이론공기량(A_o)$=$ 이론산소량 $\times \dfrac{1}{0.21}$ [Nm^3/Nm^3]

41 배기가스성분 중 CO_2가 12.5%, O_2가 4%, CO가 0.5%일 때 N_2의 양(%)을 계산하고, N_2를 포함하는 공기비 계산식에 의하여 공기비(m)를 계산하시오.

해답 ① $N_2 = 100 - (CO_2 + O_2 + CO) = 100 - (12.5 + 4 + 0.5) = 83\%$

② $m = \dfrac{N_2}{N_2 - 3.76(O_2 - 0.5CO)} = \dfrac{83}{83 - 3.76 \times (4 - 0.5 \times 0.5)} = 1.20$

42 황(S)이 0.75%가 함유된 액체연료 30kg을 완전 연소시켰다. 이때 S가 연소함에 따라 발생된 열량은?

해답 $S + O_2 = SO_2 + 334{,}880\text{kJ/kmol}$(황의 분자량=32)

∴ 연소열량$= \dfrac{334{,}880}{32} \times 0.75 \times 30 = 235462.5\text{kJ/kg}$

43 CH_4 84%, CO_2 12.2%, N_2 3.8%의 조성을 갖는 기체를 공기비 1.5로 연소시킬 경우 필요한 공기량(Nm^3/Nm^3)을 구하시오. (단, 공기 중의 O_2는 21%이다.)

해답 $A = m A_o$(가연성 성분은 메탄이다.)

$CH_4 + 2O_2 \rightarrow CO_2 + 2H_2O$

22.4　2×22.4　　22.4　2×22.4

$\therefore$ 필요공기량$= \frac{2 \times 22.4}{22.4} \times 0.84 \times \frac{1}{0.21} \times 1.5 = 12Nm^3/Nm^3$

44 석탄을 분석한 다음 결과를 보고 각 물음에 답하시오.

- 공업분석 : 수분 5.3%, 휘발분 25.0%, 회분 35.7%
- 원소분석 : 전황 0.42%, 불연소성 황 0.16%, 수소 6.2%, 탄소 58.2%, 산소 1.60%, 질소 0.8%

1. 고정탄소(%)
2. 연료비
3. 연소성 황(%)
4. 가연성분(%)

해답 1. 고정탄소 = 100 − (수분 + 휘발분 + 회분) = 100 − (5.3 + 25 + 35.7) = 34%

2. 연료비 $= \frac{\text{고정탄소}}{\text{휘발분}} = \frac{34}{25} = 1.36$

3. 연소성 황 $= \text{전황} \times \frac{100}{100 - \text{수분}} - \text{불연소성 황} = 0.42 \times \frac{100}{100-5.3} - 0.16 = 0.28\%$

4. 가연성분 $= \text{탄소} + \text{유효수소} + \text{연소성 황} = \text{탄소} + \left(\text{수소} - \frac{\text{산소}}{8}\right) + \text{연소성 황}$

$= 58.2 + \left(6.2 - \frac{1.6}{8}\right) + 0.28 = 64.48\%$

45 ★ 상당증발량 1,000kg/h의 보일러에 21,350kJ/kg의 무연탄을 태우고자 한다. 보일러 효율이 70%일 때 필요한 화상면적은 얼마인가? (단, 무연탄의 화상연소율을 $75kg/m^2 \cdot h$로 한다.)

해답 $\eta = \frac{2{,}256 m_e}{H_L \times m_f} \times 100\%$

$m_f = \frac{2{,}256 m_e}{H_L \times \eta} = \frac{2{,}256 \times 1{,}000}{21{,}350 \times 0.7} = 151.02kg/h$

$\therefore A = \frac{m_f}{\text{화상연소율}} = \frac{151.02}{75} \fallingdotseq 2.01m^2$

★
46 탄소 86%, 수소 12.5%, 황 1.5%인 중유를 공기비 1.2로 완전 연소시켰다. 다음을 구하시오. (단 중유의 저위발열량(H_L)은 41,860kJ/kg이다.)

1. 이론공기량(단, 소수점 이하 버림)
2. 실제 공기량
3. 건연소가스량
4. 연소가스 중의 수증기량

해답 1. $A_o = 8.89C + 26.67\left(H - \frac{O}{8}\right) + 3.33S$

$= 8.89 \times 0.86 + 26.67 \times 0.125 + 3.33 \times 0.015 = 11.0291 = 11\text{Nm}^3/\text{kg}$

2. A_a =이론공기량×공기비$= 11 \times 1.2 = 13.2\text{Nm}^3/\text{kg}$

3. $m_d = A_o(m - 0.21) + 1.867C + 0.7S + 0.8N$

$= 11 \times (1.2 - 0.21) + 1.867 \times 0.86 + 0.7 \times 0.015 \fallingdotseq 12.51\text{Nm}^3/\text{kg}$

4. $W_g = 1.244(9H + W) = 1.244 \times 9 \times 0.125 \fallingdotseq 1.4\text{Nm}^3/\text{kg}$

★
47 고위발열량이 40,186kJ/Nm^{3}이고, 증발잠열이 2,009kJ/Nm^{3}이며, 연소가스의 비열이 1.42kJ/Nm^3·℃인 1Nm^{3}의 메탄(CH_4)가스를 연소시킬 경우 다음 물음에 답하시오. (단, 연소반응식은 $CH_4 + 2O_2 \rightarrow CO_2 + 2H_2O$이다.)

1. 이론공기량(Nm^3/Nm^3)
2. 저위발열량(kJ/Nm^3)
3. 20% 과잉공기를 사용하였을 경우
   ① 실제 습연소가스량(Nm^3/Nm^3)
   ② 이론연소온도(℃)

해답 1. $A_o = \frac{2}{0.21} = 9.523\text{Nm}^3/\text{Nm}^3$

2. $H_L = H_h - 2{,}009H_2O = 40{,}186 - 2{,}009 \times 2 = 36{,}168\text{kJ/Nm}^3$

3. ① $m_w = A_o(m - 0.21) + CO_2 + H_2O = 9.523 \times (1.2 - 0.21) + 1 + 2 = 12.427\text{Nm}^3/\text{Nm}^3$

② $m_o = 9.523 \times (1 - 0.21) + 3 = 10.523\text{Nm}^3/\text{Nm}^3$

$\therefore\ t = \frac{H_L}{m_o C} = \frac{36{,}168}{10.523 \times 1.42} = 2420.45℃$

참고 • 이론연소온도$= \frac{\text{연료의 저위발열량} + \text{공기의 현열} + \text{연료의 현열}}{\text{연소가스량} \times \text{연소가스의 비열}}$[℃]

• 공기의 현열(Q_a)=이론공기량×공기비×공기의 비열×(공기의 예열온도−외기온도)

48 배기가스분석결과 다음과 같은 자료를 얻었다. 다음 물음에 답하시오. (단, 연소용 공기의 체적비 O_2 : N_2=21 : 79)

CO_2 13%, O_2 3%, CO 2%, N_2 82%

1 최고탄산가스율(CO_{2max}[%])
2 N_2, O_2, CO값을 이용한 공기비

해답 **1** $CO_{2max} = \frac{21(CO_2 + CO)}{21 - O_2 + 0.395CO} = \frac{21 \times (13+2)}{21 - 3 + 0.395 \times 2} = 16.76\%$

2 $N_2 = 100 - (CO_2 + O_2 + CO) = 100 - (13+3+2) = 82\%$

$\therefore\ m = \frac{N_2}{N_2 - 3.76(O_2 - 0.5CO)} = \frac{82}{82 - 3.76 \times (3 - 0.5 \times 2)} = 1.1$

★
49 다음과 같은 조성의 액체연료에 대한 이론공기량(Nm^3/kg)은 얼마인가?

C 70%, H 10%, O 5%, N 9%, S 6%

해답 $A_o = 8.89C + 26.7\left(H - \frac{O}{8}\right) + 3.33S$

$= 8.89 \times 0.70 + 26.7 \times \left(0.10 - \frac{0.05}{8}\right) + 3.33 \times 0.06 \fallingdotseq 8.93Nm^3/kg$

50 표준 상태에서 수소 1g과 산소 16g의 혼합가스는 2기압, 273℃일 때 부피는 몇 L인가?

해답 ① H_2 1g=0.5mol(수소의 원자량=1)
② O_2 16g=0.5mol(산소의 원자량=16)
$\therefore\ V_2 = 22.4 \times \frac{0.5+0.5}{1} \times \frac{273+273}{273} \times \frac{1}{2} = 22.4L$

51 다음 연소가스분석값을 가지고 공기과잉률을 계산한 값은 얼마인가? (단, 연소가스의 분석값은 CO_2 11.5%, O_2 7.5%, N_2 81.0%이다.)

해답 완전 연소 시 공기비(m)$= \frac{21}{21 - O_2} = \frac{21}{21 - 7.5} = 1.56$

$\therefore$ 공기과잉률$= (m-1) \times 100\% = (1.56 - 1) \times 100\% = 56\%$

★
52 이상적 냉동사이클에서 응축기 온도 45℃, 증발기 온도 -15℃이면 성능계수는 얼마인가?

해답 $(COP)_R = \dfrac{T_2}{T_1 - T_2} = \dfrac{-15+273}{(45+273)-(-15+273)} = 4.3$

★
53 냉동기가 저열원에서 매시간 30,000kJ의 열을 흡수하기 위하여 2kW의 동력이 소요된다면 이 냉동기의 성능계수는 얼마인가?

해답 $(COP)_R = \dfrac{Q_e}{W_c} = \dfrac{\left(\dfrac{30,000}{3,600}\right)}{2} = 4.17$

별해 $(COP)_R = \dfrac{Q_e}{W_c} = \dfrac{30,000}{2 \times 3,600} = 4.17$

참고 $1\text{kW} = 3,600\text{kJ/h}$

★
54 노즐 입구에서 증기의 비엔탈피가 2,856kJ/kg, 팽창 후 노즐 출구에서 증기의 비엔탈피가 1,930kJ/kg이면 노즐 출구에서 증기의 분출속도는 얼마인가?

해답 $V_2 = 44.72\sqrt{h_1 - h_2} = 44.72\sqrt{2,856 - 1,930} = 1360.84\text{m/s}$

55 랭킨사이클(Rankine cycle)에서 보일러 입구의 급수온도가 80℃, 출구의 비엔탈피가 3,445kJ/kg이고, 복수기 입구 및 출구에서의 비엔탈피가 각각 2,430kJ/kg, 275kJ/kg일 때 랭킨사이클의 열효율은 몇 %인가? (단, 펌프일(w_p)은 무시한다.)

해답 $\eta_R = \dfrac{w_{net}}{q_1} = \dfrac{q_t}{q_1} = \dfrac{3,445 - 2,430}{3,445 - 275} = 0.32 = 32\%$

56 보일러에서 15℃의 물을 급수하여 계기압력 0.6MPa의 건포화증기 20kg/h를 발생하기 위해서 필요로 하는 열량을 다음 표를 이용하여 산출하시오. (단, 이때의 대기압은 750mmHg이다.)

압력(MPa)	건포화증기의 비엔탈피(kJ/kg)
0.7	1,932
0.8	2,772

해답 $P_a = P_o + P_g = \frac{750}{760} \times 0.10325 + 0.6 ≒ 0.7\text{MPa}$

급수의 비엔탈피$(h_1) = 4.186 \times 15 ≒ 63\text{kJ/kg}$

$\therefore$ 유효(정격)출력$(Q) = m(h_2 - h_1) = 20 \times (1{,}932 - 63) = 37{,}380\text{kJ/h}$

57 어느 가솔린기관의 압축비(ε)가 7.5일 때 이 기관의 이론열효율은? (단, 비열비(k)=1.4)

해답 $\eta_{tho} = \left[1 - \left(\frac{1}{\varepsilon}\right)^{k-1}\right] \times 100\% = \left[1 - \left(\frac{1}{7.5}\right)^{1.4-1}\right] \times 100\% = 55.3\%$

★
58 다음 그림은 랭킨사이클을 표시한 $T-S$선도이다. 단열팽창의 과정은 어디인가?

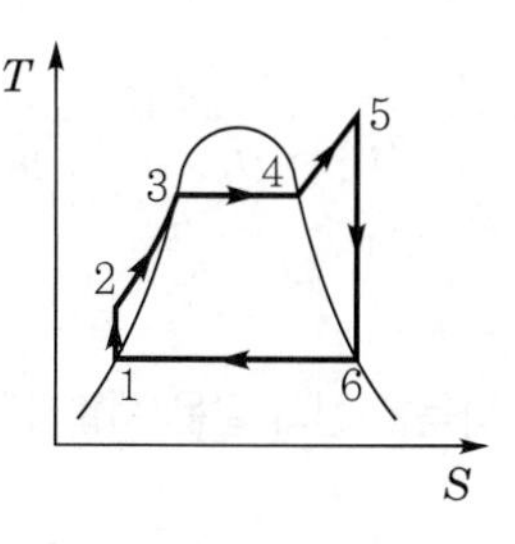

해답 5–6과정(등엔트로피과정)

참고
- 1–2과정 : 단열압축(급수펌프가 보일러 내로 급수시키는 압력)
- 2–3–4–5과정 : 등압가열(보일러 및 과열기에서의 급열과정)
- 5–6과정 : 단열팽창(등엔트로피과정)
- 6–1과정 : 등압방열(복수기)

★
59 어떤 냉동기가 t_1 =30℃와 t_2 =−10℃의 온도한계에서 작동된다. 이 냉동기를 역카르노사이클로 볼 때 성적계수는 얼마인가?

해답 $(COP)_R = \frac{T_2}{T_1 - T_2} = \frac{-10+273}{(30+273)-(-10+273)} = 6.58$

★
60 가솔린기관의 압축비 ε=7, 폭발압력비 α =3일 때 유효평균압력은 몇 MPa인가? (단, 공기의 비열비 k=1.4이고, 흡입공기의 압력은 0.1MPa, 정적비열 C_v =0.72kJ/kg・K이다.)

해답 $P_m = P_1 \frac{(\alpha-1)(\varepsilon^k - \varepsilon)}{(k-1)(\varepsilon-1)} = 0.1 \times \frac{(3-1)\times(7^{1.4}-7)}{(1.4-1)\times(7-1)} ≒ 0.69\text{MPa}$

★
61 냉동용량이 10냉동톤인 어떤 냉동기의 성능계수가 2.4라면 이 냉동기를 작동하는 데 필요한 동력은?

해답 압축기 소비동력 $= \dfrac{Q_e}{(COP)_R} = \dfrac{3.86RT}{(COP)_R} = \dfrac{3.86 \times 10}{2.4} \fallingdotseq 16.08\text{kW}$

★
62 열효율 20%, 출력 110kW인 기관이 있다. 여기에 사용되는 연료의 발열량이 28,465kJ/kg이라면 이 연료의 1시간당 소비량은 얼마인가?

해답 $\eta = \dfrac{3{,}600kW}{H_L \times m_f}$

$\therefore\ m_f = \dfrac{3{,}600kW}{H_L \times \eta} = \dfrac{3{,}600 \times 110}{28{,}465 \times 0.2} \fallingdotseq 69.56\text{kg/h}$

63 다음 그림과 같은 재열사이클의 열효율은? (단 펌프일(w_p)은 무시한다.)

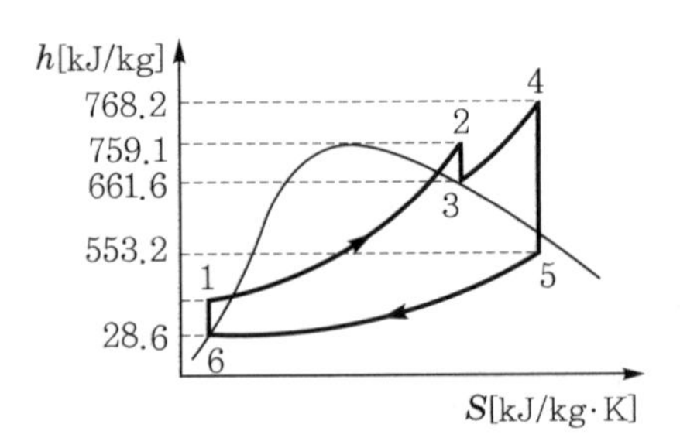

해답 $\eta_{Reh} = \dfrac{w_{net}(\text{정미일량})}{q_1(\text{공급열량})} = \dfrac{w_{t1} + w_{t2}}{q_B + q_R}$

$= \dfrac{(h_2 - h_3) + (h_4 - h_5)}{(h_2 - h_6) + (h_4 - h_3)} = \dfrac{(759.1 - 661.6) + (768.2 - 553.2)}{(759.1 - 28.6) + (768.2 - 661.6)} = 0.3733 = 37.33\%$

64 다음 랭킨사이클(Rankine cycle)의 $T-S$선도에서 이론열효율을 나타내는 식은?

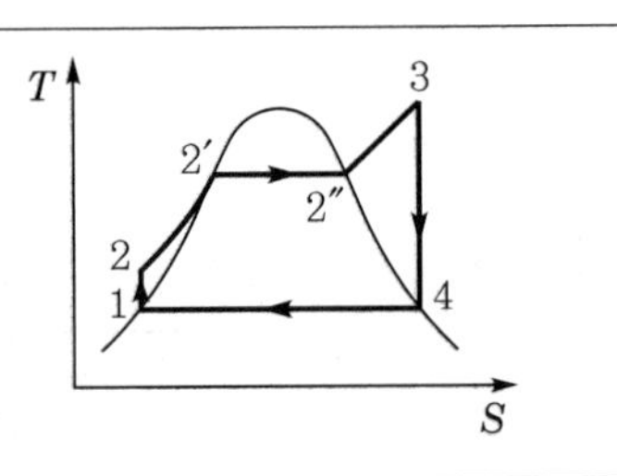

해답 $\eta_R = \dfrac{w_{net}}{q_1} = \dfrac{w_t - w_p}{q_1} \times 100\% = \dfrac{(h_3 - h_4) - (h_2 - h_1)}{h_3 - h_2} \times 100\%$

65 다음 그림에서처럼 공기를 작동가스로 하는 사바테사이클에 있어서 최고온도가 1,518K, 최저온도가 300K이고, 최고압력이 7.1MPa, 최저압력이 0.1MPa, 압축비 $\varepsilon=14$라고 할 때 압력 상승비 ρ는? (단, $k=1.4$)

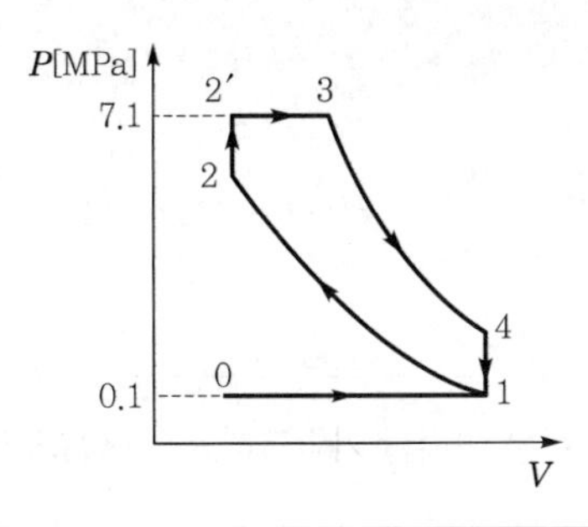

해답 $\rho=\dfrac{T_2{}'}{T_2}=\dfrac{T_3}{T_1\varepsilon^{k-1}}=\dfrac{1{,}518}{300\times14^{1.4-1}}=1.76$

별해 $\rho=\dfrac{P_2{}'}{P_2}=\dfrac{P_3}{P_2}=\dfrac{P_3}{P_1\varepsilon^{k}}=\dfrac{7.1}{0.1\times14^{1.4}}=1.76$

66 초압이 12MPa이고 복수기 압력이 0.05MPa인 증기원동소의 펌프일은 몇 kJ/kg이겠는가? (단, 물의 비체적은 0.001m^3/kg이다.)

해답 $w_p=-\displaystyle\int_1^2 v\,dp=v\int_2^1 dp=v(p_1-p_2)=0.001\times(12-0.05)\times10^3=11.95\text{kJ/kg}$

67 $P_c=2.6$MPa의 압력을 갖는 건포화증기의 임계속도는? (단, $v_c=0.08267$m^3/kg, $k=1.135$)

해답 $w_c=\sqrt{kP_cv_c}=\sqrt{1.135\times2.6\times10^6\times0.08267}=493.92\text{m/s}$

★

68 다음은 증기의 Mollier선도를 표시하고 있다. 다음 물음에 답하시오.

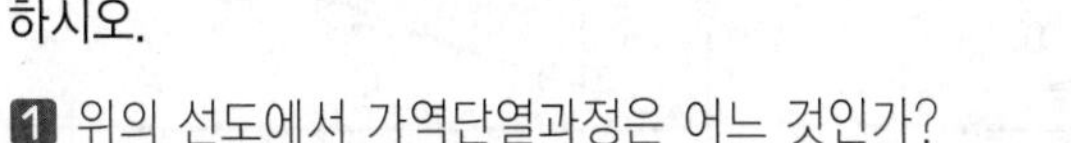

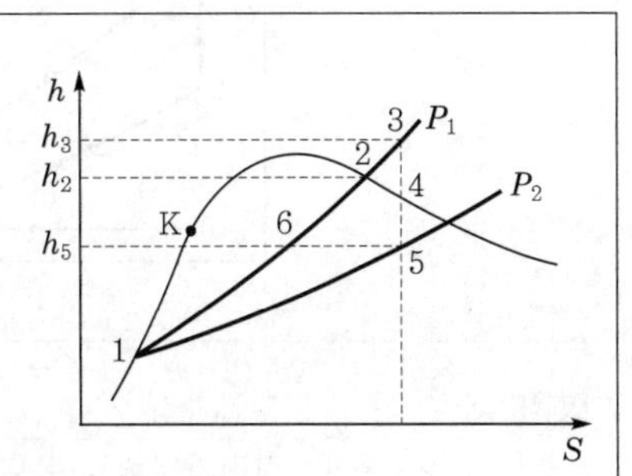

1. 위의 선도에서 가역단열과정은 어느 것인가?
2. 건도(x)가 100%인 점은 어느 곳인가?
3. 교축(throttling)과정은 어느 것인가?

해답 1. 3−5($S_3=S_5$) 2. 2−3−4 3. 5−6($h_5=h_6$)

★
69 고온열원의 온도 500℃인 카르노사이클(Carnot cycle)에서 1사이클당 2kJ의 열량을 공급하여 800N・m의 일을 얻는다면 저온열원의 온도(℃)는?

해답 $\eta_c = \dfrac{W_{net}}{Q_1} = 1 - \dfrac{T_2}{T_1}$

$$\therefore\ T_2 = T_1(1-\eta_c) = T_1\left(1 - \frac{W_{net}}{Q_1}\right) = (500+273)\times\left(1-\frac{800}{2,000}\right) = 463.8\text{K} - 273 = 190.8℃$$

70 카르노사이클(Carnot cycle)은 어떠한 가역과정으로 구성되며, 그 과정의 순서를 4단계로 구분하여 쓰시오.

해답 ① ①–② : 등온팽창(급열)
② ②–③ : 단열팽창($S=C$)
③ ③–④ : 등온압축(방열)
④ ④–① : 단열압축($S=C$)

71 랭킨사이클의 각 점에서의 증기의 비엔탈피는 다음과 같다. 이 사이클의 열효율은 얼마인가?

- 보일러 입구 : 290kJ/kg
- 보일러 출구 : 3,486kJ/kg
- 터빈 출구 : 2,925kJ/kg
- 복수기 출구 : 280kJ/kg

해답 $\eta_R = \dfrac{w_{net}}{q_1} = \dfrac{w_t - w_p}{q_1} = \dfrac{(3,486-2,925)-(290-280)}{3,486-290} = 0.1724 = 17.24\%$

72 다음은 오토사이클이다. 각 과정을 설명하시오.

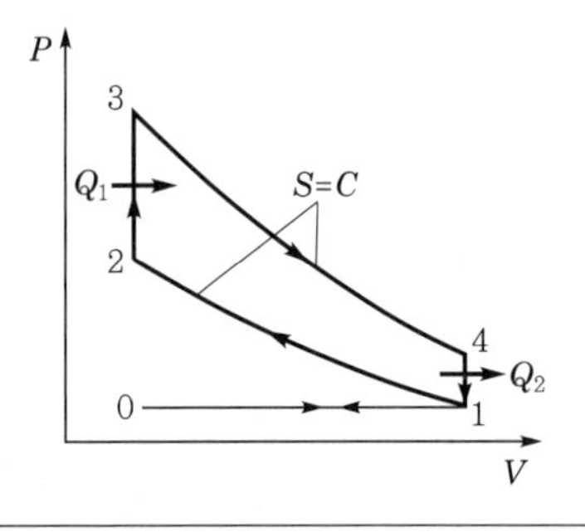

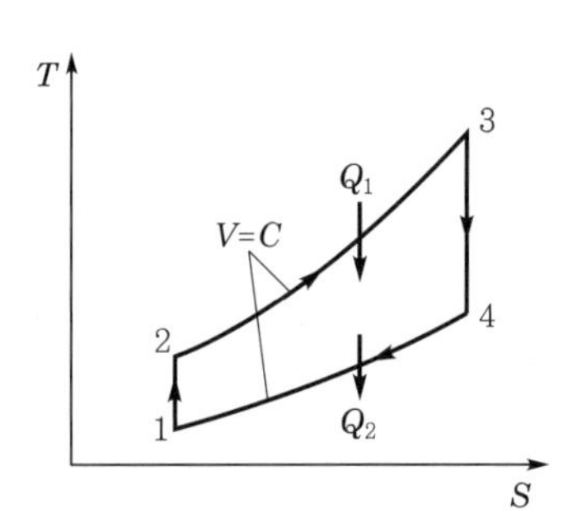

해답 ① 0 → 1 : 흡입과정
② 1 → 2 : 단열압축과정
③ 2 → 3 : 정적가열과정(폭발)
④ 3 → 4 : 단열팽창과정
⑤ 4 → 1 : 정적방열과정
⑥ 1 → 0 : 배기과정

73 205℃에서 수증기의 질(qulity)이 0.56이며 그 비체적이 0.06503m³/kg이다. 포화수의 비체적이 0.00116m³/kg이라면 이 온도에서 포화수 1kg이 포화증기로 변할 때 그 부피는 몇 배나 팽창되는가?

해답 $x = \dfrac{v - v'}{v'' - v'}$

$$v'' = v' + \frac{v - v'}{x} = 0.00116 + \frac{0.06503 - 0.00116}{0.56} = 0.1152135\text{m}^3/\text{kg}$$

$$\therefore \frac{v''}{v'} = \frac{0.1152135}{0.00116} = 99.32\text{배}$$

74 온도 25℃의 물 1,500kg에 100℃의 건포화증기를 도입하여 50℃의 물로 만들려면 몇 kg의 증기가 필요한가? (단, 증발잠열은 2,256kJ/kg이다.)

해답 ① 물이 얻은 열량$(Q_1) = mC(t_2 - t_1) = 1{,}500 \times 4.186 \times (50 - 25) = 156{,}975\text{kJ}$

② 증기가 잃은 열량(Q_2) = 증발열 $+ m_s C(t_2 - t_1)$

$$= 2{,}256 m_s + m_s C(t_2 - t_1) = m_s[2{,}256 + C(t_2 - t_1)]$$

③ $Q_1 = Q_2$

$$156{,}975 = m_s[2{,}256 + C(t_2 - t_1)]$$

$$\therefore m_s = \frac{156{,}975}{2{,}256 + C(t_2 - t_1)} = \frac{156{,}975}{2{,}256 + 4.2 \times (100 - 50)} = 63.65\text{kg}$$

75 사바테사이클(Sabathe cycle)은 가열과정이 정압과정과 정적과정으로 구성된 사이클로, 정적-정압(복합)사이클, 2중 연소사이클이라고도 하며 고속디젤기관(무기분사)의 기본사이클이다. 이에 따른 각 과정을 설명하시오.

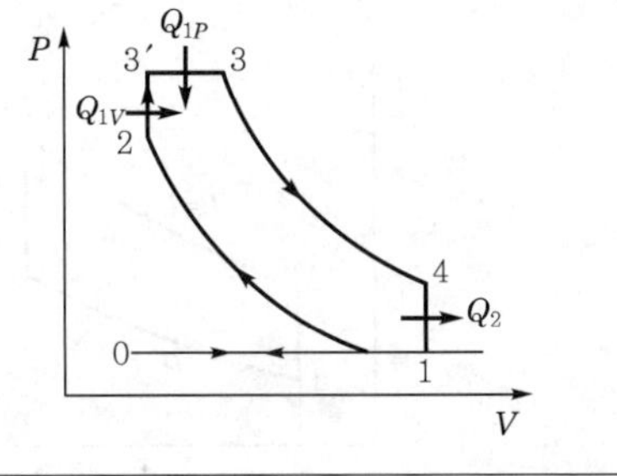

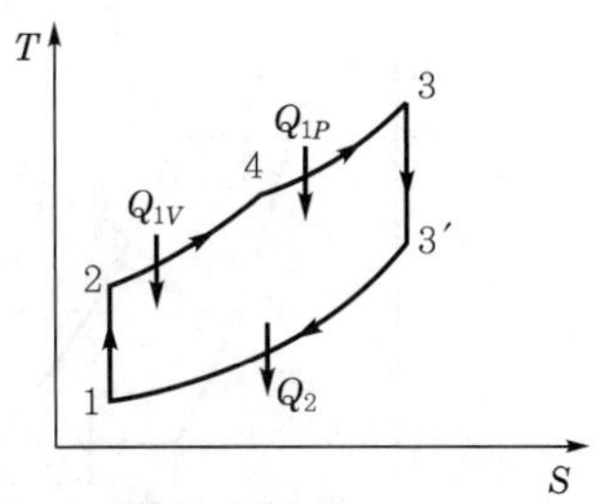

해답 ① 0 → 1 : 흡입과정

② 1 → 2 : 단열압축과정$(S = C)$

③ 2 → 3′ : 정적가열과정$(V = C)$

④ 3′ → 3 : 정압가열과정$(P = C)$

⑤ 3 → 4 : 단열팽창과정$(S = C)$

⑥ 4 → 1 : 등적방열과정$(V = C)$

⑦ 1 → 0 : 배기과정

PART 4

76 압력 2.4MPa, 온도 450℃의 과열증기를 압력 0.16MPa까지 단열적으로 팽창(분출)시켰더니 출구속도가 1,085m/s였다. 이때 속도계수는 얼마인가? (단, h_1 =3,352kJ/kg, h_2 =2,694kJ/kg)

해답 $\phi = \frac{V_2'}{V_2} = \frac{V_2'}{44.72\sqrt{h_1 - h_2}} = \frac{1,085}{44.72\sqrt{3,352-2,694}} \fallingdotseq 0.95$

77 디젤사이클(Diesel cycle)은 2개의 단열과정과 정압과정 1개, 정적과정 1개로 이루어진 사이클로, 압축착화기관인 저속디젤기관의 기본사이클이다. 특히 정압하에서 가열(연소)이 이루어지므로 정압사이클이라고도 한다. 이에 따른 각 과정을 설명하시오.

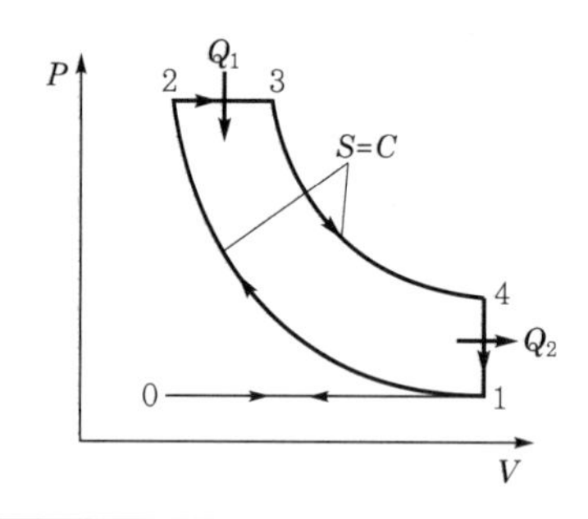

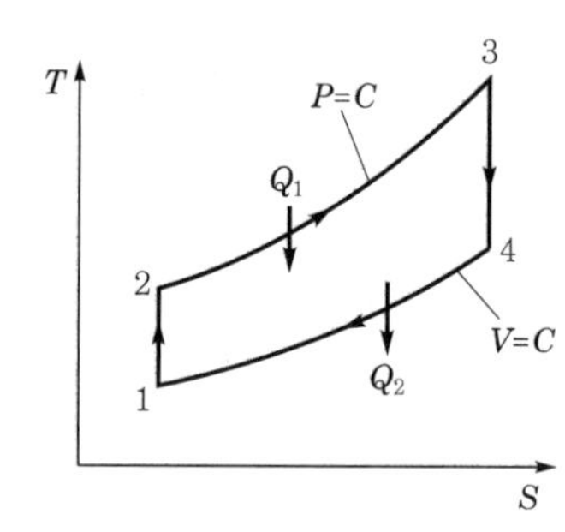

해답 ① 0 → 1 : 흡입과정 ② 1 → 2 : 단열압축과정
③ 2 → 3 : 등압가열과정 ④ 3 → 4 : 단열팽창과정
⑤ 4 → 1 : 등적방열과정 ⑥ 1 → 0 : 배기과정

78 브레이턴사이클은 가스터빈의 이상사이클로서 2개의 단열과정과 2개의 정압과정으로 이루어진다. 각각의 과정을 간단히 설명하시오.

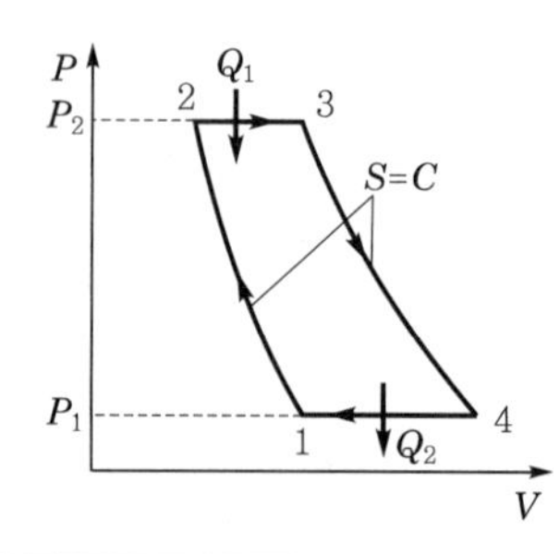

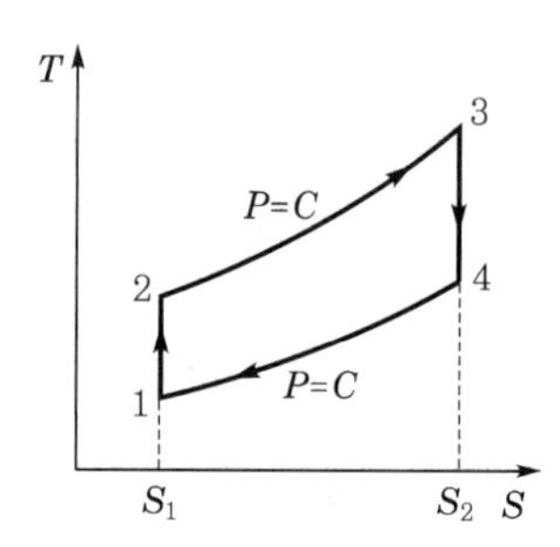

해답 ① 1 → 2 : 단열압축과정(압축기) ② 2 → 3 : 정압가열과정(연소기)
③ 3 → 4 : 단열팽창과정(터빈) ④ 4 → 1 : 정압방열과정

79 다음의 $P-V$선도는 어느 사이클인가? (단, S는 엔트로피이다.)

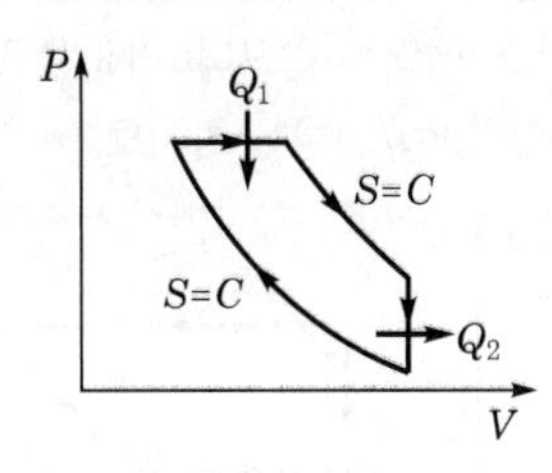

해답 디젤사이클(Diesel cycle)

80 다음의 $P-V$선도는 어떤 사이클인지 쓰고 각 과정을 설명하시오.

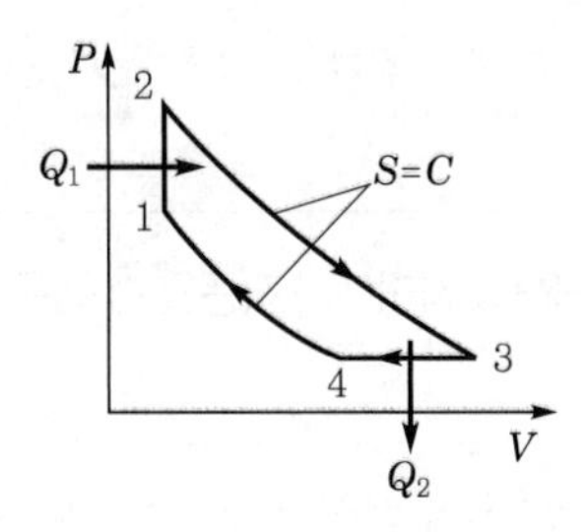

해답 ① 앳킨슨사이클(Atkinson cycle)

② 각 과정 설명

- 1 → 2 : 단열압축과정($S=C$)
- 2 → 3 : 등적가열과정($V=C$)
- 3 → 4 : 단열팽창과정($S=C$)
- 4 → 1 : 등압방열과정($P=C$)

PART 4

81 카르노사이클은 이상적인 열기관에서 행해지는 사이클로서 2개의 등온선과 2개의 단열선으로 이루어진다. A-B의 과정에서는 T_1이라는 고온열원에서 Q_1이라는 열량이 가해졌으며, C-D과정에서는 T_2라는 저온열원에서 Q_2라는 열량이 방출되고 있다. 다음의 $P-V$선도를 보고 과정을 써 넣으시오(예 : A → B).

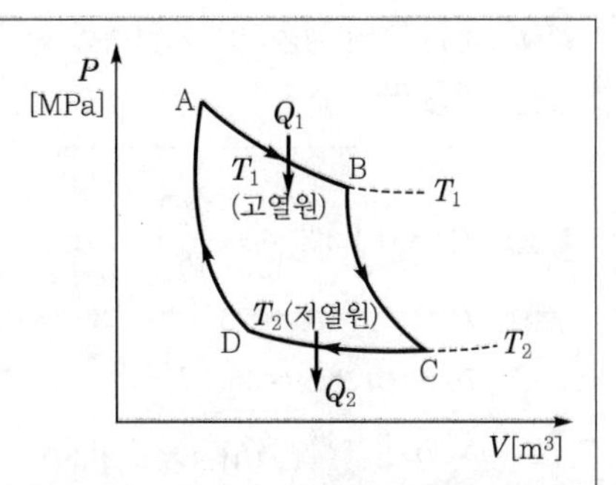

❶ 등온팽창　　❷ 단열팽창

❸ 등온압축　　❹ 단열압축

해답 ❶ 등온팽창 : A → B　　❷ 단열팽창 : B → C

❸ 등온압축 : C → D　　❹ 단열압축 : D → A

★

82 어떤 제빙공장에서 43RT의 냉동부하에 대한 냉동기를 설계한다. 이때 증발온도는 −15℃, 응축온도는 30℃, 팽창밸브 입구는 25℃이고, 냉매는 암모니아(NH_3)로서 등엔트로피 압축하는 것으로 가정할 때 다음의 그림을 보고 냉매의 순환량(kg/h)을 구하시오.

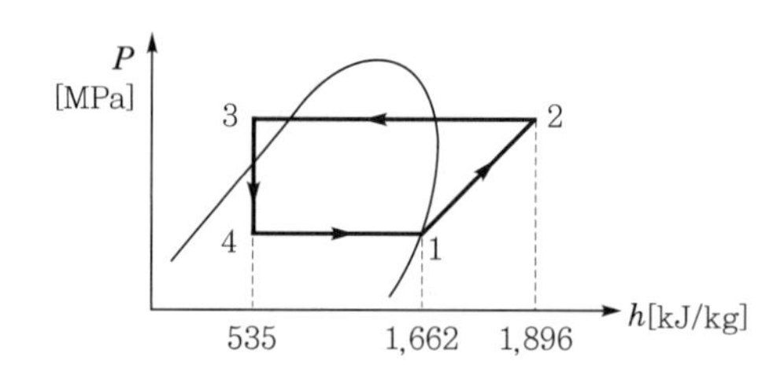

해답 냉매순환량($\dot{m}$)$=\dfrac{\text{냉동능력}(Q_e)}{\text{냉동효과}(q_e)}=\dfrac{13897.52RT}{h_1-h_4}=\dfrac{13897.52\times 43}{1,662-535}=530.25\text{kg/h}$

참고 1냉동톤(1RT)＝3.86kW＝13897.52kJ/h

83 어떤 카르노사이클이 27℃와 −23℃ 사이에서 작동될 때 냉동기의 성적계수(ε_R)와 열펌프의 성적계수(ε_H)는 얼마인가?

해답 ① $\varepsilon_R=\dfrac{T_2}{T_1-T_2}=\dfrac{-23+273}{(27+273)-(-23+273)}=5$

② $\varepsilon_H=\dfrac{T_1}{T_1-T_2}=\dfrac{27+273}{(27+273)-(-23+273)}=6$

별해 $\varepsilon_H=\dfrac{q_1}{w_c}=1+\varepsilon_R=1+5=6$

★

84 운전 중인 냉동기의 저압측 압력계가 진공 40cmHg의 압력을 가리키고 있다. 이때의 절대압력은 얼마인가?

해답 $P_a=101.325\left(1-\dfrac{P_g}{76}\right)=101.325\times\left(1-\dfrac{40}{76}\right)\fallingdotseq 48\text{kPa}$

별해 $P_a=P_o-P_g=76-40=36\text{cmHg}$

$76 : 101.325=36 : P_a$

$\therefore\ P_a=\dfrac{36}{76}\times 101.325=48\text{kPa}$

85 다음 그림은 냉매 Mollier선도를 나타낸 것이다. 영역 A는 어떤 상태를 가리키는가?

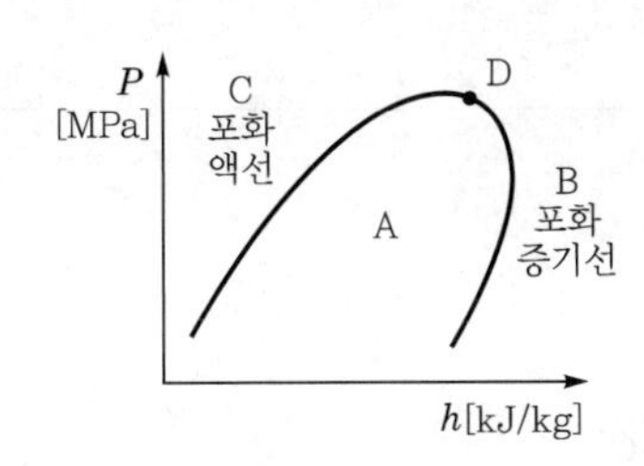

해답 습증기구역($0 < x < 1$)

참고
- A : 습증기구역(액+증기 존재)
- B : 과열증기구역
- C : 과냉각구역
- D : 임계점(critical point)

★
86 다음 그림과 같은 냉동사이클에서 성적계수는?

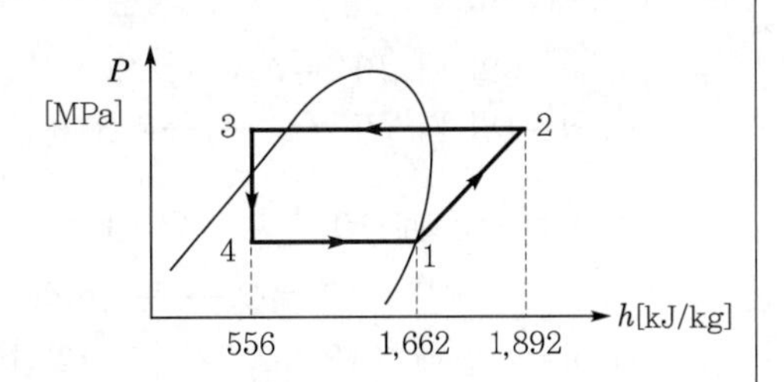

해답 $\varepsilon_R = \frac{q_e}{w_c} = \frac{h_1 - h_4}{h_2 - h_1} = \frac{1,662 - 556}{1,892 - 1,662} = 4.8$

87 응축기에 유입되는 물의 온도가 20℃, 유출되는 물의 온도가 26℃, 물의 유량이 50L/min인 것으로 한다. 이때 압축기의 압축 소요동력이 7kW였다면 이 냉동장치의 냉동능력은 몇 kJ/h인가? (단, 1kW는 3,600kJ/h로 하고, 열손실은 무시한다.)

해답 냉동능력(Q_e)=응축부하(Q_c)−압축기 소요일량(W_c)$= 60mC(t_2 - t_1) - W_c$

$= 60 \times 50 \times 4.186 \times (26 - 20) - 7 \times 3,600 = 50,148\text{kJ/h}$

88 80℃의 물 300kg과 30℃의 물 800kg을 혼합한 물의 온도는 얼마인가?

해답 고온체 방열량(Q_1)=저온체 흡열량(Q_2)

$m_1 C_1 (t_1 - t_m) = m_2 C_2 (t_m - t_2)$

같은 물질인 경우 $C_1 = C_2$이므로

$\therefore t_m = \frac{m_1 t_1 + m_2 t_2}{m_1 + m_2} = \frac{300 \times 80 + 800 \times 30}{300 + 800} \fallingdotseq 43.64℃$

89 폴리트로픽과정을 표시하는 식 $PV^n = C$에서 $n \to \infty$일 때는 어느 과정이 되는가? (단, P : 압력, V : 체적)

해답 정적과정

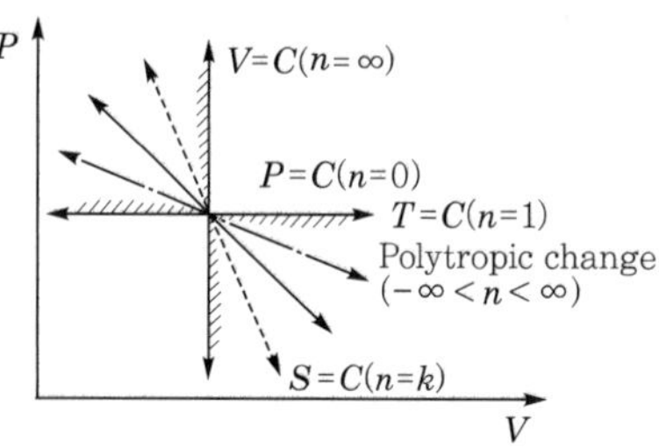

참고 폴리트로픽 비열$(C_n) = C_v\left(\dfrac{n-k}{n-1}\right)$[kJ/kg · K]와

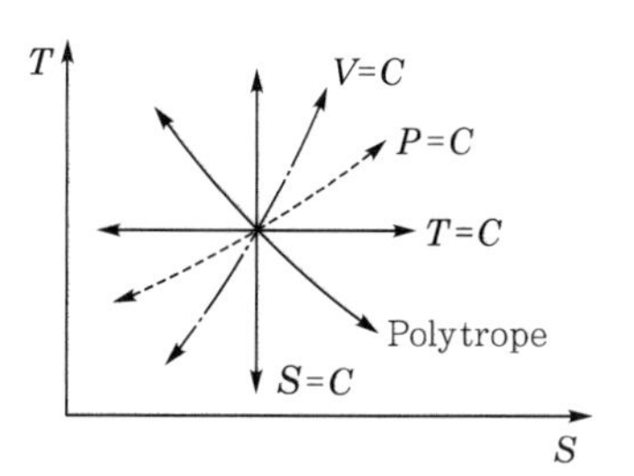

$PV^n = C$에서

① $n=0$일 때 $PV^0 = P\times 1 = C$ → 등압변화$(P=C)$

② $n=1$일 때 $PV = C$ → 등온변화$(T=C)$

③ $n=\infty$일 때 $PV^\infty = C$, $P^{\frac{1}{\infty}}V = C^{\frac{1}{\infty}}$ ($\frac{1}{\infty}$=0일 때),

$P^\infty V = C$, $1\times V = C$ → 등적변화$(V=C)$

④ $n=k$일 때 $PV^k = C$ → 가역단열변화

★
90 카르노사이클기관이 100℃와 200℃ 사이에서 작용할 때와 500℃와 600℃ 사이에서 작용할 때와의 열효율을 비교하면 전자가 후자의 약 몇 배가 되는가?

해답 $\eta_{c1} = 1 - \dfrac{273+100}{273+200} = 0.21$, $\eta_{c2} = 1 - \dfrac{273+500}{273+600} = 0.11$

$\therefore \dfrac{\eta_{c1}}{\eta_{c2}} = \dfrac{0.21}{0.11} \fallingdotseq 2$배

★
91 극간체적이 행정체적의 15%일 때 오토(otto)사이클의 효율은 얼마인가? (단, $k=1.4$)

해답 $\varepsilon = 1 + \dfrac{V_s}{V_c} = 1 + \dfrac{1}{0.15} = 7.67$

$\therefore \eta_{tho} = \left[1 - \left(\dfrac{1}{\varepsilon}\right)^{k-1}\right] \times 100\% = \left[1 - \left(\dfrac{1}{7.67}\right)^{1.4-1}\right] \times 100\% = 55.7\%$

★

92 다음 그림은 물의 압력-체적($P-V$)선도를 나타낸다. A′ACBB′곡선은 상들 사이의 경계를 나타내며, 나머지는 각각 일정한 온도 T_1, T_2 및 T_3에서의 물의 $P-V$관계를 나타내는 등온곡선들이다. 여기서 점 C는 무엇인가?

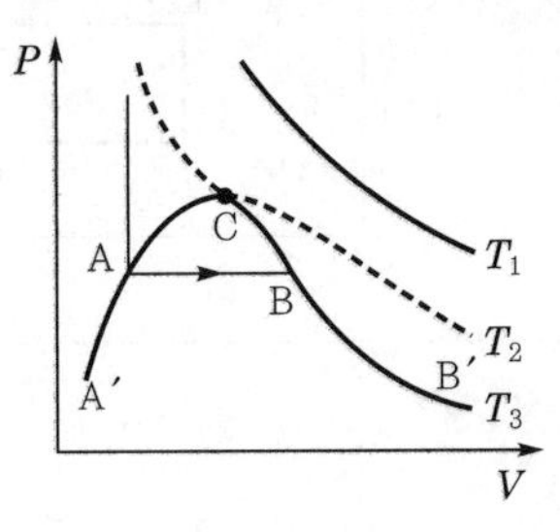

해답 임계점(critical point)

★

93 어떤 가역열기관이 300℃에서 4kJ의 열을 흡수하여 일을 하고 50℃에서 열을 방출한다고 한다. 이때 열기관이 한 일은 몇 kJ인가?

해답 $\eta_c = 1 - \dfrac{T_2}{T_1} = \dfrac{W_{net}}{Q_1}$

$$\therefore \; W_{net} = \eta_c Q_1 = \left(1 - \frac{T_2}{T_1}\right) Q_1 = \left(1 - \frac{50+273}{300+273}\right) \times 4 \fallingdotseq 1.745\text{kJ}$$

94 냉동효과가 118.55kJ/kg인 냉동사이클에서 2냉동톤에 필요한 냉매순환량은 몇 kg/min인가? (단, 1RT=3.86kW=13897.52kJ/h)

해답 $\dot{m} = \dfrac{Q_e}{q_e} = \dfrac{2 \times 13897.52}{118.55} \fallingdotseq 234.46\text{kg/h} \fallingdotseq 3.91\text{kg/min}$

95 공기로 작동되는 브레이턴사이클(Brayton cycle)에서 최고 및 최저압력이 각각 6kPa, 1kPa일 때의 이론열효율은?

해답 $\eta_B = 1 - \left(\dfrac{1}{\gamma}\right)^{\frac{k-1}{k}} = 1 - \left(\dfrac{P_1}{P_2}\right)^{\frac{k-1}{k}} = 1 - \left(\dfrac{1}{6}\right)^{\frac{1.4-1}{1.4}} \fallingdotseq 0.401 \fallingdotseq 40\%$

★
96 다음 그림은 증기압축냉동사이클의 $P-h$ 선도이다. 팽창밸브에서의 과정은 그림에서 어디인가?

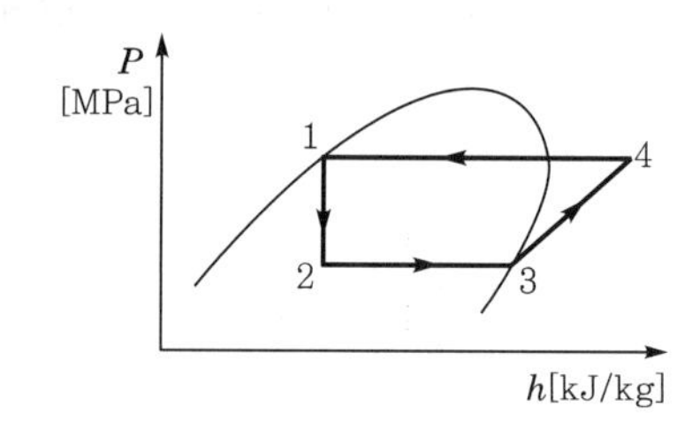

해답 1−2과정(교축과정, $h_1 = h_2$)

참고
- 1-2 : 팽창밸브과정
- 2-3 : 증발기($P=C$, $T=C$)
- 3-4 : 압축기($S=C$)
- 4-1 : 응축기($P=C$)

★
97 다음 그림은 온도차와 열전달계수와의 관계도이다. C점을 임계온도차(critical temperature drop)라 하면 BC구간은 어떤 영역인가?

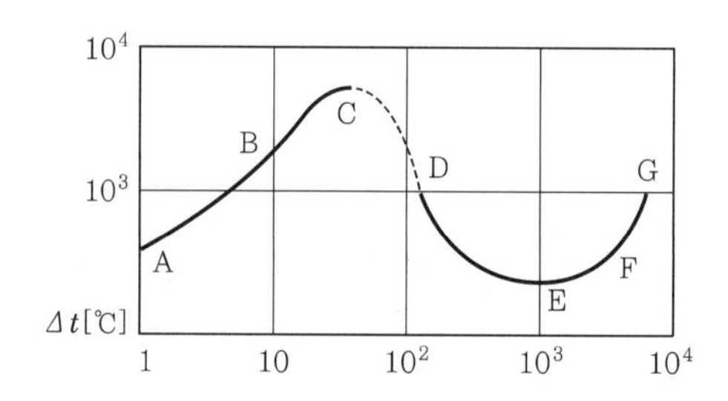

해답 핵 비등

참고
- A-B : 자연대류 비등
- B-C : 핵 비등
- C-D : 천이 비등
- E-F-G : 막 비등
- C : 번아웃점

★
98 다음은 자동제어(피드백제어)의 블록선도이다. ①, ②, ③에 알맞은 말을 써 넣으시오.

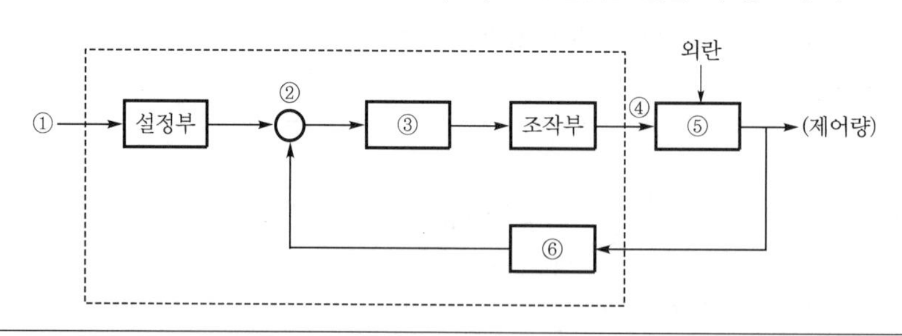

해답 ① 목표치 ② 비교부 ③ 조절부 ④ 조작량 ⑤ 제어대상 ⑥ 검출부

★
99 다음 설명에 해당하는 추치제어의 명칭을 쓰시오.

1. 목표치가 시간적(임의적)으로 변화되는 제어
2. 목표치가 다른 양과 일정한 비율관계에서 변화되는 제어
3. 목표치의 변화방법이 미리 정해져 있는 제어

해답 1 추종제어 2 비율제어 3 프로그램제어

100 제어계의 상태를 흩트리는 외적작용인 외란의 종류를 5가지 쓰시오.

해답 ① 목표치 변경 ② 유출량 ③ 탱크 주위 온도
④ 가스공급온도 ⑤ 가스공급압력

★
101 다음 자동제어부품은 어디에 부착하는지 각각 부착장소를 표시하시오.

1. 프로택트 릴레이
2. 콤비네이션 릴레이
3. 스택 릴레이

해답 1 버너 2 보일러 본체 3 연도

102 고저수위경보기의 종류를 3가지 쓰시오.

해답 ① 부자식 ② 전극식 ③ 자석식

103 실내온도조절기의 종류를 2가지만 쓰시오.

해답 ① 바이메탈스위치식 ② 바이메탈머큐리스위치식 ③ 다이어프램스위치식

104 플레임 아이를 설치하는 이유를 쓰시오.

해답 연소실의 화염을 감시하며 미연소 가스폭발사고를 방지한다.

★

105 보일러의 수위제어방식을 3가지 쓰시오.

해답 ① 1요소식　② 2요소식　③ 3요소식

106 조절계의 제어동작 중 제어편차에 비례한 제어동작은 잔류편차(offset)가 생기는 결점이 있는데, 이 잔류편차를 없게 하기 위한 제어동작은?

해답 적분동작

참고 적분동작은 잔류편차가 남지 않아 비례동작과 조합하여 쓰이는데, 제어의 안정성이 떨어지고 진동하는 경향이 있다.

107 자동제어의 장점을 4가지만 쓰시오.

해답 ① 작업능률이 향상된다.
② 작업에 따른 위험 부담이 감소한다.
③ 인건비가 절약된다.
④ 사람이 할 수 없는 힘든 조작도 할 수 있다.
⑤ 제품의 균일화 및 품질의 향상을 기할 수 있다.
⑥ 원료나 연료의 경제적인 운영을 할 수 있다.

★

108 자동제어의 설계 시 주의사항을 3가지만 쓰시오.

해답 ① 제어동작이 발진(불규칙)상태가 되지 않을 것
② 신속하게 제어동작을 완료할 것
③ 제어량이나 조작량을 과대하게 넘지 않을 것
④ 잔류편차가 요구되는 제어 정도 사이에 억제할 것

109 다음은 블록선도의 기본기호이다. 각 명칭을 쓰시오.

❶ G

❷ A → B

❸ 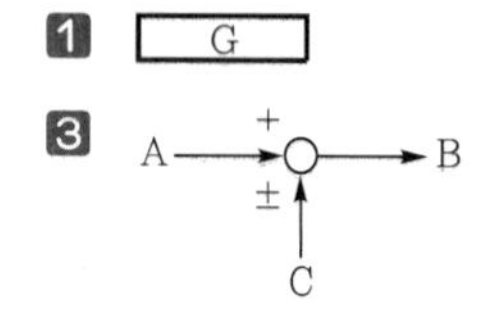

❹ 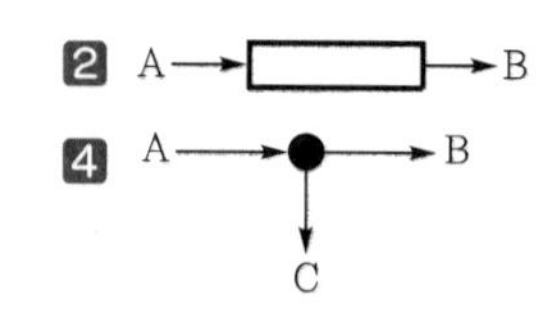

해답 ❶ 전달요소　❷ 화살표　❸ 가산점(합산점)　❹ 분기점(인출점)

★
110 ON-OFF동작의 특징을 3가지만 쓰시오.

해답 ① 설정값 부근에서 제어량이 일정치 않다.
② 사이클링현상을 일으킨다.
③ 목표값을 중심으로 진동현상이 나타난다.

★
111 비례동작의 특징을 3가지만 쓰시오.

해답 ① 부하가 변화하는 등 외란이 있으면 잔류편차가 생긴다.
② 프로세스의 반응속도가 소(小) 또는 중(中)이다.
③ 부하변화가 작은 프로세스에 적용된다.

112 적분동작의 특징을 3가지만 쓰시오.

해답 ① 잔류편차가 제거된다.
② 일반적으로 진동하는 경향이 있다.
③ 제어의 안정성이 떨어진다.

113 미분동작의 특징을 3가지만 쓰시오.

해답 ① 단독으로는 사용이 불가능하다.
② 진동이 제어되어 빨리 안정된다.
③ P동작이나 PI동작과 결합하여 사용된다.

★
114 다음 피드백제어계의 전달함수를 블록선도로부터 계산하시오.

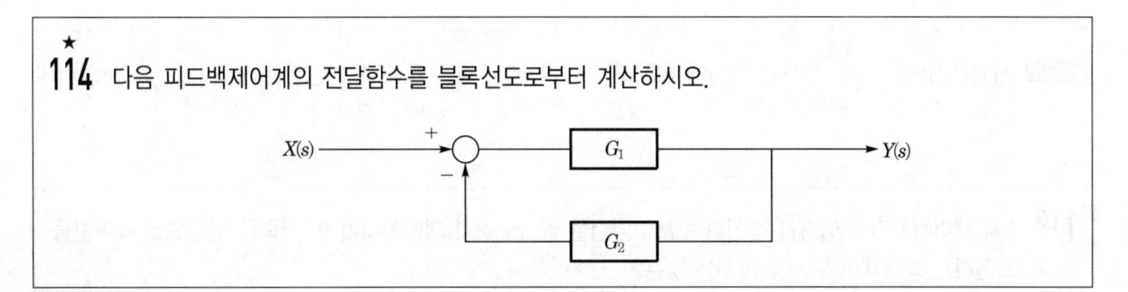

해답 $Y(s) = X(s)G_1 - G_1G_2Y(s)$

$Y(s)[1+G_1G_2] = X(s)G_1$

$\therefore\ G(s) = \dfrac{Y(s)}{X(s)} = \dfrac{G_1}{1+G_1G_2}$

★
115 과도응답의 특성에서 오버슛(over shoot)인 최대편차량의 공식을 쓰시오.

해답 $\text{오버슛} = \dfrac{\text{최대초과량}}{\text{최종목표값}} \times 100\%$

★
116 다음의 조작량을 써 넣으시오.

제어장치의 명칭	제어량	조작량
연소제어(ACC)	증기압력	①, ②
	노내압	③
급수제어(FWC)	보일러 수위	④
증기온도제어(STC)	증기온도	⑤

해답 ① 연료량 ② 공기량 ③ 연소가스량 ④ 급수량 ⑤ 전열량

★
117 피드백제어계를 간단히 설명하시오.

해답 피드백(feedback)제어는 출력신호를 입력측으로 되돌려 제어량의 값을 목표값과 비교해서 그 값을 일치시키도록 정정동작을 행하는 것으로, 다른 제어계보다 정확도가 증가되며 피드백시키면 1차계의 경우 시정수(time constant)가 작아지고 따라서 제어폭(band width)이 증가되며 응답속도가 빨라진다. 제어폭이란 저주파수에서 폐회로의 진폭비가 $1 : \sqrt{2}$ 보다 큰 주파수영역을 말하는 것으로, 제어폭이 커지면 응답속도가 빨라지게 된다.

118 시퀀스제어에 대하여 간단히 설명하시오.

해답 시퀀스제어란 미리 정해진 순서에 의해서 제어의 각 단계를 차례대로 진행한 제어이다. 즉 보일러의 점화, 소화처럼 일련의 순서운전을 필요로 한 것을 자동화할 경우에 사용된다.

119 1차 제어장치가 제어량을 측정하여 제어명령을 발하고 2차 제어장치가 이 명령을 바탕으로 제어량을 조절하는 측정제어와 가장 가까운 것은?

해답 캐스케이드제어(cascade control)

참고 캐스케이드제어(cascade control)는 2개의 제어계를 조합하여 제어량을 1차 제어장치로 측정하고 그 제어명령에 따라 2차 제어장치가 제어량을 조절하는 제어방식으로, 출력측에 낭비시간이나 지연이 큰 프로세스의 제어에 널리 이용되고 있다.

120 불연속동작의 2위치 동작, 다위치 동작, 불연속 속도동작(부동제어)에 대하여 간단히 설명하시오.

해답 ① 2위치 동작(ON−OFF) : 제어량의 설정값에 차이가 나면 조작부를 전폐 또는 전개하여 시동하는 동작이며, 반응속도가 빠른 프로세스에서 시간지연과 부하변화가 크며 빈도가 많은 경우에 적합한 동작

② 다위치 동작 : 제어량의 변화 시 제어장치의 조작위치가 3위치 이상이 있어 제어량에 따라 그 중 하나를 택하는 동작

③ 불연속 속도동작(부동제어) : 제어량편차에 따라 조작단을 일정한 속도로 정작동이나 역작동방향으로 움직이게 하는 동작

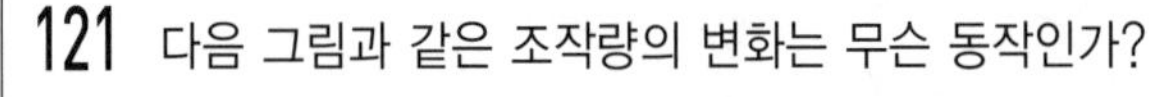

121 다음 그림과 같은 조작량의 변화는 무슨 동작인가?

❶
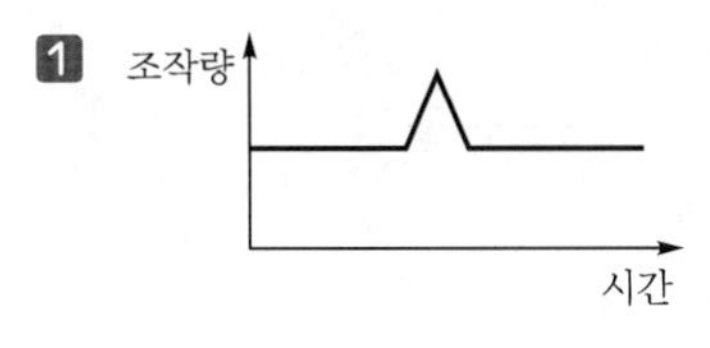

❷
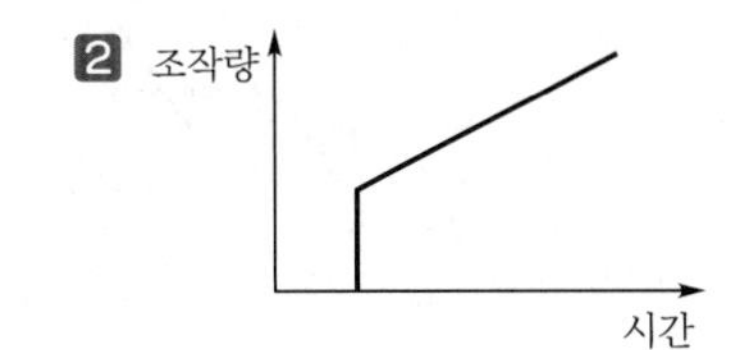

❸
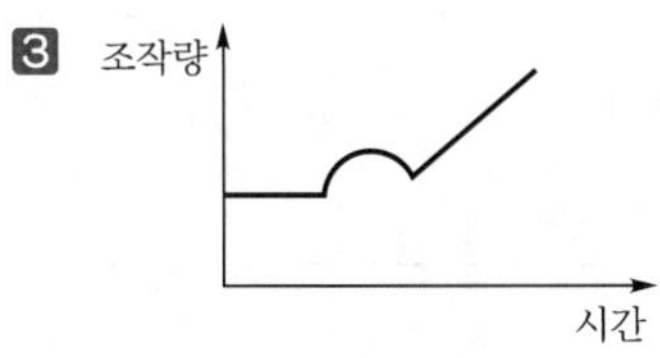

해답 ❶ PD동작 ❷ PI동작 ❸ PID동작

참고 조작량이 일정한 부분은 P동작을, 갑자기 증가하였다가 감소되는 부분은 D동작을, 직선적으로 증가하는 부분은 I동작을 나타낸다.

122 다음은 PID동작을 나타낸 식이다. 여기서 리셋률은 어떤 것인가?

$$y = k_p\left(Z + \frac{1}{T_I}\int Zdt + T_D\frac{dz}{dt}\right)$$

해답 $1/T_I$

★
123 I동작으로 오프셋을 제거하고, D동작으로 응답을 신속 안정화시키는 동작은 연속동작에서 어떤 동작인가?

해답 PID동작

124 데드타임 L과 시정수 T와의 비 L/T는 제어의 난이도와 어떤 관계가 있는지 간단히 설명하시오.

해답 L/T가 커지면 응답속도가 느려지므로 편차의 수정동작이 느려진다. 따라서 L/T값이 적을수록 제어가 용이하다.

★
125 다음 그림에서 나타내는 기호 T_d, T_r, T_p, T_s의 내용을 쓰시오.

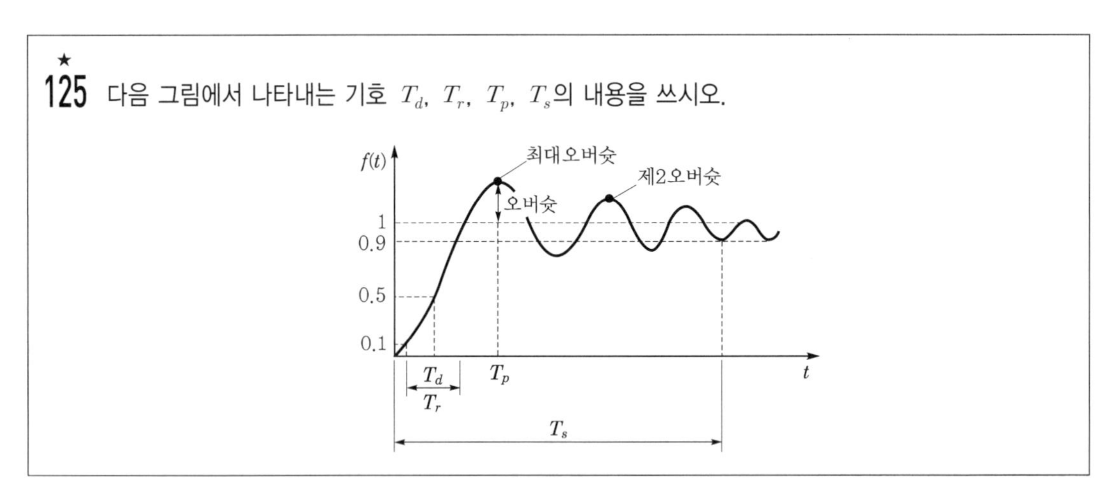

해답 ① T_d : 지연시간 ② T_r : 상승시간 ③ T_p : 최대초과시간 ④ T_s : 응답시간(정정시간)

★
126 다음은 조절계(지시, 기록)의 구성이다. 〈보기〉에서 골라 빈칸을 완성하시오.

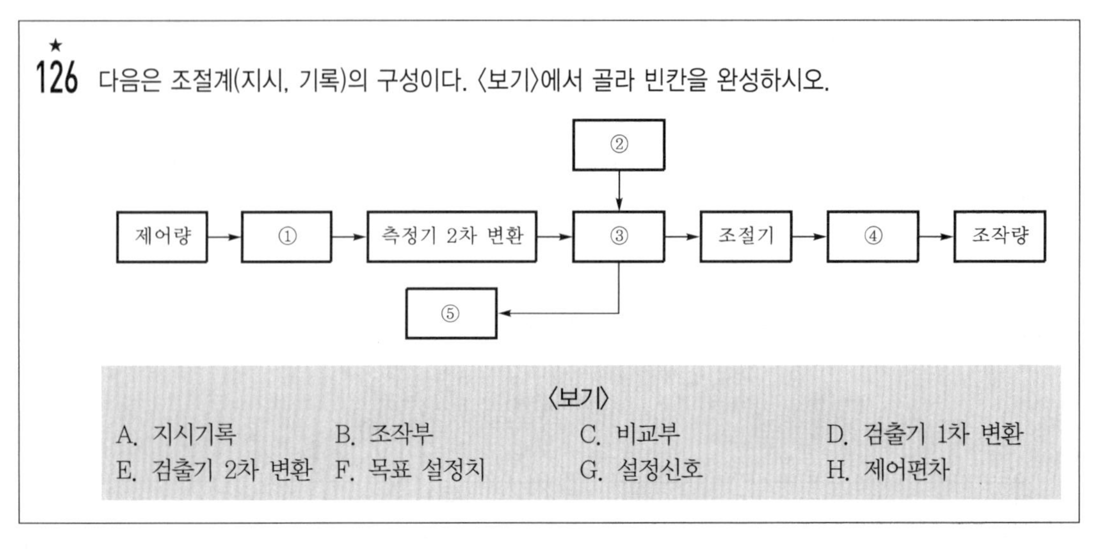

〈보기〉

A. 지시기록	B. 조작부	C. 비교부	D. 검출기 1차 변환
E. 검출기 2차 변환	F. 목표 설정치	G. 설정신호	H. 제어편차

해답 ① – D ② – F ③ – C ④ – B ⑤ – A

★
127 시퀀스제어계의 구성 부분을 4가지로 구분하시오.

해답 ① 제어대상 ② 검출부 ③ 명령 처리부 ④ 제어부

128 과도응답이 소멸되는 정도를 나타내는 감쇠비에 대하여 간단히 쓰시오.

해답 감쇠비는 과도응답의 소멸되는 정도를 나타내는 양으로서, 최대오버슛과 다음 주기에 오는 오버슛과의 비로 정의한다.

$$감쇠비 = \frac{제2오버슛}{최대오버슛}$$

참고 오버슛은 출력값이 목표값을 넘어선 값으로 안정성의 척도이다.

129 다음은 1요소식 제어방식이다. ①, ②의 내용을 완성하시오.

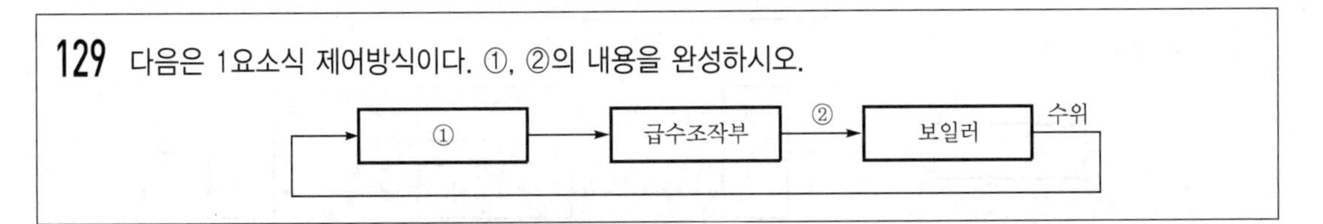

해답 ① 수위조절기　② 급수량

130 다음은 캐스케이드제어를 도시하였다. 빈칸을 완성하시오.

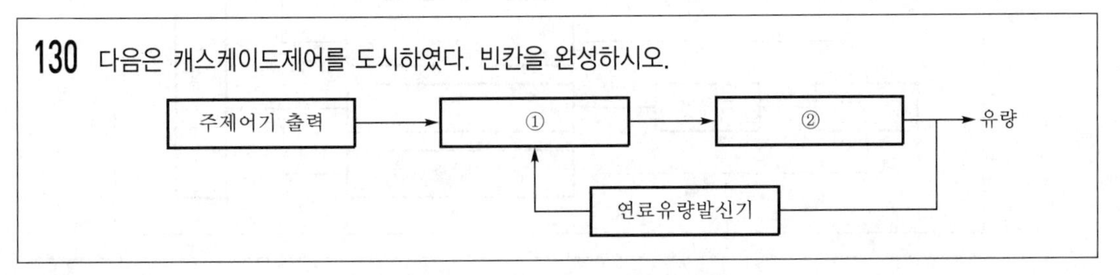

해답 ① 연료유량조절기　② 유량조절밸브

★
131 화염검출기의 작동 불능원인을 3가지 쓰시오.

해답 ① 집광렌즈가 흐린 경우　② 검출기의 위치 불량
③ 배선이 끊어진 경우　④ 증폭기 노후
⑤ 오동작　⑥ 동력선의 영향
⑦ 광전광, 광전지 노후　⑧ 점화전극의 고전압이 프레임로드에 들어간 경우

132 자동제어검출기에서 검출한 신호가 아주 작거나 전송에 적합하지 않을 때에 그 신호를 증폭하거나 다른 신호로 변환하여 전송하는 장치를 전송기라 한다. 전송기의 종류를 3가지 쓰시오.

해답 ① 공기식 전송기　② 유압식 전송기　③ 전기식 전송기

133 다음은 자동제어 기본회로들이다. 빈칸을 완성하시오.

1 공기식 급수조절장치(코프스식 3요소)

2 병렬제어방식

3

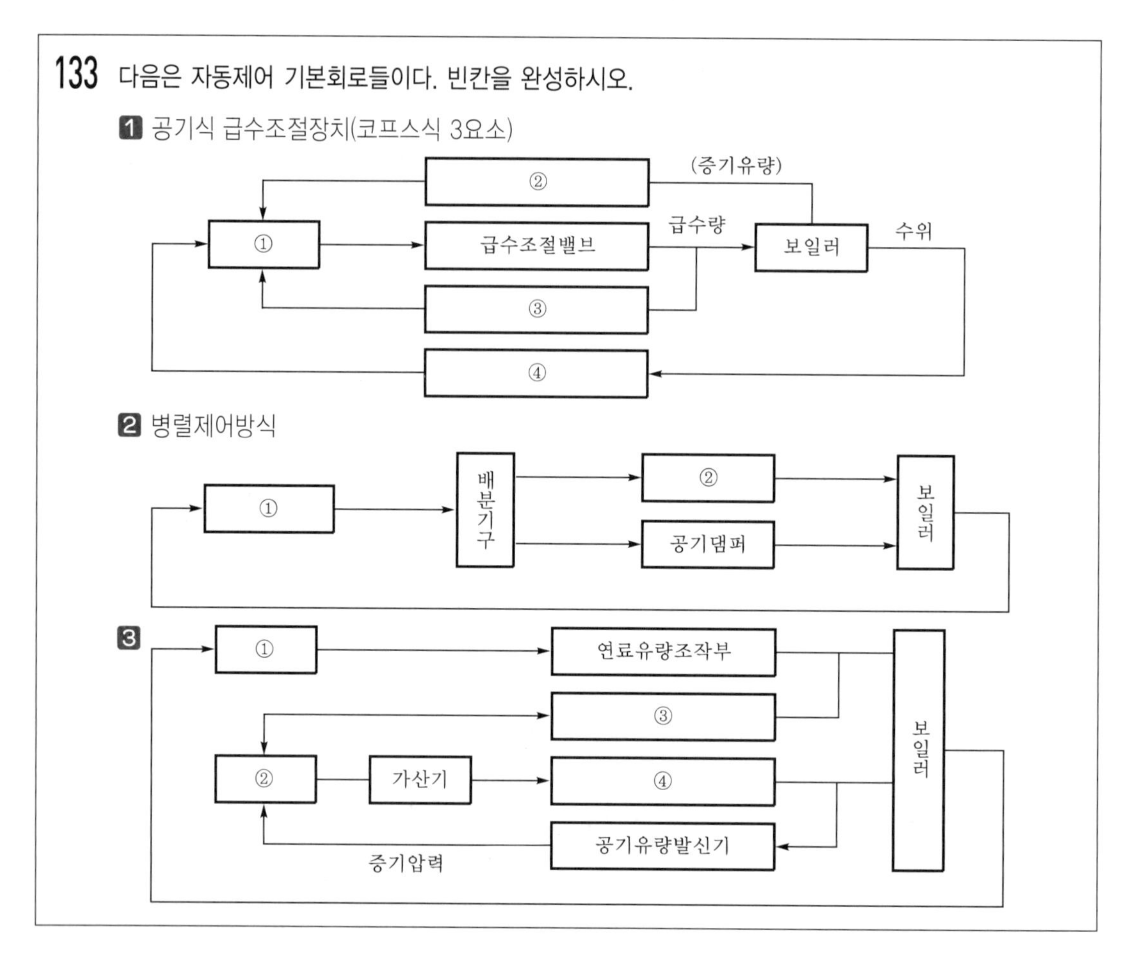

해답 **1** ① 수위조절기 ② 증기유량발신기 ③ 급수유량발신기 ④ 수위발신기
2 ① 압력조절기 ② 연료조절밸브
3 ① 압력조절기 ② 비율조절기 ③ 연료유량발신기 ④ 공기유량조작부

134 공기식 전송기와 전기식 전송기의 종류를 2가지씩 쓰시오.

해답 ① 공기식 : 변위 평형식 전송기, 힘 평형식 전송기
② 전기식 : 직동식 전송기, 평형식 전송기, 부호식 전송기

135 전기식 조작기기의 종류를 3가지만 쓰시오.

해답 ① 조작용 전동기 ② 전자밸브 ③ 전동밸브

★
136 조작부의 조작기기를 4가지만 쓰시오.

해답 ① 공기식 조작기기 ② 전기식 조작기기 ③ 유압식 조작기기 ④ 혼합식 조작기기

★
137 다음 그림은 두 가지 이상의 신호가 있을 때 이들 신호의 합과 차를 만드는 가산점이다. 이것을 수식으로 나타내시오.

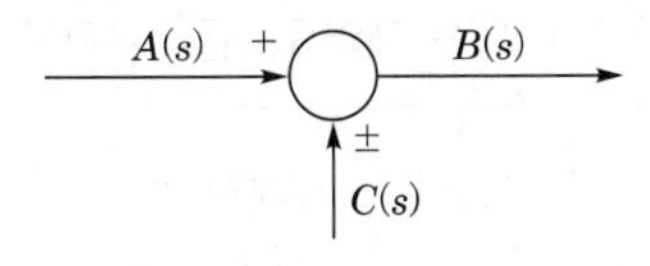

해답 $B(s) = A(s) \pm C(s)$

138 다음 그림은 하나의 신호를 2개 이상 동시에 가하는 데 쓰이는 신호분기인출점이다. 이것을 수식으로 나타내시오.

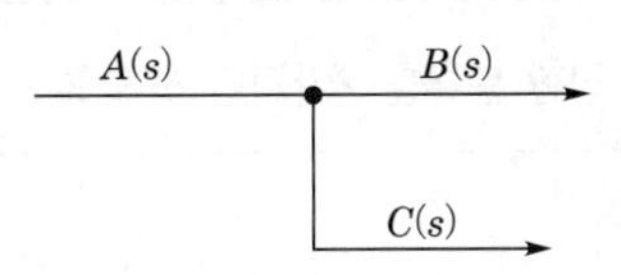

해답 $A(s) = B(s) = C(s)$

★
139 자동제어의 종류를 2가지 쓰시오.

해답 ① 시퀀스제어 ② 되먹임제어(피드백제어)

140 다음 그림에서 가산점을 출력 쪽으로 이동했을 때 등가변환과 수식을 나타내시오.

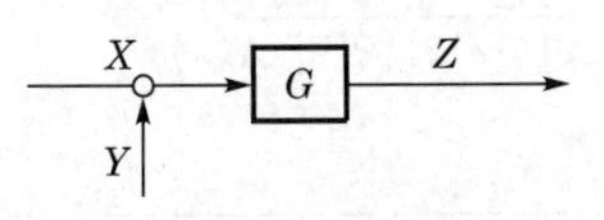

해답 $Z = XG + YG = G(X + Y)$

★
141 다음 그림과 같이 신호의 화살표방향을 반대로 했을 때 수식변환을 나타내시오.

❶ 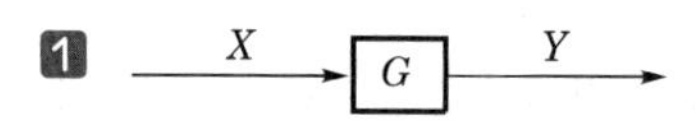

❷ 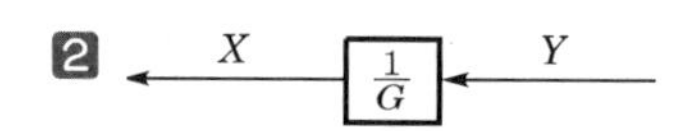

해답 ❶ $Y=XG$ ❷ $X=Y\frac{1}{G}$

142 시퀀스제어에서 특히 많이 쓰이고 있는 제어요소를 5가지만 쓰시오.

해답 ① 수동스위치 ② 검출스위치 ③ 전자계전기 ④ 유지형 계전기 ⑤ 무접점계전기

143 시퀀스제어에서 신호변환에 사용되는 신호의 형식을 2가지만 쓰시오.

해답 ① 직렬신호 ② 병렬신호

144 되먹임제어에서 제어목적에 의한 분류를 2가지만 쓰시오.

해답 ① 정치제어 ② 추치제어

★
145 피드백제어에서 제어량의 종류에 따라 3가지로 분류하시오.

해답 ① 서보기구 ② 공정제어 ③ 자동조정

★
146 피드백제어에서 전달함수를 식으로 나타내시오.

해답 $\text{전달함수}(G(s))=\frac{\text{라플라스변환시킨 출력}(Y(s))}{\text{라플라스변환시킨 입력}(X(s))}$

147 어떤 피드백제어에서 입력신호를 $A(s)$, 출력신호를 $B(s)$, 입력신호와 출력신호 사이의 전달함수를 $G(s)$라 하면 이것을 블록선도(전달요소)로 나타낸 후 관계식을 쓰시오.

해답 $B(s)=G(s)A(s)$

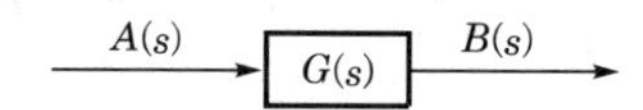

★
148 피드백제어에서 블록선도의 등가변환에서 직렬결합 시 다음과 같이 나타낸다. 등가변환을 하고 수식을 쓰시오.

$X \rightarrow \boxed{G_1} \xrightarrow{Y} \boxed{G_2} \rightarrow Z$

해답 $Y = G_1 X$

$\therefore\ Z = G_2 Y = G_1 G_2 X$

$X \rightarrow \boxed{G_1 G_2} \rightarrow Z$

149 피드백제어에서 블록선도의 등가변환에서 병렬결합 시 다음과 같이 2개의 블록이 병렬로 접속되었을 때 하나의 블록으로 요약하고 수식을 쓰시오.

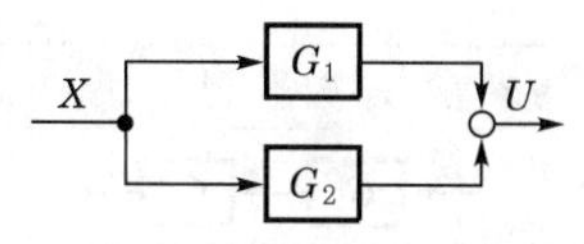

해답 $U = XG_1 + XG_2 = X(G_1 + G_2)$

$X \rightarrow \boxed{G_1 + G_2} \rightarrow U$

150 자동제어에서 입력신호에 대한 출력신호의 변화를 무엇이라 하는가?

해답 응답

151 다음 표는 공정제어에서 계단응답의 모양을 나타낸 것이다. 여기서 응답의 마지막 값이 일정한 정위성의 것과 응답이 커지는 무정위성의 것이 있다. 다음의 번호에 알맞은 제어계의 명칭을 쓰시오. (단, τ : 부동시간)

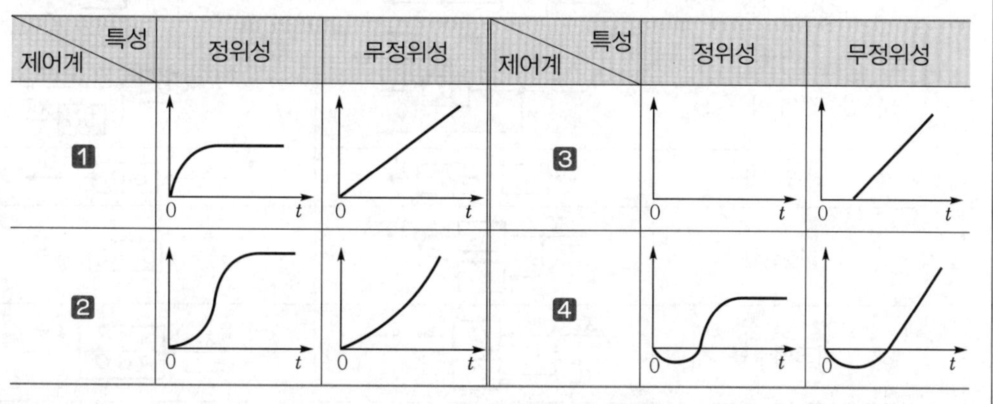

특성 / 제어계	정위성	무정위성	특성 / 제어계	정위성	무정위성
1	(그래프: 0, t)	(그래프: 0, t)	3	(그래프: 0, t)	(그래프: 0, t)
2	(그래프: 0, t)	(그래프: 0, t)	4	(그래프: 0, t)	(그래프: 0, t)

해답 1 1차계　2 2차계　3 부동작시간이 있는 1차계　4 역응답계

★
152 피드백제어에서 되먹임접속의 등가변환에서 다음 블록선도를 보고 등가변환과 수식을 나타내시오.

해답 $A = X \pm Z = X \pm HY$

$Y = GA = G(X \pm HY) = GX \pm GHY$

$Y \mp GHY = GX$

$Y(1 \mp GH) = GX$

$\therefore\ Y = \dfrac{GX}{1 \mp GH}$

$X \rightarrow \boxed{\dfrac{1}{1 \mp GH}} \rightarrow Y$

참고 블록선도의 등가변환표

변환내용	변환 전	변환 후
전달요소의 치환	$X \rightarrow G_1 \rightarrow G_2 \rightarrow Y$	$X \rightarrow G_2 \rightarrow G_1 \rightarrow Y$
가합점의 치환	$X+X \pm Y_1 + X \pm Y_1 \pm Y_2$ (Y_1, Y_2)	$X+X \pm Y_2 + X \pm Y_2 \pm Y_1$ (Y_2, Y_1)
인출점의 치환	X, X, X	X, X, X
가합점의 이동 1	X, G, $+$, $\pm$, Z, Y	$X+$, $\pm$, G, $1/G$, Z, Y
가합점의 이동 2	X, $+$, $\pm$, Z, G, Y	X, G, Z, G, $+$, $\pm$, Y
인출점의 이동 1	X, G, Y, Y	X, G, Y, G, Y
인출점의 이동 2	X, G, Y, Y	X, G, Y, $1/G$, X
직렬결합	$X \rightarrow G_1 \rightarrow G_2 \rightarrow Y$	$X \rightarrow G_1G_2 \rightarrow Y$
병렬결합	X, G_1, G_2, $+$, $\pm$, Y	$X \rightarrow G_1 \pm G_2 \rightarrow Y$
피드백결합	X, $+$, $\pm$, G_1, G_2, Y	$X \rightarrow \dfrac{G}{1 \mp G_1G_2} \rightarrow Y$
직렬피드백결합	X, $+$, $-$, G, Y	$X \rightarrow \dfrac{G}{1+G} \rightarrow Y$

★
153 다음과 같은 간단한 계통의 블록선도를 신호흐름선도로 바꾸어서 나타내시오. (단, 입력신호는 X, 출력신호는 Y, 전달함수는 G이다.)

1
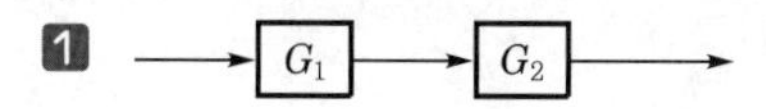

2
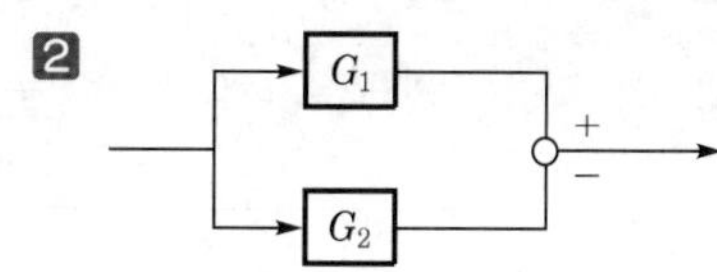

3
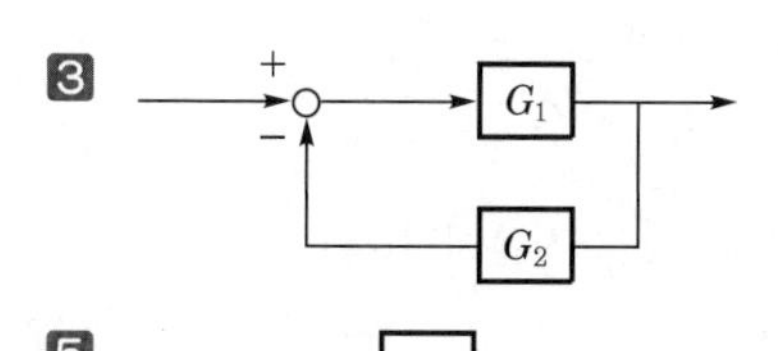

4
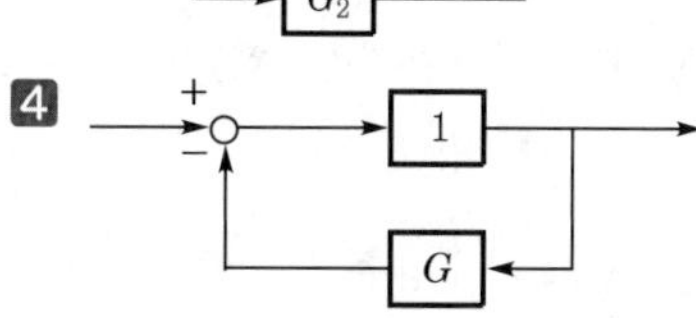

5 G

해답 1 G_1 G_2

2
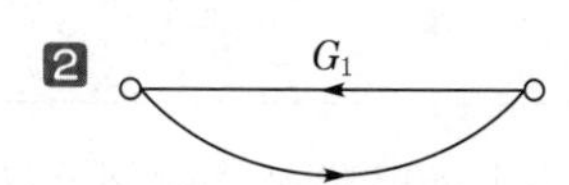

3
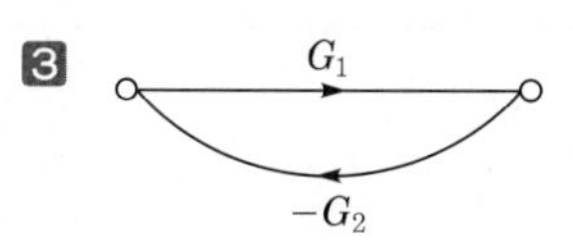

4
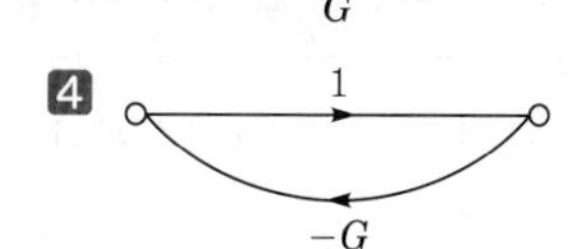

5 G

★
154 다음 (   ) 안에 알맞은 말을 쓰시오.

> 자동제어에서 일정한 값에 도달할 때까지의 특성을 (①)특성이라 하고, 안정된 다음의 특성을 (②)특성 또는 (③)이라 한다. 또 일반적으로 입력신호가 시간에 따라 변화할 때의 특성을 (④)이라고도 하는데, 과도특성은 (④)의 하나이다.

해답 ① 과도 ② 정상 ③ 정특성 ④ 동특성

★
155 자동제어에서 시정수란 1차 지연요소에서 출력이 최대출력의 몇 %에 도달할 때까지의 시간을 말하는가?

해답 63.2%

★
156 자동제어에서 제어방법에 의한 분류를 3가지만 쓰시오.

해답 ① 정치제어 ② 추치제어 ③ 캐스케이드제어

★
157 다음의 연속동작 자동제어에서 해당하는 용어를 써 넣으시오.

❶ Y ❷ K_P ❸ e ❹ K_I

❺ K_D ❻ $T_I=\frac{K_P}{K_I}$ ❼ $\frac{1}{T_I}$ ❽ $T_D=\frac{K_D}{K_P}$

해답 ❶ Y : 조작량(출력변화)
❷ K_P : 비례정수
❸ e : 편차량(동작신호)
❹ K_I : 비례정수
❺ K_D : 비례정수
❻ $T_I=\frac{K_P}{K_I}$: 적분시간(분)
❼ $\frac{1}{T_I}$: 리셋률
❽ $T_D=\frac{K_D}{K_P}$: 미분시간(분)

158 자동제어에서 제어량의 성질에 의한 분류를 3가지만 쓰시오.

해답 ① 프로세스제어 ② 다변수제어 ③ 서보기구

159 제어동작상 특성 중에서 $y=K_P\left(Z+\frac{1}{T_I}\int Zdt+T_D\frac{dz}{dt}\right)$로 표시되는 제어동작의 명칭을 쓰시오.

해답 비례적분미분(PID)동작

★
160 다음 표를 완성하시오.

제어종류	조절량	조작량
연소제어	(①)압력, (②)압력	(③), 공기량, 가스량
급수제어	보일러 (④)	급수량
증기온도제어	증기온도	(⑤)

해답 ① 노내 ② 증기 ③ 연료량 ④ 수위 ⑤ 전열량

161 자동제어특성 중에서 $Y=K\frac{dy}{dt}$로 표시되는 동작의 명칭을 쓰시오.

해답 미분(D)동작

162 다음을 자동제어계의 동작순서로 나열하시오.

조작 비교 검출 판단

해답 검출 → 비교 → 판단 → 조작

★
163 다음은 자동제어동작상의 수식이다. 각 동작상의 명칭을 쓰시오.

1 $Y = K_P\left(e + \frac{1}{T_I}\int e\,dt\right)$

2 $Y = K_P e$

3 $Y = K_P\left(e + T_D\frac{de}{dt}\right)$

4 $Y = \frac{1}{T_I}\int e\,dt$

5 $Y = K_P\left(e + \frac{1}{T_I}\int e\,dt + T_D\frac{de}{dt}\right)$

해답 1 비례적분(PI)동작
2 비례(P)동작
3 비례미분(PD)동작
4 적분(I)동작
5 비례적분미분(PID)동작

★
164 자동제어는 제어방법에 따라 3가지로 구분할 수 있다. 그 중에서 측정제어(추치제어)의 방식을 3가지 쓰시오.

해답 ① 추종제어 ② 비율제어 ③ 프로그램제어

★
165 다음은 보일러 제어에 대한 약호이다. 어떤 제어인지 쓰시오.

1 ACC
2 STC
3 FWC

해답 1 ACC : 자동연소제어 2 STC : 자동증기온도제어 3 FWC : 자동급수제어

166 보일러 자동제어에서 증기압력, 노내 압력을 제어할 수 있는 조작량을 2가지 쓰시오.

해답 ① 연료량 ② 공기량 ③ 배기가스량

★
167 다음은 자동급수조절장치의 구조에 대한 내용이다. ( ) 안에 알맞은 말을 써 넣으시오.

이 장치에는 3종류가 사용되고 있다. 즉 드럼 내의 (①)에 따라서 조정하는 것을 1요소식, (②)와 (③)에 따라서 조정하는 것을 2요소식, (④)와 (⑤), (⑥)에 따라서 조정하는 것을 3요소식이라 부른다.

해답 ① 수위 ② 수위 ③ 증기량 ④ 수위 ⑤ 증기량 ⑥ 급수량

★
168 다음은 보일러에 관련된 자동제어에 대한 설명이다. 각각 어떤 자동제어인지 쓰시오.

1 미리 정해진 순서에 따라 제어의 각 단계가 순차적으로 진행되는 제어
2 결과(출력)를 원인(압력) 쪽으로 되돌려 입력과 출력과의 편차를 계속적으로 수정시키는 제어

해답 1 시퀀스제어 2 피드백제어

★
169 유류버너 점화 시의 불착화나 운전 중에 멸화가 있을 때 연료의 공급을 차단하는 신호를 발하도록 한 화염검출장치를 3가지 쓰시오.

해답 ① 플레임 아이 ② 플레임 로드 ③ 스택스위치

★
170 벙커C유 연소장치의 연소 배기가스온도를 측정한 결과 320℃이었다. 여기에 공기예열기를 설치하여 배기가스온도를 140℃까지 낮추면 연료의 절감률은? (단, 벙커C유의 저위발열량은 40,605kJ/kg, 배기가스량은 21Nm^3/kg, 연료 배기가스의 정압비열은 1.382kJ/kg · K, 공기예열기의 효율은 80%로 한다.)

해답 $Q = m C_p (t_c - t_g)\eta = 21 \times 1.382 \times (320 - 140) \times 0.8 = 4179.17\text{kJ/kg}$

$\therefore$ 연료절감률$= \dfrac{4179.17}{40,605} \times 100\% = 10.29\%$

171 자동제어에서 조절기의 전송 시 전송거리가 긴 것부터 순서대로 쓰시오.

유압식 전류식 공기식

해답 전류식 → 유압식 → 공기식

172 벙커C유를 사용하는 보일러 배기가스 중에 CO가 0.5% 함유되어 있다. 불완전 연소에 따르는 열손실은 몇 %나 되는가? (단, 벙커C유의 발열량은 40,605kJ/kg, 건배기가스량은 13m³/kg, CO의 발열량은 12,768kJ/m³이다.)

해답 손실열량(Q_L) = (G_{od} × CO 함유량) × CO 발생량 = (13 × 0.005) × 12,768 = 829.92kJ/kg

$$\therefore \text{열손실} = \frac{Q_L}{H_L} = \frac{829.92}{40,605} \times 100\% = 2.04\%$$

173 면적식 유량계의 장점을 3가지 쓰시오.

해답 ① 장치가 간단하다.
② 압력 손실이 적고 유효측정범위가 넓다.
③ 고점도 유체나 레이놀드수가 작은 유체의 측정이 가능하다.

★
174 다음 조건을 보고 보일러의 효율을 구하시오.

- 급수량 : 40,00L/h
- 급수의 비체적 : 0.001036m³/kg
- B−C유 소비량 : 300L/h
- 저위발열량 : 40,814kJ/kg
- 온도보정계수(k) = 0.9754 − 0.00067(t − 15)
- 급수온도 : 90℃
- 급유온도 : 65℃
- 포화증기의 비엔탈피 : 2,820kJ/kg
- 15℃ 오일비중 : 0.95

해답 증기 발생량(m_a) = $\frac{m}{v} = \frac{4,000 \times 10^{-3}}{0.001036} = 3,861\text{kg/h}$

시간당 오일소비량(m_f) = kS(B−C소비량)

$= [0.9754 - 0.00067 \times (65 - 15)] \times 0.95 \times 300 = 268.44\text{kg/h}$

$$\therefore \eta_B = \frac{m_a(h_2 - h_1)}{H_L \times m_f} \times 100\% = \frac{3,861 \times (2,820 - 376.74)}{40,814 \times 268.44} \times 100\% \fallingdotseq 86.1\%$$

175 스파이럴 열교환기의 장점을 3가지 쓰시오.

해답 ① 고온에서 큰 열팽창을 감소시킬 수 있다.
② 오일 저항 및 저유량에서 심한 난류현상이 발생되는 곳에서 사용 가능하다.
③ 전열성능이 우수하며 설치공간을 적게 차지한다.

176 플로트식 수위검출기의 기능을 2가지만 쓰시오.

해답 ① 저수위 시 경보를 울린다.
② 안전저수위까지 수위가 하강하면 보일러의 운전이 정지된다.

★
177 중유의 탄소성분이 C 86%, H 11%, S 3%일 때 소요공기량(Nm^3/kg)을 구하시오. (단, 배기가스는 CO_2 13%, O_2 3%, CO 0%이다.)

해답 질소(N_2) $= 100-(CO_2+O_2+CO) = 100-(13+3+0) = 84\%$

$$\text{공기비}(m) = \frac{N_2}{N_2 - 3.76O_2} = \frac{84}{84-3.76\times3} \fallingdotseq 1.16$$

별해 CO가 0이므로 완전 연소 시 $\text{공기비}(m) = \frac{21}{21-O_2} = \frac{21}{21-3} \fallingdotseq 1.16$

$\text{이론공기량}(A_o) = 8.89\times0.86 + 26.67\times0.11 + 3.33\times0.03 = 10.68Nm^3/kg$

$\therefore$ 실제(소요) 공기량(A_a) = 공기비(m) × 이론공기량(A_o) $= 1.16\times10.68 \fallingdotseq 12.39Nm^3/kg$

★
178 석탄 사용량이 1,584kg/h, 증기 발생량이 11,200kg/h, 석탄의 저위발열량이 25,853kJ/kg인 보일러의 효율은 몇 %인가? (단, 발생증기의 비엔탈피는 3,031kJ/kg, 급수의 비엔탈피는 96.28kJ/kg이다.)

해답

$$\eta_B = \frac{m_a(h_2-h_1)}{H_L\times m_f}\times100\% = \frac{11{,}200\times(3{,}031-96.28)}{25{,}853\times1{,}584}\times100\% \fallingdotseq 80.26\%$$

★
179 대향류 열교환기에서 가열유체의 입출구온도가 각각 80℃, 30℃이며, 수열유체의 입출구온도가 각각 20℃, 30℃일 때 대수평균온도는 몇 ℃인가?

해답 $\Delta t_1 = 80-30 = 50℃$, $\Delta t_2 = 30-20 = 10℃$

$$\therefore LMTD = \frac{\Delta t_1 - \Delta t_2}{\ln\left(\frac{\Delta t_1}{\Delta t_2}\right)} = \frac{50-10}{\ln\left(\frac{50}{10}\right)} = 24.85℃$$

★
180 연도를 분석한 결과값이 각각 CO_2 12.6%, O_2 6.4%일 때 CO_{2max}값은?

해답

$$\text{공기비}(m) = \frac{CO_{2max}}{CO_2} = \frac{21}{21-O_2}$$

$$\therefore CO_{2max} = CO_2\left(\frac{21}{21-O_2}\right) = 12.6\times\frac{21}{21-6.4} = 18.1\%$$

181 에너지(energy)단위의 석유환산톤은 무엇인가?

해답 1) **에너지**

일을 할 수 있는 능력을 의미하며 일반적으로 연료, 열, 전기형태로 산업공정 또는 에너지사용기기 등에 이용한다.

• 법적 정의 : 에너지란 연료, 열 및 전기를 말한다.

※ 연료란 석유, 가스, 석탄, 그 밖에 열을 발생하는 열원을 의미하며, 단 제품의 원료로 사용되는 것은 제외한다.

2) **석유환산톤**

석유제품(L), 천연가스(kg), 전기(kWh) 등 에너지별 상이하게 표기되는 에너지단위들을 통합하기 위하여 만들어진 표준 에너지단위로 원유 1ton(=1,000kg)을 연소할 때 발생하는 발열량 1,000만kcal를 1TOE로 정의하였다(ton of oil equivalent을 TOE로 표기하고 국제에너지기구(IEA)에서 지정하였다).

[예] • 원유 1ton =1TOE • 휘발유 1kL=0.78TOE
• 천연가스 1ton=1.3TOE • 전기 1MWh=0.23TOE

① 1TOE는 휘발유 약 1,280L에 해당되며, 이는 휘발유 1L당 1,900원으로 계산 시 약 240만원이 된다.

② 1TOE를 환산한 전기는 4MWh(=4,000kWh)이며, 4인 가정 1세대가 하루 10kWh 정도씩 1년을 사용할 수 있는 전기에너지이다.

182 액체연료를 연소시키는데 필요한 이론공기량을 옳게 표시한 것은?

해답 연료의 단위질량당 산소질량단위 $O_o = 2.667C + 8\left(H - \frac{O}{8}\right) + S$ [kg/kg(fuel)]

∴ 이론공기량(A_o)$= \frac{O_o}{0.232} = \frac{1}{0.232}(2.66C + 8H - O + S)$ [kg/kg(fuel)]

★
183 에너지 이용 합리화법령상에서 에너지다소비사업자란 무엇인가?

해답 에너지다소비사업자란 연료, 열 및 전력의 연간 사용량합계(연간 에너지사용량)가 2,000TOE 이상인 자를 말한다.

★
184 액체연료의 발열량 산출식은? (단, H_h : 고위발열량(MJ/kg), H_L : 저위발열량(MJ/kg), 연료 1kg 중의 C, H, O, S이다.)

해답 ① $H_h = 33.9C + 144\left(H - \frac{O}{8}\right) + 10.5S$ [MJ/kg]

② $H_L = 33.9C + 119.6\left(H - \frac{O}{8}\right) + 9.3S$ [MJ/kg]

★
185 증기트랩(steam trap)의 설치목적을 쓰시오.

해답 ① 응축수 자동배출 ② 마찰저항 감소
③ 배관의 수격작용 발생 억제 ④ 관의 부식 방지

★
186 에너지 이용 합리화법상에서 목표에너지원단위란 무엇인가?

해답 목표에너지원단위란 산업통상자원부장관이 에너지의 이용효율을 높이기 위하여 필요하다고 인정하면 관계 행정기관의 장과 협의하여 에너지를 사용하여 만드는 제품의 단위당 에너지사용목표량 또는 건축물의 단위면적당 에너지사용목표량을 말한다.

★
187 다음 에너지 관련 용어의 정의를 쓰시오.

1 에너지사용자
2 에너지사용기자재
3 에너지공급자
4 에너지공급설비

해답
1 에너지사용자 : 에너지사용시설의 소유자 또는 관리자
2 에너지사용기자재 : 열사용기자재나 그 밖의 에너지가 사용되는 기자재
3 에너지공급자 : 에너지를 생산, 수입, 전환, 수송, 저장 또는 판매하는 사업자
4 에너지공급설비 : 에너지를 생산, 전환, 수송 또는 저장하기 위해 설치하는 설비

★
188 전열효율과 연소효율의 산출식을 쓰시오.

해답 ① $\text{전열효율} = \frac{\text{유효출열}}{\text{연소열}} \times 100\%$ ② $\text{연소효율} = \frac{\text{연소열}}{\text{발열량}} \times 100\%$

189 다음에 해당되는 물질들을 쓰시오.

1 산성 내화물
2 중성 내화물
3 염기성 내화물

해답
1 산성 내화물 : 규석질(석영질), 납석질(반규석질), 샤모트질, 점토질
2 중성 내화물 : 탄소질, 크롬질, 고알루미나질(Al_2O_3계 50% 이상), 탄화규소질
3 염기성 내화물 : 돌로마이트질($CaO-MgO$계), 포스테라이트질($MgO-SiO_2$), 마그네시아질(MgO계), 마그네시아-크롬질($MgO-Cr_2O_3$계)

★
190 파형 노통의 특징을 쓰시오.

해답 1) **장점**
① 열에 대한 신축에 대해 탄력성이 좋다.
② 외압에 대한 강도가 크다.
③ 신축팽창이 용이하고 전열면적이 넓다.
2) **단점**
① 스케일(scale) 생성이 쉽다.
② 제작이 어려워 제작비가 비싸다.
③ 청소 및 검사가 어렵다.

★
191 보일러의 비수방지관(플라이밍방지관)에 대해 쓰시오.

해답 보일러에서 발생하는 비수현상을 방지하기 위하여 동(drum) 내부의 증기부 상단에 설치하는 관이다.
참고
- 비수현상 : 물방울이 수면 위로 튀어 올라 송기되어 증기 속에 포함되어 나타나는 현상이다.
- 구조 : 관의 양단을 막고 상단에 구멍을 두어 증기가 흡입되도록 되어 있다. 비수방지관의 증기 입구와 단면적의 합은 주증기관 단면적의 1.5배 이상이어야 한다.
- 기수공발(carry over)현상 : 증기와 동수면 위에서 물방울이 수면 위에서 튀어 올라서 증기와 함께 배관에서 송기되는 현상이다.
- 비수의 발생원인
  - 관수의 농축
  - 주증기밸브의 급개
  - 부하의 급변
  - 관수의 높은 수위
  - 유지분, 부유물, 알칼리분 함유
  - 올바르지 못한 청관제의 사용
  - 지나치게 빠른 증기 발생속도

PART 4

부록 I
과년도 기출문제

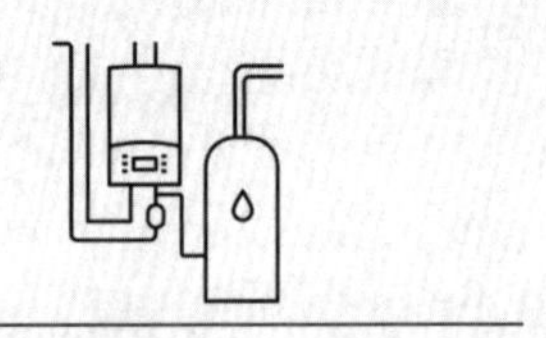
Engineer Energy Management

Engineer Energy Management

2013년 제1회 에너지관리기사 실기

★

01 보일러 수면에서 수분, 염류 실리카(SiO_2) 등이 증기에 운반되는 현상으로 보일러 운전 중 발생하는 캐리오버(carry over)현상에 대하여 설명하시오.

해답 캐리오버현상은 프라이밍(priming)이나 포밍(foaming)현상에 의해 발생되며, 이것이 일어나면 과열기, 부속기기의 부식에 손상을 준다.

참고 제습제의 효과 : 습도 조절, 곰팡이 예방, 악취 제거, 옷걸이 건조효과

02 다음 내용을 보고 펌프의 비속도(N_s)를 구하는 공식을 기호로 완성하시오.

- 펌프의 회전수 : N
- 전양정 : H
- 토출량 : Q
- 단수 : n

해답 $N_s = \dfrac{N\sqrt{Q}}{\left(\dfrac{H}{n}\right)^{\frac{3}{4}}}$ [rpm, m³/min · m]

★

03 피토관(Pitot tube)의 측정원리를 설명하시오.

해답 피토관(Pitot tube)은 동압 측정용 계기로 베르누이방정식(동압 = 전압 − 정압)을 적용해서 유속을 구한다.

$$\frac{\rho v^2}{2} = P_t - P_s$$

$$\therefore\ v = \sqrt{\frac{2(P_t - P_s)}{\rho}}\ [\text{m/s}]$$

04 착화지연시간(ignition delay time)에 대하여 설명하시오.

해답 어느 온도에서 가열하기 시작하여 발화에 이르기까지의 시간으로 고온 · 고압일수록, 가연성가스와 산소의 혼합비가 완전 산화에 가까울수록 착화지연시간은 짧아진다(보일러 버너 착화 시 착화지연시간이 길어지면 연소 폭발이 발생한다).

05 다음 조건으로 운전되는 보일러의 효율(%)을 계산하시오.

- 연료의 연소열 : 1,200MJ/kg
- 배기가스 손실열 : 80MJ/kg
- 미연소분에 의한 손실열 : 40MJ/kg

해답 $\eta=\left(1-\frac{\text{열손실합계}}{\text{입열합계}}\right)\times 100\% = \left(1-\frac{80+40}{1,200}\right)\times 100\% = 90\%$

★
06 신에너지 및 재생에너지 개발・이용・보급 촉진법에서 규정한 바이오에너지의 범위를 4가지 쓰시오.

해답 ① 생물유기체를 변환시킨 바이오가스, 바이오에탄올, 바이오액화유 및 합성가스
② 쓰레기 매립장의 유기성 폐기물을 변환시킨 매립지가스
③ 동물・식물의 유지를 변환시킨 바이오디젤 및 바이오중유
④ 생물유기체를 변환시킨 땔감, 목재칩, 펠릿 및 숯 등의 고체연료

참고 바이오에너지(bioenergy)의 기준 및 범위(신에너지 및 재생에너지 개발・이용・보급 촉진법 시행령 [별표 1])

구분	내용
기준	① 생물유기체를 변환시켜 얻어지는 기체, 액체 또는 고체의 연료 ② ①의 연료를 연소 또는 변환시켜 얻어지는 에너지 ※ ① 또는 ②의 에너지가 신・재생에너지가 아닌 석유제품 등과 혼합된 경우에는 생물유기체로부터 생산된 부분만을 바이오에너지로 본다.
범위	① 생물유기체를 변환시킨 바이오가스, 바이오에탄올, 바이오액화유 및 합성가스 ② 쓰레기 매립장의 유기성 폐기물을 변환시킨 매립지가스 ③ 동물・식물의 유지를 변환시킨 바이오디젤 및 바이오중유 ④ 생물유기체를 변환시킨 땔감, 목재칩, 펠릿 및 숯 등의 고체연료

★
07 벙커C유를 사용하는 보일러에서 급수온도를 65℃에서 80℃로 상승시켰을 때 연료절감률(%)은 얼마인가? (단, 발생증기의 비엔탈피는 2,675kJ/kg이고, 보일러 효율은 변함이 없다.)

해답 발생증기의 비엔탈피(h_2)와 급수의 비엔탈피(h_1)의 차이가 연료를 연소시켜 공급해주어야 할 열량이고, 발생증기량, 연료사용량, 저위발열량 등은 변함이 없는 것으로 한다.

$$\therefore \text{연료절감률} = \frac{\text{65℃ 상태의 비엔탈피차} - \text{80℃ 상태의 비엔탈피차}}{\text{65℃ 상태의 비엔탈피차}} \times 100\%$$

$$= \frac{(2,675-272.09)-(2,675-334.88)}{2,675-272.09}\times 100\% \fallingdotseq 2.57\%$$

참고 급수온도가 급수의 비엔탈피이다. 즉 물의 비열이 4.186kJ/kg・K이므로 급수온도가 65℃인 경우 급수의 비엔탈피(h_1)$=4.186\times 65=272.09$kJ/kg이고, 급수온도가 80℃인 경우 급수의 비엔탈피(h_2)$=4.186\times 80=334.88$kJ/kg이다.

★
08 30℃의 물 3m³와 100℃의 건포화증기를 혼합하여 60℃의 물을 만들었을 때 혼합하여야 할 포화증기의 무게(W)는 몇 N인가? (단, 물의 비열은 4.186kJ/kg · K이고, 물의 증발열은 2,256kJ/kg이다.)

해답 물이 얻은 열량(현열량)=증기가 잃은 열량(잠열량+현열량)

$$m_1 C_1(t_m - t_1) = m_2(\gamma_o + C_1(t_2 - t_m))$$

$$m_2 = \frac{m_1 C_1(t_m - t_1)}{\gamma_o + C_1(t_2 - t_m)} = \frac{3{,}000 \times 4.186 \times (60-30)}{2{,}256 + 4.186 \times (100-60)} \fallingdotseq 155.46\text{kg}$$

$$\therefore \ W = m_2 g = 155.46 \times 9.8 \fallingdotseq 1523.51\text{N}$$

참고 물의 밀도(ρ)$= \frac{m}{V}[\text{kg/m}^3]$, $m = \rho V = 1{,}000 \times 3 = 3{,}000\,\text{kg}$

09 시간당 30,000kg의 물을 절탄기를 통해 50℃에서 80℃로 높여 보일러에 급수한다. 절탄기 입구 배기가스 온도가 350℃이면 출구온도는 몇 ℃인가? (단, 배기가스량은 50,000kg/h, 배기가스의 비열은 1.045kJ/kg · K, 급수의 비열은 4.186kJ/kg · K, 절탄기의 효율은 75%이다.)

해답 절탄기(economizer)에서 물이 흡수한 열량(Q_1)은 배기가스가 전달해준 열량(Q_2)의 75%이다.

$$Q_1 = \eta Q_2$$

$$m_1 C_1(t_2 - t_1) = \eta\, m_g C_g(t_{g2} - t_{g1})$$

$$\therefore \ t_{g1} = t_{g2} - \frac{m_1 C_1(t_2 - t_1)}{\eta m_g C_g} = 350 - \frac{30{,}000 \times 4.186 \times (80-50)}{0.75 \times 50{,}000 \times 1.045} \fallingdotseq 253.86℃$$

참고 황화합물이 DMS[$C(CH_3)_2S$] 형태로 배출된다.

★
10 건조포화증기가 노즐 내를 단열적으로 흐를 때 입구의 비엔탈피가 출구의 비엔탈피보다 420kJ/kg만큼 감소한다. 노즐 입구에서의 속도가 10m/s일 때 노즐 출구에서의 속도(m/s)를 구하시오. (단, 입구속도는 무시한다.)

해답 노즐 출구유속$(v_2) = 44.72\sqrt{h_1 - h_2} = 44.72\sqrt{420} = 916.49\text{m/s}$

★
11 20℃ 물 5m³을 100℃ 증기로 만들 때 가열량은 몇 MJ인가? (단, 물의 비열 4.186kJ/kg · K, 물의 증발잠열 2,256kJ/kg이다.)

해답 ① 20℃의 물을 100℃의 물(포화수)로 가열 시 열량(현열량, Q_1)

$= mC(t_2 - t_1) = (\rho_w V)C(t_2 - t_1) = (1{,}000 \times 5) \times 4.186 \times (100-20) = 1{,}674{,}400\text{kJ}$

② 100℃의 물(포화수)를 100℃ 포화증기로의 가열량(잠열량, Q_2)

$= m\gamma_o = 5{,}000 \times 2{,}256 = 11{,}280{,}000\text{kJ}$

③ $Q = Q_1 + Q_2 = 1{,}674{,}400 + 11{,}280{,}000 = 12{,}954{,}400\,\text{kJ} = 12954.4\,\text{MJ}$

부록 I

12 0.5MPa의 응축수열을 회수하여 재사용하기 위하여 설치한 다음 조건의 flash tank의 재증발증기량(kg/h)은 얼마인가?

- 응축수량 : 2,000kg/h
- 응축수의 비엔탈피 : 666kJ/kg
- flash tank에서의 재증발증기의 비엔탈피 : 2,704kJ/kg
- flash tank 배출 응축수의 비엔탈피 : 502kJ/kg

해답 $재증발증기량 = \dfrac{응축수량 \times 응축수의\ 비엔탈피차}{증발잠열} = \dfrac{2,000 \times (666-502)}{2,704-502} ≒ 148.96\text{kg/h}$

참고 플래시탱크(flash tank)란 고온 고압의 대용량 보일러에서 보일러수의 연속 블로에 의한 열손실을 회수하기 위한 장치로 80% 정도의 열회수가 가능하다. 플래시탱크에서 농축된 보일러수는 수위를 조절하여 드레인헤더 또는 플래시파이프에 배출한다.

동영상 출제문제

★
01 다음 물음에 답하시오.

1. 보일러 연소실 내 불꽃이 짧고 회백색을 나타내고 있다. 이 경우 연소상태를 설명하시오.
2. 연소량을 증가시킬 때는 먼저 (①)을 증가시킨 후 (②)을 증가시킨다.

해답 1. 공기량(과잉공기)이 많은 경우이다.
2. ① 공기량 ② 연료량

02 보일러 자동제어장치를 설계 및 작동 시 주의할 점을 4가지 쓰시오.

해답 ① 신속한 제어동작이 작동되도록 할 것
② 제어동작이 불규칙한 상태가 되지 않도록 할 것
③ 잔류편차(offset)가 허용되는 범위를 초과하지 않게 설계할 것
④ 응답의 신속성과 안정성이 있도록 할 것

03 화염검출기에 대한 물음에 답하시오.

1. 화염검출기의 광전관은 고온에 노출되었을 때 오동작의 우려가 있으므로 주위온도는 몇 ℃ 이상이 되지 않도록 하여야 하는가?
2. 광전관식 화염검출기에 사용되는 검출소자(cell)의 종류를 3가지 쓰시오.

해답 **1** 50℃

2 ① 황화카드뮴(CdS) 셀 ② 황화납(PbS) 셀 ③ 적외선 광전관 ④ 자외선 광전관

04 액체연료를 사용하는 보일러에 오일 서비스 탱크를 설치하는 목적을 4가지 쓰시오.

해답 ① 보일러에 연료공급을 원활히 하기 위하여
② 2~3시간 연소할 수 있는 연료량을 저장하여 가열열원을 절감하기 위하여
③ 자연압에 의한 급유펌프까지 연료가 공급될 수 있도록 하기 위하여
④ 환류(return current)되는 연료를 재저장하기 위하여

★
05 증기 보일러에 설치되는 주증기밸브에 대한 물음에 답하시오.

1 주증기밸브를 사용하는 목적을 쓰시오.
2 주증기밸브를 개폐할 때 천천히 조작하여야 하는 이유를 쓰시오.

해답 **1** 보일러에서 발생된 증기를 송기 및 정지하기 위하여
2 주증기관에서 수격작용 방지 및 본체 내에서 프라이밍현상을 방지하기 위하여

06 쓰레기 매립장에서 발생되는 가스의 주성분은 무엇인가?

해답 CH_4(메탄)

★
07 흡수식 냉온수기의 장점을 2가지 쓰시오.

해답 ① 압축기를 사용하지 않으므로 전력소비량이 적다.
② 냉온수기 하나로 냉방과 난방을 할 수 있다.
③ 설비 내부의 압력이 진공상태로 압력이 높지 않아 위험성이 적다.

★
08 도시가스가 20℃ 상태에서 공급압력 2.26kPa로 250m^3/h 사용하였을 때 총연소열량(kJ/h)을 계산하시오. (단, 도시가스의 저위발열량은 40,000kJ/Nm^3, 대기압은 101.325kPa이다.)

해답 ① 20℃, 2.26kPa 상태의 도시가스량을 표준상태(0℃, 1기압)의 체적으로 계산

$$\frac{P_0 V_0}{T_0} = \frac{P_1 V_1}{T_1}$$

$$\therefore \ V_0 = \frac{P_1 V_1 T_0}{P_0 T_1} = \frac{(101.325+2.26)\times 250 \times 273}{101.325\times(20+273)} = 238.13\text{Nm}^3/\text{h}$$

② 총연소열량(Q_t) = 저위발열량(H_L) × 표준상태사용량(V_o) = 40,000 × 238.13 = 9,525,200kJ/h

09 수관길이방향으로 핀이 부착되어 있는 수관식 보일러의 멤브레인 월(membrane wall)에 외경이 60mm, 길이가 2m인 수관 8개가 설치되어 있을 때 전열면적(m²)을 계산하시오. (단, 수관은 한쪽 면에 방사열, 다른 면에 접촉열을 받으며 계수 α는 0.7, 멤브레인 외경은 66mm, 내부온도는 1,430℃, 외부온도는 430℃이다.)

해답 ① $W = b - d = 0.066 - 0.06 = 0.006\text{m}$

② $A = (\pi d + W\alpha)Ln = (\pi \times 0.06 + 0.006 \times 0.7) \times 2 \times 8 ≒ 3.08\text{m}^2$

참고 길이방향으로 핀이 부착된 수관의 전열종류에 따른 계수(α)

연소가스 접촉형태	전열종류	계수(α)
양쪽 면이 연소가스 등에 접촉	양쪽 면에 방사열을 받는 경우	1.0
	한쪽 면에 방사열, 다른 면에 접촉열을 받는 경우	0.7
	양쪽 면에 접촉열을 받는 경우	0.4
한쪽 면이 연소가스 등에 접촉	방사열을 받는 경우	0.5
	접촉열을 받는 경우	0.2

Engineer Energy Management

2013년 제2회 에너지관리기사 실기

★

01 압력이 2MPa, 건도가 95%인 습포화증기를 시간당 20,000kg을 발생하는 보일러에서 급수온도가 30℃일 때 상당증발량(kg/h)을 계산하시오. (단, 2MPa의 포화수와 건포화증기의 비엔탈피는 각각 910kJ/kg, 2,850kJ/kg이고, 30℃ 급수의 비엔탈피는 126kJ/kg, 100℃ 포화수가 증발하여 건포화증기로 되는데 필요한 열량은 2,256kJ/kg이다.)

해답 습포화증기의 비엔탈피$(h_2) = h' + x(h'' - h') = 910 + 0.95 \times (2,850 - 910) = 2,753\text{kJ/kg}$

$$\therefore \text{ 상당증발량}(m_e) = \frac{m_a(h_2 - h_1)}{2,256} = \frac{20,000 \times (2,753 - 126)}{2,256} = 23,289\text{kg/h}$$

★

02 다음 조건과 같은 상태로 운전되는 보일러의 상당증발량(kg/h)을 계산하시오.

- 발생증기량 : 2,000kg/h
- 발생증기의 비엔탈피 : 2,860kJ/kg
- 급수온도 20℃ 상태의 비엔탈피 : 83.72kJ/kg
- 1기압, 100℃ 상태의 증발잠열 : 2,256kJ/kg

해답 $$\text{상당증발량}(m_e) = \frac{m_a(h_2 - h_1)}{2,256} = \frac{2,000 \times (2,860 - 83.72)}{2,256} = 2461.24\text{kg/h}$$

03 증기 보일러에 부르동관 압력계를 부착할 때 사용되는 사이펀관 속에 물을 넣는 이유를 설명하시오.

해답 고온의 증기로부터 부르동관을 보호하기 위해서

참고 부르동(Bourdon)관은 압력이나 온도를 재는 데 쓰는 구부러진 금속관을 말한다.

★

04 열전대(thermocouple)의 구비조건을 4가지 쓰시오.

해답 ① 열기전력이 클 것
② 내열성 · 내식성이 있을 것
③ 전기저항, 열전도율(W/m · K)이 적을 것
④ 고온에서 기계적 강도를 유지할 것

부록 I

05 육상용 보일러 열정산(KS B 6205)규정에 따른 보일러 효율을 계산하는 방법 2가지를 계산식과 함께 쓰시오.

해답 ① 입출열법 : $\eta_1 = \dfrac{Q_s}{H_L + Q} \times 100\%$

여기서, η_1 : 입출열법에 따른 보일러 효율(%), Q_s : 유효출열량(kJ/kg)

H_L : 연료의 저위발열량(kJ/kg), Q : 연료단위당 연료발열량(kJ/kg)

② 열손실법 : $\eta_2 = \left(1 - \dfrac{L_s}{H_L + Q}\right) \times 100\%$

여기서, η_2 : 열손실법에 따른 보일러 효율(%), L_s : 열손실합계(kJ/kg)

★

06 신에너지 및 재생에너지 개발·이용·보급 촉진법에 따른 신에너지의 의미와 종류를 3가지 쓰시오.

해답 1) **신에너지** : 기존의 화석연료를 변환시켜 이용하거나 수소·산소 등의 화학반응을 통하여 전기 또는 열을 이용하는 에너지

2) **종류**

① 수소에너지

② 연료전지

③ 석탄을 액화·가스화한 에너지 및 중질잔사유를 가스화한 에너지로 대통령령으로 정하는 기준 및 범위에 해당하는 에너지

④ 그 밖에 석유, 석탄, 원자력 또는 천연가스가 아닌 에너지로서 대통령령으로 정하는 에너지

07 두께 20mm 강관에 스케일이 3mm 부착하였을 때 열전도저항은 초기상태인 강관의 몇 배에 해당되는가? (단, 강관의 열전도율은 40W/m·K, 스케일의 열전도율은 2W/m·K이다.)

해답 ① 강관의 열전도저항

$$R_1 = \frac{l_1}{\lambda_1} = \frac{0.02}{40} = 0.0005\text{m}^2 \cdot \text{K/W}$$

② 스케일의 열전도저항

$$R_2 = \frac{l_2}{\lambda_2} = \frac{0.003}{2} = 0.0015\text{m}^2 \cdot \text{K/W}$$

③ 강관에 비교한 열전도저항비

$$\text{열전도저항비} = \frac{\text{강관의 열저항} + \text{스케일의 열저항}}{\text{강관의 열저항}} = \frac{0.0005 + 0.0015}{0.0005} = 4\text{배}$$

★
08 보일러 외부부식에 대한 물음에 답하시오.

1 고온부식을 일으키는 원인성분은 무엇인가?
2 고온부식의 방지대책을 4가지 쓰시오.

해답 1 바나듐(V)
2 ① 연료를 전처리하여 바나듐(V)성분을 제거할 것
② 내부식성 금속으로 피복하고 전열면의 온도가 높아지지 않도록 설계할 것
③ 염소함량이 적은 폐기물을 소각하도록 하고 보일러수의 포화온도를 250℃ 이하로 유지할 것
④ 연료에 첨가제를 사용하여 바나듐의 융점을 높일 것

09 보일러 운전 중 발생하는 비수현상(carry over)의 방지대책을 5가지 쓰시오.

해답 ① 보일러수를 농축시키지 않는다.
② 보일러수의 불순물을 제거한다.
③ 과부하가 되지 않도록 한다.
④ 비수방지관을 설치한다.
⑤ 주증기밸브를 급격히 개방하지 않는다.
⑥ 보일러 수위를 높게(고수위) 하지 않는다.

★
10 매시간 140kg의 연료를 연소시켜서 786kPa의 증기 840kg/h을 발생시키는 보일러의 효율(%)을 계산하시오. (단, 연료의 저위발열량은 19,256kJ/kg, 786kPa에서의 발생증기의 비엔탈피는 2,763kJ/kg, 급수온도는 60℃이다.)

해답 $\eta_B = \dfrac{m_a(h_2 - h_1)}{H_L \times m_f} \times 100\% = \dfrac{840 \times (2{,}763 - 252)}{19{,}256 \times 140} \times 100\% \fallingdotseq 78.2\%$

참고 급수온도가 60℃일 때 급수의 비엔탈피(h_1)=물의 비열×급수온도=4.186×60≒252kJ/kg이다.

부록 I

11 증발(evaporation)장치를 가동 중에 비점상승(BPR)의 원인에 대하여 설명하시오.

해답 ① 액층깊이가 상승하는 포화압력차에 의하여 비점이 상승한다.
② 휘발성 용매(순수한 용매)에 비휘발성 물질이 녹아있는 용액의 경우 비휘발성 물질의 비점이 높기 때문에 용액의 비점이 상승한다.

★
12 부정형 내화물을 시공할 때 보강방법을 3가지 쓰시오.

해답 ① 앵커(anchor) 사용 ② 서포트(support) 사용 ③ 메탈라스 사용

동영상 출제문제

01 열매체 보일러의 특징을 4가지 쓰시오.

해답 ① 동기(겨울철)에도 동결의 우려가 적다.
② 저압에서 고온의 증기를 얻기 위하여 사용되는 보일러이다.
③ 타 보일러에 비해 부식의 정도가 적다.
④ 인화성 증기를 발생하는 열매체 보일러에서는 안전밸브를 밀폐식 구조로 하거나 또는 안전밸브로부터의 배기를 보일러실 밖의 안전한 장소에 방출시키도록 한다.

★
02 에스코(ESCO)사업에 대하여 설명하시오.

해답 ESCO(Energy Service Company)사업은 에너지절약전문기업이 빌딩, 공장, 병원, 숙박시설 등을 대상으로 에너지사용현황을 분석하여 설비 개조, 운용, 보수 등 에너지 절약에 관련된 용역을 실시하여 에너지절약시설을 시공한 후 에너지절감분 중에서 일부를 투자비로 회수하는 사업이다.

★
03 다음 열매체 보일러의 효율 계산식에서 ( ) 안에 알맞은 내용을 쓰시오.

$$\text{보일러 효율}(\%) = \frac{(\ ①\ )(\text{m}^3/\text{h}) \times \text{비열}(\text{kJ/kg}\cdot\text{K}) \times \text{열매체 입출구온도차}(℃)}{(\ ②\ )(\text{kg/h}) \times (\ ③\ )(\text{kJ/kg})} \times 100\%$$

해답 ① 열매체사용량(m^3/h) ② 매시간 연료소비량(m_f[kg/h]) ③ 연료의 저위발열량(H_L[kJ/kg])

04 보온재의 구비조건을 5가지 쓰시오.

해답 ① 열전도율(W/m·K)이 작을 것
② 흡습, 흡수성이 작을 것
③ 적당한 기계적 강도를 가질 것
④ 시공성이 좋고 경제적일 것
⑤ 비중이 작을 것(가벼울 것)
⑥ 내열, 내약품성이 있을 것
⑦ 안전사용온도범위에 적합할 것

★
05 통풍건습구습도계로 대기 중의 습도를 측정하였다. 건구온도가 24℃, 포화수증기분압 19.82mmHg, 습구온도가 23.5℃, 포화수증기분압 15.47mmHg일 때 상대습도와 절대습도를 각각 계산하시오. (단, 대기압은 760mmHg이다.)

해답 ① 대기 중의 수증기분압(P_w)

$$P_w = P_{ws} - \frac{P}{1{,}500}(t-t') = 15.47 - \frac{760}{1{,}500} \times (24-23.5) \fallingdotseq 15.22\text{mmHg}$$

② 상대습도(ϕ)

$$\phi = \frac{P_w}{P_s} \times 100\% = \frac{15.22}{19.82} \times 100\% \fallingdotseq 76.79\%$$

③ 절대습도(x)

$$x = 0.622\frac{P_w}{P-P_w} = 0.622 \times \frac{15.22}{760-15.22} = 1.27 \times 10^{-2}\text{kg}'/\text{kg}$$

별해 상대습도$(\phi) = \frac{P_w}{P_s}$에서 $P_w = \phi P_s$이므로 이것을 절대습도 계산식에 대입하면

$$\therefore\ x = 0.622\frac{P_w}{P-P_w} = 0.622\frac{\phi P_s}{P-\phi P_s}$$

$$= 0.622 \times \frac{0.7679 \times 19.82}{760 - 0.7679 \times 19.82} \fallingdotseq 1.27 \times 10^{-2}\text{kg}'/\text{kg}$$

★
06 면적식 유량계 중 로터미터의 장점을 2가지 쓰시오.

해답 ① 고점도 유체나 작은 유체에 대해서도 측정이 가능하다.
② 차압이 일정하면 오차의 발생이 적다.
③ 압력손실이 적고 균등유량을 얻을 수 있다.
④ 슬러리나 부식성 유체의 측정이 가능하다.

참고 • 면적식 유량계에서도 테이퍼관을 사용한 유량계를 로터미터(rotameter)라고 한다.
• 면적식 유량계의 장단점

장점	단점
• 표시눈금이 직관적이다. • 기·액체유량 측정이 가능하다. • 소유량, 고점도 부식성 유체 측정이 적합하다. • 유량장비가 상대적으로 크다. • 플로트(float) 형상 설계에 따라 레이놀즈수가 상당히 적은 범위까지 유량계수가 일정한 값을 얻을 수 있다.	• 정확도가 낮다. • 일반적으로 설치위치가 수직으로 제한적이다. • 다이어프램펌프 등의 맥동(서징)이 있는 경우 부적합하다. • 최대 가능한 유속이 타 유량계보다 상대적으로 낮다.

07 셸 앤드 튜브식(shell & tube type) 열교환기에 스파이럴 튜브(spiral tube)를 사용하였을 때의 장점을 2가지 쓰시오.

해답 ① 튜브의 전열면적이 증가된다.
② 유체의 흐름이 난류가 되어 전열효과가 우수하다.

Engineer Energy Management

2013년 제4회 에너지관리기사 실기

01 보일러 부속기기 중 발생증기량에 비해 소비량이 적을 때 남은 잉여증기를 저장하였다가 과부하 시 긴급히 사용하는 잉여증기의 저장장치 명칭을 쓰시오.

해답 증기축압기

참고 증기축압기(steam accumulator) 설치의 장점

- 연료소비량 감소
- 보일러 용량 부족 해소
- 부하변동에 따른 압력변화가 적음
- 저부하 시 잉여증기를 과부하 시에 이용할 수 있음

★
02 보일러 수면계 유리관의 파손원인을 5가지 쓰시오.

해답 ① 상하 조임너트를 무리하게 조였을 때
② 외부로부터 충격을 받았을 때
③ 장기간 사용으로 노후되었을 때
④ 상하의 바탕쇠 중심선이 일치하지 않았을 때
⑤ 유리관의 재질이 불량할 때

03 되먹임제어(피드백제어)를 보일러 자동제어에 적용하는 궁극적인 목적을 설명하시오.

해답 제어량의 크기와 목표값을 비교하여 그 값이 일치하도록 되돌림신호(피드백신호)를 보내어 수정동작을 하는 제어방식으로 급수제어, 연소제어, 압력제어 등에 적용하여 부하에 대응하는 보일러 가동을 할 수 있다.

부록 I

★
04 달에서 측정한 압력이 5kPa일 때 절대압력 kPa(abs)은 얼마인가? (단, 지구의 중력가속도는 9.8m/s², 표준 대기압은 101.325kPa, 달의 중력은 지구의 $\frac{1}{8}$이다.)

해답 $P_a = P_o + P_g = \left(101.325 \times \frac{1}{8}\right) + 5 \fallingdotseq 17.67\text{kPa(abs)}$

참고 • 표준 대기압(1atm) = 760mmHg = 10.33mAq(= mH_2O) = 101.325kPa = 14.7psi(= lb/in^2)
= 1.01325bar = 1013.25mbar(= mmbar) = 101,325Pa(= N/m^2)

• $1bar = 10^5 Pa = 100kPa = 0.1MPa$

★
05 물속에 피토관을 설치하여 측정한 전압이 12mAq, 유속이 11.71m/s이었다. 이때 정압(kPa)은 얼마인가?

해답 $V=\sqrt{2g\left(\frac{P_t-P_s}{\gamma}\right)}=\sqrt{2\left(\frac{P_t-P_s}{\rho}\right)}$ [m/s]

$\therefore\ P_s=P_t-\frac{\rho V^2}{2}=(9{,}800\times 12)-\frac{1{,}000\times 11.71^2}{2}\fallingdotseq 49.04\times 10^3\text{Pa}=49.04\text{kPa}$

참고 물의 비중량(γ_w)$=9{,}800\text{N/m}^3=9.8\text{kN/m}^3$

06 사막에서 태양열을 이용한 냉방을 계획할 때 실현 가능한 시스템을 설명하시오.

해답 태양열집열기의 집열효율을 높이기 위해 진공관형 집열기를 이용하여 취득한 열을 축열조에 온수로 저장한다. 축열조에 저장된 온수는 흡수식 냉동기의 열원으로 공급하며 흡수식 냉동기에서 만들어진 냉수를 공조기 및 팬코일유닛에 순환시켜 냉방을 하는 시스템을 구축할 수 있다.

07 체적비로 메탄(CH_4) 90%, 일산화탄소(CO) 10%인 혼합기체 5Sm^3를 연소시킬 때 발생열량(MJ)을 계산하시오. (단, 메탄의 발열량은 39.75MJ/Sm^3, 일산화탄소는 12.64MJ/Sm^3이다.)

해답 $H=(\text{CH}_4\ \text{발열량}+\text{CO}\ \text{발열량})\times\text{연료량}=\{(39.75\times 0.9)+(12.64\times 0.1)\}\times 5\fallingdotseq 185.20\text{MJ}$

참고 혼합기체의 발열량은 각 성분기체의 고유 발열량에 체적비를 곱한 값을 합산한다.

★
08 1MPa, 150℃의 압축공기가 노즐을 통하여 0.5MPa, 74℃ 상태로 등엔트로피 팽창을 할 때 출구속도(m/s)를 계산하시오. (단, 공기의 비열비는 1.4, 정압비열은 1.0046kJ/kg·K, 압력은 절대압력이다.)

해답 단열유동 시 노즐 출구속도(v_2)$=\sqrt{2\frac{k}{k-1}RT_1\left\{1-\left(\frac{P_2}{P_1}\right)^{\frac{k-1}{k}}\right\}}$

$=\sqrt{2\times\frac{1.4}{1.4-1}\times 287\times(150+273)\times\left\{1-\left(\frac{500}{1{,}000}\right)^{\frac{1.4-1}{1.4}}\right\}}$

$\fallingdotseq 390.74\text{m/s}$

참고 공기의 기체상수(R)$=\frac{C_p(k-1)}{k}=\frac{1.0046\times(1.4-1)}{1.4}\fallingdotseq 0.287\text{kJ/kg}\cdot\text{K}$

$=287\text{N}\cdot\text{m/kg}\cdot\text{K}=287\text{J/kg}\cdot\text{K}$

09 연속건조기에서 시간당 건조할 재료 5,000kg(함수질량)을 처리하여 함수량 40%(건량기준)로부터 10%까지 건조하였다. 이때 필요한 소요열량(kJ/h)을 계산하시오. (단, 물의 증발잠열은 2,425kJ/kg, 건조기의 효율은 70%, 건조재료의 습열은 무시한다.)

해답 ① 최초의 수분량

$m_d + x_1 = 5{,}000\text{kg}$ ············ ㉠

$m_1 = \dfrac{x_1}{m_d} = 0.4$ ·················· ㉡

여기서, m_d : 건조된 재료의 질량, x_1 : 최초의 수분, m_1 : 최초의 함수율

x_2 : 건조 후의 수분, m_2 : 건조 후의 함수율

㉡에서 $x_1 = 0.4m_d$

식 ㉠에 $x_1 = 0.4m_d$를 대입하면

$m_d + 0.4m_d = 5{,}000$

$m_d = \dfrac{5{,}000}{1+0.4} \fallingdotseq 3571.43\text{kg}$

$\therefore\ x_1 = 0.4m_d = 0.4 \times 3571.43 = 1428.57\text{kg}$

② 건조 후의 수분량 계산

$m_2 = \dfrac{x_2}{m_d} = 0.1$

$\therefore\ x_2 = 0.1m_d = 0.1 \times 3571.43 \fallingdotseq 357.14\text{kg}$

③ 건조 시 증발시켜야 할 수분량

$G = x_1 - x_2 = 1428.57 - 357.14 = 1071.43\text{kg}$

④ 소요열량 계산

$Q = \dfrac{G\gamma_o}{\eta} = \dfrac{1071.43 \times 2{,}425}{0.7} \fallingdotseq 3{,}711{,}739.64\text{kJ/h} \fallingdotseq 1031.04\text{kW}$

참고 $1\text{kW} = 1\text{kJ/s} = 60\text{kJ/min} = 3{,}600\text{kJ/h}$

$\therefore\ 1\text{kJ/h} = \dfrac{1}{3{,}600}\text{kW}$

부록 I

10 마그네시아 또는 돌로마이트를 원료로 하는 내화물은 수증기의 작용을 받아 $Ca(OH)_2$나 $Mg(OH)_2$를 생성하는데, 이때 큰 비중변화에 의하여 체적변화를 일으키기 때문에 노벽에 균열이 발생하거나 붕괴하는 현상을 무엇이라 하는가?

해답 슬래킹(slaking)현상

11 배관 외경이 30mm인 길이 15m의 증기관에 두께 15mm의 보온재를 시공하였다. 관 표면온도가 100℃, 보온재 외부온도가 20℃일 때 단위시간당 손실열량은 몇 kJ인가? (단, 보온재의 열전도율은 0.0581W/m・K이다.)

해답 ① 보온재 피복 후 외측 반지름(r_o) 및 강관 외측 반지름(r_i)

$$r_o = \frac{0.03}{2} + 0.015 = 0.03\text{m}$$

$$r_i = \frac{0.03}{2} = 0.015\text{m}$$

② 보온관 표면적(대수평균면적)

$$A_m = \frac{2\pi L(r_o - r_i)}{\ln\left(\frac{r_o}{r_i}\right)} = \frac{2\times\pi\times15\times(0.03-0.015)}{\ln\left(\frac{0.03}{0.015}\right)} \fallingdotseq 2.04\text{m}^2$$

③ 방열량

$$K = \frac{1}{R} = \frac{1}{\frac{r_i}{\lambda}} = \frac{1}{\frac{0.015}{0.0581}} = 3.873\text{W/m}^2\cdot\text{K}$$

$$\therefore\ Q = KA_m\Delta t = 3.873\times2.04\times(100-20) \fallingdotseq 632.13\text{kJ/h}$$

별해 방열량$(Q) = \dfrac{2\pi L(t_i - t_o)}{\frac{1}{\lambda}\ln\left(\frac{r_o}{r_i}\right)} = \dfrac{2\times\pi\times15\times(100-20)}{\frac{1}{0.0581}\times\ln\left(\frac{0.03}{0.015}\right)} \fallingdotseq 632\text{kJ/h}$

★12 다음과 같은 조건을 이용하여 증기 발생량(kg/h)을 계산하시오. (단, 보일러 열정산기준을 적용한다.)

- 급수온도 : 50℃
- 보일러 효율 : 85%
- 연료의 저위발열량 : 43,953kJ/Nm^3
- 연료의 고위발열량 : 50,232kJ/Nm^3
- 발생증기의 비엔탈피 : 2,779kJ/kg
- 연료사용량 : 373.9Nm^3/h
- 보일러 전열면적 : 102m^2

해답 $\eta = \dfrac{m_a(h_2 - h_1)}{H_h \times m_f}\times100\%$

$$\therefore\ m_a = \frac{H_h m_f \eta}{h_2 - h_1} = \frac{50,232\times373.9\times0.85}{2,779-209.3} = 6212.59\text{kg/h}$$

참고 급수의 비엔탈피(h_1)=급수온도×물의 비열=50×4.186=209.3kg/h

동영상 출제문제

★
01 신축이음장치의 설치목적을 쓰시오.

해답 열팽창으로 인한 배관의 신축을 흡수 완화시켜 장치 파손 및 고장을 방지하기 위하여 배관 중에 설치하는 기기이다.

참고 신축이음의 종류

- 슬리브형(sleeve type) : 신축에 의한 자체 응력이 발생되지 않고 설치장소가 필요하며 단식과 복식이 있다. 슬리브와 본체와의 사이에는 패킹을 다져 넣고 그랜드로 밀착시켜 온수 또는 증기의 누설을 방지한다. 50A 이하의 배관에는 나사식, 65A 이상은 플랜지식을 사용한다.
- 벨로즈형(bellows type) : 팩리스(packless)형이라 하며, 설치장소에 구애받지 않고 가스, 증기, 물 등 2MPa, 450℃까지 축방향 신축흡수에 사용되며 단식과 복식 2종류가 있다.
- 루프형(loop type) : 곡관으로 만들어진 관의 가요성을 이용한 것으로 구조가 간단하고 내구성이 좋아 고온, 고압배관이나 옥외배관에 주로 사용한다. 곡률반지름은 관지름의 6배 이상으로 한다.
- 스위블형(swivel type) : 지웰이음, 지블이음, 회전이음이라 하며, 2개 이상의 엘보를 사용하여 관의 신축을 흡수하는 것으로 신축방향이 큰 배관에서는 누설의 우려가 있다.
- 볼 조인트(ball joint) : 볼 조인트와 오프셋배관을 이용해서 신축을 흡수하는 방법으로 설치공간이 적고, 평면상의 변위뿐만 아니라 입체적인 변위까지도 안전하게 흡수하므로 어떤 현상에 의한 신축에도 배관이 안전한 신축이음이다.

★
02 전동기(motor)의 조건이 다음과 같을 때 극수와 효율을 계산하시오.

• 0.75kW	• 220V	• 4P
• 7A	• 역률 : 0.55	

해답 ① 극수 : 4극

② 전동기 동력$(P) = VI\cos\theta\eta$[W]

$$\therefore \text{ 효율}(\eta) = \frac{P}{VI\cos\theta} = \frac{750}{220\times7\times0.55}\times100\% \fallingdotseq 88.55\%$$

참고 3상 동력$(P) = \sqrt{3}\, VI\cos\theta\eta$[W]

03 배관 중에 바이패스(by-pass)배관을 설치하는 이유를 설명하시오.

해답 바이패스배관은 배관 중에 유량계, 수량계, 감압밸브, 순환펌프 등의 설치위치에 고장, 보수 등을 대비하여 설치하는 우회배관이다.

부록 I

04 증기 보일러에 설치되는 주증기밸브에 대한 다음 물음에 답하시오.

1. 주증기밸브를 사용하는 목적을 쓰시오.
2. 주증기밸브를 개폐할 때 천천히 조작하여야 하는 이유를 쓰시오.

해답 1. 응축수를 자동적으로 외부로 배출시켜 수격작용 방지, 관의 부식 방지 및 증기의 저항을 감소시켜 증기의 열손실을 줄이기 위함

2. 수격작용(water hammer) 방지 및 증기의 열손실 방지, 배관의 부식 방지(증기의 저항 감소)를 위함

05 폐열회수장치를 설치하여 보일러의 효율을 1% 정도 향상시키기 위해서는 일반적으로 배기가스의 온도는 어느 정도 감소되어야 하는가?

해답 20~25℃

★ 06 보일러 연도에서 배기가스의 시료를 채취하여 분석기 내부의 성분흡수제에 흡수시켜 체적변화를 측정하여 CO_2 → O_2 → CO 순서로 분석하는 분석기 명칭을 쓰시오.

해답 오르자트법(Orsat method) 분석기

참고 오르자트법 분석순서 및 흡수제

순서	가스성분	흡수제
①	CO_2	30% KOH 수용액
②	O_2	알칼리성 피로갈롤용액, 황인
③	CO	암모니아성 염화 제1구리(Cu)용액

★ 07 가보일러 수처리 중 순환계통 외처리과정에 대한 물음에 답하시오.

1. 다음의 처리과정에서 ( ) 안에 알맞은 용어를 넣으시오.

원수 → (①) → (②) → 여과 → (③) → 급수

2. 순환계통 외처리과정에서 불순물로 제거되는 것을 5가지 쓰시오.

해답 1. ① 응집 ② 침전 ③ 탈염 연화

2. ① 현탁고형물 ② 용해고형물 ③ 용존산소 ④ 경도성분
⑤ 실리카(SiO_2) ⑥ 알칼리분 ⑦ 유지류 ⑧ 유기물

08 218℃의 발생증기를 152kPa(abs) 상태로 감압하였더니 온도가 110℃이었다. 주어진 표를 이용하여 218℃ 상태에서 포화수의 비엔탈피(kJ/kg)를 계산하시오.

압력(kPa(abs))	포화온도(℃)	포화수의 비엔탈피(kJ/kg)	포화증기의 비엔탈피(kJ/kg)
150	211.38	903.42	2798.34
152	216.23	925.61	2800.02
154	220.75	946.58	2801.69
156	224.98	966.21	2802.53

해답 218℃는 216.23℃와 220.75℃ 사이에 존재하므로 보간법에 의해 포화수의 비엔탈피를 계산한다.

∴ 218℃ 포화수의 비엔탈피(h')=216.23℃ 포화수의 비엔탈피+218℃와 216.23℃의 온도차

$$\times \frac{220.75℃와\ 216.23℃\ 포화수의\ 비엔탈피차}{220.75℃와\ 216.23℃의\ 온도차}$$

$$= 925.61 + (218 - 216.23) \times \frac{946.58 - 925.61}{220.75 - 216.23}$$

$$\fallingdotseq 933.82\text{kJ/kg}$$

부록 I

Engineer Energy Management

2014년 제1회 에너지관리기사 실기

01 보일러 보급수 2,000톤 중에 용존산소가 9ppm 용해되어 있을 때 이를 제거하기 위하여 아황산나트륨(Na_2SO_3)은 몇 g이 필요한가?

해답 ① 아황산나트륨(Na_2SO_3)과 용존산소(O_2)의 반응식

$2Na_2SO_3 + O_2 \rightarrow 2Na_2SO_4$

② 아황산나트륨 필요량 : 1ppm은 $\frac{1}{10^6}$의 비율이므로 보일러 보급수 2,000톤 중에 함유된 용존산소 9ppm을 질량(g)으로 계산하면 $(2,000 \times 10^6) \times \frac{9}{10^6} = 18,000\,\text{g}$(또는 1ppm은 물 1kg 속에 함유된 물질의 mg수이므로 $(2,000 \times 10^3) \times 9 \times 10^{-3} = 18,000\text{g}$)이 되며 아황산나트륨과 용존산소의 반응식에서 산소 32g 제거에 아황산나트륨 (2×126)g이 소요되므로 비례식으로 계산하면 된다.

$(2 \times 126) : 32 = x : 18,000$

$\therefore x = \frac{(2 \times 126) \times 18,000}{32} = 141,750\text{g}$

참고 보급수 1kg 중에 용존산소 1ppm을 제거하기 위한 아황산나트륨(Na_2SO_3)을 ppm으로 계산할 경우

$(2 \times 126)\text{g} : 32\text{g} = x[\text{ppm}] : 1\text{ppm}$

$\therefore x = \frac{2 \times 126 \times 1}{32} ≒ 7.88\text{ppm}$

★

02 저위발열량이 40,814kJ/kg인 B−C유 350L/h를 사용하여 매시간 1MPa 증기를 4.5톤 발생시키는 보일러의 효율을 계산하시오. (단, 1MPa의 발생증기의 비엔탈피는 2,746kJ/kg, 급수온도는 56℃, B−C유의 비중은 0.96이다.)

해답 56℃ 급수의 비엔탈피$(h_1) = 56 \times 4.186 ≒ 234.42\text{kJ/kg}$

$\therefore \eta = \frac{m_a(h_2 - h_1)}{H_L \times m_f} \times 100\% = \frac{4,500 \times (2,746 - 234.42)}{40,814 \times (350 \times 0.96)} \times 100\% = 82.4\%$

참고 • B−C유 사용량(kg/h) = 연료사용량(L/h) × 액체의 비중(kg/L)

• 물의 비열은 4.186kJ/kg·K이므로 급수온도를 급수의 비엔탈피(h_1)로 적용한다.

03 보일러 운전 중 발생하는 캐리오버현상에 대하여 설명하시오.

해답 캐리오버현상은 프라이밍(priming), 포밍(foaming)현상에 의하여 발생된 물방울이 증기 속에 섞여 관 내를 흐르는 현상으로 기수공발, 비수현상이라 한다.

04 자연순환식 수관 보일러에서 관수순환을 높이기 위하여 할 수 있는 방법을 2가지 쓰시오.

해답 ① 강수관이 가열되지 않도록 한다.
② 큰 지름의 수관을 사용한다.
③ 수관의 배열을 수직으로 설치한다.
④ 방해판(baffle plate)을 적당한 위치에 설치하여 열가스와 수관군의 접촉을 알맞게 한다.

★ 05 15℃의 물 1톤을 0.5MPa 증기와 열교환하여 40℃ 온수로 만들 때 필요한 증기의 양(kg)을 계산하시오. (단, 증기압력 0.5MPa에서의 증기의 비엔탈피는 2,754kJ/kg, 포화수의 비엔탈피는 598.6kJ/kg이다.)

해답 물의 가열량(현열량) = 증기가 포화수로 변화 시 방열량(잠열량)

$$m_1 C(t_2 - t_1) = m\gamma_o$$

$$\therefore\ m = \frac{m_1 C(t_2 - t_1)}{\gamma_o} = \frac{1{,}000 \times 4.186 \times (40 - 15)}{2{,}754 - 598.6} = 48.55\text{kg}$$

★ 06 바이오매스(biomass)에 대하여 설명하시오.

해답 바이오매스는 유기체가 에너지원이 되어 열에너지, 전기에너지를 비롯하여 액체 및 가스연료나 화학연료로 변환될 수 있는 것으로 활용도가 높은 신재생에너지의 하나이다.

참고
- 바이오매스 : 태양에너지를 이용하여 광합성작용을 하는 식물과 이들을 먹고 살아가는 동물, 미생물 등의 생물유기체를 총칭하는 것
- 바이오에너지(신에너지 및 재생에너지 개발·이용·보급 촉진법 제2조) : 생물자원을 변환시켜 이용하는 것으로 대통령령으로 정하는 기준 및 범위에 해당하는 에너지
- 바이오에너지의 기준 및 범위(신에너지 및 재생에너지 개발·이용·보급 촉진법 시행령 [별표 1])

구분	내용
기준	① 생물유기체를 변환시켜 얻어지는 기체, 액체 또는 고체의 연료 ② ①의 연료를 연소 또는 변환시켜 얻어지는 에너지 ※ ① 또는 ②의 에너지가 신·재생에너지가 아닌 석유제품 등과 혼합된 경우에는 생물유기체로부터 생산된 부분만을 바이오에너지로 본다.
범위	① 생물유기체를 변환시킨 바이오가스, 바이오에탄올, 바이오액화유 및 합성가스 ② 쓰레기매립장의 유기성 폐기물을 변환시킨 매립지가스 ③ 동물·식물의 유지를 변환시킨 바이오디젤 및 바이오중유 ④ 생물유기체를 변환시킨 땔감, 목재칩, 펠릿 및 숯 등의 고체연료

07 분자기호가 $C_{1.16}H_{4.32}$로 표시되는 기체연료 $1Nm^3$가 완전 연소할 때 필요한 공기량(Nm^3)을 계산하시오.

해답 탄화수소(C_mH_n)의 완전 연소반응식 $C_mH_n+\left(m+\frac{n}{4}\right)O_2 \rightarrow mCO_2+\frac{n}{2}H_2O$를 이용하여 완전 연소반응식을 완성한다.

$$C_{1.16}H_{4.32}+\left(1.16+\frac{4.32}{4}\right)O_2 \rightarrow 1.16CO_2+\frac{4.32}{2}H_2O$$

$$C_{1.16}H_{4.32}+2.24O_2 \rightarrow 1.16CO_2+2.16H_2O$$

$$22.4 : (2.24\times 22.4)=1 : x(O_o)$$

$$\therefore A_o=\frac{O_o}{0.21}=\frac{1\times 2.24\times 22.4}{22.4\times 0.21} ≒ 10.67Nm^3$$

★
08 시간당 50,000kg의 물을 절탄기를 통해 30℃에서 70℃로 높여 보일러에 급수한다. 절탄기 입구 배기가스의 온도가 350℃이면 출구온도는 몇 ℃인가? (단, 배기가스량은 75,000kg/h, 배기가스의 비열은 1.047kJ/kg·K, 급수비열은 4.186kJ/kg·K, 절탄기 효율은 75%이다.)

해답 절탄기에서 물이 흡수한 열량(Q_1)은 배기가스가 전달해준 열량(Q_2)의 75%에 해당한다.

$$Q_1=\eta Q_2$$

$$m_1C_1(t_2-t_1)=\eta m_gC_g(t_{g2}-t_{g1})$$

$$\therefore t_{g1}=t_{g2}-\frac{m_1C_1(t_2-t_1)}{\eta m_gC_g}=350-\frac{50{,}000\times 4.186\times(70-30)}{0.75\times 75{,}000\times 1.047} ≒ 207.85℃$$

★
09 과열증기 사용 시 장점을 4가지 쓰시오.

해답 ① 증기의 마찰저항이 감소된다.
② 수격작용이 방지된다.
③ 같은 압력의 포화증기에 비해 보유열량이 많으므로 증기소비량이 적어도 된다.
④ 증기원동소의 이론적 열효율이 좋아진다.

★
10 정압비열이 1.0046kJ/kg·K인 이상기체를 25℃, 1kPa 상태에서 가역단열과정으로 10kPa까지 압축하였을 때 온도는 몇 ℃인가? (단, 압축비는 8이고, 비열비는 1.4이다.)

해답 $T_1V_1^{k-1}=T_2V_2^{k-1}$

$$\therefore T_2=T_1\left(\frac{V_1}{V_2}\right)^{k-1}=T_1\varepsilon^{k-1}=(25+273)\times 8^{1.4-1}=684.62K-273=411.62℃$$

11 압력이 0.5MPa인 공기 1kg을 25℃ 상태를 유지하면서 대기압까지 등온팽창시켰을 때 헬름홀츠(Helmholtz)의 함수변화량(kJ)을 계산하시오. (단, 대기압은 101.325kPa이다.)

해답 $F = mRT\ln\left(\frac{P_1}{P_2}\right) = 1\times 0.287\times(25+273)\times\ln\left(\frac{500}{101.325}\right) = 136.52\text{kJ}$

★
12 흡수식 냉온수기의 운전조건이 다음과 같을 때 입·출열량의 차이는 얼마인가?

- 증발열 : 5,553kJ/h
- 응축열 : 5,610kJ/h
- 흡수열 : 7,530kJ/h
- 재생기 가열열량 : 7,680kJ/h

해답 ΔQ = 입열 − 출열
= (증발열 + 재생기 가열량) − (응축열 + 흡수열)
= (5,553 + 7,680) − (5,610 + 7,530) = 93kJ/h

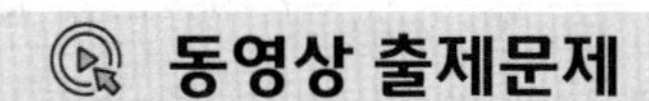
동영상 출제문제

★
01 SK번호에 따른 내화벽돌의 최고사용온도를 쓰시오.

1 SK−32번　　2 SK−34번

해답 1 1,710℃　　2 1,750℃

★
02 보일러 드럼(drum)의 내압을 받는 동체에 생기는 응력 중 길이방향의 인장응력과 원둘레방향의 인장응력의 비는 얼마인가?

해답 길이방향의 인장응력$(\sigma_2) = \frac{PD}{4t}$[MPa]

원주(hoop)방향의 인장응력$(\sigma_1) = \frac{PD}{2t}$[MPa]

$\frac{\sigma_2}{\sigma_1} = \frac{PD}{4t}\times\frac{2t}{PD} = \frac{1}{2}$

$\therefore\ \sigma_2 : \sigma_1 = 1 : 2\ (\sigma_2 = 2\sigma_1)$

03 218℃의 발생증기를 150kPa・a 상태로 감압하였더니 온도가 116℃이었다. 주어진 압력기준 포화수증기표를 이용하여 218℃ 습증기의 건도를 계산하시오. (단, 감압 후 116℃ 상태의 포화수의 비엔탈피는 488.8kJ/kg, 포화증기의 비엔탈피는 2700.68kJ/kg이다.)

압력(MPa・a)	포화온도(℃)	비엔탈피(kJ/kg)	
		포화수	포화증기
2	211.38	905	2,798
2.2	216.23	926	2,800
2.4	220.75	947	2,801
2.6	224.98	967	2,786

해답 ① 218℃의 포화수의 비엔탈피(h') : 218℃는 216.23℃와 220.75℃ 사이에 존재하므로 보간법에 의해 포화수의 비엔탈피를 계산한다.

218℃ 포화수의 비엔탈피

$$=216.23℃\ \text{포화수의 비엔탈피}+\left\{\left(\begin{matrix}\text{218℃와 216.23℃의}\\ \text{온도차}\end{matrix}\right)\times\frac{\text{220.75℃와 216.23℃ 포화수의 비엔탈피차}}{\text{220.75℃와 216.23℃의 온도차}}\right\}$$

$$=926+\left\{(218-216.23)\times\frac{947-926}{220.75-216.23}\right\}=934.22\,\text{kJ/kg}$$

② 218℃의 포화증기의 비엔탈피(h'')

$$=216.23℃\ \text{포화증기의 비엔탈피}+\left\{(\text{218℃와 216.23℃의 온도차})\times\frac{\text{220.75℃와 216.23℃ 포화증기비의 비엔탈피차}}{\text{220.75℃와 216.23℃의 온도차}}\right\}$$

$$=2{,}800+\left\{(218-216.23)\times\frac{2{,}801-2{,}800}{220.75-216.23}\right\}=2800.78\text{kJ/kg}$$

③ 218℃ 습증기의 건도(x)

$$x_{218}=\frac{\text{116℃의 포화증기의 비엔탈피}-\text{218℃ 포화수의 비엔탈피}}{\text{218℃ 포화증기의 비엔탈피}-\text{218℃ 포화수의 비엔탈피}}=\frac{2700.68-934.22}{2800.78-934.22}\fallingdotseq 0.95$$

04 ★ 다음 물음에 답하시오.

1 습도계의 종류를 3가지 쓰시오. (단, 건습구습도계는 제외한다.)

2 통풍건습구습도계로 대기 중의 습도를 측정하였다. 건구온도가 28℃, 포화수증기분압 19.87mmHg, 습구온도가 20℃, 포화수증기분압 15.47mmHg일 때 상대습도를 계산하시오. (단, 대기압은 760mmHg이다.)

해답 **1** ① 모발습도계 ② 전기저항식 습도계 ③ 광전관식 노점계

2 대기 중의 수증기 분압(P_w)$=P_{ws}-\frac{P}{1{,}500}(t-t')=15.47-\frac{760}{1{,}500}\times(28-20)\fallingdotseq 11.42\text{mmHg}$

$\therefore$ 상대습도(ϕ)$=\frac{P_w}{P_s}\times 100\%=\frac{11.42}{19.87}\times 100\%\fallingdotseq 57.47\%$

05 유리공장이 2004년도에 세워졌고 유리병생산량이 연 158톤으로 가동 시 연료로 벙커C유 2,130,000L, 경유 256,000L, 프로판가스 45,000kg, 전기 7,850,000kWh를 사용할 때 에너지사용현황 및 원단위현황을 작성하시오. (단, 석유환산계수(TOE/t)는 벙커C유 0.99, 경유 0.92, 프로판가스 1.2이며, 전기는 0.25이다.)

1 에너지사용현황

구분	벙커C유	경유	프로판	연료합계	전기	합계
사용량(TOE)	①	②	③	④	⑤	⑥

2 원단위현황

제품명	완제품생산실적 (톤/년)	연료원단위 (TOE/ton)	전기원단위 (TOE/ton)	에너지원단위 (TOE/ton)
유리병	158	①	②	③

해답 **1** 에너지사용현황

① 벙커C유$=\dfrac{2,130,000}{1,000}\times 0.99=2108.7\text{TOE}$

② 경유$=\dfrac{256,000}{1,000}\times 0.92=235.52\text{TOE}$

③ 프로판$=\dfrac{45,000}{1,000}\times 1.2=54\text{TOE}$

④ 연료합계$=2108.7+235.52+54=2398.22\text{TOE}$

⑤ 전기$=\dfrac{7,850,000}{1,000}\times 0.25=1962.5\text{TOE}$

⑥ 총합계$=2398.22+1962.5=4360.72\text{TOE}$

2 원단위현황

① 연료원단위$=\dfrac{\text{연료사용량합계(TOE)}}{\text{완제품 생산실적}}=\dfrac{2398.22}{158}\fallingdotseq 15.18\text{TOE/ton}$

② 전기원단위$=\dfrac{\text{전기사용량(TOE)}}{\text{완제품 생산실적}}=\dfrac{1962.5}{158}\fallingdotseq 12.42\text{TOE/ton}$

③ 에너지원단위$=$연료원단위$+$전기원단위$=15.18+12.42=27.6\text{TOE/ton}$

부록 I

★
06 수소(H_2)가 많은 연료를 사용할 때 배기가스 중 어떤 성분이 많이 증가하는가?

해답 수증기(H_2O)

참고 수소(H_2)가 산소(O_2)와 연소반응을 하면 수증기(H_2O)가 발생한다.

$2H_2+O_2 \rightarrow 2H_2O$

★
07 저수위경보장치(저수위차단장치)의 기능을 3가지 쓰시오.

해답 ① 급수의 자동조절 ② 저수위 경보 ③ 연료의 자동차단(가동 중지)

Engineer Energy Management

2014년 제2회 에너지관리기사 실기

01 보온재의 열전도율이 작아지는 원인을 4가지 쓰시오.

해답 ① 재료의 두께가 두꺼울수록 ② 재료의 밀도가 작을수록
③ 재료의 온도가 낮을수록 ④ 재질 내 수분이 적을수록

참고 열전도율에 영향을 주는 요소

- 온도 : 온도가 상승되면 열전도율은 직선적으로 상승한다.
- 수분 및 습기 : 수분이나 습기를 함유(흡습)하면 열전도율은 상승한다.
- 비중(밀도) : 보온재의 비중(밀도)이 크면 열전도율이 증가한다.

02 원통형 보일러의 종류를 4가지 쓰시오.

해답 ① 입형(Vertical) 보일러 ② 노통 보일러
③ 연관 보일러 ④ 노통 연관 보일러

03 열전도율이 0.1W/m·K인 내화벽돌의 두께가 20cm일 때 온도차가 200℃인 곳에 열전도율이 0.2W/m·K인 단열벽돌을 시공하였더니 온도차가 400℃로 나타났다. 내화벽돌과 단열벽돌의 손실열량이 같을 때 단열벽돌의 두께는 몇 cm인지 계산하시오. (단, 기타 손실되는 열량은 없는 것으로 한다.)

해답 내화벽돌(Q_1)과 단열벽돌(Q_2)의 손실이 같으므로 $Q_1 = Q_2$이고, 손실열량 $Q = \frac{1}{\frac{l_1}{\lambda}} A \Delta T$이다 ($\Delta T = \Delta t$).

$$\frac{1}{\frac{l_1}{\lambda_1}} A_1 \Delta T_1 = \frac{1}{\frac{l_2}{\lambda_2}} A_2 \Delta T_2$$

$$\frac{\lambda_1}{l_1} A_1 \Delta T_1 = \frac{\lambda_2}{l_2} A_2 \Delta T_2$$

$$\therefore\ l_2 = l_1 \frac{\lambda_2\, \Delta T_2}{\lambda_1\, \Delta T_1} = 20 \times \frac{0.2 \times 400}{0.1 \times 200} = 80\text{cm}$$

부록 I

04 벙커C유를 사용하는 보일러를 장시간 사용하였을 때 노벽에 카본이 부착되는 원인을 4가지 쓰시오.

해답 ① 유류의 분무상태 또는 공기와의 혼합이 불량하거나 1차 공기량이 부족한 경우
② 버너가 버너타일 및 노와 구조적으로 부적합한 경우
③ 단속적인 운전이 지속되는 경우
④ 잔류탄소가 많은 오일을 사용하는 경우
⑤ 중유를 장시간 고온으로 예열하는 경우
⑥ 화염이 노벽에 닿으면서 연소하는 경우

참고 카본(carbon) 생성 방지책
- 연료의 분무를 원활히 하여 공기와의 혼합상태를 양호하게 한다.
- 증기의 사용을 평균화하여 가능한 한 보일러를 연속적으로 운전한다.
- 연소 휴지 중에는 버너의 분무구 등을 완전히 청소한다.
- 버너의 유압은 항상 소정의 범위로 제한한다.
- 연료의 예열온도를 필요 이상으로 가열하지 않는다.
- 보일러 구조에 적합한 버너와 버너타일을 설치한다.

★
05 보일러의 운전조건이 다음과 같을 때 효율(%)을 계산하시오.

- 급수사용량 : 4,000L/h
- B－C유 소비량 : 300L/h
- 급수온도 : 90℃
- 포화증기의 비엔탈피 : 2,820kJ/kg
- 연료의 저위발열량 : 40,814kJ/kg
- 급수의 비체적 : 0.001036m^3/kg
- 급유온도 : 65℃
- 15℃의 B－C유 비중 : 0.95
- 온도에 따른 체적보정계수(k) : $0.9754-0.00067(t-15)$

해답 증기 발생량(m_a)$=\dfrac{4,000\times10^{-3}}{0.001036}=3,861\text{kg/h}$

시간당 연료소비량(m_f)$=\{0.9754-0.00067\times(65-15)\}\times0.95\times300=268.44\text{kg/h}$

$$\therefore\ \eta_B=\frac{m_a(h_2-h_1)}{H_L\times m_f}\times100\%=\frac{3,861\times(2,820-376.44)}{40,814\times268.44}\times100\%\fallingdotseq86.1\%$$

06 반지름 5m인 구형 공간에 내부압력이 100kPa, 20℃의 공기가 있을 때 몰 수(kmol)는 얼마인가?

해답 ① $V=\dfrac{4}{3}\pi r^3=\dfrac{4}{3}\times\pi\times5^3\fallingdotseq523.60\text{m}^3$

② $PV=\overline{R}nT$

$$\therefore\ 몰\ 수(n)=\frac{PV}{\overline{R}T}=\frac{(101.325+100)\times523.6}{8.314\times(20+273)}=43.27\text{kmol}$$

07 노를 설계할 때 노벽을 내화벽돌, 단열벽돌, 적색벽돌의 3중 구조로 하고자 한다. 내화벽돌은 두께 150mm, 열전도율 1.2W/m · K, 단열벽돌은 열전도율 0.05W/m · K, 적색벽돌은 두께 100mm, 열전도율 0.25W/m · K이며, 단열벽돌과 적색벽돌 사이의 온도는 200℃이다. 노벽을 평면벽이라 할 때 단열벽돌의 두께(mm)를 구하시오. (단, 노내의 온도는 1,500℃, 외기온도 20℃이며, 외기와 적색벽돌 외표면과의 열전달률은 23.2W/m² · K이다.)

해답 ① 적색벽돌 표면적 $1m^2$에서 배출되는 열량

$$K=\frac{1}{R}=\frac{1}{\frac{1}{\alpha_o}+\frac{b}{\lambda}}=\frac{1}{\frac{1}{23.2}+\frac{0.1}{0.25}}=2.26\text{W/m}^2\cdot\text{K}$$

$$\therefore\ Q_1=KA\Delta t=KA(t_c-t_o)=2.26\times1\times\{(273+200)-(273+20)\}\fallingdotseq 406.23\,\text{W}$$

② 단열벽돌의 두께 : 적색벽돌의 표면에서 배출되는 열량(Q_1)과 3중 구조의 벽체를 통해 배출되는 열량(Q)은 같다.

$$Q=\left(\frac{1}{\frac{b_1}{\lambda_1}+\frac{b_2}{\lambda_2}+\frac{b_3}{\lambda_3}+\frac{1}{\alpha}}\right)A\Delta T$$

$$\frac{b_1}{\lambda_1}+\frac{b_2}{\lambda_2}+\frac{b_3}{\lambda_3}+\frac{1}{\alpha}=\frac{A(t_i-t_o)}{Q}$$

$$\frac{b_2}{\lambda_2}=\frac{A(t_i-t_o)}{Q}-\left(\frac{b_1}{\lambda_1}+\frac{b_3}{\lambda_3}+\frac{1}{\alpha}\right)$$

$$\therefore\ b_2=\lambda_2\left\{\frac{A(t_i-t_o)}{Q}-\left(\frac{b_1}{\lambda_1}+\frac{b_3}{\lambda_3}+\frac{1}{\alpha}\right)\right\}$$

$$=0.05\times\left\{\frac{1\times\{(273+1{,}500)-(273+20)\}}{406.23}-\left(\frac{0.15}{1.2}+\frac{0.1}{0.25}+\frac{1}{23.2}\right)\right\}$$

$$=0.153757\text{m}\fallingdotseq 153.76\text{mm}$$

08 기체연료를 완전 연소시켰을 때 필요한 산소의 질량(kg)을 구하는 공식은 다음과 같다.

$$O_o=2.667\text{C}+7.950\text{H}+3.283\text{S}-\text{O[kg]}$$

메탄 1kg을 연소시킬 때 필요한 산소의 질량(kg)을 계산하시오. (단, C_mH_n일 때 $\text{C}=\frac{12.032m}{12.032m+1.008n}$, $\text{H}=\frac{1.008n}{12.032m+1.008n}$이다.)

해답 ① 메탄(CH_4)의 분자기호에서 탄소수 $m=1$, 수소수 $n=4$이므로 문제에서 주어진 공식을 이용하여 탄소량과 수소량을 계산한다.

$$\text{C}=\frac{12.032m}{12.032m+1.008n}=\frac{12.032\times1}{(12.032\times1)+(1.008\times4)}\fallingdotseq 0.75$$

$$\text{H}=\frac{1.008n}{12.032m+1.008n}=\frac{1.008\times4}{(12.032\times1)+(1.008\times4)}\fallingdotseq 0.25$$

부록 I

② 산소의 질량(kg)

$O_o = 2.667C + 7.950H + 3.283S - O$

$= (2.667 \times 0.75) + (7.950 \times 0.25) \fallingdotseq 3.99\text{kg}$

참고 • 메탄(CH_4)의 완전 연소반응식

$CH_4 + 2O_2 \rightarrow CO_2 + 2H_2O$

• 이론산소량(kg)

$16\text{kg} : (2 \times 32)\text{kg} = 1\text{kg} : O_o[\text{kg}]$

$\therefore$ 이론산소량$(O_o) = \dfrac{2 \times 32 \times 1}{16} = 4\text{kg}$

★
09 열전대온도계 형식에 따른 명칭과 각각의 측정범위를 찾아 선으로 연결하시오.

❶ K형 •	• 백금 – 백금로듐 •	• –20~800℃
❷ R형 •	• 철 – 콘스탄탄 •	• –180~350℃
❸ T형 •	• 구리(동) – 콘스탄탄 •	• 0~1,600℃
❹ J형 •	• 크로멜 – 알루멜 •	• –20~1,200℃

해답

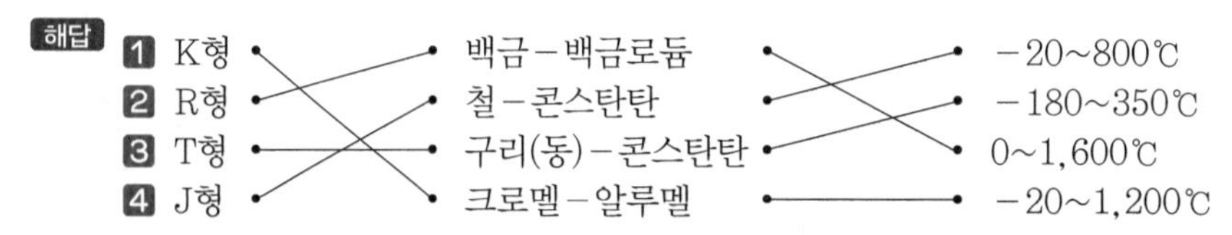

참고 열전대온도계 형식에 따른 명칭 및 측정온도범위

형식기호	명칭	측정온도범위
R형	백금 – 백금로듐(P–R)	0~1,600℃
K형	크로멜 – 알루멜(C–A)	–20~1,200℃
J형	철 – 콘스탄탄(I–C)	–20~800℃
T형	구리(동) – 콘스탄탄(C–C)	–180~350℃

★
10 강관두께가 25mm이고 리벳의 지름이 50mm이며 피치 80mm로 1줄 겹치기 리벳이음에서 한 피치마다 하중이 15kN 작용하면 이 강판에 생기는 인장응력(MPa)과 리벳강판의 효율(%)을 구하시오.

해답 ① 인장응력$(\sigma_t) = \dfrac{W}{A} = \dfrac{W}{(p-d)t} = \dfrac{15 \times 10^3}{(80-50) \times 25} = 20\text{MPa}$

② 리벳강판의 효율$(\eta_t) = \left(1 - \dfrac{d}{p}\right) \times 100\% = \left(1 - \dfrac{50}{80}\right) \times 100\% = 37.5\%$

11 어느 공장에서 가동하고 있는 기계의 발생열을 제거하기 위하여 냉동기와 공조기를 이용하여 냉방을 하고 있다. 겨울철에 공조기의 외부급기댐퍼를 40%에서 70%로 변경하여 외기도입을 증가시켰더니 다음과 같은 조건으로 되었을 때 냉동기 부하 감소량(kW)은 얼마인가? (단, 외기온도 20℃, 공조기 통풍량은 50,000m^3/h이다.)

- 개선 전 : 실내온도 24℃, 상대습도 60%, 비엔탈피 48.98kJ/kg
- 개선 후 : 실내온도 22℃, 상대습도 60%, 비엔탈피 42.70kJ/kg
- 공조기 연간 가동시간 : 3,393시간
- 공기의 밀도 : 1.24kg/m^3

해답 공조기의 외부급기댐퍼를 40%에서 70%로 변경하면 외기도입량은 공조기 통풍량의 30%에 해당하는 양이 증가하는 것이고, 증가되는 공기량에 개선 전·후의 비엔탈피차에 해당하는 양만큼 냉동기의 부하가 감소된다.

∴ 부하 감소량 = 공기질량 × 댐퍼의 개도 증가량 × 비엔탈피차

$= (1.24 \times 50,000) \times (0.7 - 0.4) \times (48.98 - 42.70) = 116,808\text{kJ/h} \fallingdotseq 32.45\text{kW}$

참고 1kW = 1kJ/s = 60kJ/min = 3,600kJ/h = 1.36PS

★
12 내경 100mm, 직관길이 2m인 연관을 지름이 1m인 원통에 가로×세로 30cm의 일정한 간격으로 배치할 때 전열면적(m^2)을 계산하시오. (단, 연관은 9개가 설치되는 것으로 한다.)

해답 $A = \pi D L n = \pi \times 0.1 \times 2 \times 9 \fallingdotseq 5.65\text{m}^2$

참고 전열면적을 계산할 때 연관은 내경(안지름)을, 수관은 외경(바깥지름)을 적용한다.

동영상 출제문제

01 컴퓨터, 가전제품 등과 같이 사용을 하지 않는 상태에서 전력측정기로 소비되는 전력을 측정하면 아주 작은 전기가 소비되고 있으며, 이러한 전기를 줄이는 것만으로도 연간 온실가스 배출을 크게 감축시킬 수 있다. 이와 같이 전자기기가 실제로 사용하고 있지 않은 상태에서 소비되는 전력을 무엇이라 하는가?

해답 대기전력

02 보일러 급수펌프의 구비조건을 3가지 쓰시오.

해답 ① 고온, 고압에 견딜 것
② 부하변동에 대응할 수 있을 것
③ 저부하에도 효율이 좋을 것

★
03 스크루 냉동기의 성적계수($(COP)_R$)를 구하는 공식을 다음의 조건을 이용하여 완성하시오.

- 냉각수량(kg/h)
- 냉각수의 입출구온도(ΔT)
- 입력전원(kWh)
- 냉각수 비열(kJ/kg · ℃)

해답 $(COP)_R = \dfrac{(\text{냉각수량} \times \text{냉각수 비열} \times \text{냉각수의 입출구온도}) - (\text{입력전원} \times 3,600)}{\text{입력전원} \times 3,600}$

04 철근을 제조하는 공장의 생산량이 188,000m/년일 때 다음과 같은 에너지원을 사용하고 있다. 완제품의 무게가 0.55kg/m인 경우 다음 사항에 대하여 계산하시오.

1. 에너지원사용량
   - B−C유 : 3,500kL/년
   - LNG : 2,340m^3/년
   - 전력 : 7,426,000kWh/년
2. 석유환산계수
   - B−C유 : 0.99
   - 경유 : 0.92
   - LNG : 1.05
   - 전력 : 0.25

1 연료원단위(kgOE/kg)를 계산하시오.
2 전력원단위(kgOE/kg)를 계산하시오.
3 에너지원단위(kgOE/kg)를 계산하시오.

해답 1) **에너지 사용량**

① B−C유 : $(3,500 \times 1,000) \times 0.99 = 3,465,000$kgOE
② LNG : $2,340 \times 1.05 = 2,457$kgOE
③ 전력 : $7,426,000 \times 0.25 = 1,856,500$kgOE

2) **연간 생산된 완제품무게**

완제품무게(kg) = 연간 생산 총길이 × 1m당 무게
= 188,000m/년 × 0.55kg/m = 103,400kg/년

3) **원단위** : 원단위가 완제품 kg당 'kgOE'이다.

1 $\text{연료원단위} = \dfrac{① + ②}{\text{완제품무게}} = \dfrac{3,465,000 + 2,457}{103,400} ≒ 33.53\text{kgOE/kg}$

2 $\text{전력원단위} = \dfrac{③}{\text{완제품무게}} = \dfrac{1,856,500}{103,400} ≒ 17.95\text{kgOE/kg}$

3 에너지원단위 = 연료원단위 + 전력원단위
= 33.53 + 17.95 = 51.48kgOE/kg

★
05 수관식 보일러와 노통 연관식 보일러의 특징을 비교한 것이다. 다음에서 알맞은 내용을 찾아 쓰시오.

물, 높다, 좋다, 낮다, 나쁘다, 연소가스

1 수관식 보일러 관 내부에는 (①)이 흐르고, 노통 연관식 보일러 관 내부에는 (②)가 흐른다.
2 수관식 보일러 사용압력은 (③). 노통 연관식 보일러 사용압력은 (④).
3 수관식 보일러 부하대응은 (⑤). 노통 연관식 보일러 부하대응은 (⑥).

해답 ① 물 ② 연소가스 ③ 높다 ④ 낮다 ⑤ 좋다 ⑥ 나쁘다

★
06 가스 직화식 흡수식 냉온수기의 특징을 3가지 쓰시오.

해답 ① 압축기를 사용하지 않으므로 전력소비량이 적다.
② 냉온수기 하나로 냉방과 난방을 할 수 있다.
③ 설비 내부의 압력이 진공상태로 압력이 높지 않아 위험성이 적다.

부록 I

Engineer Energy Management

2014년 제4회 에너지관리기사 실기

01 바깥 반지름이 150mm, 안쪽 반지름이 50mm인 중공원관의 열전도도가 0.04W/m·K이다. 내면온도가 300℃이고, 외기온도가 30℃일 경우 이 중공원관 1m당 손실열량(W)을 구하고 중간지점의 온도(℃)를 구하시오.

해답 ① 손실열량

$$Q_L = \frac{2\pi Lk(t_i - t_o)}{\ln\left(\frac{r_o}{r_i}\right)} = \frac{2\pi \times 1 \times 0.04 \times (300-30)}{\ln\left(\frac{150}{50}\right)} = 61.77\text{W}$$

② 중간지점의 온도

$$\text{평균반지름}(r_m) = r_i + \frac{t}{2} = 50 + \frac{150-50}{2} = 100\text{mm} = 0.1\text{m}$$

$$Q_L = \frac{2\pi Lk(t_i - t_m)}{\ln\left(\frac{r_m}{r_i}\right)}[\text{W}]$$

$$\therefore\ t_m = t_i - \frac{Q_L \ln\left(\frac{r_m}{r_i}\right)}{2\pi Lk} = 300 - \frac{61.77 \times \ln\left(\frac{100}{50}\right)}{2\pi \times 1 \times 0.04} \fallingdotseq 129.64℃$$

02 열교환기의 효율을 향상시키는 방법을 4가지 쓰시오.

해답 ① 유체의 유속을 빠르게 한다.
② 열전도율이 높은 재료를 사용한다.
③ 전열면적을 크게 한다.
④ 유체의 흐름방향을 대향류(counter flow type)로 한다.

03 중유 1kg 속에 수소 0.18kg, 수분 0.004kg이 들어 있다면 이 중유의 고위발열량이 41,860kJ/kg일 때 중유 2kg의 총저위발열량(kJ)은 얼마인가?

해답 $H_L = H_h - 2{,}512(9\text{H} + \text{W})$

$= \{41{,}860 - 2{,}512 \times (9 \times 0.18 + 0.004)\} \times 2 \fallingdotseq 75561.02\text{kJ}$

참고 중유 1kg 속에 수소(H) 0.18kg, 수분(W) 0.004kg 함유되어 있는 것은 18%, 0.4%와 같고, 중유 2kg에 대한 저위발열량을 계산하는 것이다.

★
04 보일러의 자연통풍방식에서 통풍력을 증가시키기 위한 방법을 4가지 쓰시오.

해답 ① 연돌(굴뚝)의 높이를 높게 한다.
② 연돌의 단면적을 크게 한다.
③ 연돌의 굴곡부를 적게 한다.
④ 연돌의 길이를 짧게 한다.

참고 연돌의 통풍력이 증가되는 경우
- 연돌의 높이가 높을수록
- 연돌의 단면적이 클수록
- 연돌의 굴곡부가 적을수록
- 배기가스 온도가 높을수록
- 외기온도가 낮을수록
- 습도가 낮을수록
- 연돌의 길이가 짧을수록
- 배기가스의 비중량이 작을수록
- 외기의 비중량이 클수록

★
05 1일 8시간 가동하는 보일러의 시간당 급수량이 1,000L이고 응축수 회수량이 400L일 때 응축수 회수율과, 급수 중의 고형분의 농도가 20ppm, 보일러수의 허용고형분이 2,000ppm일 때 분출량(L/day)을 계산하시오.

해답 ① 응축수 회수율$(R)=\dfrac{\text{응축수 회수량}}{\text{실제 증발량}}\times 100\%=\dfrac{400}{1,000}\times 100\%=40\%$

② 1일 분출량$(X)=\dfrac{W(1-R)d}{\gamma-d}=\dfrac{(1,000\times 8)\times(1-0.4)\times 20}{2,000-20}\fallingdotseq 48.48\text{L/day}$

★
06 보일러 자동제어(ABC)의 종류를 3가지 쓰시오.

해답 ① 자동연소제어(ACC)
② 급수제어(FWC)
③ 증기온도제어(STC)
④ 증기압력제어(SPC)

참고 보일러 자동제어(ABC)의 종류

명칭	제어량	조작량
자동연소제어(ACC)	증기압력	공기량, 연료량
	노내압	연소가스량
급수제어(FWC)	보일러 수위	급수량
증기온도제어(STC)	증기온도	전열량
증기압력제어(SPC)	증기압력	연료공급량, 연소용 공기량

07 가마울림현상의 방지대책을 4가지 쓰시오.

해답 ① 연료 속에 함유된 수분이나 공기는 제거한다(연소실 내에서 완전 연소시킨다).
② 연료량과 공급되는 공기량의 균형을 맞춘다.
③ 무리한 연소와 연소량의 급격한 변동은 피한다.
④ 연도의 단면이 급격히 변화하지 않도록 한다.

08 노후 열화된 보일러 튜브의 교체시기를 3가지 쓰시오.

해답 ① 심하게 과열되어 튜브가 소손되었을 때
② 스케일(scale)이 많이 생성된 경우
③ 배기가스 온도가 급격히 증가할 때(열효율이 낮아진 경우)

09 다음 ( ) 안에 알맞은 명칭을 쓰시오.

> 보일러 배기가스의 현열을 이용하여 급수를 예열하는 장치를 (①), 연소용 공기를 예열하는 장치를 (②)라 한다.

해답 ① 절탄기(급수예열기) ② 공기예열기

10 보일러에서 발생한 습포화증기를 연소가스 여열 등을 이용하여 압력을 일정하게 유지하면서 온도만을 높여 과열증기를 만드는 장치를 설치, 사용했을 때의 단점을 4가지 쓰시오.

해답 ① 가열 표면의 일정 온도를 유지하기 곤란하다.
② 가열장치에 큰 열응력이 발생한다.
③ 직접 가열 시 열손실이 증가한다.
④ 높은 온도로 인하여 제품의 손상 우려가 있다.
⑤ 과열기 표면에 고온부식이 발생할 우려가 있다.

참고 과열기(superheater) 사용 시 장점
- 열효율이 증가한다.
- 관내 마찰저항이 감소한다.
- 적은 증기로 많은 열을 얻을 수 있다.
- 수격작용을 방지한다.
- 장치 내 부식을 방지한다.

11 도자기와 같은 것을 소성하는 데 사용하는 요의 종류를 3가지 쓰시오.

해답 ① 터널요(가마) ② 셔틀요 ③ 윤요(고리가마)

★
12 외경이 20mm이고 표면온도가 65℃인 증기배관이 20℃ 상태의 실내에 노출되어 있을 때 배관길이 1m에서 방사되는 열량(W)을 계산하시오. (단, 방사율은 0.65이고, 스테판-볼츠만상수는 5.67W/m^2·K^{4}이다.)

해답 $q_R = \varepsilon\sigma A(T_1^4 - T_2^4) = 0.65 \times 5.67 \times 10^{-8} \times (\pi \times 0.02 \times 1) \times (338^4 - 293^4) \fallingdotseq 13.16\text{W}$

동영상 출제문제

01 통풍건습구습도계로 대기 중의 습도를 측정하였다. 건구온도가 24℃, 포화수증기분압이 19.82mmHg, 습구온도가 23.5℃, 포화수증기분압이 15.47mmHg일 때 상대습도와 절대습도를 각각 계산하시오. (단, 대기압은 760mmHg이다.)

해답 ① 수증기분압$(P_w) = P_{ws} - \dfrac{P}{1{,}500}(t - t') = 15.47 - \dfrac{760}{1{,}500} \times (24 - 23.5) \fallingdotseq 15.22\text{mmHg}$

② 상대습도$(\phi) = \dfrac{P_w}{P_s} \times 100\% = \dfrac{15.22}{19.82} \times 100\% \fallingdotseq 76.79\%$

③ 절대습도$(x) = 0.622\left(\dfrac{P_w}{P - P_w}\right) = 0.622 \times \dfrac{15.22}{760 - 15.22} = 0.012\text{kg}'/\text{kg}$

02 보일러 자동제어장치를 설계 및 작동 시 주의할 점을 4가지 쓰시오.

해답 ① 제어동작이 신속하게 이루어지도록 할 것
② 제어동작이 불규칙한 상태가 되지 않도록 할 것
③ 잔류편차(offset)가 허용범위를 초과하지 않도록 할 것
④ 응답의 신속성과 안정성이 있도록 할 것

부록 I

★
03 물체에서의 전방사에너지를 렌즈 또는 반사경으로 열전대와 측온접점에 모아 열기전력을 측정하여 온도를 구하는 비접촉식 온도계의 명칭을 쓰시오.

해답 방사온도계

★
04 수관길이방향으로 핀이 부착되어 있는 수관식 보일러의 멤브레인 월(membrance wall)에 외경이 60mm, 길이가 2m인 수관 8개가 설치되어 있을 때 전열면적(m^2)을 계산하시오. (단, 수관은 한쪽 면에 방사열, 다른 면에 접촉열을 받으며, 계수 α는 0.7, 멤브레인 외경은 66mm, 내부온도는 1,430℃, 외부온도는 430℃이다.)

해답 ① 1개 수관 핀너비의 합

$W = b - d = 0.066 - 0.06 = 0.006\text{m}$

② 전열면적

$A = (\pi d + W\alpha)Ln = (\pi \times 0.06 + 0.006 \times 0.7) \times 2 \times 8 ≒ 3.08\text{m}^2$

참고 길이방향으로 핀이 부착된 수관의 전열종류에 따른 계수(α)

연소가스 접촉형태	전열종류	계수(α)
양쪽 면이 연소가스 등에 접촉	양쪽 면에 방사열을 받는 경우	1.0
	한쪽 면에 방사열, 다른 면에 접촉열을 받는 경우	0.7
	양쪽 면이 접촉열을 받는 경우	0.4
한쪽 면이 연소가스 등에 접촉	방사열을 받는 경우	0.5
	접촉열을 받는 경우	0.2

★
05 원심식 송풍기의 임펠러회전수와 풍량과의 관계를 설명하시오.

해답 원심식 송풍기의 임펠러(impeller)회전수(N)와 풍량(Q)은 비례한다.

참고 터보형(원심식) 송풍기의 상사법칙

- 송풍량 : 회전수에 비례하고, 임펠러 직경의 세제곱에 비례한다.

$$\frac{Q_2}{Q_1} = \left(\frac{N_2}{N_1}\right)\left(\frac{D_2}{D_1}\right)^3$$

- 전압력 : 회전수의 제곱에 비례하고, 임펠러 직경의 제곱에 비례한다.

$$\frac{P_{t2}}{P_{t1}} = \left(\frac{N_2}{N_1}\right)^2\left(\frac{D_2}{D_1}\right)^2$$

- 축동력 : 회전수의 세제곱에 비례하고, 임펠러 직경의 다섯제곱에 비례한다.

$$\frac{L_{s2}}{L_{s1}} = \left(\frac{N_2}{N_1}\right)^3\left(\frac{D_2}{D_1}\right)^5$$

★
06 증기 보일러 본체에 안전밸브를 2개 이상 설치할 경우 각각의 설정압력을 쓰시오.

해답 ① 1개는 최고사용압력 이하
② 나머지 1개는 최고사용압력의 1.03배 이하

참고 안전밸브작동시험

- 안전밸브의 분출압력은 1개일 경우 최고사용압력 이하, 안전밸브가 2개 이상인 경우 그 중 1개는 최고사용압력 이하, 기타는 최고사용압력의 1.03배 이하일 것
- 과열기의 안전밸브분출압력은 증발부 안전밸브의 분출압력 이하일 것
- 재열기 및 독립과열기에 있어서는 안전밸브가 하나인 경우 최고사용압력 이하, 2개인 경우 하나는 최고사용압력 이하이고, 다른 하나는 최고사용압력의 1.03배 이하에서 하도록 할 것. 다만, 출구에 설치하는 안전밸브의 분출압력은 입구에 설치하는 안전밸브의 설정압력보다 낮게 조정되어야 한다.
- 발전용 보일러에 부착하는 안전밸브의 분출정지압력은 분출압력의 0.93배 이상일 것

부록 I

Engineer Energy Management

2015년 제1회 에너지관리기사 실기

★

01 프로판가스 $1Nm^3$를 연소시키는 데 필요한 이론공기량은 몇 Nm^3인가?

해답 $C_3H_8 \quad + \quad 5O_2 \quad \rightarrow \quad 2CO_2 + 4H_2O$

1kmol　　5kmol

$22.4Nm^3$　　$(5\times22.4)Nm^3$ 약분하면

$1Nm^3$　　$5Nm^3$

즉 $O_o = 5Nm^3$이다.

$$\therefore\ A_o = \frac{O_o}{0.21} = \frac{5}{0.21} = 23.81Nm^3$$

★

02 유량계수가 1인 피토튜브를 공기가 흐르는 직경 400mm의 배관 중심부에 설치하였더니 전압이 80mmAq, 정압이 40mmAq로 지시되었을 때 평균유량(m^3/s)을 계산하시오. (단, 공기의 밀도는 $1.25kg/m^3$이고, 평균유속은 배관 중심부 유속의 $\frac{3}{4}$에 해당된다.)

해답 $$V = C\sqrt{2g\left(\frac{P_t - P_s}{\gamma}\right)} = C\sqrt{2gh\left(\frac{\rho_w}{\rho_a} - 1\right)} = 1\times\sqrt{2\times9.8\times0.04\times\left(\frac{1{,}000}{1.25} - 1\right)} \fallingdotseq 25.03m/s$$

$$\therefore\ Q = AV = \frac{\pi d^2}{4}\left(\frac{3}{4}V\right) = \frac{\pi\times0.4^2}{4}\times\frac{3}{4}\times25.03 \fallingdotseq 2.36m^3/s$$

03 보일러 급수 내처리제인 청관제를 사용하는 목적을 4가지 쓰시오.

해답 ① 슬러지(sludge)의 조정　② pH(수소이온농도) 알칼리도 조정

③ 가성취화 억제(방지)　④ 보일러수의 탈산소

⑤ 보일러수의 연화　⑥ 거품(bubble) 박리

참고 슬러지(sludge)란 하수 처리나 정수과정에서 생기는 침전물을 말한다.

04 교토의정서는 당사자국들이 온실가스배출감축요구량에 대한 잠재적인 경제영향을 줄일 수 있도록 한 유연성 있는 체제인 교토메커니즘(Kyoto mechanism)이다. 이에 해당되는 사항을 3가지 쓰시오.

해답 ① 공동이행제도(제6조, JI)
② 청정개발체제(제12조, CDM)
③ 배출권거래제도(제17조, ET)

참고 1) **교토의정서** : 1997년 12월 일본 교토에서 개최된 유엔기후변화협약 제3차 당사국총회에서 채택되고, 2005년 2월 16일 공식 발효됐다. 선진국 38개국은 1990년을 기준으로 2008~2012년까지 평균 5.2%의 온실가스를 감축하여야 한다. 지구 온난화를 유도하는 온실가스는 이산화탄소(CO_2), 메탄(CH_4), 아산화질소(N_2O), 과불화탄소(PFCS), 수소불화탄소(HFCS), 육불화항(SF_6) 등 6가지로 배출량을 감축해야 하며, 배출량을 줄이지 않는 국가에 대해서는 비관세장벽을 적용하게 된다.

2) **교토 메커니즘(Kyoto mechanism)** : 선진국들이 온실가스감축의무를 자국 내에서 모두 이행하는데 한계가 있다고 판단될 때 효과적으로 온실가스를 감축하기 위한 수단으로 배출권의 거래나 공동사업을 통한 감축분의 이전 등을 통하여 협약국에 의무이행에 유연성을 부여하는 제도이다.
- 공동이행제도(JI : Joint Implementation) : 온실가스를 의무적으로 감축해야 하는 국가들 사이에서 온실가스감축사업을 공동으로 수행하는 것을 인증하는 제도로, 한 국가가 다른 국가에 투자하여 감축한 온실가스량의 일부분을 투자국의 감축실적으로 인증하는 것이다.
- 청정개발체제(CDM : Clean Development Mechanism) : 온실가스감축의무가 있는 선진국이 감축의무가 없는 개발도상국에서 온실가스감축사업을 수행하여 얻어진 탄소배출권을 선진국의 의무감축량에 포함시킬 수 있게 한 것이다.
- 탄소배출권거래제도(ET : Emission Trading) : 교토의정서에 정한 의무감축량을 초과 달성한 경우 그 초과분을 다른 감축의무국가와 거래할 수 있게 한 것이다. 반대로 의무감축량을 달성하지 못한 경우 다른 국가로부터 부족분을 구입하여 의무를 이행하도록 허용하는 제도로 온실가스도 일반상품처럼 매매할 수 있는 시장성을 가지게 된다.

05 보일러에서 연료를 연소 후 배출되는 배기가스 중에 함유된 분진 등을 제거하는 집진장치의 종류를 6가지 쓰시오.

해답 ① 중력식 ② 관성력식 ③ 원심력식
④ 여과식 ⑤ 벤투리 스크러버 ⑥ 제트 스크러버
⑦ 사이클론 스크러버 ⑧ 충전탑 ⑨ 전기식

참고 집진장치의 종류

분류	종류
건식	중력식, 관성력식, 원심력식(사이클론, 멀티클론), 여과식(백필터)
습식	벤투리 스크러버, 제트 스크러버, 사이클론 스크러버, 충전탑(세정탑)
전기식	코트렐 집진기

★
06 보일러 자동제어 중 시퀀스제어를 설명하시오.

해답 미리 정해진 순서대로 동작이 이루어지는 제어로 보일러의 점화, 자동판매기 등이 해당된다.

07 B－C유를 연료로 사용하는 보일러의 배기가스성분을 분석한 결과 공기비가 1.3이고 이론배기가스량이 11.443Nm^3/kg, 배기가스의 평균비열이 1.38kJ/Nm^3 · ℃, 이론공기량이 10.709Nm^3/kg, 배기가스 온도가 225℃, 연소용 공기공급온도가 25℃이었다. 이때에 공기량을 조정하여 공기비를 1.1로 하였을 때 연간 연료절감금액은 얼마인지 계산하시오. (단, B－C유 연간 사용량은 450만L, 발열량은 39,767kJ/kg, 연료단가는 200원/L, 공기비 조절 전 · 후의 조건은 변화가 없는 것으로 한다.)

해답 ① 공기비 조절 전의 배기가스 손실열량

$$Q_1 = G_w C_w \Delta t = \{G_{ow} + (m-1)A_o\} C_w \Delta t$$

$$= \{11.443 + (1.3-1) \times 10.709\} \times 1.38 \times (225-25) ≒ 4049.03\text{kJ/kg}$$

② 공기비 조절 후의 배기가스 손실열량

$$Q_2 = G_w' C_w \Delta t = \{G_{ow} + (m'-1)A_o\} C_w \Delta t$$

$$= \{11.443 + (1.1-1) \times 10.709\} \times 1.38 \times (225-25) ≒ 3457.34\text{kJ/kg}$$

③ 공기비 조절 후의 연료절감률

$$\text{절감률} = \frac{\text{공기비 조절 전 · 후의 배기가스 손실열량차}}{\text{입열량}} \times 100\%$$

$$= \frac{4049.03 - 3457.34}{39,767} \times 100\% ≒ 1.49\%$$

④ 연간 연료절감금액

연간 연료절감금액 = 연간 연료사용량 × 절감률 × 연료단가

$= 4,500,000 \times 0.0149 \times 200 = 13,410,000$원/년

08 연도가스분석결과 CO_2 13.5%, O_2 7.04%, CO 0%이라면 CO_{2max}는 몇 %인가?

해답 $CO_{2max} = \frac{21CO_2}{21 - O_2} = \frac{21 \times 13.5}{21 - 7.04} ≒ 20.31\%$

참고 배기가스 중에 일산화탄소(CO)가 포함된 불완전 연소 시

$$CO_{2max} = \frac{21(CO_2 + CO)}{21 - O_2 + 0.395CO}$$

★
09 발생증기압력 1MPa로 운전되는 보일러가 다음과 같은 조건일 때 물음에 답하시오.

- 급수사용량 : 1,500kg/h
- 연료(중유)사용량 : 140kg/h
- 연료의 저위발열량 : 40,950kJ/kg
- 발생증기의 비엔탈피 : 2860.5kJ/kg
- 급수의 비엔탈피 : 83.96kJ/kg
- 증발잠열 : 2,256kJ/kg

1 환산증발량(kJ/kg)을 구하시오.
2 보일러 효율(%)을 구하시오.

해답 **1** $m_e = \dfrac{m_a(h_2-h_1)}{\gamma_o} = \dfrac{1{,}500\times(2860.5-83.96)}{2{,}256} ≒ 1846.1\text{kg/h}$

2 $\eta_B = \dfrac{m_a(h_2-h_1)}{H_L\times m_f}\times 100\% = \dfrac{2{,}256m_e}{H_L\times m_f}\times 100\% = \dfrac{2{,}256\times 1846.1}{40{,}950\times 140}\times 100\% ≒ 72.65\%$

참고 상당증발량(환산증발량)

실제 증발량을 기준 증발량으로 환산하였을 때의 증발량을 말한다. 즉, 표준대기압(1기압)하에서 100℃의 포화수를 100℃의 건조포화증기로 발생시킬 수 있는 증발량으로, 단위는 kg/h이다.

$$m_e = \frac{m_a(h_2-h_1)}{2{,}256}[\text{kg/h}]$$

여기서, m_e : 상당(환산)증발량(kg/h), m_a : 실제 증발량(kg/h)
h_2 : 발생증기의 비엔탈피(kJ/kg), h_1 : 급수의 비엔탈피(kJ/kg)
※ 급수의 비엔탈피(h_1)=급수온도×물의 비열(C=4.186kJ/kg·K)

★
10 강제순환식 수관 보일러 종류를 2가지 쓰시오.

해답 ① 라몽트(lamont) 보일러 ② 베록스(velox) 보일러

★

11 보일러의 상당증발량이 1.5t/h, 급수온도가 40℃, 발생증기의 비엔탈피가 2884.15kJ/kg일 때 실제 증발량(kg/h)을 구하시오.

해답 $m_e = \dfrac{m_a(h_2-h_1)}{2{,}256}[\text{kg/h}]$

$\therefore m_a = \dfrac{2{,}256m_e}{h_2-h_1} = \dfrac{2{,}256\times 1{,}500}{2884.15-167.44} ≒ 1245.62\text{kg/h}$

참고 40℃ 급수의 비엔탈피(h_1)=급수온도×물의 비열=40×4.186=167.44kJ/kg

★
12 80℃의 물을 급수하여 압력 0.85MPa의 증기 3,000kg/h를 발생시키는 보일러의 마력은 얼마인가? (단, 발생증기의 비엔탈피는 2,680kJ/kg이다.)

해답 보일러 마력(BPS)$=\dfrac{m_e}{15.65}=\dfrac{m_a(h_2-h_1)}{15.65\times 2{,}256}=\dfrac{3{,}000\times(2{,}680-33.88)}{15.65\times 2{,}256}\fallingdotseq 224.84\text{BPS}$

동영상 출제문제

★
01 오리피스미터의 측정원리를 설명하시오.

해답 오리피스(orifice)의 기본원리는 베르누이방정식으로 설명할 수 있다. 오리피스에서는 유체가 구멍을 통과할 때 단면적이 감소하므로, 속도가 증가하고 그에 따라 압력이 감소한다. 따라서 오리피스 전후의 차압(압력차)을 측정하면 유량을 구할 수 있다(오피리스를 통과할 때 압력손실이 발생하므로 여러 계수를 보정하며, 보정계수는 형상과 위치, 유체의 물성 등에 따라 달라지며 실험적으로 구한다).

★
02 수소(H_2)가 많은 연료를 사용할 때 배기가스 중 어떤 성분이 많이 증가하는가?

해답 H_2O(수증기)

★
03 증기트랩(steam trap)을 사용하는 목적(역할)을 2가지 쓰시오.

해답 ① 증기사용설비 및 배관 내의 응축수를 제거하여 증기의 잠열을 유효하게 이용할 수 있도록 한다.
② 응축수 배출로 증기관의 부식 및 수격작용을 방지한다.

04 전기식 집진장치의 원리에 대한 설명 중 ( ) 안에 알맞은 용어를 쓰시오.

> 판상 또는 관상으로 이루어진 집진전극을 (①)으로 하고, 집진전극 중앙에 매달린 금속선으로 이루어진 (②) 간에 직류 고전압을 가해서 (③)을 발생하게 하고, 이곳에 분진이 포함된 가스를 통과시키면 전극 주위의 함진가스는 (④)되면서 대전입자가 되어 정전기력에 의해 양극(+극)에 포집되어 처리되는 집진장치이다.

해답 ① 양극 ② 음극 ③ 코로나방전 ④ 이온화

05 수관길이방향으로 핀이 부착되어 있는 수관식 보일러의 멤브레인 월에 외경이 60mm, 길이가 2m인 수관 8개가 설치되어 있고, 폭 3mm, 두께 2.5mm, 길이 2m의 핀이 7개 부착되어 있을 때 전열면적(m^2)을 계산하시오. (단, 수관은 양쪽 면이 연소가스 등에 접촉하여 양쪽 면에 방사열을 받는 경우에 해당하여 계수 α는 1.0을 적용하고, 내부온도는 1,000℃, 외부온도는 430℃이다.)

해답 ① 수관의 전열면적

$A_1 = \pi DLn = \pi \times 0.06 \times 2 \times 8 ≒ 3.02\text{m}^2$

② 핀의 전열면적

$A_2 = bLn\alpha = 0.003 \times 2 \times 7 \times 1 ≒ 0.04\text{m}^2$

③ 전열면적의 합계

$A = A_1 + A_2 = 3.02 + 0.04 = 3.06\text{m}^2$

참고 길이방향으로 핀이 부착된 수관의 전열종류에 따른 계수(α)

연소가스 접촉형태	전열종류	계수(α)
양쪽 면이 연소가스 등에 접촉	양쪽 면에 방사열을 받는 경우	1.0
	한쪽 면에 방사열, 다른 면에 접촉열을 받는 경우	0.7
	양쪽 면이 접촉열을 받는 경우	0.4
한쪽 면이 연소가스 등에 접촉	방사열을 받는 경우	0.5
	접촉열을 받는 경우	0.2

★
06 수평형 원통 보일러에 설치되는 파형 노통의 장점을 3가지 쓰시오.

해답 ① 노통의 신축을 흡수할 수 있다.
② 외압에 대한 강도가 증가한다.
③ 전열면적이 증가한다.

07 공기압축기에서 기수분리기의 성능이 감소되어 수분이 충분히 제거되지 않을 때 발생하는 문제점을 2가지 쓰시오.

해답 ① 압축기의 효율 감소로 소비전력이 증가한다.
② 수분으로 인한 배관부식이 발생한다.
③ 압축공기를 사용하는 장치의 성능 저하 및 고장의 원인이 된다.

★
08 셸 앤드 튜브식(shell & tube type) 열교환기에 스파이럴튜브(spiral tube)를 사용하였을 때의 장점을 2가지 쓰시오.

해답 ① 유체의 유동(흐름)이 난류(turbulent flow)가 되어 전열효과가 좋다.
② 튜브(tube)의 전열면적이 증가한다.

2015년 제2회 에너지관리기사 실기

★
01 보일러 배기가스 여열을 이용하여 급수를 예열하면 보일러 열효율이 향상되고 연료가 절감되며, 급수와 관수의 온도차로 인한 열응력을 감소시킨다. 이 장치의 명칭을 쓰시오.

해답 절탄기(economizer)

02 보일러 급수관리에 관한 다음 물음에 답하시오.

1 가성소다, 탄산소다, 생석회 등을 사용하여 보일러수 중의 경도성분을 불용성의 화합물인 슬러지로 만들어 스케일 생성을 방지하는 내처리제의 명칭을 쓰시오.

2 경도성분을 제거하여 연수로 만드는 방법으로 고체의 이온교환체 입자층에 처리하여야 할 급수를 통하게 하여 이온교환체의 특정 이온과 처리하여야 할 급수 중의 이온과 교환하는 방법으로 급수를 처리하는 외처리법의 명칭을 쓰시오.

해답 1 연화제 2 이온교환법

★
03 자동제어의 편차를 없애기 위하여 조작량을 주는 방식을 3가지 쓰시오.

해답 ① 적분(I)동작 ② 비례적분(PI)동작 ③ 비례적분미분(PID)동작

04 요로의 효율을 좋게 운전하기 위한 방법을 2가지 쓰시오.

해답 ① 단열조치를 강화하여 방사열량을 감소시킨다.
② 가열온도를 적정 온도로 유지시켜 과열이 발생하지 않도록 한다.
③ 적정 공기비를 유지시켜 완전 연소가 되도록 한다.
④ 연소용 공기는 배열을 이용하여 예열시켜 공급한다.

05 두께 40cm의 벽체로 차단된 곳의 내부온도가 220℃, 외부벽체 표면온도가 20℃, 외부의 대류열전달률이 20W/m²·K인 경우 0℃에 노출되었다. 이 경우 벽체의 열전도율(W/m·K)을 구하시오.

해답 벽체를 통한 열전달량$(Q_1) = \frac{1}{\frac{b}{\lambda}} A\Delta T_1 = \frac{\lambda}{b} A\Delta T_1$

외부 표면에서의 대류에 의한 열전달량$(Q_2) = \alpha A \Delta T_2$

$Q_1 = Q_2$ 이므로

$\frac{\lambda}{b} A\Delta T_1 = \alpha A \Delta T_2$

$\therefore$ 열전도율$(\lambda) = \frac{b\alpha \Delta T_2}{\Delta T_1} = \frac{0.4 \times 20 \times (20-0)}{220-20} = 0.8\text{W/m}\cdot\text{K}$

참고 $\Delta T_1 = t_i - t_s[℃]$, $\Delta T_2 = t_s - t_o[℃]$

★
06 다음 (　) 안에 알맞은 숫자 및 용어를 넣으시오.

1. 열전대온도계의 기준접점(냉접점)은 열전대와 도선 또는 보상도선과 접합점으로 얼음통 속에 넣어 항상 (①)℃로 유지시켜야 한다.
2. 열선식 유량계는 저항선에 (②)를 흐르게 하여 (③)을 발생시키고 여기에 직각으로 (④)를 흐르게 하면 온도가 변화하는 변화율로부터 유속을 측정하는 방식과 유체의 온도를 전열선으로 일정 온도 상승시키는 데 필요한 전기량을 측정하여 유량을 측정하는 방식으로 분류된다.

해답 1 ① 0

2 ② 전류 ③ 열 ④ 유체

07 외기온도 27℃일 때 표면온도 227℃인 관 표면에서 방사에 의한 전열량은 자연대류에 의한 전열량의 몇 배가 되는지 계산하시오. (단, 방사율은 0.9, 스테판-볼츠만상수는 $5.67 \times 10^{-8}\text{W/m}^2\cdot\text{K}^4$, 대류열전달률은 $5.56\text{W/m}^2\cdot\text{K}$이다.)

해답 ① 관 표면적 1m²당 방사전열량$(q_R) = \frac{Q_R}{A_S}[\text{W/m}^2]$

$q_R = \varepsilon\sigma(T_1^4 - T_2^4) = 0.9 \times 5.67 \times 10^{-8} \times \{(227+273)^4 - (27+273)^4\} = 2776.03\text{W/m}^2$

② 관 표면적 1m²당 대류전열량$(q_C) = \frac{Q_C}{A}[\text{W/m}^2]$

$q_C = \alpha(T_s - T_o) = 5.56 \times \{(227+273) - (27+273)\} = 1{,}112\text{W/m}^2$

③ 전열량비

$\text{전열량비} = \frac{\text{방사전열량}}{\text{대류전열량}} = \frac{2776.03}{1{,}112} \fallingdotseq 2.50\text{배}$

08 수관식 보일러의 연소실 벽면에 수냉노벽을 설치하였을 때의 장점을 4가지 쓰시오.

해답 ① 전열면적의 증가로 증발량이 많아진다.
② 연소실 내의 복사열을 흡수한다.
③ 연소실 노벽을 보호한다.
④ 연소실 열부하를 높인다.
⑤ 노벽의 무게를 경감시킬 수 있다.

09 보일러 운전 중 연소용 공기의 온도를 20℃ 상승시키면 연료소비량이 1% 감소되는 것으로 가정할 경우 10℃ 외기를 80℃로 예열하여 공급할 때 연료의 총감소율(%)을 계산하시오.

해답 $\text{연료감소율} = 1 \times \frac{\text{상승된 공기온도}(\Delta t)}{20} = 1 \times \frac{80-10}{20} = 3.5\%$

★ 10 메탄(CH_4)가스를 공기 중에서 연소시키려 한다. 메탄의 저위발열량이 36,000kJ/kg이라면 고위발열량(kJ/kg)은 얼마인가? (단, 물의 증발잠열은 2,480kJ/kg이다.)

해답 ① 메탄(CH_4)의 완전 연소반응식
$CH_4 + 2O_2 \rightarrow CO_2 + 2H_2O$
② 메탄(CH_4) 1kg 연소 시 생성되는 수증기량
16kg : (2×18)kg = 1kg : x
$\therefore\ x = \frac{(2\times18)\times1}{16} = 2.25\text{kg}$
③ 고위발열량 : 메탄 연소 시 발생되는 수증기량과 물의 증발잠열을 곱한 수치를 저위발열량에 더한 값이 고위발열량이 된다.
$\therefore\ H_h = H_L + (\text{발생수증기량} \times \text{증발잠열}) = 36,000 + (2.25 \times 2,480) = 41,580\text{kJ/kg}$

부록 I

11 보일러의 배기가스성분을 분석한 결과 공기비가 1.3이고 이론배기가스량이 11.4Nm³/kg, 배기가스의 평균비열이 1.38kJ/Nm³·K, 이론공기량이 10.7Nm³/kg, 배기가스온도가 280℃, 연소용 공기의 공급온도가 20℃이었다. 다음 물음에 답하시오.

1 배기가스량(Nm³/kg)을 구하시오.
2 배기가스에 의한 손실열량(kJ/kg)을 구하시오. (단, 소수점 둘째자리에서 반올림하시오.)

해답 1 $G_w = G_{ow} + (m-1)A_o = 11.4 + \{(1.3-1)\times10.7\} = 14.61\text{Nm}^3/\text{kg}$
2 $Q = G_w C_w \Delta t = 14.61 \times 1.38 \times (280-20) \fallingdotseq 5242.07\text{kJ/kg}$

★
12 수관식 보일러의 보일러수 유동방식을 3가지 쓰고 설명하시오.

해답 ① 자연순환식 : 보일러수의 온도(밀도)차에 의하여 자연순환하는 형식이다.
② 강제순환식 : 순환펌프를 설치하여 보일러수를 강제로 순환시키는 형식이다.
③ 관류식 : 증기드럼을 폐지하고 긴 관으로 제작, 구성하여 관의 한 끝에서 펌프로 압송된 물을 가열, 증발, 과열의 과정을 거쳐 증기가 발생되는 형식이다.

동영상 출제문제

★
01 자동차가 다니는 터널 내부의 환기를 목적으로 천장부에 일정 간격으로 매달아 사용되는 팬의 명칭을 쓰시오.

해답 제트팬(jet fan)

참고 제트팬(jet fan) : 터널환기방식 중 종류식에 해당되는 것으로, 터널을 통과하는 차량에서 배출되는 매연, 분진 등 오염물질과 화재 시 발생하는 연기를 효과적으로 배출하기 위해 일정 간격으로 천장부에 설치되는 송풍기

02 지하에 설치되는 시수 저수조의 외부 표면에 엠보싱 처리가 되어 있는 이유를 설명하시오.

해답 저수조재료로 사용하는 스테인리스제 강판의 강도를 보강하여 내부에 저장되는 물의 압력 및 무게에 의한 파손을 방지하기 위한 것이다.

★
03 진공압력과 게이지압력을 측정할 수 있는 연성계에서 진공압력이 50cmHg일 때 절대압력(kPa(abs))은 얼마인가? (단, 대기압은 760mmHg이다.)

해답 $760 : 101.325 = 500 : P_v$

$$\therefore\ P_a = P_o - P_v = 101.325 - \frac{500}{760} \times 101.325 \fallingdotseq 34.66\,\text{kPa(abs)}$$

별해 절대압력(P_a)=대기압(P_o)−진공압(P_v)$=760-500=260$mmHg

$760 : 101.325 = 260 : P_a$

$$\therefore\ P_a = \frac{260}{760} \times 101.325 \fallingdotseq 34.66\,\text{kPa(abs)}$$

04 흡수식 냉온수기의 장점을 2가지 쓰시오.

해답 ① 냉온수기 하나로 냉방과 난방을 할 수 있다(에너지 절약).
② 설치면적이 좁고 조작이 간편하다.

참고 흡수식 냉온수기는 LNG, LPG 또는 도시가스 등의 연소열을 주동력원으로 하기 때문에 SO_2나 매연이 없고 NO_x의 배출이 적어 대기오염을 방지할 수 있다.

★ 05 보일러 드럼(drum)의 내압을 받는 동체에 생기는 응력 중 길이방향의 인장응력과 원둘레방향의 인장응력의 비는 얼마인가?

해답 길이방향의 인장응력$(\sigma_2) = \frac{PD}{4t}$[MPa]

원둘레(원주)방향의 인장응력$(\sigma_1) = \frac{PD}{2t}$[MPa]

$$\frac{\sigma_2}{\sigma_1} = \frac{PD}{4t} \times \frac{2t}{PD} = \frac{1}{2}$$

$\therefore \sigma_2 : \sigma_1 = 1 : 2$

★ 06 보온재의 구비조건을 5가지 쓰시오.

해답 ① 가볍고 흡수성이 작을 것
② 시공이 용이할 것
③ 보온능력이 우수할 것
④ 단열효과가 뛰어날 것
⑤ 가격이 저렴할 것
⑥ 장시간 사용하여도 변질되지 않을 것

07 선박을 이용해 운반하는 LNG의 주성분을 쓰시오.

해답 메탄(CH_4)

참고
- LNG(액화천연가스)는 천연가스를 −162℃ 상태에서 냉각하여 액화시킨 뒤 부피를 600분의 1로 압축시킨 것이다. 정제과정을 거쳐 순수메탄(CH_4)의 성분이 매우 높고 수분함량이 없다.
- LNG는 무색 투명한 액체로 주성분이 메탄(CH_4)이라는 점에서 주성분이 프로판(C_3H_8), 부탄(C_4H_{10})인 LPG(액화석유가스)와 구별된다. LNG가 도시가스로 주로 사용되고 있으며 전력, 공업용으로도 이용된다.

Engineer Energy Management

2015년 제4회 에너지관리기사 실기

★
01 공기예열기를 설치하였을 때의 장점을 4가지 쓰시오.

해답 ① 전열효율, 연소효율이 향상된다.
② 공기를 예열하여 공급하므로 불완전 연소가 감소된다.
③ 보일러 열효율이 향상(5~10% 상승)된다.
④ 품질이 낮은 연료도 사용 가능하다.

02 연료의 연소과정에서 매연, 수트(soot), 분진 등이 발생하는 원인을 4가지 쓰시오.

해답 ① 통풍력이 과대, 과소할 때
② 무리한 연소를 할 때
③ 연소실의 온도가 낮을 때
④ 연소실의 크기가 작을 때
⑤ 연료의 조성이 맞지 않을 때
⑥ 연소장치가 불량할 때
⑦ 운전기술이 미숙할 때

03 배기가스 중 매연 함유 입자를 중력으로 자연침강시키는 집진장치의 이름은 무엇인가?

해답 중력침강식

★
04 급수 중의 용존산소를 제거하여 점식과 같은 부식을 방지하는 목적으로 사용하는 탈산소제의 종류를 3가지 쓰시오.

해답 ① 아황산나트륨(Na_2SO_3) ② 히드라진(N_2H_4) ③ 탄닌

참고 보일러 급수 내처리제(청관제)의 종류와 약품
- pH 및 알칼리 조정제 : 수산화나트륨(NaOH), 탄산나트륨(Na_2CO_3), 인산나트륨(Na_3PO_4), 인산(H_3PO_4), 암모니아(NH_3)
- 연화제 : 수산화나트륨(NaOH), 탄산나트륨(Na_2CO_3), 인산나트륨(Na_3PO_4)
- 슬러지 조정제 : 탄닌($C_{76}H_{52}O_{46}$), 리그린, 전분($C_6H_{10}O_5$)
- 탈산소제 : 아황산나트륨(Na_2CO_3), 히드라진(N_2H_4), 탄닌
- 가성취화 방지제 : 황산나트륨(Na_2SO_4), 인산나트륨(Na_3PO_4), 질산나트륨, 탄닌, 리그린
- 기포 방지제 : 고급 지방산 폴리아민, 고급 지방산 폴리알코올

05 0.8MPa에서 건도가 0.7인 습증기를 교축과정을 통해 압력이 0.3MPa로 되었을 때 건도는 얼마인가? (단, 0.8MPa 상태의 포화수의 비엔탈피는 719.1kJ/kg, 포화증기의 비엔탈피는 2767.1kJ/kg이고, 0.3MPa 상태의 포화수의 비엔탈피는 567.7kJ/kg, 포화증기의 비엔탈피는 2726.5kJ/kg이다.)

해답 교축과정에서 비엔탈피는 일정한 등엔탈피과정이므로 0.8MPa 상태의 습증기 비엔탈피(h_1)와 0.3MPa 상태의 습증기 비엔탈피(h_2)는 동일하다.

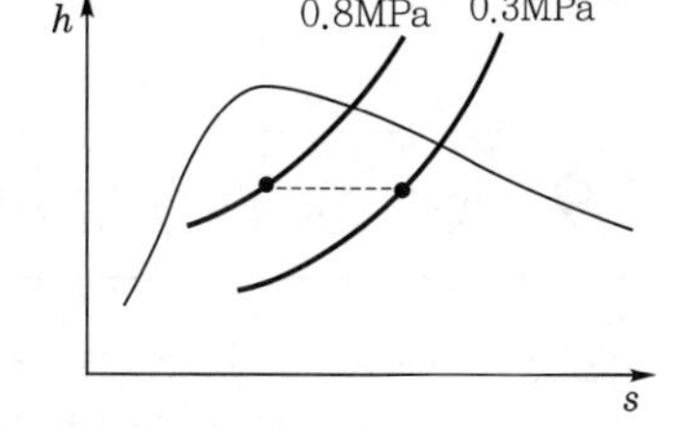

$h_1 = h' + \gamma x = h' + (h'' - h')x$이고 $h_1 = h_2$이므로

$h' + (h'' - h')x = i' + (i'' - i')x'$

$h' + (h'' - h')x - i' = (i'' - i')x'$

$\therefore\ x' = \dfrac{h' + (h'' - h')x - i'}{i'' - i'} = \dfrac{719.1 + (2767.1 - 719.1) \times 0.7 - 567.7}{2726.5 - 567.7} \fallingdotseq 0.73$

참고 실제 기체(증기)에서의 교축과정은 다음과 같다.

- 압력강하($P_1 > P_2$)
- 온도강하($T_1 > T_2$)
- 등엔탈피($h_1 = h_2$)
- 엔트로피 증가($dS > 0$)

06 배기가스 평균온도가 90℃, 비중량이 1.34kg/m³이고, 외기온도가 10℃, 비중량이 1.29kg/m³인 경우 통풍력이 2.5mmAq일 때 연돌의 높이(m)를 계산하시오. (단, 실제 통풍력은 이론통풍력의 80%에 해당된다.)

해답 실제 통풍력$(Z) = 273H\left(\dfrac{\gamma_a}{T_a} - \dfrac{\gamma_g}{T_g}\right) \times 0.8$

$\therefore\ H = \dfrac{Z}{273\left(\dfrac{\gamma_a}{T_a} - \dfrac{\gamma_g}{T_g}\right) \times 0.8} = \dfrac{2.5}{273 \times \left(\dfrac{1.29}{10+273} - \dfrac{1.34}{90+273}\right) \times 0.8} \fallingdotseq 13.21\text{m}$

07 프라이밍(priming)현상의 발생원인을 4가지 쓰시오.

해답 ① 주증기밸브를 급격하게 열었을 때(개방했을 때)
② 보일러 수위가 고수위인(높은) 경우
③ 관수가 농축되었을 때
④ 증기부하가 과대한 경우

★

08 직경 150mm인 배관에 물이 평균속도 3m/s로 이송될 때 질량유량(kg/s)을 계산하시오. (단, 물의 밀도는 1,000kg/m^{3}이다.)

해답 질량유량$(m) = \rho A V = \rho \dfrac{\pi d^2}{4} V = 1{,}000 \times \dfrac{\pi \times 0.15^2}{4} \times 3 = 53.01\text{kg/s}$

09 공업용 요로에 단열재를 사용하였을 때 나타나는 단열효과를 4가지 쓰시오.

해답 ① 축열 및 전열손실이 적어진다.
② 노내 온도가 균일해진다.
③ 노벽의 온도구배를 줄여 스폴링현상을 방지한다.
④ 노벽 내화물의 내구력이 증가한다.
⑤ 열손실을 방지하여 연료사용량을 줄일 수 있다.

★

10 다음 물음에 답하시오.

1 신에너지의 종류를 2가지 쓰시오.
2 재생에너지의 종류를 4가지 쓰시오.

해답 1) **신에너지의 종류**
① 수소에너지
② 연료전지
③ 석탄을 액화・가스화한 에너지 및 중질잔사유를 가스화한 에너지로서 대통령령으로 정하는 기준 및 범위에 해당하는 에너지
④ 그 밖에 석유・석탄・원자력 또는 천연가스가 아닌 에너지로서 대통령령으로 정하는 에너지

2) **재생에너지의 종류**
① 태양에너지
② 풍력
③ 수력
④ 해양에너지
⑤ 지열에너지
⑥ 생물자원을 변환시켜 이용하는 바이오에너지로서 대통령령으로 정하는 기준 및 범위에 해당하는 에너지
⑦ 폐기물에너지(비재생폐기물로부터 생산된 것은 제외)로서 대통령령으로 정하는 기준 및 범위에 해당하는 에너지
⑧ 그 밖에 석유・석탄・원자력 또는 천연가스가 아닌 에너지로서 대통령령으로 정하는 에너지

참고 신에너지 및 재생에너지의 개념(신에너지 및 재생에너지 개발・이용・보급 촉진법 제2조)
- 신에너지 : 기존의 화석연료를 변환시켜 이용하거나 수소・산소 등의 화학반응을 통하여 전기 또는 열을 이용하는 에너지
- 재생에너지 : 햇빛, 물, 지열, 강수, 생물유기체 등을 포함하는 재생 가능한 에너지를 변환시켜 이용하는 에너지

★
11 이상기체 5kg이 350℃에서 150℃까지 "$PV^{1.3}$=상수"에 따라 변화하였을 때 엔트로피의 변화량(kJ/K)을 계산하시오. (단, 가스의 정적비열은 0.653kJ/kg·K이고, 비열비(k)는 1.4이다.)

해답 폴리트로픽 과정 시 엔트로피 변화량$(\Delta S) = mC_n \ln\left(\frac{T_2}{T_1}\right) = mC_v\left(\frac{n-k}{n-1}\right)\ln\left(\frac{T_2}{T_1}\right)$

$$= 5 \times 0.653 \times \frac{1.3-1.4}{1.3-1} \times \ln\left(\frac{150+273}{350+273}\right) ≒ 0.421\text{kJ/K}$$

12 온수난방을 하고 있는 곳에 소요되는 열량이 시간당 87,906kJ이고 송수온도가 85℃, 환수온도가 25℃라면 온수의 순환량(kg/h)은 얼마인가? (단, 온수의 비열은 4.186kJ/kg·K이다.)

해답 $Q_s = mC(t_s - t_r)$[kJ/h]

$\therefore$ 온수순환량$(m) = \frac{Q_s}{C(t_s - t_r)} = \frac{87,906}{4.186 \times (85-25)} = 350\text{kg/h}$

동영상 출제문제

★
01 다음 물음에 답하시오.

1 보일러 상용수위는 수면계 어느 지점에 위치하는지 쓰시오.
2 수주관과 보일러를 연결하는 연락관의 호칭지름은 얼마인가 쓰시오.
3 보일러에 사용하는 저수위차단장치(경보장치)의 종류를 2가지 쓰시오.

해답 **1** 중심선(수면계 $\frac{1}{2}$ 지점)
2 20A 이상
3 ① 플로트식 ② 전극식 ③ 차압식 ④ 열팽창식

02 플레임 아이 화염검출기에 대한 물음에 답하시오.

1 이 화염검출기의 광전관은 고온에 노출되었을 때 오동작의 우려가 있으므로 주위 온도는 몇 ℃ 이상이 되지 않도록 하여야 하는가?
2 이 화염검출기에 사용되는 검출소자(cell)의 종류를 3가지 쓰시오.

해답 **1** 50℃
2 ① 황화카드뮴(Cds) 셀 ② 황화납(PbS) 셀 ③ 적외선 광전관 ④ 자외선 광전관

★

03 다음 ( ) 안에 알맞은 용어를 쓰시오.

> 차압식 유량계에 해당하는 오리피스미터는 (　　　)을(를) 측정하여 유량을 측정하는 간접식 유량계이다.

해답 차압(압력차)

참고 차압식 유량계
- 측정원리 : 베르누이방정식
- 종류 : 오리피스(orifice), 플로노즐(flow nozzle), 벤투리미터(venturimeter)
- 측정방법 : 조리개 전후에 연결된 액주계의 압력차를 이용하여 유량을 측정한다.

04 보일러 연도에 설치된 절탄기의 단점 3가지와 열정산 시 절탄기 전・후단 온도계 중 어느 쪽 온도를 사용하는지 쓰시오.

해답 1) **절탄기의 단점**

① 통풍저항이 커진다(통풍력이 감소한다).
② 연소가스온도의 저하로 저온부식이 발생될 우려가 있다.
③ 연도 내의 청소 및 점검이 어려워진다.

2) **절탄기 입구 온도계**

05 보일러 내 스케일(scale) 생성 방지대책을 2가지 쓰시오.

해답 ① 급수 중의 염류, 불순물을 되도록 제거한다.
② 보일러수의 농축을 방지하기 위하여 적절히 분출시킨다.
③ 보일러수에 약품을 넣어서 스케일성분이 고착하지 않도록 한다.
④ 수질분석을 하여 급수한계치를 유지하도록 한다.

06 흡수식 냉온수기의 장점을 2가지 쓰시오.

해답 ① 압축기를 사용하지 않으므로 소음 및 진동이 적고 전력소비도 작다.
② 냉온수기 하나로 냉방과 난방을 할 수 있다.

★
07 보온재, 보냉재, 단열재, 내화단열재, 내화물을 구분하는 온도를 각각 쓰시오.

해답 ① 보온재 : 무기질 보온재 300~800℃, 유기질 보온재 100~300℃
② 보냉재 : 100℃ 이하
③ 단열재 : 800~1,200℃ 이상
④ 내화단열재 : 1,300℃ 이상
⑤ 내화물 : 1,580℃ 이상

참고 내화재, 단열재, 보온재 및 보냉재의 구분

구분	온도범위
내화재	내화도가 SK26(1,580℃) 이상에서 사용
내화단열재	내화재와 단열재의 중간으로 SK10(1,300℃) 이상에 견디는 것
단열재	내화벽과 외벽의 사이에 끼워 단열효과를 얻는 것으로 800~1,200℃에 견디는 것
무기질 보온재	300~800℃ 정도까지 사용
유기질 보온재	100~300℃ 정도까지 사용
보냉재	100℃ 이하에서 사용

★
08 열관류율이 $20W/m^2 \cdot K$인 전열면의 내·외부온도차가 70℃이고 전열량이 137kW일 때 전열면적(m^2)을 계산하시오.

해답 $Q = KA(t_i - t_o)$[W]

$$\therefore \text{ 전열면적}(A) = \frac{Q}{K(t_i - t_o)} = \frac{137 \times 10^3}{20 \times 70} \fallingdotseq 97.86\text{m}^2$$

참고 1kW = 1kJ/s = 60kJ/min = 3,600kJ/h = 1,000W(=J/s)

부록 I

Engineer Energy Management

2016년 제1회 에너지관리기사 실기

★

01 유기질 보온재와 비교한 무기질 보온재의 특성을 5가지 쓰시오.

해답 ① 불에 잘 타는 탄소(C)를 포함하지 않기 때문에 불에 강하고 시공성이 우수하다.
② 기계적 강도가 크고 변형이 적다.
③ 내수성, 내구성이 우수하다.
④ 기공이 균일하고 열전도율(W/m・K)이 작다.
⑤ 가격은 고가이나 수명이 길다.

★

02 증기를 송기할 때 발생하는 수격작용(water hammer)에 대한 다음 물음에 답하시오.

1 수격작용의 정의를 쓰시오.
2 수격작용 방지대책을 3가지 쓰시오.

해답 1 수격작용은 배관 내부에 체류하는 응축수가 송기 시에 고온 고압의 증기에 의해 배관을 심하게 타격하여 소음을 발생하는 현상으로 배관 및 밸브류가 파손될 수 있다.

2 수격작용 방지대책
① 기수공발(carryover)현상 발생을 방지할 것
② 주증기밸브(main steam valve)를 서서히 개방할 것
③ 증기배관의 보온을 철저히 할 것
④ 응축수가 체류하는 곳에 증기트랩(steam trap)을 설치할 것

03 보일러 운전 중에 발생하는 프라이밍(priming)현상을 설명하시오.

해답 프라이밍현상은 급격한 증발현상으로 동수면에서 작은 입자의 물방울이 증기와 혼입하여 튀어 오르는 현상을 말한다.

참고 프라이밍현상의 발생원인
- 보일러 관수가 농축되었을 때
- 보일러 수위가 높을 때
- 송기 시 주증기밸브를 급개하였을 때
- 보일러 증발능력에 비하여 보일러수의 표면적이 작을 때
- 부하의 급격한 변화 및 증기 발생속도가 빠를 때
- 청관제 사용이 부적합할 때

04 보일러 집진장치의 입구와 출구의 함진농도를 측정한 결과 각각 50g/Nm^3, 5g/Nm^{3}일 때 집진효율(%)은 얼마인가?

해답 $\eta = \dfrac{\text{입구농도} - \text{출구농도}}{\text{입구농도}} \times 100\% = \dfrac{50-5}{50} \times 100\% = 90\%$

★

05 온도 27℃, 압력 5bar에서 비체적이 0.168m^3/kg인 이상기체의 기체상수(kJ/kg · K)는 얼마인가? (단, 압력은 절대압력이다.)

해답 이상기체상태방정식 $Pv = RT$

$\therefore$ 기체상수$(R) = \dfrac{Pv}{T} = \dfrac{500 \times 0.168}{27+273} = 0.28\text{kJ/kg} \cdot \text{K}$

참고
- $1\text{atm} = 760\text{mmHg} = 1.0332\text{kgf/cm}^2 = 10,332\text{kgf/m}^2 = 1.01325\text{bar}$
  $= 1013.25\text{mbar} = 101,325\text{Pa} = 101.325\text{kPa} = 0.101325\text{MPa}$
- $1\text{bar} = 10^5\text{Pa}(=\text{N/m}^2) = 100\text{kPa} = 0.1\text{MPa}$

06 증기압축식 냉동장치의 냉매순환프로세스(process)를 순서대로 나열하시오. (단, 액압축을 방지하는 장치와 액화된 냉매가 일시 체류하는 설비까지 포함한다.)

해답 증발기 → 액분리기(liquid separator) → 압축기 → 응축기 → 수액기 → 팽창밸브

★

07 시간당 30,000kg의 물을 절탄기를 통해 50℃에서 80℃로 높여 보일러에 급수한다. 절탄기 입구 배기가스 온도가 350℃이면 출구온도는 몇 ℃인가? (단, 배기가스량은 50,000kg/h, 배기가스의 비열은 1.045kJ/kg · K, 급수의 비열은 4.184kJ/kg · K 절탄기의 효율은 75%이다.)

해답 절탄기(economizer)에서 물이 흡수한 열량(Q_1)은 배기가스가 전달해 준 열량(Q_2)의 75%에 해당한다.

$Q_1 = \eta Q_2$

$m_1 C_1 (t_2 - t_1) = \eta\, m_g C_g (t_{g2} - t_{g1})$

$\therefore\ t_{g1} = t_{g2} - \dfrac{m_1 C_1 (t_2 - t_1)}{\eta m_g C_g} = 350 - \dfrac{30,000 \times 4.186 \times (80-50)}{0.75 \times 50,000 \times 1.045} \fallingdotseq 253.86℃$

부록 I

★
08 안쪽 반지름 55cm, 바깥 반지름 90cm인 구형 고압반응용기(K=41.87W/m·K) 내외의 표면온도가 각각 551K, 543K일 때 열손실은 몇 kW인가?

해답 $Q = K\dfrac{4\pi(T_i - T_o)}{\dfrac{1}{r_i} - \dfrac{1}{r_o}} = 41.87\times10^{-3}\times\dfrac{4\pi\times(551-543)}{\dfrac{1}{0.55}-\dfrac{1}{0.9}} ≒ 5.95\text{kW}$

09 랭킨사이클로 작동하는 증기원동소에서 과열증기의 비엔탈피 2,763kJ/kg, 습증기의 비엔탈피 2,219kJ/kg, 포화수의 비엔탈피 338kJ/kg일 때 열효율(%)을 계산하시오. (단, 펌프일은 무시한다.)

해답 $\eta_R = \dfrac{w_{net}}{q_1}\times100\% = \dfrac{w_t - w_p}{q_1}\times100\% = \dfrac{h_2 - h_3}{h_2 - h_1}\times100\% = \dfrac{2{,}763-2{,}219}{2{,}763-338}\times100\% ≒ 22.43\%$

10 보일러 폐열회수장치인 절탄기(economizer)를 사용하였을 때의 장점을 4가지 쓰시오.

해답 ① 관수와 급수의 온도차가 적어 증기 발생시간이 단축된다.
② 급수 중 일부 불순물이 제거된다.
③ 보일러 열응력(부동팽창)을 경감시킨다.
④ 열효율이 향상되고 연료가 절약된다.

★
11 자동제어에서 다음 제어를 간단히 설명하시오.

1 시퀀스제어
2 피드백제어

해답 1 시퀀스제어 : 미리 정해진 순서에 따라 동작하는 제어로 자동판매기, 보일러의 점화 등이 있다.
2 피드백제어 : 제어량의 크기와 목표값을 비교하여 그 값이 일치하도록 되돌림신호(피드백신호)를 보내어 수정동작을 하는 제어방식이다.

12 보일러를 가동할 때 점화가 불량한 경우 그 원인을 5가지 쓰시오.

해답 ① 점화버너의 공기비 조정이 나쁠 때
② 점화전극의 클리어런스가 맞지 않을 때
③ 점화용 트랜스의 전기스파크가 불량할 때
④ 연료의 유출속도가 너무 빠르거나 늦을 때
⑤ 연소실의 온도가 낮을 때

동영상 출제문제

01 액체연료를 사용하는 보일러에 오일서비스탱크를 설치하는 목적을 4가지 쓰시오.

해답 ① 보일러에 연료공급을 원활히 하기 위하여
② 2~3시간 연소할 수 있는 연료량을 저장하여 가열열원을 절감하기 위하여
③ 자연압에 의한 급유펌프까지 연료가 공급될 수 있도록 하기 위하여
④ 환류되는 연료를 재저장하기 위하여

★
02 태양열을 이용한 난방시스템에서 매니폴드(manifolder)의 역할을 설명하시오.

해답 매니폴드는 진공관으로 구성된 집열기에서 태양열을 이용하여 온수를 가열하는 장치로, 별도로 설치된 축열조에 온수를 저장하여 난방 및 급탕용으로 사용한다.

★
03 급격한 열응력에 의하여 내화물 및 캐스터블이 떨어지는 현상을 무엇이라 하는가?

해답 스폴링(spalling)현상

참고 1) **내화물에서 나타나는 현상**
- 스폴링(spalling)현상 : 박락현상이라 하며 내화물이 사용하는 도중에 갈라지든지, 떨어져 나가는 현상을 말한다.
- 슬래킹(slacking)현상 : 수증기를 흡수하여 체적변화를 일으켜 균열이 발생하거나 떨어져 나가는 현상으로 염기성 내화물에서 공통적으로 일어난다.
- 버스팅(bursting)현상 : 크롬철광을 원료로 하는 내화물이 1,600℃ 이상에서 산화철을 흡수하여 표면이 부풀어 오르고 떨어져 나가는 현상으로 크롬질 내화물에서 발생한다.

2) **스폴링(spalling)현상의 종류 및 발생원인**
- 열적 스폴링 : 온도의 급변에 의한 열응력
- 기계적 스폴링 : 기계적 압력 등이 고르지 않아 구조의 불균형
- 조직적 스폴링 : 화학적 슬래그 등에 의한 침식 및 열적인 변질

04 저수위경보장치(저수위차단장치)에 대한 다음 물음에 답하시오.

1 이 장치의 기능(역할)을 설명하시오.
2 이 장치와 같은 역할을 하는 것의 종류를 3가지 쓰시오.

해답 1 급수의 자동조절, 저수위경보 및 연료의 차단신호 등
2 ① 플로트식(또는 맥도널드식) ② 전극식 ③ 차압식 ④ 열팽창식

★
05 진공압력과 게이지압력을 측정할 수 있는 연성계에서 진공압력이 50cmHg일 때 절대압력 kPa(abs)은 얼마인가? (단, 대기압은 760mmHg이다.)

해답 $P_a = P_o - P_v = 101.325 - \dfrac{500}{760} \times 101.325 \fallingdotseq 34.66\,\text{kPa(abs)}$

06 보일러 연도에 설치된 절탄기의 단점 3가지와 열정산 시 절탄기 전・후단 온도계 중 어느 쪽 온도를 사용하는지 쓰시오.

해답 1) **절탄기의 단점**
① 통풍저항의 증가로 연돌의 통풍력이 저하된다.
② 연소가스온도 저하로 인한 저온부식의 우려가 있다.
③ 연도의 청소가 어렵다.
④ 연도의 점검 및 검사가 곤란하다.
2) **절탄기 입구 온도계**

★
07 원심펌프에 대한 다음 물음에 답하시오.

1 원심펌프의 종류를 2가지 쓰시오.
2 가동 중에 발생할 수 있는 이상현상을 2가지 쓰시오.

해답 1 ① 벌류트(volute)펌프 ② 터빈(turbine)펌프(디퓨저펌프)
2 ① 캐비테이션(cavitation)현상 ② 서징(surging)현상

참고 원심펌프는 회전차(impeller)의 회전에 의해 가압 송출되는 펌프로, 가이드 베인(guide vane)의 유무에 따라 벌류트(volute)펌프(안내날개 없음), 터빈(turbine)펌프(디퓨저펌프, 안내날개 있음)로 나뉜다.

08 보일러 자동제어장치를 설계 및 작동 시 주의할 점을 4가지 쓰시오.

해답 ① 제어동작이 신속하게 이루어지도록 할 것
② 제어동작이 불규칙한 상태가 되지 않도록 할 것
③ 잔류편차(offset)가 허용되는 범위를 초과하지 않도록 할 것
④ 응답의 신속성과 안정성이 있도록 할 것

2016년 제2회 에너지관리기사 실기

★

01 보일러 및 연소기에는 점화 및 착화하기 전에 반드시 프리퍼지(pre-purge)를 실시하는데 그 이유를 설명하시오.

해답 보일러를 가동하기 전에 노내와 연도에 체류하고 있는 가연성 가스를 배출시켜 점화 및 착화 시에 폭발을 방지하여 안전한 가동을 위한 것이다.

참고 포스트 퍼지(post-purge) : 보일러 운전이 끝난 후 노내와 연도에 체류하고 있는 가연성 가스를 배출시키는 작업

02 미리 정해진 순서에 따라 순차적으로 진행하는 제어방식의 명칭을 쓰시오.

해답 시퀀스제어(sequence control)

03 증기트랩을 사용할 때의 장점을 2가지 쓰시오.

해답 ① 워터해머(water hammer) 방지 ② 장치 내 부식 방지
③ 열효율 저하 방지 ④ 관내 마찰저항 감소

04 도시가스를 연소시켜 냉방과 난방을 하는 흡수식 냉온수기의 원리에 대하여 간단히 설명하시오.

해답 흡수식 냉온수기는 증발기, 응축기, 흡수기, 고온재생기(발생기)로 구성되며, 일반적으로 냉매로는 물(H_2O), 흡수제로는 브롬화리튬(LiBr)을 사용한다. 냉매와 흡수제는 저온에서는 혼합되고, 고온에서는 분리되는 성질을 이용하여 고온재생기에서 도시가스를 연소시켜 가열하면 냉매인 물이 분리되면서 수증기로 되어 응축기로 이송되고 냉각수를 순환시켜 물로 액화한 후 완전 진공에 가까운 상태의 증발기로 이송되며, 이곳에 냉수를 순환시키면 물이 기화하면서 7~10℃ 정도의 냉수가 만들어지고 이것을 공조기, 팬코일유닛 등에 순환시켜 냉방운전을 한다. 겨울철에는 고온재생기에서 분리되는 수증기를 고온재생기 상부를 통과하는 난방용 온수와 열교환하여 수증기가 액화되어 고온재생기 하부로 흘러 내려오고, 난방용 온수는 온도가 상승되며 공조기, 팬코일유닛에 순환시켜 난방운전을 한다.

참고 냉매 및 흡수제의 종류

냉매	흡수제	냉매	흡수제
암모니아(NH_3)	물(H_2O)	염화메틸(CH_3Cl)	사염화에탄
물(H_2O)	브롬화리튬(LiBr)	톨루엔	파라핀유

부록 I

★
05 내벽은 내화벽돌로 두께 20cm, 열전도율이 1.3W/m·℃, 외벽은 플라스틱절연체로 두께 10cm, 열전도율이 0.58W/m·℃로 되어 있는 노벽이 있다. 노 내부의 온도가 500℃, 외부의 온도가 100℃일 때 다음 물음에 답하시오.

1 단위면적당 전열량(W/m²)을 구하시오.

2 내화벽돌과 플라스틱절연체가 접촉되는 부분의 온도(℃)를 구하시오.

해답 1 $K=\frac{1}{R}=\frac{1}{\frac{l_1}{\lambda_1}+\frac{l_2}{\lambda_2}}=\frac{1}{\frac{0.2}{1.3}+\frac{0.1}{0.58}}\fallingdotseq 3.07\mathrm{W/m^2\cdot K}$

$\therefore\ q=\frac{Q}{A}=K(t_i-t_o)=3.07\times(500-100)\fallingdotseq 1{,}228\mathrm{W/m^2}$

2 접촉면까지 전달되는 열량은 1에서 계산된 손실열량과 같고 접촉면의 온도를 t_s라 하면

$q=\frac{1}{\frac{b_1}{\lambda_1}}(t_i-t_s)=\frac{\lambda_1}{b_1}(t_i-t_s)$

$\therefore\ t_s=t_i-\frac{qb_1}{\lambda_1}=500-\frac{1{,}228\times0.2}{1.3}\fallingdotseq 311.08℃$

★
06 보일러 연도에 설치된 절탄기의 조건이 다음과 같을 때 효율(%)을 구하시오.

- 절탄기에서 가열된 급수량 : 40,000kg/h
- 절탄기 입구 급수온도 : 25℃
- 절탄기 출구 급수온도 : 55℃
- 급수의 비열 : 4.185kJ/kg·℃
- 배기가스량 : 50,000kg/h
- 절탄기 입구 배기가스온도 : 350℃
- 절탄기 출구 배기가스온도 : 230℃
- 배기가스비열 : 1.05kJ/kg·℃

해답 절탄기 효율$(\eta_e)=\frac{\text{급수를 가열하는 데 필요한 열량}}{\text{배기가스 손실열량}}\times100\%$

$=\frac{m_sC_s(t_{wo}-t_{wi})}{m_gC_g(t_i-t_o)}\times100\%$

$=\frac{40{,}000\times4.185\times(55-25)}{50{,}000\times1.05\times(350-230)}\times100\%\fallingdotseq 79.71\%$

★
07 강관두께가 25mm이고, 리벳의 지름이 50mm이며, 피치 80mm로 1줄 겹치기 리벳이음에서 한 피치마다 작용하중이 15kN 작용하면 이 강판에 생기는 인장응력(MPa)과 효율(%)을 구하시오.

해답 ① 강판의 인장응력$(\sigma_t) = \dfrac{W_t}{A} = \dfrac{W_t}{(p-d)t} = \dfrac{15\times 10^3}{(80-50)\times 25} = 20\text{MPa}(=\text{N/mm}^2)$

② 강판의 효율$(\eta_t) = \left(1-\dfrac{d}{p}\right)\times 100\% = \left(1-\dfrac{50}{80}\right)\times 100\% = 37.5\%$

★
08 압력이 0.1MPa, 온도가 27℃인 증기 1kg이 $PV^n = C$(일정)이고 n=1.3인 폴리트로픽변화를 거쳐 300℃가 되었을 때 압력(MPa)은 얼마인가? (단, 비열비 k=1.4, 정적비열 C_v =0.72kJ/kg·K, 압력은 절대압력이다.)

해답 $\dfrac{T_2}{T_1} = \left(\dfrac{V_1}{V_2}\right)^{n-1} = \left(\dfrac{P_2}{P_1}\right)^{\frac{n-1}{n}}$

$\therefore\ P_2 = P_1\left(\dfrac{T_2}{T_1}\right)^{\frac{n}{n-1}} = 0.1\times\left(\dfrac{300+273}{27+273}\right)^{\frac{1.3}{1.3-1}} = 1.65\text{MPa}$

09 프로판 1Sm³를 공기 중에서 완전 연소 시 수증기를 포함한 이론연소가스량(Sm³/Sm³)을 계산하시오. (단, 공기조성은 체적으로 질소 79%, 산소 21%이다.)

해답 ① 이론공기량에 의한 프로판(C_3H_8)의 완전 연소반응식

$C_3H_8 + 5O_2 + N_2 \rightarrow 3CO_2 + 4H_2O + N_2$

② 이론연소가스량

$G_{ow} = N_2\text{량} + CO_2\text{량} + H_2O\text{량} = (1-0.21)A_o + CO_2\text{량} + H_2O\text{량}$

$= (1-0.21)\dfrac{O_o}{0.21} + CO_2\text{량} + H_2O\text{량}$

$= (1-0.21)\times\dfrac{5}{0.21} + 3 + 4 \fallingdotseq 25.81\text{Sm}^3/\text{Sm}^3$

참고 프로판 1Sm³가 연소할 때 체적으로 필요한 산소량(Sm³), 발생되는 이산화탄소량(Sm³) 및 수증기량(Sm³)은 완전 연소반응식에서 몰수에 해당된다.

부록 I

10 요로의 효율을 좋게 운전하기 위한 방법을 2가지 쓰시오.

해답 ① 단열조치를 강화하여 방사열량을 감소시킨다.
② 노내 연소가스를 순환시켜 연소가스량을 많게 한다.

★
11 터널요(tunnel kiln)를 구성하는 부분을 3가지 쓰시오.

해답 ① 대차 ② 샌드실 ③ 푸셔

참고 터널요(tunnel kiln)

1) **개요**

가마 내부에 레일이 설치된 터널형태의 가마로 가열물체를 실은 대차가 레일 위를 지나면서 예열, 소성, 냉각이 이루어져 제품이 완성되며 조작이 연속적으로 이루어지는 연속식 요의 대표적인 것이다.

2) **구조**

- 예열대 : 대차 입구로부터 소성대 입구까지의 부분
- 소성대 : 가마의 중앙부 양쪽에 2~20개 정도의 아궁이(연소실)가 설치된 부분
- 냉각대 : 소성대 출구로부터 대차 출구까지의 부분

3) **구성**

- 대차(kiln car) : 피소성품을 운반하는 장치
- 샌드실(sand seal) : 레일이 위치한 고온부의 열이 저온부로 이동하지 않도록 하기 위하여 설치하는 장치
- 푸셔(pusher) : 대차를 밀어 넣는 장치
- 공기재순환장치 : 여열 이용을 위한 공기순환장치

4) **특징**

- 예열, 소성, 냉각이 연속적으로 이루어지며 대차의 진행방향과 반대방향으로 연소가스가 진행된다.
- 소성이 균일하여 제품의 품질이 좋다.
- 온도조절과 자동화가 용이하다.
- 열효율이 좋아 연료비가 절감된다.
- 배기가스의 현열을 이용하여 제품을 예열한다.
- 제품의 현열을 이용하여 연소용 공기를 예열한다.
- 능력에 비해 설치면적이 작고 건설비가 적게 소요된다.
- 소성시간이 단축되며 대량생산에 적합하다.
- 생산량 조정이 곤란하다.
- 제품구성에 제한이 있고 다종 소량생산에는 부적합하다.
- 제품을 연속적으로 처리할 수 있는 시설이 있어야 한다.

★
12 복사난방의 장점을 4가지 쓰시오.

해답 ① 실내온도의 분포가 균등하여 쾌감도가 좋다.
② 방열기(radiator)가 필요하지 않으므로 비닥이용도가 높다.
③ 방이 개방상태에서도 난방효과가 있다.
④ 손실열량이 비교적 적다.
⑤ 공기대류가 적으므로 바닥면의 먼지 상승이 없다.

참고 복사난방의 단점
- 외기온도 급변에 따른 방열량 조절이 어렵다.
- 초기시설비가 많이 소요된다.
- 시공, 수리, 방의 모양을 변경하기가 어렵다.
- 고장(누수 등)을 발견하기가 어렵다.
- 열손실을 차단하기 위한 단열층이 필요하다.

동영상 출제문제

01 스팀헤더에 설치된 스프링식 안전밸브에서 증기가 누설이 되는 원인을 2가지 쓰시오.

해답 ① 스프링의 장력(tension)이 약할 때
② 밸브시트가 불량하거나 오염되어 있을 때
③ 밸브디스크와 밸브시트에 이물질이 있을 때

02 보일러 연도에 설치된 절탄기의 단점 중 3가지와 열정산 시 절탄기 전·후단 온도계 중 어느 쪽 온도를 사용하는지 쓰시오.

해답 1) **절탄기의 단점**
① 통풍저항이 커진다.
② 연소가스 온도의 저하로 저온부식이 발생될 우려가 있다.
③ 연도 내의 청소 및 점검이 어려워진다.
2) **절단기 입구 온도계**

03 수소(H_2)가 많은 연료를 사용할 때 배기가스 중 어떤 성분이 많이 증가하는가?

해답 수증기(H_2O)

★
04 신에너지 중 수소연료전지의 재료를 4가지 쓰시오.

해답 ① 수소 ② 천연가스 ③ 나프타 ④ 메탄올

참고 수소연료전지는 연료로 사용하는 수소와 공기 중 산소의 전기화학반응을 이용하여 전기와 열을 생산하는 것으로, 기계적 구동장치와 연소과정이 없어 소음(noise)이 적고 공해물질이 배출되지 않는다.

★
05 저위발열량이 41,316kJ/kg인 연료를 시간당 300kg 사용하는 보일러의 상당증발량(kg/h)을 구하시오. (단, 보일러 효율은 70%이다.)

해답 $\eta_B = \frac{2{,}256 m_e}{H_L \times m_f} \times 100\%$

$\therefore\ m_e = \frac{H_L m_f \eta_B}{2{,}256} = \frac{41{,}316 \times 300 \times 0.7}{2{,}256} = 3845.90\text{kg/h}$

참고 $\eta_B = \frac{m_a(h_2 - h_1)}{H_L \times m_f} \times 100\% = \frac{2{,}256 m_e}{H_L \times m_f} \times 100\%$

Engineer Energy Management

2016년 제4회 에너지관리기사 실기

★

01 보일러에서 발생하는 이상현상에 대하여 설명하시오.

1 프라이밍(priming)현상 2 포밍(foaming)현상
3 캐리오버(carry over)현상

해답 1 프라이밍(priming)현상 : 보일러가 과부하로 사용되는 경우에는 수위가 높았거나 드럼 내의 장치용품에 부적합한 결함이 있으면 보일러수가 몹시 비등하여 수면으로부터 끊임없이 물방울이 비산하여 증기실에 충만하고 수위가 불안정하게 되는 성질

2 포밍(forming)현상 : 보일러수에 불순물이 많이 함유하는 경우 보일러수의 비등과 함께 수면 부근에 거품이 층을 형성하여 수위가 불안정하게 되는 현상

3 캐리오버(carry over)현상 : 보일러에서 증기관 쪽에 보내는 증기에 수분(물방울)이 많이 함유되는 경우, 즉 증기가 나갈 때 수분이 따라가는 현상으로 프라이밍이나 포밍이 생기면 필연적으로 캐리오버가 일어남

02 석탄의 공업분석 측정항목 중 수분을 정량하는 방법을 설명하시오.

해답 수분은 107±2℃에서 1시간 건조시켜 시료무게에 대한 건조감량의 비(%)로 표시한다.

$$수분 = \frac{건조감량}{시료무게} \times 100\%$$

참고 석탄의 공업분석 시 측정항목

- 수분 : 107±2℃에서 1시간 건조시켜 시료무게에 대한 건조감량의 비(%)로 표시

$$수분 = \frac{건조감량}{시료무게} \times 100\%$$

- 회분 : 공기 중에서 800±10℃로 가열하여 회(灰)화한 시료무게에 대한 잔류회분량의 비(%)로 표시

$$회분 = \frac{잔류회분량}{시료무게} \times 100\%$$

- 휘발분 : 925±20℃에서 7분간 가열하여 시료무게에 대한 가열감량의 비(%)를 구하고, 여기에 정량한 수분(%)을 감한 것으로 표시

$$휘발분 = \frac{가열감량}{시료무게} \times 100 - 수분[\%]$$

- 고정탄소 : 시료무게 100%에서 수분(%), 회분(%), 휘발분(%)을 제외한 값으로 표시

$$고정탄소 = 100 - (수분 + 회분 + 휘발분)[\%]$$

※ 회는 석탄을 연소한 후 남겨지는 재와 같은 찌꺼기를 지칭한다(연탄재를 연상해 보면 된다).

부록 I

★
03 다음 ( ) 안에 '증가' 또는 '감소'를 쓰시오.

1 보온재의 열전도율은 기공이 클수록 ( )한다.
2 보온재의 열전도율은 습도가 높을수록 ( )한다.
3 보온재의 열전도율은 밀도가 작으면 ( )한다.
4 보온재의 열전도율은 온도가 상승하면 ( )한다.

해답 1 증가 2 증가 3 감소 4 증가

★
04 벙커C유를 사용하는 보일러에서 급수온도를 65℃에서 80℃로 상승시켰을 때 연료절감률(%)은 얼마인가? (단, 발생증기의 비엔탈피는 2,675kJ/kg이고, 보일러 효율은 변함이 없다.)

해답 발생증기의 비엔탈피(h_2)와 급수의 비엔탈피(h_1)의 차이가 연료를 연소시켜 공급해주어야 할 열량이고, 발생증기량, 연료사용량, 저위발열량 등은 변함이 없는 것으로 한다.

$$\therefore \text{ 연료절감률} = \frac{65℃\text{ 상태의 비엔탈피차} - 80℃\text{ 상태의 비엔탈피차}}{65℃\text{ 상태의 비엔탈피차}} \times 100\%$$

$$= \frac{(2{,}675-272.09)-(2{,}675-335)}{2{,}675-272.09} \times 100\% \fallingdotseq 2.62\%$$

05 관류 보일러의 장점을 4가지 쓰시오.

해답 ① 전열면적에 비하여 보유수량이 적으므로 가동시간이 짧다.
② 고압 보일러에 적합하다.
③ 관을 자유로이 배치할 수 있어 구조가 콤팩트하다.
④ 순환비가 1이므로 드럼이 필요 없다.

참고 관류 보일러의 단점
- 완벽한 급수 처리가 필요하다.
- 정확한 자동제어장치를 설치하여야 한다.
- 발생증기 중에 포함된 수분을 분리하기 위하여 기수분리기를 설치한다.

★
06 부정형 내화물의 종류 3가지를 쓰시오.

해답 ① 캐스터블 내화물 ② 플라스틱 내화물 ③ 레밍믹스
④ 내화 피복제 ⑤ 내화 모르타르

07 두께 20mm 강관에 스케일이 3mm 부착하였을 때 열전도저항은 초기상태인 강관의 몇 배에 해당되는가? (단, 강관의 열전도율은 40W/m·K, 스케일의 열전도율은 2W/m·K이다.)

해답 ① 강관의 열전도저항

$$R_1 = \frac{l_1}{\lambda_1} = \frac{0.02}{40} = 0.0005\text{m}^2 \cdot \text{K/W}$$

② 스케일의 열전도저항

$$R_2 = \frac{l_2}{\lambda_2} = \frac{0.003}{2} = 0.0015\text{m}^2 \cdot \text{K/W}$$

③ 강관과 비교한 열전도저항비

$$\text{열전도저항비} = \frac{\text{강관의 열저항} + \text{스케일의 열저항}}{\text{강관의 열저항}} = \frac{0.0005 + 0.0015}{0.0005} = 4\text{배}$$

★ 08 집진장치 중 세정식 집진장치의 장점과 단점을 각각 2가지씩 쓰시오.

해답 **1 장점**

① 구조가 간단하고 처리가스량에 비해 장치의 고정면적이 적다.
② 가동 부분이 적고 조작이 간단하다.
③ 포집된 분진의 취출이 용이하고 작동 시 큰 동력이 필요하지 않다.
④ 연속운전이 가능하고 분진의 입도, 습도 및 가스의 종류 등에 의한 영향을 많이 받지 않는다.
⑤ 가연성 함진가스의 세정에도 편리하게 이용할 수 있다.

2 단점

① 설비비가 비싸다.
② 다량의 물 또는 세정액이 필요하다.
③ 집진물을 회수할 때 탈수, 여과, 건조 등을 하기 위한 별도의 장치가 필요하다.
④ 한냉 시 세정액의 동결 방지대책이 필요하다.

참고 세정식 집진장치

1) **원리** : 분진이 포함된 배기가스를 세정액이나 액막 등에 충돌시키거나 접촉시켜 액체에 의해 포집하는 방식이다.

2) **종류**

- 유수식 : S형, 임펠러형, 회전형, 분수형 및 나선가이드베인형
- 가압수식 : 가압한 물을 분사시키고, 이것이 확산에 의해 배기가스 중의 분진을 포집하는 방식으로 벤투리 스크러버, 제트 스크러버, 사이클론 스크러버, 충전탑(세정탑) 등이 있다.
- 회전식 : 타이젠 와셔, 충격식 스크러버

09 보일러에서 발생하는 일반부식에 대한 내용에서 ( ) 안에 알맞은 용어를 쓰시오.

> 보일러수의 pH가 낮게 유지되어 약산성이 되면 약알칼리성의 (①)은 철(Fe)과 물(H_2O)로 중화 용해되면서 그 양이 감소하면 보일러 드럼의 철(Fe)이 물과 반응하여 그 감소량을 보충하는 방향으로 반응이 진행되기 때문에 강으로부터 용출되는 철의 양이 많아져 부식이 발생하게 된다. 보일러수에 용존산소가 존재하고 물의 온도가 고온이 되면 (①)은 용존산소와 반응하여 (②)로 산화된다.

해답 ① 수산화 제1철[$Fe(OH)_2$] ② 수산화 제2철[$Fe(OH)_3$]

참고
- pH가 낮을 때 수산화 제1철의 용해반응식

  $Fe(OH)_2 + 2H^+ \rightarrow Fe + 2H_2O$
- 수중에 용존산소가 있을 때 반응식

  $4Fe(OH)_2 + O_2 + 2H_2O \rightarrow 4Fe(OH)_3$
- 보일러수의 pH가 낮으면 부식 생성물인 수산화 제2철[$Fe(OH)_3$] 및 일부 산화가 안 된 수산화 제1철[$Fe(OH)_2$] 등의 불용성 물질이 강재 표면에 부착하여 적색을 띠는 녹이 발생한다.

★

10 배관 외경이 30mm인 길이 15m의 증기관에 두께 15mm의 보온재를 시공하였다. 관의 표면온도가 100℃, 보온재의 외부온도가 20℃일 때 단위시간당 손실열량은 몇 kW인가? (단, 보온재의 열전도율은 58.14W/m・K이다.)

해답 ① 보온재 피복 후 외측 반지름(r_o) 및 강관 외측 반지름(r_i)

$$r_o = \frac{0.03}{2} + 0.015 = 0.03\text{m}$$

$$r_i = \frac{0.03}{2} = 0.015\text{m}$$

② 보온관 표면적(대수평균면적)

$$A_m = \frac{2\pi L}{\ln\left(\frac{r_o}{r_i}\right)}(r_o - r_i) = \frac{2\pi \times 15}{\ln\left(\frac{0.03}{0.015}\right)} \times (0.03 - 0.015) \fallingdotseq 2.04\text{m}^2$$

③ 방열량

$$K = \frac{1}{R} = \frac{1}{\frac{l}{\lambda}} = \frac{1}{\frac{0.015}{0.05814}} = 3.876\text{W/m}^2 \cdot \text{K}$$

$$\therefore Q = KA_m \Delta t = 3.876 \times 2.04 \times (100 - 20) \fallingdotseq 632.56\text{kW}$$

별해
$$Q = \frac{2\pi L}{\frac{1}{\lambda}\ln\left(\frac{r_o}{r_i}\right)}(t_i - t_o) = \frac{2\pi \times 15}{\frac{1}{0.05814} \times \ln\left(\frac{0.03}{0.015}\right)} \times (100 - 20) \fallingdotseq 632.43\text{kW}$$

★
11 상온 상압의 공기유속을 피토관으로 측정하였더니 동압이 100mmAq이었다. 이때 유속(m/s)은 얼마인가? (단, 공기의 밀도는 1.293kg/m³, 물의 밀도는 1,000kg/m³, 피토관계수는 1이다.)

해답 $V = C\sqrt{2gh\left(\dfrac{\rho_w}{\rho_{Air}} - 1\right)} = 1\sqrt{2 \times 9.8 \times 0.1 \times \left(\dfrac{1{,}000}{1.293} - 1\right)} \fallingdotseq 38.91\text{m/s}$

★
12 다음과 같은 조건을 이용하여 증기 발생량(kg/h)을 계산하시오. (단, 보일러 열정산기준을 적용한다.)

- 급수온도 : 50℃
- 보일러 효율 : 85%
- 연료의 저위발열량 : 43,953kJ/Nm³
- 연료의 고위발열량 : 50,232kJ/Nm³
- 발생증기의 비엔탈피 : 2778.67kJ/kg
- 연료사용량 : 373.9Nm³/h
- 보일러 전열면적 : 102m²

해답 ① 급수의 비엔탈피(h_1)=급수온도×물의 비열=50×4.186=209.3kJ/kg

② $\eta_B = \dfrac{m_a(h_2 - h_1)}{H_h \times m_f} \times 100\%$

$\therefore\ m_a = \dfrac{H_h m_f \eta_B}{h_2 - h_1} = \dfrac{50{,}232 \times 373.9 \times 0.85}{2778.67 - 209.3} = 6213.38\text{kg/h}$

참고 보일러 열정산기준에서 발열량은 고위발열량을 적용하도록 규정하고 있다.

동영상 출제문제

01 증기원동소의 이상사이클인 랭킨(Rankine)사이클을 개선한 재열사이클과 재생사이클을 각각 설명하시오.

해답 ① 재열사이클(reheating cycle) : 증기의 초압을 높이면서 팽창 후의 증기건조도가 낮아지지 않도록 한 것으로 효율 증대보다는 터빈의 복수 장해를 방지하여 수명연장에 주안점을 둔 사이클이다.

② 재생사이클(regenerative cycle) : 팽창 도중의 증기를 터빈에서 추출하여 급수의 가열에 사용하는 사이클로 열효율이 랭킨사이클에 비해 증가한다.

★

02 대향류식 공기예열기에 240℃의 배기가스가 들어가서 160℃로 나오고, 연소용 공기는 20℃로 들어가서 90℃로 나올 때 이 공기예열기의 대수평균온도차(℃)를 계산하시오.

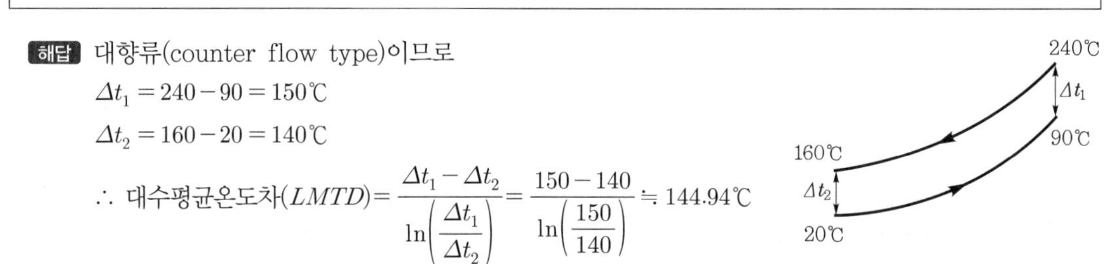

해답 대향류(counter flow type)이므로

$\Delta t_1 = 240 - 90 = 150℃$

$\Delta t_2 = 160 - 20 = 140℃$

$\therefore$ 대수평균온도차$(LMTD) = \dfrac{\Delta t_1 - \Delta t_2}{\ln\left(\dfrac{\Delta t_1}{\Delta t_2}\right)} = \dfrac{150-140}{\ln\left(\dfrac{150}{140}\right)} ≒ 144.94℃$

03 보일러 연도에 설치된 절탄기의 단점 3가지와 열정산 시 절탄기 전·후단 온도계 중 어느 쪽 온도를 사용하는지 쓰시오.

해답 1) **절탄기의 단점**

① 통풍저항이 커진다(통풍력이 감소한다).

② 연소가스온도의 저하로 저온부식이 발생될 우려가 있다.

③ 연도 내의 청소 및 점검이 어려워진다.

2) **절탄기 입구 온도계**

2017년 제1회 에너지관리기사 실기

★

01 가마울림현상의 방지대책을 4가지 쓰시오.

해답 ① 연료 속에 함유된 수분이나 공기는 제거한다.
② 연료량과 공급되는 공기량의 밸런스를 맞춘다.
③ 무리한 연소와 연소량의 급격한 변동은 피한다.
④ 연도의 단면이 급격히 변화하지 않도록 한다.

★

02 메탄 $3Nm^3$를 연소시키는 데 필요한 이론공기량은 몇 Nm^3인가?

해답 메탄(CH_4)의 완전 연소반응식

$CH_4 + 2O_2 \rightarrow CO_2 + 2H_2O$

$224 : (2 \times 22.4) = 3 : O_o$

$$O_o = \frac{2 \times 224 \times 3}{22.4} = 6Nm^3$$

$$\therefore A_o = \frac{O_o}{0.21} = \frac{6}{0.21} \fallingdotseq 28.57Nm^3$$

03 보일러에서 발생한 습포화증기를 연소가스 여열 등을 이용하여 압력을 일정하게 유지하면서 온도만을 높여 과열증기를 만드는 장치를 설치, 사용했을 때의 장점을 4가지 쓰시오.

해답 ① 열효율이 증가한다.
② 수격작용을 방지한다.
③ 관내 마찰저항이 감소한다.
④ 장치 내 부식을 방지한다.
⑤ 적은 증기로 많은 열을 얻을 수 있다.

04 자동제어 연속제어동작 중 비례동작의 특징을 4가지 설명하시오.

해답 ① 동작신호에 대하여 조작량의 출력변화가 일정한 비례관계에 있는 제어동작이다.
② 외란이 있으면 잔류편차(offset)가 발생한다.
③ 반응온도제어, 보일러 수위제어 등과 같이 부하변화가 작은 곳에 사용된다.
④ 비례대를 좁게 하면 조작량(밸브의 움직임)이 커진다.
⑤ 비례대가 좁게 되면 2위치 동작과 같게 된다.

★
05 보일러에 적용하는 자동제어 중 인터록(interlock)에 대하여 설명하시오.

해답 인터록은 어떤 일정한 조건이 충족되지 않으면 다음 단계의 동작이 작동하지 못하도록 저지하는 것으로 보일러의 안전한 운전을 위하여 반드시 필요한 것이다.

참고 보일러 인터록의 종류

- 압력초과 인터록 : 증기압력이 일정 압력에 도달할 때 전자밸브를 닫아 보일러 가동을 정지시키는 것으로 증기압력제한기가 해당된다.
- 저수위 인터록 : 보일러 수위가 안전저수위에 도달할 때 전자밸브를 닫아 보일러 가동을 정지시키는 것으로 저수위경보기가 해당된다.
- 불착화 인터록 : 버너 착화 시 점화되지 않거나 운전 중 실화가 될 경우 전자밸브를 닫아 연료 공급을 중지하여 보일러 가동을 정지시키는 것으로 화염검출기가 해당된다.
- 저연소 인터록 : 보일러 운전 중 연소상태가 불량하거나 저연소상태로 유량조절밸브가 조절되지 않으면 전자밸브를 닫아 보일러 가동을 정지시킨다.
- 프리퍼지 인터록 : 점화 전 일정 시간 동안 송풍기가 작동되지 않으면 전자밸브가 열리지 않아 점화가 되지 않는다.

06 보일러 운전 중 발생하는 비수현상(carryover)의 방지대책을 4가지 쓰시오.

해답 ① 과부하운전을 하지 않는다.
② 보일러수의 농축을 방지한다.
③ 주증기밸브를 급개방하지 않는다(천천히 연다).
④ 고수위운전을 하지 않는다(정상수위로 운전한다).

참고 비수현상의 발생원인

- 보일러수의 농축
- 주증기밸비의 급개방
- 보일러수 내의 부유물, 불순물 함유
- 과부하운전
- 고수위운전
- 비수방지관 미설치 및 불량

★
07 다음의 조건으로 운전되는 보일러의 효율(%)을 계산하시오.

- 연료의 연소열 : 1,200MJ/kg
- 배기가스 손실열 : 80MJ/kg
- 미연소분에 의한 손실열 : 40MJ/kg

해답 $\eta_B = \left(1 - \frac{\text{열손실합계}}{\text{입열합계}}\right) \times 100\% = \left(1 - \frac{80+40}{1,200}\right) \times 100\% = 90\%$

★
08 20℃ 물 10kg을 100℃ 건포화증기로 만들 때 필요한 열량(kJ)을 구하시오.

해답 ① 20℃의 물을 100℃ 물(포화수)로 가열 시 현열량
$Q_s = mC(t_2 - t_1) = 10 \times 4.186 \times (100 - 20) = 3348.8\text{kJ}$
② 100℃ 포화수(물)를 100℃ 건포화증기로 변화 시 가열량(잠열)
$Q_L = m\gamma_o = 10 \times 2{,}256 = 22{,}560\text{kJ}$
③ 전체 가열량(Q)$= Q_s + Q_L = 3348.8 + 22{,}560 = 25908.8\text{kJ}$

★
09 관류 보일러의 종류를 4가지 쓰시오.

해답 ① 벤슨(Benson) 보일러
② 슐처(sulzer) 보일러
③ 소형 관류 보일러
④ 강제순환식 소형 관류 보일러

10 다음 반응식을 이용하여 CO 1kg이 완전 연소하였을 때의 발열량(MJ/kg)을 구하시오.

$C + O_2 \rightarrow CO_2 + 405\text{MJ/kmol}$
$C + 0.5O_2 \rightarrow CO + 283\text{MJ/kmol}$

해답 헤스의 법칙에 의하여 탄소가 완전 연소하였을 때 발생하는 발열량에서 탄소가 불완전 연소하였을 때 발생하는 발열량과의 차이가 일산화탄소가 완전 연소하였을 때 발열량이 된다.

$\therefore$ CO발열량$= \dfrac{\text{탄소의 완전 연소발열량} - \text{탄소의 불완전 연소발열량}}{\text{일산화탄소 1kmol의 질량}}$

$= \dfrac{405 - 283}{28} \fallingdotseq 4.36\text{MJ/kg}$

참고 헤스(Hess)의 법칙
총열량 불변의 법칙이라 하며, 임의의 화학반응에서 발생(또는 흡수)하는 열은 변화 전과 변화 후의 상태에 의해서 정해지며 그 경로는 무관하다.

$C + \frac{1}{2}O_2 \rightarrow CO + Q_1[\text{MJ/kg}]$

$CO + \frac{1}{2}O_2 \rightarrow CO_2 + Q_2[\text{MJ/kg}]$

$C + O_2 \rightarrow CO_2 + Q_3[\text{MJ/kg}]$

$\therefore\ Q_1 + Q_2 = Q_3[\text{MJ/kg}] \rightarrow Q_2 = Q_3 - Q_1[\text{MJ/kg}]$

부록 I

11 마그네시아 또는 돌로마이트를 원료로 하는 내화물이 수증기의 작용을 받아 $Ca(OH)_2$나 $Mg(OH)_2$를 생성하는데, 이때 큰 비중변화에 의하여 체적변화를 일으키기 때문에 노벽에 균열이 발생하거나 붕괴하는 현상을 무엇이라고 하는가?

해답 슬래킹현상

참고 내화물에서 나타나는 현상

- 스폴링(spalling)현상 : 박락현상이라 하며 내화물이 사용하는 도중에 갈라지든지 떨어져 나가는 현상을 말한다.
- 슬래킹(slaking)현상 : 수증기를 흡수하여 체적변화를 일으켜 균열이 발생하거나 떨어져 나가는 현상으로 염기성 내화물에서 공통적으로 일어난다.
- 버스팅(bursting)현상 : 크롬철광을 원료로 하는 내화물이 1,600℃ 이상에서 산화철을 흡수하여 표면이 부풀어 오르고 떨어져 나가는 현상으로 크롬질 내화물에서 발생한다.

★
12 보온재의 열전도율이 작아지는 원인을 4가지 쓰시오.

해답 ① 재료의 두께가 두꺼울수록 ② 재료의 밀도가 작을수록
③ 재료의 온도가 낮을수록 ④ 재질 내 수분이 적을수록

참고 열전도율에 영향을 주는 요소

- 온도 : 온도가 상승되면 열전도율은 직선적으로 상승한다.
- 수분 및 습기 : 수분이나 습기를 함유(흡습)하면 열전도율은 상승한다.
- 비중(밀도) : 보온재의 비중(밀도)이 크면 열전도율이 증가한다.

동영상 출제문제

01 선박을 이용해 운반하는 LNG의 주성분을 쓰시오.

해답 메탄(CH_4)

참고 LNG : 액화천연가스로, 주성분인 메탄(CH_4)의 비점(−161.5℃) 이하로 냉각하여 액화한 것이다. 액화하면 체적이 1/600로 감소하므로 선박 등을 이용하여 장거리 이송이 가능하다.

★
02 수소(H_2)가 많은 연료를 사용할 때 배기가스 중 어떤 성분이 많이 증가하는가?

해답 수증기(H_2O)

참고 수소(H_2)가 산소(O_2)와 연소반응을 하면 수증기(H_2O)가 발생한다.

$$2H_2 + O_2 \rightarrow 2H_2O$$

03 내화물을 제조하는 터널요(tunnel kiln)에서 소성품을 싣고 연소가스 진행방향과 반대방향으로 진행하는 것의 명칭을 쓰시오.

해답 대차

★
04 배관 중에 바이패스(by-pass)배관을 설치하는 이유를 설명하시오.

해답 바이패스배관은 배관 중에 유량계, 수량계, 감압밸브(리듀싱밸브), 순환펌프 등의 설치위치에 고장, 보수 등에 대비하여 설치하는 우회배관이다.

★
05 노통 연관 보일러 연소실 후면에 설치되는 방폭문의 역할(기능)을 설명하시오.

해답 방폭문은 연소실 내의 미연소가스의 폭발 및 역화 시 그 내부압력을 외부로 방출시켜 동체의 파열사고를 방지하는 장치이다.

참고 방폭문의 종류 : 개방식(스윙식), 밀폐식(스프링식)

★
06 대향류식 공기예열기에 240℃의 배기가스가 들어가서 160℃로 나오고, 연소용 공기는 20℃로 들어가서 90℃로 나올 때 이 공기예열기의 대수평균온도차(℃)를 계산하시오.

해답 대향류(counter flow type)이므로

$\Delta t_1 = 240 - 90 = 150$℃

$\Delta t_2 = 160 - 20 = 140$℃

∴ 대수평균온도차$(LMTD) = \dfrac{\Delta t_1 - \Delta t_2}{\ln\left(\dfrac{\Delta t_1}{\Delta t_2}\right)} = \dfrac{150 - 140}{\ln\left(\dfrac{150}{140}\right)} \fallingdotseq 144.94$℃

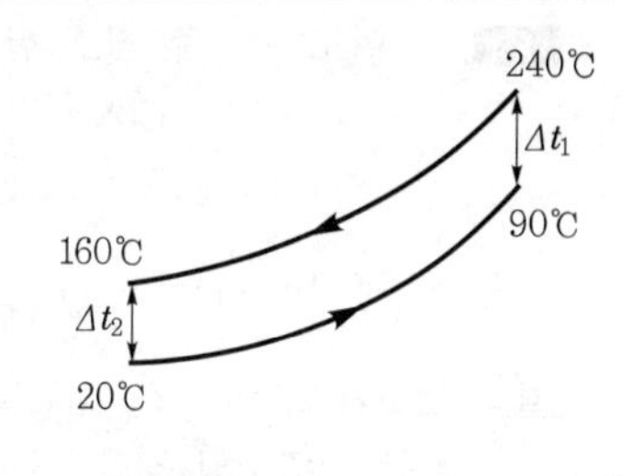

07 보일러 자동제어장치를 설계 및 작동 시 주의할 점을 4가지 쓰시오.

해답 ① 제어동작이 신속하게 이루어지도록 할 것
② 제어동작이 불규칙한 상태가 되지 않도록 할 것
③ 잔류편차(offset)가 허용되는 범위를 초과하지 않도록 할 것
④ 응답의 신속성과 안정성이 있도록 할 것

2017년 제2회 에너지관리기사 실기

01 지름 80mm인 배관에 지름 20mm인 오리피스를 설치하여 공기의 유량을 측정하려 한다. 오리피스 전후의 차압이 120mmH_2O 발생하였을 때 유량(L/min)을 계산하시오. (단, 물의 밀도는 1,000kg/m^3, 공기의 밀도는 1.2kg/m^3, 유량계수는 0.66이다.)

해답 $Q = CA_2V_2 = CA_2\dfrac{1}{\sqrt{1-\left(\dfrac{d_2}{d_1}\right)^4}}\sqrt{2gh\left(\dfrac{\rho_w}{\rho_{Air}}-1\right)}$

$= 0.66 \times \dfrac{\pi \times 0.02^2}{4} \times \dfrac{1}{\sqrt{1-\left(\dfrac{20}{80}\right)^4}} \times \sqrt{2 \times 9.8 \times 0.12 \times \left(\dfrac{1,000}{1.2}-1\right)}$

$= 9.138 \times 10^{-3}\text{m}^3/\text{s} = 548.29\text{L/min}$

★
02 중유를 연소하는 가열로의 연소가스를 분석했을 때 체적비로 CO_2가 15.0%, CO가 1.2%, O_2가 8.0%이고, 나머지가 N_2인 결과를 얻었다. 이 경우의 공기비를 계산하시오. (단, 연료 중에는 질소가 포함되어 있지 않고, 공기 중 질소와 산소의 부피비는 79 : 21이다.)

해답 ① 연도가스 중 질소 함유율

$N_2 = 100-(CO_2+CO+O_2) = 100-(15+1.2+8) = 75.8\%$

② 공기비 : 연도가스 중 일산화탄소(CO)가 포함된 것은 불완전 연소가 된 것이다.

$\text{공기비}(m) = \dfrac{N_2}{N_2-3.76(O_2-0.5CO)} = \dfrac{75.8}{75.8-3.76\times(8-0.5\times1.2)} \fallingdotseq 1.58$

참고 연소가스(연도가스) 함유율에 의한 공기비 계산식

- 완전 연소인 경우 : 연소가스 중 일산화탄소(CO)가 포함되지 않은 경우

$$m = \frac{N_2}{N_2-3.76O_2}$$

- 불완전 연소인 경우 : 연소가스 중 일산화탄소(CO)가 포함된 경우

$$m = \frac{N_2}{N_2-3.76(O_2-0.5CO)}$$

★
03 보일러에서 연료를 연소 후 배출되는 배기가스 중에 함유된 분진 등을 제거하는 집진장치를 3가지로 분류하여 쓰시오.

해답 ① 건식 집진장치　② 습식 집진장치　③ 전기식 집진장치

참고 집진장치의 분류 및 종류

- 건식 집진장치 : 중력식, 관성력식, 원심력식(사이클론, 멀티클론), 여과식(백필터) 등
- 습식 집진장치 : 벤투리 스크러버, 제트 스크러버, 사이클론 스크러버, 충전탑(세정탑) 등
- 전기식 집진장치 : 코트렐 집진기

04 보일러에서 연소 중에 발생하는 역화의 원인을 4가지 쓰시오.

해답 ① 연도댐퍼의 개도를 너무 좁힌 경우
② 연도댐퍼가 고장이 나서 폐쇄된 경우
③ 연소량을 증가시킬 경우는 공급공기량을 증가시키고 나서 연료량을 증가시키고, 반대로 연소량을 감소시킬 경우에는 우선 연료량을 감소시키고 나서 공급공기량을 감소시켜야 하는데 그 반대로 조작한 경우
④ 압입통풍이 너무 강한 경우
⑤ 흡입통풍이 부족한 경우
⑥ 평형통풍인 경우 압입, 흡입의 두 통풍밸런스가 유지되지 못하는 경우
⑦ 불완전 연소의 상태가 두드러진 경우
⑧ 보일러 용량 이상으로 연소량을 증가시키는 무리한 연소를 한 경우
⑨ 연료공급량조절장치의 고장 등으로 인하여 분무량이 급격히 증가한 경우
⑩ 연소실 벽이나 노상 또는 버너타일에 카본이 다량으로 부착된 경우

참고 역화(backfire)의 원인

1) 점화 시의 역화의 원인

- 프리퍼지의 불충분이나 또는 하지 않은 경우
- 착화가 지연되거나 또는 불착화를 발견하지 못하고 연료를 노내에 분무한 경우
- 점화봉, 점화용 전극, 점화용 버너 등의 점화원을 사용하지 않고 노의 잔열로 점화한 경우
- 연료공급밸브를 필요 이상 급개하여 다량으로 분무한 경우
- 점화원을 가동하기 전에 연료를 분무해버린 경우

2) 연도의 구성 결함 등으로 인한 역화의 원인

- 연도의 굴곡이 심한 경우
- 연도가 너무 긴 경우
- 연도에 가스포켓이 있는 경우
- 연도가 지하수 등이 용출되기 쉬운 장소에 위치하고 있어 습기가 차기 쉬운 경우

3) 기타 역화의 원인

- 중유의 인화점이 너무 낮은 경우
- 수분이나 협잡물의 함유비율이 높은 경우 또는 공기가 들어 있는 경우
- 유압이 과대한 경우
- 분사공기(또는 증기)의 압력이 불안정한 경우

★
05 외경 100mm, 두께 2.5mm, 직관길이 2m인 연관 9개의 전열면적(m^2)을 계산하시오.

해답 ① 연관의 내경 : 외경(D_o)에서 내경(D_i)을 계산할 경우 배관 좌측과 우측의 두께를 빼 주어야 내경이 된다.

$D_i = D_o - 2t = 100 - 2 \times 2.5 = 95\text{mm}$

② 연관 9개의 전열면적

전열면적$(A) = \pi D_i L n = \pi \times 0.095 \times 2 \times 9 ≒ 5.37\text{m}^2$

참고 전열면적을 계산할 때 연관은 내경(안지름)을, 수관은 외경(바깥지름)을 적용한다.

06 펌프 입구 및 토출측에 설치하는 플렉시블조인트(flexible joint)를 설치하는 이유를 설명하시오.

해답 펌프에서 발생하는 진동을 흡수하여 배관에 전달되지 않도록 하고, 온도변화에 따른 배관의 열팽창을 흡수하여 고장이 발생하는 것을 방지하기 위하여 플렉시블조인트(flexible joint)를 설치한다.

★
07 다음 물음에 답하시오.

1. 신에너지의 종류를 2가지 쓰시오.
2. 재생에너지의 종류를 4가지 쓰시오.

해답 1 신에너지의 종류

① 수소에너지
② 연료전지
③ 석탄을 액화·가스화한 에너지 및 중질잔사유를 가스화한 에너지로서 대통령령으로 정하는 기준 및 범위에 해당하는 에너지
④ 그 밖에 석유·석탄·원자력 또는 천연가스가 아닌 에너지로서 대통령령으로 정하는 에너지

2 재생에너지의 종류

① 태양에너지
② 풍력
③ 수력
④ 해양에너지
⑤ 지열에너지
⑥ 생물자원을 변환시켜 이용하는 바이오에너지로서 대통령령으로 정하는 기준 및 범위에 해당하는 에너지
⑦ 폐기물에너지(비재생폐기물로부터 생산된 것은 제외)로서 대통령령으로 정하는 기준 및 범위에 해당하는 에너지
⑧ 그 밖에 석유·석탄·원자력 또는 천연가스가 아닌 에너지로서 대통령령으로 정하는 에너지

08 실내온도 20℃, 실외온도 10℃일 때 두께 4mm인 유리를 통한 단위면적 1m²당 이동열량(W)을 구하시오. (단, 유리의 열전도율은 0.76W/m · ℃, 내면과 외면의 열저항은 10m² · ℃/W, 50m² · ℃/W이다.)

해답 $Q = KA\Delta t = \left(\dfrac{1}{R_1 + \dfrac{b}{\lambda} + R_2}\right) A\Delta t = \left(\dfrac{1}{10 + \dfrac{0.004}{0.76} + 50}\right) \times 1 \times (20 - 10) \fallingdotseq 0.17\,\mathrm{W}$

09 다음에서 설명하는 보일러 명칭을 쓰시오.

> 급수펌프에 의해 급수를 압입하여 하나로 된 관에서 가열, 증발, 과열과정을 거쳐 순환하는 보일러로 벤슨 보일러, 슐처 보일러가 대표적이다.

해답 관류 보일러

★
10 보일러 전열면에 부착된 그을음이나 연소 잔재물 등을 제거하여 연소열의 흡수를 양호하게 유지할 수 있도록 해주는 장치의 명칭을 쓰시오.

해답 수트 블로어(soot blower)

참고 수트 블로어의 역할 : 보일러 전열면의 외측에 붙어 있는 그을음 및 재를 압축공기나 증기를 분사하여 제거하는 장치로 주로 수관 보일러에 사용한다.

★
11 원심펌프의 비교회전도를 구하는 공식을 쓰고 설명하시오.

해답 단흡입 단단 펌프일 때 $N_s = \dfrac{N\sqrt{Q}}{H^{\frac{3}{4}}}$[rpm · m³/min · m]

여기서, N_s : 비속도(비교회전도)(rpm · m³/min · m), N : 펌프의 회전수(rpm)
Q : 토출(송출)량(m³/min), H : 전양정(m), n : 단수

참고 • 비교회전도(비속도) : 토출량이 1m³/min, 양정 1m가 발생하도록 설계한 경우의 판상 임펠러의 분당 회전수를 나타내는 것으로 비교회전수라 한다.
• 양흡입 다단펌프인 경우

$$N_s = \frac{N\sqrt{\dfrac{Q}{2}}}{\left(\dfrac{H}{n}\right)^{\frac{3}{4}}} = \frac{N\left(\dfrac{Q}{2}\right)^{\frac{1}{2}}}{\left(\dfrac{H}{n}\right)^{\frac{3}{4}}}[\mathrm{rpm} \cdot \mathrm{m^3/min} \cdot \mathrm{m}]$$

부록 I

12 원심펌프에서 발생하는 캐비테이션(cavitation)현상을 방지하기 위하여 펌프 선정, 설치높이 또는 운전방법에 관련된 사항을 4가지로 구분하여 설명하시오.

해답 ① 2대 이상의 펌프를 사용하는 방법이나 양흡입펌프를 선정한다.
② 펌프의 위치를 낮게 설치하여 흡입양정을 짧게 한다.
③ 펌프의 회전수를 낮추어 흡입되는 유체의 속도를 낮춘다.
④ 수직축펌프를 사용하여 임펠러(회전차)를 수중에 완전히 잠기게 한다.

동영상 출제문제

01 액체연료의 연소장치인 로터리버너의 특징을 4가지 쓰시오.

해답 ① 분무컵을 고속으로 회전시켜 연료를 분출하고 1차 공기를 이용하여 무화시키는 방식이다.
② 종류에는 직결식(3,000~3,500rpm)과 벨트식(7,000~10,000rpm)이 있다.
③ 설비가 간단하고 자동화가 쉽다.
④ 점도가 작을수록 분무상태가 양호해진다.
⑤ 고점도 연료는 예열이 필요하다.
⑥ 청소, 점검, 수리가 간편하다.
⑦ 분무각도 30~80°, 연료유압은 0.003~0.005MPa이다.
⑧ 유량 조절범위가 1 : 5이다.

★
02 보일러 급수를 외처리하는 장치인 탈기기(deaerator)의 기능을 쓰시오.

해답 탈기기는 보일러 급수 중의 산소(O_2), 탄산가스(CO_2) 등의 용존가스를 제거하여 부식을 방지하는 장치이다.

★
03 보온재의 구비조건을 5가지 쓰시오.

해답 ① 열전도율(열전도계수)이 작을 것
② 흡습성이 작을 것
③ 비중(밀도)이 작을 것(가벼울 것)
④ 적당한 기계적 강도를 가질 것
⑤ 시공이 용이하고 가격이 저렴할 것
⑥ 장시간 사용해도 변질되지 않을 것

★
04 보일러 부속장치 중 하나인 저수위차단장치에 의하여 동작되는 기능을 2가지 쓰시오.

해답 ① 최저수위까지 내려가기 직전에 저수위 경보
② 최저수위까지 내려가는 즉시 연료 차단

05 보일러 자동제어장치를 설계 및 작동 시 주의할 점을 4가지 쓰시오.

해답 ① 제어동작이 신속하게 이루어지도록 할 것
② 제어동작이 불규칙한 상태가 되지 않도록 할 것
③ 잔류편차(offset)가 허용되는 범위를 초과하지 않도록 할 것
④ 응답의 신속성과 안정성이 있도록 할 것

★
06 보일러 운전조건이 다음과 같을 때 물음에 답하시오.

- 급수사용량 : 4,000L/h
- B−C유 소비량 : 300L/h
- 급수온도 : 90℃
- 포화증기의 비엔탈피 : 2819.27kJ/kg
- 연료발열량 : 41,023kJ/kg
- 급수의 비체적 : 0.001036m^3/kg
- 급유온도 : 65℃
- 15℃의 B−C유 비중 : 0.965
- 온도에 따른 체적보정계수(k) : $0.9754-0.00067(t-50)$

1 시간당 증기 발생량(kg/h)을 구하시오.
2 시간당 연료소비량(kg/h)을 구하시오.
3 보일러 효율(%)을 구하시오.

해답 1 증기 발생량(kg/h)은 급수량(kg/h)과 같으며, 급수의 비체적을 이용하여 급수량단위를 kg으로 전환한다.

$$\therefore \text{시간당 증기 발생량}(m_a) = \frac{V_s}{v} = \frac{4\text{m}^3/\text{h}}{0.001036\text{m}^3/\text{kg}} = 3{,}861\text{kg/h}$$

2 B−C유 소비량 300L/h를 15℃ 비중과 체적보정계수를 이용하여 65℃ 상태의 소비량(kg/h)으로 전환한다.

$$\therefore \text{시간당 연료소비량}(m_f) = dkV_t = 0.965\times\{0.9754-0.00067\times(65-50)\}\times 300 \fallingdotseq 279.47\text{kg/h}$$

3 급수의 비엔탈피(h_1) = 급수온도 × 물의 비열 = 90 × 4.186 = 376.74kJ/kg

$$\therefore \text{보일러 효율}(\eta_B) = \frac{m_a(h_2-h_1)}{H_L\times m_f}\times 100\% = \frac{3{,}861\times(2819.27-376.74)}{41{,}023\times 279.47}\times 100\% \fallingdotseq 82.26\%$$

Engineer Energy Management

2017년 제4회 에너지관리기사 실기

01 접촉식 온도계의 종류를 4가지 쓰시오.

해답 ① 유리제 봉입식 온도계 ② 바이메탈온도계
③ 압력식 온도계 ④ 열전대온도계
⑤ 저항온도계 ⑥ 서미스터

참고 측정원리에 따른 온도계의 분류 및 종류

1) **접촉식 온도계**
- 열팽창 이용 : 유리제 봉입식 온도계, 바이메탈온도계, 압력식 온도계
- 열기전력 이용 : 열전대온도계
- 저항변화 이용 : 저항온도계, 서미스터
- 상태변화 이용 : 제게르콘, 서머컬러

2) **비접촉식 온도계**
- 단파장에너지 이용 : 광고온도계, 광전관온도계, 색온도계
- 방사에너지 이용 : 방사온도계

★ 02 무한히 큰 평판이 다음과 같은 조건으로 서로 평행한 경우 단위면적당 복사전열량(W/m^2)은 얼마인가?

- 고온부의 온도(t_1) : 1,000℃, 복사율(복사능)(ε_1) : 0.5
- 저온부의 온도(t_2) : 500℃, 복사율(복사능)(ε_2) : 0.9
- 고온부 및 저온부 각각의 평판면적(F) : $5m^2$
- 스테판-볼츠만상수(σ) : $5.67\times10^{-8}W/m^2\cdot K^4$

해답 $$q_R=\frac{Q_R}{A}=\frac{\sigma}{\left(\frac{1}{\varepsilon_1}+\frac{1}{\varepsilon_2}\right)-1}(T_1{}^4-T_2{}^4)=\frac{5.67\times10^{-8}}{\left(\frac{1}{0.5}+\frac{1}{0.9}\right)-1}\times(1{,}273^4-723^4)\fallingdotseq 63226.38W/m^2$$

03 자연순환식 수관 보일러의 장점을 4가지 쓰시오.

해답 ① 보유수량이 적어 파열 시 피해가 적다.
② 관(드럼)의 직경이 작아 고온 고압용에 적당하다.
③ 전열면적이 커서 증기발생시간이 빠르고 증발량이 많아서 대용량 보일러에 이상적이다.
④ 수관의 배열이 용이하고 패키지(package)형으로 제작이 가능하다.
⑤ 보일러수의 순환이 빠르며 형체가 작고 가벼워 운반과 설치가 쉽다.

04 랭킨사이클로 작동하는 증기원동소에서 터빈 입구에서의 비엔탈피가 3530.05kJ/kg, 터빈 출구에서의 비엔탈피가 2064.95kJ/kg인 증기를 이용하여 500,000kWh의 전력을 발생하는 데 필요한 증기량(ton)을 계산하시오.

해답 터빈에서 소요된 열량과 발생된 전력의 열량은 같으며, 터빈에서 소요된 열량은 터빈 입출구에서의 비엔탈피차에 사용한 증기량을 곱한 값이고, 발생된 전력의 열량은 전기량에 1kWh당 열량 3,600kJ을 곱한 값이다.

$m(h_2-h_3)=3,600\times\text{발생된 전력량}$

$\therefore m=\dfrac{3,600\times\text{전력량}}{h_2-h_3}=\dfrac{3,600\times500,000}{3530.05-2064.95}=1228.59\text{ton}$

★

05 다음 ( ) 안에 알맞은 명칭을 쓰시오.

> 보일러 배기가스의 현열을 이용하여 급수를 예열하는 장치를 (①)라 하며, 공기를 예열하는 장치를 (②)라 한다.

해답 ① 절탄기(economizer) ② 공기예열기

06 집진극(양극)과 침상방전극(음극) 사이에 코로나방전이 일어나게 하고 함진가스를 통과시켜 매진에 전하를 주어 대전된 매진을 전기적으로 분리하는 집진장치로 압력손실이 낮고 집진효율이 가장 좋으나, 설비비 및 부하변동에 대응하기 어려운 집진장치의 명칭은 무엇인가?

해답 전기식 집진장치

★

07 두께 160mm의 내화벽돌, 85mm의 단열벽돌, 190mm의 보통벽돌로 된 노의 평면벽에서 내벽면의 온도가 1,000℃이고, 외벽면의 온도가 50℃일 때 노벽 $1m^2$당 열손실은 매 시간당 몇 W/m^2인가? (단, 내화벽돌의 열전도도는 0.13W/m·K, 단열벽돌의 열전도도는 0.057W/m·K, 보통벽돌의 열전도도는 1.44W/m·K이다.)

해답 $K=\dfrac{1}{R}=\dfrac{1}{\dfrac{l_1}{\lambda_1}+\dfrac{l_2}{\lambda_2}+\dfrac{l_3}{\lambda_3}}=\dfrac{1}{\dfrac{0.16}{0.13}+\dfrac{0.085}{0.057}+\dfrac{0.19}{1.44}}=0.35\text{W/m}^2\cdot\text{K}$

$\therefore q=\dfrac{Q}{A}=K(t_i-t_o)=0.35\times(1,000-50)=332.5\text{W/m}^2$

08 열병합발전시스템을 일반 발전시스템과 비교했을 때의 단점을 3가지 쓰시오.

해답 ① 환경기술 개발이 요구된다.
② 기기효율 및 신뢰도 향상대책이 필요하다.
③ 진동, 소음 등의 방지대책이 필요하다.
④ 일반전력계통과 병렬운전 시 제어시스템 개발이 필요하다.

참고 열병합발전시스템의 장점
- 발전원가가 저렴하다.
- 수요지 근처에 설치하면 송전손실이 감소한다.
- 에너지 이용효율이 증대한다.
- 양질의 전기 및 열을 공급하므로 생산성이 향상된다.
- 지역난방을 겸용하면 공해 방지 및 재해 감소에 기여한다.

09 다음 블록선도는 3요소식 수위제어계통도이다. 해당되는 용어를 다음에서 찾아 쓰시오.

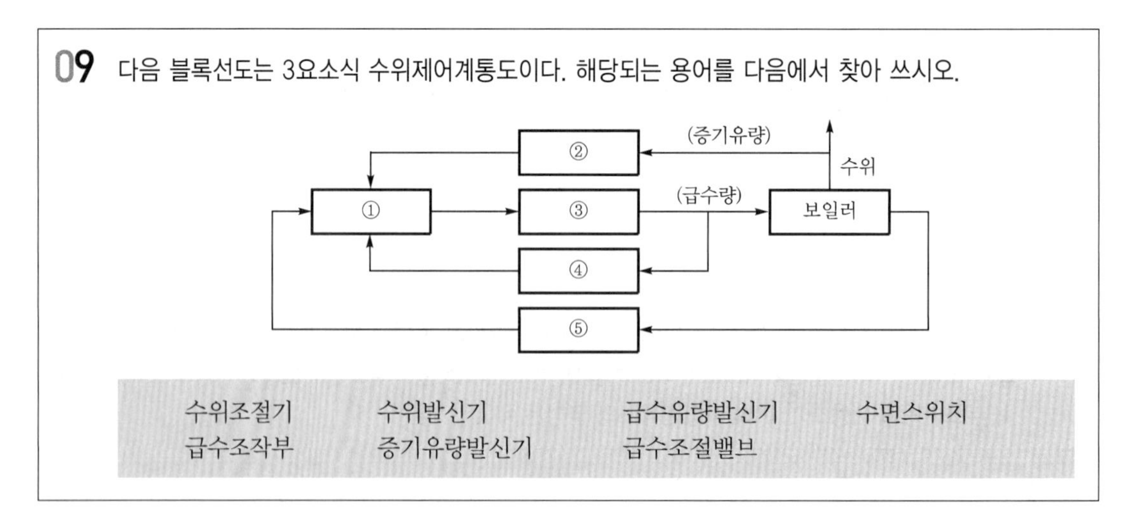

수위조절기	수위발신기	급수유량발신기	수면스위치
급수조작부	증기유량발신기	급수조절밸브	

해답 ① 수위조절기 ② 증기유량발신기 ③ 급수조절밸브
④ 급수유량발신기 ⑤ 수위발신기

10 보일러 내 수위가 이상고수위로 운전할 때 발생하는 장해를 3가지 쓰시오.

해답 ① 캐리오버현상이 발생한다.
② 증기배관 등에서 수격작용이 발생한다.
③ 수분 중에 함유된 불순물이 과열기 관벽에 부착되어 과열 손상의 원인이 된다.
④ 터빈 등 증기원동기를 작동시키는 경우 효율 저하 및 부식이 발생된다.
⑤ 보일러 수위가 만수상태가 되면 보일러 압력이 급상승되어 파열사고의 원인이 될 수 있다.

★
11 보온재의 구비조건을 5가지 쓰시오.

해답 ① 열전도율(열전도계수)이 작을 것
② 흡습성이 작을 것
③ 적당한 기계적 강도를 가질 것
④ 시공이 양호하고 가격이 저렴할 것
⑤ 비중(밀도)이 작을 것(가벼울 것)
⑥ 장시간 사용해도 변질이 없을 것

★
12 정압비열이 1.01kJ/kg·K인 이상기체를 25℃, 1MPa 상태에서 가역단열과정으로 10MPa까지 압축하였을 때 온도는 몇 ℃인가? (단, 비열비(k)=1.4)

해답 $$\frac{T_2}{T_1}=\left(\frac{V_1}{V_2}\right)^{k-1}=\left(\frac{P_2}{P_1}\right)^{\frac{k-1}{k}}$$

$$\therefore\ T_2=T_1\left(\frac{P_2}{P_1}\right)^{\frac{k-1}{k}}=(25+273)\times\left(\frac{10}{1}\right)^{\frac{1.4-1}{1.4}}\fallingdotseq 575.35\text{K}-273=302.35℃$$

동영상 출제문제

★
01 보일러 자동제어장치의 설계 및 작동 시 주의할 점을 4가지 쓰시오.

해답 ① 제어동작이 신속하게 이루어지도록 할 것
② 제어동작이 불규칙한 상태가 되지 않도록 할 것
③ 잔류편차(offset)가 허용되는 범위를 초과하지 않도록 할 것
④ 응답의 신속성과 안정성이 있도록 할 것

02 보일러 드럼 내 상용수위 이상으로 물이 가득 채워져 있는 상태에서 가동될 때 나타날 수 있는 이상현상을 3가지 쓰시오.

해답 ① 프라이밍(priming)현상
② 포밍(forming)현상
③ 수격작용(water hammering)

03 주철제 온수 보일러의 최고사용압력이 수두압 50mmAq이고 용량이 582kW이다. 만일 이 보일러에 안전밸브를 설치하지 않고 방출관을 설치할 경우 방출관의 최소안지름은 몇 mm 이상이어야 하는가? (단, 전열면적은 $18m^2$이다.)

해답 40mm

참고 전열면적에 따른 온수 발생 보일러(액상식 열매체 보일러 포함) 방출관의 크기

전열면적(m^2)	방출관의 안지름(mm)	전열면적(m^2)	방출관의 안지름(mm)
10 미만	25 이상	15 이상 20 미만	40 이상
10 이상 15 미만	30 이상	20 이상	50 이상

★
04 내화물에 대한 다음 물음에 답하시오.

1 급격한 열응력에 의하여 내화물이 떨어지는 현상인 스폴링(spalling)현상의 원인에 따른 종류를 3가지 쓰시오.

2 내화물이란 고온에 사용되는 불연성, 난연성 재료로 용융온도 (①)℃ 이상, SK (②)번 이상의 내화도를 가진 비금속 무기재료이다.

해답 1 ① 열적 스폴링 ② 기계적 스폴링 ③ 조직적 스폴링
2 ① 1,580℃ ② 26

★
05 수소(H_2)가 많은 연료를 사용할 때 배기가스 중 어떤 성분이 많이 증가하는가?

해답 H_2O(수증기)

06 급수배관계통에 플렉시블조인트를 설치하는 이유를 설명하시오.

해답 펌프에서 발생하는 진동을 흡수하여 배관에 전달되지 않도록 하고 온도변화에 따른 배관의 열팽창을 흡수하여 고장이 발생하는 것을 방지하기 위하여 플렉시블조인트를 설치한다.

07 자동차가 다니는 터널 내부의 환기를 목적으로 천장부에 일정 간격으로 매달아 설치되는 팬의 명칭을 쓰시오.

해답 제트팬(jet fan)

08 증기원동소의 이상사이클인 랭킨(Rankine)사이클을 개선한 재열사이클과 재생사이클을 각각 설명하시오.

해답 ① 재열사이클(reheating cycle) : 증기의 초압을 높이면서 팽창 후의 증기건조도가 낮아지지 않도록 한 것으로 효율 증대보다는 터빈의 복수 장해를 방지하여 수명연장에 주안점을 둔 사이클이다.

② 재생사이클(regenerative cycle) : 팽창 도중의 증기를 터빈에서 추출하여 급수의 가열에 사용하는 사이클로 열효율이 랭킨사이클에 비해 증가한다.

Engineer Energy Management

2018년 제1회 에너지관리기사 실기

01 보일러수 내처리방법 중 청관제를 사용하는 목적을 4가지 쓰시오.

해답 ① pH 및 알칼리 조정
② 보일러수의 연화
③ 슬러지 조정
④ 보일러수의 탈산소
⑤ 가성취화 방지
⑥ 기포(bubble) 방지

참고 연화제란 보일러수 중의 경도성분을 슬러지(sludge)로 만들어 스케일 생성을 억제하는 것이다.

★
02 랭킨사이클로 작동하는 증기원동소에서 터빈 입구의 과열증기온도는 500℃, 압력은 2MPa이며, 터빈 출구의 압력은 5kPa이다. 펌프일을 무시하는 경우 이 사이클의 열효율(%)을 계산하시오. (단, 터빈 입구의 과열증기의 비엔탈피는 3,465kJ/kg이고, 터빈 출구의 비엔탈피는 2,556kJ/kg이며, 5kPa일 때 급수의 비엔탈피는 135kJ/kg이다.)

해답 $\eta_R = \frac{w_{net}}{q_1} \times 100\% = \frac{w_t - w_p}{q_1} \times 100\% = \frac{3{,}465 - 2{,}256}{3{,}465 - 135} \times 100\% \fallingdotseq 27.3\%$

★
03 압력 101.325kPa, 온도 15℃에서 공기의 밀도가 1.225kg/m^{3}이며, 피토관에 설치된 시차액주계에서 높이차가 330mmHg일 때 공기의 유속(m/s)은 얼마인가?

해답 $V = \sqrt{2gh\left(\frac{\rho_{\rm Hg}}{\rho} - 1\right)} = \sqrt{2 \times 9.8 \times 0.33 \times \left(\frac{13{,}600}{1.225} - 1\right)} \fallingdotseq 267.96\text{m/s}$

04 초음파식 유량계의 장점을 4가지 쓰시오.

해답 ① 유체와 측정체가 접촉하지 않으므로 압력손실이 없다.
② 고온, 고압 유체의 측정(도플러법은 하수, 공장폐수, 공장배수 등 이물이 다량 함유된 오수 측정)이 가능하다.
③ 정밀도, 정확도가 높다.
④ 부식성 유체의 측정이 가능하다.

05 어느 공장에서 가동하고 있는 기계의 발생열을 제거하기 위하여 냉동기와 공조기를 이용하여 냉방을 하고 있다. 겨울철에 공조기의 외부급기댐퍼를 40%에서 70%로 변경하여 외기도입을 증가시켰더니 다음과 같은 조건으로 되었을 때 냉동기 부하의 감소량(kJ/W)은 얼마인가? (단, 외기온도 20℃, 공조기 통풍량은 50,000m^3/h이다.)

- 개선 전 : 실내온도 24℃, 상대습도 60%, 비엔탈피 48.98kJ/kg
- 개선 후 : 실내온도 22℃, 상대습도 60%, 비엔탈피 42.70kJ/kg
- 공조기 연간 가동시간 : 3,393시간
- 공기의 밀도 : 1.24kg/m^3

해답 공조기 외부급기댐퍼를 40%에서 70%로 변경하면 외기도입량은 공조기 통풍량의 30%에 해당하는 양이 증가하는 것이고, 증가되는 공기량에 개선 전・후의 비엔탈피차에 해당하는 양만큼 냉동기의 부하가 감소된다.

∴ 부하 감소량=공기질량×댐퍼의 개도 증가량×비엔탈피차

$$= m\Delta\phi\Delta h = \rho Q(\phi_2 - \phi_1)(h_1 - h_2)$$

$$= (1.24 \times 50,000) \times (0.7 - 0.4) \times (48.98 - 42.70) = 116,808\text{kJ/h}$$

06 과열증기온도를 일정하게 조절하는 방법을 4가지 쓰시오.

해답 ① 연소가스량을 가감하는 방법 ② 과열저감기를 사용하는 방법
③ 저온가스를 재순환시키는 방법 ④ 화염의 위치를 바꾸는 방법

★
07 보일러에 설치된 스프링식 안전밸브의 미작동원인을 5가지 쓰시오.

해답 ① 스프링의 탄력이 강하게 조정된 경우
② 밸브시트의 구경, 밸브각의 사이 틈이 적은 경우
③ 밸브시트의 구경, 밸브각의 사이 틈이 많은 경우
④ 열팽창 등에 의하여 밸브각이 밀착된 경우
⑤ 밸브각이 뒤틀리고 고착된 경우

★
08 노통 보일러의 종류를 2가지 쓰시오.

해답 ① 코르니시(Cornish) 보일러 ② 랭커셔(Lancashire) 보일러

참고 코르니시 보일러는 노통이 1개, 랭커셔 보일러는 노통이 2개로 물의 순환을 촉진시키기 위해 편심되어 설치되어 있다.

★
09 다음 용어를 설명하시오.

1 현열
2 잠열
3 전열량

해답 1 현열 : 물질의 상태는 일정하고 온도만 변화시키는 열량으로 감열이라고도 한다.
2 잠열 : 온도는 일정하고 물질의 상태만 변화시키는 열량으로 숨은열이라고도 한다.
3 전열량 : 현열과 잠열의 합으로, 물인 경우 액체열과 증발잠열의 합이다. 기체인 경우 전열량(엔탈피)은 내부에너지와 유동에너지의 합이다.

참고 전열량과 전열 구분
- 전열량(total heat) : 현열과 잠열의 합
- 전열(heat transfer) : 열이 높은 온도에서 낮은 온도로 이동하는 현상

10 가마울림현상의 방지대책을 4가지 쓰시오.

해답 ① 연료 속에 함유된 수분이나 공기는 제거한다.
② 연료량과 공급되는 공기량의 밸런스를 맞춘다.
③ 무리한 연소와 연소량의 급격한 변동은 피한다.
④ 연도의 단면이 급격히 변화하지 않도록 한다.
⑤ 노내와 연도 내에 불필요한 공기가 누입되지 않도록 한다.

11 수관식 보일러 기수드럼에 부착하여 승수관을 통하여 상승하는 증기 속에 혼입된 수분을 분리하는 기수분리기의 종류를 4가지 쓰시오.

해답 ① 사이클론형 ② 스크러버형 ③ 건조스크린형 ④ 배플형(baffle type)

★
12 저온부식에 대한 내용 중 ( ) 안에 알맞은 용어를 넣으시오.

중유 속에 함유된 (①)은 연소되어 (②)가 되고, 이것이 다시 (③) 등의 촉매작용에 의하여 (④)와 반응해서 일부분이 (⑤)으로 되며, 이것은 연소가스 속의 수증기와 화합하여 황산(H_2SO_4)의 증기가 된다.

해답 ① 유황분 ② 아황산가스(SO_2) ③ 오산화바나듐
④ 과잉공기 ⑤ 무수황산(SO_3)

동영상 출제문제

★
01 어느 노즐에서 가역단열열낙차가 400kJ/kg이고, 노즐속도계수가 0.893일 때 실제 단열열낙차는 몇 kJ/kg인가?

해답 속도계수(ϕ)$=\dfrac{\text{비가역(실제)단열팽창 시 노즐 출구속도}}{\text{가역단열팽창 시 노즐 출구속도}}=\dfrac{44.72\sqrt{h_1-h_2{}'}}{44.72\sqrt{h_1-h_2}}$

$$=\sqrt{\frac{h_1-h_2{}'}{h_1-h_2}}=\sqrt{\frac{\text{비가역(실제)단열열낙차}}{\text{가역단열열낙차}}}$$

$$\therefore\ h_1-h_2{}'=\phi^2(h_1-h_2)=0.893^2\times400=318.98\text{kJ/kg}$$

★
02 다음 물음에 답하시오.

1 습도계의 종류를 3가지 쓰시오. (단, 건습구습도계는 제외한다.)

2 통풍건습구습도계로 대기 중의 습도를 측정하였다. 건구온도가 26℃, 포화수증기분압 19.82mmHg, 습구온도가 20℃, 포화수증기분압 15.47mmHg일 때 상대습도를 계산하시오. (단, 대기압은 760mmHg 이다.)

해답 1 ① 모발습도계 ② 전기저항습도계
③ 광전관식 노점습도계 ④ 가열식 노점계(듀셀 전기노점계)

2 $P_w=P_{ws}-\dfrac{P}{1{,}500}(t-t')=15.47-\dfrac{760}{1{,}500}\times(26-20)=12.43\,\text{mmHg}$

$$\therefore\ \phi=\frac{P_w}{P_s}\times100\%=\frac{12.43}{19.82}\times100\%\fallingdotseq62.71\%$$

03 연도에 절탄기를 설치하여 사용할 때의 단점을 4가지 쓰시오.

해답 ① 통풍저항의 증가로 연돌의 통풍력이 저하된다.
② 연소가스의 온도 저하로 인한 저온부식의 우려가 있다.
③ 연도의 청소가 어렵다.
④ 연도의 점검 및 검사가 곤란하다.

★
04 증기트랩을 사용하는 목적(역할)을 2가지 쓰시오.

해답 ① 증기사용설비 및 배관 내의 응축수를 제거하여 증기의 잠열을 유효하게 이용할 수 있도록 한다.
② 응축수 배출로 증기관의 부식 및 수격작용을 방지한다.

★
05 보일러 자동제어장치를 설계 및 작동 시 주의할 점을 3가지 쓰시오.

해답 ① 제어동작이 신속하게 이루어지도록 할 것
② 잔류편차(offset)가 허용되는 범위를 초과하지 않도록 할 것
③ 응답의 신속성과 안정성이 있도록 할 것
④ 제어동작이 불규칙한 상태가 되지 않도록 할 것

★
06 다음과 같은 조건으로 운전되는 보일러에 대해 물음에 답하시오.

- 급수사용량 : 4,200L/h
- 연료소비량 : 276kg/h
- 연료의 저위발열량 : 41,316kJ/kg
- 발생증기의 비엔탈피 : 2,820kJ/kg
- 급수온도 : 90℃
- 90℃ 상태의 물의 비체적 : 0.001036m³/kg

1 시간당 증기 발생량(kg)을 계산하시오.
2 보일러 효율(%)을 계산하시오.

해답 1 증기 발생량$(m_a) = \dfrac{\text{급수량}(\mathrm{m^3/h})}{\text{비체적}(\mathrm{m^3/kg})} = \dfrac{4.2}{0.001036} ≒ 4054.05\mathrm{kg/h}$

2 $\eta_B = \dfrac{m_a(h_2 - h_1)}{H_L \times m_f} \times 100\% = \dfrac{4054.05 \times (2{,}820 - 376.74)}{41{,}316 \times 276} \times 100\% ≒ 86.86\%$

07 배관 중에 바이패스(by-pass)배관을 설치하는 이유를 설명하시오.

해답 바이패스배관은 배관 중에 유량계, 수량계, 감압밸브(리듀싱밸브), 순환펌프 등의 설치위치에 고장, 보수 등에 대비하여 설치하는 우회배관이다.

★
08 면적식 유량계(로터미터)의 장점을 4가지 쓰시오.

해답 ① 고점도 유체나 작은 유체에 대해서도 측정이 가능하다.
② 차압이 일정하면 오차의 발생이 적다.
③ 압력손실이 적고 균등유량을 얻을 수 있다.
④ 슬러리나 부식성 유체의 측정이 가능하다.

09 진공압력과 게이지압력을 측정할 수 있는 연성계에서 진공압력이 50cmHg일 때 절대압력 kPa(abs)은 얼마인가? (단, 대기압은 101.325kPa이다.)

해답 $P_a = P_o - P_v = 101.325 \times \left(1 - \frac{500}{760}\right) = 34.66\text{kPa(abs)}$

별해 $P_a = P_o - P_v = 76 - 50 = 26\text{cmHg}$

$76 : 101.325 = 26 : P_a$

$\therefore\ P_a = \frac{20}{76} \times 101.325 = 34.66\text{kPa(abs)}$

★
10 흡수식 냉온수기의 장점을 2가지 쓰시오.

해답 ① 압축기를 사용하지 않으므로 전력소비량이 적다.
② 냉온수기 하나로 냉방과 난방을 할 수 있다.
③ 설비 내부의 압력이 진공상태로 압력이 높지 않아 위험성이 적다.
④ 냉매로 물(H_2O)을 사용하는 경우 위험성이 적다.

부록 I

2018년 제2회 에너지관리기사 실기

01 감압밸브 설치 시 주의사항을 5가지 쓰시오.

해답 ① 감압밸브는 가능한 사용처에 가깝게 설치한다.
② 감압밸브 입구측에 반드시 스트레이너를 설치한다.
③ 감압밸브 앞에서 기수분리기 또는 스팀트랩에 의해 응축수가 제거되도록 한다.
④ 감압밸브 앞에 사용되는 리듀서는 편심리듀서를 사용한다.
⑤ 바이패스배관 및 바이패스밸브를 설치하여 고장 등에 대비한다.
⑥ 감압밸브 입구 및 출구측에 압력계를 설치하여 입출구압력을 확인할 수 있도록 한다.
⑦ 감압밸브 전·후 배관의 관경 선정에 주의하여야 한다.

★

02 노내 온도가 1,000℃이고, 열전도율이 0.58W/m·K인 내화벽돌은 두께 0.2m로 구축되어 있다. 노내의 연소가스와 노벽 사이의 열전달률 13.95W/m^2·K, 노벽과 외기와의 열전달률 11.62W/m^2·K일 때 노벽 5m^2에서 1일 동안 손실되는 열량(kJ)을 계산하시오. (단, 외기온도는 0℃이다.)

해답 $$K=\frac{1}{R}=\frac{1}{\frac{1}{\alpha_1}+\frac{l}{\lambda}+\frac{1}{\alpha_2}}=\frac{1}{\frac{1}{13.95}+\frac{0.2}{0.58}+\frac{1}{11.62}}=1.99\mathrm{W/m^2\cdot K}$$

$$\therefore\ Q=KA\Delta T=KA(t_f-t_o)=1.99\times5\times(1{,}000-0)\times3{,}600\times24$$
$$=659{,}680{,}000\mathrm{J/day}=659{,}680\mathrm{kJ/day}$$

★

03 연도가스분석결과 CO_2 13.5%, O_2 7.04%, CO 0%이라면 CO_{2max}는 몇 %인가?

해답 $$CO_{2max}=\frac{21CO_2}{21-O_2}=\frac{21\times13.5}{21-7.04}≒20.31\%$$

참고 배기가스 중에 일산화탄소(CO)가 포함된 불완전 연소 시

$$CO_{2max}=\frac{21(CO_2+CO)}{21-O_2+0.395CO}$$

04 물속에 피토관을 설치하여 측정한 전압이 $12mH_2O$, 유속이 11.71m/s이었다. 이때 정압(kPa)은 얼마인가?

해답 $V=\sqrt{2g\left(\dfrac{P_t-P_s}{\gamma}\right)}=\sqrt{\dfrac{2(P_t-P_s)}{\rho}}$ [m/s]

$\therefore\ P_s=P_t-\dfrac{\rho V^2}{2}=\gamma_w h-\dfrac{\rho V^2}{2}=9.8\times 12-\dfrac{1{,}000\times 11.71^2}{2}\times 10^{-3}\fallingdotseq 49.03\text{kPa}$

★

05 냉각수를 이용하여 오일을 냉각시키는 다음과 같은 조건의 대향류 열교환기에서 오일을 냉각시키는 전열면적(m^2)을 계산하시오. (단, 열교환기 전열벽의 열관류율은 $69.78W/m^2\cdot K$이다.)

유체명칭	유량(kg/h)	비열(kJ/kg · K)	입구온도(℃)	출구온도(℃)
냉각수	200	4.186	20	t_2
오일	100	2.09	70	30

해답 ① $Q_o=m_oC_o(t_i-t_o)=100\times 2.09\times(70-30)=8{,}360\text{kJ/h}$

② $Q_c=m_cC_c(t_2-t_1)$[kJ/h]

$\therefore\ t_2=t_1+\dfrac{Q}{m_cC_c}=20+\dfrac{8{,}360}{200\times 4.186}\fallingdotseq 30℃$

③ Δt_1 = 오일 입구온도 − 냉각수 출구온도 = 70 − 30 = 40℃

Δt_2 = 오일 출구온도 − 냉각수 입구온도 = 30 − 20 = 10℃

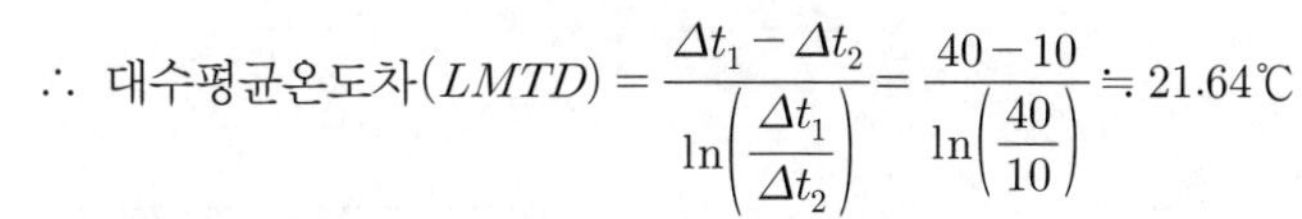

$\therefore$ 대수평균온도차$(LMTD)=\dfrac{\Delta t_1-\Delta t_2}{\ln\left(\dfrac{\Delta t_1}{\Delta t_2}\right)}=\dfrac{40-10}{\ln\left(\dfrac{40}{10}\right)}\fallingdotseq 21.64℃$

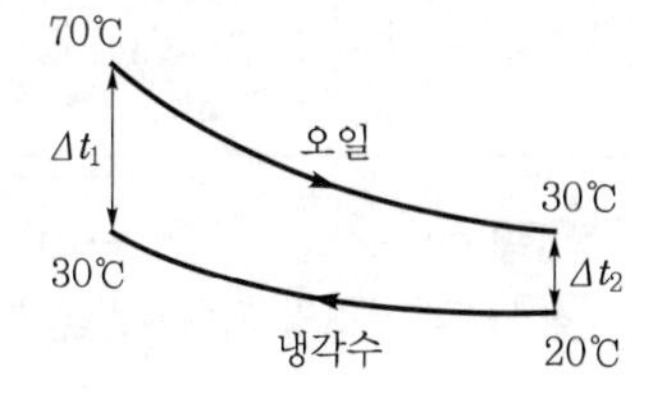

④ $Q=KA(LMTD)$[kJ/h]

$\therefore\ A=\dfrac{Q}{K(LMTD)}=\dfrac{\dfrac{8{,}360}{3{,}600}}{69.78\times 10^{-3}\times 21.64}\fallingdotseq 1.54\text{m}^2$

참고 1kW = 1kJ/s = 60kJ/min = 3,600kJ/h = 1,000W

06 과열증기온도를 일정하게 조절하는 방법을 4가지 쓰시오.

해답 ① 연소가스량을 가감하는 방법
② 과열저감기를 사용하는 방법
③ 저온가스를 재순환시키는 방법
④ 화염의 위치를 바꾸는 방법

★
07 연소실용적이 2.5m³, 전열면적이 49.8m²인 보일러를 가동하였을 때 연료사용량이 197kg/h, 사용연료의 발열량이 41,023kJ/kg, 실제 증발량이 2,500kg/h, 급수온도 40℃, 발생증기의 비엔탈피가 2772.81kJ/kg일 때 환산증발배수를 계산하시오.

해답 환산증발배수 $= \frac{m_e}{m_f} = \frac{m_a(h_2-h_1)}{2{,}256m_f} = \frac{2{,}500\times(2272.81-167.44)}{2{,}256\times197} \fallingdotseq 11.84$

참고 환산증발배수 : 1시간 동안 환산증발량(m_e, 상당증발량)과 연료소비량(m_f)의 비

$$환산증발배수 = \frac{m_e}{m_f} = \frac{m_a(h_2-h_1)}{2{,}256m_f}$$

08 발열량이 9,050kcal/L인 경유 200L에 대한 TOE를 계산하시오. (단, 경유의 석유환산계수(TOE/kL)는 0.905이다.)

해답 $\mathrm{TOE} = \frac{200}{1{,}000}\times0.905 \fallingdotseq 0.18\mathrm{TOE}$

★
09 다음의 가연성가스에서 저위발열량이 높은 것에서 낮은 순서로 나열하시오.

① CH_4　② C_2H_2　③ C_3H_8　④ C_2H_4

해답 ③ → ④ → ② → ①

참고 각 가스의 저위발열량(H_L)

가스명칭	저위발열량(kJ/m³)	가스명칭	저위발열량(kJ/m³)
메탄(CH_4)	43,953	프로판(C_3H_8)	99,041
아세틸렌(C_2H_2)	56,511	에틸렌(C_2H_4)	59,023

★
10 급수펌프 후단(토출측)에 설치하는 것으로 급수가 반대로 흐르는 것을 방지하는 것의 명칭과 종류를 2가지 쓰시오.

해답 ① 명칭 : 체크밸브(check valve)

② 종류 : 스윙식 체크밸브, 해머리스 체크밸브(hammerless check valve, 스모렌스키 체크밸브)

11 보일러 자동제어 중 시퀀스제어를 설명하시오.

해답 미리 정해진 순서대로 각 단계가 차례대로(순차적으로) 동작이 진행되는 제어로 보일러의 점화, 자동판매기 등이 해당된다.

★
12 보일러 외부부식 중 고온부식의 방지대책을 4가지 쓰시오.

해답 ① 배기가스온도를 바나듐(V)의 융점온도(550~650℃) 이하로 내린다.
② 과잉공기를 적게 하여 연소시킨다.
③ 장치 표면에 보호피막 및 내식성 재료를 사용한다.
④ 바나듐(V)이 적은 연료 및 전처리하여 사용한다.

동영상 출제문제

01 자동차가 다니는 터널 내부의 환기를 목적으로 천장부에 일정 간격으로 매달아 설치되는 팬의 명칭을 쓰시오.

해답 제트팬(jet fan)

★
02 직화식 흡수식 냉온수기에 부착된 U자형 마노미터의 눈금차가 8mmHg일 때 흡수식 냉온수기 내부의 진공도(%)는 얼마인가? (단, 대기압은 760mmHg이다.)

해답 $진공도 = \frac{진공압력}{대기압(760mmHg)} \times 100\% = \frac{760-8}{760} \times 100\% ≒ 98.95\%$

참고 • 흡수식 냉온수기에 부착된 U자형 액주계는 냉온수기에 연결되는 반대쪽은 막혀 있고 진공상태이기 때문에 흡수식 냉온수기의 내부가 완전 진공상태일 때 좌우 눈금차(높이차)는 0이 된다.
• 진공도(vacuum degree)란 진공압력의 크기를 백분율(%)로 나타낸 값이다.

03 보일러 부속장치 중 하나인 저수위차단장치에 의해 동작되는 기능을 2가지 쓰시오.

해답 ① 급수의 자동조절
② 최저수위까지 내려가기 직전에 저수위 경보
③ 최저수위까지 내려가는 즉시 연료 차단

★

04 보일러 연도에서 배기가스의 시료를 채취하여 분석기 내부의 성분흡수제에 흡수시켜 체적변화를 측정하여 $CO_2 \rightarrow O_2 \rightarrow CO$ 순서로 분석하는 분석기 명칭을 쓰시오.

해답 오르자트법(Orsat method) 분석기

참고 오르자트법 분석순서 및 흡수제

순서	분석가스	흡수제
①	CO_2	30% KOH수용액
②	O_2	알칼리성 피로갈롤용액, 황인
③	CO	암모니아성 염화 제1구리(Cu)용액

★

05 2동 D형 수관식 보일러의 특징에 대한 설명 중 (   ) 안에 알맞은 내용을 선택하시오.

보유수량이 (① 많아, 적어) 증기 발생시간이 (② 빠르고, 느리고) 파손 시 피해가 (③ 크고, 적고) 관경이 작아 (④ 고압, 저압)에 견딜 수 있으며 전열면적이 커서 (⑤ 대용량, 소용량)에 적합하다.

해답 ① 적어 ② 빠르고 ③ 적고 ④ 고압 ⑤ 대용량

★

06 증기트랩의 역할을 3가지 쓰시오.

해답 ① 증기사용설비 및 배관 내의 응축수를 제거하여 증기의 잠열을 유효하게 이용할 수 있도록 한다.
② 설비배관 내의 응축수를 자동적으로 배출하여 수격작용(water hammering)을 방지한다.
③ 증기의 건조도가 저하되는 것을 방지한다.

07 급탕탱크에 시간당 공급되는 물 3,000kg을 건도가 0.75인 습증기를 이용하여 30℃에서 80℃로 가열하여 공급할 때 발생되는 응축수량(kg/h)은 얼마인가? (단, 건포화증기의 비엔탈피는 2766.95kJ/kg, 포화수의 비엔탈피는 716.22kJ/kg이고, 습증기의 현열은 고려하지 않는다.)

해답 물을 가열하는 데 필요한 열량(급탕에 필요한 열량)은 습증기의 잠열량과 같고 습증기에서 잠열량이 제거되면 포화수상태의 응축수가 되며, 응축수량은 급탕에 필요한 열량을 습증기의 잠열로 나눈 값이 된다.

$$\therefore \text{ 응축수량} = \frac{\text{급탕에 필요한 열량}}{\text{습증기잠열}} = \frac{mC(t_2 - t_1)}{x(h'' - h')}$$

$$= \frac{3{,}000 \times 4.186 \times (80 - 30)}{0.75 \times (2766.95 - 716.22)} = 229.64\text{kg/h}$$

08 석면, 염화비닐폼, 규산칼슘 보온재의 두께를 동일하게 시공하였을 때 보온효과가 좋은 순서대로 나열하시오.

해답 염화비닐폼 > 석면 > 규산칼슘

참고 • 열전도율이 작을수록 외부로 전달되는 열량이 작으므로 보온효과는 좋아진다.
• 각 보온재의 열전도율

명칭	열전도율(W/m · K)
석면(아스베스토스)	0.0523~0.064
염화비닐폼	0.041
규산칼슘	0.064~0.081

Engineer Energy Management

2018년 제4회 에너지관리기사 실기

★

01 시간당 증발량이 400kg인 보일러가 저위발열량 41,860kJ/kg인 연료를 사용하여 효율 80%로 운전되는 경우 연료소비량(kg/h)은 얼마인가? (단, 발생증기의 비엔탈피는 2804.62kJ/kg, 급수온도는 20℃이다.)

해답 ① 급수의 비엔탈피(h_1)=물의 비열×물의 온도$=4.186\times20=83.72$kJ/kg

② $\eta_B=\dfrac{m_a(h_2-h_1)}{H_L\times m_f}\times100\%$

$\therefore\ m_f=\dfrac{m_a(h_2-h_1)}{H_L\eta_B}=\dfrac{400\times(2804.62-83.72)}{41{,}860\times0.8}=32.5\text{kg/h}$

02 온도가 400℃인 배기가스가 시간당 2,500kg이 연도로 배출되면서 연도에 설치된 급수가열기와 열교환하여 0℃ 급수 180kg/h이 포화증기가 되면서 배기가스는 150℃로 낮아져 연돌로 배출되고 있다. 이때 배기가스에서 회수하지 못하고 손실되는 열량(kcal/h)은 얼마인가? (단, 포화증기의 비엔탈피는 2679.04kJ/kg, 배기가스의 평균비열은 1.005kJ/kg·k이다.)

해답 ① 급수가열기 입구와 출구 사이에서 배기가스가 보유한 총현열량

$Q_1=mC_p(t_2-t_1)=2{,}500\times1.005\times(400-150)\fallingdotseq628{,}125\text{kJ/h}$

② 급수가열기에서 회수한 열량 : $Q_2=mh'=180\times2679.04=482227.2\text{kJ/h}$

③ 손실열량 : 급수가열기 입구와 출구 사이에서 배기가스가 보유한 총현열량에서 급수가열기에서 회수한 열량차가 회수하지 못하고 손실되는 열량이다.

$\therefore\ Q_L=Q_1-Q_2=628{,}125-482227.2=145897.8\text{kJ/h}$

★

03 랭킨사이클로 작동하는 증기원동소에서 과열증기의 비엔탈피가 2762.76kJ/kg, 습증기의 비엔탈피가 2218.58kJ/kg, 포화수의 비엔탈피가 338.23kJ/kg일 때 열효율(%)을 계산하시오. (단, 펌프일(w_p)은 무시한다.)

해답 $\eta_R=\dfrac{w_{net}}{q_1}\times100\%=\dfrac{w_t-w_p}{q_1}\times100\%=\dfrac{h_2-h_3}{h_2-h_1}\times100\%=\dfrac{2762.76-2218.58}{2762.76-338.23}\times100\%\fallingdotseq22.4\%$

별해 펌프일(w_p)을 무시하는 경우 $h_2\fallingdotseq h_1$(put)을 계산한다.

$\therefore\ \eta_R=\dfrac{h_3-h_4}{h_3-h_1}\times100\%=\dfrac{2762.76-2218.58}{2762.76-338.23}\times100\%\fallingdotseq22.4\%$

★
04 보일러 배기가스 여열을 이용하여 급수를 예열하면 보일러 열효율이 향상되고 연료가 절감되며, 급수와 관수의 온도차로 인한 열응력을 감소시키는 장치의 명칭을 쓰시오.

해답 절탄기(economizer)

05 외기온도 25℃일 때 표면온도 230℃인 관 표면에서 방사에 의한 전열량은 자연대류에 의한 전열량의 몇 배가 되는지 계산하시오. (단, 방사율은 0.9, 스테판-볼츠만상수는 5.67×10^{-8}W/m^2 · K^4, 대류 열전달률은 5.56W/m^2 · K이다.)

해답 ① 관 표면적 1m^{2}당 방사전열량

$$Q_1 = \varepsilon\sigma(T_1^{\ 4} - T_2^{\ 4}) = 0.9 \times 5.67 \times 10^{-8} \times (503^4 - 298^4) = 2864.181\,\mathrm{W/m^2}$$

② 관 표면적 1m^{2}당 대류전열량

$$Q_2 = \alpha(T_1 - T_2) = \alpha(t_1 - t_2) = 5.56 \times (230 - 25) = 1139.8\mathrm{W/m^2}$$

③ 전열량비

$$\text{전열량비} = \frac{Q_1}{Q_2} = \frac{2864.18}{1139.8} \fallingdotseq 2.51\text{배}$$

06 열수송 및 저장설비 평균표면온도의 목표치는 주위 온도에 몇 ℃를 더한 값 이하로 하여야 하는가?

해답 30℃

★
07 배관의 외경이 30mm인 길이 15m의 증기관에 두께 15mm의 보온재를 시공하였다. 관 표면온도 100℃, 보온재 외부온도 20℃일 때 단위시간당 손실열량은 몇 kW인가? (단, 보온재의 열전도율은 0.058W/m · K이다.)

해답 $r_o = \dfrac{0.03}{2} + 0.015 = 0.03\mathrm{m}$

$r_i = \dfrac{0.03}{2} = 0.015\mathrm{m}$

$$\therefore\ Q = \frac{2\pi Lk}{\ln\left(\dfrac{r_o}{r_i}\right)}(t_i - t_o) = \frac{2\pi \times 15 \times 0.058}{\ln\left(\dfrac{0.03}{0.015}\right)} \times (100 - 20) \fallingdotseq 630.90\mathrm{W} \fallingdotseq 0.631\mathrm{kW}$$

부록 I

08 피토관(Pito tube)의 측정원리를 설명하시오.

해답 배관 내에 흐르는 유체의 전압과 정압을 측정하여 그 차이인 동압을 이용하여 베르누이방정식에 의해 속도수두에서 유속을 구하고, 그 값에 관로의 단면적을 곱하여 유량을 측정하는 것이다.

★
09 부식의 분류 중 균열을 동반하지 않는 국부부식의 종류를 5가지 쓰시오.

해답 ① 점식 ② 틈새부식 ③ 입계부식 ④ 이종금속접촉부식 ⑤ 탈성분부식

참고 국부부식의 분류

1) **습식**
- 전면부식
  - 피막을 수반하는 부식 : 균일부식
  - 피막을 수반하지 않는 부식 : 알칼리부식, 황산노점부식(저온부식)
- 국부부식
  - 균열을 동반하는 부식 : 응력부식균열, 부식피로, 수소취화
  - 균열을 동반하지 않는 부식 : 점식, 틈새부식, 입계부식, 이종금속접촉부식, 탈성분부식
- 물리적 작용을 수반하는 부식 : 침식부식, 캐비테이션손상, 마모부식

2) **건식** : 고온산화, 고온부식, 황화부식

★
10 최고압력 1,400kPa, 최고온도 350℃, 배압이 100kPa로 작동되는 증기원동소 랭킨사이클의 증기소비량이 500kg/h일 때 터빈의 출력(kW)을 계산하시오. (단, 1,400kPa, 350℃의 과열증기 비엔탈피는 3149.5kJ/kg, 100kPa에서의 포화증기 비엔탈피는 2675.5kJ/kg, 포화수 비엔탈피는 417.46kJ/kg이고, 터빈 출구증기의 건도는 0.97이다.)

해답 ① 터빈 출구의 습포화증기 비엔탈피$(h_3) = h' + x(h'' - h') = 417.46 + 0.97 \times (2675.5 - 417.46)$
$\fallingdotseq 2607.76\,\text{kJ/kg}$

② 터빈 출력$= \dfrac{m_a(h_2 - h_1)}{3{,}600} = \dfrac{500 \times (3149.5 - 2607.76)}{3{,}600} \fallingdotseq 75.24\,\text{kW}$

★
11 압력이 0.1MPa, 온도가 27℃인 증기 1kg이 $PV^n = C$(일정)이고 n=1.3인 폴리트로픽변화를 거쳐 300℃가 되었을 때 엔트로피(kJ/K)변화를 계산하시오. (단, 비열비 k=1.4, 정적비열 C_v=0.72kJ/kg·K, 압력은 절대압력이다.)

해답 $\Delta S = mC_n \ln\dfrac{T_2}{T_1} = mC_v\left(\dfrac{n-k}{n-1}\right)\ln\left(\dfrac{T_2}{T_1}\right) = 1 \times 0.72 \times \dfrac{1.3-1.4}{1.3-1} \times \ln\left(\dfrac{573}{300}\right) \fallingdotseq -0.155\,\text{kJ/K}$

★
12 강관두께가 18mm이고, 리벳의 지름이 20mm이며, 피치 54mm로 1줄 겹치기 리벳이음에서 한 피치마다 인장하중이 8,000N 작용하면 이 강판에 생기는 인장응력(MPa)과 강판의 효율(%)을 구하시오.

해답 ① $\sigma_t = \dfrac{W_t}{A} = \dfrac{W_t}{(p-d)t} = \dfrac{8{,}000}{(54-20)\times 18} \fallingdotseq 13.07\text{MPa}$

② $\eta_t = \left(1-\dfrac{d}{p}\right)\times 100\% = \left(1-\dfrac{20}{54}\right)\times 100\% \fallingdotseq 62.96\%$

동영상 출제문제

★
01 보일러 연도에서 배기가스의 시료를 채취하여 분석기 내부의 성분흡수제에 흡수시켜 체적변화를 측정하여 $CO_2 \rightarrow O_2 \rightarrow CO$ 순서로 분석하는 분석기의 명칭을 쓰시오.

해답 오르자트법(Orsat method) 분석기

02 판형 열교환기의 장점을 3가지 쓰시오.

해답 ① 고난류 유동에 의한 열교환능력을 향상시킨다.
② 판의 매수 조절이 가능하여 전열면적 증감이 용이하다.
③ 전열면의 청소나 조립이 간단하고, 고점도의 유체에도 적용할 수 있다.

★
03 증기원동소의 이상사이클인 랭킨(Rankine)사이클을 개선한 재열사이클과 재생사이클을 각각 설명하시오.

해답 ① 재열사이클(reheating cycle) : 증기의 초압을 높이면서 팽창 후의 증기건조도가 낮아지지 않도록 한 것으로 효율 증대보다는 터빈의 복수 장해를 방지하여 수명연장에 주안점을 둔 사이클이다.
② 재생사이클(regenerative cycle) : 팽창 도중의 증기를 터빈에서 추출하여 급수의 가열에 사용하는 사이클로 열효율이 랭킨사이클에 비해 증가한다.

04 보일러 송기장치인 스팀헤더(증기헤더)의 사용목적을 쓰시오.

해답 증기헤더는 보일러 주증기관과 사용측 증기관 사이에 설치하여 사용처에 증기를 공급해주는 압력용기이다.

★
05 대향류식 공기예열기에 240℃의 배기가스가 들어가서 160℃로 나오고, 연소용 공기는 20℃로 들어가서 90℃로 나올 때 공기예열기의 대수평균온도차(℃)를 계산하시오.

해답 대향류(counter flow type)이므로

$\Delta t_1 = 240 - 90 = 150℃$

$\Delta t_2 = 160 - 20 = 140℃$

$\therefore$ 대수평균온도차$(LMTD) = \dfrac{\Delta t_1 - \Delta t_2}{\ln\left(\dfrac{\Delta t_1}{\Delta t_2}\right)} = \dfrac{150-140}{\ln\left(\dfrac{150}{140}\right)} = 144.94℃$

240℃
Δt_1
90℃
160℃
Δt_2
20℃

06 액체연료배관 중에 설치하는 유수분리기의 기능에 대하여 설명하시오.

해답 유수분리기는 보일러 액체연료공급배관 중에 설치하여 액체연료와 물과의 비중차이를 이용하여 액체연료 중에 함유되어 있는 물을 분리하는 장치(기기)이다.

★
07 내경 25mm인 원관에 20℃ 물이 임계레이놀즈수 2,320으로 흐르고 있을 때 유속(m/s)은 얼마인가? (단, 20℃ 물에서의 동점성계수는 $1.5\times10^{-6}m^2/s$이다.)

해답 $Re_c = \dfrac{Vd}{\nu}$

$\therefore\ V = \dfrac{Re_c \nu}{d} = \dfrac{2,320\times1.5\times10^{-6}}{0.025} \fallingdotseq 0.14\text{m/s}$

참고 레이놀즈수(Reynolds Number, Re)

레이놀즈수(Re)란 실제(점성) 유체에서 층류와 난류를 구별해주는 무차원수로서 물리적 의미로 관성력과 점성력의 비로 정의한다.

$$Re = \frac{\rho Vd}{\mu} = \frac{Vd}{\nu} = \frac{4Q}{Vd\nu}$$

여기서, ρ : 유체밀도($kg/m^3 = Ns^2/m^4$), V : 평균속도(m/s)

μ : 절대점성계수($Pa\cdot s = Ns/m^2 = kg/m\cdot s$), ν : 동점성계수

d : 관의 안지름(m)

- 층류구역 : $Re < 2,100$
- 천이구역 : $2,100 < Re < 4,000$
- 난류구역 : $Re > 4,000$

★
08 보일러에 적용하는 자동제어 중 다음 설명에 해당하는 인터록(interlock)의 명칭을 쓰시오.

1. 보일러 수위가 안전저수위에 도달할 때 전자밸브를 닫아 보일러 가동을 정지시키는 역할을 한다.
2. 증기압력이 일정 압력에 도달할 때 전자밸브를 닫아 보일러의 가동을 정지시키는 역할을 한다.
3. 버너 착화 시 점화되지 않거나 운전 중 실화가 될 경우 전자밸브를 닫아 연료 공급을 중지하여 보일러의 가동을 정지시키는 역할을 한다.

해답 1 저수위 인터록 2 압력초과 인터록 3 불착화 인터록

Engineer Energy Management

2019년 제1회 에너지관리기사 실기

01 어느 공장에 설치된 노벽이 열전도율이 2.79W/m·K인 내화벽돌로 두께 230mm, 열전도율이 0.14W/m·K인 단열벽돌로 두께 100mm로 설치되어 있다. 노내의 온도가 1,100℃, 실내온도가 35℃일 때 물음에 답하시오. (단, 노 내부와 실내공기의 열전달률은 무시한다.)

1 노벽 $1m^2$에서 방열되는 열량 q[W/m^2]은 얼마인가?

2 내화벽돌과 단열벽돌이 접촉하는 부분의 온도는 몇 ℃인가?

해답 **1** $K=\dfrac{1}{R}=\dfrac{1}{\dfrac{l_1}{\lambda_1}+\dfrac{l_2}{\lambda_2}}=\dfrac{1}{\dfrac{0.23}{2.79}+\dfrac{0.1}{0.14}}=1.26\text{W/m}^2\cdot\text{K}$

$\therefore\ q=\dfrac{Q}{A}=K(t_f-t_i)=1.26\times(1{,}100-35)\fallingdotseq 1{,}342\text{W/m}^2$

2 접촉면까지 전달되는 열량은 **1**에서 계산된 손실열량과 같으며 내부온도를 t_f, 내화벽돌과 단열벽돌이 접촉하는 부분을 t_s라 하면

$q=\dfrac{1}{\dfrac{l_1}{\lambda_1}}(t_f-t_s)[\text{W/m}^2]$

$\therefore\ t_s=t_f-\dfrac{l_1}{\lambda_1}q=1{,}100-\dfrac{0.23}{2.79}\times 1342\fallingdotseq 979.75℃$

02 급수 중의 용존산소를 제거하여 점식과 같은 부식을 방지하는 목적으로 사용하는 탈산소제의 종류를 3가지 쓰시오.

해답 ① 아황산나트륨(Na_2SO_3) ② 히드라진(N_2H_4) ③ 탄닌

03 열전대(thermocouple)의 구비조건을 4가지 쓰시오.

해답 ① 열기전력이 크고 온도 상승에 따라 연속적으로 상승할 것
② 열기전력의 특성이 안정되고 장시간 사용해도 변형이 없을 것
③ 기계적 강도가 크고 내열성, 내식성이 있을 것
④ 전기저항, 온도계수와 열전도율이 낮을 것

★
04 자동제어에서 다음 제어를 간단히 설명하시오.

1 시퀀스제어
2 피드백제어

해답 1 시퀀스제어 : 미리 정해진 순서대로 작동되는 제어로 자동판매기, 보일러의 점화 등이 있다.
2 피드백제어 : 제어량의 크기와 목표값을 비교하여 그 값이 일치하도록 되돌림신호(피드백신호)를 보내어 수정동작을 하는 제어방식이다.

★
05 강철제 보일러의 최고사용압력이 다음과 같을 때 수압시험압력은 얼마인가?

1 0.35MPa　　2 0.6MPa　　3 1.8MPa

해답 1 수압시험압력 = 최고사용압력 × 2배 = 0.35 × 2 = 0.7MPa
2 수압시험압력 = (최고사용압력 × 1.3배) + 0.3 = (0.6 × 1.3) + 0.3 = 1.08MPa
3 수압시험압력 = 최고사용압력 × 1.5배 = 1.8 × 1.5 = 2.7MPa

참고 수압시험압력

1) **강철제 보일러**
   ① 보일러의 최고사용압력이 0.43MPa 이하일 때에는 그 최고사용압력의 2배의 압력으로 한다. ↳ 1
   다만, 그 시험압력이 0.2MPa 미만인 경우에는 0.2MPa로 한다.
   ② 보일러의 최고사용압력이 0.43MPa 초과 1.5MPa 이하일 때에는 그 최고사용압력의 1.3배에 0.3MPa를 더한 압력으로 한다. ↳ 2
   ③ 보일러의 최고사용압력이 1.5MPa를 초과할 때에는 그 최고사용압력의 1.5배의 압력으로 한다. ↳ 3
2) **가스용 온수 보일러** : 강철제인 경우에는 1)의 ①에서 규정한 압력
3) **주철제 보일러**
   ① 보일러의 최고사용압력이 0.43MPa 이하일 때는 그 최고사용압력의 2배의 압력으로 한다. 다만, 시험압력이 0.2MPa 미만인 경우에는 0.2MPa로 한다.
   ② 보일러의 최고사용압력이 0.43MPa를 초과할 때는 그 최고사용압력의 1.3배에 0.3MPa을 더한 압력으로 한다.

06 보온재의 열전도율이 작아지도록 할 수 있는 방법을 4가지 쓰시오.

해답 ① 보온재의 두께를 두껍게 한다.　　② 보온재의 비중(밀도)을 작게 한다.
③ 내부와 외부의 온도차를 줄인다.　　④ 보온재 내부의 수분을 제거한다.

★
07 연돌 출구에서 배기가스의 평균온도가 150℃이고, 출구가스의 속도가 7.8m/s이다. 시간당 12,000Nm^3의 배기가스가 배출되고 있을 때 연돌의 상부 단면적(m^2)을 구하시오.

해답 연소가스의 온도만 주어진 경우

$$단면적(A) = \frac{G(1+0.0037t)}{3,600W} = \frac{12,000 \times (1+0.037 \times 150)}{3,600 \times 7.8} ≒ 0.66\,m^2$$

참고 연소가스의 온도와 압력이 주어진 경우

$$A = \frac{G(1+0.0037t)\left(\frac{P_1}{P_2}\right)}{3,600W}[m^2]$$

여기서, G : 0℃ 1기압상태에서 배기가스량(Nm^3/h), W : 배기가스의 유속(m/s)
P_1 : 대기압력(mmHg), P_2 : 배기가스의 대기압력(mmHg), t : 배기가스의 평균온도(℃)

★
08 보일러 자동제어에서 제어량 및 조작량의 항목을 각각 쓰시오.

명칭	제어량	조작량
급수제어(FWC)	보일러 수위	①
증기온도제어(STC)	증기온도	②
자동연소제어(ACC)	노내압, ③	연소가스량, ④, 연료량

해답 ① 급수량 ② 전열량 ③ 증기압력 ④ 공기량

참고 보일러 자동제어(ABC)의 종류

명칭	제어량	조작량
자동연소제어(ACC)	증기압력	공기량, 연료량
	노내압	연소가스량
급수제어(FWC)	보일러 수위	급수량
증기온도제어(STC)	증기온도	전열량
증기압력제어(SPC)	증기압력	연료공급량, 연소용 공기량

★
09 연료의 저위발열량 104,650kJ/kg인 오일을 시간당 100kg 사용하는 보일러의 효율이 65%일 때 발생증기량(kg/h)을 계산하시오. (단, 발생증기의 비엔탈피는 12,558kJ/kg, 급수의 비엔탈피는 335kJ/kg이다.)

해답 $\eta_B = \frac{m_a(h_2 - h_1)}{H_L \times m_f} \times 100\%$

$$\therefore\ m_a = \frac{\eta_B H_L m_f}{h_2 - h_1} = \frac{0.65 \times 104,650 \times 100}{12,558 - 335} ≒ 556.51\,kg/h$$

★
10 정적비열 C_v=0.72kJ/kg·K인 산소 10kg이 350℃에서 "$PV^{1.3}$=일정"인 폴리트로픽변화에 따라 900kJ로 압축하였을 때 엔트로피변화량은 몇 kJ/K인가? (단, 산소의 기체상수는 260Nm/kg·K이다.)

해답 ① $k=\frac{C_p}{C_v}=\frac{0.98}{0.72}=1.36$

② $C_n=C_v\left(\frac{n-k}{n-1}\right)=0.72\times\frac{1.3-1.36}{1.3-1}=-0.144\text{kJ/kg}\cdot\text{K}$

③ $W_t=\left(\frac{n}{n-1}\right)mR(T_1-T_2)[\text{kJ}]$

$\therefore\ T_2=T_1-\frac{(n-1)W_t}{mRn}=(350+273)-\frac{(1.3-1)\times900}{10\times0.26\times1.3}≒543.12\text{K}$

④ $\Delta S=mC_n\ln\left(\frac{T_2}{T_1}\right)=10\times(-0.144)\times\ln\left(\frac{543.12}{623}\right)≒0.198\text{kJ/K}$

참고 $C_p=C_v+R=0.72+0.26=0.98\text{kJ/kg}\cdot\text{K}$

11 배기가스 중 매연 함유 입자를 중력으로 자연침강시키는 집진장치의 이름은 무엇인가?

해답 중력침강식

★
12 액체연료의 일반적인 연소장치인 분무식 버너의 작동원리를 각각 설명하시오.

1 가압분사식 2 회전식 3 기류분무식

해답 1 가압분사식 : 유압펌프를 이용하여 연료에 압력을 가한 후 연료 자체의 압력에 의해 노즐에서 고속으로 분출시켜 미립화(무화)시키는 버너이다.

2 회전식 : 고속으로 회전하는 분무컵에 연료공급관을 통해 연료가 공급되면 이 연료는 분무컵의 원심력에 의해 분무컵 내면에 액막이 형성되고, 여기에 1차 공기가 고속으로 분출되면서 미립화(무화)시키는 버너이다.

3 기류분무식 : 저압공기 또는 고압공기나 증기분무매체를 이용하여 연료를 미립화(무화)시키는 버너로 2유체 버너라고도 한다.

동영상 출제문제

01 오리피스미터의 측정원리를 설명하시오.

해답 오리피스(orifice)의 기본원리는 베르누이방정식으로 설명할 수 있다. 오리피스에서는 유체가 구멍을 통과할 때 단면적이 감소하므로 속도가 증가하고, 그에 따라 압력이 감소한다. 따라서 오리피스 전후의 차압(압력차)을 측정하면 유량을 구할 수 있다(오피리스를 통과할 때 압력손실이 발생하므로 여러 계수를 보정한다. 보정계수는 형상과 위치, 유체의 물성 등에 따라 달라지며 실험적으로 구한다).

02 액체연료배관 중에 설치하는 유수분리기의 기능에 대하여 설명하시오.

해답 유수분리기는 보일러 액체연료공급배관 중에 설치하여 액체연료와 물과의 비중차이를 이용하여 액체연료 중에 함유되어 있는 물을 분리하는 장치(기기)이다.

03 급수배관계통에 플렉시블조인트(flexible joint)를 설치하는 이유를 설명하시오.

해답 펌프에서 발생하는 진동을 흡수하여 배관에 전달되지 않도록 하고, 온도변화에 따른 배관의 열팽창을 흡수하여 고장이 발생하는 것을 방지하기 위하여 플렉시블조인트를 설치한다.

04 증기원동소의 이상사이클인 랭킨(Rankine)사이클을 개선한 재열사이클과 재생사이클을 각각 설명하시오.

해답 ① 재열사이클 : 증기의 초압을 높이면서 팽창 후의 증기건조도가 낮아지지 않도록 한 것으로 효율 증대보다는 터빈의 복수 장해를 방지하여 수명연장에 주안점을 둔 사이클이다.
② 재생사이클 : 팽창 도중의 증기를 터빈에서 추출하여 급수의 가열에 사용하는 사이클로 열효율이 랭킨사이클에 비해 증가한다.

★
05 면적식 유량계(로터미터)의 장점을 4가지 쓰시오.

해답 ① 고점도 유체나 작은 유체에 대해서도 측정이 가능하다.
② 차압이 일정하면 오차의 발생이 적다.
③ 압력손실이 적고 균등유량을 얻을 수 있다.
④ 슬러리나 부식성 유체의 측정이 가능하다.

★

06 보일러 연도에서 배기가스의 시료를 채취하여 분석기 내부의 성분흡수제에 흡수시켜 체적변화를 측정하여 CO_2 → O_2 → CO 순서로 분석하는 분석기 명칭을 쓰시오.

해답 오르자트법(Orsat method) 분석기

참고 오르자트법 분석순서 및 흡수제

순서	분석가스	흡수제
①	CO_2	30% KOH수용액
②	O_2	알칼리성 피로갈롤용액, 황인
③	CO	암모니아성 염화 제1구리(Cu)용액

07 급탕탱크에 시간당 공급되는 물 3,000kg을 건도가 0.75인 습증기를 이용하여 30℃에서 80℃로 가열하여 공급할 때 발생되는 응축수량(kg/h)은 얼마인가? (단, 건포화증기의 비엔탈피는 2,767kJ/kg, 포화수의 비엔탈피는 718kJ/kg, 물의 평균비열은 4.186kJ/kg·K이고, 습증기의 현열은 고려하지 않는다.)

해답 물을 가열하는 데 필요한 열량(급탕에 필요한 열량)은 습증기의 잠열량과 같고 습증기에서 잠열량이 제거되면 포화수상태의 응축수가 되며, 응축수량은 급탕에 필요한 열량을 습증기의 잠열로 나눈 값이 된다.

$$\therefore \text{응축수량} = \frac{\text{급탕에 필요한 열량}}{\text{습증기 잠열}} = \frac{mC(t_2 - t_1)}{x(h'' - h')} = \frac{3{,}000 \times 4.186 \times (80-30)}{0.75 \times (2{,}767 - 718)} = 408.59\text{kg/h}$$

부록 I

2019년 제2회 에너지관리기사 실기

01 보일러 열정산 시 열손실(출열)에 해당하는 것을 3가지 쓰시오.

해답 ① 배기가스의 보유열량
② 증기의 보유열량
③ 불완전 연소에 의한 열손실
④ 미연분에 의한 열손실
⑤ 노벽의 흡수열량
⑥ 재의 현열

02 연료의 연소과정에서 매연, 수트(soot), 분진 등이 발생하는 원인을 4가지 쓰시오.

해답 ① 통풍력이 과대, 과소할 때
② 무리한 연소를 할 때
③ 연소실의 온도가 낮을 때
④ 연소실의 크기가 작을 때
⑤ 연소장치가 불량할 때

★

03 과열증기 사용 시의 장점을 4가지 쓰시오.

해답 ① 증기의 마찰저항이 감소된다.
② 수격작용이 방지된다.
③ 같은 압력의 포화증기에 비해 보유열량이 많으므로 증기소비량이 적어도 된다.
④ 증기원동소의 이론적 열효율이 좋아진다.

참고 과열증기 사용 시 단점
- 피가열물의 온도분포가 달라져 제품의 질이 저하된다.
- 장치의 온도분포가 일정하지 않아 큰 열응력이 발생할 수 있다.
- 대기나 공간에 분사가 이루어지면 과열증기가 잠열을 방출하기 전에 대기로 달아나므로 증기의 열손실이 발생할 수 있다.

04 증기축압기(steam accumulator)의 기능을 설명하시오.

해답 증기축압기는 보일러에서 발생한 과잉증기를 저장하고 부하가 증가하면 증기를 공급하여 증기 부족을 해소하는 장치이다.

★
05 탄소 55%, 수소 4%, 황 2%, 산소 10%, 질소 5%, 나머지 성분은 회분인 조성을 갖는 석탄의 고위발열량(kJ/kg)을 계산하시오. (단, 탄소의 발열량은 33,858kJ/kg, 수소의 발열량은 142,120kJ/kg, 황의 발열량은 10,450kJ/kg이다.)

해답 $H_h = 33{,}858\text{C} + 142{,}120\left(\text{H} - \dfrac{\text{O}}{8}\right) + 10{,}450\text{S}$

$= 33{,}858 \times 0.55 + 142{,}120 \times \left(0.04 - \dfrac{0.1}{8}\right) + 10{,}450 \times 0.02 = 22739.2\text{kJ/kg}$

06 상온 상압상태에서 공기가 흐르고 있는 원형관 내부에 피토관을 설치하여 유속을 측정하였더니 동압이 980Pa이었다. 공기를 비압축성 흐름으로 가정할 때 속도(m/s)는 얼마인가? (단, 공기의 비중량은 12.7N/m^{3}이다.)

해답 동압$(P_v) = \dfrac{\gamma V^2}{2g} = \dfrac{\rho V^2}{2}[\text{Pa} = \text{N/m}^3]$

$\therefore\ V = \sqrt{\dfrac{2gP_v}{\gamma}} = \sqrt{\dfrac{2 \times 9.8 \times 980}{12.7}} \fallingdotseq 38.89\text{m/s}$

별해 $\rho = \dfrac{\gamma}{g} = \dfrac{12.7}{9.8} \fallingdotseq 1.296\text{kg/m}^3$

$P_v = \dfrac{\rho V^2}{2}$

$\therefore\ V = \sqrt{\dfrac{2P_v}{\rho}} = \sqrt{\dfrac{2 \times 980}{1.296}} \fallingdotseq 38.89\text{m/s}$

★
07 보일러에서 발생하는 일반부식에 대한 내용에서 (   ) 안에 알맞은 용어를 쓰시오.

보일러수의 pH가 낮게 유지되어 약산성이 되면 약알칼리성의 (①)은 철(Fe)과 물(H_2O)로 중화 용해되면서 그 양이 감소하면 보일러 드럼의 철(Fe)이 물과 반응하여 그 감소량을 보충하는 방향으로 반응이 진행되기 때문에 강으로부터 용출되는 철의 양이 많아져 부식이 발생하게 된다. 보일러 수에 용존산소가 존재하고 물의 온도가 고온이 되면 (①)은 용존산소와 반응하여 (②)로 산화된다.

해답 ① 수산화 제1철[$Fe(OH)_2$] ② 수산화 제2철[$Fe(OH)_3$]

참고
- pH가 낮을 때 수산화 제1철의 용해반응식
  $Fe(OH)_2 + 2H^+ \rightarrow Fe + 2H_2O$
- 수중에 용존산소가 있을 때 반응식
  $4Fe(OH)_2 + O_2 + 2H_2O \rightarrow 4Fe(OH)_3$
- 보일러수의 pH가 낮으면 부식생성물인 수산화 제2철[$Fe(OH)_3$] 및 일부 산화가 안 된 수산화 제1철[$Fe(OH)_2$] 등의 불용성 물질이 강재 표면에 부착하여 적색을 띠는 녹이 발생한다.

★
08 연료의 비중을 측정하기 위하여 비중계를 비중이 1인 물에 넣었을 때의 수위를 기준점 0으로 하였다. 이 비중계를 연료에 넣었을 때 기준 위 2cm이었다면 이 연료의 비중은 얼마인가? (단, 비중계의 질량 0.04kg, 비중계 유리관 단면적이 4cm^{2}이다.)

해답 ① 비중계 상태

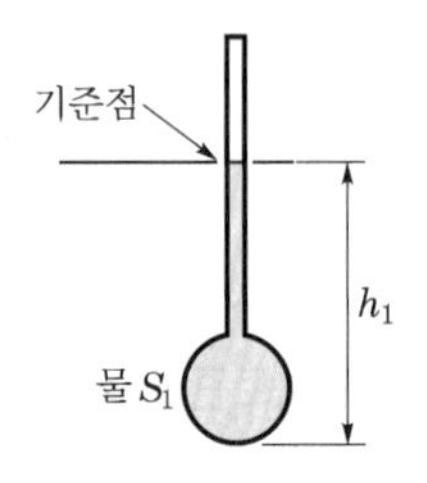

▲ 물에 넣은 상태

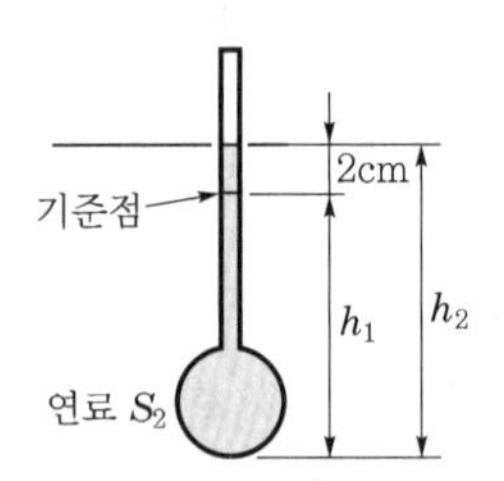

▲ 연료에 넣은 상태

② 비중계를 물에 넣었을 때 기준점까지의 거리 : 밀도 $\rho=\frac{m}{V}$[kg/m^3]는 단위체적당 질량이고 체적(V)은 단면적(A)에 높이(h)를 곱한 값으로 구할 수 있으며, 물의 밀도는 1,000kg/m^{3}이다.

$$\rho_1=\frac{m}{V}=\frac{m}{Ah_1}$$

$$\therefore\ h_1=\frac{m}{\rho_1 A}=\frac{0.04}{1{,}000\times4\times10^{-4}}=0.1\text{m}=10\text{cm}$$

여기서, A(단면적)$=4\text{cm}^2=4\times\left(\frac{1}{100}\text{m}\right)^2=4\times10^{-4}\text{m}^2$

③ 연료의 비중 : 연료에 비중계를 넣었을 때 기준점 위 2cm에 위치하고 있으므로 $h_2=h_1+2=10+2=12\text{cm}$ 이다.

$$\rho_1 h_1=\rho_2 h_2$$

$$s_1 h_1=s_2 h_2$$

$$\therefore\ s_2=s_1\frac{h_1}{h_2}=1\times\frac{10}{12}=0.83$$

여기서, s_1(물의 비중)$=1$

★
09 다음 온도계의 측정원리를 설명하시오.

1 바이메탈온도계
2 전기저항식 온도계
3 방사온도계

해답 1 바이메탈온도계 : 선팽창계수(열팽창률)가 다른 2종류의 얇은 금속판을 결합시켜 온도변화에 따라 구부러지는 정도가 다른 점을 이용한 것

2 전기저항식 온도계 : 온도가 올라가면 금속제의 저항이 증가하는 원리를 이용한 것

3 방사온도계 : 측정대상 물체에서의 전방사에너지(복사에너지)를 렌즈 또는 반사경으로 열전대와 측온접점에 모아 열기전력을 측정하여 온도를 측정하는 것

★
10 열전도율이 0.1W/m·K인 내화벽돌의 두께가 20cm일 때 온도차가 200℃인 곳에 열전도율이 0.2W/m·K인 단열벽돌을 시공하였더니 온도차가 400℃로 나타났다. 내화벽돌과 단열벽돌의 손실열량이 같을 때 단열벽돌의 두께는 몇 m인지 계산하시오. (단, 기타 손실되는 열량은 없는 것으로 한다.)

해답 손실열량(Q_L)은 열전도율(λ)과 온도차(Δt)에 비례하고 두께(L)에 반비례한다.
내화벽돌과 단열벽돌의 손실열량이 같을 때($Q_{L1} = Q_{L2}$)

$$\frac{L_2}{L_1} = \frac{\lambda_2}{\lambda_1}\left(\frac{\Delta t_2}{\Delta t_1}\right)$$

$$\therefore\ L_2 = L_1 \frac{\lambda_2}{\lambda_1}\left(\frac{\Delta t_2}{\Delta t_1}\right) = 0.2 \times \frac{0.2}{0.1} \times \frac{400}{200} = 0.8\text{m}$$

참고 손실열량$(Q_L) = \lambda A \dfrac{\Delta t}{L}$[W]

★
11 다음 그림과 같이 연결된 U자관 마노미터에서 차압($P_A - P_B$)은 몇 kPa인가?

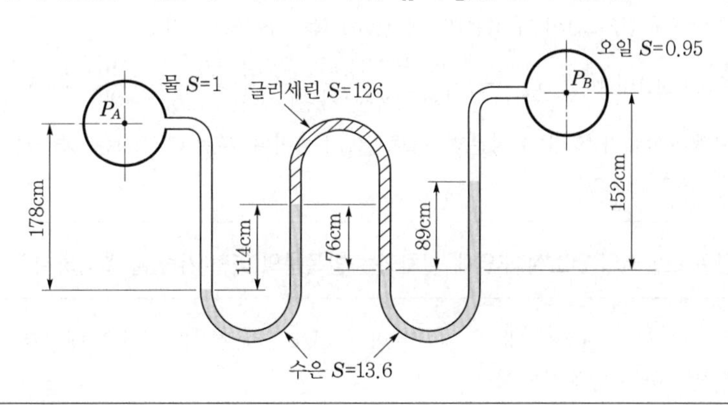

해답 ↓⊕ ↑⊖ (put)

$P = \gamma h = \gamma_w s h = 9.8 s h$[kPa]

$P_A + 9.8 \times 1.78 - 9.8 \times 13.6 \times 1.14 + 9.8 \times 1.26 \times 0.76 - 9.8 \times 13.6 \times 0.89 - 9.8 \times 0.95 \times 0.63 = P_B$

$P_A - 249.6 = P_B$

$\therefore\ P_A - P_B ≒ 249.6\text{kPa}$

★
12 배기가스의 평균온도가 200℃, 비중량이 13.27N/m³, 외기온도가 20℃, 비중량이 12.64N/m³인 경우 통풍력이 527Pa이다. 이때 연돌의 높이(m)는 얼마인가?

해답 $Z=273H\left(\dfrac{\gamma_a}{T_a}-\dfrac{\gamma_g}{T_g}\right)$

$$\therefore\ H=\frac{Z}{273\left(\dfrac{\gamma_a}{T_a}-\dfrac{\gamma_g}{T_g}\right)}=\frac{527}{273\times\left(\dfrac{12.64}{20+273}-\dfrac{13.27}{200+273}\right)}\fallingdotseq 127.97\text{m}$$

동영상 출제문제

★
01 LPG의 주성분 2가지를 분자식으로 쓰시오.

해답 ① 프로판(C_3H_8) ② 부탄(C_4H_{10})

참고
- LNG(액화천연가스)의 주성분인 메탄(CH_4)은 공기보다 가볍다.

$$\text{메탄}(CH_4)\text{의 비중}(S)=\frac{\text{메탄}(CH_4)\text{의 분자량}(M)}{\text{공기의 평균분자량}(29\text{kg/kmol})}=\frac{16}{29}=0.55$$

- LPG(액화석유가스)의 주성분인 프로판(C_3H_8)이나 부탄(C_4H_{10})은 공기보다 무겁다.

02 노통 연관 보일러의 연소실 후면에 설치되는 방폭문의 역할(기능)을 설명하시오.

해답 방폭문(폭발구)은 연소실 내 가스폭발 발생 시 폭발가스 및 압력을 대기로 방출시켜 파열사고를 미연에 방지하는 안전장치이다.

참고 방폭문은 폭발가스로 인해 인명피해 및 화재의 위험이 없는 보일러 연소실 후부 및 좌우측에 설치한다.

★
03 대향류식 공기예열기에 240℃의 배기가스가 들어가서 160℃로 나오고, 연소용 공기는 20℃로 들어가서 90℃로 나올 때 공기예열기의 대수평균온도차(℃)를 계산하시오.

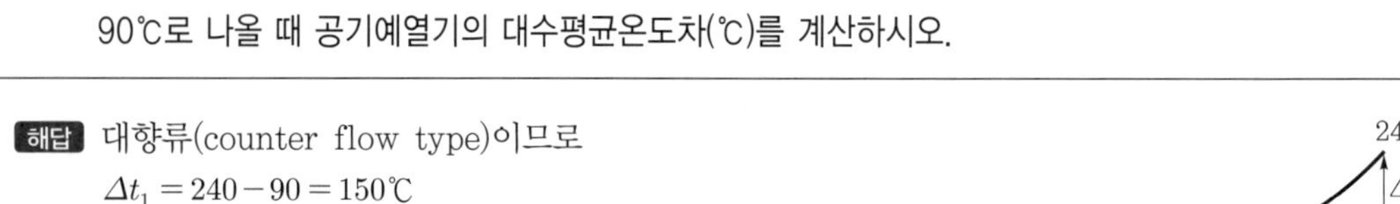

해답 대향류(counter flow type)이므로

$\Delta t_1=240-90=150℃$

$\Delta t_2=160-20=140℃$

$$\therefore\ \text{대수평균온도차}(LMTD)=\frac{\Delta t_1-\Delta t_2}{\ln\left(\dfrac{\Delta t_1}{\Delta t_2}\right)}=\frac{150-140}{\ln\left(\dfrac{150}{140}\right)}\fallingdotseq 144.94℃$$

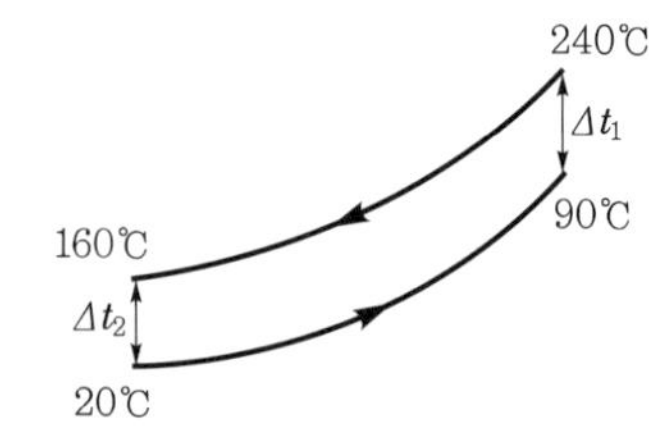

★
04 내경 25mm인 원관에 20℃ 물이 임계레이놀즈수 2,320으로 흐르고 있을 때 유속(m/s)은 얼마인가? (단, 20℃ 물에서의 동점성계수는 $1.5\times10^{-6}m^2/s$이다.)

해답 $Re_c=\dfrac{Vd}{\nu}=\dfrac{\rho Vd}{\mu}$에서 $V=\dfrac{Re_c\nu}{d}=\dfrac{2,320\times1.5\times10^{-6}}{0.025}\fallingdotseq 0.14\text{m/s}$

★
05 급격한 열응력에 의하여 내화물 및 캐스터블이 떨어지는 현상을 무엇이라 하는가?

해답 스폴링(spalling)현상

참고 1) **내화물에서 나타나는 현상**

- 스폴링(spalling)현상 : 박락현상이라 하며 내화물이 사용하는 도중에 갈라지든지 떨어져 나가는 현상을 말한다.
- 슬래킹(slacking)현상 : 수증기를 흡수하여 체적변화를 일으켜 균열이 발생하거나 떨어져 나가는 현상으로 염기성 내화물에서 공통적으로 일어난다.
- 버스팅(bursting)현상 : 크롬철광을 원료로 하는 내화물이 1,600℃ 이상에서 산화철을 흡수하여 표면이 부풀어 오르고 떨어져 나가는 현상으로 크롬질 내화물에서 발생한다.

2) **스폴링(spalling)현상의 종류 및 발생원인**

- 열적 스폴링 : 온도의 급변에 의한 열응력
- 기계적 스폴링 : 기계적 압력 등이 고르지 않아 구조의 불균형
- 조직적 스폴링 : 화학적 슬래그 등에 의한 침식 및 열적인 변질

★
06 증기감압밸브에 대한 물음에 답하시오.

1 기능을 설명하시오.
2 종류 3가지를 쓰시오.

해답 1 보일러에서 발생된 고압의 증기를 저압의 증기로 만들고, 부하측의 증기압력을 일정하게 유지시키며, 부하변동에 따른 증기의 소비량을 절감시킨다.
2 ① 피스톤식 ② 다이어프램식 ③ 벨로즈식

07 차압식 유량계 중 오리피스미터의 장점을 3가지 쓰시오.

해답 ① 구조가 간단하고 제작이 쉬워 가격이 저렴하다.
② 협소한 장소에 설치가 가능하다.
③ 유량계수의 신뢰도가 크다(오리피스 교환이 용이하다).

★
08 전기식 집진장치의 원리에 대한 설명 중 ( ) 안에 알맞은 용어를 쓰시오.

> 판상 또는 관상으로 이루어진 집진전극을 (①)으로 하고, 집진전극 중앙에 매달린 금속선으로 이루어진 (②) 간에 직류 고전압을 가해서 (③)을 발생하게 하고, 이곳에 분진이 포함된 가스를 통과시키면 전극 주위의 함진가스는 (④)되면서 대전입자가 되어 정전기력에 의해 양극(+극)에 포집되어 처리되는 집진장치이다.

해답 ① 양극 ② 음극 ③ 코로나방전 ④ 이온화

Engineer Energy Management

2019년 제4회 에너지관리기사 실기

01 판형 열교환기(plate heat exchanger)의 장점을 3가지 쓰시오.

해답 ① 전열판을 분해할 수 있으므로 보존, 점검 및 청소가 용이하다.
② 전열판의 매수를 가감함으로써 용량을 조절할 수 있다.
③ 높은 내부압력에 대해 강하고 안전하게 사용할 수 있다(높은 전달효율).

02 자동제어의 연속동작 중 P, I, D에 대하여 각각 설명하시오.

해답 ① P(비례동작) : 동작신호에 대하여 조작량의 출력변화가 일정한 비례관계에 있는 제어동작으로 외란이 있으면 잔류편차(offset)가 발생한다.
② I(적분동작) : 제어량에 편차가 생겼을 때 편차의 적분차를 가감하여 조작단의 이동속도가 비례하는 동작으로 잔류편차(offset)가 제거되지만 진동하는 경향이 있어 제어의 안정성은 떨어진다.
③ D(미분동작) : 조작량이 동작신호의 미분치에 비례하는 동작으로 제어량의 변화속도에 비례한 정정동작을 한다. 일반적으로 진동이 제거되어 빨리 안정되며 비례동작과 함께 사용된다.

★
03 탈기기(deaerator)의 설치목적을 쓰시오.

해답 탈기기는 보일러 급수 중의 산소(O_2), 탄산가스(CO_2) 등의 용존가스를 제거하여 부식을 방지하는 장치이다.

참고 탈기기는 보일러에 공급되는 물(급수) 중에 섞인 산소(O_2), 이산화탄소(CO_2)를 제거하는 장치이다.

★
04 보온재를 통한 전달열량이 1,000W일 때 두께가 2배, 온도차가 2배, 열전도율이 4배 증가되면 통과하는 열량(W)은 얼마인가? (단, 보온재의 면적은 동일하다.)

해답 통과열량$(Q)=\lambda A\dfrac{\Delta t}{L}$ [W]이므로 통과열량(Q)은 열전도율(계수)(λ)과 온도차(Δt)에 비례하고, 두께(L)에 반비례한다.

$$\therefore\ Q_2=Q_1\left(\frac{\lambda_2}{\lambda_1}\right)\left(\frac{\Delta t_2}{\Delta t_1}\right)\left(\frac{L_1}{L_2}\right)=1{,}000\times4\times2\times\frac{1}{2}=4{,}000\text{W}$$

부록 I

★

05 증기트랩의 역할을 4가지 쓰시오.

해답 ① 증기사용설비배관 내의 응축수를 자동적으로 배출한다.
② 증기의 잠열을 유효하게 이용할 수 있도록 한다.
③ 응축수의 배출은 차압에 의해 배출되며 증기관의 부식 및 수격작용을 방지한다.
④ 증기트랩은 단지 밸브의 개폐기능만을 가진다.

★

06 프로판(C_3H_8) 1Nm^3/h가 완전 연소할 때 필요한 이론공기량(Nm^3/h)을 계산하시오.

해답 ① 프로판(C_3H_8)의 완전 연소반응식

$C_3H_8+5O_2 \rightarrow 3CO_2+4H_2O$

② 이론공기량

$22.4 : (5\times22.4)=1 : x(O_o)$

$\therefore A_o=\frac{O_o}{0.21}=\frac{1\times5\times22.4}{22.4\times0.21}\fallingdotseq 23.81Nm^3/h$

07 랭킨사이클에 의한 증기원동소에서 2.47MPa, 220℃의 과열증기를 50kPa까지 터빈에서 단열팽창시킬 때 다음 증기표를 이용하여 터빈의 출력(kW)을 계산하시오. (단, 터빈 출구의 증기건도는 0.93, 공급되는 증기는 20ton/h, 압력은 절대압력이다.)

절대압력(MPa)	비엔탈피(kJ/kg)	
	포화수	건포화증기
0.05	338.19	2642.41
2.47	963.05	2800.18

해답 ① 터빈 입구의 증기비엔탈피$(h_2)=2800.18$kJ/kg
② 터빈 출구의 증기비엔탈피$(h_3)=h'+x(h''-h')$

$=338.19+0.93\times(2642.41-338.19)\fallingdotseq 2481.11$kJ/kg

③ 터빈출력$(W_t)=\frac{m(h_2-h_3)}{3,600}=\frac{(20\times10^3)\times(2800.18-2481.11)}{3,600}\fallingdotseq 1772.61$kW

참고 1kW=1kJ/s=3,600kJ/h

★
08 연료의 질량비율이 C 78%, H 12%, O 3%, S 2%, 기타 5%일 때 이론공기량(Nm^3/kg)을 계산하시오.

해답 $A_o = 8.89C + 26.67\left(H - \frac{O}{8}\right) + 3.33S$

$= 8.89 \times 0.78 + 26.67 \times \left(0.12 - \frac{0.03}{8}\right) + 3.33 \times 0.02 ≒ 10.10 Nm^3/kg$

★
09 압력이 2MPa, 건도가 0.95인 습포화증기를 시간당 15,000kg을 발생하는 보일러에서 급수온도가 30℃일 때 상당증발량(kg//h)을 계산하시오. (단, 2MPa의 포화수와 건포화증기의 비엔탈피는 각각 908.79kJ/kg, 3704.46kJ/kg이고, 30℃ 급수의 비엔탈피는 125.79kJ/kg, 100℃ 포화수가 증발하여 건포화증기로 되는데 필요한 열량은 2,256kJ/kg이다.)

해답 $h_2 = h' + x(h'' - h') = 908.79 + 0.95 \times (3704.46 - 908.79) ≒ 3564.68 kJ/kg$

$\therefore\ m_e = \frac{m_a(h_2 - h_1)}{2,256} = \frac{15,000 \times (3564.68 - 125.79)}{2,256} ≒ 22864.96 kg/h$

참고 습포화증기(습증기)의 비엔탈피(h_2)$= h' + x(h'' - h')$ [kJ/kg]

여기서, h' : 포화수의 비엔탈피(kJ/kg), h'' : 포화증기의 비엔탈피(kJ/kg)

x : 건조도

10 보일러에서 연료를 연소 후 배출되는 배기가스 중에 함유된 분진 등을 제거하는 집진장치의 종류를 5가지 쓰시오.

해답 ① 중력식 ② 관성력식 ③ 원심력식
④ 여과식 ⑤ 벤투리 스크러버 ⑥ 제트 스크러버
⑦ 사이클론 스크러버 ⑧ 충전탑 ⑨ 전기식

참고 집진장치의 종류

분류	종류
건식 집진장치	중력식, 관성력식, 원심력식(사이클론, 멀티클론), 여과식(백필터)
습식 집진장치	벤투리 스크러버, 제트 스크러버, 사이클론 스크러버, 충전탑(세정탑)
전기식 집진장치	코트렐 집진기

부록 I

11 예열부, 가열부, 냉각부로 구성되어 예열, 소성, 냉각이 연속적으로 이루어지며, 연소가스는 대차의 진행방향과 반대방향으로 진행되는 연속식 요의 명칭을 쓰시오.

해답 터널요(tunnel kiln)

참고 터널요

1) **개요**

가마 내부에 레일이 설치된 터널형태의 가마로 가열물체를 실은 대차가 레일 위를 지나면서 예열, 소성, 냉각이 이루어져 제품이 완성되며 조작이 연속적으로 이루어지는 연속식 요의 대표적인 것이다.

2) **특징**

- 예열, 소성, 냉각이 연속적으로 이루어지며 대차의 진행방향과 반대방향으로 연소가스가 진행된다.
- 소성이 균일하여 제품의 품질이 좋다.
- 온도조절과 자동화가 용이하다.
- 열효율이 좋아 연료비가 절감된다.
- 배기가스의 현열을 이용하여 제품을 예열한다.
- 제품의 현열을 이용하여 연소용 공기를 예열한다.
- 능력에 비해 설치면적이 작고 건설비가 적게 소요된다.
- 소성시간이 단축되며 대량생산에 적합하다.
- 생산량 조정이 곤란하다.
- 제품구성에 제한이 있고 다종 소량생산에는 부적합하다.
- 제품을 연속적으로 처리할 수 있는 시설이 있어야 한다.

★

12 물이 흐르는 배관에 피토관을 설치하여 측정한 전압이 128kPa, 정압이 120kPa일 때 유속(m/s)을 구하시오.

해답 $V = C\sqrt{2\left(\frac{P_t - P_s}{\rho}\right)} = 1 \times \sqrt{2 \times \frac{(128-120)\times 10^3}{1,000}} = 4\,\text{m/s}$

참고 SI단위의 유속 계산식

$$V = C\sqrt{2\left(\frac{P_t - P_s}{\rho}\right)}\,[\text{m/s}]$$

여기서, C : 피토관 상수, P_t : 전압(Pa), P_s : 정압(Pa), ρ : 유체의 밀도(kg/m^3)

※ 물의 밀도$(\rho) = 1,000\text{kg/m}^3$

동영상 출제문제

01 오일프리히터(oil preheater)의 기능을 쓰시오.

해답 중유(벙커C유)를 가열하여 점도를 낮게 함으로써 연료의 유동성과 무화를 양호하게 하여 연소효율을 향상시킨다.

02 선박을 이용해 운반하는 LNG의 주성분을 분자식으로 쓰시오.

해답 메탄(CH_4)

03 증기공급배관 중에 설치되는 기수분리기(steam separator)의 역할(기능)을 설명하시오.

해답 기수분리기는 공급되는 증기(steam) 중에 포함되어 있는 수분(물방울)을 제거하여 증기의 건도를 높여 건조증기만 설비에 공급되도록 하는 기기이다.

★
04 파형 노통의 장점을 2가지 쓰시오.

해답 ① 노통의 신축을 흡수할 수 있다. ② 외압에 대한 강도가 증가한다.
③ 전열면적(A)이 증가한다.

참고 파형 노통의 단점
- 내부청소 및 검사가 어렵다.
- 통풍저항이 크다.
- 스케일이 부착하기 쉽다.
- 제작이 어렵고 가격이 비싸다.

05 LNG를 공기비 1.2로 시간당 $100Nm^3$를 연소시킬 때 연소용 공기공급량(Nm^3/h)은 얼마인가?

해답 ① 메탄(CH_4)의 완전 연소반응식 : LNG의 주성분은 메탄에 해당된다.
$CH_4+2O_2 \rightarrow CO_2+2H_2O$
② 실제 공기량 : 메탄 $1Nm^3$가 연소할 때 필요로 하는 산소량(Nm^3)은 연소반응식에서 몰(mol)수와 같다.

$$\therefore\ A_a = mA_o = m\frac{O_o}{0.21} = \left(1.2\times\frac{2}{0.21}\right)\times 100 \fallingdotseq 1142.86\,\text{Nm}^3/\text{h}$$

부록 I

★
06 배관 외경이 40mm, 길이 15m의 증기관에 두께 20mm의 보온재를 시공하였다. 관 표면온도 100℃, 보온재 외부 표면온도 20℃일 때 손실열량(W)을 구하시오. (단, 보온재의 열전도율은 0.058W/m・K이다.)

해답 $Q_L = \dfrac{2\pi Lk(t_i - t_o)}{\ln\left(\dfrac{r_o}{r_i}\right)} = \dfrac{2\pi \times 15 \times 0.058 \times (100-20)}{\ln\left(\dfrac{0.04}{0.02}\right)} \fallingdotseq 631\text{W}$

Engineer Energy Management

2020년 제1회 에너지관리기사 실기

★

01 질량기준으로 C 85%, H 12%, S 3%의 조성으로 되어 있는 중유를 공기비 1.3으로 연소할 때 다음 물음에 답하시오.

1 실제 공기량(Nm^3/kg)을 계산하시오.

2 건연소가스량(Nm^3/kg)을 계산하시오.

해답 1 $A_o = 8.89C + 26.67\left(H - \frac{O}{8}\right) + 3.33S$

$= 8.89 \times 0.85 + 26.67 \times 0.12 + 3.33 \times 0.03 ≒ 10.86Nm^3/kg$

$\therefore A_a = mA_o = 1.3 \times 10.86 ≒ 14.12Nm^3/kg$

2 $G_d = A_o(m - 0.21) + 1.867C + 0.7S + 0.8N$

$= 10.86 \times (1.3 - 0.21) + 1.867 \times 0.85 + 0.7 \times 0.03 ≒ 13.45Nm^3/kg$

별해 실제 건연소가스량(Nm^3/kg)

$G_{od} = 0.79A_o + 1.867C + 0.7S + 0.8N = 0.79 \times 10.86 + 1.867 \times 0.85 + 0.7 \times 0.03 ≒ 10.19Nm^3/kg$

$\therefore G_d = G_{od} + B = G_{od} + A_o(m-1) = 10.19 + 10.86 \times (1.3 - 1) ≒ 13.45Nm^3/kg$

02 1기압, 0℃ 상태의 공기가 원형 덕트에 흐르고 있을 때 원형 덕트 중심부에 피토관을 설치하여 측정한 U자관 마노미터의 눈금이 $3mmH_2O$이었다. 이 상태에서 원형 덕트의 지름을 $\frac{1}{2}$로 축소하면 원형 덕트 중심부의 유속(m/s)은 얼마인가? (단, 1기압, 0℃ 상태의 공기밀도는 $1.293kg/m^3$이다.)

해답 연속의 방정식에서 $A_1V_1 = A_2V_2$이고, $D_2 = \frac{1}{2}D_1$이므로

$\therefore V_2 = V_1\left(\frac{A_1}{A_2}\right) = V_1\left(\frac{D_1}{D_2}\right)^2 = V_1 \times 2^2 = 4V_1 = 4\sqrt{2gh\left(\frac{\rho_w - \rho_a}{\rho_a}\right)} = 4\sqrt{2gh\left(\frac{\rho_w}{\rho_a} - 1\right)}$

$= 4\sqrt{2 \times 9.8 \times 0.003 \times \left(\frac{1,000}{1.293} - 1\right)} = 29.96\,m/s$

부록 I

★

03 보일러 폐열회수장치인 절탄기(economizer)를 사용하였을 때의 장점을 4가지 쓰시오.

해답 ① 보일러 열효율이 향상된다.
② 열응력 발생을 방지한다.
③ 급수 중 불순물을 일부 제거한다.
④ 연료소비량이 감소한다.

04 세정식 집진장치의 원리를 설명하시오.

해답 세정식 집진장치는 분진이 포함된 배기가스를 세정액이나 액막 등에 충돌시키거나 접촉시켜 액체에 의해 포집하는 방식이다.

★

05 보일러 운전 중 발생하는 비수현상(carrryover)의 방지대책을 4가지 쓰시오.

해답 ① 보일러수(관수)를 농축시키지 않는다.
② 보일러 수위를 높게(고수위로) 하지 않는다.
③ 보일러수 중의 불순물을 제거한다.
④ 과부하가 되지 않도록 한다.
⑤ 주증기밸브를 급격히 개방(급개)하지 않는다.

06 보일러에서 연소가스에 의하여 발생하는 부식에 대한 설명이다. 다음 물음에 답하시오.

> 연료 속에 함유된 유황분이 연소되어 아황산가스(SO_2)가 되고, 이것이 다시 오산화바나듐(V_2O_5) 등의 촉매작용에 의하여 과잉공기와 반응해서 일부분이 무수황산(SO_3)으로 되며, 이것은 연소가스 속의 수증기와 화합하여 황산(H_2SO_4)으로 되어 보일러 저온 전열면에 부착하여 그 부분을 부식시키는 것이다.

1 이 부식의 명칭을 쓰시오.
2 이 부식의 방지법을 2가지 쓰시오.

해답 1 저온부식
2 ① 황(S)성분이 적은 연료 및 전처리하여 사용한다.
② 과잉공기를 적게 하여 연소시킨다.
③ 무수황산(SO_3)을 다른 생성물로 변경시킨다.
④ 배기가스의 온도를 황(S)의 노점온도 이상으로 올린다.

★
07 요(가마)를 조업방법에 의하여 분류할 때 연속식 요를 3가지 쓰시오.

해답 ① 윤요 ② 연속식 가마 ③ 터널가마 ④ 반터널식 가마

참고 조업방법(작업진행방법)에 의한 요(가마)의 분류
- 연속요 : 윤요, 연속식 가마, 터널가마, 반터널식 가마 등
- 반연속요 : 등요, 셔틀가마 등
- 불연속요 : 승염식 요, 횡염식 요, 도염식 요, 종가마 등

★
08 노를 설계할 때 노벽을 내부부터 순서대로 내화벽돌(λ_1=5W/m・℃), 두께 0.3m의 단열벽돌(λ_2=0.9W/m・℃), 두께 0.15m의 일반벽돌(λ_3=3W/m・℃)의 3중 구조로 하고자 한다. 노 내부의 온도가 1,200℃이고, 실내온도가 50℃라 할 때 단열벽돌의 내화도 때문에 단열벽돌의 온도를 900℃ 이하로 유지하려면 내화벽돌의 두께는 몇 m로 하여야 하는가? (단, 외기와 일반벽돌 외표면과의 열전달률은 무시한다.)

해답 ① 단열벽돌부터 일반벽돌 외면까지 노벽 $1m^2$에 대하여 전달되는 열량 : 단열벽돌의 최고온도 900℃를 기준으로 계산한다.

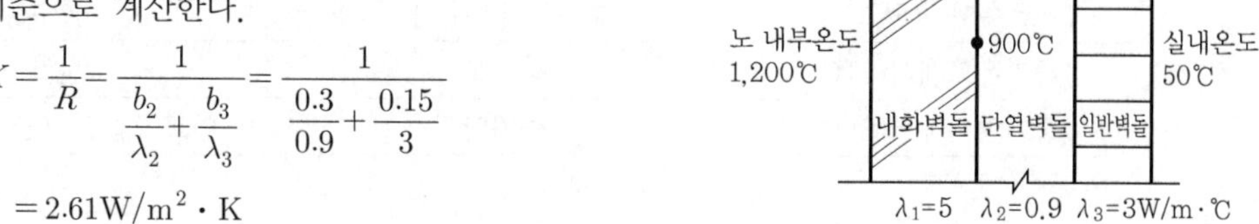

$$K=\frac{1}{R}=\frac{1}{\dfrac{b_2}{\lambda_2}+\dfrac{b_3}{\lambda_3}}=\frac{1}{\dfrac{0.3}{0.9}+\dfrac{0.15}{3}}$$

$$=2.61\text{W/m}^2\cdot\text{K}$$

$$\therefore\ Q_1=KA\Delta t_1=2.61\times1\times(900-50)=2217.39\,\text{W}$$

② 내화벽돌의 두께 : 단열벽돌부터 일반벽돌까지 전달되는 열량(Q_1)과 3중 구조의 벽체를 통해 전달되는 열량(Q)은 같다.

$$\frac{b_1}{\lambda_1}+\frac{b_2}{\lambda_2}+\frac{b_3}{\lambda_3}=\frac{A\Delta t}{Q}$$

$$\frac{b_1}{\lambda_1}=\frac{A\Delta t}{Q}-\left(\frac{b_2}{\lambda_2}+\frac{b_3}{\lambda_3}\right)$$

$$\therefore\ b_1=\lambda_1\left(\frac{A\Delta t}{Q}-\frac{1}{K}\right)=5\times\left\{\frac{1\times(1{,}200-50)}{2217.39}-\frac{1}{2.61}\right\}\fallingdotseq0.68\text{m}$$

09 수관식 보일러의 보일러수 순환방식을 4가지 쓰시오.

해답 ① 자연순환식 ② 강제순환식 ③ 관류식 ④ 복합순환식(강제+관류)

10 보일러 자동제어에 대한 각각의 명칭을 쓰시오.

1. 미리 정해진 순서에 따라 순차적으로 진행하는 제어방식이다.
2. 보일러의 안전한 운전을 위하여 어떤 일정한 조건이 충족되지 않으면 다음 단계의 동작이 작동하지 못하도록 저지하는 제어이다.

해답 1. 시퀀스제어(sequence control)
2. 인터록제어(interlock control)

★
11 보일러 자동제어(ABC)의 종류를 3가지 쓰시오.

해답 ① 자동연소제어(ACC) ② 급수제어(FWC)
③ 증기온도제어(STC) ④ 증기압력제어(SPC)

참고 보일러 자동제어(ABC)의 종류

명칭	제어량	조작량
자동연소제어(ACC)	증기압력	공기량, 연료량
	노내압	연소가스량
급수제어(FWC)	보일러 수위	급수량
증기온도제어(STC)	증기온도	전열량
증기압력제어(SPC)	증기압력	연료공급량, 연소용 공기량

★
12 동작물질 1kg이 고열원 600℃, 저열원 100℃ 사이에서 분당 60사이클(cycle)로 회전하는 카르노사이클 기관의 최고압력(P_1)이 400kPa・a이고, 등온팽창하여 압력(P_2)이 200kPa・a로 되었다면 1시간 동안에 수열되는 열량(kW)은 얼마인가? (단, 동작물질의 기체상수 R=287J/kg・K이다.)

해답 $Q_1 = mRT_1 \ln\left(\frac{P_1}{P_2}\right) = 1 \times 0.287 \times (600+273) \times \ln\left(\frac{400}{200}\right) = 173\,\text{kW}$

참고
- 1분(min)당 60cycle = 60cycle/min = 1cycle/s
- 1시간(h)당은 60×60 = 3,600cycle/h = 1cycle/s
- 1kW = 1kJ/s = 60kJ/min = 3,600kJ/h

동영상 출제문제

01 기체연료배관에 설치되는 가스필터의 역할을 쓰시오.

해답 가스필터는 공급되는 도시가스 중에 포함된 이물질을 제거하여 압력조정기 및 버너의 고장을 방지한다.

★

02 2동 D형 수관식 보일러의 특징에 대한 설명 중 ( ) 안에 알맞은 용어를 선택하시오.

> 보유수량이 (① 많아, 적어) 증기 발생시간이 (② 빠르고, 느리고), 파손 시 피해가 (③ 크고, 적고) 관경이 작아 (④ 고압, 저압)에 견딜 수 있으며 전열면적이 커서 (⑤ 대용량, 소용량)에 적합하다.

해답 ① 적어 ② 빠르고 ③ 적고 ④ 고압 ⑤ 대용량

03 고온의 물체로부터 방사되는 특정 파장의 방사에너지를 렌즈 또는 반사경으로 수열판에 모으면 냉접점 부분과의 온도차가 생기고, 이 온도차를 열기전력으로 측정하여 온도를 측정하는 비접촉식 온도계의 명칭을 쓰시오.

해답 방사온도계(radiation thermometer)

★

04 스프링식 안전밸브에서 증기가 누설되는 원인을 2가지 쓰시오.

해답 ① 스프링의 장력이 약할 때
② 밸브시트가 불량 또는 오염되어 있을 때
③ 작동압력이 낮게 조정되었을 때

★

05 태양열을 이용한 난방시스템에서 매니폴드(manifolder)의 역할을 설명하시오.

해답 매니폴드는 진공관으로 구성된 집열기에서 태양열을 이용하여 온수를 가열하는 장치로 별도로 설치된 축열조에 온수를 저장하여 난방 및 급탕용으로 사용한다.

★
06 부르동관압력계에 부착하는 사이펀관(siphon tube)의 역할을 쓰시오.

해답 사이펀관은 압력계 내부의 부르동관을 보호하기 위하여 안지름 6.5mm 이상의 관을 한 바퀴 돌려 가공된 것으로 관 내부에 물을 투입하여 고온증기가 영향을 미치지 않도록 한다.

★
07 신에너지 중 하나인 연료전지에 사용되는 재료를 4가지 쓰시오.

해답 ① 수소 ② 천연가스 ③ 나프타 ④ 메탄올

★
08 노내의 온도가 600℃인 상태에서 500mm×500mm의 노 문을 열었다. 이때 노 문을 통한 방사전열손실 열량은 몇 W인가? (단, 실내온도는 30℃, 화염의 방사율은 0.38, 스테판-볼츠만상수(C_b)는 5.67×10^{-8}W/m^2·K^{4}이다.)

해답 $Q_R = \varepsilon C_b A(T_1^4 - T_2^4) = 0.38\times5.67\times10^{-8}\times0.5^2\times\{(600+273)^4-(30+273)^4\} \fallingdotseq 3083.30\,\text{W}$

Engineer Energy Management

2020년 제2회 에너지관리기사 실기

★

01 20℃ 물 100kg을 100℃의 건포화증기로 만들 때 가열량(kJ)을 구하시오. (단, 물의 비열은 4.186kJ/kg, 증발잠열은 2,256kJ/kg이다.)

해답 ① 현열(Q_s) : 20℃의 물을 100℃의 물(포화수)로 가열 시

$Q_s = mC(t_2 - t_1) = 100 \times 4.186 \times (100 - 20) = 33{,}488\text{kJ}$

② 물의 증발잠열(Q_L) : 100℃의 포화수를 100℃의 건포화증기로 가열 시

$Q_L = m\gamma_o = 100 \times 2{,}256 = 225{,}600\text{kJ}$

∴ 가열량(Q)$= Q_s + Q_L = 33{,}488 + 225{,}600 = 259{,}088\text{kJ}$

02 방 안의 온도가 25℃인데 온도를 낮추었더니 20℃에서 물방울이 생성되었다고 하면 방 안의 온도가 25℃일 때의 상대습도(%)는 얼마인가? (단, 25℃ 불포화수증기압은 2.45kPa, 25℃에서의 포화수증기압은 3.15kPa이다.)

해답 $\phi = \dfrac{P_w}{P_s} \times 100\% = \dfrac{2.45}{3.15} \times 100\% \fallingdotseq 78\%$

★

03 메탄(CH_4)가스를 공기 중에서 연소시키려 한다. 메탄의 저위발열량이 50,000kJ/kg이라면 고위발열량(kJ/kg)은 얼마인가? (단, 물의 증발잠열은 2,480kJ/kg이다.)

해답 ① 메탄(CH_4)의 완전 연소반응식

$CH_4 + 2O_2 \rightarrow CO_2 + 2H_2O$

② 메탄 1kg 연소 시 발생되는 수증기량(m)

$16 : 2 \times 18 = 1 : m$

$\therefore\ m = \dfrac{2 \times 18 \times 1}{16} = 2.25\text{kg}$

③ 고위발열량 : 메탄 연소 시 발생되는 수증기량과 물의 증발잠열을 곱한 수치를 저위발열량에 더한 값이 고위발열량이 된다.

$\therefore\ H_h = H_L + (\text{발생수증기량} \times \text{증발잠열}) = 50{,}000 + (2.25 \times 2{,}480) = 55{,}580\text{kJ/kg}$

부록 I

★
04 열역학적 증기트랩에 대한 다음 물음에 답하시오.

1 작동원리를 설명하시오.

2 종류를 2개 쓰시오.

해답 **1** 증기와 응축수의 열역학적, 유체역학적 특성차를 이용한 것이다.

2 ① 오리피스식 ② 디스크식

참고 작동원리에 의한 증기트랩의 분류 및 종류

명칭	작동원리	종류
기계식 트랩	증기와 응축수의 비중차 이용 (플로트 또는 버킷트랩은 부력 이용)	상향버킷식, 하향버킷식, 레버플로트식, 자유플로트식
온도조절식 트랩	증기와 응축수의 온도차 이용 (금속의 신축성 이용)	바이메탈식, 벨로즈식
열역학적 트랩	증기와 응축수의 열역학적, 유체역학적 특성차 이용	오리피스식, 디스크식

05 터널요(tunnel kiln)를 구성하는 부분을 3가지 쓰시오.

해답 ① 대차 ② 샌드실 ③ 푸셔

참고 터널요(tunnel kiln)

1) **개요**

가마 내부에 레일이 설치된 터널형태의 가마로 가열물체를 실은 대차가 레일 위를 지나면서 예열, 소성, 냉각이 이루어져 제품이 완성되며 조작이 연속적으로 이루어지는 연속식 요(가마)의 대표적인 것이다.

2) **구조**

- 예열대 : 대차 입구로부터 소성대 입구까지의 부분
- 소성대 : 가마의 중앙부 양쪽에 2~20개 정도의 아궁이(연소실)가 설치된 부분
- 냉각대 : 소성대 출구로부터 대차 출구까지의 부분

3) **구성**

- 대차(kiln car) : 피소성품을 운반하는 장치
- 샌드실(sand seal) : 레일이 위치한 고온부의 열이 저온부로 이동하지 않도록 하기 위하여 설치하는 장치
- 푸셔(pusher) : 대차를 밀어 넣는 장치
- 공기재순환장치 : 여열 이용을 위한 공기순환장치

4) **특징**

- 예열, 소성, 냉각이 연속적으로 이루어지며 대차의 진행방향과 반대방향으로 연소가스가 진행된다.
- 소성이 균일하여 제품의 품질이 좋다.
- 온도조절과 자동화가 용이하다.
- 열효율이 좋아 연료비가 절감된다.

- 배기가스의 현열을 이용하여 제품을 예열한다.
- 제품의 현열을 이용하여 연소용 공기를 예열한다.
- 능력에 비해 설치면적이 작고 건설비가 적게 소요된다.
- 소성시간이 단축되며 대량생산에 적합하다.
- 생산량 조정이 곤란하다.
- 제품구성에 제한이 있고 다품종 소량생산에는 부적합하다.
- 제품을 연속적으로 처리할 수 있는 시설이 있어야 한다.

★
06 다음 ( ) 안에 알맞은 명칭을 쓰시오.

> 보일러 배기가스의 현열을 이용하여 급수를 예열하는 장치를 (①)라 하며, 공기를 예열하는 장치는 (②)라 한다.

해답 ① 절탄기(economizer) ② 공기예열기

07 연료의 발열량이 23,000kJ/kg인 연료를 연소시키는 보일러에서 연료 1kg당 발생하는 연소가스가 10Nm^3, 비열이 1.38kJ/Nm^3·℃, 외기온도 0℃, 배기가스의 평균온도가 300℃일 때 효율(%)은 얼마인가? (단, 불완전 연소에 의한 손실열은 연료발열량의 10%이다.)

해답 연료가 불완전 연소 등에 의하여 10%의 열손실이 발생하였으므로 입열은 연료발열량의 90%에 해당된다.

$$\therefore\ \eta=\left(1-\frac{\text{손실열}}{\text{입열}}\right)\times 100\%=\left\{1-\frac{10\times 1.38\times(300-0)}{23{,}000\times 0.9}\right\}\times 100\% \fallingdotseq 80\%$$

참고 불완전 연소에 의하여 열손실이 발생하고, 기타 외부로의 손실열이 각각 연료발열량의 10%에 해당되는 것으로 주어졌을 경우 입열은 연료발열량의 90%에 해당되며, 손실열은 배기가스의 현열량과 연료발열량의 10%가 해당된다.

$$\therefore\ \eta=\left(1-\frac{\text{손실열}}{\text{입열}}\right)\times 100\%=\left\{1-\frac{\{10\times 1.38\times(300-0)\}+(23{,}000\times 0.1)}{23{,}000\times 0.9}\right\}\times 100\%$$

$$\fallingdotseq 68.89\%$$

08 공업용 노(furnace)의 에너지 절감방안을 4가지 쓰시오.

해답 ① 단열 조치를 강화하여 방사열량을 감소시킨다.
② 노내 연소가스를 순환시켜 연소가스량을 많게 한다.
③ 적정 공기비를 유지시켜 완전 연소가 되도록 한다.
④ 연소용 공기는 배열을 이용하여 예열시켜 공급한다.

09 보일러에 적용하는 자동제어 중 인터록(interlock)에 대하여 설명하시오.

해답 인터록은 어떤 일정한 조건이 충족되지 않으면 다음 단계의 동작이 작동하지 못하도록 저지하는 것으로 보일러의 안전한 운전을 위하여 반드시 필요한 것이다.

★
10 다음에 주어진 것은 신·재생에너지의 종류이다. 각 물음에 답하시오.

㉠ 해양에너지	㉡ 지열	㉢ 수소에너지
㉣ 풍력	㉤ 연료전지	㉥ 수력
㉦ 태양에너지(태양광/태양열)		

1 신에너지에 해당하는 것 2가지를 기호로 쓰시오.

2 재생에너지에 해당하는 것 5가지를 기호로 쓰시오.

해답 **1** ㉢, ㉤

2 ㉠, ㉡, ㉣, ㉥, ㉦

참고 신에너지 및 재생에너지(신에너지 및 재생에너지 개발·이용·보급 촉진법 제2조)

- 신에너지 : 기존의 화석연료를 변환시켜 이용하거나 수소·산소 등의 화학반응을 통하여 전기 또는 열을 이용하는 에너지
  - 수소에너지
  - 연료전지
  - 석탄을 액화·가스화한 에너지 및 중질잔사유를 가스화한 에너지로서 대통령령으로 정하는 기준 및 범위에 해당하는 에너지
  - 그 밖에 석유·석탄·원자력 또는 천연가스가 아닌 에너지로서 대통령령으로 정하는 에너지
- 재생에너지 : 햇빛, 물, 지열, 강수, 생물유기체 등을 포함하는 재생 가능한 에너지를 변환시켜 이용하는 에너지
  - 태양에너지
  - 풍력
  - 수력
  - 해양에너지
  - 지열에너지
  - 생물자원을 변환시켜 이용하는 바이오에너지로서 대통령령으로 정하는 기준 및 범위에 해당하는 에너지
  - 폐기물에너지(비재생폐기물로부터 생산된 것은 제외)로서 대통령령으로 정하는 기준 및 범위에 해당하는 에너지
  - 그 밖에 석유·석탄·원자력 또는 천연가스가 아닌 에너지로서 대통령령으로 정하는 에너지

★
11 드럼 없이 하나로 된 관에 급수를 압입하여 가열, 증발, 과열과정을 거쳐 과열증기를 발생하는 보일러의 명칭을 쓰시오.

해답 관류 보일러

★
12 정압비열이 1.29kJ/kg・K인 이상기체를 25℃, 0.1MPa 상태에서 가역단열과정으로 1MPa까지 압축하였을 때 온도는 몇 ℃인가? (단, 0K는 −273.15℃를 기준으로 하고, 비열비(k)는 1.66이다.)

해답 $\frac{T_2}{T_1} = \left(\frac{P_2}{P_1}\right)^{\frac{k-1}{k}}$

$\therefore \ T_2 = T_1\left(\frac{P_2}{P_1}\right)^{\frac{k-1}{k}} = (25+273) \times \left(\frac{1}{0.1}\right)^{\frac{1.66-1}{1.66}} = 744.4\text{K} - 273 = 471.4℃$

동영상 출제문제

01 보염장치 중 윈드박스의 기능을 2가지 쓰시오.

해답 ① 안정된 착화를 도모한다.
② 공기와 연료의 혼합을 촉진한다.
③ 화염의 형상을 조절한다.
④ 전열효율을 향상(촉진)시킨다.

참고 윈드박스(wind box, 바람상자) : 버너 주위에 설치하여 내부에 다수의 안내날개(guide blade)를 비스듬히 설치한 원통형의 밀폐된 장치로 공기와 분무연료의 혼합을 촉진시키는 장치이다.

★
02 보온재의 구비조건을 5가지 쓰시오.

해답 ① 열전도율(열전도계수)이 작을 것
② 흡습성이 작을 것
③ 적당한 기계적 강도를 가질 것
④ 시공성이 좋고 경제적일 것
⑤ 비중(밀도)이 작을 것(가벼울 것)
⑥ 내열, 내약품성이 있을 것

03 셸 앤드 튜브식(shell and tube type) 열교환기에 사용되는 스파이럴튜브의 장점을 2가지 쓰시오.

해답 ① 튜브의 전열면적이 증가된다.
② 유체의 흐름이 난류가 되어 전열효과가 우수하다.

04 진공압력과 게이지압력을 측정할 수 있는 연성계에서 진공압력이 500mmHg일 때 절대압력은 몇 kPa(abs)인가?

해답 $P_a = P_o - P_g = 101.325 - \frac{500}{760} \times 101.325 = 34.66\text{kPa(abs)}$

참고 대기압 $1\text{atm} = 760\text{mmHg} = 101.325\text{kPa}$

★
05 저수위차단장치에 의하여 동작되는 기능을 2가지 쓰시오.

해답 ① 최저수위까지 내려가기 직전에 저수위 경보
② 최저수위까지 내려가는 즉시 연료 차단
③ 급수의 자동조절

Engineer Energy Management

2020년 제3회 에너지관리기사 실기

01 노 내부부터 두께 40cm, 열전도도 1.2W/m・K인 내화벽돌, 그 외측에 열전도도가 0.12W/m・K인 단열재로 노벽을 시공하고자 한다. 노 내부의 온도가 1,300℃이고, 실내온도가 30℃라 할 때 단열재는 안전사용온도 850℃로 유지되고 있다면 단열재의 두께는 몇 mm로 시공하여야 하는가? (단, 외벽 표면의 대류열전달계수는 15W/m²・K이다.)

해답 ① 노 내부에서 내화벽돌을 거쳐 단열재 내측면까지 노벽 1m²에 대하여 전달되는 열량 : 단열재의 안전사용온도 850℃를 기준으로 계산한다.

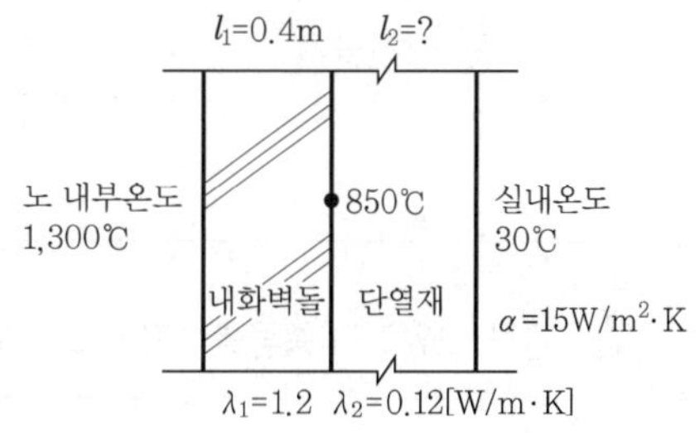

$$K=\frac{1}{R}=\frac{1}{\frac{l_1}{\lambda_1}}=\frac{1}{\frac{0.4}{12}}=3\text{W/m}^2\cdot\text{K}$$

$$\therefore\ Q_1=KA\Delta T_1=3\times1\times(1{,}300-850)=1{,}350\text{W}$$

② 단열재의 두께 : 노 내부에서 내화벽돌을 거쳐 단열재 내측면까지 전달되는 열량(Q_1)과 단열재 내측면부터 실내까지 전달되는 열량(Q_2)은 같다($Q_1=Q_2$).

$$Q_2=KA\Delta T_2[\text{W}]$$

$$K=\frac{Q_2}{A\Delta T_2}=\frac{1}{\frac{l_2}{\lambda_2}+\frac{1}{\alpha}}[\text{W/m}^2\cdot\text{K}]$$

$$\therefore\ l_2=\lambda_2\left(\frac{A\Delta T_2}{Q_2}-\frac{1}{\alpha}\right)=0.12\times\left\{\frac{1\times(850-30)}{1{,}350}-\frac{1}{15}\right\}\fallingdotseq 0.06489\text{m}=64.89\text{mm}$$

★
02 자동제어에서 다음 제어를 간단히 설명하시오.

1 시퀀스제어　　　**2** 피드백제어

해답 **1** 시퀀스제어 : 미리 정해진 순서에 따라 제어의 각 단계를 순차적으로 진행해 나가는 제어(전기세탁기, 냉난방에어컨, 엘리베이터 등)

2 피드백제어 : 제어량의 값을 목표값과 비교하여 그 값이 일치하도록 정정동작을 하는 제어(되먹임제어)

부록 I

03 집진장치 중 세정식 집진장치의 장점과 단점을 각각 2가지씩 쓰시오.

해답 1) **장점**

① 구조가 간단하고 처리가스량에 비해 장치의 고정면적이 적다.
② 가동 부분이 적고 조작이 간단하다.
③ 포집된 분진의 취출이 용이하고 작동 시 큰 동력이 필요하지 않다.
④ 연속운전이 가능하고 분진의 입도, 습도 및 가스의 종류 등에 의한 영향을 많이 받지 않는다.
⑤ 가연성 함진가스의 세정에도 편리하게 이용할 수 있다.

2) **단점**

① 설비비가 비싸다.
② 다량의 물 또는 세정액이 필요하다.
③ 집진물을 회수할 때 탈수, 여과, 건조 등을 하기 위한 별도의 장치가 필요하다.
④ 한냉 시 세정액의 동결방지대책이 필요하다.

★ 04 관류 보일러의 종류를 4가지 쓰시오

해답 ① 벤숀(benson) 보일러
② 슐져(sulzer) 보일러
③ 소형 관류 보일러
④ 람진 보일러
⑤ 엣모스 보일러

05 공기예열기를 설치하였을 때의 장점을 4가지 쓰시오.

해답 ① 전열효율, 연소효율이 향상된다.
② 예열공기의 공급으로 불완전 연소가 감소된다.
③ 보일러 열효율이 향상된다.
④ 품질이 낮은 연료도 사용할 수 있다.

★ 06 어느 대향류 열교환기에서 가열유체는 80℃로 들어가서 50℃로 나오고, 수열유체는 30℃로 들어가서 40℃로 나온다. 이 열교환기의 대수평균온도차(℃)는 얼마인가?

해답 대향류(counter flow type)이므로

$\Delta t_1 = 80 - 40 = 40$℃

$\Delta t_2 = 50 - 30 = 20$℃

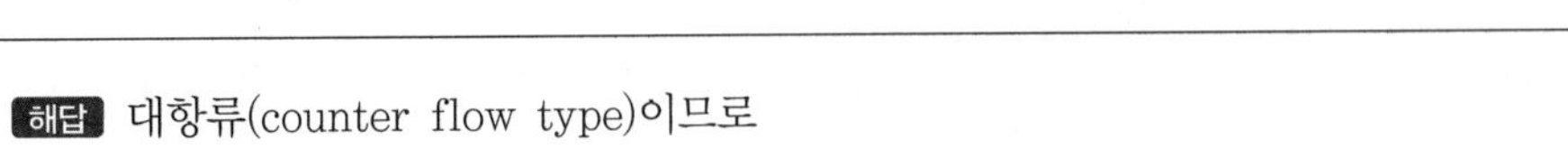

$$\therefore \text{ 대수평균온도차}(LMTD) = \frac{\Delta t_1 - \Delta t_2}{\ln\left(\frac{\Delta t_1}{\Delta t_2}\right)} = \frac{40-20}{\ln\left(\frac{40}{20}\right)} = 28.85℃$$

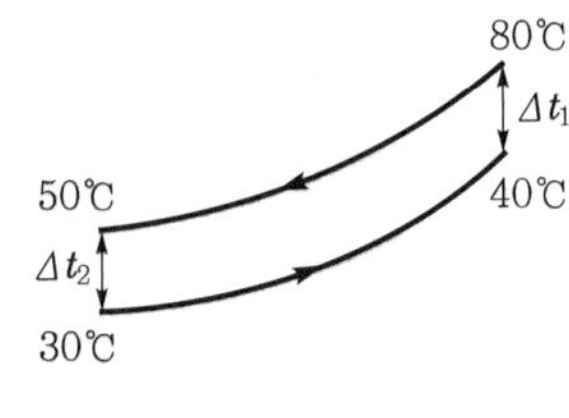

★
07 LNG를 사용하는 보일러에서 배기가스온도를 연도에서 측정하니 180℃이었다. 이 연도에 절탄기를 설치하였더니 배기가스온도가 100℃로 낮아졌다면 절탄기 설치 후에 배기가스에 의한 손실열량(W) 감소는 얼마인가? (단, 배기가스의 비열은 1,382J/m^3・℃, 공기비 1.1, 이론공기량 10.742m^3/m^3, 이론배기가스량 11.853m^3/m^3, LNG소비량 50m^3/h이다.)

해답 ① LNG 50m^3/h를 소비할 때 절탄기 설치 전・후의 온도차에 의한 열량이 절탄기에서 회수한 열량이 되며, 이 값이 배기가스에 의하여 손실되는 열량 중 감소되는 양이다.

② 1W=1J/s이므로 LNG소비량은 초(s)당 소비량으로 적용하여야 한다.

③ 손실열량 감소량=실제 배기가스량×배기가스비열×온도차×초당 LNG소비량

$$=(\text{이론배기가스량}+\text{과잉공기량})\,C\Delta t G_f$$

$$=[\text{이론배기가스량}+(m-1)A_o]\,C\Delta t G_f$$

$$=\{11.853+(1.1-1)\times 10.742\}\times 1{,}382\times(180-100)\times\frac{50}{3{,}600}$$

$$=19850.43\text{W}(=\text{J/s})$$

08 CH_4의 생성열량(kJ)을 구하시오.

$$C+O_2 \rightarrow CO_2+400\text{kJ}$$

$$H_2+\frac{1}{2}O_2 \rightarrow H_2O+280\text{kJ}$$

$$CH_4+2O_2 \rightarrow CO_2+2H_2O+800\text{kJ}$$

해답 ① 탄소(C), 수소(H_2), 메탄(CH_4)의 반응식에 주어진 열량은 발생열량이다. 각각의 생성열량은 발생열량과 절댓값은 갖고 부호가 반대이며, 발생열량을 이용하여 계산한 값이 생성열량이다.

② 메탄(CH_4)의 생성열량 : 메탄의 완전 연소반응식을 이용하여 계산하다.

CH_4	+	$2O_2$	→	CO_2	+	$2H_2O$	+	Q[kJ]
↓				↓		↓		↓
800			=	400	+	(2×280)	+	Q

$\therefore Q=800-400-(2\times 280)=-160\text{kJ}$

참고 탄화수소(C_mH_n)계 연료의 완전 연소반응식

$$C_mH_n+\left(m+\frac{n}{4}\right)O_2 \rightarrow m\,CO_2+\frac{n}{2}H_2O$$

부록 I

★
09 열전대온도계의 형식에 따른 명칭과 각각의 측정범위를 〈보기〉에서 찾아 쓰시오.

〈보기〉

명칭	• 백금 – 백금로듐 • 동 – 콘스탄탄	• 철 – 콘스탄탄 • 크로멜 – 알루멜
측정범위	• –20~800℃ • 0~1,600℃	• –180~350℃ • –20~1,200℃

번호	형식	명칭	측정범위
1	K형		
2	R형		
3	T형		
4	J형		

해답

번호	형식	명칭	측정범위
1	K형	크로멜 – 알루멜	–20~1,200℃
2	R형	백금 – 백금로듐	0~1,600℃
3	T형	동 – 콘스탄탄	–180~350℃
4	J형	철 – 콘스탄탄	–20~800℃

참고 백금(Pt) : 은백색을 나타내는 귀금속으로 녹는점 1,769℃로 높고 내식성과 내화학성이 강하다. 원소기호는 Pt, 원자량은 195으로 플래티넘(platinum)이라고 부른다.

★
10 다음의 보온재 중 최고안전사용온도가 높은 것에서 낮은 순서로 번호로 나열하시오.

① 암면　　② 탄화코르크
③ 폼글라스　　④ 세라믹파이버

해답 ④ → ① → ③ → ②

참고 각 보온재의 최고안전사용온도

명칭	최고안전사용온도	명칭	최고안전사용온도
암면	600℃	폼글라스	300℃
탄화코르크	130℃	세라믹파이버(ceramic fiber)	1,000~1,300℃

11 보일러 운전 중 수분 일부가 증기와 함께 취출되는 현상으로 프라이밍, 포밍현상이 발생할 때 나타나는 현상을 무엇이라 하는가?

해답 캐리오버(carry over, 기수공발)현상

참고 캐리오버현상의 발생원인

- 보일러 관수의 농축
- 주증기밸브의 급격한 개방
- 증기 발생속도가 빠를 때
- 보일러 관수수위가 높을 때
- 유지분, 알칼리분, 부유물 함유
- 부하의 급격한 변화
- 청관제 사용이 부적합할 때

★
12 보일러로부터 압력 2MPa로 공급되는 수증기의 건도가 0.8일 때 이 습증기의 비엔탈피(kJ/kg)는 얼마인가? (단, 2MPa에서 포화수의 비엔탈피는 1,000kJ/kg, 포화증기의 비엔탈피는 3,000kJ/kg이다.)

해답 $h_x = h' + x(h'' - h') = 1,000 + 0.8 \times (3,000 - 1,000) = 2,600\text{kJ/kg}$

동영상 출제문제

★
01 보일러 연도에서 배기가스의 시료를 채취하여 분석기 내부의 성분흡수제에 흡수시켜 체적변화를 측정하여 $CO_2 \rightarrow O_2 \rightarrow CO$ 순서로 분석하는 분석기 명칭을 쓰시오.

해답 오르자트(Orsat)분석기

참고 오르자트법 분석순서 및 흡수제

순서	가스성분	흡수제
①	CO_2	30% KOH수용액
②	O_2	알칼리성 피로갈롤용액, 황인
③	CO	암모니아성 염화 제1구리(Cu)용액

02 펌프 입구 및 출구측에 플렉시블조인트(flexible joint)를 설치하는 이유를 설명하시오.

해답 펌프에서 발생하는 진동을 흡수하여 배관에 전달되지 않도록 하고 온도변화에 따른 배관의 열팽창을 흡수하여 고장이 발생하는 것을 방지하기 위하여 플렉시블조인트를 설치한다.

★
03 증기원동소의 이상사이클인 랭킨(Rankine)사이클을 개선한 재열사이클과 재생사이클을 각각 설명하시오.

해답 ① 재열사이클(reheating cycle) : 증기의 초압을 높이면서 팽창 후의 증기건조도가 낮아지지 않도록 한 것으로 효율 증대보다는 터빈의 복수 장해를 방지하여 수명연장에 주안점을 둔 사이클이다.
② 재생사이클(regenerative cycle) : 팽창 도중의 증기를 터빈에서 추출하여 급수의 가열에 사용하는 사이클로 열효율이 랭킨사이클에 비해 증가한다.

★
04 배관 중에 바이패스(by-pass)배관을 설치하는 이유를 설명하시오.

해답 바이패스배관(우회배관)은 배관 중에 수량계, 유량계, 순환펌프, 감압밸브 등의 고장 보수 및 수리 등을 위하여 설치한다.

05 증기 보일러의 수면계에 대한 물음에 답하시오.

1 수면계의 종류를 3가지 쓰시오.
2 보일러 상용수위는 수면계의 어느 지점에 위치하는지 쓰시오.
3 수면계 최소설치수는 몇 개인가?

해답 1 ① 원형 유리수면계 ② 평형반사식 수면계
③ 평형투시식 수면계 ④ 2색식 수면계
⑤ 멀티포트식 수면계

2 수면계의 중심$\left(\frac{1}{2}\right)$, 드럼(drum)의 $\frac{2}{3} \sim \frac{3}{5}$ 정도

3 2개

참고 상용수위 : 보일러 운전 중 항상 일정하게 유지해야 할 적정 수위

06 셸 앤드 튜브식(shell and tube type) 열교환기에 스파이럴튜브를 사용하였을 때의 장점을 2가지 쓰시오.

해답 ① 유체유동(흐름)이 난류(turbulent flow)가 되어 전열효과가 좋다.
② 튜브(tube)의 전열면적이 증가한다.

★
07 내경 25mm인 원관에 20℃ 물이 임계레이놀즈수 2,320으로 흐르고 있을 때 유속(m/s)은 얼마인가? (단, 20℃ 물의 동점성계수는 $1.5\times10^{-6}\mathrm{m^2/s}$이다.)

해답 $Re_c = \dfrac{Vd}{\nu}$

$$\therefore\ V = \frac{Re_c \nu}{d} = \frac{2{,}320\times1.5\times10^{-6}}{0.025} \fallingdotseq 0.14\mathrm{m/s}$$

부록 I

Engineer Energy Management

2020년 제4회 에너지관리기사 실기

★

01 전열면적 $400m^2$인 수관 보일러에서 저위발열량이 28.25MJ/kg인 석탄을 매시간 1,580kg을 연소시켜 2.5MPa, 340℃인 과열증기를 시간당 12,000kg 발생시킨다. 급수온도가 25℃일 때 환산증발량(kg/h)과 보일러 효율(%)을 계산하시오. (단, 25℃ 급수의 비엔탈피는 0.105MJ/kg, 340℃ 과열증기의 비엔탈피는 2.62MJ/kg, 100℃ 물의 증발잠열은 2.256MJ/kg이다.)

해답 ① 환산(상당)증발량$(m_e)=\dfrac{m_a(h_2-h_1)}{2.256}=\dfrac{12,000\times(2.62-0.105)}{2.256}\fallingdotseq 13377.66\,\text{kg/h}$

② 보일러 효율$(\eta_B)=\dfrac{m_a(h_2-h_1)}{H_L\times m_f}\times 100\%=\dfrac{2.256m_e}{H_L\times m_f}\times 100\%$

$=\dfrac{2.256\times 13377.66}{28.25\times 1,580}\times 100\%\fallingdotseq 67.62\%$

★

02 보일러 연소장치에 과잉공기 30%가 필요한 연료를 완전 연소할 경우 실제 건연소가스량(Nm^3/kg)은 얼마인가? (단, 연료의 이론공기량은 $10.7Nm^3$/kg, 이론건연소가스량은 $11.4Nm^3$/kg이다.)

해답 과잉공기가 30%이므로 공기비$(m)=1.3$이다.

∴ 실제 건연소가스량$(G_d)=G_{od}+(m-1)A_o=11.4+(1.3-1)\times 10.7=14.61\text{Nm}^3/\text{kg}$

03 두께 20mm 강관에 스케일이 3mm 부착하였을 때 열전도저항은 초기상태인 강관의 몇 배에 해당되는가? (단, 강관의 열전도율은 40W/m·K, 스케일의 열전도율은 2W/m·K이다.)

해답 ① 강관의 열전도저항$(R_1)=\dfrac{l_1}{\lambda_1}=\dfrac{0.02}{40}=5\times 10^{-4}\text{m}^2\cdot\text{K/W}$

② 스케일의 열전도저항$(R_2)=\dfrac{l_2}{\lambda_2}=\dfrac{0.003}{2}=1.5\times 10^{-3}\text{m}^2\cdot\text{K/W}$

∴ 열전도저항비$=1+\dfrac{\text{스케일의 열전도저항}(R_2)}{\text{강관의 열전도저항}(R_1)}=1+\dfrac{1.5\times 10^{-3}}{5\times 10^{-4}}=4$배

★
04 시간당 증발량이 2,200kg인 보일러에서 급수온도 60℃, 발생증기의 비엔탈피가 2775.23kJ/kg인 경우 상당증발량(kg/h)은 얼마인가? (단, 60℃ 급수의 비엔탈피는 251.1kJ/kg, 증발잠열은 2,256kJ/kg 이다.)

해답 $m_e = \frac{m_a(h_2 - h_1)}{2{,}256} = \frac{2{,}200 \times (2775.23 - 251.1)}{2{,}256} \fallingdotseq 2461.47\text{kg/h}$

05 보일러 자동제어 중 시퀀스제어를 설명하시오.

해답 시퀀스제어란 미리 정해진 순서에 따라 제어의 각 단계를 순차적으로 진행해나가는 제어를 말한다(전기세탁기, 냉난방에어컨, 엘리베이터 등).

★
06 수관식 보일러의 기수드럼에 부착하여 승수관을 통하여 상승하는 증기 속에 혼입된 수분을 분리하는 기수분리기의 종류를 5가지 쓰시오.

해답 ① 사이클론형 ② 스크러버형 ③ 건조스크린형 ④ 배플형 ⑤ 다공판형

07 외경 76mm, 내경 68mm, 유효길이 4,500mm인 수관 96개로 이루어진 수관식 보일러에서 전열면적 1m^2당 증발량이 26.1kg/h일 때 전열면적(m^2)과 시간당 증발량(kg/h)을 각각 구하시오. (단, 수관 이외의 전열면적은 무시한다.)

해답 ① 전열면적$(A) = \pi DLn = \pi \times 0.076 \times 4.5 \times 96 \fallingdotseq 103.14\text{m}^2$

② 시간당 증발량(G_a) = 전열면적 × 전열면적 1m^2당 증발량

$= 103.14 \times 26.1 \fallingdotseq 2691.95\text{kg/h}$

08 보일러에서 발생한 습포화증기를 가열하여 압력은 일정하게 유지하면서 증기온도만을 올려서 과열증기를 만드는 장치를 설치, 사용했을 때의 단점을 4가지 쓰시오.

해답 ① 가열 표면의 일정 온도를 유지하기 곤란하다.

② 가열장치에 큰 열응력이 발생한다.

③ 직접 가열 시 열손실이 증가한다.

④ 높은 온도로 인하여 제품의 손상 우려가 있다.

⑤ 과열기 표면에 고온부식이 발생할 우려가 있다.

★

09 두께 1mm의 금속판 사이에 단열재를 충진한 냉장고 벽이 있다. 외기온도 25℃, 냉장고 내부는 3℃로 유지될 때 냉장고 외벽 표면에 대기 중의 수분이 응축되어 이슬이 맺히지 않도록 하기 위한 단열재의 최소두께(mm)는 얼마로 하여야 하는지 다음의 조건을 이용하여 계산하시오. (단, 냉장고 외부 표면이 20℃ 미만이 되면 수분이 응축되어 이슬이 맺히는 것으로 한다.)

- 금속판 열전도율 : 15W/m · K
- 단열재 열전도율 : 0.035W/m · K
- 벽 내측 대류열전달률 : 5W/m^2 · K
- 벽 외측 대류열전달률 : 10W/m^2 · K

해답 ① 냉장고 벽의 단면도 및 상태

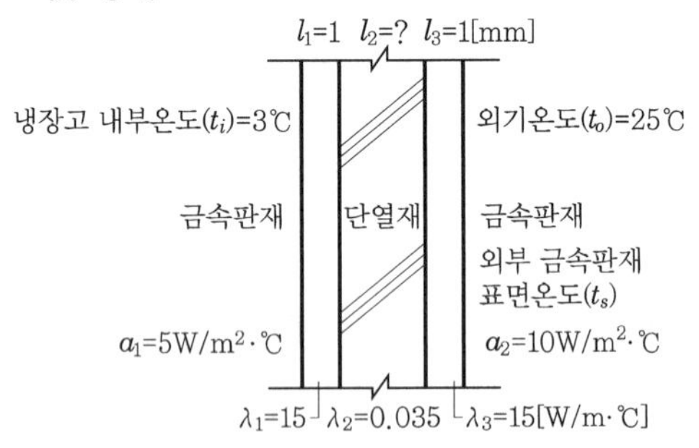

② 외기에서 냉장고 내부로 전달되는 열량(Q_1)과 외기에서 냉장고 외벽 표면에 이슬이 맺히기 직전의 온도(t_s)까지 전달된 열량(Q_2)은 같고, 외벽에 이슬이 맺히지 않도록 하기 위해서는 외벽이 최소 20℃를 유지해야 한다.
$Q_1 = Q_2$이므로 식을 다시 쓰면 $KA(t_o - t_i) = \alpha_2 A(t_o - t_s)$이고, 벽체 면적($A$)은 동일하므로 생략한다.

③ 단열재 두께 : ②에서 설명된 식을 다시 정리하여 계산한다.

$$\frac{t_o - t_i}{\frac{1}{\alpha_1} + \frac{l_1}{\lambda_1} + \frac{l_2}{\lambda_2} + \frac{l_3}{\lambda_3} + \frac{1}{\alpha_2}} = \alpha_2(t_o - t_s)$$

$$\frac{1}{\alpha_1} + \frac{l_1}{\lambda_1} + \frac{l_2}{\lambda_2} + \frac{l_3}{\lambda_3} + \frac{1}{\alpha_2} = \frac{t_o - t_i}{\alpha_2(t_o - t_s)}$$

$$\frac{l_2}{\lambda_2} = \frac{t_o - t_i}{\alpha_2(t_o - t_s)} - \left(\frac{1}{\alpha_1} + \frac{l_1}{\lambda_1} + \frac{l_3}{\lambda_3} + \frac{1}{\alpha_2}\right)$$

$$\therefore l_2 = \lambda_2\left\{\frac{t_o - t_i}{\alpha_2(t_o - t_s)} - \left(\frac{1}{\alpha_1} + \frac{l_1}{\lambda_1} + \frac{l_3}{\lambda_3} + \frac{1}{\alpha_2}\right)\right\}$$

$$= 0.035 \times \left\{\frac{25-3}{10 \times (25-20)} - \left(\frac{1}{5} + \frac{0.001}{15} + \frac{0.001}{15} + \frac{1}{10}\right)\right\}$$

$$= 0.004895\text{m} ≒ 4.90\text{mm}$$

★

10 과열기 출구압력 10MPa, 온도 450℃인 증기를 공급받아 처음에 포화증기가 될 때까지 고압터빈에서 단열팽창을 시킨 다음 추기하여 추기한 압력 밑에서 처음의 온도까지 재열(reheating)한 다음 저압터빈에 다시 유입시켜 4kPa까지 단열팽창시키는 사이클에서 시간당 증기소비량이 500kg일 때 터빈 출력(kW)을 계산하시오. (단, 과열기 출구 비엔탈피는 3372.6kJ/kg, 고압터빈에서 단열팽창 후 비엔탈피는 2,247kJ/kg, 저압터빈 입구 비엔탈피는 3172.6kJ/kg, 복수기에서 입구 비엔탈피는 2047.5kJ/kg, 출구 비엔탈피는 120.33kJ/kg, 4kPa에서의 포화수 비체적은 0.001004m³/kg이다.)

해답 ① 급수펌프를 구동하는 데 소비된 열량

$\mathrm{Pa=N/m^2}$, $\mathrm{N=kg\cdot m}$, $\mathrm{J=N\cdot m}$이므로

압력($\mathrm{kPa=kN/m^2}$)에 비체적($\mathrm{m^3/kg}$)을 곱하면 $\mathrm{kN\cdot m/kg=kJ/kg}$이다.

$w_p = h_1 - h_6 = v'(P_2 - P_1) = 0.001004 \times (10 \times 10^3 - 4) \fallingdotseq 10.04\mathrm{kJ/kg}$

참고 급수펌프에서 단열압축 후 비엔탈피(h_1)를 구하는 방법

$h_1 = w_p + h_6 = 10.04 + 120.33 = 130.37\mathrm{kJ/kg}$

② 고압터빈의 열량

$w_{t1} = h_2 - h_3 = 3372.6 - 2{,}247 = 1125.6\mathrm{kJ/kg}$

③ 저압터빈의 열량

$w_{t2} = h_4 - h_5 = 3172.6 - 2047.5 = 1125.1\mathrm{kJ/kg}$

④ 터빈 출력 : W=J/s이므로 kW=kJ/s이며, 1시간 동안 사용한 증기 500kg이 한 열량은 kJ/h이므로 3,600으로 나눠주면 kW로 계산된다.

$$\therefore\ N_T = \frac{m(w_{t1} + w_{t2} - w_p)}{3{,}600} = \frac{500 \times (1125.6 + 1125.1 - 10.04)}{3{,}600} \fallingdotseq 311.2\mathrm{kW}$$

※ $1\mathrm{kW} = 3{,}600\mathrm{kJ/h} = 60\mathrm{kJ/min}\ \left(1\mathrm{kJ/h} = \frac{1}{3{,}600}\mathrm{kW}\right)$

★

11 증기 보일러에서 수부가 클 때 나타나는 현상을 5가지 쓰시오.

해답 ① 증기 발생시간이 길어지므로 연료소비량이 많아진다.
② 파열 시 피해가 크므로 고압 대용량은 제작하기 곤란하다.
③ 습증기 발생 우려가 크다.
④ 부하변동에 대한 압력변화가 적다(부하변동에 대응하기 쉽다).
⑤ 급수의 질이 다소 떨어져도 된다(양질의 급수가 필요하지 않다).

참고 수부가 크다는 것은 보유수량이 많고 증기부가 작다는 것을 의미한다.

12 자동제어 연속제어동작 중 비례동작의 특징을 4가지 설명하시오.

해답 ① 동작신호에 대하여 조작량의 출력변화가 일정한 비례관계에 있는 제어동작이다.
② 외란이 있으면 잔류편차(offset)가 발생한다.
③ 반응온도제어, 보일러 수위제어 등과 같이 부하변화가 작은 곳에 사용된다.
④ 비례대를 좁게 하면 조작량(밸브의 움직임)이 커진다.
⑤ 비례대가 좁게 되면 2위치 동작과 같게 된다.

★
13 병행류 열교환기에서 고온유체가 90℃로 들어가 50℃로 나오고, 이와 열교환되는 유체는 20℃에서 40℃까지 가열되었다. 열관류율이 58.125W/m^2·K이고, 전열량이 7,096W일 때 이 열교환기의 전열면적(m^2)은 얼마인가?

해답 ① 병행류(parallel flow type)이므로

$\Delta t_1 = 90 - 20 = 70℃$, $\Delta t_2 = 50 - 40 = 10℃$

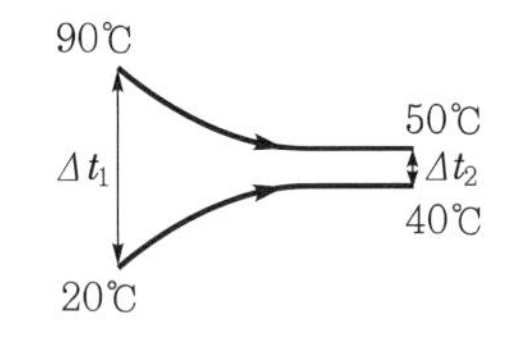

$$\therefore \text{대수평균온도차}(LMTD) = \frac{\Delta t_1 - \Delta t_2}{\ln\left(\dfrac{\Delta t_1}{\Delta t_2}\right)} = \frac{70-10}{\ln\left(\dfrac{70}{10}\right)} \fallingdotseq 30.83℃$$

② $Q = KA(LMTD)$[W]

$$\therefore \text{전열면적}(A) = \frac{Q}{K(LMTD)} = \frac{7{,}096}{58.125 \times 30.83} \fallingdotseq 3.96\text{m}^2$$

★
14 기체연료를 연소할 때 발생할 수 있는 비정상적인 연소상태를 4가지 쓰시오.

해답 ① 역화(back fire) ② 선화(lifting)
③ 블로오프(blow off) ④ 옐로 팁(yellow tip)

참고 기체연료 연소 시 발생되는 이상현상

- 역화(back fire) : 가스의 연소속도가 염공에서의 가스유출속도보다 크게 됐을 때 불꽃은 염공에서 버너 내부에 침입하여 노즐의 선단에서 연소하는 현상이다.
- 선화(lifting) : 염공에서의 가스의 유출속도가 연소속도보다 커서 염공에 접하여 연소하지 않고 염공을 떠나 공간에서 연소하는 현상이다.
- 블로오프(blow off) : 불꽃 주변 기류에 의하여 불꽃이 염공에서 떨어져 연소하는 현상이다.
- 옐로 팁(yellow tip) : 불꽃의 끝이 적황색으로 되어 연소하는 현상으로 연소반응이 충분한 속도로 진행되지 않을 때 1차 공기량이 부족하여 불완전 연소가 될 때 발생한다.

★
15 강제순환식 수관 보일러의 종류를 2가지 쓰시오

해답 ① 라몽트(lamont) 보일러 ② 베록스(velox) 보일러

참고 강제순환식 보일러란 물의 순환속도를 펌프로 가압(증가)시키는 자연순환식 보일러를 말한다.

★
16 수트 블로어(soot blower)에 대하여 설명하시오.

해답 보일러 운전에 의해 전열면에 부착한 슬러그(slug), 그을음 등을 작동가스(증기 또는 공기)에 의해 불어내는 장치로, 전열면을 깨끗하게 함으로써 보일러의 성능을 유지할 수 있도록 하는 장치이다.

★
17 C_8H_{18} 1몰을 과잉공기비 150%로 완전 연소할 때에 다음 물음에 답하시오.

1 공연비(air fuel ratio)는 얼마인가?

2 배기가스 중 CO_2, H_2O, N_2, O_2의 몰(mol)비율(%)은 각각 얼마인가?

해답 1 실제 공기량에 의한 옥탄(C_8H_{18})의 완전 연소반응식

$C_8H_{18}+12.5O_2 \rightarrow 8CO_2+9H_2O$

이론산소량$(O_o)=\dfrac{1\times 400}{114} \fallingdotseq 3.51\text{kg/kg(fuel)}$

이론공기량$(A_o)=\dfrac{O_o}{0.232}=\dfrac{3.51}{0.232}=15.13\text{kg/kg(fuel)}$

실제 공기량(A_a)=공기비$(m)\times$이론공기량$(A_o)=1.5\times 15.13=22.69\text{kg/kg(fuel)}$

∴ 공연비$=\dfrac{\text{실제 공기량}(A_a)}{\text{옥탄질량}}=\dfrac{22.69}{114}\fallingdotseq 0.2$

2 공기의 체적비는 산소 21%, 질소 79%이고, 질량비는 산소 23.2%, 질소 76.8%이므로 실제 공기량으로 연소할 때 배기가스 중 질소의 몰수는 산소의 몰수에 3.76배(=79/21)와 과잉공기량에 포함된 질소몰수의 합이고, 연소가스 중 산소는 과잉공기량(B)에 포함된 산소량이며, 계산식은 다음과 같다.

과잉공기(B) 중 산소량$=0.21B=0.21(m-1)A_o$

$$=0.21(m-1)\frac{O_o}{0.21}$$

∴ 배기가스 중 성분몰비율$=\dfrac{\text{성분몰수}}{\text{연소가스 몰수}}\times 100\%$

$$=\frac{\text{성분몰수}}{CO_2\text{ 몰수}+H_2O\text{ 몰수}}\times 100\%$$

① $CO_2=\dfrac{8}{8+9+(12.5\times 3.76)+\left\{(1.5-1)\times\dfrac{12.5}{0.21}\right\}}\times 100\%\fallingdotseq 8.53\%$

② $H_2O=\dfrac{9}{8+9+(12.5\times 3.76)+\left\{(1.5-1)\times\dfrac{12.5}{0.21}\right\}}\times 100\%\fallingdotseq 9.60\%$

③ $N_2=\dfrac{(12.5\times 3.76)+\{(1.5-1)\times 12.5\times 3.76\}}{8+9+(12.5\times 3.76)+\left\{(1.5-1)\times\dfrac{12.5}{0.21}\right\}}\times 100\%\fallingdotseq 75.19\%$

④ $O_2=\dfrac{0.21\times(1.5-1)\times\dfrac{12.5}{0.21}}{8+9+(12.5\times 3.76)+\left\{(1.5-1)\times\dfrac{12.5}{0.21}\right\}}\times 100\%\fallingdotseq 6.67\%$

★

18 내경 20cm인 원형관에 비중 0.9인 액체가 펌프에서 토출압력 120kPa, 속도 2m/s로 5m 높이로 송출되고 있다. 흡입으로부터 최종 토출구까지 수평거리는 15m, 흡입측에 설치된 연성계의 압력은 완전 진공상태일 때 축동력(kW)을 계산하시오. (단, 펌프의 효율은 90%, 대기압은 101kPa, 관마찰계수는 0.02, 엘보 및 밸브의 관상당길이는 각각 1.5, 2이고, 관로에는 토출측 밸브만 있는 것으로 가정하고 주어지지 않은 조건은 무시한다.)

해답 송출유량$(Q) = AV = \dfrac{\pi d^2}{4} V = \dfrac{\pi \times 0.2^2}{4} \times 2 \fallingdotseq 0.062\text{m}^3/\text{s}$

$h_L = f\left(\dfrac{L+L_e}{d}\right)\dfrac{V^2}{2g} = 0.02 \times \dfrac{20+1.5+2}{0.2} \times \dfrac{2^2}{2 \times 9.8} \fallingdotseq 0.48\text{m}$

전양정$(H) = H_a(H_s + H_d) + h_L = 5 + 0.48 = 5.48\text{m}$

$\therefore$ 축동력$(L_s) = \dfrac{\gamma QH}{\eta_p} = \dfrac{9.8SQH}{\eta_p} = \dfrac{9.8 \times 0.9 \times 0.062 \times 5.48}{0.9} \fallingdotseq 3.33\text{kW}$

Engineer Energy Management

2021년 제1회 에너지관리기사 실기

★

01 1MPa, 150℃의 압축공기가 단면축소노즐을 통하여 0.5MPa, 74℃ 상태로 등엔트로피 팽창할 때 노즐에서의 분출속도(m/s)를 계산하시오. (단, 공기의 정압비열은 1.0053kJ/kg·K, 입구속도는 무시하고, 압력은 절대압력이다.)

해답 ① $C_v = C_p - R = 1.0053 - \frac{8.314}{29} \fallingdotseq 0.72\text{kJ/kg}\cdot\text{K}$

② 비열비$(k) = \frac{C_p}{C_v} = \frac{1.0053}{0.72} \fallingdotseq 1.4$

③ 노즐의 분출속도$(V_2) = \sqrt{2\left(\frac{k}{k-1}\right)RT_1\left\{1-\left(\frac{P_2}{P_1}\right)^{\frac{k-1}{k}}\right\}}$

$$= \sqrt{2\times\frac{1.4}{1.4-1}\times\frac{8.314}{29}\times(150+273)\times\left\{1-\left(\frac{500}{1,000}\right)^{\frac{1.4-1}{1.4}}\right\}}$$

$= 390.74\text{m/s}$

02 3요소식 수위제어 블록선도에서 해당되는 용어를 다음에서 찾아 쓰시오.

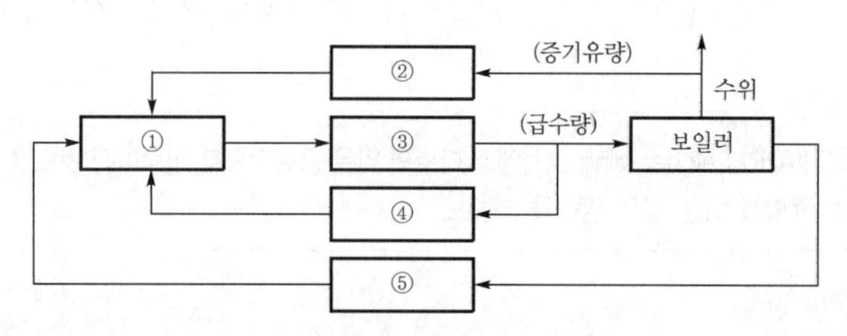

수위조절기	수위발신기	급수유량발신기	수면스위치
급수조작부	증기유량발신기	급수조절밸브	

해답 ① 수위조절기 ② 증기유량발신기

③ 급수조절밸브 ④ 급수유량발신기

⑤ 수위발신기

부록 I

★

03 안지름 80mm인 관로에 설치된 오리피스의 지름이 20mm이다. 이 관로에 물을 유동시켰더니 오리피스 전후에서 입력수두의 차이가 120mm 발생했을 때 유량(L/min)을 계산하시오. (단, 유량계수는 0.66이다.)

해답 $Q = CA_2V_2 = CA_2\dfrac{1}{\sqrt{1-\left(\dfrac{d_2}{d_1}\right)^4}}\sqrt{2gh} = 0.66 \times \dfrac{\pi \times 0.02^2}{4} \times \dfrac{1}{\sqrt{1-\left(\dfrac{20}{80}\right)^4}} \times \sqrt{2 \times 9.8 \times 0.12}$

$= 3.18 \times 10^{-4}\text{m}^3/\text{s} = 0.318\text{L/s} = 19.06\text{L/min}$

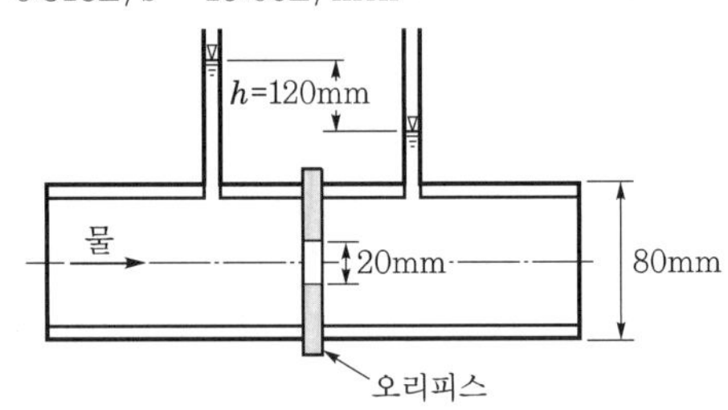

★

04 유량계수가 1인 피토튜브를 공기가 흐르는 직경 400mm의 배관 중심부에 설치하였더니 전압이 80mmAq, 정압이 40mmAq로 지시되었을 때 평균유량(m^3/s)을 계산하시오. (단, 공기의 밀도는 1.25kg/m^3, 물의 밀도는 1,000kg/m^3, 평균유속은 배관 중심부 유속의 $\dfrac{3}{4}$에 해당된다.)

해답 $Q = CAV = CA\dfrac{3}{4}\sqrt{2gh\left(\dfrac{\rho_w}{\rho_{air}}-1\right)} = 1 \times \dfrac{\pi \times 0.4^2}{4} \times \dfrac{3}{4}\sqrt{2 \times 9.8 \times 0.04 \times \left(\dfrac{1{,}000}{1.25}-1\right)} \fallingdotseq 2.36\text{m}^3/\text{s}$

05 공기조화기(AHU : air handling unit)에서 다수의 얇은 금속판으로 이루어진 것으로 공기량을 조절하거나 차단하는 역할을 하는 것의 명칭을 쓰시오.

해답 댐퍼(damper)

★

06 자동제어 중 연속동작 6가지를 쓰시오.

해답
① 비례(P)동작
② 적분(I)동작
③ 미분(D)동작
④ 비례미분(PD)동작
⑤ 비례적분(PI)동작
⑥ 비례적분미분(PID)동작)

참고 불연속동작의 종류 : 2위치 동작(ON－OFF 동작), 다위치 동작

07 접촉식 온도계를 측정원리에 따른 4가지로 분류하시오.

해답 ① 열팽창을 이용한 것 ② 열기전력을 이용한 것
③ 저항변화를 이용한 것 ④ 상태변화를 이용한 것

참고 측정원리에 따른 온도계의 분류 및 종류

1) **접촉식 온도계**
- 열팽창 이용 : 유리제 봉입식 온도계, 바이메탈온도계, 압력식 온도계
- 열기전력 이용 : 열전대(열전쌍)온도계
- 저항변화 이용 : 저항온도계, 서미스터
- 상태변화 이용 : 제게르콘, 서머컬러

2) **비접촉식 온도계**
- 단파장에너지 이용 : 광고온도계, 광전관온도계, 색온도계
- 방사에너지 이용 : 방사온도계

★ 08 액체연료의 조성이 탄소(C) 85%, 수소(H) 11%, 수분(W) 4%일 때 이론공기량(Nm^3/kg)을 계산하시오.

해답 $A_o = 8.89C + 26.67\left(H - \frac{O}{8}\right) + 3.33S = 8.89 \times 0.85 + 26.67 \times 0.11 ≒ 10.49Nm^3/kg$

★ 09 복사난방의 장점을 4가지 쓰시오.

해답 ① 실내온도의 분포가 균등하여 쾌감도가 좋다.
② 방열기가 없으므로 바닥면의 이용도가 높다.
③ 공기대류가 적으므로 바닥면의 먼지 상승이 없다.
④ 방이 개방된 상태에서도 난방효과가 있다.
⑤ 손실열량이 비교적 적다.

참고 복사난방의 단점
- 외기온도 급변에 따른 방열량 조절이 어렵다.
- 초기시설비가 많이 소요된다.
- 시공, 수리, 방의 모양을 변경하기가 어렵다.
- 열손실을 차단하기 위하여 단열층이 필요하다.

10 스프링식 안전밸브의 증기 누설원인을 4가지 쓰시오.

해답 ① 작동압력이 낮게 조정되었을 때
② 스프링의 장력이 약할 때
③ 밸브축이 이완되었을 때
④ 밸브시트가 불량일 때
⑤ 밸브디스크와 밸브시트에 이물질이 있을 때

★
11 지름 50mm, 길이 25m의 배관에서 마찰손실은 운동에너지의 3.2%일 때 마찰손실계수는 얼마인가? (단, 소수점 여섯째 자리까지 구하시오.)

해답 Darcy-Weisbach의 공식 $h_L = f\dfrac{L}{d}\dfrac{V^2}{2g}$[m]

$$0.032\frac{V^2}{2g} = f\frac{L}{d}\frac{V^2}{2g}$$

$$\therefore\ f = \frac{0.032d}{L} = \frac{0.032\times 0.05}{25} = 0.000064$$

12 x축의 위치에 따라 지름 $D = \dfrac{D_0}{1+\alpha x}$로 변화하는 관에서 $x=0$일 때 $V_0 = 4$m/s이면 $x=3$에서 유체의 가속도는 얼마인가? (단, 유체는 정상상태, 비압축성이고 상수 $\alpha = 0.01\text{m}^{-1}$이다.)

해답 ① 연속의 방정식 $Q = AV$에서 속도 $V = \dfrac{Q}{A} = \dfrac{Q}{\dfrac{\pi}{4}D^2} = \dfrac{4Q}{\pi D^2}$이고, $x=0$일 때 V_0을 구하는 식을 만들면 $V_0 = \dfrac{4Q}{\pi D_0^2}$이다.

$V = \dfrac{4Q}{\pi D^2}$에서 $D = \dfrac{D_0}{1+\alpha x}$을 대입하여 식을 정리한다.

$$\therefore\ V = \frac{4Q}{\pi D^2} = \frac{4Q}{\pi\left(\dfrac{D_0}{1+\alpha x}\right)^2} = \frac{4Q}{\pi\dfrac{D_0^2}{(1+\alpha x)^2}} = \frac{4Q}{\pi D_0^2}(1+\alpha x)^2$$

여기서 $\dfrac{4Q}{\pi D_0^2} = V_0$이므로 이것을 대입하여 정리하면 $V = V_0(1+\alpha x)^2$이다.

$$\therefore\ a_x = \frac{dV}{dt} = \frac{dx}{dt}\frac{dV}{dx} = \frac{dV}{dx}V$$

$$= 2\alpha V_0(1+\alpha x)V_0(1+\alpha x)^2 = 2\alpha V_0^2(1+\alpha x)^3$$

$$= (2\times 0.01\times 4^2)\times(1+\alpha x)^3 = 0.32(1+\alpha x)^3$$

② $x=3$일 때 유체의 가속도

$$a_{(x=3)} = 0.32\times(1+0.01\times 3)^3 = 0.349 \fallingdotseq 0.35\text{m/s}^2$$

참고 가속도 계산식(a_x)을 유도할 때 $\dfrac{dV}{dx}$에 $V_0(1+\alpha x)^2$를 x에 대하여 미분하여 적용한 것이다.

13 시간당 50,000kg의 물을 절탄기를 통해 60℃에서 90℃로 높여 보일러에 급수한다. 절탄기 입구 배기가스 온도가 340℃이면 출구온도는 몇 ℃인가? (단, 배기가스량은 75,000Nm^3/h, 배기가스 비열 1.05kJ/Nm^3·℃, 급수비열 4.2kJ/kg·℃, 절탄기 효율은 80%이다.)

해답 절탄기에서 물이 흡수한 열량(Q_1)은 배기가스가 전달해 준 열량(Q_2)의 80%에 해당한다.

$$Q_1 = Q_2$$

$$mC(t_2 - t_1) = \eta m_g C_g (t_{g2} - t_{g1})$$

$$t_{g2} - t_{g1} = \frac{mC(t_2 - t_1)}{\eta m_g C_g}$$

$$\therefore\ t_{g1} = t_{g2} - \frac{mC(t_2 - t_1)}{\eta m_g C_g} = 340 - \frac{50{,}000 \times 4.2 \times (90 - 60)}{0.8 \times 75{,}000 \times 1.05} \fallingdotseq 24℃$$

14 ★ 다음은 외부부식 중 저온부식에 관한 설명이다. (   ) 안에 알맞은 용어를 쓰시오.

> 연료 중에 함유된 유황분이 연소되어 (①)가 되고, 이것이 다시 (②)의 촉매작용에 의하여 과잉공기와 반응하여 일부분이 (③)이 되고, 이것이 연소가스 중의 (④)과 화합하여 (⑤) 등과 같은 저온의 전열면에 응축되어 황산(H_2SO_4)이 되어서 심한 부식을 일으키는 것이다.

해답 ① 아황산가스(SO_2)　　② 오산화바나듐(V_2O_5)
③ 무수황산(SO_3)　　④ 수분(H_2O)
⑤ 절탄기(economizer)

참고 $SO_2 + \frac{1}{2}O_2 \rightarrow SO_3$(무수황산)

15 ★ 대향류 열교환기에서 가열유체는 80℃로 들어가서 30℃로 나오고, 수열유체는 20℃로 들어가서 30℃로 나온다. 이 열교환기의 대수평균온도차(℃)는 얼마인가?

해답 대향류이므로

$$\Delta t_1 = 80 - 30 = 50℃,\ \Delta t_2 = 30 - 20 = 10℃$$

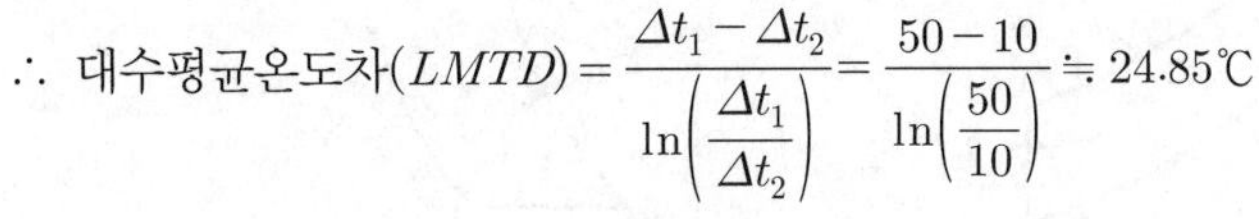

$$\therefore\ \text{대수평균온도차}(LMTD) = \frac{\Delta t_1 - \Delta t_2}{\ln\left(\frac{\Delta t_1}{\Delta t_2}\right)} = \frac{50 - 10}{\ln\left(\frac{50}{10}\right)} \fallingdotseq 24.85℃$$

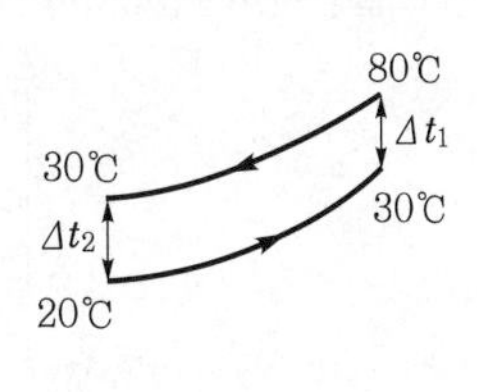

부록 I

16 보일러는 점화 및 착화하기 전에 반드시 프리퍼지(pre-purge)를 실시하는데 그 이유를 설명하시오.

해답 보일러를 가동하기 전에 노내와 연도에 체류하고 있는 가연성 가스를 배출시켜 점화 및 착화 시에 폭발을 방지하여 안전한 가동을 위한 것이다.

참고 포스트 퍼지(post-purge) : 보일러 운전이 끝난 후 노내와 연도에 체류하고 있는 가연성 가스를 배출시키는 작업이다.

★
17 다음 그림은 스털링사이클로 작동되는 기관의 온도-엔트로피($T-S$)선도이다. 압축비가 6이고, $t_1 =$ 20℃, t_3 =1,420℃, C_p =1.0035kJ/kg·K, C_v =0.718kJ/kg·K일 때 물음에 답하시오.

1. 2 → 3 → 4과정에서 가열열량(kJ/kg)을 계산하시오.
2. 4 → 1 → 2과정에서 방출열량(kJ/kg)을 계산하시오.
3. 한 사이클당 계가 한 유효일량(kJ/kg)을 계산하시오.
4. 열효율(%)을 계산하시오.

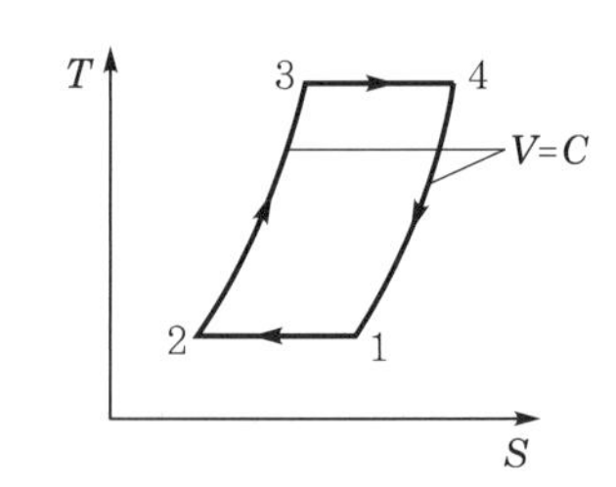

해답 압축비$(\phi) = \dfrac{v_4}{v_3} = \dfrac{v_1}{v_2} = 6$

기체상수$(R) = C_p - C_v = 1.0035 - 0.718 ≒ 0.286\text{kJ/kg·K}$

1. $q_1 = q_{2\to3} + q_{3\to4} = C_v(t_3 - t_2) + RT_3 \ln\left(\dfrac{v_4}{v_3}\right)$

   $= 0.718 \times (1,420 - 20) + 0.286 \times (1,420 + 273) \times \ln 6 ≒ 1872.77\text{kJ/kg}$

2. $q_2 = q_{1\to2} + q_{4\to1} = RT_1 \ln\left(\dfrac{v_1}{v_2}\right) + C_v(t_4 - t_1)$

   $= 0.286 \times (20 + 273) \times \ln 6 + 0.718 \times (1,420 - 20) = 1155.35\text{kJ/kg}$

3. $W_{net} = q_1 - q_2 = 1872.77 - 1155.35 = 717.42\text{kJ/kg}$

4. $\eta_{st} = \left(1 - \dfrac{q_2}{q_1}\right) \times 100\% = \left(1 - \dfrac{1155.35}{1872.77}\right) \times 100\% ≒ 38.3\%$

참고 스털링사이클(Stiring cycle) : 2개의 등온과정과 2개의 정적과정으로 이루어진 가역사이클이다.

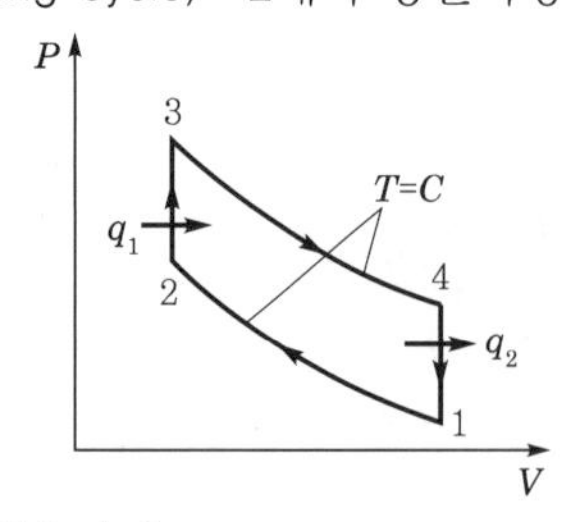

- 1 → 2 : 등온압축과정
- 3 → 4 : 등온팽창과정

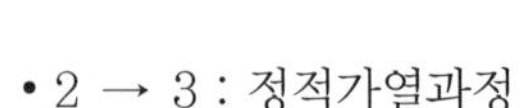
- 2 → 3 : 정적가열과정

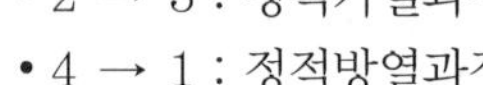
- 4 → 1 : 정적방열과정

18 내부온도 200℃, 외부온도 20℃인 곳에 열전도율이 각각 다른 A, B, C, D의 재료로 다음 그림과 같이 3중 구조체가 설치되었고, 구조체의 중간 부분은 B와 C가 2단으로 구성되어 있다. 이때 B와 D의 경계면온도가 90℃로 측정되었을 때 A의 열전도율(W/m・K)을 계산하시오. (단, B, C, D의 열전도율은 각각 10W/m^2・K, 5W/m・K, 1W/m・K이고, 내부의 표면열전달률은 40W/m^2・K, 외부의 표면열전달률은 10W/m^2・K이고, A와 B, C가 만나는 면의 온도(t_1)와 B, C와 D가 만나는 면의 온도(t_2)는 각각의 면 전체에 동일한 것으로 하며, 열이동은 상하로는 없고 좌에서 우로 직선방향으로만 이동하는 것으로 한다.)

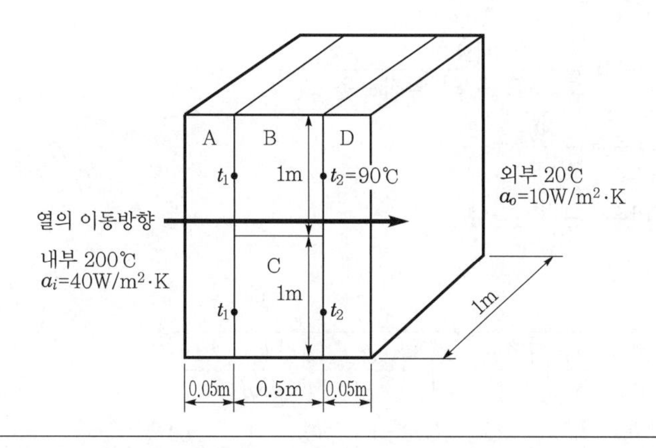

해답 B와 D의 경계면부터 D재료를 통과하여 외부로 전달되는 열량(Q_2)과 내부에서 외부로 전달되는 열량(Q_1)은 같다.

① D재료를 통과하여 전달되는 열량

$$K=\frac{1}{R}=\frac{1}{\dfrac{1}{\alpha_o}+\dfrac{b_D}{\lambda_D}}=\frac{1}{\dfrac{1}{10}+\dfrac{0.05}{1}}=6.66\,\mathrm{W/m^2\cdot K}$$

$$\therefore\ Q_2=KA\Delta t''=6.66\times(2\times1)\times(90-20)=933.33\mathrm{W}$$

② B와 C의 열전도율은 다르지만 두께와 면적은 동일하고, D와 접촉되는 면의 온도 t_2도 동일하므로 평균열전도율을 적용하여 계산한다.

$$\lambda_{(B+C)_m}=\frac{10+5}{2}=7.5\,\mathrm{W/m\cdot K}$$

③ A의 열전도율

$$Q_1=\frac{1}{\dfrac{1}{\alpha_i}+\dfrac{b_A}{\lambda_A}+\dfrac{b_{(B,C)}}{\lambda_{(B+C)_m}}+\dfrac{b_D}{\lambda_D}+\dfrac{1}{\alpha_0}}A\Delta t'$$

$$\frac{1}{\alpha_i}+\frac{b_A}{\lambda_A}+\frac{b_{(B,C)}}{\lambda_{(B+C)_m}}+\frac{b_D}{\lambda_D}+\frac{1}{\alpha_0}=\frac{A\Delta t'}{Q_1}$$

$$\frac{b_A}{\lambda_A}=\frac{A\Delta t'}{Q_1}-\left\{\frac{1}{\alpha_i}+\frac{b_{(B,C)}}{\lambda_{(B+C)_m}}+\frac{b_D}{\lambda_D}+\frac{1}{\alpha_0}\right\}$$

$$\therefore\ \lambda_A = \frac{b_A}{\dfrac{A\Delta t'}{Q_1} - \left\{\dfrac{1}{\alpha_i} + \dfrac{b_{(B,C)}}{\lambda_{(B+C)_m}} + \dfrac{b_D}{\lambda_D} + \dfrac{1}{\alpha_o}\right\}}$$

$$= \frac{0.05}{\dfrac{(2\times 1)\times(200-20)}{933.33} - \left\{\dfrac{1}{40} + \dfrac{0.5}{7.5} + \dfrac{0.05}{1} + \dfrac{1}{10}\right\}} \fallingdotseq 0.35\text{W/m}\cdot\text{K}$$

별해 D와 접촉되는 B와 C의 접촉면 온도(t_2)가 90℃로 동일한 조건이므로 A에서 D로 전달되는 열량은 B와 C의 열전도율비율만큼 분산되어 전달되는 것을 이용하여 계산한다.

- 열전도율비율

$$\text{열전도율비율} = \frac{\text{각 재료의 열전도율}}{\text{B+C의 열전도율}}$$

$$\text{B의 비율} = \frac{10}{10+5} = \frac{2}{3}$$

$$\text{C의 비율} = \frac{5}{10+5} = \frac{1}{3}$$

- A의 열전도율(λ_A)

$$Q = \frac{1}{\dfrac{1}{\alpha_i} + \dfrac{b_A}{\lambda_A} + \left(\dfrac{b_B}{\lambda_B}\times\dfrac{2}{3}\right) + \left(\dfrac{b_C}{\lambda_C}\times\dfrac{1}{3}\right) + \dfrac{b_D}{\lambda_D} + \dfrac{1}{\alpha_o}} A\Delta t'$$

$$\frac{1}{\alpha_i} + \frac{b_A}{\lambda_A} + \left(\frac{b_B}{\lambda_B}\times\frac{2}{3}\right) + \left(\frac{b_C}{\lambda_C}\times\frac{1}{3}\right) + \frac{b_D}{\lambda_D} + \frac{1}{\alpha_o} = \frac{A\Delta t'}{Q_1}$$

$$\frac{b_A}{\lambda_A} = \frac{A\Delta t_1}{Q_1} - \left\{\frac{1}{\alpha_i} + \left(\frac{b_B}{\lambda_B}\times\frac{2}{3}\right) + \left(\frac{b_C}{\lambda_C}\times\frac{1}{3}\right) + \frac{b_D}{\lambda_D} + \frac{1}{\alpha_o}\right\}$$

$$\therefore\ \lambda_A = \frac{b_A}{\dfrac{A\Delta t'}{Q_1} - \left\{\dfrac{1}{\alpha_i} + \left(\dfrac{b_B}{\lambda_B}\times\dfrac{2}{3}\right) + \left(\dfrac{b_C}{\lambda_C}\times\dfrac{1}{3}\right) + \dfrac{b_D}{\lambda_D} + \dfrac{1}{\alpha_o}\right\}}$$

$$= \frac{0.05}{\dfrac{(2\times 1)\times(200-20)}{933.33} - \left\{\dfrac{1}{40} + \left(\dfrac{0.5}{10}\times\dfrac{2}{3}\right) + \left(\dfrac{0.5}{5}\times\dfrac{1}{3}\right) + \dfrac{0.05}{1} + \dfrac{1}{10}\right\}}$$

$$\fallingdotseq 0.35\text{W/m}\cdot\text{K}$$

2021년 제2회 에너지관리기사 실기

★

01 공기가 채워진 어떤 구형 기구의 반지름이 5m이고 내부압력이 100kPa, 온도는 20℃일 때 기구 내에 채워진 공기의 몰수(kmol)를 구하시오. (단, 공기의 기체상수는 287J/kg·K이고, 공기의 분자량은 28.97g/mol이다.)

해답 ① 구의 체적$(V)=\frac{4}{3}\pi r^3=\frac{4}{3}\times\pi\times 5^3 \fallingdotseq 523.60\text{m}^3$

② $PV=mRT$

$$\therefore\ m=\frac{PV}{RT}=\frac{(101.325+100)\times 523.60}{0.287\times(20+273)}\fallingdotseq 1253.57\text{kg}$$

③ $\text{몰수}(n)=\frac{\text{공기질량}(m)}{\text{공기분자량}(M)}=\frac{1253.57}{28.97}\fallingdotseq 43.27\text{kmol}$

02 포화증기에 비해 과열증기를 사용할 때의 장점을 3가지 쓰시오.

해답 ① 증기의 마찰저항이 감소된다.
② 수격작용(water hammering)이 방지된다.
③ 같은 압력의 포화증기에 비해 보유열량이 많으므로 증기소비량이 적어도 된다.
④ 증기원동소의 이론적 열효율이 증가한다.

03 관 외부에서 음파를 보내어 관내 유체의 체적유량을 측정하는 초음파유량계의 장점을 4가지 쓰시오.

해답 ① 측정체가 유체와 직접 접촉하지 않아 압력손실이 발생하지 않는다.
② 정확도가 높다.
③ 고온, 고압유체 측정이 가능하다.
④ 부식성 유체의 측정이 가능하다.

04 자연통풍에서 통풍력이 증가되는 조건을 4가지 쓰시오.

해답 ① 연돌의 높이를 높게 한다.
② 연돌의 단면적을 크게 한다.
③ 연돌의 굴곡부를 적게 한다.
④ 배기가스의 온도를 높게 유지한다.

★

05 연소로로 공기를 공급하는 원심식 송풍기가 970rpm으로 회전할 때 축동력이 50kW이고, 풍량은 600m^3/min이다. 연소로의 공기공급량을 1,000m^3/min으로 증가시킬 때 다음 물음에 답하시오. (단, 송풍기 임펠러 직경크기는 변화가 없다.)

1 필요한 송풍기의 회전수(rpm)를 구하시오.

2 1에서 계산된 회전수를 적용할 때 송풍기의 축동력(kW)을 구하시오.

해답 1 $\frac{Q_2}{Q_1}=\frac{N_2}{N_1}$

$\therefore\ N_2=N_1\frac{Q_2}{Q_1}=970\times\frac{1,000}{600}\fallingdotseq 1616.67\,\text{rpm}$

2 $\frac{L_{s2}}{L_{s1}}=\left(\frac{N_2}{N_1}\right)^3$

$\therefore\ L_{s2}=L_{s1}\left(\frac{N_2}{N_1}\right)^3=50\times\left(\frac{1616.67}{970}\right)^3\fallingdotseq 231.48\text{kW}$

참고 원심식 송풍기의 상사법칙

- 송풍량 : 회전수변화에 비례하고, 임펠러 지름변화의 세제곱에 비례한다.

$$\frac{Q_2}{Q_1}=\left(\frac{N_2}{N_1}\right)\left(\frac{D_2}{D_1}\right)^3$$

- 전압 : 회전수변화의 제곱에 비례하고, 임펠러 지름변화의 제곱에 비례한다.

$$\frac{P_{t2}}{P_{t1}}=\left(\frac{N_2}{N_1}\right)^2\left(\frac{D_2}{D_1}\right)^2$$

- 축동력 : 회전수변화의 세제곱에 비례하고, 임펠러 지름변화의 다섯제곱에 비례한다.

$$\frac{L_{s2}}{L_{s1}}=\left(\frac{N_2}{N_1}\right)^3\left(\frac{D_2}{D_1}\right)^5$$

★

06 다음에서 설명하는 밸브에 대해 각 물음에 답하시오.

> 유체의 흐름을 단속하는 가장 일반적인 밸브로서 냉수, 온수, 난방배관 등에 광범위하게 사용되고, 완전히 열거나 닫도록 설계되어 있다. 밸브 개방 시 유체흐름의 단면적변화가 없어 압력손실이 적은 특징이 있다.

1 이 밸브의 명칭을 쓰시오.

2 이 밸브를 유량 조절용도로 절반만 열고 사용하는 것이 부적절한 이유를 쓰시오.

해답 1 슬루스밸브(sluice value)=게이트밸브(gate value)

2 슬루스밸브를 절반 정도 열고 사용하면 와류(소용돌이)가 생겨 유체의 저항이 커지기 때문에 유량 조절에는 적합하지 않다.

★
07 중유를 110kg/h 연소시키는 보일러가 있다. 이 보일러의 증기압력이 1MPa, 급수온도가 50℃, 실제 증발량이 1,500kg/h일 때 보일러의 효율(%)을 구하시오. (단, 중유의 저위발열량은 40,950kJ/kg이며, 1MPa하에서 증기의 비엔탈피는 2,864kJ/kg, 50℃ 급수의 비엔탈피는 210kJ/kg이다.)

해답 $\eta_B = \dfrac{m_a(h_2 - h_1)}{H_L \times m_f} \times 100\% = \dfrac{1{,}500 \times (2{,}864 - 210)}{40{,}950 \times 110} \times 100\% ≒ 88.38\%$

★
08 펌프 등 배관계통에서 유체의 흐름 속에 이물질 등으로 인하여 설비의 파손 또는 오동작 그리고 흐름상 저항이 발생하는 것을 예방하기 위하여 주요 설비 전단에 설치하는 장치로서 Y형과 U형 등의 형태로 배치되는 부속품의 명칭을 쓰시오.

해답 스트레이너(strainer, 여과기)

★
09 안지름이 10cm인 열교환기 배관 내를 유속 2m/s로 물이 흐를 때 배관 입구에서의 물의 온도는 20℃이며 관 내부를 거쳐 배관 출구에서의 물의 온도는 최종적으로 40℃이었다. 이때 다음의 조건을 참고하여 열교환용 배관길이(m)를 계산하시오. (단, 관 내부의 온도는 80℃로 일정하게 유지되어 있다.)

- 물의 평균비열 : 4,180J/kg · K
- 물의 밀도 : 1,000kg/m^3
- 배관의 열관류율 : 10kW/m^2 · K
- 대수평균온도$(LMTD) = \dfrac{\Delta t_1 - \Delta t_2}{\ln\left(\dfrac{\Delta t_1}{\Delta t_2}\right)}$[℃]

  여기서, Δt_1 : 관 내부와 입구의 온도차(℃), Δt_2 : 관 내부와 출구의 온도차(℃)

해답 ① $\Delta t_1 = 80 - 20 = 60℃$, $\Delta t_2 = 80 - 40 = 40℃$

$$\therefore\ LMTD = \frac{\Delta t_1 - \Delta t_2}{\ln\left(\dfrac{\Delta t_1}{\Delta t_2}\right)} = \frac{60 - 40}{\ln\left(\dfrac{60}{40}\right)} ≒ 49.33℃$$

② $m = \rho A V = 1{,}000 \times \dfrac{\pi}{4} \times 0.1^2 \times 2 = 15.71\text{kg/s}$

③ $Q_1 = mC\Delta t = 15.71 \times 4.18 \times (40 - 20) ≒ 1313.36\text{kW}$

④ $Q_1 = KA(LMTD) = K\pi DL(LMTD)$ [kW]

$$\therefore\ L = \frac{Q_1}{K\pi D(LMTD)} = \frac{1313.36}{10 \times \pi \times 0.1 \times 49.33} ≒ 8.47\text{m}$$

★

10 급수 중의 용존산소를 제거하여 점식과 같은 부식을 방지하는 목적으로 사용하는 탈산소제의 종류를 3가지 쓰시오.

해답 ① Na_2SO_3(아황산나트륨) ② N_2H_4(하이드라진) ③ 탄닌(tannin)

11 지름 2mm, 길이 10m 전선에 전류 10A, 전압 9V로 흐를 때 전선 내부와 플라스틱피복 사이의 온도(t_m)는 얼마인가? (단, 외기온도는 30℃ 상태로 일정하며 플라스틱피복제는 두께 1mm, 표면열전달계수(α) 15W/m^2・K, 열전도률(λ) 0.15W/m・K이며, 전선에서 발생되는 열량은 모두 외부로 방출된다.)

해답 ① 전선에서 발생되는 열량

$Q = VI = 9 \times 10 = 90\text{W}(=\text{J/s})$

② 플라스틱 부분의 대수평균면적 : 플라스틱 내면의 반지름(r_i)은 1mm, 플라스틱 외면의 반지름(r_o)은 2mm이다.

$$\therefore\ A_m = \frac{2\pi L(r_o - r_i)}{\ln\left(\dfrac{r_o}{r_i}\right)} = \frac{2\pi \times 10 \times (0.002 - 0.001)}{\ln\left(\dfrac{0.002}{0.001}\right)} \fallingdotseq 0.09\text{m}^2$$

③ 전선과 플라스틱이 접촉하는 부분(t_m)의 온도 : 플라스틱의 열전도율과 외면의 열전달률의 단위에서 온도는 절대온도로 주어졌으므로 열전달을 계산하는 공식에도 절대온도를 적용한다.

$$Q = KA_m\Delta t = \frac{1}{\dfrac{b}{\lambda} + \dfrac{1}{\alpha}} A_m(t_m - t_o)$$

$$\therefore\ t_m = t_o + \frac{Q}{\dfrac{1}{\dfrac{b}{\lambda} + \dfrac{1}{\alpha}} A_m} = 30 + \frac{90}{\dfrac{1}{\dfrac{0.001}{0.15} + \dfrac{1}{15}} \times 0.09} \fallingdotseq 103.17℃$$

12 원심펌프에서 발생하는 캐비테이션(cavitation)현상을 방지하는 방법을 4가지 쓰시오.

해답 ① 흡입관경을 크게 할 것

② 펌프의 설치위치를 낮추어 흡입양정(H_s)을 작게 할 것

③ 펌프의 배관길이를 완만하고 짧게 할 것

④ 펌프의 회전수 및 펌프유량을 작게 할 것

★
13 원심펌프의 비교회전도를 구하는 공식을 쓰고 설명하시오.

해답 단흡입 단단펌프일 때 $n_s = \dfrac{N\sqrt{Q}}{H^{\frac{3}{4}}}$[rpm · m³/min · m]

여기서, n_s : 비속도(비교회전도)(rpm · m^3/min · m), N : 펌프의 회전수(rpm)

Q : 토출(송출)량(m^3/min), H : 전양정(m), n : 단수

참고 • 비교회전도(비속도) : 토출량이 1m^3/min, 양정 1m가 발생하도록 설계한 경우의 판상 임펠러의 분당 회전수를 나타내는 것으로 비교회전수라 한다.

• 양흡입 다단펌프인 경우

$$n_s = \frac{N\sqrt{\frac{Q}{2}}}{\left(\frac{H}{n}\right)^{\frac{3}{4}}} = \frac{N\left(\frac{Q}{2}\right)^{\frac{1}{2}}}{\left(\frac{H}{n}\right)^{\frac{3}{4}}}[\text{rpm} \cdot \text{m}^3/\text{min} \cdot \text{m}]$$

★
14 관류 보일러의 장점을 4가지 쓰시오.

해답 ① 전열면적이 크고 효율이 95% 이상으로 매우 높다.
② 임계압력(P_c) 이상의 고압에 적합하다.
③ 콤팩트하게 관을 자유로이 배치할 수 있다.
④ 증기의 시동시간이 매우 짧고 증발속도가 매우 빠르다.

15 증기를 송기할 때 발생하는 수격작용(water hammer)에 대한 각 물음에 답하시오.

1 수격작용의 정의를 쓰시오.
2 수격작용의 방지대책을 3가지 쓰시오.

해답 1 수격작용은 배관 내부에 체류하는 응축수가 송기 시에 고온 고압의 증기에 의해 배관을 심하게 타격하여 소음을 발생하는 현상으로 배관 및 밸브류가 파손될 수 있다.

2 ① 기수공발(carryover)현상 발생을 방지할 것
② 주증기밸브(main steam valve)를 서서히 개방할 것
③ 증기배관의 보온을 철저히 할 것
④ 응축수가 체류하는 곳에 증기트랩을 설치할 것
⑤ 드레인 빼기를 철저히 할 것
⑥ 송기 전에 소량의 증기로 배관을 예열할 것

부록 I

★
16 다음에서 신에너지와 재생에너지를 찾아 기호로 답하시오.

㉠ 수력	㉡ 지열
㉢ 수소에너지	㉣ 연료전지
㉤ 폐기물에너지	㉥ 중질잔사유를 가스화시킨 에너지

1 신에너지의 종류 **2** 재생에너지의 종류

해답 **1** 신에너지 : ㉢, ㉣, ㉥
2 재생에너지 : ㉠, ㉡, ㉤

참고 신에너지 및 재생에너지(신에너지 및 재생에너지 개발·이용·보급 촉진법 제2조)

- 신에너지 : 기존의 화석연료를 변환시켜 이용하거나 수소·산소 등의 화학반응을 통하여 전기 또는 열을 이용하는 에너지
  - 수소에너지
  - 연료전지
  - 석탄을 액화·가스화한 에너지 및 중질잔사유를 가스화한 에너지로서 대통령령으로 정하는 기준 및 범위에 해당하는 에너지
  - 그 밖에 석유·석탄·원자력 또는 천연가스가 아닌 에너지로서 대통령령으로 정하는 에너지
- 재생에너지 : 햇빛, 물, 지열, 강수, 생물유기체 등을 포함하는 재생 가능한 에너지를 변환시켜 이용하는 에너지
  - 태양에너지
  - 풍력
  - 수력
  - 해양에너지
  - 지열에너지
  - 생물자원을 변환시켜 이용하는 바이오에너지로서 대통령령으로 정하는 기준 및 범위에 해당하는 에너지
  - 폐기물에너지(비재생폐기물로부터 생산된 것은 제외)로서 대통령령으로 정하는 기준 및 범위에 해당하는 에너지
  - 그 밖에 석유·석탄·원자력 또는 천연가스가 아닌 에너지로서 대통령령으로 정하는 에너지

★
17 100kPa에서 발생증기량은 10kg/s, 포화수의 비엔탈피가 420kJ/kg, 포화증기의 비엔탈피가 3,000kJ/kg, 증기의 건도가 0.9이다. 물의 증발잠열이 2,256kJ/kg일 때 증발계수를 계산하시오. (단, 급수의 비엔탈피는 284kJ/kg이다.)

해답 ① 습증기의 비엔탈피$(h_2) = h' + x(h'' - h') = 420 + 0.9 \times (3{,}000 - 420) = 2{,}742\text{kJ/kg}$

② $m_e = \dfrac{m_a(h_2 - h_1)}{2{,}256}$ [kg/h]

$\therefore$ 증발계수 $= \dfrac{\text{상당증발량}(m_e)}{\text{실제 증발량}(m_a)} = \dfrac{h_2 - h_1}{2{,}256} = \dfrac{2{,}742 - 284}{2{,}256} \fallingdotseq 1.09$

18 반지름 20cm인 곳에 3m/s의 속도로 물이 유입되고 있다. 입구압력 190kPa, 출구압력 180kPa일 때 다음 공식을 이용하여 입구와 출구 사이의 벽면이 받는 마찰력(F_f)[N]을 구하시오.

- 출구속도 $u_2 = u_0\left\{1-\left(\dfrac{r}{R}\right)^2\right\}$ (단, $u_0 = 2u_1$, r=중심으로부터 거리)
- $F_x = P_1A - P_2A - F_f = \dfrac{dP_{\text{out}}}{dt} - \dfrac{dP_{\text{in}}}{dt}$

해답 ① 출구속도(u_2) : 중심으로부터의 거리(r)는 문제에서 제시되지 않았으므로 중심점에 해당되는 것으로 해서 0을 적용한다.

$\therefore\ u_2 = u_0\left\{1-\left(\dfrac{r}{R}\right)^2\right\} = 2u_1\left\{1-\left(\dfrac{r}{R}\right)^2\right\} = 2\times 3\times\left\{1-\left(\dfrac{0}{0.2}\right)^2\right\} = 6\,\text{m/s}$

② 출구측 지름 : 연속의 방정식에 의해 $Q_1 = Q_2$이므로 $\dfrac{\pi}{4}D_1^2u_1 = \dfrac{\pi}{4}D_2^2u_2$이고, 입구측 지름은 0.4m 이다.

$\therefore\ D_2 = \sqrt{\dfrac{D_1^2u_1}{u_2}} = \sqrt{\dfrac{0.4^2\times 3}{6}} \fallingdotseq 0.28\,\text{m}$

③ 마찰력(F_f) : 유체가 유동할 때

$F_x = P_1A - P_2A - F_f = \dfrac{dP_{\text{out}}}{dt} - \dfrac{dP_{\text{in}}}{dt} = \rho Q(u_2 - u_1)$

$P_1A - P_2A - F_f = \rho Q(u_2 - u_1)$

$\therefore\ F_f = (P_1A - P_2A) - \rho Q(u_2 - u_1)$

$= \left(190\times 10^3\times\dfrac{\pi}{4}\times 0.4^2 - 180\times 10^3\times\dfrac{\pi}{4}\times 0.28^2\right) - \left\{1{,}000\times\left(\dfrac{\pi}{4}\times 0.4^2\times 3\right)\times(6-3)\right\}$

$\fallingdotseq 11661.59\text{N}$

2021년 제4회 에너지관리기사 실기

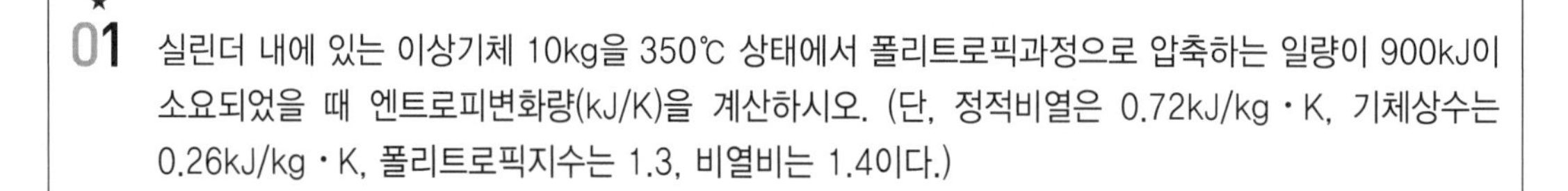

★

01 실린더 내에 있는 이상기체 10kg을 350℃ 상태에서 폴리트로픽과정으로 압축하는 일량이 900kJ이 소요되었을 때 엔트로피변화량(kJ/K)을 계산하시오. (단, 정적비열은 0.72kJ/kg・K, 기체상수는 0.26kJ/kg・K, 폴리트로픽지수는 1.3, 비열비는 1.4이다.)

해답 ① $W_a = \frac{mR}{n-1}(T_1 - T_2)$

$$\therefore\ T_2 = T_1 - \frac{W_a}{\frac{mR}{n-1}} = (273+350) - \frac{900}{\frac{10\times0.26}{1.3-1}} \fallingdotseq 519.15\,\text{K}$$

② $\Delta S = mC_n \ln\frac{T_2}{T_1} = mC_V\left(\frac{n-k}{n-1}\right)\ln\left(\frac{T_2}{T_1}\right)$

$$= 10\times0.72\times\frac{1.3-1.4}{1.3-1}\times\ln\left(\frac{519.15}{350+273}\right) \fallingdotseq 0.44\,\text{kJ/K}$$

02 발열량이 9,030kcal/L인 경우 200L에 대한 TOE를 계산하시오. (단, 경유의 석유환산계수(TOE/kL)는 0.905이다.)

해답 $\text{TOE} = \frac{200}{1,000}\times0.905 \fallingdotseq 0.18\text{TOE}$

★

03 마그네시아 또는 돌로마이트를 원료로 하는 내화물이 수증기의 작용을 받아 $Ca(OH)_2$나 $Mg(OH)_2$를 생성하는데, 이때 큰 비중변화에 의하여 체적변화를 일으키기 때문에 노벽에 균열이 발생하거나 붕괴하는 현상을 무엇이라고 하는가?

해답 슬래킹(slacking)현상

참고 버스팅현상 : 크롬(Cr)철강을 원료로 하는 내화물이 1,600℃ 이상에서 산화철을 흡수하여 표면이 부풀어 오르고 떨어져 나가는 현상으로 크롬질 내화물에서 발생한다.

04 라몽트 보일러에 수관마다 라몽트 노즐을 설치하는 이유를 설명하시오.

해답 송수량을 조절하고 수관마다 동일한 유속을 얻기 위하여 수관마다 라몽트 노즐을 설치한다.

★
05 다음 그림과 같은 관로에 벤투리미터를 설치하여 20℃ 물을 통과시켰을 때 온도기준 포화증기압표를 참고하여 캐비테이션이 발생하지 않는 조건으로 2번 지점에서의 최대유량(L/s)을 계산하시오

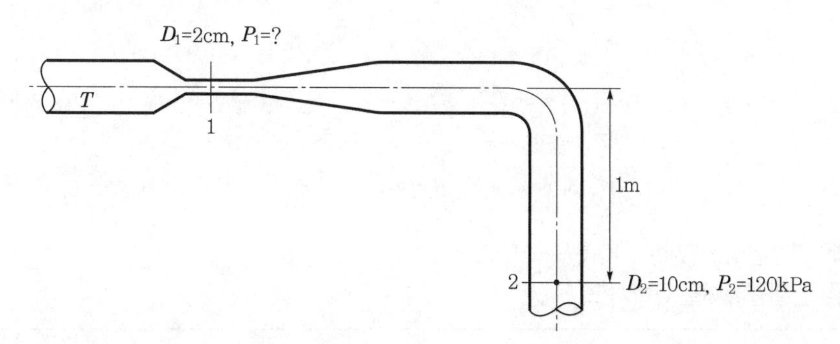

온도	포화증기압	온도	포화증기압
10℃	1.23kPa	50℃	12.34kPa
20℃	2.34kPa	100℃	101.33kPa

해답 ① 1번 지점의 유속 : 연속의 방정식 $A_1 V_1 = A_2 V_2$를 이용하여 1번 지점의 속도(V_1)를 구하는 식을 유도한다.

$A_1 V_1 = A_2 V_2 [\text{m}^3/\text{s}]$

$$V_2 = V_1\left(\frac{A_1}{A_2}\right) = V_1\left(\frac{D_1}{D_2}\right)^2 = V_1\left(\frac{2}{10}\right)^2 = \frac{V_1}{25}$$

$\therefore\ V_1 = 25V_2[\text{m/s}]$

② 2번 지점의 유속 : 1번과 2번 지점에서 베르누이방정식을 적용하면 1번 지점의 압력은 주어진 표에서 2.34kPa을 적용한다.

$\dfrac{P_1}{\gamma} + \dfrac{V_1^2}{2g} + z_1 = \dfrac{P_2}{\gamma} + \dfrac{V_2^2}{2g} + z_2$ (여기서, 2번 지점이 기준이 되므로 $z_2 = 0$이다.)

$$\frac{V_2^2 - V_1^2}{2g} = \frac{P_1 - P_2}{\gamma} + z_1$$

$$\frac{V_2^2 - (25V_2)^2}{2g} = \frac{P_1 - P_2}{\gamma} + z_1$$

$$\frac{-624V_2^2}{2g} = \frac{P_1 - P_2}{\gamma} + z_1$$

$$\therefore\ V_2 = \sqrt{\frac{2g\left(\dfrac{P_1 - P_2}{\gamma} + z_1\right)}{-624}} = \sqrt{\frac{2\times 9.8\times\left(\dfrac{2{,}340 - 120{,}000}{9{,}800} + 1\right)}{-624}} \fallingdotseq 0.59\text{m/s}$$

③ 2지점에서의 유량

$$Q_2 = A_2 V_2 = \frac{\pi}{4}\times 0.1^2\times 0.59 = 4.634\times 10^{-3}\text{m}^3/\text{s} = 4.634\text{L/s}$$

부록 I

06 길이 2m, 폭 2m, 온도 60℃인 평판에서 멀리 떨어진 곳에 20℃인 유체가 2m/s로 평행하게 흐를 때 다음의 조건을 이용하여 각 물음에 답하시오.

$Nu_x = \dfrac{h_x x}{k}$ $\qquad Nu_x = 0.3Re^{\frac{4}{5}} P_r^{\frac{1}{3}}$

여기서, h_x : 대류 열전달계수($W/m^2 \cdot K$) $\quad x$: 평판 앞에서부터의 거리(m)

k : 유체의 열전도율 $0.6W/m \cdot K$ $\quad P_r$: 0.8

ν : 동점성계수 $2\times10^{-4}m^2/s$ $\quad T$: 절대온도(K)

1 열전달계수($W/m^2 \cdot K$)를 구하시오.

2 전열량(kW)을 구하시오.

해답 **1** ① 레이놀즈수(Re) : 문제에서 평판 x지점의 거리에 대해 제시되지 않았으므로 평판의 대표길이 2m를 적용하여 계산하다.

$$\therefore\ R_{ex} = \frac{Vx}{\nu} = \frac{2\times2}{2\times10^{-4}} = 20{,}000$$

② 누셀(Nusselt)수

$$Nu_x = 0.3Re^{\frac{4}{5}}P_r^{\frac{1}{3}} = 0.3\times(20{,}000)^{\frac{4}{5}}\times0.8^{\frac{1}{3}} \fallingdotseq 768.50$$

③ 대류열전달계수

$$h_x = \frac{Nu_x\,k}{x} = \frac{768.50\times0.6}{2} = 230.55\,W/m^2\cdot K$$

2 $Q = h_x A\Delta T = 230.55\times(2\times2)\times\{(273+60)-(273+20)\} = 36{,}888W \fallingdotseq 36.89kW$

★

07 간극체적이 행정체적의 15%인 오토사이클의 이론열효율은 얼마인가? (단, 비열비는 1.4이다.)

해답 압축비$(\varepsilon) = 1+\dfrac{V_s}{V_c} = 1+\dfrac{V_s}{0.15V_s} = 7.67$

$$\therefore\ \eta_{tho} = \left[1-\left(\frac{1}{\varepsilon}\right)^{k-1}\right]\times100\% = \left[1-\left(\frac{1}{7.67}\right)^{1.4-1}\right]\times100\% = 56\%$$

★

08 탄소(C) 80%, 수소(H) 15%, 황(S) 5%인 액체연료 50kg이 완전 연소할 때 이론공기량(Nm^3)을 계산하시오.

해답 이론공기량$(A_o) = 8.89C+26.67\times\left(H-\dfrac{O}{8}\right)+3.33S = 8.89\times0.8+26.67\times0.15+3.33\times0.05$

$= 11.28Nm^3/kg$

$\therefore$ 50kg일 때 이론공기량$(A_o) = 50\times11.28 = 564Nm^3$

09 육상용 보일러의 열정산(KS B 6205)규정에 따른 보일러 효율을 계산하는 공식에 다음의 기호를 넣어 완성하시오.

- L_s : 열손실합계
- H_h : 사용연료의 총발열량
- Q : 연료단위당 연료의 발열량, 연료 및 공기 쪽에 가해지는 열량
- Q_s : 유효출열량

1. 입출열법에 의한 효율 : $\eta_1 = \dfrac{①}{②+③} \times 100\%$
2. 열손실법에 의한 효율 : $\eta_2 = \left(1 - \dfrac{①}{②+③}\right) \times 100\%$

해답 1. $\eta_1 = \dfrac{Q_s}{H_h + Q} \times 100\%$

2. $\eta_2 = \left(1 - \dfrac{L_s}{H_h + Q}\right) \times 100\%$

참고
- 입출열법에 의한 효율$(\eta_1) = \dfrac{\text{유효출열량}(Q_s)}{\text{사용연료의 총발열량}(H_h) + \text{연료단위당 연료의 발열량}(Q)} \times 100\%$
- 열손실법에 의한 효율$(\eta_2) = \left(1 - \dfrac{\text{열손실합계}(L_s)}{\text{사용연료의 총발열량}(H_h) + \text{연료단위당 연료의 발열량}(Q)}\right) \times 100\%$

★

10 굴뚝으로 배출되는 연소가스의 평균온도가 90℃, 외기온도가 10℃인 상태에서 연돌의 통풍력을 측정한 결과 2.5mmAq이었다면 이 연돌의 실제 높이(m)는 얼마인가? (단, 표준상태에서 공기의 비중량은 12.69N/m^3, 연소가스의 비중량은 13.95N/m^{3}이고, 실제 통풍력은 이론통풍력의 80%에 해당된다.)

해답 실제 통풍력$(Z') = 273H\left(\dfrac{\gamma_a}{T_a} - \dfrac{\gamma_g}{T_g}\right) \times 0.8$

$P = \gamma_w Z' = 9{,}800 \times 2.5 \times 10^{-3} = 24.5\text{Pa}(=\text{N/m}^2)$

$\therefore H = \dfrac{P}{273\left(\dfrac{\gamma_a}{T_a} - \dfrac{\gamma_g}{T_g}\right) \times 0.8} = \dfrac{24.5}{273 \times \left(\dfrac{12.69}{10+273} - \dfrac{13.95}{90+273}\right) \times 0.8} \fallingdotseq 17.5\text{m}$

11 다음에서 설명하는 보일러의 명칭을 쓰시오.

급수펌프에 의해 급수를 압입하여 하나로 된 관에서 가열, 증발, 과열과정을 거쳐 순환하는 보일러로 벤슨 보일러, 슐처 보일러가 대표적이다.

해답 관류 보일러

부록 I

★
12 보일러의 저수위사고를 방지하기 위하여 사용하는 급수조절장치의 수위검출기구에 적용되는 방식을 4가지 쓰시오.

해답 ① 플로트식(float type) ② 전극봉식(전극식) ③ 차압식 ④ 열팽창식

★
13 노통 연관식 보일러와 수관식 보일러의 특징을 비교한 것이다. 다음에서 알맞은 내용을 찾아 쓰시오.

물, 연소가스, 높다, 낮다, 좋다, 나쁘다

1 노통 연관식 보일러 관 내부에는 (①)가 흐르고, 수관식 보일러 관 내부에는 (②)이 흐른다.
2 노통 연관식 보일러 사용압력은 (③). 수관식 보일러의 사용압력은 (④).
3 노통 연관식 보일러 부하대응은 (⑤). 수관식 보일러 부하대응은 (⑥).

해답 1 ① 연소가스 ② 물
2 ③ 낮다 ④ 높다
3 ⑤ 나쁘다 ⑥ 좋다

★
14 증기축압기(steam accumulator)의 기능을 설명하시오.

해답 증기축압기는 보일러에서 과잉 발생한 증기를 저장하고 부하가 증가하면 증기를 공급하여 보일러 용량 부족을 해소하는 장치로 스팀어큐뮬레이터라고 한다.

★
15 열사용기자재 중 보일러의 적용범위 중 ( ) 안에 알맞은 내용을 넣으시오.

1 소형 온수 보일러는 전열면적이 (①)m^2 이하이고, 최고사용압력이 (②)MPa 이하의 온수를 발생하는 것이다.
2 구멍탄용 온수 보일러는 석탄산업법 시행령에 따른 연탄을 사용하여 온수를 발생시키는 것으로 ( )만 해당한다.
3 축열식 전기 보일러는 심야전력을 사용하여 온수를 발생시켜 축열조에 저장한 후 난방에 이용하는 것으로서 정격소비전력이 (①)kW 이하이고, 최고사용압력이 (②)MPa 이하인 것이다.

해답 1 ① 14 ② 0.35
2 금속제
3 ① 30 ② 0.35

★

16 보일러 급수펌프의 전동기(motor)에 고장이 발생하여 교체하고자 한다. 다음의 펌프 및 전동기 조건을 이용하여 각 물음에 답하시오.

펌프 및 전동기 조건	기성품 전동기 용량
• 펌프 양수량 : 12,000kg/h • 전양정 : 15m • 펌프효율 : 75% • 전동기효율 : 95% • 전동기 설계안전율 : 2 • 급수밀도 : 1,000kg/m^3 • 중력가속도 : 9.81m/s^3	100W, 300W, 500W, 750W, 1kW, 1.5kW, 2kW, 3kW, 5kW, 7.5kW, 10kW

1 교체할 전동기 용량(kW)을 계산하시오. (단, 조건에서 주어진 급수밀도와 중력가속도를 적용하여 계산하여야 한다.)

2 계산된 전동기 용량으로 조건에 제시된 기성품 전동기 중에서 최소용량의 것을 선택하시오.

해답 **1** ① $Q = \frac{m}{\rho} = \frac{12,000}{1,000} = 12\,\text{m}^3/\text{h} = 3.33 \times 10^{-3}\,\text{m}^3/\text{s}$

$\therefore$ 펌프축동력$(L_s) = \frac{\gamma_w QH}{\eta_p} = \frac{9.81\,QH}{\eta_p} = \frac{9.81 \times 3.33 \times 10^{-3} \times 15}{0.75} = 0.653\,\text{kW}$

② 전동기 용량$= \frac{L_s}{\eta_m}k = \frac{0.653}{0.95} \times 2 ≒ 1.37\,\text{kW}$

2 1.5kW

17 외기온도 27℃일 때 표면온도 227℃인 관 표면에서 방사에 의한 전열량은 자연대류에 의한 전열량의 몇 배가 되는지 계산하시오. (단, 방사율은 0.9, 스테판-볼츠만상수는 5.7×10^{-8}W/m^2·K^4, 대류열전달률은 5.56W/m^2·K이다.)

해답 ① 관 표면적 1m^{2}당 방사전열량

$q_1\left(= \frac{Q_1}{A}\right) = \varepsilon\sigma(T_1^4 - T_2^4) = 0.9 \times 5.7 \times 10^{-8} \times (500^4 - 300^4) = 2790.72\text{W/m}^2$

② 관 표면적 1m^{2}당 대류전열량

$q_2 = \alpha(T_1 - T_2) = 5.56 \times (500 - 300) ≒ 1,112\text{W/m}^2$

③ 전열량비

전열량비$= \frac{\text{방사전열량}(q_1)}{\text{대류전열량}(q_2)} = \frac{2790.72}{1,112} ≒ 2.51$배

부록 I

★
18 보일러에서 발생하는 이상현상에 대하여 설명하시오.

1 프라이밍(priming)현상
2 포밍(forming)현상
3 캐리오버(carry over)현상

해답 1 프라이밍(priming)현상 : 보일러가 과부하로 사용되는 경우에는 수위가 높았거나 드럼 내의 장치용품에 부적합한 결함이 있으면 보일러수가 몹시 비등하여 수면으로부터 끊임없이 물방울이 비산하여 증기실에 충만하고 수위가 불안정하게 되는 성질

2 포밍(forming)현상 : 보일러수에 불순물이 많이 함유하는 경우 보일러수의 비등과 함께 수면 부근에 거품이 층을 형성하여 수위가 불안정하게 되는 현상

3 캐리오버(carry over)현상 : 보일러에서 증기관 쪽에 보내는 증기에 수분(물방울)이 많이 함유되는 경우, 즉 증기가 나갈 때 수분이 따라가는 현상으로 프라이밍이나 포밍이 생기면 필연적으로 캐리오버가 일어남

Engineer Energy Management

2022년 제1회 에너지관리기사 실기

01 버너 출구에서 가연성 기체의 유출속도가 연소속도보다 큰 경우 불꽃이 노즐에 정착되지 않고 꺼지는 현상을 무엇이라 하는가?

해답 블로오프(blow off)

★

02 보일러에서 연료를 연소 후 배출되는 배기가스 중에 함유된 분진 등을 제거하는 집진장치를 3가지로 분류하여 쓰시오.

해답

건식 집진장치	습식(세정식) 집진장치	전기식 집진장치
• 중력식 • 관성력식 • 여과식(백필터) • 원심력(사이클론)식 • 음파집진장치	• 유수식 • 가압수식 • 회전식	• 코트렐식(건식, 습식)

★

03 중유를 연소하는 가열로의 연소가스를 분석했을 때 체적비로 CO_2가 15.0%, CO가 1.2%, O_2가 8.0%이고, 나머지가 N_2인 결과를 얻었다. 이 경우의 공기비를 계산하시오. (단, 연료 중에는 질소가 포함되어 있지 않고, 공기 중 질소와 산소의 부피비는 79 : 21이다.)

해답 불완전 연소 시

$N_2 = 100-(CO_2+CO+O_2) = 100-(15+1.2+8) = 75.8\%$

$$\therefore \text{공기비}(m) = \frac{N_2}{N_2-3.76(O_2-0.5CO)} = \frac{75.8}{75.8-3.76\times(8-0.5\times1.2)} \fallingdotseq 1.58$$

참고 공기비(m) 계산공식 중요

• 완전 연소의 경우 : 연소가스 중 일산화탄소(CO)가 포함되지 않은 경우

$$\text{공기비}(m) = \frac{N_2}{N_2-3.76O_2} = \frac{21}{21-O_2} = \frac{CO_{2max}[\%]}{CO_2[\%]}$$

• 불완전 연소의 경우 : 연소가스 중 일산화탄소(CO)가 포함된 경우

$$\text{공기비}(m) = \frac{N_2}{N_2-3.76(O_2-0.5CO)}$$

부록 I

★
04 보일러 가동을 시작할 때 점화가 불량한 경우 그 원인을 5가지 쓰시오.

해답 ① 공기비의 조정 불량
② 점화용 트랜스의 전기스파크 불량
③ 댐퍼(damper)의 작동 불량
④ 연료의 온도가 너무 높은 경우
⑤ 연소실의 온도가 낮은 경우

05 물속에 피토관을 설치하여 측정한 전압이 12mH$_2$O, 유속이 11.71m/s이었다. 이때 정압(kPa)은 얼마인가?

해답 전압$(P_t)=\gamma_w h=9.8\times12=117.6\text{kPa}$

동압$(P_v)=\dfrac{\rho V^2}{2}=\dfrac{1\times11.71^2}{2}=68.56\text{kPa}$

∴ 정압$(P_s)=$전압$(P_t)-$동압$(P_v)=117.6-68.56=49.04\text{kPa}$

★
06 열전도율이 0.1W/m·K, 두께가 20cm인 내화벽돌을 통한 열유속으로 인한 온도차가 200℃인 곳에 열전도율이 0.2W/m·K인 단열벽돌을 시공하였더니 온도차가 400℃로 나타났다. 내화벽돌과 단열벽돌의 열유속이 동일할 때 단열벽돌의 두께는 몇 m인지 계산하시오. (단, 기타 손실되는 열량은 없는 것으로 한다.)

해답 손실열량$(Q)=\dfrac{1}{\dfrac{L}{\lambda}}A\Delta T=\dfrac{\lambda}{L}A\Delta T\,[\text{W}]$

$Q_1=Q_2$

$\dfrac{\lambda_1}{L_1}\cancel{A_1}\Delta T_1=\dfrac{\lambda_2}{L_2}\cancel{A_2}\Delta T_2$

$\therefore\ L_2=L_1\dfrac{\lambda_2}{\lambda_1}\left(\dfrac{\Delta T_2}{\Delta T_1}\right)=0.2\times\dfrac{0.2}{0.1}\times\dfrac{400}{200}=0.8\text{m}$

07 수관식 보일러의 보일러수 유동방식을 3가지 쓰고 설명하시오.

해답 ① 자연순환식 : 보일러수의 밀도차(온도차)에 의하여 자연순환하는 유동방식
② 강제순환식 : 기계장치(순환펌프)를 설치하여 보일러수를 강제로 순환시키는 유동방식
③ 관류식 : 증기드럼을 폐지하고 긴 관으로 제작, 구성하여 관의 한 끝에서 펌프로 압송된 물을 가열, 증발, 과열의 과정을 거쳐 증기가 발생되는 유동방식

08 다음의 증기트랩 중에서 기계식 트랩을 모두 쓰시오.

• 볼플로트식
• 벨로즈식
• 디스크식
• 버킷식

해답 ① 볼플로트식(ball float type) ② 버킷식(bucket type)

참고 작동원리에 의한 증기트랩의 분류 및 종류

명칭	작동원리	종류
기계식 트랩	증기와 응축수의 비중차 이용 (플로트 또는 버킷트랩은 부력 이용)	플로트(float)식, 버킷식
온도조절식 트랩	증기와 응축수의 온도차 이용 (금속의 신축성 이용)	바이메탈식, 벨로즈식
열역학적 트랩	증기와 응축수의 열역학적, 유체역학적 특성차 이용	오리피스식, 디스크식

★
09 보일러 자동제어에서 제어량 및 조작량의 항목을 각각 쓰시오.

명칭	제어량	조작량
①	②	급수량
③	노내압, 증기압력	④
증기온도제어(STC)	증기온도	⑤

해답 ① 급수제어(FWC) ② 보일러 수위
③ 자동연소제어(ACC) ④ 연소가스량, 공기량, 연료량
⑤ 전열량

참고 보일러 자동제어(ABC)의 종류

명칭	제어량	조작량
자동연소제어(ACC)	증기압력	공기량, 연료량
	노내압	연소가스량
급수제어(FWC)	보일러 수위	급수량
증기온도제어(STC)	증기온도	전열량
증기압력제어(SPC)	증기압력	연료공급량, 연소용 공기량

★
10 강철제 보일러의 최고사용압력이 다음과 같을 때 수압시험압력은 얼마인가?

1 0.4MPa
2 0.8MPa
3 1.6MPa

해답 1 수압시험압력 = 최고사용압력 × 2배 = 0.4 × 2 = 0.8MPa
2 수압시험압력 = (최고사용압력 × 1.3배) + 0.3 = (0.8 × 1.3) + 0.3 = 1.34MPa
3 수압시험압력 = 최고사용압력 × 1.5배 = 1.6 × 1.5 = 2.4MPa

참고 수압시험압력

1) **강철제 보일러**
① 보일러의 최고사용압력이 0.43MPa 이하일 때에는 그 최고사용압력의 2배의 압력으로 한다. ↳ 1
다만, 그 시험압력이 0.2MPa 미만인 경우에는 0.2MPa로 한다.
② 보일러의 최고사용압력이 0.43MPa 초과 1.5MPa 이하일 때에는 그 최고사용압력의 1.3배에 0.3MPa를 더한 압력으로 한다. ↳ 2
③ 보일러의 최고사용압력이 1.5MPa를 초과할 때에는 그 최고사용압력의 1.5배의 압력으로 한다. ↳ 3

2) **가스용 온수 보일러** : 강철제인 경우에는 1)의 ①에서 규정한 압력

3) **주철제 보일러**
① 보일러의 최고사용압력이 0.43MPa 이하일 때는 그 최고사용압력의 2배의 압력으로 한다. 다만, 시험압력이 0.2MPa 미만인 경우에는 0.2MPa로 한다.
② 보일러의 최고사용압력이 0.43MPa를 초과할 때는 그 최고사용압력의 1.3배에 0.3MPa을 더한 압력으로 한다.

11 다음의 보온재 중 최고안전사용온도가 낮은 것부터 순서대로 나열하시오.

㉠ 폼글라스　　㉡ 폴리우레탄폼
㉢ 세라믹파이버　　㉣ 규조토
㉤ 규산칼슘

해답 ㉡ → ㉠ → ㉣ → ㉤ → ㉢

참고 각 보온재의 최고안전사용온도

명칭	최고안전사용온도	명칭	최고안전사용온도
폴리우레탄폼	130℃	규산칼슘	650℃
폼글라스	300℃	세라믹파이버	1,000~1,300℃
규조토	500℃		

★
12 다음 스테인리스강의 결정구조명칭을 쓰시오.

1 STS304
2 STS410
3 STS430

해답 1 STS304 : 오스테나이트(austenite)계
2 STS410 : 마텐자이트(martensite)계
3 STS430 : 페라이트(ferrite)계

참고 스테인리스강(SUS)의 종류

- STS304(18－8 스테인리스강) : 오스테나이트계로 크롬(Cr) 17~20%, 니켈(Ni) 7~10%의 함유율을 가지며 비자성체이다.
- STS410(13Cr 스테인리스강) : 마텐자이트계로 크롬 11.5~18%, 몰리브덴(Mo) 0.2~1%의 함유율을 갖는다.
- STS430(18Cr 스테인리스강) : 페라이트계로 크롬 10.5~27%, 몰리브덴 1~2%의 함유율을 가지며 오스테나이트계보다 내구성을 떨어진다.

13 제강로에서 배출되는 고온의 배기가스로부터 폐열을 회수하여 노에 주입되는 공기를 예열하는 데 활용하기 위하여 공기예열기를 설치하려고 한다. 온도가 750℃인 배기가스가 5kg/s로 유입되어 열교환 후 150℃로 나오고, 공기예열기에는 20℃의 공기가 8kg/s로 통과하고 있다. 연소용 공기온도가 20℃ 상승할 때마다 연료가 1%씩 절감된다고 하면 공기예열기 설치로 인한 연료 절감률은 몇 %인지 계산하시오. (단, 배기가스 및 공기의 정압비열은 각각 1.130kJ/kg・K, 1.139kJ/kg・K이고, 손실은 없으며 공기예열기의 효율은 100%로 가정한다.)

해답 ① 공기예열기 출구온도(t_{ao})는 배기가스가 전달한 열량(Q_g)과 공기예열기에서 공기가 흡수한 열량(Q_{pa})은 같으므로

$$Q_g = Q_{pa}$$

$$m_g C_{pg}(t_{gi} - t_{go}) = m_a C_{pa}(t_{ao} - t_{ai})$$

$$\therefore\ t_{ao} = t_{ai} + \frac{m_g C_{pg}(t_{gi} + t_{go})}{m_a C_{pa}} = 20 + \frac{5 \times 1.13 \times (750 - 150)}{8 \times 1.139} = 392.04℃$$

② 공기예열기에서 상승온도$= t_{ao} - t_{ai} = 392.04 - 20 = 372.04℃$

별해 $$t_{ao} - t_{ai} = \frac{m_g C_h (t_{gi} - t_{go})}{m_a C_{pa}} = \frac{5 \times 1.13 \times (750 - 150)}{8 \times 1.139} ≒ 372.04℃$$

③ 연료절감률$= \dfrac{1 \times 372.04}{20} ≒ 18.6\%$

부록 I

★
14 상당증발량이 1.5t/h인 보일러에서 급수의 비엔탈피가 83kJ/kg, 발생증기의 비엔탈피가 2,256kJ/kg일 때 실제 증발량(kg/h)을 구하시오.

해답 상당증발량$(m_e) = \dfrac{m_a(h_2 - h_1)}{2,256}$[kg/h]

$\therefore$ 실제 증발량$(m_a) = \dfrac{2,256 m_e}{h_2 - h_1} = \dfrac{2,256 \times 1,500}{2,256 - 83} = 1557.29\text{kg/h}$

★
15 강판두께가 25mm이고, 리벳지름이 48mm, 리벳의 구멍지름이 50mm이며, 피치 80mm로 1줄 겹치기 리벳이음에서 1피치마다 하중이 15kN 작용할 때 리벳이음효율(%)을 구하시오.

해답 리벳이음효율은 강판의 효율(η_t)과 리벳효율(η_s)을 구해서 효율이 작은 것을 선택한다.

① $\eta_t = \left(1 - \dfrac{d}{p}\right) \times 100\% = \left(1 - \dfrac{50}{80}\right) \times 100\% = 37.5\%$

② $\tau = \dfrac{W}{A} = \dfrac{W}{\dfrac{\pi d^2}{4}} = \dfrac{4W}{\pi d^2} = \dfrac{4 \times 15,000}{\pi \times 48^2} \fallingdotseq 8.29\text{MPa}$

$\sigma_t = \dfrac{W}{A} = \dfrac{W}{(p-d)t} = \dfrac{15,000}{(80-50) \times 25} = 20\text{MPa}$

$\therefore \eta_s = \dfrac{\tau \pi d^2}{4 p t \sigma_t} \times 100\% = \dfrac{8.29 \times \pi \times 48^2}{4 \times 80 \times 25 \times 20} \times 100\% = 37.5\%$

③ 이 문제에서 $\eta_t = \eta_s$이므로 37.5%이다.

★
16 보일러에서 발생하는 일반부식에 대한 내용에서 (　　) 안에 알맞은 용어를 쓰시오.

> 보일러 내면의 강과 접촉되어 있는 물이 순수하고, 공기와 완전히 차단되어 있으면 순수한 철(Fe)이 물(H_2O)과 반응하여 (①)이 생성되고, 강 표면은 얇은 막으로 피복되어 안정화되면서 부식현상이 발생하지 않는다. 그러나 여기에 용존산소가 함유된 물이 유입되면 강 표면의 피복된 물질은 산화반응에 의하여 (②)이 생성되고 부식이 발생한다.

해답 ① 수산화 제1철[$Fe(OH)_2$]　② 수산화 제2철[$Fe(OH)_3$]

★
17 랭킨사이클로 작동되는 터빈에 4MPa, 400℃, 과열증기가 2kg/s로 공급되어 터빈에서 등엔트로피 팽창한 후 15kPa이 되었다. 다음 표를 이용하여 각 물음에 답하시오. (단, 터빈에서 실제로 발생되는 동력은 1.5MW이고, 펌프의 소요동력은 무시한다.)

▶ 15kPa의 포화증기표

압력(kPa)	포화온도(℃)	비내부에너지(kJ/kg)		비엔탈피(kJ/kg)		비엔트로피(kJ/kg·K)	
		포화수 (u')	포화증기 (u'')	포화수 (h')	포화증기 (h'')	포화수 (s')	포화증기 (s'')
15	53.97	225.93	2448.0	225.94	2598.3	0.7549	8.0071

▶ 4MPa, 400℃ 과열증기표

온도(℃)	비내부에너지(kJ/kg)	비엔탈피(kJ/kg)	비엔트로피(kJ/kg·K)
400	2919.9	3213.6	6.7696

1. 터빈 출구의 건조도를 구하시오.
2. 터빈의 효율(%)을 구하시오.

해답 1. $s_x = s_3' + x_3(s_3'' - s_3')$

$$\therefore \ x_3 = \frac{s_x - s_3'}{s_3'' - s_3'} = \frac{6.7696 - 0.7549}{8.0071 - 0.7549} \fallingdotseq 0.83$$

2. ① 터빈 출구의 비엔탈피$(h_3) = h_3' + x_3(h_3'' - h_3') = 225.94 + 0.83 \times (2598.3 - 225.94)$
$= 2,195\text{kJ/kg}$

② 터빈출력$(w_t) = m(h_2 - h_3) = 2 \times (3213.6 - 2,195) = 2037.2\text{kW}(=\text{kJ/s})$

③ 터빈효율$(\eta_t) = \dfrac{\text{실제(비가역) 단열팽창 시 터빈출력}}{\text{이론(가역) 단열팽창 시 터빈출력}} \times 100\% = \dfrac{1,500}{2037.32} \times 100\% \fallingdotseq 73.63\%$

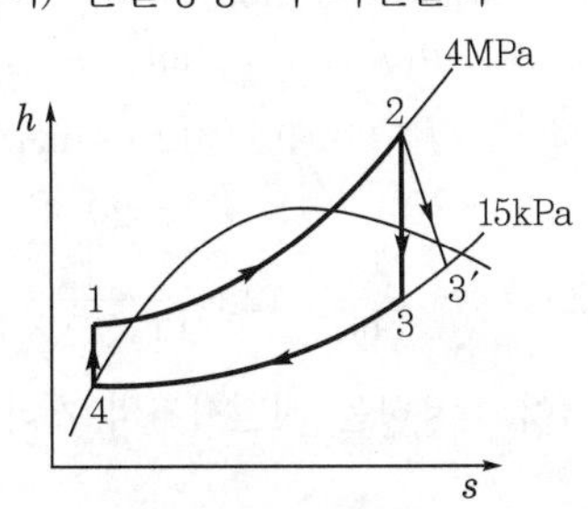

▲ 랭킨사이클의 $h-s$선도

★
18 다음과 같은 구조체 속에 물이 채워져 있을 때 물음에 답하시오.

1 A－B평판에 작용하는 전압력(F)[kN]은 얼마인가?

2 A지점에서 전압력(F)이 작용하는 지점까지의 거리는 몇 m인가?

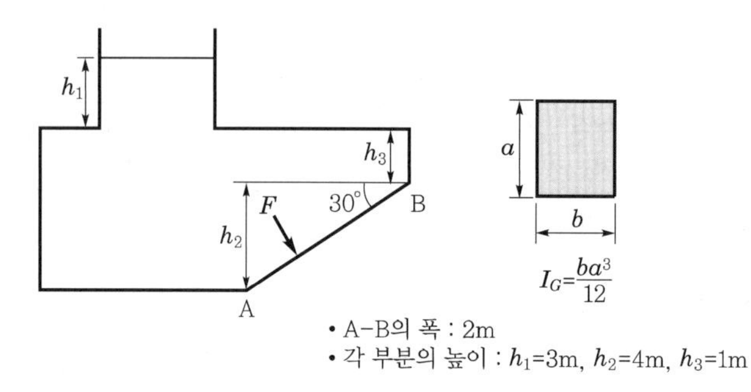

해답

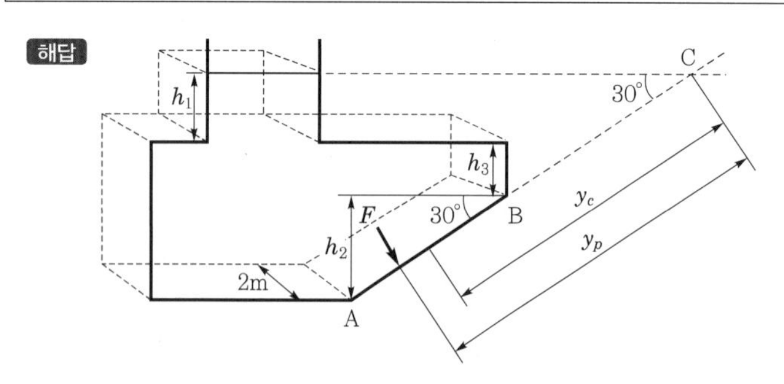

1 ① 경사면을 따라서 도심으로부터 벽면의 연장선과 수면의 연장선 교점까지의 거리

$$y_c=\frac{h_1+h_3}{\sin 30°}+\frac{\frac{h_2}{2}}{\sin 30°}=\frac{3+1}{\sin 30°}+\frac{\frac{4}{2}}{\sin 30°}=12\text{m}$$

② A－B평판에 작용하는 전압력$(F)=\gamma y_c \sin\theta A(=\gamma h_c A)$

$$=9.8\times 12\times \sin 30°\times(2\times 8)=940.8\text{kN}$$

2 ① 전압력의 작용위치$(y_p)=y_c+\dfrac{I_G}{Ay_c}=12+\dfrac{\frac{2\times 8^3}{12}}{(2\times 8)\times 12}\fallingdotseq 12.44\text{m}$

② A지점에서 전압력(F)이 작용하는 지점까지의 거리$=\overline{AC}-y_p=(8+8)-12.44=3.56\text{m}$

Engineer Energy Management

2022년 제2회 에너지관리기사 실기

01 두께가 16mm인 강판에 지름 20mm인 리벳으로 피치 54mm의 1줄 겹치기 리벳이음을 할 때 1피치마다 8kN의 하중이 작용하면 이 강판에 생기는 인장응력(MPa)과 강판의 효율(%)을 각각 구하시오.

해답 ① 인장응력$(\sigma_t) = \dfrac{W_t}{A} = \dfrac{W_t}{(p-d)t} = \dfrac{8\times 10^3}{(54-20)\times 16} \fallingdotseq 4.7\text{MPa}(=\text{N/mm}^2)$

② 강판의 효율$(\eta_t) = \left(1-\dfrac{d}{p}\right)\times 100\% = \left(1-\dfrac{20}{54}\right)\times 100\% \fallingdotseq 62.96\%$

★

02 다음 물음에 답하시오.

1 보일러의 1마력이란 (①)시간에 (②)℃의 물 (③)kg을 같은 온도의 증기로 변화시킬 수 있는 능력을 말한다.

2 10℃의 물을 급수하여 압력 0.85MPa의 증기를 2,400kg/h 발생시키는 보일러에서 발생증기의 비엔탈피는 2,960kJ/kg, 급수의 비엔탈피는 42kJ/kg일 때 보일러 마력을 구하시오. (단, 소수점 이하는 반올림하여 정수로 최종 답안을 작성하시오.)

해답 1 ① 1 ② 100 ③ 15.65

2 보일러 마력$= \dfrac{\text{상당증발량}(m_e)}{15.65} = \dfrac{m_a(h_2-h_1)}{15.65\times 2{,}256} = \dfrac{2{,}400\times(2{,}960-42)}{15.65\times 2{,}256} \fallingdotseq 198.35\text{BPS}$

03 보일러 급수 내처리제인 청관제의 기능을 5가지 쓰시오.

해답 ① 슬러지(sludge)의 조정
② pH(수소이온농도) 알칼리도 조정
③ 가성취화 억제
④ 보일러수의 탈산소
⑤ 보일러수의 연화

참고 슬러지(sludge)란 하수 처리나 정수과정에서 생기는 침전물을 말한다.

04 판형 열교환기(plate heat exchanger)의 장점을 3가지 쓰시오.

해답 ① 전열판을 분해할 수 있으므로 보존 점검 및 청소가 용이하다.
② 전열판의 매수를 가감함으로써 용량을 조절할 수 있다.
③ 높은 내부압력에 강하고 안전하게 사용할 수 있다(높은 전달효율).

부록 I

05 증기 보일러에 부착하는 압력계에 대한 물음에 답하시오.

1 최고사용압력이 1MPa인 증기 보일러에 부착하는 압력계를 다음 표 중에서 선택하고 그 이유를 설명하시오.

압력계 구분	바깥지름(mm)	최고눈금(MPa)	오차범위(%)
A	100	3	±1.5
B	75	2.5	±1.5
C	200	3	±0.5
D	150	5	±1.5

2 다음 ( ) 안에 알맞은 내용을 넣으시오.

> 압력계를 증기 보일러에 부착할 때 압력계 내부의 부르동관을 보호하기 위하여 안지름 (①) 이상의 (②) 또는 동등한 작용을 하는 장치를 부착하여 증기가 직접 압력계에 들어가지 않도록 하여야 한다.

해답 **1** ① 선택 : A제품

② 선택이유 : 압력계의 최고눈금은 보일러 최고사용압력의 1.5배 이상 3배 이하이므로 압력계의 최고눈금은 1.5~3MPa이 되어야 하며, 압력계 바깥지름은 100mm 이상으로 하여야 하기 때문에 A제품을 선택한다.

2 ① 6.5mm　② 사이펀관

참고 압력계 부착기준

보일러에는 KS B 5305(부르동관압력계)에 따른 압력계 또는 이와 동등 이상의 성능을 갖춘 압력계를 부착하여야 한다.

1) 압력계의 크기와 눈금

- 증기 보일러에 부착하는 압력계 눈금판의 바깥지름은 100mm 이상으로 하고 그 부착높이에 따라 용이하게 지침이 보이도록 하여야 한다. 다만, 다음의 보일러에 부착하는 압력계에 대하여는 눈금판의 바깥지름을 60mm 이상으로 할 수 있다.
  - 최고사용압력 0.5MPa 이하이고, 동체의 안지름 500mm 이하, 동체의 길이 1,000mm 이하인 보일러
  - 최고사용압력 0.5MPa 이하이고 전열면적 $2m^2$ 이하인 보일러
  - 최대증발량 5t/h 이하인 관류 보일러
  - 소용량 보일러
- 압력계의 최고눈금은 보일러의 최고사용압력의 3배 이하로 하되 1.5배보다 작아서는 안 된다.

2) 압력계의 부착

- 압력계와 연결된 증기관은 최고사용압력에 견디는 것으로서 그 크기는 황동관 또는 동관을 사용할 때는 안지름 6.5mm 이상, 강관을 사용할 때는 12.7mm 이상이어야 하며, 증기온도가 483K(210℃)를 초과할 때에는 황동관 또는 동관을 사용하여서는 안 된다.
- 압력계에는 물을 넣은 안지름 6.5mm 이상의 사이펀관 또는 동등한 작용을 하는 장치를 부착하여 증기가 직접 압력계에 들어가지 않도록 하여야 한다.

★
06 보일러 강제통풍방법의 설명에 해당되는 통풍방식의 명칭을 쓰시오.

1 연소실 내의 압력을 정압이나 부압으로 조절이 가능하고 강한 통풍력을 얻을 수 있지만 초기설비비와 유지비용이 많이 소요된다.
2 송풍기는 연소실 앞에 설치하여 연소용 공기를 대기압 이상의 압력으로 연소실에 밀어 넣는 방식으로 연소실 압력이 정압으로 유지된다.
3 송풍기를 연도 중에 설치하여 연소배기가스를 배출시키는 방식으로 연소실 압력이 부압으로 유지된다.

해답 ① 평형통풍 ② 압입통풍 ③ 흡입통풍

참고 강제통풍방법의 분류 및 특징

1) **압입통풍** : 송풍기를 연소실 앞에 두고 연소용 공기를 대기압 이상의 압력으로 연소실에 밀어 넣는 방식
   - 연소실 내의 압력이 정압으로 유지된다.
   - 연소용 공기를 예열할 수 있다.
   - 송풍기 고장이 적고 점검 및 보수가 쉽다.
   - 동력소비가 흡입통풍식보다 적다.
   - 배기가스유속은 8m/s 이하이다.
2) **흡입통풍** : 송풍기를 연도 중에 설치하여 연소배기가스를 직접 흡입하여 강제로 배출시키는 방식
   - 연소실 내의 압력이 부압으로 유지된다.
   - 연소용 공기를 예열하여 사용하기가 부적당하다.
   - 송풍기의 수명이 짧고 점검 및 보수가 어렵다.
   - 송풍기 소요동력이 크다.
   - 배기가스유속은 8~10m/s 정도이다.
3) **평형통풍** : 압입통풍과 흡입통풍을 병행하는 방식
   - 연소실 내의 압력을 정압이나 부압으로 조절할 수 있다.
   - 동력소비가 커 유지비가 많이 소요된다.
   - 초기설비비가 많이 소요된다.
   - 강한 통풍력을 얻을 수 있다.
   - 배기가스유속은 10m/s 이상이다.

★
07 급수펌프의 설치 및 시공에 대한 각 물음에 답하시오.

1 펌프 토출측에 설치하여 물이 역류되는 것을 방지하는 밸브의 명칭을 쓰시오.
2 이 밸브의 종류를 2가지 쓰시오.

해답 1 스모렌스키 체크밸브(check valve)
2 ① 리프트형(lift type) 체크밸브 ② 스윙형(swing type) 체크밸브

★

08 다음에서 설명하는 부식에 대한 물음에 답하시오.

> 연료 속에 함유된 유황분이 연소되어 아황산가스(SO_2)가 되고, 이것이 다시 오산화바나듐(V_2O_5) 등의 촉매작용에 의하여 과잉공기와 반응해서 일부분이 무수황산(SO_3)으로 되며, 이것은 연소가스 속의 수증기와 화합하여 황산(H_2SO_4)이 되어 보일러 저온 전열면에 부착하여 그 부분을 부식시키는 것이다.

1 이 부식의 명칭을 쓰시오.

2 이 부식의 방지대책을 3가지 쓰시오.

해답 **1** 저온부식

2 ① 배기가스온도를 황(S)의 노점온도 이상으로 올린다.
② 과잉공기를 적게 하여 연소시킨다.
③ 황성분이 적은 연료를 사용하거나 전처리하여 사용한다.
④ 장치 표면에 보호피막 및 내식재료를 사용한다.

★

09 어느 공장에서 가동하고 있는 기계의 발생열을 제거하기 위하여 냉동기와 공조기를 이용하여 냉방을 하고 있다. 겨울철에 공조기의 외기(OA)댐퍼를 40%에서 70%로 변경하여 외기도입을 증가시켰다. 다음과 같은 조건일 때 냉동기 부하 감소량(kW)은 얼마인가?

- 개선 전 : 실내온도 24℃, 상대습도 53%, 비엔탈피 49.11kJ/kg
- 개선 후 : 실내온도 22℃, 상대습도 53%, 비엔탈피 44.21kJ/kg
- 공조기 송풍량 : 52,000m^3/h
- 외기온도 : 20℃
- 공조기 연간 가동시간 : 3,393h
- 공기의 밀도 : 1.24kg/m^3
- 냉동기 성적계수 : 3.5
- 전력비용단가 : 64원/kWh
- 적용 가능한 예상시간 : 4,320h/년

해답 부하 감소량 $= m\Delta h \times$ 댐퍼의 개도변화(증가)량(%)

$= \rho Q \times$ 댐퍼의 개도변화(증가)량(%)

$$= (1.24 \times 52{,}000) \times (49.11 - 44.21) \times \frac{1}{3{,}600} \times (0.7 - 0.4) \fallingdotseq 26.33\text{kW}$$

★

10 보일러 급수펌프로 사용하는 원심펌프의 종류를 2가지 쓰시오.

해답 ① 벌류트(volute)펌프 ② 터빈(turbine)펌프

참고
- 벌류트(volute)펌프 : 안내날개(guide vane)가 없으며 저양정·대유량 펌프이다.
- 터빈(turbine)펌프(디퓨저펌프) : 안내날개가 있으며 고양정·저유량 펌프이다.

★
11 보온재의 구비조건을 5가지 쓰시오.

해답 ① 흡수성이 적을 것
② 열전도율(열전도도)이 작을 것
③ 장시간 사용하여도 변질되지 않을 것
④ 견고하고 시공이 용이할 것
⑤ 비중(밀도)이 작을 것(다공성일 것)

12 배기가스 중의 분진입자의 표면에 이온에 의한 전하를 주어 (+)로 대전되도록 하고, 집진장치의 내부에 설치된 (+), (−)의 전극판에 전압을 부가하면 (+)로 대전된 분진은 (+)극판으로부터 반발되면서 (−)극판으로 흡인되어 부착된다. 이때 분진은 전하를 잃어버리면서 부착력이 상실되며 호퍼 등에 떨어지게 하여 처리하는 집진장치의 명칭을 쓰시오.

해답 전기식(코트렐식) 집진장치

★
13 다음과 같은 중량비율을 갖는 액체연료가 완전 연소되었을 때 각 물음에 답하시오.

• 탄소(C) : 81% • 수소(H) : 15% • 황(S) : 4%

1 이론공기량(Nm^3/kg)을 계산하시오.
2 이론건배기가스량(Nm^3/kg)을 계산하시오.
3 CO_{2max}는 몇 %인지 계산하시오.

해답 1 $A_o = 8.89C + 26.67\left(H - \frac{O}{8}\right) + 3.33S$

$= 8.89 \times 0.81 + 26.67 \times 0.15 + 3.33 \times 0.04 ≒ 11.33Nm^3/kg$

2 $G_{od} = 8.89C + 21.1\left(H - \frac{O}{8}\right) + 3.33S + 0.8N$

$= 8.89 \times 0.81 + 21.1 \times 0.15 + 3.33 \times 0.04 ≒ 10.50Nm^3/kg$

3 $CO_{2max} = \frac{CO_2\text{량}}{G_{od}} \times 100\% = \frac{1.867C + 0.7S}{G_{od}} \times 100\%$

$= \frac{1.867 \times 0.81 + 0.7 \times 0.04}{10.5} \times 100\% ≒ 14.67\%$

부록 I

14 상온 상압상태에서 공기가 흐르고 있는 원형관 내부에 피토관을 설치하여 유속을 측정하였더니 동압이 980Pa이었다. 공기를 비압축성 흐름으로 가정할 때 속도(m/s)는 얼마인가? (단, 공기의 비중량은 12.7N/m³이다.)

해답 동압$(P_v) = \dfrac{\gamma V^2}{2g} = \dfrac{\rho V^2}{2}[\text{Pa} = \text{N/m}^3]$

$\therefore\ V = \sqrt{\dfrac{2gP_v}{\gamma}} = \sqrt{\dfrac{2\times 9.8 \times 980}{12.7}} \fallingdotseq 38.89\text{m/s}$

별해 $\rho = \dfrac{\gamma}{g} = \dfrac{12.7}{9.8} \fallingdotseq 1.296\text{kg/m}^3$

$P_v = \dfrac{\rho V^2}{2}$

$\therefore\ V = \sqrt{\dfrac{2P_v}{\rho}} = \sqrt{\dfrac{2\times 980}{1.296}} \fallingdotseq 38.89\text{m/s}$

★
15 다음 그림과 같이 설치된 피토관에 대한 각 물음에 답하시오.

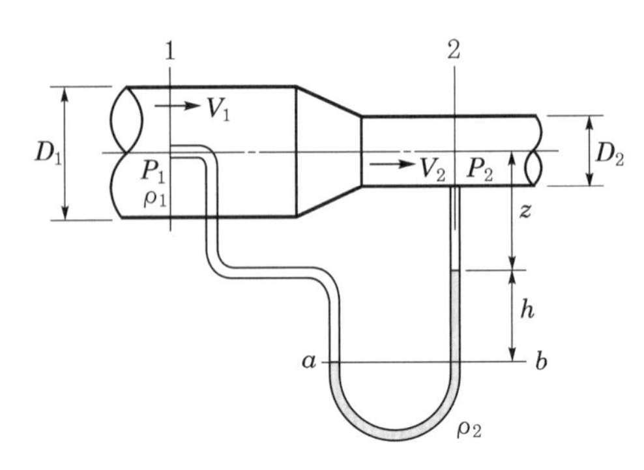

1 액주계 높이 h를 ρ_1, ρ_2, g, P_1, P_2로 나타내시오.

2 액주계 높이 h를 **1**과 베르누이방정식을 이용하여 V_2, ρ_1, ρ_2, g로 나타내시오.

3 액주계 높이 h를 **2**와 연속방정식을 이용하여 V_2, D_1, D_2, P_1, P_2, ρ_1, ρ_2로 나타내시오.

해답 **1** $P_a = P_b$

$P_1 + \rho_1 gz + \rho_1 gh = P_2 + \rho_1 gz + \rho_2 gh$

$P_1 - P_2 = \rho_1 gz + \rho_2 gh - \rho_1 gz - \rho_1 gh = (\rho_2 g - \rho_1 g)h[\text{kPa}]$ ……… ①

$\therefore\ h = \dfrac{P_1 - P_2}{\rho_2 g - \rho_1 g}[\text{m}]$

2 단면 1과 2 사이에 베르누이방정식 적용

$z_1 = z_2$

$\dfrac{P_1}{\rho_1 g} + \dfrac{V_1^2}{2g} = \dfrac{P_2}{\rho_1 g} + \dfrac{V_2^2}{2g}$ (여기서, 1은 정체점(seagnation point)이므로 유속($V_1 = 0$)은 0이 된다.)

$$\frac{V_2^2}{2g}=\frac{P_1-P_2}{\rho_1 g}=\frac{(\rho_2 g-\rho_1 g)h}{\rho_1 g}=\left(\frac{\rho_2 g}{\rho_1 g}-1\right)h$$

$$\therefore\ h=\frac{V_2^2}{2g\left(\frac{\rho_2 g}{\rho_1 g}-1\right)}[\mathrm{m}]$$

3 연속방정식($Q=AV[\mathrm{m^3/s}]$)이므로 $A_1V_1=A_2V_2$에서 $\frac{V_1}{V_2}=\frac{A_2}{A_1}=\left(\frac{D_2}{D_1}\right)^2$ 이다.

$$\frac{P_1}{\rho_1 g}+\frac{V_1^2}{2g}=\frac{P_2}{\rho_1 g}+\frac{V_2^2}{2g}$$

$$\frac{P_1-P_2}{\rho_1 g}=\frac{(V_2^2-V_1^2)}{2g}=\frac{V_2^2}{2g}\left\{1-\left(\frac{A_2}{A_1}\right)^2\right\}=\frac{V_2^2}{2g}\left\{1-\left(\frac{D_2}{D_1}\right)^4\right\}\ \cdots\cdots\cdots\cdots\ ②$$

식 ②에 식 ①을 대입하면

$$\left(\frac{V_1}{V_2}\right)^2=\left(\frac{A_2}{A_1}\right)^2=\left(\frac{D_2}{D_1}\right)^4$$

$$\left(\frac{\rho_2 g}{\rho_1 g}-1\right)h=\frac{V_2^2}{2g}\left[1-\left(\frac{D_2}{D_1}\right)^4\right]$$

$$\therefore\ h=\frac{\frac{V_2^2}{2g}\left[1-\left(\frac{D_2}{D_1}\right)^4\right]}{\frac{\rho_2 g}{\rho_1 g}-1}[\mathrm{m}]$$

★

16 온도가 600K인 고온열원과 400K인 저온열원 사이에서 작동하는 카르노사이클에서 엔트로피변화량이 100J/K으로 일정할 때 다음 물음에 답하시오.

1 공급받은 열량(J)은 얼마인가?
2 사이클이 한 일량(J)은 얼마인가?
3 단열팽창과정 중 엔트로피변화량(J/K)은 얼마인가?
4 이 사이클의 효율(%)은 얼마인가?

해답 **1** $\Delta S=\frac{Q_1}{T_1}[\mathrm{J/K}]$

$$\therefore\ Q_1=T_1\Delta S=600\times100=60{,}000\mathrm{J}$$

2 $\eta_c=\frac{W_{net}}{Q_1}=1-\frac{Q_2}{Q_1}=1-\frac{T_2}{T_1}$

$$\therefore\ W_{net}=\eta_c Q_1=\left(1-\frac{T_2}{T_1}\right)Q_1=\left(1-\frac{400}{600}\right)\times60{,}000=20{,}000\mathrm{J}$$

3 $\Delta S=\frac{Q_1}{T_1}=\frac{Q_2}{T_2}=\frac{60{,}000}{600}=\frac{40{,}000}{400}=100\mathrm{J/K}$(일정)

4 $\eta_c=\left(1-\frac{Q_2}{Q_1}\right)\times100\%=\left(1-\frac{T_2}{T_1}\right)\times100\%=\left(1-\frac{400}{600}\right)\times100\%=33.33\%$

17 다음과 같은 조건으로 운전되는 보일러에 대한 물음에 답하시오.

- 증기 발생량 : 1,200kg/h
- 연료소비량 : 10.5Nm³/min
- 연료공급압력 : 40kPa
- 발생증기의 비엔탈피 : 2,796kJ/kg
- 보일러 압력 : 400kPa
- 연료의 저위발열량 : 5,800kJ/Nm³
- 연료의 공급온도 : 10℃
- 급수의 비엔탈피 : 49kJ/kg

1 연료의 발열량(kJ/m³)을 구하시오.

2 보일러 효율(%)을 구하시오.

해답 1 연료의 저위발열량$(H_L) = H_L' \dfrac{P_1}{P_0} \dfrac{T_0}{T_1} = 5{,}800 \times \dfrac{101.325+40}{101.325} \times \dfrac{273}{10+273} \fallingdotseq 7803.81\text{kJ/m}^3$

2 보일러 효율$(\eta_B) = \dfrac{m_a(h_2-h_1)}{H_L \times m_f} \times 100\% = \dfrac{1{,}200 \times (2{,}796-49)}{7803.81 \times (10.5 \times 60)} \times 100\% \fallingdotseq 67.05\%$

18 내부온도가 1,000℃인 곳에 열전도율 1.1W/m・℃인 내화벽돌로 두께 220mm 내벽을 설치하고, 열전도율 0.8W/m・℃인 붉은 벽돌로 두께 200mm의 외벽을 설치하는 것으로 설계했을 때 외벽의 표면온도가 680℃로 예상되었다. 이 상태에서는 열손실이 많이 발생하는 것으로 판단되어 내벽과 외벽 사이 중간에 열전도율이 0.12W/m・℃인 단열벽돌을 90mm 보강하는 것으로 설계를 변경하였을 때 외벽의 표면온도는 몇 ℃가 되겠는가? (단, 처음 상태와 나중 상태의 벽체에서 전열량은 동일하고, 내・외벽의 표면열전달률은 무시하며, 기타 손실은 없고 열은 한쪽 방향으로만 흐른다고 가정한다.)

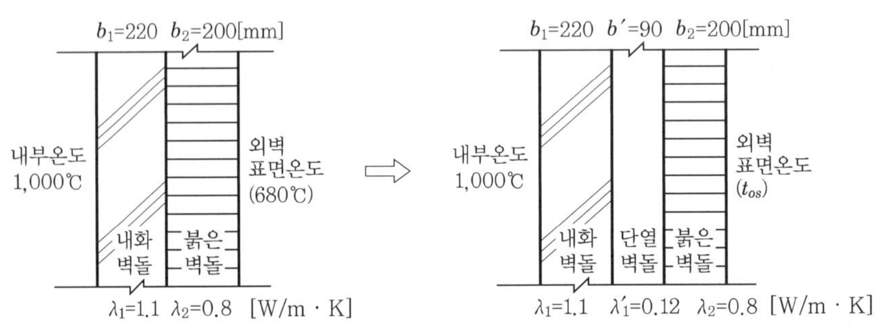

▲ 처음 상태 단면도　　▲ 변경 후 단면도

① 처음 상태 노벽 단위면적(1m²)에서 전열량(Q_1)

$$K_1 = \frac{1}{R_1} = \frac{1}{\dfrac{b_1}{\lambda_1} + \dfrac{b_2}{\lambda_2}} = \frac{1}{\dfrac{0.22}{1.1} + \dfrac{0.2}{0.8}} = 2.22\text{W/m}^2 \cdot \text{K}$$

$$\therefore\ Q_1 = K_1 A \Delta t_1 = 2.22 \times 1 \times (1{,}000 - 680) = 710.4\text{W}$$

② 변경된 상태에서 외벽의 표면온도(t_{os})

$$K_2 = \frac{1}{R_2} = \frac{1}{\frac{b_1}{\lambda_1}+\frac{b'}{\lambda'}+\frac{b_2}{\lambda_2}} = \frac{1}{\frac{0.22}{1.1}+\frac{0.09}{0.12}+\frac{0.2}{0.8}} \fallingdotseq 0.83\text{W/m}^2\cdot\text{K}$$

$$Q_1 = Q_2 = K_2 A(t_{oi} - t_{os}) = 710.4\text{W}$$

$$\therefore\ t_{os} = t_{oi} - \frac{Q_2}{K_2 A} = 1{,}000 - \frac{710.4}{0.83\times 1} \fallingdotseq 144.1℃$$

Engineer Energy Management

2022년 제4회 에너지관리기사 실기

★
01 수관 보일러의 수냉 노벽을 설치하는 이유를 4가지 쓰시오.

해답 ① 연소실 노벽을 보호한다.
② 노벽무게를 경감시킨다.
③ 전열면적의 증가로 증발량이 많다.
④ 연소실 내 복사열을 흡수한다.
⑤ 연소실 열부하를 높인다.
⑥ 연소실 노벽의 지주역할을 한다.

★
02 배기가스에 의하여 보일러 급수를 예열하는 장치의 명칭과 다음의 조건을 이용하여 장치의 효율(%)을 구하시오.

- 장치급수량 : 4,000kg/h
- 장치 입구온도 : 300℃
- 장치 출구온도 : 330℃
- 급수의 비열 : 4.18kJ/kg · ℃
- 배기가스량 : 49,500kg/h
- 배기가스 입구온도 : 110℃
- 배기가스 출구온도 : 120℃
- 배기가스의 비열 : 1.35kJ/kg · ℃

1 장치의 명칭
2 장치의 효율(%)

해답 1 절탄기(economizer)
2 $Q_0 = WC(t_o - t_i) = 4,000 \times 4.18 \times (330 - 300) = 501,600\text{kJ/h}$
$Q_1 = W_g C_g (t_o' - t_i') = 49,500 \times 1.35 \times (120 - 110) = 668,250\text{kJ/h}$
$$\therefore\ \eta = \frac{Q_0}{Q_1} \times 100\% = \frac{501,600}{668,250} \times 100\% = 75.06\%$$

03 가마울림현상의 방지대책을 5가지 쓰시오.

해답 ① 2차 연소를 방지한다.
② 2차 공기를 가열하여 통풍조절을 적당하게 한다.
③ 연소실 내에서 완전 연소시킨다.
④ 연도의 단면이 급격하게 변화하지 않게 한다.
⑤ 연료 속에 함유된 수분이나 공기를 제거한다.

04 안쪽 반지름 50cm, 바깥 반지름 90cm인 구형 고압반응용기(λ=41.87W/m·K) 내외의 표면온도가 각각 563K, 543K일 때 열손실은 몇 kW인가?

해답 $Q_L = \lambda \dfrac{4\pi(T_i - T_o)}{\dfrac{1}{r_i} - \dfrac{1}{r_o}} = 41.87 \times \dfrac{4\pi \times (563-543)}{\dfrac{1}{0.5} - \dfrac{1}{0.9}} = 11838.46\text{W} = 11.84\text{kW}$

★
05 중유의 조성이 C 70%, H 20%, O 3%, S 2%, 기타 3%일 때 이론산소량(Nm^3/kg)을 구하시오.

해답 $O_o = 1.867\text{C} + 5.6\left(\text{H} - \dfrac{\text{O}}{8}\right) + 0.7\text{S}$

$= 1.867 \times 0.7 + 5.6 \times \left(0.2 - \dfrac{0.03}{8}\right) + 0.7 \times 0.02$

$\fallingdotseq 2.42\text{Nm}^3/\text{kg}$

06 다음 그림과 같이 A → B → C → A의 순서로 작동하는 사이클에서 P_A=300kPa, P_B=200kPa, V_A=2m³, V_B=5m³, 외기온도가 20℃일 때 사이클에서 한 일량(kJ)과 엔트로피변화량(kJ/K)은?

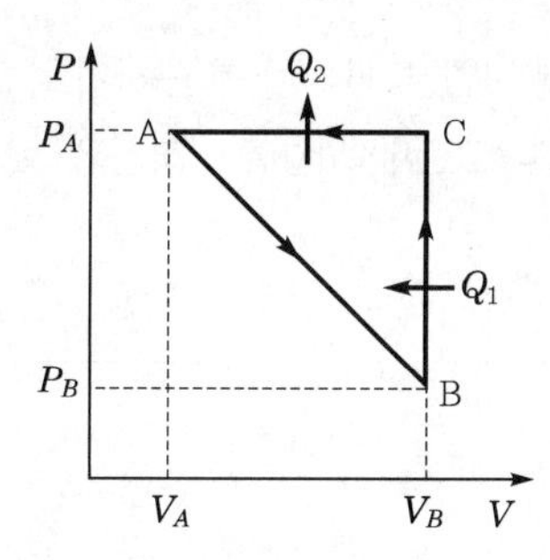

해답 ① 사이클에서 한 일

$W_{net} = \dfrac{1}{2}(P_A - P_B)(V_B - V_A) = \dfrac{1}{2} \times (300-200) \times (5-2) = 150\text{kJ}$

② 사이클의 엔트로피변화량

$\Delta S = mC_p \ln\left(\dfrac{V_B}{V_A}\right) + mC_v \ln\left(\dfrac{P_A}{P_B}\right) = 1 \times 1.005 \times \ln\left(\dfrac{5}{2}\right) + 1 \times 0.72 \times \ln\left(\dfrac{300}{200}\right) \fallingdotseq 1.213\text{kJ/K}$

부록 I

★
07 증기감압밸브 설치 시 주의사항을 5가지 쓰시오.

해답 ① 감압밸브는 가능한 한 사용처에 가까이(근접하게) 설치한다.
② 감압밸브 입구측에는 반드시 여과기(strainer)를 설치한다.
③ 감압밸브 입출구측에는 압력계를 설치한다.
④ 감압밸브 앞에 사용되는 리듀서(reducer)는 편심리듀서를 사용한다.
⑤ 바이패스(by−pass)밸브를 설치하여 고장에 대비한다.

08 노즐 입구에서의 유입속도가 10m/s이고 건조포화증기가 노즐 내를 단열적으로 흐를 때 출구의 비엔탈피가 400kJ/kg 감소한다. 이때 출구속도(m/s)를 구하시오.

해답 노즐 출구속도$(v_2)=\sqrt{v_1^2+2\Delta h}=\sqrt{10^2+2\times400\times10^3}=894.48\text{m/s}$

★
09 랭킨사이클선도에서 단열구간에 해당되는 3−4구간에서 열손실이 발생하여 다음 그림과 같이 되었고, 이외의 선도는 기존과 동일하게 변화가 일어났다. 다음 물음에 답하시오.

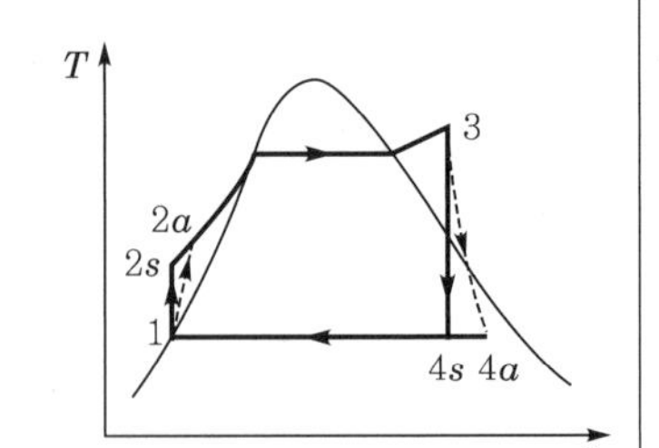

1 복수기 입구(h_{4a})에서의 실제 비엔탈피(kJ/kg)를 구하시오.
2 보일러 입구(h_{2a})에서의 실제 비엔탈피(kJ/kg)를 구하시오. (단, 펌프 압축열은 무시한다.)
3 랭킨사이클의 열효율(%)을 구하시오.

해답 1 $\eta_t=\dfrac{h_3-h_{4a}}{h_3-h_{4s}}$

$\therefore\ h_{4a}=h_3-\eta_t(h_3-h_{4s})[\text{kJ/kg}]$

2 ① $\eta_R=\dfrac{w_{net}'}{q_1'}=\dfrac{h_3-h_{4a}}{h_3-h_{2a}}$

$\therefore\ h_{2a}=h_3-\dfrac{h_3-h_{4a}}{\eta_R}[\text{kJ/kg}]$

② $\eta_p=\dfrac{h_{2s}-h_1}{h_{2a}-h_1}$

$\therefore\ h_{2a}=h_1+\dfrac{h_{2s}-h_1}{\eta_p}$

3 ① 이론(가역)사이클 : $\eta_R=\dfrac{w_{net}}{q_1}=\dfrac{w_t-w_p}{q_1}=\dfrac{(h_3-h_{4s})-(h_{2s}-h_1)}{h_3-h_{2s}}\times100\%$

② 실제(비가역) 사이클 : $\eta_R'=\dfrac{w_{net}'}{q_1'}=\dfrac{w_t'-w_p'}{q_1'}=\dfrac{(h_3-h_{4a})-(h_{2a}-h_1)}{h_3-h_{2a}}\times100\%$

★
10 노통 보일러의 종류를 2가지 쓰시오.

해답 ① 코르니시 보일러　② 랭커셔 보일러

★
11 보온재의 열전도율이 낮아지는 조건을 다음 표의 빈칸에 "증가" 또는 "감소"로 쓰시오.

보온재 열전달률 영향요소	증감기준
두께가 두꺼울수록	①
기공률이 클수록	②
재질 내 수분이 많을수록	③

해답 ① 증가　② 증가　③ 감소

12 석탄을 200mesh 이하로 분쇄하여 연소 표면적을 넓혀 1차 공기와 함께 연소하는 연소장치의 명칭과 그 단점을 3가지 쓰시오.

해답 ① 명칭 : 미분탄 연소장치
② 단점
- 회(ash), 분진이 많아 집진장치가 필요하다.
- 폭발의 위험성이 있다.
- 설비비가 많이 소요된다.

★
13 다음의 조건을 이용하여 원통 보일러 동판의 두께(mm)를 구하시오. (단, 동체의 증기온도에 대응하는 값 k는 무시한다.)

- 배관 안지름 : 2,500mm
- 인장강도 : 450N/mm^2
- 안전율 : 4.5
- 이음효율 : 71%
- 부식여유 : 2mm
- 최고사용압력 : 1.5MPa

해답 $\sigma_a = \dfrac{\sigma_u}{S} = \dfrac{450}{4.5} = 100\text{N/mm}^2(=\text{MPa})$

$$\therefore\ t = \frac{PD_i}{2\sigma_a\eta} + C = \frac{1.5\times 2,500}{2\times 100\times 0.71} + 2 \fallingdotseq 28.41\text{mm}$$

별해 $$t = \frac{PD_i}{2\sigma_a\eta - 2P(1-k)} + C = \frac{1.5\times 2,500}{2\times 100\times 0.71 - 2\times 1.5} + 2 \fallingdotseq 28.98\text{mm}$$

★
14 증기압축식 냉동장치의 냉매순환프로세스를 다음에 주어진 용어를 참고하여 ( ) 안에 순서대로 쓰시오.

수액기	증발기	팽창밸브	응축기

압축기 - (①) - (②) - (③) - (④)

해답 ① 응축기 ② 수액기 ③ 팽창밸브 ④ 증발기

15 보일러의 보급수 2,000톤 중 용존산소가 9ppm 용해되어 있을 때 이를 제거하기 위하여 필요한 아황산나트륨(Na_2SO_3)량(kg)을 구하시오.

해답 $2Na_2SO_3 + O_2 \rightarrow 2Na_2SO_4$

- 총질량 : $2,000 \times 9 = 18,000g$
- 산소 32g 제거 시 아황산나트륨 소요량 : $2 \times 126 = 252g$

$252 : 32 = x : 18,000$

$$\therefore\ x = \frac{252 \times 18,000}{32} = 141,750g = 141.75kg$$

★
16 대향류 열교환기에서 냉각유량이 0.8kg/s인 어느 유체가 저온유체는 20℃에서 40℃로 가열되고, 고온유체는 80℃에서 50℃로 냉각될 때 저온비열이 4,180J/kg · ℃이면 전열면적(m^2)을 구하시오. (단, 열관류율은 125W/m^2 · K이다.)

해답 ① $Q = mC(t_2 - t_1) = 0.8 \times 4,180 \times (40 - 20) = 66,880W$

② $\Delta t_1 = 80 - 40 = 40℃,\ \Delta t_2 = 50 - 20 = 30℃$

$$\therefore\ 대수평균온도차(LMTD) = \frac{\Delta t_1 - \Delta t_2}{\ln\left(\frac{\Delta t_1}{\Delta t_2}\right)} = \frac{40 - 30}{\ln\left(\frac{40}{30}\right)} = 34.76℃$$

③ $Q = KA(LMTD)[W]$

$$\therefore\ A = \frac{Q}{K(LMTD)} = \frac{66,880}{125 \times 34.76} = 15.39m^2$$

17 보일러의 이상증발원인을 4가지 쓰시오.

해답 ① 보일러 관수농축 시
② 주증기밸브를 급격히 개방하는 경우
③ 보일러 수위가 고수위일 때
④ 증기부하가 과대한 경우

★
18 보일러의 계속 사용검사 중에서 성능검사면제대상에 해당되는 보일러를 3가지 쓰시오.

해답 ① 혼소용 보일러
② 폐목 등 고체연료용 보일러
③ 폐가스(공정부생가스)를 사용하는 보일러

2023년 제1회 에너지관리기사 실기

01 배기가스가 보유하고 있는 열량을 전량 회수하여 절탄기에서 20℃인 급수 4,500kg/h에 사용할 경우 절탄기에서 나오는 급수온도를 다음 조건을 이용하여 구하시오. (단, 절탄기에서 열손실은 무시하고, 급수의 비열은 4.184kJ/kg·℃로 하며, 배출되는 연소생성물과 과잉공기의 비열은 1.42kJ/Nm^3·℃이다.)

- 연료사용량 : 300Nm^3/h
- 공기비 : 1.2
- 절탄기 입구 배기가스온도 : 220℃
- 절탄기 출구 배기가스온도 : 100℃
- 이론공기량 : 10.7Nm^3/Nm^3
- 이론연소가스량 : 11.86Nm^3/Nm^3

해답 ① 실제 배기가스량$(m_e) = \{m_{od} + (m-1)A_o\}m_w = \{11.86 + (1.2-1) \times 10.7\} \times 300 = 4{,}200\text{Nm}^3/\text{h}$

② 절탄기에서 물의 흡열량(Q_a) = 배기가스가 보유한 열량(Q_e)

$$m_a C_a (t_{w2} - t_{w1}) = m_e C_e (t_{e2} - t_{e1})$$

$$\therefore \; t_{w2} = t_{w1} + \frac{m_e C_e (t_{e2} - t_{e1})}{m_a C_a} = 20 + \frac{4{,}200 \times 1.42 \times (220 - 100)}{4{,}500 \times 4.184} \fallingdotseq 58.01℃$$

★

02 중유를 연소시키는 보일러를 측정한 결과가 다음과 같을 때 효율(%)을 구하시오.

- 발생증기압 : 800kPa
- 증기 발생량 : 2,400kg/h
- 발생증기의 비엔탈피 : 2,850kJ/kg
- 급수의 비엔탈피 : 134kJ/kg
- 중유의 소비량 : 250L/h
- 중유의 발열량 : 37,700kJ/kg
- 중유의 비중 : 0.90

해답 보일러 효율$(\eta_B) = \dfrac{m_a(h_2 - h_1)}{H_L \times m_f} \times 100\% = \dfrac{2{,}400 \times (2{,}850 - 134)}{37{,}700 \times 250 \times 0.9} \times 100\% \fallingdotseq 76.85\%$

03 에탄올(에틸알코올) 1몰(mol)을 이론공기량으로 완전 연소시킬 때 질량기준 공기-연료비를 구하시오.

해답 공기-연료비(air-fuel ratio) $= \dfrac{\text{공기량}}{\text{연료량}} = \dfrac{\frac{3O_2}{0.232}}{\text{연료량}} = \dfrac{\frac{3 \times 32}{0.232}}{46} = 9$

참고
- 에탄올(에틸알코올)의 완전 연소반응식 : $C_2H_5OH + 3O_2 \rightarrow 2CO_2 + 3H_2O$
- 연료량(에틸알코올의 분자량) : $C_2H_5OH = 12 \times 2 + 1 \times 5 + 16 + 1 = 46$g/mol

★
04 다음은 신 · 재생에너지의 종류이다. 각 물음에 답하시오.

㉠ 해양에너지	㉡ 지열에너지	㉢ 수소에너지	㉣ 풍력
㉤ 연료전지	㉥ 수력	㉦ 태양에너지	

1 신에너지에 해당하는 것 2가지를 기호로 쓰시오.

1 재생에너지에 해당하는 것 5가지를 기호로 쓰시오.

해답 **1** 신에너지 : ㉢, ㉤

2 재생에너지 : ㉠, ㉡, ㉣, ㉥, ㉦

참고 신에너지 및 재생에너지(신에너지 및 재생에너지 개발 · 이용 · 보급 촉진법 제2조)

- 신에너지 : 기존의 화석연료를 변환시켜 이용하거나 수소 · 산소 등의 화학반응을 통하여 전기 또는 열을 이용하는 에너지
  - 수소에너지
  - 연료전지
  - 석탄을 액화 · 가스화한 에너지 및 중질잔사유를 가스화한 에너지로서 대통령령으로 정하는 기준 및 범위에 해당하는 에너지
  - 그 밖에 석유 · 석탄 · 원자력 또는 천연가스가 아닌 에너지로서 대통령령으로 정하는 에너지
- 재생에너지 : 햇빛, 물, 지열, 강수, 생물유기체 등을 포함하는 재생 가능한 에너지를 변환시켜 이용하는 에너지
  - 태양에너지
  - 풍력
  - 수력
  - 해양에너지
  - 지열에너지
  - 생물자원을 변환시켜 이용하는 바이오에너지로서 대통령령으로 정하는 기준 및 범위에 해당하는 에너지
  - 폐기물에너지(비재생폐기물로부터 생산된 것은 제외)로서 대통령령으로 정하는 기준 및 범위에 해당하는 에너지
  - 그 밖에 석유 · 석탄 · 원자력 또는 천연가스가 아닌 에너지로서 대통령령으로 정하는 에너지

★
05 보일러 운전 중 프라이밍 및 포밍이 발생하였을 때 조치사항을 4가지 쓰시오.

해답 ① 주증기밸브(main steam valve)를 닫고 수위를 안정시킨다.

② 공기를 차단한다.

③ 연료(fuel)를 차단한다.

④ 급수 및 분출작업(수면분출)을 반복한다.

★
06 보일러에 설치되는 안전장치 중 하나인 화염검출기에 대한 다음 물음에 답하시오.

1. 기능을 설명하시오.
2. 종류를 3가지 쓰시오.

해답 1 연소실 내의 화염의 유무를 검출하여 연소상태를 감시하고, 이상화염 시에는 연료 차단용 전자밸브(solenoid valve)에 신호를 보내서 연료공급밸브를 차단시켜 연소실 내로 들어오는 연료를 차단해 보일러 운전을 정지시킨다(미연소가스로 인한 폭발사고를 방지하는 안전장치이다).

2 ① 플레임 아이(flame eye) ② 플레임 로드(flame rod) ③ 스택스위치(stack switch)

참고 화염검출기의 종류

- 플레임 아이(flame eye) : 화염이 발광체임을 이용하여 화염의 방사선을 감지하여 화염의 유무를 검출한다.
- 플레임 로드(flame rod) : 화염의 이온화현상에 의한 전기전도성을 이용하여 화염의 유무를 검출한다.
- 스택스위치(stack switch) : 연도에 바이메탈을 설치하여 연소가스의 발열체를 이용하여 화염 유무를 검출한다.

07 연도에 절탄기를 설치하여 다음과 같은 데이터를 얻었을 때 연료절감률(%)은 얼마인가?

- 보일러의 연료소비량 : 1.8kg/s
- 연소가스유량 : 12kg/s
- 연소가스의 정압비열 : 1.2kJ/kg · K
- 연료의 저위발열량 : 40,000kJ/kg
- 절탄기 효율 : 100%로 가정한다.
- 절탄기 설치 전 배출되는 연소가스온도 : 420℃
- 절탄기 설치 후 절탄기를 통하여 배출되는 연소가스온도 : 120℃

해답 ① 절탄기에서 회수한 열량$(Q_e) = m_g C_{pg}(t_f - t_p) = 12 \times 1.2 \times (420 - 120) = 4{,}320\text{kJ/s}\,(=\text{kW})$

② 연료절감률$(\phi) = \dfrac{Q_e}{H_L \times m_f} \times 100\% = \dfrac{4{,}320}{40{,}000 \times 1.8} \times 100\% = 6\%$

08 탈기기의 설치목적을 쓰시오.

해답 탈기기는 보일러 급수 중에 부식원인이 되는 용존기체(O_2, CO_2)를 제거하여 부식을 방지하기 위해 설치한다.

참고
- 보일러계통에 순환하는 급수 중에 포함된 산소(O_2)와 탄산가스(CO_2) 등의 불응축성 가스는 설비의 부식원인이 된다.
- 탈기기는 급수 중에 포함되어 있는 가스를 분리하고 급수를 가열하여 저장하는 장치이다.

★

09 맞대기용접이음에서 인장하중이 44,453N, 강판의 두께가 6mm라 할 때 용접길이는 몇 mm로 설계하여야 하는가? (단, 용접부의 허용인장응력은 138N/mm²이다.)

해답 $\sigma_a = \frac{P_t}{A} = \frac{P_t}{hL}$[MPa]

$\therefore\ L = \frac{P_t}{\sigma_a h} = \frac{44,453}{138 \times 6} \fallingdotseq 53.69\text{mm}$

★

10 다음에 설명하는 자동제어의 명칭을 쓰시오.

1 미리 정해진 순서에 다음 동작이 연속으로 이루어지는 제어로 보일러 점화 등에 적용된다.

2 어떤 일정한 조건이 충족되지 않으면 다음 단계의 동작이 작동하지 못하도록 저지하는 것으로 보일러의 안전한 운전을 위하여 반드시 필요한 제어이다.

해답 1 시퀀스제어　2 인터록제어

11 다음의 보온재 중 최고안전사용온도가 높은 것부터 낮은 순서대로 번호를 나열하시오.

㉠ 펄라이트	㉡ 세라믹파이버	㉢ 폴리우레탄폼

해답 ㉡ → ㉠ → ㉢

참고 최고안전사용온도 : 세라믹파이버(1,300℃) > 펄라이트(650℃) > 폴리우레탄폼(130℃)

12 배열 보일러에 설치된 열교환기에 배기가스 3,000Nm³/h가 400℃로 들어가 열교환한 후 150℃로 배출되고, 급수는 0℃, 300kg/h로 공급되어 0.8MPa 상태의 포화증기로 발생될 때 이 배열 보일러에서 손실열은 몇 kW인가? (단, 0.8MPa 포화증기의 비엔탈피는 2,769kJ/kg이고, 배기가스의 평균비열은 1.38kJ/Nm³·℃이다.)

해답 ① 열교환기에서 배기가스가 잃은 열량$(Q_L) = m_g C_m (t_i - t_o)$

$= 3,000 \times 1.38 \times (400 - 150) = 1,035,000\text{kJ/h}$

② 배열 보일러의 열교환기에서 얻은 열량$(Q_g) = m_a (h_2 - h_1) = 300 \times (2,769 - 0) = 830,700\text{kJ/h}$

③ 보일러에서 손실된 열량(손실동력)$= \frac{\text{손실열량}}{3,600} = \frac{Q_L - Q_g}{3,600} = \frac{1,035,000 - 830,700}{3,600} = 56.75\text{kW}$

참고 $1\text{kW} = 3,600\text{kJ/h}$이므로 $1\text{kJ/h} = \frac{1}{3,600}\text{kW}$

★
13 내벽은 두께 20cm, 열전도율 1.3W/m・K인 내화벽돌로, 외벽은 두께 10cm, 열전도율 0.5W/m・K인 플라스틱절연체로 시공된 노벽이 있다. 노 내부의 온도가 500℃, 외부의 온도가 100℃일 때 이 벽의 단위면적당 전열량(W/m²)과 내화벽돌과 플라스틱절연체가 접촉되는 부분의 온도(℃)를 구하시오.

해답 ① $K=\frac{1}{R}=\frac{1}{\frac{l_1}{\lambda_1}+\frac{l_2}{\lambda_2}}=\frac{1}{\frac{0.2}{1.3}+\frac{0.1}{0.5}}\fallingdotseq 2.83\text{W/m}^2\cdot\text{K}$

∴ 단위면적당 전열량$(q)=\frac{Q}{A}=K(t_i-t_o)=2.83\times(500-100)=1{,}132\text{W/m}^2$

② 접촉면온도(t_s)

$$q=\frac{1}{\frac{l_1}{\lambda_1}}(t_i-t_s)\,[\text{W/m}^2]$$

$$\therefore\ t_s=t_i-q\frac{l_1}{\lambda_1}=500-1{,}132\times\frac{0.2}{1.3}=325.85℃$$

★
14 이상기체 0.4kg, 시스템압력 200kPa, 부피 0.2m³인 상태에서 정압과정으로 부피가 2배가 되었다. 기체의 정압비열 $C_p=C_{po}+\alpha T$일 때 다음 물음에 답하시오. (단, T는 절대온도이고 C_{po} =1.68kJ/kg・K, α =0.002kJ/kg・K², 이상기체의 기체상수는 250J/kg・K이다.)

1 정압과정 전 기체의 처음 온도(K)를 구하시오.
2 정압과정 후 기체의 최종 온도(K)를 구하시오.
3 시스템으로 전달된 열량(kJ)을 구하시오.

해답 **1** $PV_1=mRT_1$

$$\therefore\ T_1=\frac{PV_1}{mR}=\frac{(101.325+200)\times 0.2}{0.4\times 0.25}=602.65\text{K}$$

2 $P=C,\ \frac{V}{T}=C$

$$\frac{V_1}{T_1}=\frac{V_2}{T_2}$$

$$\therefore\ T_2=T_1\frac{V_2}{V_1}=602.65\times 2=1205.3\text{K}$$

3 $\delta Q=mC_p dT=m(C_{po}+\alpha T)dT=m(1.68+0.002T)dT$

$$\therefore\ Q=m\left[1.68T+\frac{0.002T^2}{2}\right]_{T_1}^{T_2}$$

$$=0.4\times\left[1.68\times(1205.3-602.65)+\frac{0.002\times(1205.3^2-602.65^2)}{2}\right]\fallingdotseq 840.81\text{kJ}$$

★
15 증기사용설비에 트랩을 부착하였을 때 얻는 이점을 3가지 쓰시오.

해답 ① 장치 내 부식 방지
② 수격작용 방지
③ 관내 마찰저항 감소(열효율 저하 방지)

★
16 연료의 연소과정에서 매연, 수트(soot), 분진 등이 발생하는 원인을 4가지 쓰시오.

해답 ① 연소실온도가 낮을 때
② 통풍력이 과대, 과소할 때
③ 연소장치가 불량한 경우
④ 연소실의 크기가 작은 경우

17 다음의 연료에서 단위체적당 총발열량이 큰 것부터 작은 순서대로 쓰시오.

B-A유	휘발유	등유	B-C유

해답 B-C유 > B-A유 > 등유 > 휘발유
참고 연료의 단위체적당 총발열량(고위발열량)
B-C유(41.8MJ/L) > B-A유(39MJ/L) > 등유(36.6MJ/L) > 휘발유(32.4MJ/L)

★
18 압력 101.325kPa, 온도 15℃에서 공기의 밀도가 1.225kg/m^{3}이며 피토관에 설치된 시차액주계에서 높이차가 330mmHg일 때 공기의 유속(m/s)은 얼마인가?

해답 $V=\sqrt{2gh\left(\frac{\rho_{\mathrm{Hg}}}{\rho_{\mathrm{Air}}}-1\right)}=\sqrt{2\times 9.8\times 0.33\times\left(\frac{13,600}{1.225}-1\right)}\fallingdotseq 267.96\mathrm{m/s}$

부록 I

Engineer Energy Management

2023년 제2회 에너지관리기사 실기

★

01 두께 1mm의 금속판 사이에 단열재를 충진한 냉장고 벽이 있다. 외기온도 25℃, 냉장고 내부는 3℃로 유지될 때 냉장고 외벽 표면에 대기 중의 수분이 응축되어 이슬이 맺히지 않도록 하기 위한 단열재의 최소 두께(mm)는 얼마로 하여야 하는지 다음 조건을 이용하여 계산하시오. (단, 냉장고 외부 표면이 20℃ 미만이 되면 수분이 응축되어 이슬이 맺힌다.)

- 금속판의 열전도율 : 15W/m · K
- 단열재의 열전도율 : 0.035W/m · K
- 벽 내측 대류열전달율 : $5W/m^2 \cdot K$
- 벽 외측 대류열전달율 : $10W/m^2 \cdot K$

해답

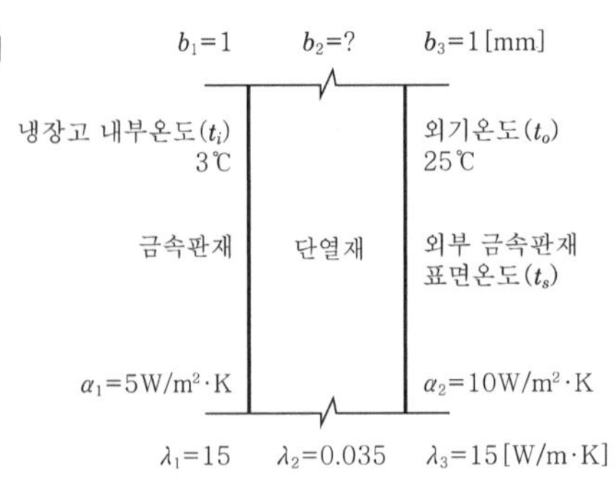

$$Q_1 = Q_2$$

$$KA(t_o - t_i) = \alpha_2 A(t_o - t_s)$$

$$\frac{1}{\frac{1}{\alpha_1}+\frac{b_1}{\lambda_1}+\frac{b_2}{\lambda_2}+\frac{b_3}{\lambda_3}+\frac{1}{\alpha_2}}(t_o - t_i) = \alpha_2(t_o - t_s)$$

$$\therefore\ b_2 = \lambda_2\left\{\frac{t_o - t_i}{\alpha_2(t_o - t_s)} - \left(\frac{1}{\alpha_1}+\frac{b_1}{\lambda_1}+\frac{b_3}{\lambda_3}+\frac{1}{\alpha_2}\right)\right\}$$

$$= 0.035\times\left\{\frac{25-3}{10\times(25-20)} - \left(\frac{1}{5}+\frac{0.001}{15}+\frac{0.001}{15}+\frac{1}{10}\right)\right\}$$

$$= 4.9\times10^{-3}\text{m} = 4.9\text{mm}$$

★

02 가마울림현상의 방지대책을 4가지 쓰시오.

해답 ① 연소실 내에서 완전 연소시킨다.

② 연료량과 공급되는 공기량의 균형을 맞춘다(공연비를 개선시킨다).

③ 통풍량을 적정하게 조절한다.

④ 수분이 적은 연료를 사용한다.

03 다음 반응식으로부터 프로판 1kg이 완전 연소할 때 고위발열량은 몇 MJ인가? (단, 물의 증발잠열은 2.5MJ/kg이다.)

- $C(S) + O_2(g) \rightarrow CO_2(g) + 360MJ/kmol$
- $H_2(g) + \frac{1}{2}O_2(g) \rightarrow H_2O(L) + 280MJ/kmol$

해답 프로판(C_3H_8)의 고위발열량(H_h)

$$= \frac{\text{탄소발열량}(MJ/kmol) + \text{수소발열량}(MJ/kmol) + \text{물의 증발잠열}(MJ/kmol)}{C_3H_8\text{의 분자량}(kg/kmol)}$$

$$= \frac{(3 \times 360) + \left(\frac{8}{2} \times 280\right) + (4 \times 18 \times 2.5)}{44} \fallingdotseq 54.09MJ/kg$$

참고 프로판(C_3H_8)의 완전 연소발열량(반응식)

$C_3H_8 + 5O_2 \rightarrow 3CO_2 + 4H_2O$

★
04 에틸렌(C_2H_4) 20kg을 연소하는데 실제로 공급된 공기량이 800kg일 때 과잉공기량은 몇 kg인가? (단, 공기 중 산소의 질량비는 23.2%이다.)

해답 ① 에틸렌(C_2H_4)의 완전 연소반응식 : $C_2H_4 + 3O_2 \rightarrow 2CO_2 + 2H_2O$

② 이론산소량(O_o)$= \frac{3 \times 32 \times 20}{28} = 68.57kg$

③ 이론공기량(A_o)$= \frac{O_o}{\text{질량비}} = \frac{68.57}{0.232} = 295.56kg$

∴ 과잉공기량(A_e)=실제 공기량(A_a)−이론공기량(A_o)$=800-295.56=504.44kg$

★
05 연도에 설치된 공기예열기에 20℃인 연소용 공기가 유입되고, 온도가 400℃인 배기가스가 공기예열기를 통과한 후 온도가 150℃로 측정되었다. 이 조건에서 공기예열기를 통과한 연소용 공기의 출구온도는 몇 ℃가 되겠는가? (단, 공기예열기를 통과하는 공기량과 비열은 각각 $100Nm^3/h$, $1kJ/Nm^3 \cdot ℃$이고, 배기가스량과 비열은 각각 $120Nm^3/h$, $1.2kJ/Nm^3 \cdot ℃$이며, 손실은 없는 것으로 가정한다.)

해답 공기예열기에 전달된 배기가스 전열량(Q_g)=공기예열기에서 공기가 흡수한 열량(Q_a)

$m_g C_g (t_{g2} - t_{g1}) = m_a C_a (t_{a2} - t_{a1})$

$$\therefore\ t_{a2} = t_{a1} + \frac{m_g C_g (t_{g2} - t_{g1})}{m_a C_a} = 20 + \frac{120 \times 1.2 \times (400-150)}{100 \times 1} = 380℃$$

부록 I

06 B-C유를 연료로 사용하는 보일러의 배기가스성분을 분석한 결과 공기비가 1.3이고 이론배기가스량이 11.443Nm^3/kg, 배기가스의 평균비열 1.38kJ/Nm^3·℃, 이론공기량 10.709Nm^3/kg, 배기가스온도 225℃, 연소용 공기의 공급온도 25℃이었다. 이때의 공기량을 조정하여 공기비를 1.1로 하였을 때 연간 연료절감금액은 몇 만원인가? (단, B-C유 연간 사용량은 4,500m^3, 발열량은 39,767kJ/kg, 연료단가는 200,000원/m^3, 공기비 조절 전·후의 조건은 변화가 없는 것으로 하고, 천원단위 이하는 반올림하여 기재한다.)

해답 ① 공기비 조절 전 배기가스 손실열량

$$Q_1 = m_g C_g (t_g - t_s) = \{m_g + (m-1)A_o\} C_g (t_g - t_s)$$
$$= \{11.443 + (1.3-1) \times 10.709\} \times 1.38 \times (225-25) = 4044.97\text{kJ/kg}$$

② 공기비 조절 후 배기가스 손실열량

$$Q_2 = m_g C_g (t_g - t_s) = \{m_g + (m'-1)A_o\} C_g (t_g - t_s)$$
$$= \{11.443 + (1.1-1) \times 10.709\} \times 1.38 \times (225-25) \fallingdotseq 3453.84\text{kJ/kg}$$

③ $\text{절감률} = \dfrac{\text{공기비 조절 전·후 배기가스 손실열량}}{\text{입열량(연료발열량)}} \times 100\% = \dfrac{Q_1 - Q_2}{Q} \times 100\%$

$$= \frac{4044.97 - 3453.84}{39,767} \times 100\% \fallingdotseq 1.49\%$$

④ 연간 연료절감금액 = 연간 연료사용량 × 절감률 × 연료단가 = 4,500 × 0.0149 × 200,000
= 13,410,000원/년 = 1,341만원/년

★

07 보일러 내처리제 중 슬러지 조정제이면서 가성취화 방지제의 역할을 하는 것을 2가지 쓰시오.

해답 ① 탄닌 ② 리그린

08 다음 ( ) 안에 해당되는 것을 2가지 쓰시오.

> 해양에너지설비란 해양의 ( ) 등을 변환시켜 전기 또는 열을 생산하는 설비이다.

해답 ① 조수 ② 파도 ③ 해류 ④ 온도차

★

09 보일러에서 연료를 연소 후 배출되는 배기가스 중에 함유된 분진 등을 제거하는 집진장치의 종류를 6가지 쓰시오.

해답 ① 중력식 ② 원심력식 ③ 관성력식
④ 전기식(코트렐식) ⑤ 여과식 ⑥ 충전탑

★
10 지름 50mm, 길이 25m의 배관에서 마찰손실은 운동에너지의 3.2%일 때 마찰손실계수는 얼마인가? (단, 소수점 여섯째 자리까지 구하시오.)

해답 다르시-바이스바하의 방정식(Darcy-Weisbach equation) $h_L = f\dfrac{L}{d}\dfrac{V^2}{2g}$[m]에서 마찰손실($h_L$)은 운동에너지$\left(\dfrac{V^2}{2g}\right)$의 3.2%이므로 방정식에 적용하면

$$0.032\frac{V^2}{2g} = f\frac{L}{d}\frac{V^2}{2g}$$

$$\therefore \text{ 관마찰계수}(f) = \frac{0.032d}{L} = \frac{0.032 \times 0.05}{25} = 6.4 \times 10^{-5}$$

★
11 원통형 보일러를 크게 4가지로 분류하시오.

해답 ① 입형(vertical type) 보일러 ② 연관 보일러 ③ 노통 보일러 ④ 노통 연관 보일러

★
12 랭킨사이클로 작동되는 증기원동소에서 비엔탈피 3,000kJ/kg, 내부에너지 2,700kJ/kg인 과열증기를 10kg/s로 공급하여 터빈에서 단열팽창하여 100kPa, 건도 0.9인 습증기로 나올 때 다음 증기표를 이용하여 터빈출력(kW)을 계산하시오. (단, 속도 및 위치에너지 등 제시되지 않은 조건은 무시한다.)

▶100kPa 상태의 증기표

구분	포화수	건포화증기
내부에너지(kJ/kg)	420	2,510
비엔탈피(kJ/kg)	420	2,680

해답 ① 터빈 입구 증기의 비엔탈피(h_2)=3,000kJ/kg

② 터빈 출구 증기의 비엔탈피(h_3)$= h' + x(h'' - h') = 420 + 0.9 \times (2{,}680 - 420) = 2{,}454$kJ/kg

$\therefore$ 터빈출력$= m(h_2 - h_3) = 10 \times (3{,}000 - 2{,}454) = 5{,}460$kW(=kJ/s)

13 착화지연시간(ignition delay time)에 대하여 설명하시오.

해답 어느 온도에서 가열하여 발화(착화)에 이를 때까지의 시간으로 고온 고압일수록, 가연성 가스와 산소의 혼합비가 완전 산화에 가까울수록 착화지연시간은 짧아진다.

★
14 압력 0.7MPa인 증기를 시간당 2,000kg을 발생하는 보일러에 저위발열량이 40,820kJ/kg인 연료를 150kg/h 사용하고 있을 때 효율은 몇 %인가? (단, 0.7MPa이 현열은 697kJ/kg, 잠열은 2065.8kJ/kg, 급수의 비엔탈피는 167kJ/kg이다.)

해답 $h_2 = h' + x(h'' - h') = h' + x\gamma = 697 + 2065.8 = 2762.8\text{kJ/kg}$

$$\therefore \eta_B = \frac{m_a(h_2 - h_1)}{H_L \times m_f} \times 100\% = \frac{2{,}000 \times (2762.8 - 167)}{40{,}820 \times 150} \times 100\% \fallingdotseq 84.79\%$$

★
15 과열증기 사용 시 장점을 4가지 쓰시오.

해답 ① 수격작용이 방지된다.
② 증기의 마찰저항이 감소된다.
③ 동일 압력의 포화증기에 비해 보유열량이 크므로 증기소비량이 적어도 된다.
④ 증기원동소(steam plant)의 이론열효율이 증가된다.

16 1일 8시간 가동하는 보일러에서 관수의 허용고형물농도를 1,100ppm에서 2,500ppm으로 관리했을 때 다음의 조건을 이용하여 1일 연료절감량(kg)을 계산하시오.

- 최대 증기 발생량 : 10,000kg/h
- 연료의 발열량 : 4,000kJ/kg
- 급수의 비열 : 4.2kJ/kg · ℃
- 응축수는 회수하지 않는다.
- 급수온도 : 25℃
- 급수의 고형물농도 : 100ppm
- 증발잠열 : 2,256kJ/kg

해답 ① 처음 상태의 분출량

$$x_1 = \frac{W(1-R)d}{r_1 - d} = \frac{10{,}000 \times 8 \times (1-0) \times 100}{1{,}100 - 100} = 8{,}000\text{kg/day}$$

② 보일러 관수의 허용고형물농도를 고려했을 때 분출량

$$x_2 = \frac{W(1-R)d}{r_2 - d} = \frac{10{,}000 \times 8 \times (1-0) \times 100}{2{,}500 - 100} = 3333.33\text{kg/day}$$

③ 1일 급수 감소량 $= x_1 - x_2 = 8{,}000 - 3333.33 = 4666.67\text{kg/day}$

④ 절감열량

현열(Q_s) $= mC(t_2 - t_1) = 4666.67 \times 4.2 \times (100 - 25) = 1470001.05\text{kJ/day}$

잠열(Q_L) $= m\gamma_o = 4666.67 \times 2{,}256 = 10528007.52\text{kJ/day}$

∴ 1일 절감열량의 합(Q) $= Q_s + Q_L = 1470001.05 + 10528007.52 = 11998008.57\text{kJ/day}$

⑤ 연료절감량 $= \dfrac{\text{1일 절감열량의 합}(Q)}{\text{연료의 저위발열량}(H_L)} = \dfrac{11998008.57}{4{,}000} \fallingdotseq 2999.5\text{kg/day}$

★
17 요(窯, kiln)를 조업방식에 의하여 3가지로 분류하시오.

해답 ① 연속식 요 ② 반연속식 요 ③ 불연속식 요

참고 조업방식에 의한 가마(kiln)의 분류 및 종류
- 연속식 가마 : 윤요, 터널요
- 반연속식 가마 : 등요, 셔틀요
- 불연속식 가마 : 승염식 요, 횡염식 요, 도염식 요

★
18 보일러 부하가 급변할 때 동체수면에서 물방울, 거품 등이 발생하며 증기 속에 섞여 관내를 흐르는 현상을 프라이밍(priming), 포밍(forming)이라 한다. 이때 발생하는 현상을 무엇이라 하는가?

해답 캐리오버(carry over, 기수공발)현상

참고 캐리오버(carry over)현상은 보일러 수면에서 수분, 염류, 실리카 등이 증기에 운반되는 현상을 말한다. 프라이밍이나 포밍 등에 의해 일어난다. 이것이 일어나면 과열기, 터빈 등에 손상을 주며, 때로는 포화증기에 포함되는 수분의 비율을 가리키기도 한다.

2023년 제4회 에너지관리기사 실기

★
01 내화벽돌을 주원료에 의하여 분류할 때의 종류를 6가지 쓰시오.

해답 ① 규석질 ② 샤모트질 ③ 납석질
④ 크롬질 ⑤ 마그네시아질 ⑥ 고알루미나질

★
02 시간당 30,000kg의 물을 절탄기를 통해 50℃에서 80℃로 높여 보일러에 급수한다. 절탄기 입구의 배기가스온도가 350℃이면 출구온도는 몇 ℃인가? (단, 배기가스량은 50,000kg/h, 배기가스의 비열은 1.045kJ/kg·℃, 급수의 비열은 4.184kJ/kg·℃, 절탄기 효율은 75%이다.)

해답 ① 절탄기에서 물의 흡수열량$(Q_1) = m_w C_w (t_{w2} - t_{w1})$[kJ/h]
② 배기가스가 전달해 준 열량$(Q_2) = m_g C_g (t_{gi} - t_{go})$[kJ/h]
③ $Q_1 = \eta Q_2$

$$m_w C_w (t_{w2} - t_{w1}) = \eta m_g C_g (t_{gi} - t_{go})$$

$$\therefore \ t_{go} = t_{gi} - \frac{m_w C_w (t_{w2} - t_{w1})}{\eta m_g C_g} = 350 - \frac{30,000 \times 4.184 \times (80 - 50)}{0.75 \times 50,000 \times 1.045} \fallingdotseq 253.91℃$$

03 열수송 및 저장설비 평균온도의 목표치는 주위 온도에 몇 ℃를 더한 값 이하로 하여야 하는가?

해답 30℃

04 보일러 운전 중에 발생하는 프라이밍(priming)현상의 방지대책을 5가지 쓰시오.

해답 ① 보일러수를 농축시키지 않는다.
② 주증기밸브를 급격히 개방하지 않는다.
③ 보일러수 중 불순물을 제거한다.
④ 과부하를 방지한다.
⑤ 비수방지관을 설치한다.

★
05 노 내부온도가 1,250℃이고, 실내온도가 28℃인 곳에 노벽을 설계하고자 한다. 노 내부와 접하는 부분에 두께 50cm, 열전도도 1.5W/m・K인 내화벽돌을, 그 외측에 안전사용온도 730℃, 열전도도가 0.2W/m・K인 단열재를 시공하는 것으로 할 때 단열재의 두께는 몇 mm인가? (단, 외벽 표면의 대류열전달계수는 16W/m^2・K이다.)

해답

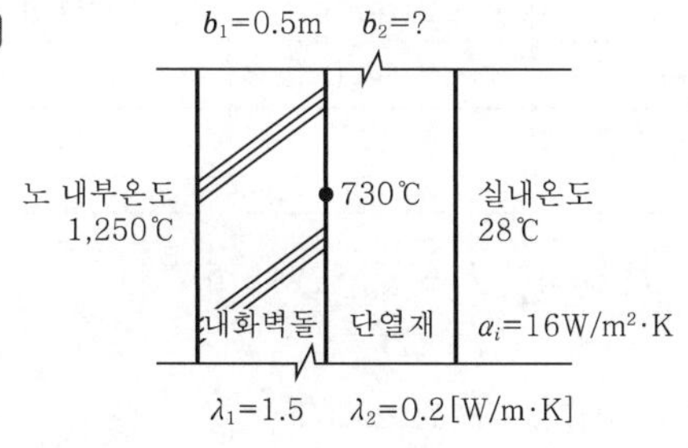

① 노 내부에서 내화벽돌까지 전달열량$(q_1)= KA\Delta t = \dfrac{1}{\dfrac{b_1}{\lambda_1}}A(t_{fi}-t_{so})$

$$= \frac{1}{\dfrac{0.5}{1.5}}\times 1\times(1{,}250-730) = 1{,}560\text{W}$$

② 단열재 내면에서 실내온도까지 전달된 열량$(q_2)= \dfrac{1}{\dfrac{b_2}{\lambda_2}+\dfrac{1}{\alpha_i}}A(t_{so}-t_{mi})$

③ $q_1 = q_2$

$$\frac{1}{\dfrac{b_1}{\lambda_1}}(t_{fi}-t_{so}) = \frac{1}{\dfrac{b_2}{\lambda_2}+\dfrac{1}{\alpha_i}}A(t_{so}-t_{mi})$$

$$\therefore\ b_2 = \lambda_2\left\{\frac{A(t_{so}-t_{mi})}{q_1}-\frac{1}{\alpha_i}\right\} = 0.2\times\left\{\frac{1\times(730-28)}{1{,}560}-\frac{1}{16}\right\} = 0.0775\text{m} = 77.5\text{mm}$$

★
06 정압비열이 1.5kJ/kg・K, 정적비열이 1.2kJ/kg・K인 이상기체 0.5kg이 정압과정으로 변화하는데 분당 200V, 2A가 소요될 때 온도변화량(℃) 및 일량(kJ)을 각각 구하시오. (단, 효율은 90%이다.)

해답 ① 발열량$(Q)= VIt\eta = 200\times 2\times 1\times 60\times 0.9 = 21{,}600\text{J} = 21.6\text{kJ}$

$\therefore$ 온도변화량$(dT)= \dfrac{Q}{m\,C_p} = \dfrac{21.6}{0.5\times 1.5} = 28.8$℃

② 일량(절대일량, ${}_1W_2$)$= \displaystyle\int_1^2 pdV = p(V_2-V_1) = mR(T_2-T_1) = m(C_p-C_v)(T_2-T_1)$

$$= 0.5\times(1.5-1.2)\times 28.8 = 4.32\text{kJ}$$

★

07 0.8MPa에서 건도가 0.7인 습증기를 교축과정을 통해 압력이 0.3MPa로 되었을 때 다음 포화증기표를 이용하여 건도를 계산하시오.

압력(MPa)	포화온도(℃)	비엔탈피(kJ/kg)		
		포화수	잠열	포화증기
0.3	133.52	561.43	2163.5	2724.9
0.5	151.83	640.09	2108.0	2748.1
0.8	170.41	720.87	2047.5	2768.3

해답 습증기($0 < x < 1$)구역에서 교축팽창 시($h_1 = h_2$, $P_1 > P_2$, $T_1 > T_2$, $\Delta S > 0$)

① 0.8MPa, 건도(x_1)=0.7인 경우

$h_1 = h' + x(h'' - h') = h' + x_1\gamma = 720.87 + 0.7 \times 2047.5 = 2154.12\text{kJ/kg}$

② 0.3MPa일 때 건도

$h_2 = h' + x_2(h'' - h') = h' + x_2\gamma = 561.43 + x_2 \times 2163.5$

③ $h_1 = h_2$

$2154.12 = 561.43 + 2163.5x_2$

$$\therefore\ x_2 = \frac{2154.12 - 561.43}{2163.5} \fallingdotseq 0.74$$

08 공기예열기를 설치하였을 때의 장점을 4가지 쓰시오.

해답 ① 저질연료(발열량이 낮은 연료)도 사용할 수 있다.

② 전열효율과 연소효율이 향상된다.

③ 예열된 공기를 공급하므로 불완전 연소가 감소된다.

④ 보일러 효율이 향상(증가)된다.

★

09 전양정 50m, 유량 10m³/h, 효율이 70%인 펌프로 비중량 9.81kN/m³인 물을 이송할 때 축동력은 몇 kW인가?

해답 $$\text{축동력}(L_s) = \frac{\gamma_w QH}{\eta_p} = \frac{9.81QH}{\eta_p} = \frac{9.81 \times \frac{10}{3,600} \times 50}{0.7} \fallingdotseq 1.95\text{kW}$$

참고 물의 비중량(γ_w)$=9,806\text{N/m}^3 \fallingdotseq 9.81\text{kN/m}^3$

★
10 자동제어에서 시퀀스제어와 피드백제어의 정의를 쓰시오.

해답 ① 시퀀스제어(순차적 제어) : 미리 정해진 순서에 따라 동작이 이루어지는 제어로 보일러의 점화, 신호등, 커피자판기 등이 있다.
② 피드백제어(폐회로제어, 되먹임제어) : 제어량의 값을 목표치와 비교하고, 그것을 일치시키도록 정정동작을 하는 제어로 반드시 비교부가 필요하다.

★
11 펌프 및 압축기가 작동될 때 발생하는 진동을 흡수하여 배관에 전달되지 않도록 하고, 연결된 배관의 열팽창을 흡수하여 고장 발생을 예방하는 배관 부속품의 명칭을 쓰시오.

해답 플렉시블조인트(flexible joint)

★
12 최고사용압력이 8MPa인 곳에 내경이 50mm, 인장강도가 420N/mm^{2}인 압력배관용 탄소강관(SPPS)을 사용하는 경우 스케줄번호를 다음에서 찾아 쓰시오. (단, 안전율은 4이다.)

Sch No. : 20번　40번　80번　100번　120번

해답 ① 허용응력$(S)=\dfrac{\text{인장강도}}{\text{안전율}}=\dfrac{420}{4}=105\text{N/mm}^2$

② Sch No. $=\dfrac{P}{S}\times 1{,}000=\dfrac{8}{105}\times 1{,}000 \fallingdotseq 76.19$

∴ 80번 선택

13 에틸렌 20g을 완전 연소시키는데 380g의 공기가 소요되었을 때 연소반응식을 쓰고, 과잉공기량(g)을 구하시오. (단, 공기 중 산소의 질량비는 23.2%이다.)

해답 ① 에틸렌(C_2H_4)의 완전 연소반응식 : $C_2H_4+3O_2 \rightarrow 2CO_2+2H_2O$

② 이론산소량$(O_o)=\dfrac{3\times 32\times 20}{28}=68.57\text{g}$

③ 이론공기량$(A_o)=\dfrac{O_o}{\text{질량비}}=\dfrac{68.57}{0.232}=295.56\text{g}$

∴ 과잉공기량(A_e)=실제 소요공기량(A_a)−이론공기량$(A_o)=380-295.56=84.44\text{g}$

참고 탄화수소계 연료의 완전 연소반응식

$$C_mH_n+\left(m+\frac{n}{4}\right)O_2 \rightarrow mCO_2+\frac{n}{2}H_2O$$

★
14 1,400kPa, 300℃의 증기를 공급받아 건포화증기가 될 때까지 팽창시키고, 이때의 압력이 300kPa이라 하고 등압하에서 최초의 온도까지 재열하여 다시 배압이 5kPa까지 팽창시키는 재열사이클이 있다. $T-s$ 선도와 제시되는 조건을 갖고 다음 물음에 답하시오. (단, 펌프일을 포함한다.)

- h_1 : 139.22kJ/kg
- h_2 : 3040.4kJ/kg
- h_3 : 2725.3kJ/kg
- h_4 : 3069.3kJ/kg
- h_5 : 2343.4kJ/kg
- h_6 : 137.82kJ/kg
- h_a : 2125.2kJ/kg
- 단, h_a는 랭킨사이클에서 터빈 출구의 비엔탈피(kJ/kg)이다.

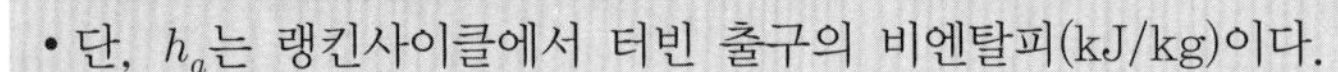

1 재열사이클의 이론열효율은 몇 %인가?

2 랭킨사이클과 비교해서 개선율(%)은 얼마인가?

해답 **1**

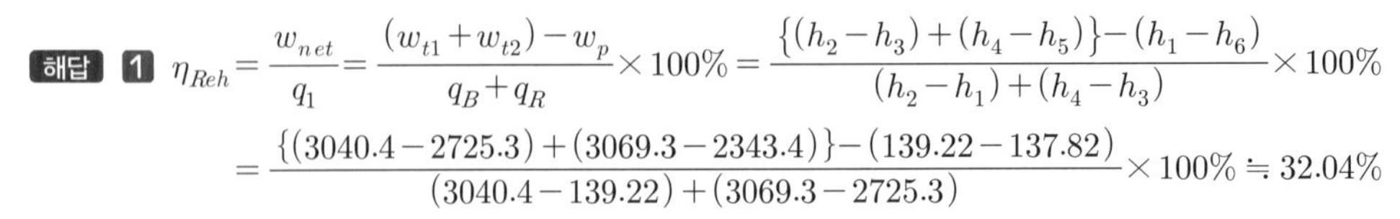

$$\eta_{Reh}=\frac{w_{net}}{q_1}=\frac{(w_{t1}+w_{t2})-w_p}{q_B+q_R}\times 100\%=\frac{\{(h_2-h_3)+(h_4-h_5)\}-(h_1-h_6)}{(h_2-h_1)+(h_4-h_3)}\times 100\%$$

$$=\frac{\{(3040.4-2725.3)+(3069.3-2343.4)\}-(139.22-137.82)}{(3040.4-139.22)+(3069.3-2725.3)}\times 100\% ≒ 32.04\%$$

2 ① $$\eta_R=\frac{w_{net}}{q_1}=\frac{w_t-w_p}{q_1}\times 100\%=\frac{(h_2-h_a)-(h_1-h_6)}{h_2-h_1}\times 100\%$$

$$=\frac{(3040.4-2125.2)-(139.22-137.82)}{3040.4-139.22}\times 100\% ≒ 31.5\%$$

② 개선율(ϕ)$=\frac{\eta_{Reh}-\eta_R}{\eta_R}\times 100\%=\frac{0.3204-0.315}{0.315}\times 100\% ≒ 1.71\%$

★
15 수관식 보일러의 장점을 4가지 쓰시오.

해답 ① 고압 대용량에 적합하다.
② 전열면적이 크고 열효율이 높다.
③ 유지 보수가 용이하고 내구성이 좋다.
④ 원통형 보일러보다 보유수량이 적어 파열 시 피해가 적다.
⑤ 외분식으로 연료선택범위가 넓고 연소상태가 양호하다.

16 보일러 연도에 폐열회수장치를 설치하였을 때 발생할 수 있는 문제점을 2가지 쓰시오.

해답 ① 통풍저항의 증가로 굴뚝(연돌)의 통풍력이 저하된다.
② 배기가스온도 저하로 저온부식의 발생원인이 될 수 있다.

★

17 보일러의 수질을 측정한 결과 불순물농도가 급수 60mg/L, 보일러수 2,800mg/L로 나타났다. 급수량 48m^3/day일 때 분출량은 몇 m^3/day인가? (단, 응축수는 회수하지 않는 것으로 한다.)

해답 분출량$(X)=\dfrac{W(1-R)d}{r-d}=\dfrac{48\times(1-0)\times 60}{2{,}800-60}\fallingdotseq 1.05\text{m}^3/\text{day}$

참고 • 응축수는 회수하지 않는 것으로 했으므로 회수율(R)은 0이다.
• 불순물농도 1ppm = 1mg/L

18 옥수수를 가공하는 공장에 50ton/h의 수관식 보일러가 설치되어 있으며, 이 보일러 연도에 설치된 공기예열기에 의해 190℃인 배기가스가 열교환 후 120℃로 낮아져 배출된다. 열효율을 개선하기 위하여 공기예열기와 열교환한 배기가스온도를 90℃로 낮추고자 할 때 다음 조건을 이용하여 각 물음에 답하시오. (단, 개선 후 폐열회수 시 손실은 3%이다.)

• 배기가스의 비열 : 1.38kJ/Nm^3 · ℃
• 이론배기가스량 : 11.853Nm^3/Nm^3
• 공기비 : 1.2
• 급수의 비열 : 4.2kJ/kg · ℃
• 이론공기량 : 10.742Nm^3/Nm^3
• 연료사용량 : 1,874Nm^3/h
• 연료발열량 : 42,000kJ/Nm^3

1 실제 배기가스량(m^3/h)을 구하시오.
2 개선 후 절감열량은 몇 kW인가?

해답 1 실제 배기가스량(G)={이론배기가스량(G_{od})+과잉공기량(A_e)}×연료사용량(m_f)

$$=\{G_o+(m-1)A_o\}m_f=\{11.853+(1.2-1)\times 10.742\}\times 1{,}874$$

$$\fallingdotseq 26238.62\text{Nm}^3/\text{h}$$

2 개선 후 절감열량$=GC_g\Delta t\eta=\dfrac{26238.62}{3{,}600}\times 1.38\times(120-90)\times 0.97\fallingdotseq 292.7\text{kJ/s}\,(=\text{kW})$

참고 $1\text{kW}=1\text{kJ/s}=3{,}600\text{kJ/h}$이므로 $1\text{kJ/h}=\dfrac{1}{3{,}600}\text{kW}$

부록 I

2024년 제1회 에너지관리기사 실기

★
01 소형 급수설비 인젝터에 대하여 다음 물음에 답하시오.

1 장점을 3가지만 쓰시오.

2 급수 시 작동 순서대로 기호를 쓰시오.

① 급수밸브(흡수밸브)를 연다.	② 출구정지밸브를 연다.
③ 증기밸브를 연다.	④ 핸들을 연다.

해답 1 ① 구조가 간단하고 소형이다.
② 별도의 소요동력이 필요없다.
③ 급수를 예열하므로 열효율이 좋다.

2 ② → ① → ③ → ④

02 보일러에 설치하는 기수분리기의 종류를 4가지만 쓰시오.

해답 ① 사이클론형 ② 스크러버형 ③ 배플형 ④ 건조스크린형

03 자동제어 신호전달 전송방법 3가지를 쓰고, 그 특징을 각각 3가지씩 쓰시오.

해답 **1) 공기압식**
① 공기압 신호가 0.02~0.1MPa 정도이다.
② 전송거리가 100~150m 정도이다(전송거리가 짧다).
③ 공기압이 통일되어 취급이 편리하다.

2) 유압식
① 사용유압이 0.02~0.1MPa 정도이다.
② 전송거리가 300m 정도이다.
③ 전송 시 지연이 적고, 응답속도가 빠르다.

3) 전기식
① 전송거리가 300~수km까지 가능하다(전송거리가 길다).
② 전송지연이 적고, 큰 조작력이 필요한 경우 사용한다.
③ 고온다습한 곳은 신호전달이 곤란하다.

★
04 무기질 보온재의 구비조건을 5가지만 쓰시오.

해답 ① 비중이 작을 것(가벼울 것)
② 보온능력이 크고, 열전도율(W/mK)이 작을 것
③ 시공이 용이하고, 기계적 강도가 클 것
④ 장시간 사용하여도 변질이 없을 것
⑤ 흡수성, 흡습성이 작을 것

05 역화의 발생 원인을 5가지만 쓰시오.

해답 ① 공급유압이 높은 경우
② 인화점(flash point)이 너무 낮은 경우
③ 프리퍼지(pre-purge)의 부족
④ 1차 공기 압력의 부족
⑤ 기름배관 내부 공기의 누설 시

06 초음파 유량계의 특징을 5가지만 쓰시오.

해답 ① 전기전도도, 압력, 온도, 저항 등의 영향을 받지 않고 다양한 유체의 유량을 측정할 수 있다.
② 배관 외벽에 센서를 부착하는 클램프온(clamp-on) 방식을 사용하므로 비접촉식으로 유량을 측정할 수 있다.
③ 정확도가 높다(정도가 약 1%이다).
④ 부식성이 강하거나, 고압유체가 흐르는 현장에도 사용이 가능하다.
⑤ 배관 내부에 가동부가 없어서 압력손실이 없다.

★
07 다음에 주어진 청관제를 보고 물음에 해당하는 약품을 쓰시오.

탄닌　수산화나트륨　하이드라진

1 슬러지 조정제
2 경수 연화제
3 pH 알칼리 조정제
4 탈산소제

해답 1 탄닌
2 수산화나트륨(NaOH)
3 수산화나트륨(NaOH)
4 하이드라진(N_2H_4)

★

08 다음 물음에 답하시오.

1 ( ) 안에 알맞은 내용을 써넣으시오.

「에너지이용 합리화법」 제31조 제1항 각 호 외의 부분에서 "대통령령으로 정하는 기준량 이상인 자"란 연료·열 및 전력의 연간 사용량의 합계가 (①)TOE 이상인 자로서 (②)라고 한다.

2 다음에 관한 업무를 담당하는 자를 무엇이라고 하는가?

- 전년도의 분기별 에너지사용량, 제품생산예정량
- 에너지사용기자재 현황
- 전년도의 분기별 에너지이용 합리화 실적 및 해당 연도의 분기별 계획
- 해당 연도의 분기별 에너지사용예정량, 제품생산예정량

해답 **1** ① 2,000 ② 에너지다소비업자

2 에너지관리자

09 두께가 25cm이고 열전도율이 6W/mK인 내화벽돌과 그 외측에 열전도율이 0.65W/mK이고 최고허용온도가 900℃인 단열벽돌을 시공하였다. 노 내부 온도는 1,500℃이고 단열벽돌 외부의 외기온도는 10℃이다. 단열벽돌과 외기와의 열전달률이 40W/m²K일 때 단열벽돌의 두께는 몇 cm인가?

해답 열유속(heat flux) $q = \dfrac{Q}{A}[\mathrm{W/m^2}]$

$$\frac{\lambda(t_{\mathrm{in}} - t_{\mathrm{max}})}{L} = \frac{(t_{\mathrm{max}} - t_{\mathrm{out}})}{\dfrac{d_o}{\lambda_o} + \dfrac{1}{k_o}}$$

$$\frac{6(1{,}500 - 900)}{0.25} = \frac{900 - 10}{\dfrac{d_o}{0.65} + \dfrac{1}{40}}$$

$$\frac{d_o}{0.65} + \frac{1}{40} = \frac{0.25 \times (900 - 10)}{6 \times (1{,}500 - 900)}$$

$$\therefore\ d_o = 0.65 \times \left[\frac{0.25 \times (900 - 10)}{6 \times (1{,}500 - 900)} - \frac{1}{40}\right] ≒ 0.024\mathrm{m} = 2.4\mathrm{cm}$$

10 성분 분석 결과 중유의 조성이 다음과 같다면, 이론공기량은 몇 Nm^3/kg인지 계산하시오.

> 탄소(C) 78%, 수소(H) 12%, 산소(O) 3%, 황(S) 2%, 기타 5%

해답 이론공기량$(A_o) = \dfrac{O_o}{0.21} = \dfrac{1.867C + 5.6\left(H - \dfrac{O}{8}\right) + 0.7S}{0.21}$

$$= \frac{1.867 \times 0.78 + 5.6\left(0.12 - \dfrac{0.03}{8}\right) + 0.7 \times 0.02}{0.21} = 10.10 Nm^3/kg$$

11 어떤 유체의 비중을 측정하기 위하여 비중계를 비중이 1인 물에 담갔을 때의 수위를 기준점 0으로 하였다. 이 비중계를 비중 s인 어떤 오일 연료에 넣었을 때 수위가 기준점 위로 2cm까지 올라가서 평형을 이루었다면, 이 오일의 비중은 얼마인지 구하시오. (단, 비중계 유리관의 단면적은 $4cm^2$이며, 비중계의 질량은 0.04kg이다.)

해답 ① 비중계 상태

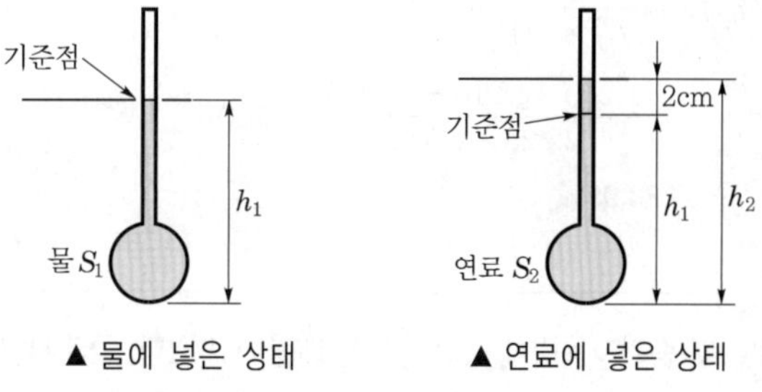

▲ 물에 넣은 상태 ▲ 연료에 넣은 상태

② 비중계를 물에 넣었을 때 기준점까지의 거리 : 밀도 $\rho = \dfrac{m}{V}[kg/m^3]$는 단위체적당 질량이고 체적$(V)$은 단면적$(A)$에 높이$(h)$를 곱한 값으로 구할 수 있으며, 물의 밀도는 $1,000kg/m^3$이다.

$$\rho_1 = \frac{m}{V} = \frac{m}{Ah_1}$$

$$\therefore\ h_1 = \frac{m}{\rho_1 A} = \frac{0.04}{1,000 \times 4 \times 10^{-4}} = 0.1m = 10cm$$

여기서, $A(\text{단면적}) = 4cm^2 = 4 \times \left(\dfrac{1}{100}m\right)^2 = 4 \times 10^{-4}m^2$

③ 연료의 비중 : 연료에 비중계를 넣었을 때 기준점 위 2cm에 위치하고 있으므로 $h_2 = h_1 + 2 = 10 + 2 = 12cm$이다.

$\rho_1 h_1 = \rho_2 h_2$이므로 $s_1 h_1 = s_2 h_2$

$$\therefore\ s_2 = s_1 \frac{h_1}{h_2} = 1 \times \frac{10}{12} = 0.83$$

여기서, $s_1(\text{물의 비중}) = 1$

★ 12 배기가스를 분석한 결과 CO_2 함량이 10.2%였다. CO는 발생하지 않는다고 가정하였을 때 탄산가스 최대 함유율 CO_{2max}를 구하시오.

해답 CO(일산화탄소)가 없으므로 완전연소이다.

$$\text{공기비}(m) = \frac{CO_{2max}}{CO_2} = \frac{21}{21 - O_2} = \frac{21}{21 - 0} = 1$$

$$CO_{2max} = \frac{21CO_2}{21 - O_2} = \frac{21 \times 10.2}{21 - 0} = 10.2\%$$

★ 13 전열면적 450m^{2}인 수관식 보일러에서 연료발열량 25.28MJ/kg의 석탄을 매시 1,585kg 연소하여 압력 2,256kPa, 온도 339℃에서 과열증기를 11,200kg/h로 증발시킨다. 급수온도 25℃에서 보일러 효율은 몇 %인지 구하시오. (단, 과열증기 비엔탈피는 3.10MJ/kg, 100℃ 물의 증발잠열은 2.255MJ/kg, 25℃ 물의 비엔탈피는 0.0953MJ/kg이다.)

해답

$$\text{보일러 효율}(\eta_B) = \frac{m_a(h_2 - h_1)}{H_L \times m_f} \times 100\%$$

$$= \frac{11,200 \times (3.10 - 0.0953)}{25.28 \times 1,585} \times 100\%$$

$$\fallingdotseq 83.99\%$$

14 압력이 1MPa일 때 증기사용량 1,000kg/h가 배출되고 있다. 플래시탱크를 설치하여 공급증기를 예열하는 열원으로 이용함으로써 공급증기를 절감하고자 한다. 탱크의 압력을 저압의 증기압력 0.1MPa로 할 경우 탱크에서 회수 가능한 재증발증기량(kg/h)을 구하시오. [단, 증기압력이 1MPa일 때 포화수 비엔탈피(h_1)=776.71kJ/kg, 증기압력 0.1MPa일 때 스팀 비엔탈피(h_2)=2700.72kJ/kg, 증기압력 0.1MPa일 때 포화수 비엔탈피(h_3)=502.11kJ/kg이다.]

해답

$$\text{재증발증기량}(S_2) = m \times \frac{h_1 - h_3}{h_2 - h_3}$$

$$= 1,000 \times \frac{776.71 - 502.11}{2700.72 - 502.11}$$

$$\fallingdotseq 124.90\text{kg/h}$$

★
15 0.01539m³/s의 유량으로 직경 30cm인 주철관 내부를 점성이 0.0105N·s/m², 비중이 0.85인 기름이 흐르고 있다. 관의 총연장길이 3,000m에서 손실수두는 몇 m인지 계산하시오. (단, 평균유속, 유체밀도, 레이놀즈수를 구한 다음 손실수두를 계산하시오.)

해답 $Q = AV[\text{m}^3/\text{s}]$에서

① 평균유속 $V = \dfrac{Q}{A} = \dfrac{Q}{\dfrac{\pi}{4}d^2} = \dfrac{0.01539}{\dfrac{\pi}{4}(0.3)^2} \fallingdotseq 0.218\text{m/s}$

② 유체밀도 $\rho = \rho_w s = 1{,}000 \times 0.85 = 850\text{kg/m}^3$

③ 레이놀즈수$(Re) = \dfrac{\rho V d}{\mu} = \dfrac{850 \times 0.218 \times 0.3}{0.1029} = 540.23 < 2{,}100$(층류)

층류인 경우 관마찰계수$(\lambda) = \dfrac{64}{Re} = \dfrac{64}{540.23} \fallingdotseq 0.1185$

∴ 손실수두$(h_L) = \lambda \dfrac{L}{d} \dfrac{V^2}{2g} = 0.1185 \times \dfrac{3{,}000}{0.3} \times \dfrac{(0.218)^2}{2 \times 9.8} \fallingdotseq 2.87\text{m}$

16 배기가스 열손실을 줄이고자 폐열회수장치인 절탄기를 설치하였다. 절탄기 면적은 3.5m², 입구 배기가스량은 7kg/s, 배기가스 온도는 230℃이고, 절탄기 출구 배기가스 온도가 130℃로 감소한 후 연돌 외부로 배기하고 있다. 또한 급수는 절탄기 입구수온이 30℃, 출구수온이 85℃이다. 이 경우 절탄기에 의한 배기가스 손실 전열량은 몇 kW인지 계산하시오. (단, 절탄기에서 배기가스 및 급수는 향류형 열교환이며, 배기가스 비열은 4.18kJ/kg℃이다.)

해답 절탄기 배기가스 손실열량$(Q_L) = mC\Delta t = 7 \times 4.18 \times (230 - 130) = 2{,}926\text{kJ/s} (= \text{kW})$

★
17 점성계수(μ)가 0.98Ns/m²(=Pa·s)인 유체가 평면벽 위를 평행하게 흐른다. 벽면 근방에서 속도분포가 $u = 1.5 - 150(0.1 - y)^2$이라 할 때 벽면에서 전단응력(N/m²)을 구하시오. (단, y[m]는 벽면에 수직인 방향의 좌표, u[m/s]는 벽면 근방에서의 접선속도이다.)

해답 $\left[\dfrac{du}{dy}\right]_{y=0} = [300(0.1 - y)]_{y=0} = 30\text{sec}^{-1}$

∴ $\tau = \mu \dfrac{du}{dy} = 0.98 \times 30 = 29.4\text{Pa}(= \text{N/m}^2)$

부록 I

18 재생 사이클에서 증기 발생기가 71,500kg/h의 일로 60bar, 과열증기온도 500℃의 증기를 생산하여 터빈으로 이송한다. 터빈에서 40bar와 15bar의 증기를 급수가열기로 2단 추출하여 빼낼 때 나머지 증기는 터빈에서 0.06bar까지 팽창하여 복수기(콘덴서)로 들어가는 경우 다음 $h-S$ 선도를 이용하여 2단 추출 재생 사이클의 출력(kW)을 계산하시오.

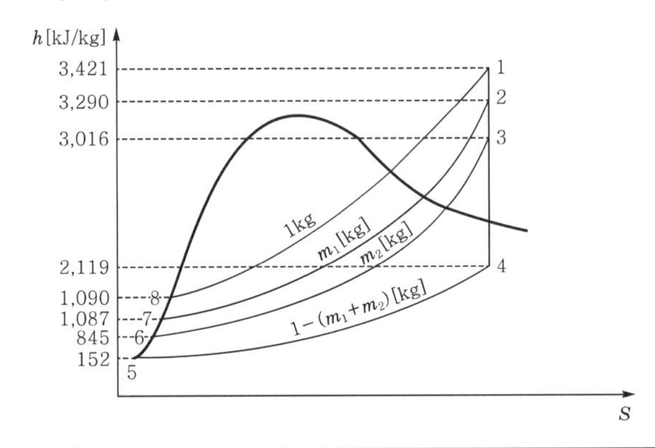

해답 ① 제1추출구에서 증기추기량(m_1)

$h_7 = m_1 h_2 + (1-m_1)h_6$ (에너지 보존의 법칙을 적용)

$$m_1 = \frac{h_7 - h_6}{h_2 - h_6} = \frac{1,087 - 845}{3,290 - 845} = 0.099\text{kg/kg}$$

$\therefore$ $71,500 \times 0.099 = 7078.5\text{kg/h}$

② 제2추출구에서 증기추기량(m_2)

$(1-m_1)h_6 = m_2 h_3 + (1-m_1-m_2)h_5$

$m_2(h_3 - h_6) = (1-m_1)(h_6 - h_5)$

$$m_2 = \frac{(1-m_1)(h_6-h_5)}{h_3-h_6} = \frac{(1-0.099)(845-152)}{3,016-152} = 0.218\text{kg/kg}$$

$\therefore$ $71,500 \times 0.218 = 15,587\text{kg/h}$

③ 정미일량(w_{net}) : 펌프일($w_p = 0$)을 무시하는 경우

$$w_{net} = (h_1 - h_2) + (1-m_1)(h_2-h_3) + (1-m_1-m_2)(h_3-h_4)$$
$$= (3,421-3,290) + (1-0.099)(3,290-3,016) + (1-0.099-0.218)(3,016-2,119)$$
$$= 990.925\text{kJ/kg}$$

④ 열효율(η)$= \dfrac{w_{net}}{q_1} \times 100\% = \dfrac{990.925}{2,334} \times 100\% ≒ 42.44\%$

※ 공급열량(q_1)$= h_1 - h_7 = 3,421 - 1,087 = 2,334\text{kJ/kg}$

⑤ 출력(kW)$= \dfrac{m\,w_{net}\eta}{3,600} = \dfrac{71,500 \times 990.925 \times 0.4244}{3,600} ≒ 8352.56\text{kW}$

참고 1kW=1kJ/s=60kJ/min=3,600kJ/h

1kWh=3,600kJ

★
19 다관형 대향류 열교환기를 통하여 유량 0.8kg/s의 저온유체인 물을 20℃에서 40℃로 가열하고자 고온의 폐열온수 온도를 80℃에서 40℃로 냉각시키는 열교환이 이루어지고 있다. (단, 열관류율은 125W/m^{2}K, 저온·고온유체 물의 평균비열은 4,168J/kgK이고, 대수평균온도차를 이용한다.)

1 저온유체 가열에 필요한 열량(W)을 구하시오.
2 대수평균온도차(℃)를 구하시오.
3 열교환기의 열전달면적(m^2)을 구하시오.

해답 1 $Q = m\,C_p \Delta t = 0.8 \times 4.168 \times (40-20) \fallingdotseq 66.69\text{kJ/s}\,(=\text{kW})$

2 대향류(counter flow type)인 경우

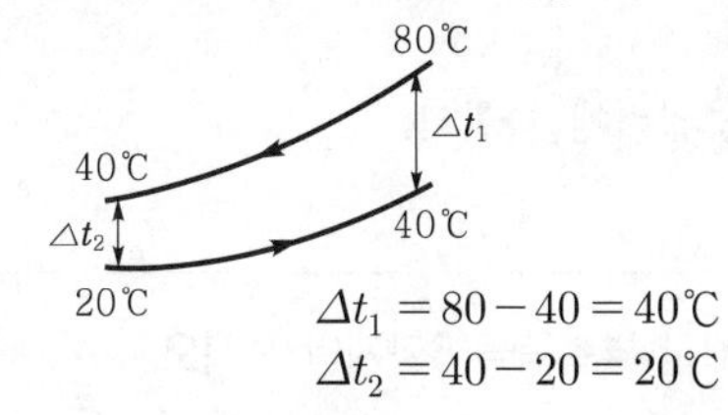

$\Delta t_1 = 80 - 40 = 40℃$
$\Delta t_2 = 40 - 20 = 20℃$

$$\text{대수평균온도차}(LMTD) = \frac{\Delta t_1 - \Delta t_2}{\ln\left(\frac{\Delta t_1}{\Delta t_2}\right)} = \frac{40-20}{\ln\left(\frac{40}{20}\right)} \fallingdotseq 28.85℃$$

3 $Q = KA(LMTD)\,[\text{W}]$에서

$$A = \frac{Q}{K(LMTD)} = \frac{66.69 \times 10^3}{125 \times 28.85} = 18.49\text{m}^2$$

부록 I

Engineer Energy Management

2024년 제2회 에너지관리기사 실기

01 관류보일러의 종류를 3가지만 쓰시오.

해답 ① 벤손 보일러
② 슐저 보일러
③ 람진 보일러

참고 이외에도 엣모스 보일러, 가와사키 보일러가 관류보일러에 속한다.

02 배관 이음에서 관경이 서로 다른 관의 이음이 가능한 배관 부속품을 6가지만 쓰시오.

해답 ① 이경엘보　② 리듀서　③ 이경소켓
④ 부싱　⑤ 이경 티(tee)　⑥ 어댑터(동관용)

★

03 복사난방의 장점을 4가지만 쓰시오.

해답 ① 방열기가 없어서 바닥면의 이용도가 높다.
② 실내온도가 균등하므로 쾌감도가 제일 좋다.
③ 공기의 대류가 적어서 실내오염도가 낮다.
④ 동일 방열량에 대해 열손실이 일반적으로 적다.

04 제1·2종 압력용기에 대하여 다음에서 설명하는 것은 각각 제 몇 종 압력용기에 해당하는지 쓰시오.

1 용기 안의 액체의 온도가 대기압에서의 비점을 넘으며 최고사용압력(MPa)과 내부 부피(m^3)를 곱한 수치가 0.004를 초과하는 것
2 최고사용압력이 0.2MPa을 초과하고 내부 부피가 0.04m^3 이상인 기체를 그 안에 보유하는 용기

해답 1 제1종 압력용기
2 제2종 압력용기

★
05 보일러 및 부속장치에 대한 다음 물음에 답하시오.

1 수관보일러 중에서 물의 온도 상승으로 인한 밀도차를 이용하여 보일러수를 순환시키는 보일러의 명칭을 쓰시오.
2 보일러에서 연소가스의 흐름 및 통풍력을 조절하기 위하여 설치하는 부품의 명칭을 쓰시오.
3 보일러 점화 시 노 내 잔류가스에 의한 폭발을 방지하기 위하여 화실 후면에 설치하는 장치의 명칭을 쓰시오.
4 수관보일러의 화로나 연도 내의 연소가스 흐름을 기능상 필요로 하는 방향으로 유도하기 위하여 설치하는 내화성의 판 또는 칸막이의 명칭을 쓰시오.

해답 1 자연순환식 수관보일러
2 배기가스 조절 댐퍼
3 방폭문
4 배플판(baffle plate)

06 중질유인 액체연료를 미립화하는 분무방식에 대하여 각각의 특징을 설명하시오.

1 가압분사식(유압분무식)
2 회전식(회전분무식)
3 기류분무식(고압기류식)

해답 1 펌프에 의해 연료유(오일)를 가압시키고, 노즐을 이용하여 고속분출하여 무화시키는 방식으로, 유압분사식 버너가 있다.
2 분무컵을 고속으로 회전시켜 연료를 분출하고, 1차 공기를 이용하여 무화연소시키는 방식으로, 수평로터리 버너가 있다.
3 고압의 공기나 증기를 분무매체로 사용하여 0.2~0.7MPa 정도의 고압으로 고점도 오일 등을 무화시키는 방식으로, 고압기류식 버너가 있다.

★
07 카르노 사이클에서 고열원 온도 300℃와 저열원 온도 20℃ 사이에서 열기관이 작동하고 있다. 이 기관이 외부에 100kJ만큼 일을 한다고 가정하면 출구로 방출되는 열량은 몇 kJ인지 계산하시오.

해답 $\eta_c = 1 - \frac{T_2}{T_1} = 1 - \frac{20+273}{300+273} = 0.4887 = 48.87\%$

$Q_1 = \frac{W_{net}}{\eta_c} = \frac{100}{0.4887} = 204.625\text{kJ}$

$W_{net} = Q_1 - Q_2$에서

$\therefore\ Q_2 = Q_1 - W_{net} = 204.625 - 100 = 104.625\text{kJ}$

★
08 다음 중 물음에 알맞은 것을 고르시오.

> 인산소다, 아황산소다, 리그린, 전분, 하이드라진, 탄닌, 가성소다, 탄산소다

1 보일러 청관제 중 탈산소제로는 탄닌, 아황산소다, (①) 등이 있고, 이 중 특히 탄산소제인 (②)은/는 황산나트륨이 되어 고형물의 증가를 가져오기 때문에 저압보일러에 사용하는 것이 좋으며, (③)은/는 고압보일러에 사용하고 있다.

2 슬러지 분산제를 3가지만 쓰시오.

3 pH 알칼리 조정제를 2가지만 쓰시오.

해답 **1** ① 하이드라진(N_2H_4) ② 아황산나트륨 ③ 하이드라진

2 ① 전분 ② 리그닌 ③ 탄닌

3 ① 가성소다(NaOH) ② 탄산소다 ③ 제3인산소다

09 물이 흐르고 있는 배관 내부의 유속을 측정하기 위하여 피토관을 삽입하고 임의의 지점에서 압력을 측정한 결과 전체 압력이 128kPa이고 정압이 120kPa로 나타난 경우 유속은 몇 m/s인지 계산하시오.

해답 $V=\sqrt{2\dfrac{\Delta P}{\rho}}=\sqrt{2\times\dfrac{(128-120)\times10^3}{1{,}000}}=4\text{m/s}$

10 보일러 응축수 탱크에서 재증발증기가 방출되고 있다. 에너지 절감을 위하여 열교환기를 설치하여 재증발증기를 회수하여 보일러 급수를 예열하기 위해 재증발증기 회수열을 이용한 후, 현재 보일러용 급수온도 65℃를 80℃로 승온시켜 공급한다면 재증발증기 회수열을 이용한 급수온도 상승에 따른 연료절감률은 몇 %인지 계산하시오. (단, 증기발생 압력 1MPa에서 증기 비엔탈피는 2,273kJ/kg, 65℃의 급수 비엔탈피는 272kJ/kg, 80℃의 급수 비엔탈피는 335kJ/kg이다.)

해답 재증발증기에 의한 승온 효과 $=335-272=63\text{kJ/kg}$

실제 증기발생에 이용된 열량 $=2{,}273-272=2{,}001\,\text{kJ/kg}$

∴ 단위연료당 연료절감률 $=\dfrac{63}{2{,}001}\times100\% \fallingdotseq 3.15\%$

11 옥탄(C_8H_{18})연료를 150%의 과잉공기로 연소하는 경우 다음 물음에 답하시오. (단, 공기의 분자량은 29이다.)

1. 질량당 공연비(AFR)는 몇 kg/kg인지 계산하시오.
2. 배기가스 중 산소(O_2)의 몰분율(%)을 계산하시오.
3. 배기가스 중 이산화산소(CO_2)의 몰분율(%)을 계산하시오.
4. 배기가스 중 수증기(H_2O)의 몰분율(%)을 계산하시오.
5. 배기가스 중 질소(N_2)의 몰분율(%)을 계산하시오.

해답 **1** 공연비(AFR)$=\dfrac{\text{공기질량}(m_A)}{\text{연료질량}(m_F)}=\dfrac{29\times 89.29}{12\times 8+1\times 18}=22.71$

옥탄(C_8H_{18})의 완전연소 반응식

$C_8H_{18}+12.5O_2 \rightarrow 8CO_2+9H_2O$

실제 공기량$(A_a)=mA_o=1.5\times\dfrac{O_o}{0.21}=1.5\times\dfrac{12.5}{0.21}\fallingdotseq 89.29\text{kg/kmol}$

2 O_2의 몰분율$=\dfrac{O_2}{m_w}\times 100\%$

실제배기가스량$(m_w)=(m-0.21)\times\dfrac{O_2}{0.21}+CO_2+H_2O$

$=(1.5-0.21)\times\dfrac{12.5}{0.21}+8+9\fallingdotseq 93.79\text{Nm}^3/\text{Nm}^3$

$\therefore$ O_2의 몰분율$=\dfrac{(m-1)O_o}{m_w}\times 100\%=\dfrac{(1.5-1)\times 12.5}{93.79}\times 100\%\fallingdotseq 6.66\%$

3 CO_2의 몰분율$=\dfrac{CO_2}{m_w}\times 100\%=\dfrac{8}{93.79}\times 100\%\fallingdotseq 8.53\%$

4 H_2O의 몰분율$=\dfrac{H_2O}{m_w}\times 100\%=\dfrac{9}{93.79}\times 100\%\fallingdotseq 9.60\%$

5 N_2의 몰분율$=100-(O_2+CO_2+H_2O)=100-(6.66+8.53+9.60)=75.21\%$

★

12 연돌의 통풍력을 측정한 결과 5mmH$_2$O였다면 배기가스 평균온도가 200℃, 외기온도가 20℃일 때 굴뚝의 높이는 몇 m인지 구하시오. (단, 대기의 비중량은 20℃에서 1.2kg/m^{3}이고, 배기가스 비중량은 200℃에서 1kg/m^{3}이다.)

해답 이론통풍력$(Z)=273H\left(\dfrac{\gamma_a}{t_a+273}-\dfrac{\gamma_g}{t_g+273}\right)$

굴뚝의 높이$(H)=\dfrac{Z}{\gamma_a-\gamma_g}=\dfrac{5}{1.2-1}=25\text{m}$

13 오일 냉각기에서 기름과 냉각수가 대향류식으로 열교환을 하고 있다. 고온유체와 저온유체의 작동상태를 나타낸 표를 보고 물음에 답하시오. (단, 열교환기의 전열벽 열관류율은 70W/m²℃이며, 냉각면 이외에서는 손실열이 없는 것으로 간주한다.)

구분	오일(고온유체)	냉각수(저온유체)
비열	2.15kJ/kg℃	4.186kJ/kg℃
유량	100kg/h	200kg/h
입구온도	75℃	25℃
출구온도	35℃	(　)℃

1. 저온유체인 냉각수의 출구온도(℃)를 구하시오.
2. 대수평균온도차(LMTD)를 구하시오.
3. 열교환기에 소요되는 냉각면적은 몇 m²인지 구하시오.

해답 1. 고온체 방열량(Q_1)=저온체 흡열량(Q_2)

$$m_1C_1(t_1-t_{out})=m_2C_2(t_2-t_{in})$$

$$t_2=t_{in}+\frac{m_1C_1(t_1-t_{out})}{m_2C_2}=25+\frac{100\times2.15\times(75-35)}{200\times4.186}\fallingdotseq35.27℃$$

2. $$\text{대수평균온도차(LMTD)}=\frac{\Delta t_1-\Delta t_2}{\ln\left(\frac{\Delta t_1}{\Delta t_2}\right)}=\frac{39.73-10}{\ln\left(\frac{39.73}{10}\right)}\fallingdotseq21.55℃$$

대향류(counter flow)인 경우

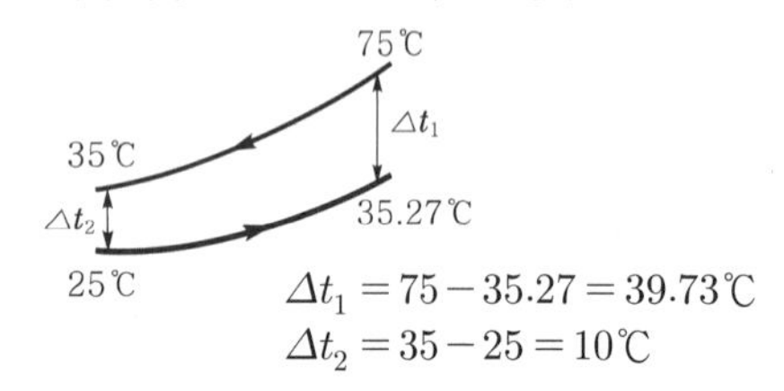

$$\Delta t_1=75-35.27=39.73℃$$
$$\Delta t_2=35-25=10℃$$

3. $$m_1C_1(t_1-t_{out})=KA(LMTD)$$

$$A=\frac{m_1C_1(t_1-t_{out})}{K(LMTD)}=\frac{100\times2.15(75-35)\times\frac{1}{3.6}}{70\times21.55}=\frac{2388.89}{1508.5}\fallingdotseq1.58\text{m}^2$$

참고 1kW=3,600kJ/h=1kJ/s=60kJ/min

$$1\text{kJ/h}=\frac{1}{3,600}\text{kW}=\frac{1}{3.6}\text{W}\ (1\text{W}=3.6\text{kJ/h})$$

★
14 어느 평행류 열교환기에서 고온유체인 기름이 90℃로 들어가서 50℃로 나오고, 저온유체인 물이 20℃에서 열교환 후 40℃로 가열 승온된다. 열관류율이 58.15W/m^2℃이고 전열량이 7,200W일 때 대수평균온도차를 구한 후 열교환면적(m^2)을 계산하시오.

해답 평행류(parallel flow)인 경우

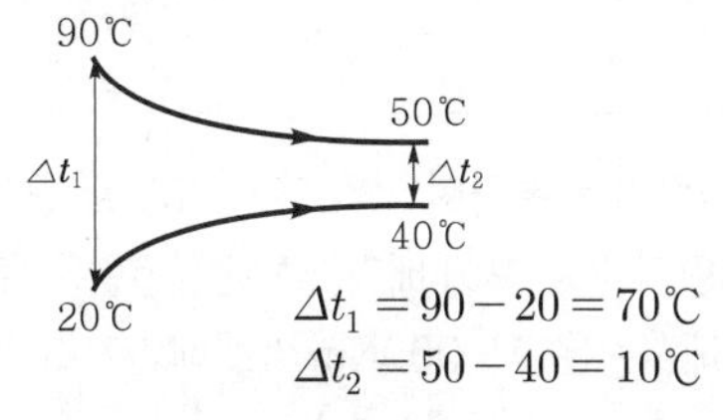

$\Delta t_1 = 90 - 20 = 70℃$
$\Delta t_2 = 50 - 40 = 10℃$

$$\text{대수평균온도차}(LMTD) = \frac{\Delta t_1 - \Delta t_2}{\ln\left(\frac{\Delta t_1}{\Delta t_2}\right)} = \frac{70-10}{\ln\left(\frac{70}{10}\right)} \fallingdotseq 30.83℃$$

$$Q = KA(LMTD)[\text{W}]$$

$$A = \frac{Q}{K(LMTD)} = \frac{7{,}200}{58.15 \times 30.83} \fallingdotseq 4.02\text{m}^2$$

★
15 고압 대용량 보일러에서 자동보일러(ABC)의 안정성 확보를 위한 다양한 제어 방식에 대하여 (   ) 안에 알맞은 요소를 써넣으시오.

제어방법	제어량	조작량
급수제어(FWC)	보일러수위	(①)
증기온도제어(STC)	증기온도	(②)
자동연소제어(ACC)	노 내압, (③)	연소가스량, 연료량, (④)

해답 ① 급수량　② 전열량　③ 증기압력　④ 공기량

부록 I

16 보일러 운전 가동시간이 하루 동안 4시간이며 급수 사용량이 6,000kg/h이다. 보일러수 중 불순물의 허용농도가 2,000ppm이고 급수 중에 불순물의 허용농도가 200ppm일 때 보일러 분출량은 몇 L/day인지 구하시오. (단, 급수 1kg은 1L로 본다.)

해답 $\text{분출량}(X) = \frac{w(1-R)d}{r-d} = \frac{(6{,}000 \times 4) \times 200}{2{,}000 - 200} = 2666.67\text{L/day}$

★
17 지름 10mm의 관경에서 밀도가 1.2kg/m^{3}인 공기가 유속 4.5m/s로 흐르고 있을 때 질량유량은 몇 kg/s인지 구하시오.

해답 $m=\rho A V=\rho\frac{\pi d^2}{4}V=1.2\times\frac{\pi}{4}(0.1)^2\times4.5=4.24\times10^{-4}\text{kg/s}$

18 보일러 급수 사용량 5,000kg/h의 물을 폐열회수장치인 절탄기를 통하여 60℃에서 90℃로 승온하여 급수한다. 절탄기 입구온도 340℃, 출구온도 240℃일 때 절탄기 설치 후에 배기가스 손실열량은 몇 kJ/h인지 구하시오. (단, 절탄기 효율 85.3%에서 배기가스 배출량은 75,000Nm^3/h, 배기가스 비열은 1.05kJ/kgK, 급수의 비열은 4.186kJ/kgK이다.)

해답 절탄기(economizer) 설치 후 손실(%)$=100-85.3=14.7\%$
배기가스 열량(Q_1)$=mC_p\Delta t=75,000\times1.05\times(340-240)=7,875,000\text{kJ/h}$
절탄기 설치 후 배기가스 손실열량(Q_2)$=7,875,000\times0.147=1,157,625\text{kJ/h}$

19 반지름 1m, 두께 10mm의 구형용기 안에 얼음과 물이 가득 채워져 있고, 표면온도 0℃, 외기온도 15℃일 때 다음 물음에 답하시오. (단, 대류열전달계수 30W/m^2℃, 복사율 0.8, 스테판-볼츠만 상수 5.67×10^{-8}W/m^{2}K^4, 얼음의 융해잠열 340kJ/kg이다.)

1 내부로 전달되는 열량은 몇 W인가?
2 2시간 동안 녹는 얼음의 양은 몇 kg인가?

해답 구형용기 표면적(A)$=4\pi R^2=4\pi(0.5)^2=3.14\text{m}^2$

1 내부 전달 열량
=대류열량+복사열량(Q_R)
$=hA(t_o-t_s)+\varepsilon\sigma A T_o^{\ 4}=30\times3.14\times(15-0)+0.8\times5.67\times10^{-8}\times3.14\times(15+273)^4$
$=1,413+979.88\fallingdotseq2392.88\text{W}$

2 2시간 동안 녹는 얼음의 양
$m=\frac{2392.88\times(2\times3.6)}{340}=50.67\text{kg}$

Engineer Energy Management

2024년 제3회 에너지관리기사 실기

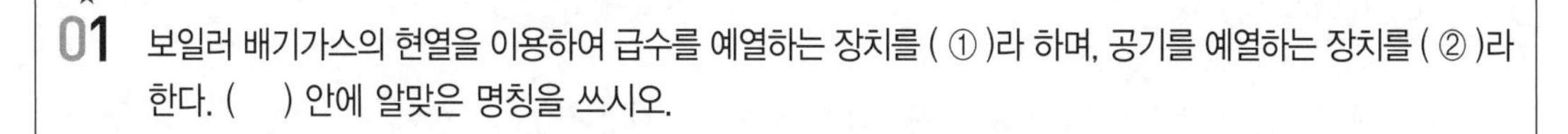

★

01 보일러 배기가스의 현열을 이용하여 급수를 예열하는 장치를 (①)라 하며, 공기를 예열하는 장치를 (②)라 한다. ( ) 안에 알맞은 명칭을 쓰시오.

해답 ① 이코노마이저(economizer, 절탄기)
② 공기예열기

★

02 내경이 300mm인 배관에 절대압력 200kPa, 온도 23℃인 공기가 5kg/s로 흐를 때 유속은 몇 m/s인가? (단, 이 조건에서 공기의 기체상수는 287J/kg · K이다.)

해답 질량유량$(\dot{m})=\rho AV=\dfrac{P}{RT}AV$[kg/s]에서

$$V=\frac{\dot{m}RT}{PA}=\frac{\dot{m}RT}{P\times\frac{\pi d^2}{4}}=\frac{5\times0.287\times(23+273)}{200\times\frac{\pi}{4}\times0.3^2}\fallingdotseq30.06\text{m/s}$$

03 다음은 외부부식 중 저온부식에 관한 설명이다. ( ) 안에 알맞은 말을 쓰시오.

> 연료 중에 함유된 유황분이 연소되어 (①)가 되고, 이것이 다시 (②)의 촉매작용에 의하여 과잉공기와 반응하여 일부분이 (③)이 되고 이것이 연소가스 중의 (④)와 화합하여 (⑤) 등과 같은 저온의 전열면에 응축되어 황산(H_2SO_4)이 되어서 심한 부식을 일으키는 것이다.

해답 ① 아황산가스(SO_2)
② 오산화바나듐(V_2O_5)
③ 무수황산(SO_3)
④ 수증기(H_2O)
⑤ 급수예열기나 공기예열기

부록 I

★
04 보일러의 자연통풍 방식에서 통풍력을 증가시키기 위한 방법을 4가지 쓰시오.

해답 연돌(굴뚝)의 통풍력을 증가시키기 위한 방법
① 연돌의 높이를 높인다.
② 연돌의 단면적을 크게 한다.
③ 연돌의 굴곡부를 적게 한다.
④ 배기가스 온도를 높인다.
⑤ 외기온도를 낮춘다.
⑥ 습도를 낮춘다.
⑦ 연도의 길이를 짧게 한다.
⑧ 배기가스의 밀도(비질량)를 작게, 외기의 밀도(비질량)를 크게 한다.

05 탄소(C)의 완전연소 반응식이 $C+O_2 \rightarrow CO_2 + 393.8MJ/kmol$일 때 탄소 1kg의 완전연소에 대한 다음 물음에 답하시오.

1 산소는 몇 kg이 필요한가?
2 이산화탄소는 몇 kg이 발생하는가?
3 산소는 몇 Nm^3가 필요한가?
4 이산화탄소는 몇 Nm^3가 발생하는가?
5 발열량은 몇 kJ인가?

해답 1 산소$(O_0) = \frac{1 \times 32}{12} = 2.666 \fallingdotseq 2.67kg$

2 이산화탄소$(CO_2) = \frac{1 \times 44}{12} = 3.666 \fallingdotseq 3.67kg$

3 산소$(O_0) = \frac{1 \times 22.4}{12} \fallingdotseq 1.87Nm^3$

4 이산화탄소$(CO_2) = \frac{1 \times 22.4}{12} \fallingdotseq 1.87Nm^3$

5 탄소 12kg의 완전연소 시 발열량이 393.8MJ/kmol이므로 탄소 1kg당 발열량은 $\frac{393.8}{12} \fallingdotseq 32.82MJ$

06 보일러 운전 중 발생하는 비수현상(carry over)의 방지대책을 4가지 쓰시오.

해답 ① 보일러가 과부하되지 않도록 한다.
② 보일러수 내의 불순물을 제거한다.
③ 보일러수를 농축시키지 않는다.
④ 고수위로 하지 않는다.
⑤ 비수방지관을 설치한다.
⑥ 주증기 밸브를 급격하게 개방하지 않는다.

07 안지름이 10cm이고, 온도가 80℃로 일정하게 유지되는 원형 관에 속도가 2m/s, 온도가 20℃인 물이 유입되어 열교환이 이루어지고, 최종적으로 40℃로 유출될 때 〈보기〉의 조건을 참고하여 열교환용 배관의 길이(m)를 계산하시오.

〈보기〉
- 물의 평균비열(C) : 4,186J/kg·K
- 물의 밀도(ρ) : 1,000kg/m^3
- 배관의 열류관율(k) : 10kW/m^2·K
- 대수평균온도($LMTD$) : $\dfrac{\Delta t_i - \Delta t_e}{\ln\left(\dfrac{\Delta t_i}{\Delta t_e}\right)}$[℃]

[Δt_i : 관 내부의 온도와 입구 온도차(℃), Δt_e : 관 내부의 온도와 출구 온도차(℃)]

해답 대수평균온도($LMTD$) 계산

$\Delta T_i = \Delta t_i = 80 - 20 = 60$℃

$\Delta T_e = \Delta t_e = 80 - 40 = 40$℃

$$LMTD = \frac{\Delta t_i - \Delta t_e}{\ln\left(\dfrac{\Delta t_i}{\Delta t_e}\right)} = \frac{60-40}{\ln\dfrac{60}{40}} = 49.326 ≒ 49.33℃$$

질량유량($\dot{m}$)$= \rho A V = \rho \dfrac{\pi d^2}{4} V = 1{,}000 \times \dfrac{\pi}{4} \times 0.1^2 \times 2 ≒ 15.71$kg/s

물의 가열동력(Q_1)$= \dot{m} C \Delta t = 15.71 \times 4.186 \times (40-20) ≒ 1315.24$kW

열교환기 배관 손실동력(Q_2)$= kA(LMTD) = k(\pi DL)(LMTD)$[kW]

∴ 배관의 길이(L)$= \dfrac{Q_1}{k\pi D(LMTD)} = \dfrac{1315.24}{10 \times \pi \times 0.1 \times 49.33} ≒ 8.49$m

★

08 발열량 40,500kJ/m^{3}인 LNG를 연료로 사용하는 보일러의 효율이 90%, 발생증기량이 4,500kg/h일 때 실제 증발배수를 구하시오. (단, 잠열 2,066kJ/kg, 현열 698kJ/kg, 급수온도 60℃이다.)

해답 $\eta_B = \dfrac{m_a(h_2 - h_1)}{H_L \times m_f} \times 100\%$에서

$$m_f = \frac{m_a(h_2 - h_1)}{\eta_B \times H_L} = \frac{4{,}500 \times [(2{,}066 + 698) - (60 \times 4.186)]}{0.9 \times 40{,}500} ≒ 310.23\text{m}^3/\text{h}$$

∴ 실제 증발배수(ϕ)$= \dfrac{\text{시간당 실제 증발량}(m_a)}{\text{시간당 연료소비량}(m_f)} = \dfrac{4{,}500}{310.23} ≒ 14.51$

부록 I

09 저수위 차단장치(저수위 경보장치)의 기능을 3가지 쓰시오.

해답 ① 급수의 자동조절
② 저수위 경보
③ 연료의 차단신호 발신

★
10 증기 보일러에 부착하는 압력계에 대한 다음 물음에 답하시오.

1 압력계를 증기 보일러에 부착할 때 압력계 내부의 부르동관을 보호하기 위하여 안지름 (①) 이상의 (②) 또는 동등한 작용을 하는 장치를 부착하여 증기가 직접 압력계에 들어가지 않도록 하여야 한다. ( ) 안에 알맞은 내용을 쓰시오.

2 다음 중 최고사용압력이 1MPa인 증기 보일러에 부착하는 압력계를 선택하고 그 이유를 쓰시오.

압력계 구분	바깥지름	최고눈금	오차범위
A	100mm	3MPa	±1.5%
B	75mm	2.5MPa	±1.5%
C	200mm	3.5MPa	±0.5%
D	150mm	5MPa	±1.5%

해답 **1** ① 6.5mm ② 사이펀(siphon)관
2 ① 선택 : A
② 이유 : 압력계의 최고눈금은 보일러 최고사용압력의 1.5배 이상, 3배 이하여야 하므로 1.5~3MPa(A, B)이 되어야 하며, 압력계 바깥지름은 100mm 이상(A, C, D)으로 하여야 하기 때문에 두 조건을 모두 만족시키는 압력계인 A를 선택한다.

참고 압력계 부착기준
보일러에는 KS B 5305(부르동관 압력계)에 따른 압력계 또는 이와 동등 이상의 성능을 갖춘 압력계를 부착하여야 한다.

1) 압력계의 크기와 눈금

- 증기 보일러에 부착하는 압력계 눈금판의 바깥지름은 100mm 이상으로 하고 그 부착높이에 따라 용이하게 지침이 보이도록 하여야 한다. 다만, 다음의 보일러에 부착하는 압력계에 대하여는 눈금판의 바깥지름을 60mm 이상으로 할 수 있다.
  - 최고사용압력 0.5MPa 이하이고, 동체의 안지름 500mm 이하, 동체의 길이 1,000mm 이하인 보일러
  - 최고사용압력 0.5MPa 이하이고 전열면적 $2m^2$ 이하인 보일러
  - 최대증발량 5t/h 이하인 관류 보일러
  - 소용량 보일러
- 압력계의 최고눈금은 보일러의 최고사용압력의 3배 이하로 하되 1.5배보다 작아서는 안 된다.

2) **압력계의 부착**

- 압력계와 연결된 증기관은 최고사용압력에 견디는 것으로서 그 크기는 황동관 또는 동관을 사용할 때는 안지름 6.5mm 이상, 강관을 사용할 때는 12.7mm 이상이어야 하며, 증기온도가 483K(210℃)를 초과할 때에는 황동관 또는 동관을 사용하여서는 안 된다.
- 압력계에는 물을 넣은 안지름 6.5mm 이상의 사이펀관 또는 동등한 작용을 하는 장치를 부착하여 증기가 직접 압력계에 들어가지 않도록 하여야 한다.

11 증기보일러에 수주관을 설치할 경우 분출관의 최소 구경은 몇 A인가?

해답 20A

참고 수주관의 구조(KBI-6450)

① 최고사용압력 1.6MPa 이하의 보일러의 수주관은 주철제로 할 수 있다.
② 수주관에는 호칭지름 20A 이상의 분출관을 장치해야 한다.

★
12 프로판 가스를 완전연소시킬 때 고위발열량과 저위발열량의 차이는 몇 kJ/kg인가? (단, 물의 증발잠열은 2,257J/g · H_2O이다.)

해답 프로판(C_3H_8) 가스의 완전연소반응식

$C_3H_8+5O_2 \rightarrow 3CO_2+4H_2O$(프로판의 분자량 : $12\times3+1\times8=44$kg/kmol)

이때 생성되는 수증기량은 $4\times18=72$kg/kmol이므로 프로판 1kg이 완전연소 시 생성되는 수증기량은 44 : 72=1 : 수증기량(m_w)이므로

$\therefore$ 수증기량$(m_w)=\dfrac{72\times1}{44}\fallingdotseq 1.64\text{kg}$

고위발열량(총발열량)과 저위발열량(진발열량)의 차이는 물의 증발잠열($\gamma_0=2,257$kJ/kg)에 해당되므로 프로판 1kg이 완전연소 시 생성되는 수증기량(m_w)에 물의 증발잠열(γ_0)을 곱한 값이다.

$\therefore\ \Delta H=H_h-H_l=m_w\gamma_0=1.64\times2,257=3701.48\text{kJ/kg}$

13 랭킨사이클(Rankine cycle)로 작동되는 증기원동소에서 터빈 입구의 과열증기 온도는 500℃, 압력은 2MPa이며, 터빈 출구의 압력은 5kPa이다. 이 사이클의 열효율은 몇 %인가? (단, 터빈 입구의 과열증기 비엔탈피는 3,200kJ/kg, 터빈 출구의 비엔탈피는 2,400kJ/kg, 급수펌프 입구의 비엔탈피는 340kJ/kg, 보일러 입구의 급수 비엔탈피는 345kJ/kg이다.)

해답

랭킨사이클의 열효율$(\eta_R)=\dfrac{w_{net}}{q_1}\times100\%=\dfrac{w_t-w_p}{q_1}\times100\%$

$=\dfrac{(h_3-h_4)-(h_2-h_1)}{h_3-h_2}\times100\%$

$=\dfrac{(3,200-2,400)-(345-340)}{3,200-345}\times100\%$

$=27.8\%$

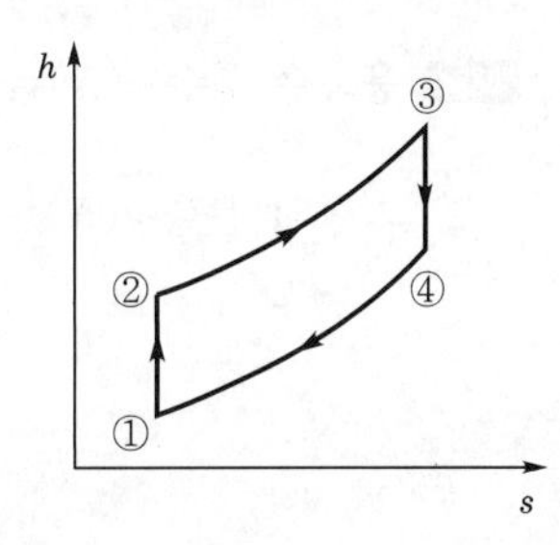

부록 I

14 바깥 반지름이 150mm, 안쪽 반지름이 50mm인 중공원관의 열전도도가 0.04W/m・K이다. 내면 온도가 300℃, 외기 온도가 30℃일 경우 이 중공원관 1m당 손실열량(W)을 구하고 중간지점의 온도(℃)를 구하시오.

해답 ❶ 손실열량$(Q_L)=\dfrac{2\pi Lk(t_i-t_o)}{\ln\left(\dfrac{r_o}{r_i}\right)}=\dfrac{2\pi\times1\times0.04\times(300-30)}{\ln\left(\dfrac{150}{50}\right)}\fallingdotseq 61.77\text{W}$

❷ 중간지점의 온도$(t_m)=t_i-\dfrac{Q_L\ln\left(\dfrac{r_m}{r_i}\right)}{2\pi Lk}=300-\dfrac{61.77\times\ln\left(\dfrac{100}{50}\right)}{2\pi\times1\times0.04}=129.64℃$

★
15 그림과 같이 연결된 U자관 마노미터에서 차압 P_B-P_A[kPa]는 얼마인가? (단, 수은의 비중은 13.5, 글리세인의 비중 1.26, 오일의 비중 0.88이다.)

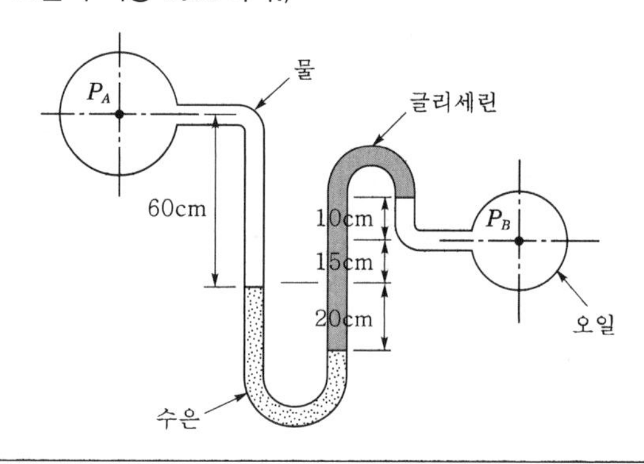

해답 $P_A+(9.8\times0.6)+(9.8\times13.5\times0.2)-[9.8\times1.26\times(0.2+0.15+0.1)]+(9.8\times0.88\times0.1)=P_B$

$\therefore\ P_B-P_A=(9.8\times0.6)+(9.8\times13.5\times0.2)-(9.8\times1.26\times0.45)+(9.8\times0.88\times0.1)$

$=27.6458\fallingdotseq 27.65\text{kPa}$

16 1일 8시간 가동하는 보일러의 시간당 급수량이 1,000L, 응축수 회수량이 400L이고, 급수 중의 고형분의 농도가 20ppm, 보일러수의 허용고형분이 2,000ppm일 때 보일러의 1일 분출량(L/day)을 계산하시오.

해답 응축수 회수율$(R)=\dfrac{\text{응축수 회수량}}{\text{실제증발량}}\times100\%=\dfrac{400}{1,000}\times100\%=40\%$

$\therefore$ 1일 분출량$(X)=\dfrac{W(1-R)d}{\gamma-d}=\dfrac{(1,000\times8)\times(1-0.4)\times20}{2,000-20}\fallingdotseq 48.48\text{L/day}$

★

17 최고압력이 200kPa, 최고온도가 150℃, 배압이 50kPa로 작동되는 증기원동소 랭킨사이클의 증기소비량이 15ton/h일 때 터빈의 출력(kW)을 계산하시오. (단, 200kPa, 150℃의 과열증기의 엔탈피는 2723.64kJ/kg, 50kPa의 포화증기 비엔탈피는 2,645kJ/kg, 포화수의 비엔탈피는 293kJ/kg이고, 터빈 출구 증기의 건도는 0.93이다.)

해답 터빈출구에서 비엔탈피$(h_4) = h' + x(h'' - h') = 293 + 0.93 \times (2{,}645 - 293) = 2480.36\text{kJ/kg}$

터빈출력(kW)$= \dfrac{m(h_3 - h_4)}{3{,}600} = \dfrac{15{,}000 \times (2723.64 - 2480.36)}{3{,}600} \fallingdotseq 1013.67\text{kW}$

18 유체의 흐름에 따라 회전하는 회전자나 왕복하는 운동자가 케이스 사이의 계량실에 유체를 연속적으로 취입해서 송출 동작을 반복하여 회전자의 운동 횟수로 유량을 측정하는 유량계로, 대표적으로 오벌식 유량계가 있다. 이 유량계의 종류는?

해답 용적식 유량계

MEMO

부록 Ⅱ
실전 모의고사

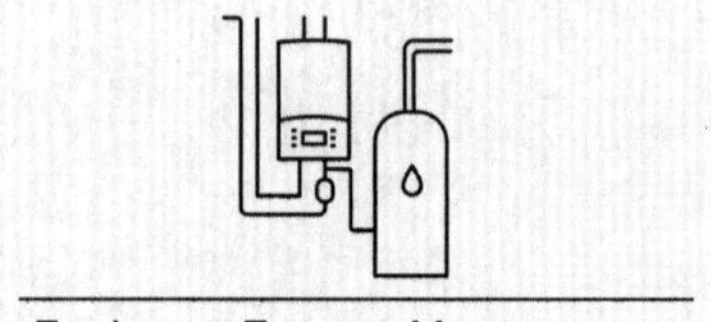

Engineer Energy Management

Engineer Energy Management

제1회 실전 모의고사

01 배기가스분석결과 CO_2 12%, O_2 8%, CO 2%에서 질소값을 구하여 공기비(과잉공기계수)를 구하시오.

02 안지름 55cm, 바깥지름 90cm인 중공원관의 열전도율이 48.65W/m · K이고 용기의 온도가 280℃, 외부 온도가 270℃인 경우 열손실을 구하시오. (단, 관의 길이는 15m이다.)

03 다음 ( ) 안에 들어갈 내용을 쓰시오.

수관식 보일러는 (①)에서 급수된 물이 (②)에 의해 기수드럼으로 공급되고, 다시 (③)을 통하여 증발한 후 습증기가 되고 (④)를 통하여 물과 증기로 구분된 후, 물은 다시 증기트랩을 통해 (⑤)로 되돌아간다.

04 피토 정압관(Pito static tube)에서 공기의 유동속도를 구하려 한다. 공기압력이 101.3kPa, 15℃에서 공기밀도가 1.2kg/m^3이며 시차식 액주계가 150mm 수주의 읽음을 나타낸다면 이 경우 공기의 유동속도는 몇 m/s인가?

05 다음 조건으로 폐열회수장치인 공기예열기의 출구온도를 계산하시오.

- 공기유량 : 100kg/s
- 연소가스량 : 120kg/s
- 연소가스 입구온도 : 400℃
- 공기예열기의 입구온도 : 20℃
- 공기의 정압비열 : 1.005kJ/kg · K
- 연소가스의 정압비열 : 1.2kJ/kg · K
- 연소가스 출구온도 : 150℃

06 다음 ( ) 안에 보온재의 열전도율에 대하여 증가 또는 감소를 써 넣으시오.

1 밀도가 작을수록 열전도율은 (　　)한다.
1 온도가 높을수록 열전도율은 (　　)한다.
3 습도가 높을수록 열전도율은 (　　)한다.

부록 II

07 노통 연관식 보일러와 수관식 보일러의 특징 비교에서 다음 (   )에 알맞은 용어를 써 넣으시오.

1 노통 연관식 보일러의 연관 내부에는 (①)가 흐르고, 수관식 보일러 수관 내부에는 (②)이 흐른다.
2 노통 연관식 보일러는 압력이 일반적으로 (①)지만, 수관식 보일러는 사용압력이 (②).
3 노통 연관식 보일러는 일반적으로 효율이 수관식에 비해 (①)지만, 수관식 보일러는 효율이 (②).
4 수관식 보일러는 열부하대응이 (①)지만, 노통 연관식 보일러는 (②).

08 보일러 및 연소기에는 점화 또는 착화하기 전에 반드시 프리퍼지(pre-purge)를 실시한다. 그 이유를 간단히 설명하시오.

09 프로판가스 연소 시 수증기를 포함한 이론연소가스량은 몇 Nm^3/Nm^3인가?

10 다음 연소식을 보고 프로판가스(C_3H_8)의 고위발열량(kJ/Nm^3)을 구하시오. (단, 프로판가스의 저위발열량은 $89,034kJ/Nm^3$이고, 수증기(물)의 증발잠열은 $2,006kJ/Nm^3$이다.)

$$C_3H_8 + 5O_2 \rightarrow 3CO_2 + 4H_2O$$

11 안쪽 반지름이 55cm, 바깥 반지름 90cm인 구형 고압반응기에서 내외의 표면온도가 각각 551K, 543K일 때 열손실은 몇 kW인가? (단, 열전도율(λ)=41.87W/m·K)

12 다음 그림을 보고 중공원관 1m에서 손실열량(W)을 구하시오. (단, 동관의 열전도율은 0.095W/m·K이다.)

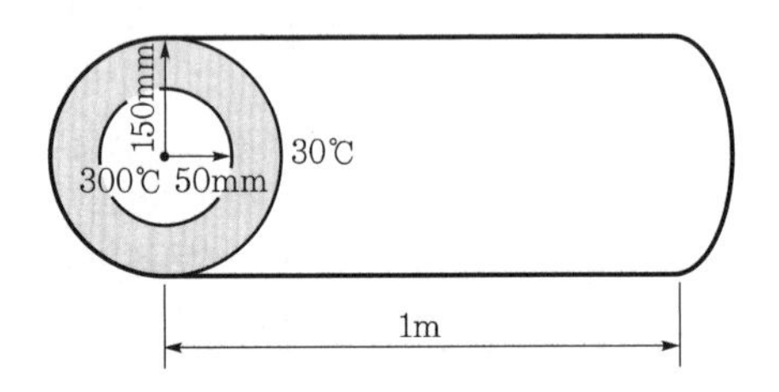

13 보일러 운전 시 프라이밍(priming)의 발생 방지책을 4가지만 쓰시오.

14 보일러 내부에서 발생하는 캐리오버(carry over)현상의 방지책을 4가지 쓰시오.

15 다음 보일러 일반부식에 관한 내용에서 (　) 안에 알맞은 내용을 써 넣으시오.

> 보일러 철 표면은 물과 항시 접촉하기 때문에 철 표면에서 철이 녹아 나와서 $Fe \rightleftarrows Fe^{2+}+2e^-$로 되며, 또한 물은 극히 일부분이 전리되어 $2H_2O \rightleftarrows H_3O+OH^-$로 되고 $Fe^{2+}+2OH^-$와 결합해서 (①)을 침전시킨다. $Fe^{2+}+2OH^- \rightleftarrows Fe(OH)_2$, 즉 물의 (②)가 낮아서 약산성이 되면 철 표면에서 물에 녹아 나온다. 그러나 물에 산소가 녹아 있으므로 산화되어 (③)로서 침전물이 생긴다. 높은 온도에서 (④)은 분해해서 쉽게 사삼산화철(Fe_3O_4), 즉 흔히 말하는 쇳녹으로 되어 표면이 들고일어나는 현상이 생긴다.

16 프로판가스(C_3H_8)의 고위발열량(kJ/kg)을 구하시오. (단, $C+O_2 \rightarrow CO_2+450kJ$, $H_2+\frac{1}{2}O_2 \rightarrow H_2O+250kJ$)

17 무기질 보온재의 특징을 5가지만 쓰시오.

18 관류 보일러의 장점을 4가지만 쓰시오.

19 석탄사용량이 1,585kg/h, 증기 발생량이 11,200kg/h, 석탄의 저위발열량이 25,284kJ/kg인 보일러의 효율은 몇 %인가? (단, 발생증기의 비엔탈피는 3,031kJ/kg, 급수의 비엔탈피는 98kJ/kg이다.)

제1회 실전 모의고사 해답

01 ① 질소값 : $N_2=100-(CO_2+O_2+CO)=100-(12+8+2)=78\%$

② 공기비(과잉공기계수) : $m=\dfrac{N_2}{N_2-3.76O_2-0.5CO}=\dfrac{78}{78-3.76\times8-0.5\times2}=1.66$

---

02 열손실

$$q_L=\frac{2\pi Lk(t_1-t_2)}{\ln\left(\frac{r_2}{r_1}\right)}=\frac{2\pi\times15\times48.65\times(280-270)}{\ln\left(\frac{45}{27.5}\right)}\fallingdotseq 93104.03\,\text{W}$$

---

03 수관식 보일러는 (① 응축수탱크)에서 급수된 물이 (② 펌프)에 의해 기수드럼으로 공급되고, 다시 (③ 수관)을 통하여 증발한 후 습증기가 되고 (④ 기수분리기)를 통하여 물과 증기로 구분된 후, 물은 다시 증기트랩을 통해 (⑤ 응축수탱크(보일러기수드럼))로 되돌아간다.

---

04 공기의 유동속도

$$V=\sqrt{2gh\left(\frac{\rho_w}{\rho_{air}}-1\right)}=\sqrt{2\times9.8\times0.15\times\left(\frac{1{,}000}{1.2}-1\right)}=49.47\text{m/s}$$

---

05 공기예열기의 출구온도

$$m_aC_{pa}(t_2-t_1)=m_gC_{pg}(t_o-t_i)$$

$$\therefore\ t_2=t_1+\frac{m_gC_{pg}(t_o-t_i)}{m_aC_{pa}}=20+\frac{120\times1.2\times(400-150)}{100\times1.005}=378.21℃$$

---

06 **1** 밀도가 작을수록 열전도율은 (감소)한다.

2 온도가 높을수록 열전도율은 (증가)한다.

3 습도가 높을수록 열전도율은 (증가)한다.

---

07 **1** 노통 연관식 보일러의 연관 내부에는 (① 연소가스)가 흐르고, 수관식 보일러 수관 내부에는 (② 물)이 흐른다.

2 노통 연관식 보일러는 압력이 일반적으로 (① 낮)지만, 수관식 보일러는 사용압력이 (② 높다).

3 노통 연관식 보일러는 일반적으로 효율이 수관식에 비해 (① 나쁘)지만, 수관식 보일러는 효율이 (② 좋다).

4 수관식 보일러는 열부하대응이 (① 좋)지만, 노통 연관식 보일러는 (② 나쁘다).

---

08 보일러 및 연소기에는 점화 또는 착화하기 전에 반드시 프리퍼지(pre-purge)를 실시하는 이유는 연소실 노 내 H_2, CO, NH_4 등의 잔류가스가 존재할 때 점화에 의해 순간적인 폭발이 일어날 것을 대비하여 잔류가스를 배출하고 노 내 가스폭발을 방지하기 위함이다.

09 이론연소가스량

$C_3H_8 + 5O_2 \rightarrow 3CO_2 + 4H_2O$

$$A_o = \frac{O_o}{0.21} = \frac{5}{0.21} = 23.81$$

$$\therefore\ G_{ow} = (1-0.21)A_o + CO_2 + H_2O = (1-0.21)\times 23.81 + 3 + 4 = 25.81\text{Nm}^3/\text{Nm}^3$$

참고 질량식인 경우 $G_{ow} = \left[(1-0.21)\times\frac{5}{0.21}+7\right]\times\frac{22.4}{44} = 13.14\text{Nm}^3/\text{kg}$

10 고위발열량

$$H_h = H_L + 4\gamma_o = 89{,}043 + 4\times 2{,}006 = 97{,}067\text{kJ/Nm}^3$$

11 열손실

$$q_L = \lambda\left[\frac{4\pi(T_1-T_2)}{\frac{1}{r_1}-\frac{1}{r_2}}\right] = 41.87\times\frac{4\pi\times(551-543)}{\frac{1}{0.55}-\frac{1}{0.9}} \fallingdotseq 5953.06\text{W} \fallingdotseq 5.95\text{kW}$$

12 손실열량

$$q = \frac{2\pi Lk(t_1-t_2)}{\ln\left(\frac{r_2}{r_1}\right)} = \frac{2\pi\times 1\times 0.095\times(300-30)}{\ln\left(\frac{150}{50}\right)} \fallingdotseq 146.7\text{W}$$

13 프라이밍(priming)의 발생 방지책

① 비수방지관을 설치한다(프라이밍방지관 설치).
② 주증기밸브를 천천히 연다.
③ 관수 중에 불순물이나 농축수를 제거한다.
④ 고수위 운전을 가급적 피한다.
⑤ 가급적 부하변동을 피하여 운전한다.

14 캐리오버(carry over)현상의 방지책

① 보일러 수위를 너무 높게 하지 않는다.
② 과부하로 운전하지 않는다.
③ 기수분리기를 사용한다.
④ 보일러수를 주기적으로 관리한다.

15 보일러 철 표면은 물과 항시 접촉하기 때문에 철 표면에서 철이 녹아 나와서 $Fe \rightleftarrows Fe^{2+} + 2e^-$로 되며, 또한 물은 극히 일부분이 전리되어 $2H_2O \rightleftarrows H_3O + OH^-$로 되고 $Fe^{2+} + 2OH^-$와 결합해서 (① 수산화 제1철)을 침전시킨다. $Fe^{2+} + 2OH^- \rightleftarrows Fe(OH)_2$, 즉 물의 (② 수소이온농도(pH))가 낮아서 약산성이 되면 철 표면에서 물에 녹아 나온다. 그러나 물에 산소가 녹아 있으므로 산화되어 (③ 수산화 제2철)로서 침전물이 생긴다. 높은 온도에서 (④ 수산화 제1철)은 분해해서 쉽게 사삼산화철(Fe_3O_4), 즉 흔히 말하는 쇳녹으로 되어 표면이 들고일어나는 현상이 생긴다.

---

16 고위발열량

프로판(C_3H_8)의 완전 연소반응식 $C_3H_8 + 5O_2 \rightarrow 3CO_2 + 4H_2O$

$\frac{450}{12} = 37.5\text{kJ/g} = 37{,}500\text{kJ/kg}$

$\frac{250}{2} = 125\text{kJ/g} = 125{,}000\text{kJ/kg}$

$\therefore\ H_h = 37{,}500 \times \frac{36}{44} + 125{,}000 \times \frac{8}{44} = 53409.09\text{kJ/kg}$

참고 만약 문제에서 H_2O의 증발잠열이 2,520kJ/kg으로 주어졌다면

고위발열량$(H_h) = H_L + 2{,}520H_2O = 53409.09 + 2{,}520 \times \frac{4 \times 18}{44} = 57532.73\text{kJ/kg}$

---

17 무기질 보온재의 특징

① 내식성이 좋다.
② 기계적 강도가 크다.
③ 불연성이며 내구성이 크다.
④ 유기질 보온재보다 변질이 적고 최고사용안전온도가 높다.
⑤ 온도변화에 대한 균열이나 팽창수축이 적다.

---

18 관류 보일러의 장점

① 드럼이 없어 고압에 유리하다.
② 열효율이 매우 높다.
③ 보유수량이 적어서 증기 발생이 빠르다.
④ 관의 배치가 자유롭고 연소효율이 좋다.

---

19 보일러의 효율

$$\eta_B = \frac{m_a(h_2 - h_1)}{H_L \times m_f} \times 100\% = \frac{11{,}200 \times (3{,}031 - 98)}{25{,}284 \times 1{,}585} \times 100\% = 81.97\%$$

Engineer Energy Management

제2회 실전 모의고사

01 신 · 재생에너지의 종류를 4가지만 쓰시오.

02 열전달면적이 A이고 온도차가 50℃, 열전도율이 10W/m · K, 두께가 30cm인 벽을 통한 열전달률이 1,000W인 내화벽이 있다. 동일한 열전달면적인 상태에서 온도차 2배, 벽의 열전도율이 4배, 벽의 두께가 4배일 때 열전달률은 몇 W가 되겠는가?

03 연료의 연소과정에서 일산화탄소, 수트(soot), 분진 등의 발생원인을 4가지만 쓰시오.

04 사막 한가운데 설치된 건물에 태양열을 이용하여 냉방을 계획한다. 실현 가능한 시스템의 구성을 간단히 설명하시오.

05 메탄(CH_4)의 저위발열량이 50,000kJ/kg이다. 메탄 1kg당 발생되는 총수증기(H_2O)의 증발잠열이 2,480kJ일 때 같은 온도에서 메탄의 고위발열량(kJ/kg)은 얼마인가?

06 시퀀스제어와 피드백제어에 대하여 설명하시오.

07 보일러 급수처리 청관제의 사용목적을 4가지만 쓰시오.

08 증기트랩을 설치하면 어떤 장점이 있는지 4가지만 기술하시오.

09 도시가스를 사용하여 냉난방을 하는 흡수식 냉온수기의 원리에 대하여 간단히 설명하시오.

10 고체연료의 공업분석에서 수분의 정량방법에 대하여 설명하시오.

11 체적이 10m^{3}인 변형이 불가능한 용기 내에 산소 2kg과 수소 2kg으로 구성된 혼합기체가 들어 있다. 용기 내의 온도가 30℃일 때 용기 내 수소와 산소의 분압은 각 몇 kPa인가? (단, 용기 내의 압력은 267.7kPa이다.)

12 두께 20cm의 벽돌의 열전도율이 1.3W/m · K과 두께 10cm의 플라스틱절연체의 열전도율이 0.5W/m · K로 된 이중벽이 있다. 온도는 벽돌이 500℃, 플라스틱절연체가 100℃이다. 이 벽의 단위면적당 전열량(W/m^2)과 접촉면의 온도(℃)를 구하시오.

부록 II

13 프로판가스 $1Nm^3$의 완전 연소 시 이론공기량(Nm^3/Nm^3)은?

$$C_3H_8 + 5O_2 \rightarrow 3CO_2 + 4H_2O$$

14 전기화학반응을 이용하여 연료가 가지고 있는 화학에너지를 연소과정 없이 직접 전기에너지로 변환시키는 전기화학발전장치는 신재생에너지 중 어떤 에너지에 해당하는가?

15 다음의 조건을 참고하여 보일러의 상당증발량(kg/h)을 구하시오.

- 급수온도 : 20℃
- 급수사용량(발생증기량) : 2,000kg/h
- 발생증기의 비엔탈피 : 2,860kJ/kg
- 급수의 비엔탈피 : 83.72kJ/kg
- 포화수의 증발열 : 2,256kJ/kg

제2회 실전 모의고사 해답

01 신·재생에너지의 종류

1) **신에너지** : 기존의 화석연료를 변환시켜 이용하거나 수소·산소 등의 화학반응을 통하여 전기 또는 열을 이용하는 에너지로서 다음의 어느 하나에 해당하는 것을 말한다.
   ① 수소에너지
   ② 연료전지
   ③ 석탄을 액화·가스화한 에너지 및 중질잔사유를 가스화한 에너지로서 대통령령으로 정하는 기준 및 범위에 해당하는 에너지
   ④ 그 밖에 석유·석탄·원자력 또는 천연가스가 아닌 에너지로서 대통령령으로 정하는 에너지
2) **재생에너지** : 햇빛·물·지열·강수·생물유기체 등을 포함하는 재생 가능한 에너지를 변환시켜 이용하는 에너지로서 다음의 어느 하나에 해당하는 것을 말한다.
   ① 태양에너지
   ② 풍력
   ③ 수력
   ④ 해양에너지
   ⑤ 지열에너지
   ⑥ 생물자원을 변환시켜 이용하는 바이오에너지로서 대통령령으로 정하는 기준 및 범위에 해당하는 에너지
   ⑦ 폐기물에너지(비재생폐기물로부터 생산된 것은 제외)로서 대통령령으로 정하는 기준 및 범위에 해당하는 에너지
   ⑧ 그 밖에 석유·석탄·원자력 또는 천연가스가 아닌 에너지로서 대통령령으로 정하는 에너지

---

02 열전달률

$$\frac{q_2}{q_1}=\left(\frac{\Delta t_2}{\Delta t_1}\right)\left(\frac{k_2}{k_1}\right)\left(\frac{\delta_1}{\delta_2}\right)$$

$$\therefore\ q_2=q_1\left(\frac{\Delta t_2}{\Delta t_1}\right)\left(\frac{k_2}{k_1}\right)\left(\frac{\delta_1}{\delta_2}\right)=1{,}000\times2\times4\times\frac{1}{4}=2{,}000\mathrm{W}$$

---

03 일산화탄소, 수트(soot), 분진 등의 발생원인

① 통풍력이 부족한 경우
② 연소실의 용적이 작은 경우
③ 연소실의 온도가 낮은 경우
④ 연료와 연소장치가 맞지 않을 경우
⑤ 기름의 예열온도가 맞지 않을 경우
⑥ 운전관리자의 운전 미숙

04 진공관형 태양열집열기를 통하여 획득한 열을 열교환기를 통하여 태양열축열조에 저장한 후 저장된 약 88℃ 이상의 온수를 흡수식 냉동기 구동열원으로 공급하여 생산순환펌프로 7℃의 냉수를 팬코일유닛을 통하여 냉방한다. 즉 88℃ 이상의 온수로 흡수희용액을 가열하여 흡수제 LiBr와 H_2O인 냉매를 분리시켜서 냉방을 계속 유지시킨다.

---

05 메탄의 고위발열량

$H_h = H_L + \gamma_o = 50{,}000 + 2{,}480 = 52{,}480\text{kJ/kg}$

---

06 ① 시퀀스제어 : 미리 정해진 순서에 따라 제어의 각 단계를 순서대로 전행해가는 제어이다.

② 피드백제어 : 자동제어의 기본으로 궤환신호에 의하여 주어진 목표값과 조작한 결과인 제어량을 비교하여 그 차를 제거하기 위하여 행하는 제어동작이다. 즉 피드백에 의해서 제어량의 값을 목표치와 비교해서 그들을 일치시키도록 빠르게 수정동작을 행하는 제어이다.

---

07 청관제의 사용목적

① 전열면의 스케일 생성 방지

② 보일러수의 농축 방지

③ 부식 방지

④ 가성취화 방지

⑤ 기수공발현상 방지

---

08 증기트랩의 장점

① 수격작용 방지

② 관내 유체의 흐름에 대한 저항 감소

③ 응축수로 인한 열설비의 효율 저하 방지

④ 응축수에 의한 관 내부부식 방지

---

09 흡수식 냉온수기의 원리

증발기에는 냉매인 H_2O를 넣고, 흡수기에는 흡수제인 LiBr을 넣은 후 내부압력이 6.5mmHg가 되도록 진공도를 형성하고 냉매가 5℃에서 증발하여 전열관 내 7℃의 냉수를 얻어서 하절기 냉방을 유지하고, 동절기에는 고온재생기에서 냉매를 증발시켜 이 증발잠열로 온수를 가열시켜 난방을 설시하여 1대의 기기로 냉난방을 가능하게 한다.

---

10 수분의 정량방법

석탄 등의 고체연료에서 수분정량법은 시료 1g을 건조기에서 107±2℃에서 60분간 가열하여 건조시켰을 때의 감량을 시료에 대한 백분율로 표시한다.

$$\text{수분율} = \frac{\text{건조감량}}{\text{시료량}} \times 100\%$$

---

11 수소와 산소의 분압

분압 = 전압 × 몰분율

① $O_2 = 22.4 \times \frac{2}{32} = 1.4\text{m}^3$

$\therefore\ P_{O_2} = 267.7 \times \frac{1.4}{1.4 + 22.4} = 15.75\text{kPa}$

② $H_2 = 22.4 \times \frac{2}{2} = 22.4\text{m}^3$

$\therefore\ P_{H_2} = 267.7 \times \frac{22.4}{1.4 + 22.4} = 251.95\text{kPa}$

12 벽의 단위면적당 전열량과 접촉면의 온도

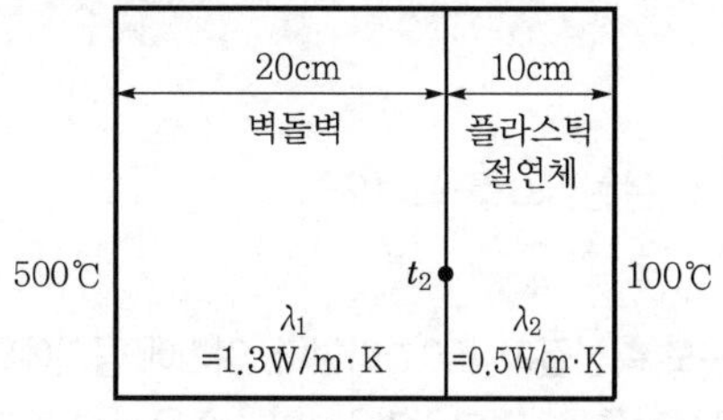

① $K = \frac{1}{R} = \frac{1}{\frac{l_1}{\lambda_1} + \frac{l_2}{\lambda_2}} = \frac{1}{\frac{0.2}{1.3} + \frac{0.1}{0.5}} = 2.826\text{W/m}^2$

$\therefore\ q = \frac{Q}{A} = K(t_1 - t_2) = 2.826 \times (500 - 100) = 1130.4\text{W/m}^2$

② $q = \frac{\lambda_1}{l_1}(t_1 - t_s)$

$\therefore\ t_s = t_1 - \frac{q l_1}{\lambda_1} = 500 - \frac{1130.4 \times 0.2}{1.3} = 326.09℃$

13 이론공기량

$A_o = \frac{O_o}{0.21} = \frac{5}{0.21} ≒ 23.81\text{Nm}^3/\text{Nm}^3$

참고 이론공기량$(A_o) = \left(\frac{O_o}{0.21}\right)\frac{22.4}{44} = \left(\frac{5}{0.21}\right) \times \frac{22.4}{44} = 12.12\,\text{Nm}^3/\text{kg}$

14 연료전지(fuel cell)

15 상당증발량

$m_e = \frac{m_a(h_2 - h_1)}{2{,}256} = \frac{2{,}000 \times (2{,}860 - 83.72)}{2{,}256} ≒ 2461.24\,\text{kg/h}$

제3회 실전 모의고사

01 보일러의 배기가스분석결과 CO_2 13%, O_2 3%, CO 2%의 결과를 얻었다면 이때의 공기비는 얼마인가?

02 랭킨사이클 각 점의 증기 비엔탈피가 다음과 같을 때 이론열효율은?

- 보일러 입구 : 65.5kJ/kg
- 보일러 출구 : 730.6kJ/kg
- 터빈 출구 : 556.4kJ/kg
- 복수기 출구 : 54.6kJ/kg

03 교토의정서에서 정한 6가지 온실가스를 쓰시오.

04 중유연소장치의 배기가스온도 측정결과 400℃이었다. 여기에 공기예열기를 설치하여 배기가스온도를 250℃까지 떨어뜨렸다면 연료절감률은 얼마인가? (단, 중유의 발열량은 40813.5kJ/kg, 배기가스량은 $14Nm^3/kg$, 외기온도는 25℃, 배기가스의 평균비열은 $1.38kJ/Nm^3 \cdot kg$, 공기예열기효율은 50%이다.)

05 흡수식 냉동기 또는 흡수식 냉온수기에서 대표적으로 사용하고 있는 냉매와 흡수제를 1가지씩만 쓰시오.

06 용광로에서 사용하는 광고온도계의 사용 시 장점을 3가지 쓰시오.

07 형광등(삼파장 램프)에서 빛의 세기를 측정하는 계측기의 단위를 쓰시오.

08 용광로나 고온의 노 내에서 온도를 측정하는 적외선온도계와 방사온도계의 특징을 각각 2가지만 쓰시오.

09 액화천연가스(LNG)의 주성분과 완전 연소반응식을 쓰시오.

10 보일러 맨홀의 크기는 가로×세로=0.5m×0.5m, 내부온도는 600℃, 외기온도는 30℃이다. 이 경우 열손실은 몇 kW인가? (단, 복사능 흑도는 0.93이다.)

11 다음 조건을 보고 습공기의 비엔탈피(h_x)를 구하시오.

- 보일러 압력 : 500kPa(g)
- 온도 : 210℃
- 건조도(x) : 0.95
- 건포화증기의 비엔탈피(h'') : 2,921kJ/kg
- 포화수의 비엔탈피(h') : 898kJ/kg

12 냉난방이 가능한 직화식 흡수식 냉온수기 사용 시 장점을 2가지만 쓰시오.

13 진공계의 눈금이 380mmHg를 가리키고 있다. 이때 대기압이 760mmHg라면 진공도는 몇 %인가?

14 수관식 보일러에서 기수(상부)드럼을 물(하부)드럼보다 더 크게 만드는 이유는 무엇인가?

15 터널 환기용으로 사용하기 위하여 터널 내 천장부에 수백m단위로 연속하여 설치한 팬방식은?

Engineer Energy Management

제3회 실전 모의고사 해답

01 불완전 연소 시(CO성분 존재)

① 질소값 : $N_2 = 100-(CO_2+O_2+CO) = 100-(13+3+2) = 82\%$

② 공기비 : $m = \dfrac{N_2}{N_2 - 3.76(O_2 - 0.5CO)} = \dfrac{82}{82 - 3.76 \times (3 - 0.5 \times 2)} \fallingdotseq 1.1$

---

02 랭킨사이클의 이론열효율

$$\eta_R = \frac{(h_2 - h_3) - (h_4 - h_1)}{h_2 - h_4} \times 100\% = \frac{(730.6 - 556.4) - (65.5 - 54.6)}{730.6 - 65.5} \times 100\% \fallingdotseq 24.6\%$$

---

03 온실가스

① 이산화탄소(CO_2)

② 메탄가스(CH_4)

③ 아산화질소(N_2O)

④ 수소불화탄소(HFCs)

⑤ 과불화탄소(PFCs)

⑥ 육불화황(SF_6)

---

04 연료절감률 $= \dfrac{GC_g \eta \Delta t}{H_L} \times 100\% = \dfrac{14 \times 1.38 \times 0.5 \times (400 - 250)}{40813.5} \times 100\% \fallingdotseq 3.6\%$

별해 ① 400℃일 때 효율(η_1) $= \dfrac{H_L - GC_g \Delta t}{H_L} \eta \times 100\%$

$$= \frac{40813.5 - \{14 \times 1.38 \times (400 - 25)\}}{40813.5} \times 0.5 \times 100\% = 41.1\%$$

② 250℃일 때 효율(η_2) $= \dfrac{H_L - GC_g \Delta t'}{H_L} \eta \times 100\%$

$$= \frac{40813.5 - \{14 \times 1.38 \times (250 - 15)\}}{40813.5} \times 0.5 \times 100\% = 44.7\%$$

∴ 연료절감률 $= \eta_2 - \eta_1 = 44.7 - 41.1 = 3.6\%$

---

05 ① 냉매 : 물(H_2O)

② 흡수제 : 브롬화리튬(LiBr)

---

06 광고온도계의 장점

① 고온 측정에 적합하다.
② 구조가 간단하고 휴대가 편리하다.
③ 비접촉식 온도계 중 정도가 가장 좋다.
④ 방사온도계에 비하여 방사율의 보정량이 적다.

---

07 빛의 단위는 럭스(Lux)이다.

---

08 1) **적외선온도계의 특징**

① 비접촉식 온도 측정이 가능하다.
② 적외선만으로 온도가 측정된다.
③ 방사온도계보다는 저온 측정용이다.

2) **방사온도계의 특징**

① 고온 측정이 가능하다.
② 원거리에서도 온도 측정이 가능하다.
③ 적외선온도계보다 더 넓은 파장범위의 온도 측정이 가능하다.

---

09 ① 주성분 : 메탄(CH_4)
② 완전 연소반응식 : $CH_4+2O_2 \rightarrow CO_2+2H_2O$

참고 탄화수소계(C_mH_n) 연료는 완전 연소 시 이산화탄소(CO_2)와 수증기(H_2O)가 생성된다.

---

10 열손실

$$Q=\varepsilon\sigma A({T_1}^4-{T_2}^4)=0.93\times5.67\times10^{-8}\times(0.5\times0.5)\times(873^4-303^4)=7545.96\text{W}\fallingdotseq7.55\text{kW}$$

---

11 습공기의 비엔탈피

$$h_x=h'+x(h''-h')=898+0.95\times(2,921-898)=2819.85\text{kJ/kg}$$

---

12 냉온수기의 장점

① 기계 한 대로 냉난방이 가능하다.
② 진공상태에서 운전이 가능하여 안전하다.
③ 물(H_2O)을 냉매로 사용할 수 있어 독성이 없다.
④ 하절기 전기소비량을 절감할 수 있다.

---

13 $진공도 = \frac{진공압}{대기압} \times 100\% = \frac{380}{760} \times 100\% = 50\%$

참고 진공도(vacuum degree)란 진공압의 크기를 백분율(%)로 나타낸 값이다.

$$진공도 = \frac{진공압(mmHg)}{대기압(mmHg)} \times 100\%$$

---

14 드럼 내 하부에는 포화수구역이, 상부에는 증기부가 확보되어야 하기 때문에 물드럼보다 기수드럼을 더 크게 만들어야 한다.

---

15 터널 환기용으로 제트팬(jet fan, 축류식 송풍기)을 터널 내 천장부에 수백m단위로 연속하여 설치한다.

Engineer Energy Management

제4회 실전 모의고사

01 석유환산톤(TOE)은 몇 MJ인가?

02 최근 수관식 보일러의 대표적인 것으로 수드럼과 기수드럼이 있는 보일러는 무엇인가?

03 소형 관류 보일러의 주요 특징으로 여러 대의 보일러를 설치하여 자동제어하는 시스템은 무엇인가?

04 콘덴싱 보일러를 설명하시오.

05 급수관리의 주요 목적은 무엇인가?

06 알칼리경도를 유발하는 물질은 무엇인가?

07 TDS는 무엇인가?

08 탈기기(deaerator)를 설명하시오.

09 폐열회수장치(열효율증대장치)를 연도에서 가까운 지점에서부터 순서대로 나열하시오.

10 비접촉식 온도계의 종류를 열거하시오.

11 수면계의 시험시기는 어떻게 되는가?

12 안전밸브의 불능원인을 쓰시오.

13 신에너지와 재생에너지의 종류를 쓰시오.

14 태양열에너지의 장단점을 비교 설명하시오.

15 지열에너지의 장단점을 비교 설명하시오.

Engineer Energy Management

제4회 실전 모의고사 해답

01 1TOE=42,000MJ

02 2동 D형 보일러(수관식 패키지형 보일러)는 수관식 보일러의 대표적인 것으로 수드럼과 기수드럼이 있는 보일러이다.

03 대수제어시스템(다관설치시스템)은 여러 대의 보일러를 설치하여 자동제어하는 시스템이다.

04 콘덴싱 보일러는 보일러의 배기가스 중에 포함된 수증기의 응축잠열을 회수하여 열효율을 높인 보일러이다.

05 급수관리의 주요 목적
① 전열면에 스케일 생성과 관수의 농축을 방지한다.
② 부식을 방지한다.
③ 가성취화 및 캐리오버를 방지한다.

06 알칼리경도를 유발하는 물질에는 중탄산칼슘, 중탄산마그네슘 등이 있다.

07 TDS란 총용존고형물(total dissolved solids)이다.

08 탈기기(deaerator)는 급수 중에 용존하고 있는 산소(O_2), 탄산가스(CO_2) 등의 용존기체를 제거하는 장치를 말한다.

09 폐열회수장치(열효율증대장치)를 연도에서 가까운 순으로 나열하면 과열기 > 재열기 > 절탄기(economizer) > 공기예열기 순이다.

10 비접촉식 온도계의 종류
① 광온도계
② 광전식 온도계
③ 방사온도계
④ 색(color)온도계
⑤ 서모컬러(thermo color)온도계

11 수면계는 매년 1회 이상 시험한다.

12 안전밸브의 불능원인

1) **증기 누설**
   ① 밸브와 밸브시트 사이에 이물질 부착 시
   ② 밸브와 밸브시트에 접촉 불량 시
   ③ 밸브바의 중심이 벗어나 밸브를 누르는 힘이 불균일한 경우

2) **작동 불량원인**
   ① 스프링을 지나치게 조였을 때
   ② 밸브시트구경과 로드가 밀착되었을 때
   ③ 밸브시트구경과 로드가 틀어져서 고착된 경우

13

① 신에너지 : 수소에너지, 연료전지, 석탄액화·가스화 및 중질잔사유가스화한 에너지
② 재생에너지 : 태양에너지, 바이오에너지, 풍력, 수력, 해양에너지, 폐기물에너지, 지열에너지

14 태양열에너지의 장단점

1) **장점**
   ① 무공해, 무한정의 청정에너지원
   ② 기존의 화석에너지에 비해 지역적 편중이 적은 분산형 에너지원
   ③ 지구온난화대책으로 탄산가스(CO_2) 배출을 저감할 수 있는 재생 가능한 에너지원

2) **단점**
   ① 고급 에너지이나 에너지 밀도가 낮음
   ② 에너지 생산이 간헐적임
   ③ 계속적인 수요에 안정적 공급이 어려움

15 지열에너지의 장단점

1) **장점**
   ① 친환경설비 : 이산화탄소 및 열섬현상 해소
   ② 저렴한 유지비 : 에너지 절감, 높은 내구성(지중열교환기 수명 50년)
   ③ 냉난방 및 급탕 동시 이용 가능 : 일반 가정의 총열에너지 80% 이상 사용 가능(취사용 제외)

2) **단점**
   ① 지중열교환기 설치부지 확보 필요
   ② 기존 공동주택(빌라, APT 등) 설치에 한계
   ③ 비싼 설치비(1RT=10평)
      ㉠ 일반 건물 : 4,100,000원/RT
      ㉡ 단독주택 : 7,667,000원/RT

저자 소개 허원회

한양대학교 대학원(공학석사)
한국항공대학교 대학원(공학박사 수료)
현, 하이클래스 군무원 기계공학 대표교수
열공on 기계공학 대표교수
㈜금새인터랙티브 기술이사

• 주요 저서
알기 쉬운 재료역학, 알기 쉬운 열역학, 알기 쉬운 유체역학, 에너지관리기사[필기], 7개년 과년도 에너지관리기사[필기], 7개년 과년도 일반기계기사[필기], 공조냉동기계기사[필기], 공조냉동기계기사[실기], 공조냉동기계산업기사[필기]

• 동영상 강의
알기 쉬운 재료역학, 알기 쉬운 열역학, 알기 쉬운 유체역학, 에너지관리기사[필기], 에너지관리기사 실기[필답형], 일반기계기사[필기], 일반기계기사 실기[필답형], 공조냉동기계기사[필기], 공조냉동기계기사 실기[필답형], 공조냉동기계산업기사[필기]

• 자격증
공조냉동기계기사, 에너지관리기사, 일반기계기사, 건설기계설비기사, 소방설비기사(기계분야), 소방설비기사(전기분야) 외 다수

에너지관리기사 실기

2024. 2. 14. 초 판 1쇄 발행
2025. 1. 22. 개정증보 1판 1쇄 발행

지은이 | 허원회
펴낸이 | 이종춘
펴낸곳 | BM ㈜도서출판 성안당
주소 | 04032 서울시 마포구 양화로 127 첨단빌딩 3층(출판기획 R&D 센터)
10881 경기도 파주시 문발로 112 파주 출판 문화도시(제작 및 물류)
전화 | 02) 3142-0036
031) 950-6300
팩스 | 031) 955-0510
등록 | 1973. 2. 1. 제406-2005-000046호
출판사 홈페이지 | **www.cyber.co.kr**
ISBN | 978-89-315-1178-9 (13530)
정가 | 35,000원

이 책을 만든 사람들
기획 | 최옥현
진행 | 이희영
교정·교열 | 류지은
전산편집 | 이지연
표지 디자인 | 박원석
홍보 | 김계향, 임진성, 김주승, 최정민
국제부 | 이선민, 조혜란
마케팅 | 구본철, 차정욱, 오영일, 나진호, 강호묵
마케팅 지원 | 장상범
제작 | 김유석